[참!쉬움]
합격이 참 쉽다!

3개념 전기기사·산업기사
기출문제집 필기

기사 24~22
산업 24~22

문영철, 오우진 지음

 (주)도서출판 성안당

■ 도서 A/S 안내

성안당에서 발행하는 모든 도서는 저자와 출판사, 그리고 독자가 함께 만들어 나갑니다.

좋은 책을 펴내기 위해 많은 노력을 기울이고 있습니다. 혹시라도 내용상의 오류나 오탈자 등이 발견되면 **"좋은 책은 나라의 보배"**로서 우리 모두가 함께 만들어 간다는 마음으로 연락주시기 바랍니다. 수정 보완하여 더 나은 책이 되도록 최선을 다하겠습니다.

성안당은 늘 독자 여러분들의 소중한 의견을 기다리고 있습니다. 좋은 의견을 보내주시는 분께는 성안당 쇼핑몰의 포인트(3,000포인트)를 적립해 드립니다.

잘못 만들어진 책이나 부록 등이 파손된 경우에는 교환해 드립니다.

저자 문의 : woojin4001@naver.com

본서 기획자 e-mail : coh@cyber.co.kr(최옥현)

홈페이지 : http://www.cyber.co.kr   전화 : 031) 950-6300

우리나라는 현대사회에 들어오면서 빠르게 산업화가 진행되고 눈부신 발전을 이루었는데 그러한 원동력이 되어준 어떠한 힘, 에너지가 있다면 그것이 바로 전기라 생각합니다. 이러한 전기는 우리의 생활을 좀 더 편리하고 윤택하게 만들어주지만 관리를 잘못하면 무서운 재앙으로 변할 수 있기 때문에 전기를 안전하게 사용하기 위해서는 이에 관련된 지식을 습득해야 합니다. 그 지식을 습득할 수 있는 방법이 바로 전기기사 및 전기산업기사 자격시험(이하 자격증)이라고 볼 수 있습니다. 또한 전기에 관련된 사업체에 입사하기 위해서는 자격증은 필수가 되고 전기설비를 관리하는 업무를 수행하기 위해서는 한국전기기술인협회에 회원등록을 해야 하는데 이때에도 반드시 자격증이 있어야 가능하며 전기사업법 등 여러 법령에서도 전기안전관리자 선임자격에 자격증을 소지한 자라고 되어 있습니다. 이처럼 자격증은 전기인들에게는 필수이지만 아직까지 자격증 취득에 애를 먹어 전기인의 길을 포기하시는 분들을 많이 봤습니다.

이에 최단시간 내에 효과적으로 자격증을 취득할 수 있도록 본서를 발간하게 되었고, 이 책이 전기를 입문하는 분들에게 조금이나마 도움이 되었으면 합니다.

또한, 본서를 통해 합격의 영광이 함께하길 바라며 또한 여러분의 앞날을 밝혀 줄 수 있는 밑거름이 되기를 바랍니다.

본서를 만들기 위해 많은 시간을 함께 수고해주신 여러 선생님들과 성안당 이종춘 회장님, 편집부 직원 여러분들의 노고에 감사드립니다.

앞으로도 더 좋은 도서를 만들기 위해 항상 연구하고 노력하겠습니다.

저자 씀

전기[산업]기사 시험안내

01 시행처

한국산업인력공단

02 시험과목

구분	전기기사	전기산업기사	전기공사기사	전기공사산업기사
필기	1. 전기자기학 2. 전력공학 3. 전기기기 4. 회로이론 및 　　제어공학 5. 전기설비기술기준	1. 전기자기학 2. 전력공학 3. 전기기기 4. 회로이론 5. 전기설비기술기준	1. 전기응용 및 　　공사재료 2. 전력공학 3. 전기기기 4. 회로이론 및 　　제어공학 5. 전기설비기술기준	1. 전기응용 2. 전력공학 3. 전기기기 4. 회로이론 5. 전기설비기술기준
실기	전기설비 설계 및 관리	전기설비 설계 및 관리	전기설비 견적 및 시공	전기설비 견적 및 시공

03 검정방법

[기사]
- **필기** : 객관식 4지 택일형, 과목당 20문항(과목당 30분)
- **실기** : 필답형(2시간 30분)

[산업기사]
- **필기** : 객관식 4지 택일형, 과목당 20문항(과목당 30분)
- **실기** : 필답형(2시간)

04 합격기준

- **필기** : 100점을 만점으로 하여 과목당 40점 이상, 전과목 평균 60점 이상
- **실기** : 100점을 만점으로 하여 60점 이상

최근 3년간 기출문제 **완전 공략!**

01 전기기사 과년도 출제문제

02 전기산업기사 과년도 출제문제

▌답안카드

10년간 기출문제 분석에 따른
전기기사 과목별 출제비중

* 「참!쉬움 전기기사」 장별 구분에 따름

제1과목 전기자기학

	출제율(%)
제1장 벡터	0.67
제2장 진공 중의 정전계	14.67
제3장 정전용량	5.49
제4장 유전체	13.00
제5장 전기 영상법	4.17
제6장 전류	6.17
제7장 진공 중의 정자계	2.17
제8장 전류의 자기현상	12.17
제9장 자성체와 자기회로	14.00
제10장 전자유도법칙	6.83
제11장 인덕턴스	8.33
제12장 전자계	12.33
합 계	100%

제2과목 전력공학

	출제율(%)
제1장 전력계통	3.15
제2장 전선로	5.37
제3장 선로정수 및 코로나현상	5.74
제4장 송전 특성 및 조상설비	10.00
제5장 고장 계산 및 안정도	7.96
제6장 중성점 접지방식	5.93
제7장 이상전압 및 유도장해	11.30
제8장 송전선로 보호방식	17.04
제9장 배전방식	6.85
제10장 배전선로 계산	13.70
제11장 발전	12.96
합 계	100%

제3과목 전기기기

	출제율(%)
제1장 직류기	18.33
제2장 동기기	20.56
제3장 변압기	22.59
제4장 유도기	22.96
제5장 정류기	8.89
제6장 특수기기	6.67
합 계	100%

제4과목 회로이론 및 제어공학

회로이론	출제율(%)
제1장 직류회로의 이해	2.64
제2장 단상 교류회로의 이해	10.79
제3장 다상 교류회로의 이해	5.39
제4장 비정현파 교류회로의 이해	3.16
제5장 대칭좌표법	2.50
제6장 회로망 해석	3.16
제7장 4단자망 회로해석	5.92
제8장 분포정수회로	4.47
제9장 과도현상	4.47
제10장 라플라스 변환	5.92
합 계	48.42%

제어공학	출제율(%)
제1장 자동제어의 개요	4.35
제2장 전달함수	11.98
제3장 시간영역해석법	6.97
제4장 주파수영역해석법	4.61
제5장 안정도 판별법	8.15
제6장 근궤적법	3.94
제7장 상태방정식	6.97
제8장 시퀀스회로의 이해	4.61
합 계	51.58%

제5과목 전기설비기술기준

	출제율(%)
제1장 공통사항	16.70
제2장 저압설비 및 고압·특고압설비	21.60
제3장 전선로	33.30
제4장 발전소, 변전소, 개폐소 및 기계기구 시설보호	15.00
제5장 전기철도	8.40
제6장 분산형전원설비	5.00
합 계	100%

10년간 기출문제 분석에 따른
전기산업기사 과목별 출제비중

* 「참!쉬움 전기산업기사」 장별 구분에 따름

제 1 과목 전기자기학

	출제율(%)
제1장 벡터	1.8
제2장 진공 중의 정전계	15.1
제3장 정전용량	9.8
제4장 유전체	10.8
제5장 전기 영상법	4.8
제6장 전류	7.8
제7장 진공 중의 정자계	3.1
제8장 전류의 자기현상	9.8
제9장 자성체와 자기회로	11.5
제10장 전자유도법칙	5.6
제11장 인덕턴스	7.8
제12장 전자계	12.1
합 계	100%

제 2 과목 전력공학

	출제율(%)
제1장 전력계통	1.7
제2장 전선로	7.8
제3장 선로정수 및 코로나현상	7.4
제4장 송전 특성 및 조상설비	12.0
제5장 고장 계산 및 안정도	6.7
제6장 중성점 접지방식	5.3
제7장 이상전압 및 유도장해	8.2
제8장 송전선로 보호방식	16.7
제9장 배전방식	9.2
제10장 배전선로 계산	12.7
제11장 발전	12.3
합 계	100%

제 3 과목 전기기기

	출제율(%)
제1장 직류기	20.0
제2장 동기기	20.1
제3장 변압기	22.0
제4장 유도기	22.6
제5장 정류기	8.5
제6장 특수기기	6.8
합 계	100%

제4과목 회로이론

출제율(%)

제1장 직류회로의 이해	5.0
제2장 단상 교류회로의 이해	23.1
제3장 다상 교류회로의 이해	13.8
제4장 비정현파 교류회로의 이해	8.8
제5장 대칭좌표법	6.4
제6장 회로망 해석	6.5
제7장 4단자망 회로해석	10.8
제8장 분포정수회로	0.6
제9장 과도현상	7.9
제10장 라플라스 변환	10.1
제11장 자동제어의 개요	0.0
제12장 전달함수	5.8
그 외 제어공학 관련(기사)	1.2
합 계	100%

제5과목 전기설비기술기준

출제율(%)

제1장 공통사항	16.7
제2장 저압설비 및 고압·특고압설비	21.6
제3장 전선로	33.3
제4장 발전소, 변전소, 개폐소 및 기계기구 시설보호	15.0
제5장 전기철도	8.4
제6장 분산형전원설비	5.0
합 계	100%

[참!쉬움]
합격이 참 쉽다!

합격을 위해 →
START

전기기사
과년도 출제문제

일러두기

각 기출문제마다 표시되어 있는 장 제목은 「챔!쉬움 전기기사」 교재의 핵심이론 구분에 따랐습니다. 문제를 푸시면서 자세한 이론과 더 많은 기출문제가 필요하시면 「챔!쉬움 전기기사」 책을 참고해주시기 바랍니다.

기출문제 중요도 표시기준

상
- 출제빈도가 매우 높은 문제
- 단원별 중요 내용과 공식을 다루는 문제
- 계산 공식만 암기하고 있다면 손쉽게 풀이할 수 있는 문제
- 2차 실기시험까지 연계되는 문제
- 최근 기출문제에서 자주 출제되고 있는 문제

중
- 단원별 중요 내용과 공식을 응용해서 다루는 문제
- 출제빈도가 높은 기존 기출문제를 응용하거나 변형한 문제
- 계산이 다소 복잡하지만 출제빈도가 높은 계산문제

하
- 출제빈도가 매우 낮은 문제
- 어느 정도 출제빈도는 있지만 계산이나 내용이 복잡하여 학습시간이 오래 걸리는 문제
- 일반적인 전공도서에서 자주 다루지 않는 내용을 가지고 출제한 문제

과년도 출제문제

2024년 제1회 CBT 기출복원문제

제1과목 전기자기학

중 제2장 진공 중의 정전계

01 점전하 0.5[C]이 전계 $E = 3i + 5j + 8k$ [V/m] 중에서 속도 $v = 4i + 2j + 3k$ [m/s]로 이동할 때 받는 힘은 몇 [N]인가?

① 4.95
② 7.45
③ 9.95
④ 13.7

해설

㉠ 전계의 세기(스칼라)
$E = \sqrt{3^2 + 5^2 + 8^2} = 9.9[\text{V/m}]$

㉡ 전계 내에서 전하가 받는 힘(전기력)
$F = QE = 0.5 \times 9.9 = 4.95[\text{N}]$

중 제5장 전기 영상법

02 반경이 0.01[m]인 구도체를 접지시키고 중심으로부터 0.1[m]의 거리에 10[μC]의 점전하를 놓았다. 구도체에 유도된 총전하량은 몇 [μC]인가?

① 0
② −1
③ −10
④ +10

해설

$Q' = -\dfrac{a}{d}Q$

$= -\dfrac{0.01}{0.1} \times 10 \times 10^{-6}$

$= -10^{-6}[\text{C}]$

$= -1[\mu\text{C}]$

중 제9장 자성체와 자기회로

03 비투자율 μ_s인 철심이 든 환상 솔레노이드의 권수가 N회, 평균 지름이 d[m], 철심의 단면적이 $A[\text{m}^2]$라 할 때 솔레노이드에 I[A]의 전류가 흐를 경우, 자속[Wb]은?

① $\dfrac{2\pi \times 10^{-7}\mu_s NIA}{d}$

② $\dfrac{4\pi \times 10^{-7}\mu_s NIA}{d}$

③ $\dfrac{2 \times 10^{-7}\mu_s NIA}{d}$

④ $\dfrac{4 \times 10^{-7}\mu_s NIA}{d}$

해설

자속 $\phi = \dfrac{\mu ANI}{l}$

$= \dfrac{\mu_0 \mu_s ANI}{2\pi r}$

$= \dfrac{4\pi \times 10^{-7}\mu_s ANI}{\pi d}$

$= \dfrac{4 \times 10^{-7}\mu_s ANI}{d}[\text{Wb}]$

상 제10장 전자유도법칙

04 그림과 같은 균일한 자계 $B[\text{Wb/m}^2]$ 내에서 길이 l[m]인 도선 AB가 속도 v[m/s]로 움직일 때 ABCD 내에 유도되는 기전력 e[V]는?

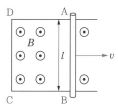

① 시계방향으로 Blv이다.
② 반시계방향으로 Blv이다.
③ 시계방향으로 Blv^2이다.
④ 반시계방향으로 Blv^2이다.

해설

㉠ 자계 내에 도체가 v[m/s]로 운동하면 도체에는 기전력이 유도된다. 도체의 운동방향과 자속밀도는 수직으로 쇄교하므로 기전력은 $e = Blv$가 발생된다.

㉡ 방향은 아래 그림과 같이 플레밍의 오른손법칙에 의해 시계방향으로 발생된다.

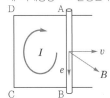

중 제12장 전자계

05 비유전율 $\varepsilon_r = 4$, 비투자율이 $\mu_r = 1$인 매질 내에서 주파수가 1[GHz]인 전자기파의 파장은 몇 [m]인가?

① 0.1[m]　　　② 0.15[m]
③ 0.25[m]　　④ 0.4[m]

해설

㉠ 매질 중의 전자파의 속도

$$v = \frac{1}{\sqrt{\varepsilon\mu}} = \frac{3\times10^8}{\sqrt{\varepsilon_r\mu_r}} = \frac{3\times10^8}{\sqrt{4\times1}}$$
$$= 1.5\times10^8[\text{m/s}]$$

㉡ 파장의 길이

$$\lambda = \frac{v}{f} = \frac{1.5\times10^8}{10^9} = 0.15[\text{m}]$$

하 제8장 전류의 자기현상

06 그림과 같이 전류가 흐르는 반원형 도선이 평면 $z = 0$상에 놓여 있다. 이 도선이 자속밀도 $B = 0.8a_x - 0.7a_y + a_z$[Wb/m²]인 균일 자계 내에 놓여 있을 때 도선의 직선부분에 작용하는 힘은 몇 [N]인가?

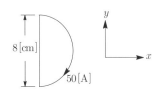

① $4a_x + 3.2a_z$　　② $4a_x - 3.2a_z$
③ $5a_x - 3.5a_z$　　④ $-5a_x + 3.5a_z$

해설 플레밍의 왼손법칙

자기장 속에 있는 도선에 전류가 흐르면 도선에는 전자력이 발생된다. 이때 도선의 직선부분에서의 전류는 y축 방향으로 흐르므로 전류 $I = 50a_y$가 된다.

$$\therefore \ F = (I\times B)l$$
$$= [50a_y \times (0.8a_x - 0.7a_y + a_z)]0.08$$
$$= (-40a_z + 50a_x)0.08$$
$$= 4a_x - 3.2a_z[\text{N}]$$

중 제2장 진공 중의 정전계

07 진공 내의 점 (3, 0, 0)[m]에 4×10^{-9}[C]의 전하가 놓여 있다. 이때 점 (6, 4, 0)[m]인 전계의 세기 및 전계 방향을 표시하는 단위 벡터는?

① $\dfrac{36}{25}$, $\dfrac{1}{5}(3i + 4j)$

② $\dfrac{36}{125}$, $\dfrac{1}{5}(3i + 4j)$

③ $\dfrac{36}{25}$, $\dfrac{1}{5}(i + j)$

④ $\dfrac{36}{125}$, $\dfrac{1}{5}(i + j)$

해설

㉠ 변위 벡터
$$\vec{r} = (6-3)i + (4-0)j = 3i + 4j[\text{m}]$$

㉡ 단위 벡터
$$\vec{r_0} = \frac{\vec{r}}{r} = \frac{3i + 4j}{\sqrt{3^2 + 4^2}} = \frac{1}{5}(3i + 4j)$$

㉢ 전계의 세기(스칼라)
$$E = \frac{Q}{4\pi\varepsilon_0 r^2} = 9\times10^9 \times \frac{Q}{r^2}$$
$$= 9\times10^9 \times \frac{4\times10^{-9}}{5^2} = \frac{36}{25}[\text{V/m}]$$

중 제6장 전류

08 지름 1.6[mm]인 동선의 최대 허용전류를 25[A]라 할 때 최대 허용전류에 대한 왕복 전선로의 길이 20[m]에 대한 전압강하는 몇 [V]인가? (단, 동의 저항률은 1.69×10^{-8} [Ω·m]이다.)

① 0.74　　②　2.1
③ 4.2　　　④ 6.3

정답　05 ②　06 ②　07 ①　08 ③

㉠ 동선의 단면적

$$S = \pi r^2 = \frac{\pi d^2}{4} = \frac{\pi \times (1.6 \times 10^{-3})^2}{4}$$

$$= 2.01 \times 10^{-6} [\text{m}^2]$$

㉡ 전기저항

$$R = \rho \frac{l}{S} = 1.69 \times 10^{-8} \times \frac{20}{2.01 \times 10^{-6}}$$

$$= 0.168 [\Omega]$$

∴ 전압강하 : $e = IR = 25 \times 0.168 = 4.2 [\text{V}]$

상 제11장 인덕턴스

09 그림과 같이 각 코일의 자기 인덕턴스가 각 각 $L_1 = 6[\text{H}]$, $L_2 = 2[\text{H}]$이고, 두 코일 사 이에는 상호 인덕턴스가 $M = 3[\text{H}]$라면 전 코일에 저축되는 자기에너지는 몇 [J]인 가? (단, $I = 10[\text{A}]$이다.)

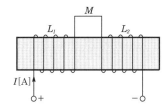

① 50   ② 100
③ 150   ④ 200

해설

㉠ 두 코일은 차동결합 상태이므로
$$L = L_1 + L_2 - 2M = 6 + 2 - 2 \times 3 = 2[\text{H}]$$

㉡ 코일에 축적되는 자기적인 에너지
$$W_L = \frac{1}{2} L I^2 = \frac{1}{2} \times 2 \times 10^2 = 100[\text{J}]$$

하 제8장 전류의 자기현상

10 그림과 같이 반지름 $r[\text{m}]$인 원의 임의의 2점 a, b (각 θ) 사이에 전류 $I[\text{A}]$가 흐른다. 원의 중심 0의 자계의 세기는 몇 [A/m]인가?

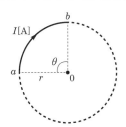

---

① $\dfrac{I\theta}{4\pi r^2}$ ② $\dfrac{I\theta}{4\pi r}$

③ $\dfrac{I\theta}{2\pi r^2}$ ④ $\dfrac{I\theta}{2\pi r}$

해설

원형 코일 중심의 자계 $\dfrac{I}{2r}[\text{A/m}]$에서

θ만큼 이동한 비율 값이 $\dfrac{\theta}{2\pi}$ 이므로

∴ $H = \dfrac{I}{2r} \times \dfrac{\theta}{2\pi} = \dfrac{I\theta}{4\pi r}[\text{A/m}]$

상 제2장 진공 중의 정전계

11 포아송의 방정식 $\nabla^2 V = -\dfrac{\rho}{\varepsilon_0}$은 어떤 식에서 유도한 것인가?

① $\text{div} \, D = \dfrac{\rho}{\varepsilon_0}$ ② $\text{div} \, D = -\rho$

③ $\text{div} \, E = \dfrac{\rho}{\varepsilon_0}$ ④ $\text{div} \, E = -\dfrac{\rho}{\varepsilon_0}$

해설

㉠ 가우스 법칙의 미분형 : $\text{div} \, E = \dfrac{\rho}{\varepsilon_0}$

㉡ 전위경도 : $E = -\text{grad} \, V = \nabla V$

㉢ $\text{div} \, E = \nabla \cdot E = -(\nabla \cdot \nabla V) = -\nabla^2 V$

∴ $\nabla^2 V = -\dfrac{\rho}{\varepsilon_0}$

상 제3장 정전용량

12 대전도체 표면의 전하밀도를 $\sigma[\text{C/m}^2]$라 할 때 대전도체 표면의 단위면적에 받는 정 전응력의 크기$[\text{N/m}^2]$와 방향은?

① $\dfrac{\sigma^2}{2\varepsilon_0}$, 도체 내부 방향

② $\dfrac{\sigma^2}{2\varepsilon_0}$, 도체 외부 방향

③ $\dfrac{\sigma^2}{\varepsilon_0}$, 도체 내부 방향

④ $\dfrac{\sigma^2}{\varepsilon_0}$, 도체 외부 방향

정답   09 ②   10 ②   11 ③   12 ①

정전응력 $f = \dfrac{\sigma^2}{2\varepsilon_0}$ 은 양극판(+극판과 −극판) 사이에서 발생한다. (도체 내부 방향)

중 제9장 자성체와 자기회로

13 투자율이 다른 두 자성체가 평면으로 접하고 있는 경계면에서 전류밀도가 0일 때 성립하는 경계조건은?

① $\mu_2 \tan\theta_1 = \mu_1 \tan\theta_2$

② $H_1 \cos\theta_1 = H_2 \cos\theta_2$

③ $B_1 \sin\theta_1 = B_2 \cos\theta_2$

④ $\mu_1 \tan\theta_1 = \mu_2 \tan\theta_2$

🖎 해설

경계조건 $\dfrac{\tan\theta_1}{\tan\theta_2} = \dfrac{\mu_1}{\mu_2}$ 에서 $\mu_2 \tan\theta_1 = \mu_1 \tan\theta_2$

하 제12장 전자계

14 전계의 실효치가 377[V/m]인 평면 전자파가 진공 중에 진행하고 있다. 이때 이 전자파에 수직되는 방향으로 설치된 단면적 $10[\text{m}^2]$의 센서로 전자파의 전력을 측정하려고 한다. 센서가 1[W]의 전력을 측정했을 때 1[mA]의 전류를 외부로 흘려준다면 전자파의 전력을 측정했을 때 외부로 흘려주는 전류는 몇 [mA]인가?

① 3.77

② 37.7

③ 377

④ 3770

🖎 해설

방사전력 $P_s = \displaystyle\int_S P ds = PS = EHS$

$\quad = \dfrac{E^2 S}{120\pi} = \dfrac{377^2 \times 10}{377} = 3770[\text{W}]$

∴ 센서가 1[W]의 전력을 측정했을 때 1[mA]의 전류가 발생하므로, 3770[W]의 전력을 측정하면 전류는 3770[mA]이 발생된다.

상 제7장 진공 중의 정자계

15 다음 ( ) 안에 들어갈 내용으로 옳은 것은?

> 전기 쌍극자에 의해 발생하는 전위의 크기는 전기 쌍극자 중심으로부터 거리의 (ⓐ)에 반비례하고, 자기 쌍극자에 의해 발생하는 자계의 크기는 자기 쌍극자 중심으로부터 거리의 (ⓑ)에 반비례한다.

① ⓐ 제곱   ⓑ 제곱

② ⓐ 제곱   ⓑ 세제곱

③ ⓐ 세제곱   ⓑ 제곱

④ ⓐ 세제곱   ⓑ 세제곱

🖎 해설

㉠ 전기 쌍극자에 의한 전위

$\quad V = \dfrac{M\cos\theta}{4\pi\varepsilon_0 r^2} \propto \dfrac{1}{r^2}$

㉡ 자기 쌍극자에 의한 자계의 세기

$\quad |\vec{H}| = \dfrac{M}{4\pi\mu_0 r^3}\sqrt{1 + 3\cos^2\theta} \propto \dfrac{1}{r^3}$

하 제1장 벡터

16 $A = 2i - 5j + 3k$일 때, $k \times A$를 구하면?

① $-5i + 2j$

② $5iz - 2j$

③ $-5i - 2j$

④ $5i + 2j$

🖎 해설

k와 A의 두 벡터의 외적은 다음과 같다.

$k \times A = k \times (2i - 5j + 3k) = 2j + 5i$

여기서, $k \times i = j,\ k \times j = -i,\ k \times k = 0$

중 제11장 인덕턴스

17 균일하게 원형 단면을 흐르는 전류 $I[\text{A}]$에 의한 반지름 $a[\text{m}]$, 길이 $l[\text{m}]$, 비투자율 μ_s인 원통 도체의 내부 인덕턴스[H]는?

① $\dfrac{1}{2} \times 10^{-7}\mu_s l$

② $\dfrac{1}{2a} \times 10^{-7}\mu_s l$

③ $2 \times 10^{-7}\mu_s l$

④ $10^{-7}\mu_s l$

정답   13 ①   14 ④   15 ②   16 ④   17 ①

해설

도체 내부의 인덕턴스 $L_i = \dfrac{\mu l}{8\pi}$[H]에서

$$\therefore L_i = \dfrac{\mu l}{8\pi} = \dfrac{\mu_0 \mu_s l}{8\pi}$$

$$= \dfrac{4\pi \times 10^{-7} \times \mu_s \times l}{8\pi}$$

$$= \dfrac{1}{2} \times 10^{-7} \times \mu_s l \,[\text{H}]$$

상 제7장 진공 중의 정자계

18 자극의 세기가 8×10^{-6}[Wb], 길이가 3[cm] 인 막대자석을 120[A/m]의 평등자계 내에 자력선과 30°의 각도로 놓으면 이 막대자 석이 받는 회전력은 몇 [N·m]인가?

① 1.44×10^{-4} ② 1.44×10^{-5}

③ 3.02×10^{-4} ④ 3.02×10^{-5}

해설

막대자석이 받는 회전력

$$T = \vec{M} \times \vec{H} = MH\sin\theta$$

$$= 8 \times 10^{-6} \times 0.03 \times 120 \times \sin 30°$$

$$= 1.44 \times 10^{-5}[\text{N·m}]$$

중 제3장 정전용량

19 도체계에서 임의의 도체를 일정 전위의 도체 로 완전 포위하면 내외공간의 전계를 완전 차단할 수 있다. 이것을 무엇이라 하는가?

① 전자차폐

② 정전차폐

③ 홀(hall)효과

④ 핀치(pinch)효과

해설

① 전자차폐 : 전자유도현상이 발생되지 않도록 자속을 차폐시키는 것(고투자율 물질 사용)

③ 홀효과 : 자계 내에 놓여있는 반도체에 전류를 흘리 면 플레밍의 왼손법칙에 의해서 반도체 양면의 직각 방향으로 기전력이 발생하는 현상

④ 핀치효과 : 액체 상태의 원통상 도선에 직류전압을 인가하면 도체 내부에 자장이 생겨 로렌츠의 힘으로 전류가 원통 중심방향으로 수축하여 흐르는 현상

하 제4장 유전체

20 간격에 비해서 충분히 넓은 평행판 콘덴서의 판 사이에 비유전율 ε_s 인 유전체를 채우고 외부 에서 판에 수직방향으로 전계 E_0를 가할 때, 분극전하에 의한 전계의 세기는 몇 [V/m]인가?

① $\dfrac{\varepsilon_s + 1}{\varepsilon_s} E_0$ ② $\dfrac{\varepsilon_s - 1}{\varepsilon_s} E_0$

③ $\dfrac{\varepsilon_s}{\varepsilon_s - 1} E_0$ ④ $\dfrac{\varepsilon_s}{\varepsilon_s + 1} E_0$

해설

㉠ 분극전하밀도

$$\sigma' = P = D\left(1 - \dfrac{1}{\varepsilon_s}\right) = \varepsilon_0 E_0 \left(1 - \dfrac{1}{\varepsilon_s}\right)$$

㉡ 분극전하에 의한 전계의 세기

$$E' = \dfrac{\sigma'}{\varepsilon_0} = E_0\left(\dfrac{\varepsilon_s - 1}{\varepsilon_s}\right)$$

제2과목 전력공학

상 제4장 송전 특성 및 조상설비

21 전력원선도의 가로축과 세로축을 나타내는 것은?

① 전압과 전류

② 전압과 전력

③ 전류와 전력

④ 유효전력과 무효전력

해설

전력원선도의 가로축은 유효전력, 세로축은 무효전력,

반경(=반지름)은 $\dfrac{V_S V_R}{Z}$ 이다.

중 제8장 송전선로 보호방식

22 전력회로에 사용되는 차단기의 차단용량 (Interrupting capacity)을 결정할 때 이용 되는 것은?

① 예상 최대단락전류

② 회로에 접속되는 전부하전류

③ 계통의 최고전압

④ 회로를 구성하는 전선의 최대허용전류

정답 18 ② 19 ② 20 ② 21 ④ 22 ①

해설

차단용량 $P_s = \sqrt{3} \times$정격전압$\times$정격차단전류[MVA]

상 제8장 송전선로 보호방식

23 차단기의 정격차단시간은?

① 가동접촉자의 동작시간부터 소호까지의 시간
② 고장발생부터 소호까지의 시간
③ 가동접촉자의 개극부터 소호까지의 시간
④ 트립코일 여자부터 소호까지의 시간

해설 차단기의 정격차단시간

정격전압 하에서 규정된 표준 동작책무 및 동작상태에 따라 차단할 때의 차단시간한도로서, 트립코일 여자로 부터 아크의 소호까지의 시간(개극 시간＋아크 시간)

정격전압[kV]	7.2	25.8	72.5	170	362
정격차단시간[Cycle]	5～8	5	5	3	3

상 제6장 중성점 접지방식

24 전력계통의 중성점 다중접지방식의 특징으로 옳은 것은?

① 통신선의 유도장해가 적다.
② 합성접지저항이 매우 높다.
③ 건전상의 전위 상승이 매우 높다.
④ 지락보호계전기의 동작이 확실하다.

해설

중성점 다중접지방식의 경우 여러 개의 접지극이 병렬 접속으로 되어 있으므로 합성저항이 작아 지락사고 시 지락전류가 대단히 커서 통신선의 유도장해가 크게 나 타나지만 지락보호계전기의 동작이 확실하다.

하 제9장 배전방식

25 고압 배전선로 구성방식 중 고장 시 자동적으로 고장개소의 분리 및 건전선로에 폐로 하여 전력을 공급하는 개폐기를 가지며, 수 요분포에 따라 임의의 분기선으로부터 전력을 공급하는 방식은?

① 환상식
② 망상식
③ 뱅킹식
④ 가지식(수지식)

해설

환상식(루프) 배전은 선로고장 시 자동적으로 고장구 간을 구분하여 정전구간을 줄이고 전압변동 및 전력손 실이 적어지는 것이 장점이지만 시설비가 많이 들어 부하밀도가 높은 도심지의 번화가나 상가지역에 적당 하다.

중 제4장 송전 특성 및 조상설비

26 송전선로의 수전단을 단락한 경우 송전단 에서 본 임피던스는 300[Ω]이고, 수전단을 개방한 경우에는 1200[Ω]일 때 이 선로의 특성 임피던스는 몇 [Ω]인가?

① 600
② 50
③ 1000
④ 1200

해설

특성 임피던스 $Z_o = \sqrt{\dfrac{Z}{Y}} = \sqrt{\dfrac{Z_{SS}}{Y_{SO}}} = \sqrt{\dfrac{300}{1/1200}}$

$= \sqrt{300 \times 1200} = 600[\Omega]$

여기서, Z_{SS} : 수전단 단락 시 송전단에서 본 임피던스
Y_{SO} : 수전단 개방 시 송전단에서 본 어드미턴스

상 제5장 고장 계산 및 안정도

27 송전선로에서의 고장 또는 발전기 탈락과 같은 큰 외란에 대하여 계통에 연결된 각 동 기기기가 동기를 유지하면서 계속 안정적으로 운전할 수 있는지를 판별하는 안정도는?

① 동태안정도(dynamic stability)
② 정태안정도(steady-state stability)
③ 전압안정도(voltage stability)
④ 과도안정도(transient stability)

해설 안정도의 종류 및 특성

㉠ 정태안정도 : 정태안정도란 부하가 서서히 증가한 경우 계속해서 송전할 수 있는 능력으로 이때의 전력 을 정태안정 극한전력이라 한다.
㉡ 과도안정도 : 계통에 갑자기 부하가 증가하여 급격 한 교란상태가 발생하더라도 정전을 일으키지 않고 송전을 계속하기 위한 전력의 최대치를 과도안정도 라 한다.
㉢ 동태안정도 : 차단기 또는 조상설비 등을 설치하여 안정도를 높인 것을 동태안정도라 한다.

정답 23 ④ 24 ④ 25 ① 26 ① 27 ④

상 제7장 이상전압 및 유도장해

28 다음 중 송전선로의 역섬락을 방지하기 위한 대책으로 가장 알맞은 방법은?

① 가공지선 설치　② 피뢰기 설치

③ 매설지선 설치　④ 소호각 설치

해설

매설지선은 철탑의 탑각접지저항을 작게 하기 위한 지선으로, 역섬락을 방지하기 위해 사용한다.

상 제10장 배전선로 계산

29 3000[kW], 역률 80[%](늦음)의 부하에 전력을 공급하고 있는 변전소의 역률을 90[%]로 향상시키는 데 필요한 전력용 콘덴서의 용량은 약 몇 [kVA]인가?

① 600

② 700

③ 800

④ 900

해설

콘덴서 용량 $Q_c = P(\tan\theta_1 - \tan\theta_2)$[kVA]

여기서, P : 수전전력[kW]

　　　θ_1 : 개선 전 역률

　　　θ_2 : 개선 후 역률

유효전력 $P = 3000$[kW]이므로

콘덴서 용량

$$Q_c = 3000\left(\frac{\sqrt{1-0.8^2}}{0.8} - \frac{\sqrt{1-0.9^2}}{0.9}\right) = 800\,[\text{kVA}]$$

상 제4장 송전 특성 및 조상설비

30 중거리 송전선로의 T형 회로에서 송전단전류 I_S는? (단, Z, Y는 선로의 직렬 임피던스와 병렬 어드미턴스이고, E_R은 수전단전압, I_R은 수전단전류이다.)

① $I_R\left(1 + \dfrac{ZY}{2}\right) + YE_R$

② $E_R\left(1 + \dfrac{ZY}{2}\right) + ZI_R\left(1 + \dfrac{ZY}{4}\right)$

③ $E_R\left(1 + \dfrac{ZY}{2}\right) + ZI_R$

④ $I_R\left(\dfrac{1+ZY}{2}\right) + E_R Y\left(1 + \dfrac{ZY}{4}\right)$

해설

T형 회로는 아래 그림과 같으므로

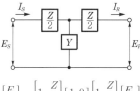

$$\begin{bmatrix} E_S \\ I_S \end{bmatrix} = \begin{bmatrix} 1 & \dfrac{Z}{2} \\ 0 & 1 \end{bmatrix}\begin{bmatrix} 1 & 0 \\ Y & 1 \end{bmatrix}\begin{bmatrix} 1 & \dfrac{Z}{2} \\ 0 & 1 \end{bmatrix}\begin{bmatrix} E_R \\ I_R \end{bmatrix}$$

$$= \begin{bmatrix} 1 + \dfrac{ZY}{2} & Z\left(1 + \dfrac{XY}{4}\right) \\ Y & 1 + \dfrac{ZY}{2} \end{bmatrix}\begin{bmatrix} E_R \\ I_R \end{bmatrix}$$

송전단전압

$$E_S = \left(1 + \frac{ZY}{2}\right)E_R + Z\left(1 + \frac{ZY}{4}\right)I_R$$

송전단전류 $I_S = YE_R + \left(1 + \dfrac{ZY}{2}\right)I_R$

중 제11장 발전

31 유량의 크기를 구분할 때 갈수량이란?

① 하천의 수위 중에서 1년을 통하여 355일간 이보다 내려가지 않는 수위

② 하천의 수위 중에서 1년을 통하여 275일간 이보다 내려가지 않는 수위

③ 하천의 수위 중에서 1년을 통하여 185일간 이보다 내려가지 않는 수위

④ 하천의 수위 중에서 1년을 통하여 95일간 이보다 내려가지 않는 수위

해설

하천의 유량은 계절에 따라 변하므로 유량과 수위는 다음과 같이 구분한다.

㉠ 갈수량 : 1년 365일 중 355일은 이 양 이하로 내려가지 않는 유량

㉡ 저수량 : 1년 365일 중 275일은 이 양 이하로 내려가지 않는 유량

㉢ 평수량 : 1년 365일 중 185일은 이 양 이하로 내려가지 않는 유량

㉣ 풍수량 : 1년 365일 중 95일은 이 양 이하로 내려가지 않는 유량

정답 **28** ③ **29** ③ **30** ① **31** ①

상 제8장 송전선로 보호방식

32 변전소에서 비접지선로의 접지보호용으로 사용되는 계전기에 영상전류를 공급하는 것은?

① CT
② GPT
③ ZCT
④ PT

해설

ZCT(영상변류기)는 지락사고 시 영상전류를 검출하여 GR(지락계전기)에 공급
① CT(변류기) : 대전류를 소전류로 변성
② GPT(접지형 계기용 변압기) : 지락사고 시 영상전압을 검출하여 OVGR(지락과전압계전기)에 공급
④ PT(계기용 변압기) : 고전압을 저전압으로 변성

상 제7장 이상전압 및 유도장해

33 송전선로에서 가공지선을 설치하는 목적이 아닌 것은?

① 뇌(雷)의 직격을 받을 경우 송전선 보호
② 유도뢰에 의한 송전선의 고전위 방지
③ 통신선에 대한 전자유도장해 경감
④ 철탑의 접지저항 경감

해설 가공지선의 설치효과

㉠ 직격뢰로부터 선로 및 기기 차폐
㉡ 유도뢰에 의한 정전차폐효과
㉢ 통신선의 전자유도장해를 경감시킬 수 있는 전자차폐 효과

중 제11장 발전

34 수력발전소의 형식을 취수방법, 운용방법에 따라 분류할 수 있다. 다음 중 취수방법에 따른 분류가 아닌 것은?

① 댐식
② 수로식
③ 조정지식
④ 유역변경식

해설 수력발전소의 분류

㉠ 낙차를 얻는 방법으로 분류
• 수로식 발전
• 댐식 발전
• 댐수로식 발전
• 유역변경식 발전
㉡ 유량을 사용하는 방법으로 분류
• 유입식 발전
• 조정지식 발전
• 저수지식 발전
• 양수식 발전
• 조력발전

상 제4장 송전 특성 및 조상설비

35 송전선의 특성 임피던스의 특징으로 옳은 것은?

① 선로의 길이가 길어질수록 값이 커진다.
② 선로의 길이가 길어질수록 값이 작아진다.
③ 선로의 길이에 따라 값이 변하지 않는다.
④ 부하용량에 따라 값이 변한다.

해설

특성 임피던스 $Z_o = \sqrt{\dfrac{Z}{Y}} = \sqrt{\dfrac{R+j\omega L}{g+j\omega C}} \Rightarrow \sqrt{\dfrac{L}{C}}$

에서 L[mH/km]이고 C[μF/km]이므로 특성 임피던스는 선로의 길이에 관계없이 일정하다.

상 제8장 송전선로 보호방식

36 송전선에서 재폐로방식을 사용하는 목적은 무엇인가?

① 역률개선
② 안정도 증진
③ 유도장해의 경감
④ 코로나 발생방지

해설 재폐로방식

㉠ 고장전류를 차단하고 차단기를 일정 시간 후 자동적으로 재투입하는 방식
㉡ 송전계통의 안정도를 향상시키고 송전용량을 증가
㉢ 계통사고의 자동복구 가능

상 제10장 배전선로 계산

37 3상 3선식 선로에서 일정한 거리에 일정한 전력을 송전할 경우 선로에서의 저항손은?

① 선간전압에 비례한다.
② 선간전압에 반비례한다.
③ 선간전압의 2승에 비례한다.
④ 선간전압의 2승에 반비례한다.

해설

송전선로의 저항손 $P_c = \dfrac{P^2}{V^2 \cos^2\theta} \rho \dfrac{L}{A}$[W]에서

$P_c \propto \dfrac{1}{V^2}$

정답 32 ③ 33 ④ 34 ③ 35 ③ 36 ② 37 ④

중 제6장 중성점 접지방식

38 1상의 대지정전용량 0.5[μF], 주파수 60[Hz]인 3상 송전선이 있다. 이 선로에 소호리액터를 설치하려 한다. 소호리액터의 공진리액턴스는 약 몇 [Ω]인가?

① 970   ② 1370

③ 1770   ④ 3570

해설

소호리액터 $\omega L = \dfrac{1}{3\omega C} - \dfrac{X_t}{3}$ [Ω]

(여기서, X_t : 변압기 1상당 리액턴스)

$\omega L = \dfrac{1}{3\omega C} - \dfrac{X_t}{3} = \dfrac{1}{3 \times 2\pi \times 60 \times 0.5 \times 10^{-6}}$

$= 1768 \fallingdotseq 1770$ [Ω]

상 제8장 송전선로 보호방식

39 고장전류의 크기가 커질수록 동작시간이 짧게 되는 특성을 가진 계전기는?

① 순한시계전기
② 정한시계전기
③ 반한시계전기
④ 반한시 정한시계전기

해설 계전기의 한시특성에 의한 분류

㉠ 순한시계전기 : 최소 동작전류 이상의 전류가 흐르면 즉시 동작하는 것
㉡ 반한시계전기 : 동작전류가 커질수록 동작시간이 짧게 되는 특성을 가진 것
㉢ 정한시계전기 : 동작전류의 크기에 관계없이 일정한 시간에서 동작하는 것
㉣ 반한시 정한시계전기 : 동작전류가 적은 동안에는 반한시 특성으로 되고 그 이상에서는 정한시 특성이 되는 것

중 제11장 발전

40 열효율 35[%]의 화력발전소의 평균발열량 6000[kcal/kg]의 석탄을 사용하면 1[kWh]를 발전하는 데 필요한 석탄량은 약 몇 [kg]인가?

① 0.41   ② 0.62

③ 0.71   ④ 0.82

해설

석탄의 양 $W = \dfrac{860P}{W\eta}$ [kg]

여기서 P : 발전소출력[kW]
   C : 연료의 발열량[kcal/kg]
   η : 열효율

석탄량 $W = \dfrac{860 \times 1}{6000 \times 0.35} = 0.4095 \fallingdotseq 0.41$ [kg]

제3과목 **전기기기**

중 제1장 직류기

41 자극수 4, 슬롯수 40, 슬롯 내부 코일 변수 4인 단중 중권직류기의 정류자편수는?

① 80   ② 40
③ 20   ④ 1

해설

정류자편수는 코일수와 같고

총코일수 $= \dfrac{\text{총도체수}}{2}$ 이므로

정류자편수 $K = \dfrac{\text{슬롯수} \times \text{슬롯 내 코일 변수}}{2}$

$= \dfrac{40 \times 4}{2} = 80$개

상 제4장 유도기

42 4극 3상 유도전동기가 있다. 전원전압 200[V]로 전부하를 걸었을 때 전류는 21.5[A]이다. 이 전동기의 출력은 약 몇 [W]인가? (단, 전부하 역률 86[%], 효율 85[%]이다.)

① 5029   ② 5444
③ 5820   ④ 6103

해설 유도전동기의 출력

$P_o = \sqrt{3}\, V_n I_n \cos\theta\, \eta$ [W]

(여기서, V_n : 정격전압, I_n : 정격전류, η : 전동기효율)

$P_o = \sqrt{3}\, V_n I_n \cos\theta\, \eta$

$= \sqrt{3} \times 200 \times 21.5 \times 0.86 \times 0.85$

$= 5444$ [W]

정답 38 ③ 39 ③ 40 ① 41 ① 42 ②

중 제6장 특수기기

43 직류 및 교류 양용에 사용되는 만능전동기는?

① 복권전동기
② 유도전동기
③ 동기전동기
④ 직권 정류자전동기

해설

직권 정류자전동기는 교류 · 직류 양용으로 사용되므로 교직양용 전동기(universal motor)라고도 하고 믹서기, 재봉틀, 진공소제기, 휴대용 드릴, 영사기 등에 사용된다.

중 제2장 동기기

44 동기발전기의 병렬운전 중 계자를 변화시키면 어떻게 되는가?

① 무효순환전류가 흐른다.
② 주파수 위상이 변한다.
③ 유효순환전류가 흐른다.
④ 속도조정률이 변한다.

해설

병렬운전 중 계자전류가 달라 기전력의 크기가 다를 경우 두 발전기 사이에 무효순환전류가 흐른다.

상 제3장 변압기

45 변압기의 $\%Z$가 커지면 단락전류는 어떻게 변화하는가?

① 커진다.
② 변동 없다.
③ 작아진다.
④ 무한대로 커진다.

해설

변압기 단락전류 $I_s = \dfrac{100}{\%Z} \times I_n [A]$

(여기서, I_n : 정격전류)

$\%Z$는 단락전류(I_s)와 반비례이므로 $\%Z$가 증가할 경우 단락전류는 작아진다.

상 제6장 특수기기

46 자동제어장치에 쓰이는 서보모터(servo motor)의 특성을 나타내는 것 중 틀린 것은?

① 빈번한 시동, 정지, 역전 등의 가혹한 상태에 견디도록 견고하고 큰 돌입전류에 견딜 것
② 시동 토크는 크나, 회전부의 관성 모멘트가 작고 전기적 시정수가 짧을 것
③ 발생 토크는 입력신호(入力信號)에 비례하고 그 비가 클 것
④ 직류 서보모터에 비하여 교류 서보모터의 시동 토크가 매우 클 것

해설 서보모터의 특성

㉠ 시동정지가 빈번한 상황에서도 견딜 수 있을 것
㉡ 큰 회전력을 갖을 것
㉢ 회전자(Rotor)의 관성 모멘트가 작을 것
㉣ 급제동 및 급가속(시동 토크가 크다)에 대응할 수 있을 것(시정수가 짧을 것)
㉤ 토크의 크기는 직류 서보모터가 교류 서보모터보다 크다.

상 제4장 유도기

47 동기 와트로 표시되는 것은?

① 토크
② 동기속도
③ 출력
④ 1차 입력

해설

동기 와트 $P_2 = 1.026 \cdot T \cdot N_s \times 10^{-3} [kW]$
동기 와트(P_2)는 동기속도에서 토크의 크기를 나타낸다.

상 제3장 변압기

48 변압기에서 권수가 2배가 되면 유도기전력은 몇 배가 되는가?

① 0.5
② 1
③ 2
④ 4

해설

유도기전력 $E = 4.44 f N \phi_m [V]$에서 $E \propto N$이므로 권수가 2배가 되면 유도기전력이 2배가 된다.

정답 43 ④ 44 ① 45 ③ 46 ④ 47 ① 48 ③

상 제4장 유도기

49 유도전동기의 속도제어법 중 저항제어와 관계가 없는 것은?

① 농형 유도전동기
② 비례추이
③ 속도제어가 간단하고 원활함
④ 속도조정범위가 작음

해설 2차 저항제어법(슬립 제어)

㉠ 비례추이의 원리를 이용한 것으로 2차 회로에 저항을 넣어 같은 토크에 대한 슬립 s를 변화시켜 속도를 제어하는 방식
㉡ 장점
• 구조가 간단하고, 제어조작이 용이하다.
• 속도제어용 저항기를 기동용으로 사용할 수 있다.
㉢ 단점
• 저항을 이용하므로 속도변화량에 비례하여 효율이 저하된다.
• 부하변동에 대한 속도변동이 크다.

상 제5장 정류기

50 사이리스터에서의 래칭(latching)전류에 관한 설명으로 옳은 것은?

① 게이트를 개방한 상태에서 사이리스터 도통상태를 유지하기 위한 최소의 순전류
② 게이트 전압을 인가한 후에 급히 제거한 상태에서 도통상태가 유지되는 최소의 순전류
③ 사이리스터의 게이트를 개방한 상태에서 전압이 상승하면 급히 증가하게 되는 순전류
④ 사이리스터가 턴온하기 시작하는 순전류

해설 사이리스터 전류의 정의

㉠ 래칭전류 : 사이리스터의 Turn on 하는데 필요한 최소의 Anode 전류
㉡ 유지전류 : 게이트를 개방한 상태에서도 사이리스터가 on 상태를 유지하는데 필요한 최소의 Anode 전류

중 제2장 동기기

51 다음은 유도자형 동기발전기에 대한 설명이다. 옳은 것은?

① 전기자만 고정되어 있다.
② 계자극만 고정되어 있다.
③ 계자극과 전기자가 고정되어 있다.
④ 회전자가 없는 특수 발전기이다.

해설

유도자형 발전기는 계자 및 전기자 모두 고정된 상태로 발전이 되며, 실험실 전원 등으로 사용된다.

중 제2장 동기기

52 동기발전기의 부하포화곡선은 발전기를 정격속도로 돌려 이것에 일정 역률, 일정 전류의 부하를 걸었을 때 어느 것의 관계를 표시하는 것인가?

① 부하전류와 계자전류
② 단자전압과 계자전류
③ 단자전압과 부하전류
④ 출력과 부하전류

해설 동기발전기의 특성곡선

㉠ 무부하포화곡선 : 정격속도에서 유기기전력과 계자전류의 관계곡선
㉡ 부하포화곡선 : 정격상태에서 계자전류와 단자전압과의 관계곡선
㉢ 외부특성곡선 : 정격속도에서 부하전류와 단자전압과의 관계곡선
㉣ 위상특성곡선 : 정격속도에서 계자전류와 전기자전류와의 관계곡선

상 제3장 변압기

53 임피던스 전압을 걸 때의 입력은?

① 철손
② 정격용량
③ 임피던스 와트
④ 전부하 시의 전손실

정답 49 ① 50 ④ 51 ③ 52 ② 53 ③

해설

변압기 2차측을 단락한 상태에서 1차측의 인가전압을 서서히 증가시켜 정격전류가 1차, 2차 권선에 흐르게 되는데 이때 전압계의 지시값이 임피던스 전압이고 전력계의 지시값이 임피던스 와트(동손)이다.

중 **제3장 변압기**

54 변압기의 기름에서 아크 방전에 의하여 생기는 가스 중 가장 많이 발생하는 가스는?

① 수소
② 일산화탄소
③ 아세틸렌
④ 산소

해설

유입변압기에서 아크 방전 등이 발생할 경우 변압기유가 전기분해되어 수소, 메탄 등의 가연성 기체와 슬러지가 발생한다.

상 **제2장 동기기**

55 전기자전류가 I[A], 역률이 $\cos\theta$인 철극형 동기발전기에서 횡축 반작용을 하는 전류 성분은?

① $\dfrac{I}{\cos\theta}$
② $\dfrac{I}{\sin\theta}$
③ $I\cos\theta$
④ $I\sin\theta$

해설 전기자반작용

㉠ 횡축 반작용 : 유기기전력과 전기자전류가 동상일 경우 발생($I_n\cos\theta$)
㉡ 직축 반작용 : 유기기전력과 ±90°의 위상차가 발생할 경우($I_n\sin\theta$)

중 **제4장 유도기**

56 3상 유도전동기에 직결된 펌프가 있다. 펌프 출력은 100[HP], 효율 74.6[%], 전동기의 효율과 역률은 각각 94[%]와 90[%]라고 하면 전동기의 입력[kVA]는 얼마인가?

① 95.74[kVA]
② 104.4[kVA]
③ 111.1[kVA]
④ 118.2[kVA]

해설

$1[\text{HP}] = 746[\text{W}]$이므로
3상 유도전동기의 입력

$$P = \frac{P_o}{\cos\theta \times \eta_M \times \eta_P} = \frac{100 \times 0.746}{0.94 \times 0.9 \times 0.746}$$
$$= 118.2[\text{kVA}]$$

여기서, P : 입력, P_o : 펌프 출력
η_M : 전동기 효율, η_P : 펌프 효율

상 **제2장 동기기**

57 동기전동기의 기동법으로 옳은 것은?

① 직류 초퍼법, 기동전동기법
② 자기동법, 기동전동기법
③ 자기동법, 직류 초퍼법
④ 계자제어법, 저항제어법

해설 동기전동기의 기동법

㉠ 자(기)기동법 : 제동권선을 이용
㉡ 기동전동기법(=타 전동기법) : 동기전동기보다 2극 적은 유도전동기를 이용하여 기동

중 **제3장 변압기**

58 6000/200[V], 5[kVA]의 단상변압기를 승압기로 연결하여 1차측에 6000[V]를 가할 때 2차측에 걸을 수 있는 최대 부하용량 [kVA]은?

① 165
② 160
③ 155
④ 150

해설

2차측(고압측) 전압
$$V_h = V_l\left(1 + \frac{1}{a}\right) = 6000\left(1 + \frac{1}{\frac{6000}{200}}\right) = 6200[\text{V}]$$

단권변압기 2차측의 최대 부하용량
$$부하용량 = \frac{V_h}{V_h - V_l} \times 자기용량$$
$$= \frac{6200}{6200 - 6000} \times 5 = 155[\text{kVA}]$$

정답 54 ① 55 ③ 56 ④ 57 ② 58 ③

중 제4장 유도기

59 유도전동기에서 크로우링(crawling)현상으로 맞는 것은?

① 기동 시 회전자의 슬롯수 및 권선법이 적당하지 않은 경우 정격속도보다 낮은 속도에서 안정운전이 되는 현상

② 기동 시 회전자의 슬롯수 및 권선법이 적당하지 않은 경우 정격속도보다 높은 속도에서 안정운전이 되는 현상

③ 회전자 3상 중 1상이 단선된 경우 정격속도의 50[%] 속도에서 안정운전이 되는 현상

④ 회전자 3상 중 1상이 단락된 경우 정격속도보다 높은 속도에서 안정운전이 되는 현상

해설 크로우링 현상

㉠ 유도전동기에서 회전자의 슬롯수, 권선법이 적당하지 않을 경우에 발생하는 현상으로서, 유도전동기가 정격속도에 이르지 못하고 정격속도 이전의 낮은 속도에서 안정되어 버리는 현상(소음발생)

㉡ 방지대책 : 사구(Skewed Slot) 채용

하 제1장 직류기

60 100[V], 2[kW]의 직류분권전동기의 단자 유입전류가 7.5[A]일 때 4[N · m]의 토크가 발생하였다. 부하가 증가해서 단자유입전류가 22.5[A]로 되었을 때의 토크는? (단, 전기자저항과 계자저항은 각각 0.2[Ω]와 40[Ω]이다.)

① 12[N · m] ② 13[N · m]
③ 15[N · m] ④ 16[N · m]

해설

분권전동기의 토크 $T \propto I_a \propto \dfrac{1}{N}$

전기자전류 $I_a = I_n - I_f$

계자전류 $I_f = \dfrac{V_n}{r_f} = \dfrac{100}{40} = 2.5[A]$

단자유입전류 7.5[A]일 때 $I_a = 7.5 - 2.5 = 5[A]$

단자유입전류 22.5[A]일 때 $I_a = 22.5 - 2.5 = 20[A]$

$4 : T = 5 : 20$

유입전류 22.5[A]의 토크 $T = 20 \times 4 \times \dfrac{1}{5} = 16[N \cdot m]$

제4과목 **회로이론 및 제어공학**

상 제어공학 제2장 전달함수

61 어떤 계의 계단응답이 지수함수적으로 증가하고 일정값으로 된 경우 이 계는 어떤 요소인가?

① 미분요소
② 1차 뒤진요소
③ 부동작요소
④ 지상요소

해설 1차 지연(뒤진)요소

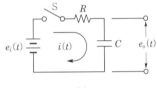

(a)

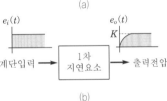

(b)

출력전압 $e_o(t)$는 콘덴서(C)에 충전되는 전압으로 초기에는 지수함수적으로 증가하다 충전이 완료되면 일정 전압이 된다.

$$\therefore \ e_o(t) = K\left(1 - e^{-\frac{1}{T}t}\right)[V]$$

중 제어공학 제3장 시간영역해석법

62 다음 회로의 임펄스응답은? (단, $t = 0$에서 스위치 K를 닫으면 v_o를 출력으로 본다.)

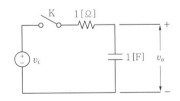

① e^t ② e^{-t}
③ $\dfrac{1}{2}e^{-t}$ ④ $2e^{-t}$

정답 59 ① 60 ④ 61 ② 62 ②

해설

㉠ 종합 전달함수

$$M(s) = \frac{V_o(s)}{V_i(s)} = \frac{\frac{1}{Cs}}{R + \frac{1}{Cs}}$$

$$= \frac{1}{RCs + 1} = \frac{\frac{1}{RC}}{s + \frac{1}{RC}}$$

㉡ 응답

$$v_o(t) = \mathcal{L}^{-1}[V_o(s)] = \mathcal{L}^{-1}[V_i(s) M(s)]$$

∴ 임펄스응답

$$v_o(t) = \mathcal{L}^{-1}[M(s)] = \mathcal{L}^{-1}\left[\frac{\frac{1}{RC}}{s + \frac{1}{RC}}\right]$$

$$= \frac{1}{RC} e^{-\frac{1}{RC}t} = e^{-t}$$

상 제어공학 제4장 주파수영역해석법

63 주파수 전달함수 $G(j\omega) = \dfrac{1}{j\,100\,\omega}$ 인 계에서 $\omega = 0.1[\text{rad/sec}]$일 때의 이득[dB]과 위상각 $\theta[\text{deg}]$는 얼마인가?

① $-20,\ -90°$ ② $-40,\ -90°$

③ $20,\ 90°$ ④ $40,\ 90°$

해설

㉠ 주파수 전달함수

$$G(j\omega) = \frac{1}{j\,100\,\omega}\bigg|_{\omega = 0.1} = \frac{1}{j10}$$

$$= \frac{1}{10\underline{/90°}} = 10^{-1}\underline{/-90°}$$

㉡ 이득

$$g = 20\log|G(j\omega)|$$
$$= 20\log 10^{-1}$$
$$= -20\log 10$$
$$= -20[\text{dB}]$$

하 제어공학 제8장 시퀀스회로의 이해

64 그림과 같은 회로는 어떤 논리회로인가?

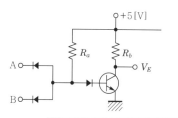

---

① AND 회로 ② NAND 회로

③ OR 회로 ④ NOR 회로

해설 NOR 회로(참고)

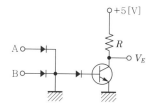

상 제어공학 제7장 상태방정식

65 샘플치(sampled-date) 제어계통이 안정되기 위한 필요충분 조건은?

① 전체(over-all) 전달함수의 모든 극점이 z평면의 원점에 중심을 둔 단위원 내부에 위치해야 한다.

② 전체(over-all) 전달함수의 모든 영점이 z평면의 원점에 중심을 둔 단위원 내부에 위치해야 한다.

③ 전체(over-all) 전달함수의 모든 극점이 z평면 좌반면에 위치해야 한다.

④ 전체(over-all) 전달함수의 모든 영점이 z평면 우반면에 위치해야 한다.

해설 극점의 위치에 따른 안정도 판별

구분	s 평면	z 평면
안정	좌반부	단위원 내부에 사상
불안정	우반부	단위원 외부에 사상
임계안정 (안정한계)	허수축	단위원 원주상으로 사상

중 제어공학 제8장 시퀀스회로의 이해

66 다음 식 중 De Morgan의 정리를 옳게 나타낸 식은?

① $A + B = B + A$

② $A \cdot (B \cdot C) = (A \cdot B) \cdot C$

③ $\overline{A \cdot B} = \overline{A} \cdot \overline{B}$

④ $\overline{A \cdot B} = \overline{A} + \overline{B}$

정답 63 ① 64 ② 65 ① 66 ④

해설

드 모르간의 정리는 다음과 같다.

㉠ $\overline{A \cdot B} = \overline{A} + \overline{B}$

㉡ $\overline{A + B} = \overline{A} \cdot \overline{B}$

상 제어공학 제6장 근궤적법

67 $G(s)H(s) = \dfrac{K(s-1)}{s(s+1)(s-4)}$ 에서 점근

선의 교차점을 구하면?

① -1　　　　② 1

③ -2　　　　④ 2

해설

㉠ 극점 : $s_1 = 0$, $s_2 = -1$, $s_3 = 4$

　• 극점의 수 : $P = 3$개

　• 극점의 총합 : $\sum P = 3$

㉡ 영점 : $s_1 = 1$

　• 영점의 수 : $Z = 1$개

　• 영점의 총합 : $\sum Z = 1$

∴ 점근선의 교차점

　$\sigma = \dfrac{\sum P - \sum Z}{P - Z} = \dfrac{3-1}{3-1} = 1$

중 제어공학 제7장 상태방정식

68 선형 시불변시스템의 상태방정식 $\dfrac{d}{dt} x(t)$

$= A x(t) + B u(t)$에서 $A = \begin{bmatrix} 1 & 3 \\ 1 & -2 \end{bmatrix}$,

$B = \begin{bmatrix} 0 \\ 1 \end{bmatrix}$ 일 때, 특성방정식은?

① $s^2 + s - 5 = 0$

② $s^2 - s - 5 = 0$

③ $s^2 + 3s + 1 = 0$

④ $s^2 - 3s + 1 = 0$

해설

특성방정식 $F(s) = |sI - A| = 0$에서

$F(s) = \begin{bmatrix} s & 0 \\ 0 & s \end{bmatrix} - \begin{bmatrix} 1 & 3 \\ 1 & -2 \end{bmatrix} = \begin{bmatrix} s-1 & -3 \\ -1 & s+2 \end{bmatrix}$

$\quad = (s-1) \times (s+2) - (-3) \times (-1)$

$\quad = s^2 + s - 2 - 3$

$\quad = s^2 + s - 5 = 0$

중 제어공학 제2장 전달함수

69 개루프 전달함수가 $G(s) = \dfrac{s+2}{s(s+1)}$ 일

때, 폐루프 전달함수는?

① $\dfrac{s+2}{s^2 + s}$　　　② $\dfrac{s+2}{s^2 + 2s + 2}$

③ $\dfrac{s+2}{s^2 + s + 2}$　　④ $\dfrac{s+2}{s^2 + 2s + 4}$

해설

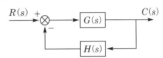

㉠ 종합 전달함수

　$M(s) = \dfrac{G(s)}{1 + G(s)H(s)}$

㉡ $G(s)H(s)$를 개루프 전달함수라 하고 $H(s) = 1$

인 폐루프시스템을 단위 (부)궤환시스템이라 한다.

∴ $M(s) = \dfrac{G(s)}{1 + G(s)} = \dfrac{\dfrac{s+2}{s(s+1)}}{1 + \dfrac{s+2}{s(s+1)}}$

$\quad = \dfrac{s+2}{s(s+1) + (s+2)}$

$\quad = \dfrac{s+2}{s^2 + 2s + 2}$

하 제어공학 제4장 주파수영역해석법

70 $G(j\omega) = \dfrac{K}{1 + j\omega T}$ 일 때 $|G(j\omega)|$와

$\underline{/G(j\omega)}$는?

① $|G(j\omega)| = \dfrac{K}{\sqrt{1 + (\omega T)^2}}$

　$\underline{/G(j\omega)} = -\tan^{-1}(\omega T)$

② $|G(j\omega)| = -\dfrac{K}{\sqrt{1 + (\omega T)}}$

　$\underline{/G(j\omega)} = -\tan(\omega T)$

③ $|G(j\omega)| = -\dfrac{K}{\sqrt{1 + (\omega T)}}$

　$\underline{/G(j\omega)} = -\tan^{-1}(\omega T)$

④ $|G(j\omega)| = \dfrac{K}{\sqrt{1 + (\omega T)^2}}$

　$\underline{/G(j\omega)} = \tan(\omega T)$

정답 67 ② 68 ① 69 ② 70 ①

해설

㉠ 주파수 전달함수

$$G(j\omega) = \frac{K}{1 + j\omega T}$$

$$= \frac{K\underline{/0^\circ}}{\sqrt{1^2 + (\omega T)^2}\ \underline{/\tan^{-1}(\omega T)}}$$

$$= \frac{K}{\sqrt{1^2 + (\omega T)^2}}\ \underline{/-\tan^{-1}(\omega T)}$$

㉡ 크기 : $|G(j\omega)| = \dfrac{K}{\sqrt{1 + (\omega T)^2}}$

㉢ 위상각 : $\underline{/G(j\omega)} = -\tan^{-1}(\omega T)$

상 회로이론 제7장 4단자망 회로해석

71 그림과 같은 회로의 구동점 임피던스는?

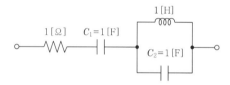

① $1 + \dfrac{1}{s} - \dfrac{1}{\dfrac{s+1}{s}}$

② $1 + \dfrac{1}{s} + \dfrac{1}{\dfrac{s+1}{s}}$

③ $1 + \dfrac{1}{s} + \dfrac{s}{\dfrac{s+1}{s}}$

④ $1 - \dfrac{1}{s} + \dfrac{s}{\dfrac{s+1}{s}}$

해설

RLC 회로의 합성 임피던스

$$Z(s) = R + \frac{1}{C_1 s} + \frac{1}{Ls + \dfrac{1}{C_2 s}} = 1 + \frac{1}{s} + \frac{1}{s + \dfrac{1}{s}}$$

여기서, $R = 1[\Omega]$, $L = 1[H]$, $C_1 = C_2 = 1[F]$

상 회로이론 제9장 과도현상

72 저항 $R = 2[\Omega]$, 인덕턴스 $L = 2[H]$인 직렬회로에 직류전압 $V = 10[V]$을 인가했을 때 전류[A]는?

① $5(1 - e^{-t})$　　② $5(1 + e^{-t})$

③ 5　　④ 0

해설

직류회로의 주파수가 0이므로 유도 리액턴스 $X_L = 2\pi f L = 0[\Omega]$이 된다.

∴ 직류전류(정상전류)

$$I = i_s = \frac{V}{R} = \frac{10}{2} = 5[A]$$

중 회로이론 제8장 분포정수회로

73 1[km]당의 인덕턴스 25[mH], 정전용량 0.005 [μF]의 선로가 있을 때 무손실선로라고 가정한 경우의 위상속도[km/sec]는?

① 약 5.24×10^4　　② 약 8.95×10^4

③ 약 5.24×10^8　　④ 약 5.24×10^3

해설 위상속도

$$v = \frac{1}{\sqrt{LC}} = \frac{1}{\sqrt{25 \times 10^{-3} \times 0.005 \times 10^{-6}}}$$

$$= 8.95 \times 10^4 [km/sec]$$

하 회로이론 제9장 과도현상

74 RC 직렬회로에 $t = 0$에서 직류전압을 인가하였다. 시정수 5배에서 커패시터에 충전된 전하는 약 몇 [%]인가? (단, 초기에 충전된 전하는 없다고 가정한다.)

① 1　　② 2

③ 93.7　　④ 99.3

해설

㉠ 충전전하 $Q(t) = CE\left(1 - e^{-\frac{1}{RC}t}\right)$

㉡ 정상상태($t = \infty$)에서 충전전하

　$Q(\infty) = CE(1 - e^{-\infty}) = CE$

㉢ 시정수 5배 시간($t = 5\tau = 5RC$)에서

　충전전하 $Q(5\tau) = CE(1 - e^{-5}) = CE \times 0.9932$

∴ 시정수 5배에서 커패시터에 충전된 전하는 정상상태의 99.32[%]가 된다.

상 회로이론 제4장 비정현파 교류회로의 이해

75 어떤 회로의 전압이 아래와 같은 경우 실횻값[V]은?

$$e(t) = 10\sqrt{2} + 10\sqrt{2}\sin\omega t + 10\sqrt{2}\sin 3\omega t[V]$$

① 10　　② 15

③ 20　　④ 25

해설 전류의 실횻값

$$|E| = \sqrt{E_0^2 + |E_1|^2 + |E_3|^3}$$

$$= \sqrt{(10\sqrt{2})^2 + 10^2 + 10^2}$$

$$= 20[V]$$

정답 71 ② 72 ③ 73 ② 74 ④ 75 ③

상 　회로이론 제3장 다상 교류회로의 이해

76 3상 유도전동기의 출력이 3마력, 전압이 200[V], 효율 80[%], 역률 90[%]일 때 전동기에 유입하는 선전류의 값은 약 몇 [A]인가?

① 7.18[A]　　② 9.18[A]
③ 6.84[A]　　④ 8.97[A]

🖋️ 해설

유효전력 $P = \sqrt{3}\,VI\cos\theta\eta$[W]

여기서, 효율 $\eta = \dfrac{출력}{입력}$

1[HP]=746[W]

∴ 선전류 $I = \dfrac{P}{\sqrt{3}\,V\cos\theta\,\eta}$

$\qquad = \dfrac{3 \times 746}{\sqrt{3} \times 200 \times 0.9 \times 0.8}$

$\qquad = 8.97$[A]

상 　회로이론 제4장 비정현파 교류회로의 이해

77 다음과 같은 비정현파 교류전압과 전류에 의한 평균전력은 약 몇 [W]인가?

$$e(t) = 200\sin 100\pi t$$
$$\qquad + 80\sin\left(300\pi t - \frac{\pi}{2}\right)[\text{V}]$$
$$i(t) = \frac{1}{5}\sin\left(100\pi t - \frac{\pi}{3}\right)$$
$$\qquad + \frac{1}{10}\sin\left(300\pi t - \frac{\pi}{4}\right)[\text{A}]$$

① 6.414　　② 8.586
③ 12.83　　④ 24.21

🖋️ 해설

㉠ 기본파 소비전력

$P_1 = \dfrac{1}{2}V_{m1}I_{m1}\cos\theta_1$

$\quad = \dfrac{1}{2} \times 200 \times \dfrac{1}{5} \times \cos 60^\circ$

$\quad = 10$[W]

㉡ 제3고조파 소비전력

$P_3 = \dfrac{1}{2}V_{m3}I_{m3}\cos\theta_3$

$\quad = \dfrac{1}{2} \times 80 \times \dfrac{1}{10} \times \cos 45^\circ$

$\quad = 2.83$[W]

∴ $P = P_1 + P_3 = 12.83$[W]

하 　회로이론 제5장 대칭좌표법

78 그림과 같이 대칭 3상 교류발전기의 a상이 임피던스 Z를 통하여 지락되었을 때 흐르는 지락전류 I_g는 얼마인가?

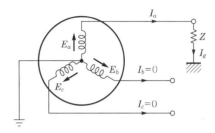

① $\dfrac{3E_a}{Z_0 + Z_1 + Z_2 + Z}$

② $\dfrac{E_a}{Z_0 + Z_1 + Z_2 + Z}$

③ $\dfrac{3E_a}{Z_0 + Z_1 + Z_2 + 3Z}$

④ $\dfrac{E_a}{Z_0 + Z_1 + Z_2 + 3Z}$

🖋️ 해설　Z에 의한 1선 지락사고

㉠ 영상전류 $I_0 = \dfrac{E_a}{Z_0 + Z_1 + Z_2 + 3Z}$

㉡ 지락전류 $I_g = 3I_0 = \dfrac{3E_a}{Z_0 + Z_1 + Z_2 + 3Z}$

중 　회로이론 제10장 라플라스 변환

79 다음과 같은 함수 $f(t)$의 라플라스 변환은?

$$t < 2 : f(t) = 0$$
$$2 \le t \le 4 : f(t) = 10$$
$$t > 4 : f(t) = 0$$

① $\dfrac{1}{s}\left(e^{-2s} + e^{-4s}\right)$

② $\dfrac{5}{s}\left(e^{-2s} - e^{-4s}\right)$

③ $\dfrac{10}{s}\left(e^{-2s} - e^{-4s}\right)$

④ $\dfrac{10}{s}\left(e^{-4s} - e^{-2s}\right)$

정답　76 ④　77 ③　78 ③　79 ③

[해설]

㉠ 조건을 그림으로 나타내면 다음과 같다.

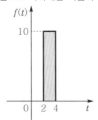

㉡ 함수는 $f(t) = 10u(t-2) - 10u(t-4)$이 되고 이를 라플라스 변환하면

$$F(s) = \frac{1}{s}e^{-2s} - \frac{1}{s}e^{-4s}$$

$$= \frac{1}{s}(e^{-2s} - e^{-4s})$$

$$\therefore \frac{10}{s}(e^{-2s} - e^{-4s})$$

상 회로이론 제6장 회로망 해석

80 그림과 같은 회로에서 5[Ω]에 흐르는 전류는 몇 [A]인가?

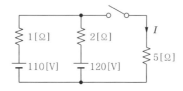

① 30[A]

② 40[A]

③ 20[A]

④ 33.3[A]

[해설]

밀만의 정리에 의해서 구할 수 있다.

㉠ 개방전압(5[Ω]의 단자전압)

$$V_{ab} = \frac{\sum I}{\sum Y} = \frac{\frac{110}{1} + \frac{120}{2}}{\frac{1}{1} + \frac{1}{2} + \frac{1}{5}} = 100[V]$$

㉡ 5[Ω]에 흐르는 전류 : $I = \frac{100}{5} = 20[A]$

제5과목 **전기설비기술기준**

상 제4장 발전소, 변전소, 개폐소 및 기계기구 시설보호

81 345[kV]의 옥외변전소에 있어서 울타리의 높이와 울타리에서 기기의 충전부분까지 거리의 합계는 최소 몇 [m] 이상인가?

① 6.48

② 8.16

③ 8.28

④ 8.40

[해설] 특고압용 기계기구의 시설(KEC 341.4)

울타리까지 거리와 울타리 높이의 합계는 160[kV]까지는 6[m]이고, 160[kV] 넘는 10[kV] 단수는 (345-160)÷10=18.5이므로 19단수이다.
그러므로 울타리까지 거리와 높이의 합계는 다음과 같다.
6+(19×0.12)=8.28[m]

상 제6장 분산형전원설비

82 주택의 전로 인입구에 「전기용품 및 생활용품 안전관리법」의 적용을 받는 감전보호용 누전차단기를 시설하는 경우 주택의 옥내전로(전기기계기구 내의 전로를 제외)의 대지전압은 몇 [V] 이하로 하여야 하는가? (단, 대지전압 150[V]를 초과하는 전로이다.)

① 400

② 750

③ 300

④ 600

[해설] 옥내전로의 대지전압의 제한(KEC 231.6)

주택의 옥내전로(전기기계기구 내의 전로를 제외)의 대지전압은 300[V] 이하이어야 하며 다음에 따라 시설하여야 한다(예외 : 대지전압 150[V] 이하의 전로).
㉠ 사용전압은 400[V] 이하일 것
㉡ 주택의 전로 인입구에는 「전기용품 및 생활용품 안전관리법」에 적용을 받는 감전보호용 누전차단기를 시설할 것(예외 : 정격용량이 3[kVA] 이하인 절연변압기를 사람이 쉽게 접촉할 우려가 없도록 시설하고 또한 그 절연변압기의 부하측 전로를 접지하지 않는 경우)

하 제5장 전기철도

83 전기철도의 설비를 보호하기 위해 시설하는 피뢰기의 시설기준으로 틀린 것은?

① 피뢰기는 변전소 인입측 및 급전선 인출 측에 설치하여야 한다.
② 피뢰기는 가능한 한 보호하는 기기와 가깝게 시설하되 누설전류 측정이 용이하도록 지지대와 절연하여 설치한다.
③ 피뢰기는 개방형을 사용하고 유효보호거리를 증가시키기 위하여 방전개시전압 및 제한전압이 낮은 것을 사용한다.
④ 피뢰기는 가공전선과 직접 접속하는 지중케이블에서 낙뢰에 의해 절연파괴의 우려가 있는 케이블 단말에 설치하여야 한다.

해설 전기철도의 피뢰기 설치장소(KEC 451.3)

㉠ 변전소 인입측 및 급전선 인출측
㉡ 가공전선과 직접 접속하는 지중케이블에서 낙뢰에 의해 절연파괴의 우려가 있는 케이블 단말
㉢ 피뢰기는 가능한 한 보호하는 기기와 가깝게 시설하되 누설전류 측정이 용이하도록 지지대와 절연하여 설치

상 제2장 저압설비 및 고압 · 특고압설비

84 조명용 백열전등을 설치할 때 타임스위치를 시설하여야 할 곳은?

① 공장
② 사무실
③ 병원
④ 아파트 현관

해설 점멸기의 시설(KEC 234.6)

다음의 경우에는 센서등(타임스위치 포함)을 시설하여야 한다.
㉠ 「관광진흥법」과 「공중위생관리법」에 의한 관광숙박업 또는 숙박업(여인숙업을 제외한다)에 이용되는 객실의 입구등은 1분 이내에 소등되는 것
㉡ 일반주택 및 아파트 각 호실의 현관등은 3분 이내에 소등되는 것

중 제5장 전기철도

85 전기철도 변전소의 용량에 대한 설명이다. 다음 ( ) 안에 들어갈 내용으로 옳은 것은?

> 변전소의 용량은 급전구간별 정상적인 열차부하조건에서 ( )시간 최대출력 또는 순시최대출력을 기준으로 결정하고, 연장급전 등 부하의 증가를 고려하여야 한다.

① 12 ② 5
③ 3 ④ 1

해설 변전소의 용량(KEC 421.3)

㉠ 변전소의 용량은 급전구간별 정상적인 열차부하조건에서 1시간 최대출력 또는 순시최대출력을 기준으로 결정하고, 연장급전 등 부하의 증가를 고려하여야 한다.
㉡ 변전소의 용량 산정 시 현재의 부하와 장래의 수송수요 및 고장 등을 고려하여 변압기 뱅크를 구성하여야 한다.

하 제3장 전선로

86 특고압 절연전선을 사용한 22,900[V] 가공전선과 안테나와의 최소 이격거리(간격)는 몇 [m]인가? (단, 중성선 다중접지식의 것으로 전로에 지기가 생겼을 때 2[sec] 이내에 전로로부터 차단하는 장치가 되어 있다.)

① 1.0 ② 1.2
③ 1.5 ④ 2.0

해설 25[kV] 이하인 특고압 가공전선로의 시설 (KEC 333.32)

15[kV] 초과 25[kV] 이하 특고압 가공전선로 이격거리 (간격)

구분	가공전선의 종류	이격(수평이격)거리(간격)
가공약전류전선 저압 또는 고압 가공전선 · 안테나, 저압 또는 고압의 전차선	나전선	2.0[m]
	특고압 절연전선	1.5[m]
	케이블	0.5[m]

상 제3장 전선로

87 사용전압이 400[V] 이하인 저압 가공전선은 케이블이나 절연전선인 경우를 제외하고 인장강도가 3.43[kN] 이상인 것 또는 지름 몇 [mm] 이상이어야 하는가?

① 2.0   ② 1.2
③ 3.2   ④ 4.0

해설 저압 가공전선의 굵기 및 종류(KEC 222.5)

㉠ 저압 가공전선은 나전선(중성선 또는 다중접지된 접지측 전선으로 사용하는 전선), 절연전선, 다심형 전선 또는 케이블을 사용할 것
㉡ 사용전압이 400[V] 이하인 저압 가공전선
 • 지름 3.2[mm] 이상(인장강도 3.43[kN] 이상)
 • 절연전선인 경우는 지름 2.6[mm] 이상(인장강도 2.3[kN] 이상)
㉢ 사용전압이 400[V] 초과인 저압 가공전선
 • 시가지 : 지름 5[mm] 이상(인장강도 8.01[kN] 이상)
 • 시가지 외 : 지름 4[mm] 이상(인장강도 5.26[kN] 이상)
㉣ 사용전압이 400[V] 초과인 저압 가공전선에는 인입용 비닐절연전선을 사용하지 않을 것

중 제2장 저압설비 및 고압·특고압설비

88 과전류차단기로 저압전로에 사용하는 산업용 배선차단기의 부동작전류와 동작전류의 배수로 적합한 것은?

① 1.0배, 1.2배   ② 1.05배, 1.3배
③ 1.25배, 1.6배   ④ 1.3배, 1.8배

해설 보호장치의 특성(KEC 212.3.4)

과전류 트립 동작시간 및 특성(산업용 배선차단기)

정격전류의 구분	시 간	정격전류의 배수 (모든 극에 통전)	
		부동작전류	동작전류
63[A] 이하	60분	1.05배	1.3배
63[A] 초과	120분	1.05배	1.3배

상 제2장 저압설비 및 고압·특고압설비

89 건조한 장소로서 전개된 장소에 고압 옥내배선을 할 수 있는 것은?

① 애자사용공사   ② 합성수지관공사
③ 금속관공사   ④ 가요전선관공사

해설 고압 옥내배선 등의 시설(KEC 342.1)

고압 옥내배선은 다음에 의하여 시설한다.
㉠ 애자사용공사(건조한 장소로서 전개된 장소에 한한다)
㉡ 케이블공사
㉢ 케이블트레이공사

하 제4장 발전소, 변전소, 개폐소 및 기계기구 시설보호

90 통신설비의 식별표시에 대한 설명으로 틀린 것은?

① 모든 통신기기에는 식별이 용이하도록 인식용 표찰을 부착하여야 한다.
② 통신사업자의 설비표시명판은 플라스틱 및 금속판 등 견고하고 가벼운 재질로 하고 글씨는 각인하거나 지워지지 않도록 제작된 것을 사용하여야 한다.
③ 배전주에 시설하는 통신설비의 설비표시명판의 경우 분기주, 인류주는 각각의 전주에 시설하여야 한다.
④ 배전주에 시설하는 통신설비의 설비표시명판의 경우 직선주는 전주 10경간(전주 간격)마다 시설한다.

해설 통신설비의 식별표시(KEC 365.1)

통신설비의 식별은 다음에 따라 표시할 것
㉠ 모든 통신기기에는 식별이 용이하도록 인식용 표찰을 부착하여야 한다.
㉡ 통신사업자의 설비표시명판은 플라스틱 및 금속판 등 견고하고 가벼운 재질로 하고 글씨는 각인하거나 지워지지 않도록 제작된 것을 사용하여야 한다.
㉢ 설비표시명판 시설기준
 • 배전주 중 직선주는 전주 5경간(전주 간격)마다 시설할 것
 • 배전주 중 분기주, 인류주는 매 전주에 시설할 것

상 제1장 공통사항

91 최대사용전압이 154[kV]인 중성점 직접 접지식 전로의 절연내력시험전압은 몇 [V]인가?

① 110880   ② 141680
③ 169400   ④ 192500

해설 전로의 절연저항 및 절연내력(KEC 132)

60[kV]를 초과하는 중성점 직접 접지식일 때 시험전압은 최대사용전압의 0.72배를 가해야 한다.
시험전압 $E = 154000 \times 0.72 = 110880$[V]

정답 87 ③ 88 ② 89 ① 90 ④ 91 ①

상 제3장 전선로

92 154[kV] 특고압 가공전선로를 시가지에 경동연선으로 시설할 경우 단면적은 몇 [mm²] 이상을 사용하여야 하는가?

① 100
② 150
③ 200
④ 250

해설 시가지 등에서 특고압 가공전선로의 시설 (KEC 333.1)

특고압 가공전선 시가지 시설제한의 전선굵기는 다음과 같다.
㉠ 100[kV] 미만은 55[mm²] 이상의 경동연선 또는 알루미늄이나 절연전선
㉡ 100[kV] 이상은 150[mm²] 이상의 경동연선 또는 알루미늄이나 절연전선

상 제3장 전선로

93 가공전선으로의 지지물에 지선(지지선)을 시설할 때 옳은 방법은?

① 지선(지지선)의 안전율을 2.0으로 하였다.
② 소선은 최소 2가닥 이상의 연선을 사용하였다.
③ 지중의 부분 및 지표상 20[cm]까지의 부분은 아연도금철봉 등 내부식성 재료를 사용하였다.
④ 도로를 횡단하는 곳의 지선(지지선)의 높이는 지표상 5[m]로 하였다.

해설 지선(지지선)의 시설(KEC 331.11)

㉠ 지선(지지선)의 안전율 : 2.5 이상
㉡ 허용인장하중 : 4.31[kN] 이상
㉢ 소선(素線) 3가닥 이상의 연선일 것
㉣ 소선은 지름 2.6[mm] 이상의 금속선을 사용한 것일 것. 또는 소선의 지름이 2[mm] 이상인 아연도강연선으로서, 소선의 인장강도가 0.68[kN/mm²] 이상인 것
㉤ 지중부분 및 지표상 30[cm]까지의 부분에는 내식성이 있는 아연도금철봉을 사용
㉥ 도로를 횡단 시 지선(지지선)의 높이는 지표상 5[m] 이상
㉦ 지선애자를 사용하여 감전사고방지
㉧ 철탑은 지선(지지선)을 사용하여 강도의 일부를 분담금지

상 제3장 전선로

94 저압 가공전선 또는 고압 가공전선이 도로를 횡단할 때 지표상의 높이는 몇 [m] 이상으로 하여야 하는가? (단, 농로, 기타 교통이 번잡하지 않은 도로 및 횡단보도교는 제외한다.)

① 4
② 5
③ 6
④ 7

해설 저압 가공전선의 높이(KEC 222.7) 고압 가공전선의 높이(KEC 332.5)

㉠ 도로를 횡단하는 경우 지표상 6[m] 이상
㉡ 철도 또는 궤도를 횡단하는 경우에는 레일면상 6.5[m] 이상
㉢ 횡단보도교의 위인 경우에는 저 · 고압 가공전선은 노면상 3.5[m] 이상(절연전선 및 케이블인 경우에는 3[m] 이상)
㉣ 기타(도로를 따라 시설)의 경우 지표상 5[m] 이상

상 제3장 전선로

95 고압 보안공사 시 지지물로 A종 철근 콘크리트주를 사용할 경우 경간(지지물 간 거리)은 몇 [m] 이하이어야 하는가?

① 100
② 200
③ 250
④ 400

해설 고압 보안공사(KEC 332.10)

㉠ 전선은 케이블인 경우 이외에는 지름 5[mm] 이상의 경동선일 것
㉡ 풍압하중에 대한 안전율은 1.5 이상일 것
㉢ 경간(지지물 간 거리)은 다음에서 정한 값 이하일 것

지지물의 종류	경간 (지지물 간 거리)
목주 · A종 철주 또는 A종 철근 콘크리트주	100[m]
B종 철주 또는 B종 철근 콘크리트주	150[m]
철탑	400[m]

㉣ 단면적 38[mm²] 이상의 경동연선을 사용하는 경우에는 표준경간을 적용

상 제6장 분산형전원설비

96 전기저장장치를 시설하는 곳에 계측하는 장치를 시설하여 측정하는 대상이 아닌 것은?

① 주요 변압기의 전압
② 이차전지 출력 단자의 전압
③ 이차전지 출력 단자의 주파수
④ 주요 변압기의 전력

[해설] 계측장치(KEC 511.2.10)

전기저장장치를 시설하는 곳에는 다음의 사항을 계측하는 장치를 시설할 것
㉠ 이차전지 출력 단자의 전압, 전류, 전력 및 충방전 상태
㉡ 주요 변압기의 전압, 전류 및 전력

중 | 제3장 전선로

97 특고압 지중전선이 가연성이나 유독성의 유체(流體)를 내포하는 관과 접근하기 때문에 상호 간에 견고한 내화성의 격벽을 시설하였다면 상호 간의 이격거리(간격)가 몇 [cm] 이하인 경우인가?

① 30 ② 60
③ 80 ④ 100

[해설] 지중전선과 지중약전류전선 등 또는 관과의 접근 또는 교차(KEC 334.6)

특고압 지중전선이 가연성이나 유독성의 유체를 내포하는 관과 접근하거나 교차하는 경우에 상호 간의 간격이 1[m](단, 사용전압이 25[kV] 이하인 다중접지방식 지중전선로인 경우에는 0.5[m] 이하)인 때에는 지중전선과 관 사이에 견고한 내화성의 격벽을 시설하는 경우 이외에는 지중전선을 견고한 불연성 또는 난연성의 관에 넣어 그 관이 가연성이나 유독성의 유체를 내포하는 관과 직접 접촉하지 아니하도록 시설하여야 한다.

상 | 제2장 저압설비 및 고압 · 특고압설비

98 라이팅덕트공사에 의한 저압 옥내배선에 대한 설명으로 옳지 않은 것은?

① 덕트는 조영재에 견고하게 붙일 것
② 덕트의 지지점 간의 거리는 3[m] 이상일 것
③ 덕트의 종단부는 폐쇄할 것
④ 덕트는 조영재를 관통하여 시설하지 아니할 것

[해설] 라이팅덕트공사(KEC 232.71)

㉠ 덕트 상호 간 및 전선 상호 간은 견고하게 또한 전기적으로 완전히 접속할 것
㉡ 덕트는 조영재에 견고하게 붙일 것
㉢ 덕트의 지지점 간의 거리는 2[m] 이하로 할 것
㉣ 덕트의 끝부분은 막을 것
㉤ 덕트를 사람이 용이하게 접촉할 우려가 있는 장소에 시설하는 경우에는 전로에 지락이 생겼을 때에 자동적으로 전로를 차단하는 장치를 시설할 것

상 | 제3장 전선로

99 지중전선로의 시설에서 관로식에 의하여 시설하는 경우 매설깊이는 몇 [m] 이상으로 하여야 하는가?

① 0.6 ② 1.0
③ 1.2 ④ 1.5

[해설] 지중전선로의 시설(KEC 334.1)

㉠ 관로식의 경우 케이블 매설깊이
  • 차량, 기타 중량물에 의한 압력을 받을 우려가 있는 장소 : 1.0[m] 이상
  • 기타 장소 : 0.6[m] 이상
㉡ 직접 매설식의 경우 케이블 매설깊이
  • 차량, 기타 중량물에 의한 압력을 받을 우려가 있는 장소 : 1.0[m] 이상
  • 기타 장소 : 0.6[m] 이상

중 | 제2장 저압설비 및 고압 · 특고압설비

100 욕탕의 양단에 판상의 전극을 설치하고 그 전극 상호 간에 교류전압을 가하는 전기욕기의 전원변압기 2차 전압은 몇 [V] 이하인 것을 사용하여야 하는가?

① 5 ② 10
③ 12 ④ 15

[해설] 전기욕기(KEC 241.2)

㉠ 전기욕기용 전원장치(변압기의 2차측 사용전압이 10[V] 이하인 것)를 사용할 것
㉡ 욕탕 안의 전극 간의 거리는 1[m] 이상이어야 한다.
㉢ 욕탕 안의 전극은 사람이 쉽게 접촉할 우려가 없도록 시설한다.
㉣ 전기욕기용 전원장치로부터 욕기 안의 전극까지의 배선은 공칭단면적 2.5[mm²] 이상의 연동선과 이와 동등 이상의 세기 및 굵기의 절연전선(옥외용 비닐절연전선을 제외)이나 케이블 또는 공칭단면적이 1.5[mm²] 이상의 캡타이어케이블을 합성수지관공사, 금속관공사 또는 케이블공사에 의하여 시설하거나 또는 공칭단면적이 1.5[mm²] 이상의 캡타이어 코드를 합성수지관(두께가 2[mm] 미만의 합성수지제 전선관 및 난연성이 없는 콤바인덕트관을 제외)이나 금속관에 넣고 관을 조영재에 견고하게 고정할 것
㉤ 전기욕기용 전원장치로부터 욕기 안의 전극까지의 전선 상호 간 및 전선과 대지 사이의 절연저항은 "KEC 132 전로의 절연저항 및 절연내력"에 따를 것

제1과목 전기자기학

중 제3장 정전용량

01 콘덴서의 성질에 관한 설명 중 적절하지 못한 것은?

① 용량이 같은 콘덴서를 n개 직렬 연결하면 내압은 n배, 용량은 $\frac{1}{n}$배가 된다.

② 용량이 같은 콘덴서를 n개 병렬 연결하면 내압은 같고, 용량은 n배로 된다.

③ 정전용량이란 도체의 전위를 1[V]로 하는 데 필요한 전하량을 말한다.

④ 콘덴서를 직렬 연결할 때 각 콘덴서에 분포되는 전하량은 콘덴서의 크기에 비례한다.

해설

콘덴서 직렬 접속 시 각 콘덴서에 분포되는 전하량은 모두 일정하다.

중 제1장 벡터

02 두 벡터 $\vec{A} = A_x i + 2j$, $\vec{B} = 3i - 3j - k$ 가 서로 직교하려면 A_x의 값은?

① 0

② 2

③ $\frac{1}{2}$

④ -2

해설

㉠ 수직인 두 벡터($\vec{A} \perp \vec{B}$)의 내적은 0이다.

㉡ $\vec{A} \cdot \vec{B} = (A_x i + 2j) \cdot (3i - 3j - k)$
$= 3A_x - 6 = 0$

∴ ㉡을 정리하면 A_x를 구할 수 있다.

$3A_x = 6$

$A_x = 2$

중 제4장 유전체

03 비유전율이 10인 유전체를 5[V/m]인 전계 내에 놓으면 유전체의 표면 전하밀도는 몇 [C/m^2]인가? (단, 유전체의 표면과 전계는 직각이다.)

① $35\varepsilon_0$

② $45\varepsilon_0$

③ $55\varepsilon_0$

④ $65\varepsilon_0$

해설

유전체 표면 전하밀도는 분극 전하밀도이므로
$P = \varepsilon_0(\varepsilon_s - 1)E = \varepsilon_0(10-1) \times 5 = 45\varepsilon_0 [C/m^2]$

중 제9장 지성체와 자기회로

04 자화된 철의 온도를 높일 때 자화가 서서히 감소하다가 급격히 강자성이 상자성으로 변하면서 강자성을 잃어버리는 온도는?

① 켈빈(Kelvin)온도

② 연화온도(Transition)

③ 전이온도

④ 퀴리(Curie)온도

중 제12장 전자계

05 콘크리트($\varepsilon_r = 4$, $\mu_r = 1$) 중에서 전자파의 고유 임피던스는 약 몇 [Ω]인가?

① 35.4[Ω]

② 70.8[Ω]

③ 124.3[Ω]

④ 188.5[Ω]

해설 특성 임피던스

$$Z = \sqrt{\frac{\mu}{\varepsilon}} = \sqrt{\frac{\mu_0 \mu_r}{\varepsilon_0 \varepsilon_r}} = 120\pi\sqrt{\frac{\mu_r}{\varepsilon_r}}$$

$$= 120\pi\sqrt{\frac{1}{4}} = 377 \times \frac{1}{2} = 188.5 [Ω]$$

정답 01 ④ 02 ② 03 ② 04 ④ 05 ④

중 제2장 진공 중의 정전계

06 기전력 1[V]의 정의는?

① 1[C]의 전기량이 이동할 때 1[J]의 일을 하는 두 점 간의 전위차

② 1[A]의 전류가 이동할 때 1[J]의 일을 하는 두 점 간의 전위차

③ 2[C]의 전기량이 이동할 때 1[J]의 일을 하는 두 점 간의 전위차

④ 2[A]의 전류가 이동할 때 1[J]의 일을 하는 두 점 간의 전위차

해설 전위

㉠ 기전력(전위차)의 정의
1[C]의 단위전하(unit charge)가 특정 a점에서 b점까지 운반될 때 소비되는 에너지로 a와 b지점의 전위의 차를 말한다.

㉡ 전위차의 정의식 : $V = \dfrac{W}{Q}[J/C = V]$

∴ 1[C]의 전기량이 이동할 때 1[J]의 일을 하는 두 점 간의 전위차는 1[V]가 된다.

상 제7장 진공 중의 정자계

07 자석의 세기 0.2[Wb], 길이 10[cm]인 막대자석의 중심에서 60°의 각을 가지며 40[cm]만큼 떨어진 점 A의 자위는 몇 [A]인가?

① 1.97×10^3

② 3.96×10^3

③ 7.92×10^3

④ 9.58×10^3

해설 자기 쌍극자의 자위

$$U = \frac{M\cos\theta}{4\pi\mu_0 r^2} = \frac{ml\cos\theta}{4\pi\mu_0 r^2}$$

$$= 6.33 \times 10^4 \times \frac{0.2 \times 0.1 \times \cos60°}{0.4^2}$$

$$= 3.956 \times 10^3[A]$$

중 제11장 인덕턴스

08 그림과 같은 1[m]당 권선수 n, 반지름 a[m]의 무한장 솔레노이드에서 자기 인덕턴스는 n과 a 사이에 어떤 관계가 있는가?

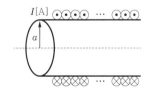

① a와는 상관없고 n^2에 비례한다.

② a와 n의 곱에 비례한다.

③ a^2과 n^2의 곱에 비례한다.

④ a^2에 반비례하고, n^2에 비례한다.

해설

㉠ 단위길이당 권선수 $n = \dfrac{N}{l}$에서

권수 $N = nl$이므로 $N^2 = n^2 l^2$이 된다.

㉡ 자기 인덕턴스

$$L = \frac{\mu S N^2}{l} = \frac{\mu S n^2 l^2}{l}$$

$$= \mu S n^2 l[H] = \mu\pi a^2 n^2 [H/m] \text{ (여기서, } S = \pi a^2)$$

∴ a^2과 n^2의 곱에 비례한다.

중 제6장 전류

09 도체의 고유저항과 관계없는 것은?

① 온도

② 길이

③ 단면적

④ 단면적의 모양

해설

㉠ 전기저항 : $R = \rho\dfrac{l}{S} = \dfrac{l}{kS}[\Omega]$

여기서, l : 도체의 길이[m]
S : 도체의 단면적[m²]
k : 도전율(전도율)

㉡ 고유저항(저항율)

$$\rho = \frac{1}{R} = \frac{RS}{l}[\Omega \cdot m]$$

㉢ 금속은 일반적으로 정특성 온도계수(온도 상승에 따라 저항이 증가). 전해액이나 반도체에서는 부특성 온도계수(온도 상승에 따라 저항이 감소)의 특성이 나타난다.

∴ 고유저항과 단면적의 모양과는 관계없다.

중 제9장 자성체와 자기회로

10 길이 l[m], 단면적의 지름 d[m]인 원통이 길이방향으로 균일하게 자화되어 자화의 세기가 J[Wb/m²]인 경우 원통 양단에서의 전자극의 세기 m[Wb]는?

① $\pi d^2 J$

② $\pi d J$

③ $\pi \dfrac{d^2}{4} J$

④ $\dfrac{4J}{\pi} d^2$

정답 06 ① 07 ② 08 ③ 09 ④ 10 ③

해설

자화의 세기 $J = \dfrac{m}{S} = \dfrac{M}{V}$[Wb/m²]에서

∴ 전자극의 세기

$$m = J \times S = J \times \pi r^2 = J \times \dfrac{\pi d^2}{4}\,[\text{Wb}]$$

상 제8장 전류의 자기현상

11 그림과 같은 안반지름 7[cm], 바깥반지름 9[cm]인 환상 철심에 감긴 코일의 기자력이 500[AT]일 때, 이 환상 철심 내단면의 중심부의 자계의 세기는 몇 [AT/m]인가?

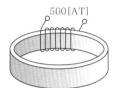

500[AT]

① $\dfrac{2778}{\pi}$ 　② $\dfrac{3125}{\pi}$

③ $\dfrac{3571}{\pi}$ 　④ $\dfrac{6349}{\pi}$

해설

㉠ 환상 철심의 평균 반지름 (철심 중심부 거리)
  $r = 8$[cm] $= 0.08$[m]
㉡ 기자력 $F = IN = 500$[AT]
∴ 환상 슬레노이드의 자계의 세기

$$H = \dfrac{IN}{2\pi r} = \dfrac{500}{2\pi \times 0.08} = \dfrac{3125}{\pi}\,[\text{AT/m}]$$

중 제8장 전류의 자기현상

12 그림과 같이 한 변의 길이가 l[m]인 정삼각형회로에 I[A]가 흐르고 있을 때 삼각형 중심에서의 자계의 세기[A/m]는?

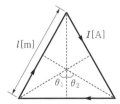

l[m]　I[A]　θ_1　θ_2

① $\dfrac{9I}{2\pi l}$ 　② $\dfrac{9I}{\pi l}$

③ $\dfrac{\sqrt{2}\,I}{2\pi l}$ 　④ $\dfrac{2\sqrt{2}\,I}{\pi l}$

해설

한 변의 길이가 l[m]인 도체(코일)에 전류를 흘렸을 때 도체 중심에서 자계의 세기

㉠ 정사각형 도체 : $H = \dfrac{2\sqrt{2}\,I}{\pi l}$[A/m]

㉡ 정삼각형 도체 : $H = \dfrac{9I}{2\pi l}$[A/m]

㉢ 정육각형 도체 : $H = \dfrac{\sqrt{3}\,I}{\pi l}$[A/m]

㉣ 정n각형 도체 : $H = \dfrac{nI}{2\pi R} \tan\dfrac{\pi}{n}$[A/m]

중 제10장 전자유도법칙

13 자속 ϕ[Wb]가 $\phi = \phi_m \cos 2\pi ft$[Wb]로 변화할 때 이 자속과 쇄교하는 권수 N[회]인 코일에 발생하는 기전력은 몇 [V]인가?

① $2\pi f N \phi_m \cos 2\pi ft$

② $-2\pi f N \phi_m \cos 2\pi ft$

③ $2\pi f N \phi_m \sin 2\pi ft$

④ $-2\pi f N \phi_m \sin 2\pi ft$

해설

$$e = -N\dfrac{d\phi}{dt} = -N\dfrac{d}{dt}\phi_m \cos 2\pi ft$$
$$= -N\phi_m \dfrac{d}{dt}\cos 2\pi ft = 2\pi f N \phi_m \sin 2\pi ft\,[\text{V}]$$

상 제4장 유전체

14 어떤 종류의 결정을 가열하면 한 면에 정(正), 반대면에 부(負)의 전기가 나타나 분극을 일으키며 반대로 냉각하면 역(逆)의 분극이 일어나는 것은?

① 파이로(Pyro)전기효과

② 볼타(Volta)효과

③ 바크하우젠(Barkhausen)법칙

④ 압전기(Piezo-electric)의 역효과

해설

㉠ 파이로전기효과(초전효과) : 유전체를 가열 또는 냉각을 시키면 전기분극이 발생하는 효과
㉡ 압전기효과 : 유전체에 압력 또는 인장력을 가하면 전기분극이 발생하는 효과
㉢ 압전기역효과 : 유전체에 전압을 주면 유전체가 변형을 일으키는 현상

정답　11 ②　12 ①　13 ③　14 ①

상 제5장 전기 영상법

15 그림과 같이 공기 중에서 무한 평면도체의 표면으로부터 2[m]인 곳에 점전하 4[C]이 있다. 전하가 받는 힘은 몇 [N]인가?

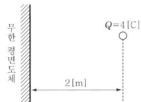

① 3×10^9 ② 9×10^9

③ 1.2×10^{10} ④ 3.6×10^{10}

해설 전하가 받는 힘(전기력)

$$F = \frac{Q^2}{4\pi\varepsilon_0 r^2} = \frac{-Q^2}{4\pi\varepsilon_0(2a)^2}$$

$$= \frac{9 \times 10^9}{4} \times \frac{-Q^2}{a^2} = -\frac{9 \times 10^9}{4} \times \frac{4^2}{2^2}$$

$$= -9 \times 10^9 [\text{N}]$$

여기서, '-'는 흡인력을 의미

하 제6장 전류

16 2개의 물체를 마찰하면 마찰전기가 발생한다. 이는 마찰에 의한 일에 의하여 표면에 가까운 무엇이 이동하기 때문인가?

① 전하   ② 양자

③ 구속전자   ④ 자유전자

하 제2장 진공 중의 정전계

17 자유공간 중에서 점 (x_1, y_1, z_1)에 $Q[\text{C}]$인 점전하가 있을 때 점 (x, y, z)의 전계의 세기는 얼마인가?

① $E = \dfrac{Q[(x-x_1)a_x + (y-y_1)a_y + (z-z_1)a_z]}{4\pi\varepsilon_0[(x-x_1)^2 + (y-y_1)^2 + (z-z_1)^2]^{3/2}}$

② $E = \dfrac{Q[(x_1-x)a_x + (y_1-y)a_y + (z_1-z)a_z]}{4\pi\varepsilon_0[(x_1-x)^2 + (y_1-y)^2 + (z_1-z)^2]^{2/3}}$

③ $E = \dfrac{Q^2[(x-x_1)a_x + (y-y_1)a_y + (z-z_1)a_z]}{4\pi\varepsilon_0[(x_1-x) + (y_1-y)^2 + (z_1-z)^2]^{3/2}}$

④ $E = \dfrac{Q^2[(x_1-x)a_x + (y_1-y)a_y + (z_1-z)a_z]}{4\pi\varepsilon_0[(x-x_1)^2 + (y-y_1)^2 + (z-z_1)^2]^{2/3}}$

해설

㉠ 변위(거리) 벡터
$$\vec{r} = (x-x_1)a_x + (y-y_1)a_y + (z-z_1)a_z$$

㉡ 변위(거리)
$$r = \sqrt{(x-x_1)^2 + (y-y_1)^2 + (z-z_1)^2}$$
$$= \left[(x-x_1)^2 + (y-y_1)^2 + (z-z_1)^2\right]^{1/2}$$

∴ 전계의 세기(벡터)

$$\vec{E} = E\vec{r_0} = \frac{Q}{4\pi\varepsilon_0 r^2} \times \frac{\vec{r}}{r} = \frac{Q\vec{r}}{4\pi\varepsilon_0 r^3}$$

$$= \frac{Q[(x-x_1)a_x + (y-y_1)a_y + (z-z_1)a_z]}{4\pi\varepsilon_0\left[(x-x_1)^2 + (y-y_1)^2 + (z-z_1)^2\right]^{3/2}}$$

여기서, $\vec{r_0}$: 단위 벡터

상 제4장 유전체

18 커패시터를 제조하는데 A, B, C, D와 같은 4가지 유전재료가 있다. 커패시터 내에서 단위체적당 가장 큰 에너지 밀도를 나타내는 재료로부터 순서대로 나열하면? (단, 유전재료 A, B, C, D의 비유전율은 각각 $\varepsilon_{rA} = 8$, $\varepsilon_{rB} = 10$, $\varepsilon_{rC} = 2$, $\varepsilon_{rD} = 4$이다.)

① $B > A > D > C$ ② $A > B > D > C$

③ $D > A > C > B$ ④ $C > D > A > B$

해설

정전에너지 $W = \dfrac{1}{2}\varepsilon E^2 = \dfrac{1}{2}\varepsilon_r \varepsilon_0 E^2 [\text{J/m}^3]$이므로 비유전율에 비례한다.

∴ 따라서 $\varepsilon_{rB} > \varepsilon_{rA} > \varepsilon_{rD} > \varepsilon_{rC}$이므로
$B > A > D > C$가 된다.

상 제5장 전기 영상법

19 점전하와 접지된 유한한 도체구가 존재할 때 점전하에 의한 접지구 도체의 영상전하에 관한 설명 중 틀린 것은?

① 영상전하는 구도체 내부에 존재한다.

② 영상전하는 점전하와 크기는 같고, 부호는 반대이다.

③ 영상전하는 점전하와 도체 중심축을 이은 직선상에 존재한다.

④ 영상전하가 놓인 위치는 도체 중심과 점전하와의 거리와 도체 반지름에 의해 결정된다.

정답   15 ②   16 ④   17 ①   18 ①   19 ②

해설

접지구 도체 내부에 영상전하가 유도된다.

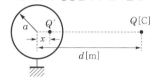

㉠ 영상전하 : $Q' = -\dfrac{a}{d}Q[C]$

㉡ 구도체 내의 영상점 : $x = \dfrac{a^2}{d}[m]$

중 · 제3장 정전용량

20 두 개의 도체에서 전위 및 전하가 각각 V_1, Q_1 및 V_2, Q_2일 때, 이 도체계가 갖는 에너지는 얼마인가?

① $\dfrac{1}{2}(V_1Q_1 + V_2Q_2)[J]$

② $\dfrac{1}{2}(Q_1 + Q_2)(V_1 + V_2)[J]$

③ $V_1Q_1 + V_2Q_2[J]$

④ $(V_1 + V_2)(Q_1 + Q_2)[J]$

해설

㉠ 도체가 갖는 에너지

$$W = \frac{1}{2}CV^2 = \frac{1}{2}QV = \frac{Q^2}{2C}[J]$$

㉡ 에너지는 스칼라이므로 도체계의 에너지는 모두 더하면 된다.

$$\therefore \ W = W_1 + W_2 = \frac{1}{2}(V_1Q_1 + V_2Q_2)[J]$$

제2과목 전력공학

상 · 제7장 이상전압 및 유도장해

21 전력계통에서 내부 이상전압의 크기가 가장 큰 경우는?

① 유도성 소전류 차단 시

② 수차발전기의 부하 차단 시

③ 무부하선로 충전전류 차단 시

④ 송전선로의 부하차단기 투입 시

해설 개폐서지

송전선로의 개폐조작에 따른 과도현상 때문에 발생하는 것이 이상전압이다. 송전선로 개폐조작 시 이상전압이 가장 큰 경우는 무부하 송전선로의 충전전류를 차단할 때이다.

상 · 제5장 고장 계산 및 안정도

22 기준 선간전압 23[kV], 기준 3상 용량 5000[kVA], 1선의 유도리액턴스가 15[Ω]일 때 %리액턴스는?

① 28.36[%]

② 14.18[%]

③ 7.09[%]

④ 3.55[%]

해설

퍼센트 리액턴스 $\%X = \dfrac{I_nX}{V} \times 100 = \dfrac{P_nX}{10V_n^2}[\%]$

여기서, $V_n[kV]$: 정격전압, $P_n[kVA]$: 정격용량

$\%X = \dfrac{P_nX}{10V_n^2} = \dfrac{5000 \times 15}{10 \times 23^2} = 14.178 ≒ 14.18[\%]$

상 · 제3장 선로정수 및 코로나현상

23 가공송전선로에서 총 단면적이 같은 경우 단도체와 비교하여 복도체의 장점이 아닌 것은?

① 안정도를 증대시킬 수 있다.

② 공사비가 저렴하고 시공이 간편하다.

③ 전선표면의 전위경도를 감소시켜 코로나 임계전압이 높아진다.

④ 선로의 인덕턴스가 감소되고 정전용량이 증가해서 송전용량이 증대된다.

해설 복도체나 다도체를 사용할 때 특성

㉠ 인덕턴스는 감소하고 정전용량은 증가한다.

㉡ 같은 단면적의 단도체에 비해 전류용량이 증대된다.

㉢ 안정도가 증가하여 송전용량이 증가한다.

㉣ 전선표면의 전위경도를 감소시켜 코로나 임계전압이 상승해 코로나 현상이 억제된다.

상 제5장 고장 계산 및 안정도

24 합성 임피던스 0.25[%]의 개소에 시설해야 할 차단기의 차단용량으로 적당한 것은? (단, 합성 임피던스는 10[MVA]를 기준으로 환산한 값이다.)

① 2500[MVA]
② 3300[MVA]
③ 3700[MVA]
④ 4200[MVA]

해설

차단용량 $P = \dfrac{100}{\%Z} \times P = \dfrac{100}{0.25} \times 10 = 4000$[MVA]

차단용량은 4000[MVA]보다 큰 4200[MVA]가 적당하다.

중 제10장 배전선로 계산

25 지상역률 80[%]. 10000[kVA]의 부하를 가진 변전소에 6000[kVA]의 전력용 콘덴서를 설치하여 역률을 개선하면 변압기에 걸리는 부하는 역률 개선 전의 몇 [%]로 되는가?

① 60
② 75
③ 80
④ 85

해설

유효전력 $P = 10000 \times 0.8 = 8000$[kW]
무효전력 $Q = 10000 \times 0.6 - 6000 = 0$[kVA]
이때 변압기에 걸리는 부하는 피상전력이므로
$S = \sqrt{P^2 + Q^2} = \sqrt{8000^2 + 0^2} = 8000$[kVA]
따라서 변압기에 걸리는 부하는 개선 전의 80[%]가 된다.

하 제7장 이상전압 및 유도장해

26 파동 임피던스 $Z_1 = 500$[Ω]인 선로에 파동 임피던스 $Z_2 = 1500$[Ω]인 변압기가 접속되어 있다. 선로로부터 600[kV]의 전압파가 들어왔을 때, 접속점에서의 투과파전압 [kV]은?

① 300
② 600
③ 900
④ 1200

해설

반사계수 $\lambda = \dfrac{Z_2 - Z_1}{Z_1 + Z_2}$

투과계수 $\nu = \dfrac{2Z_2}{Z_1 + Z_2}$

투과파전압
$E = \dfrac{2Z_2}{Z_1 + Z_2} e_1 = \dfrac{2 \times 1500}{500 + 1500} \times 600 = 900$[kV]

하 제9장 배전방식

27 저압배전선로에 대한 설명으로 틀린 것은?

① 저압뱅킹방식은 전압변동을 경감할 수 있다.
② 밸런서(balancer)는 단상 2선식에 필요하다.
③ 부하율(F)과 손실계수(H) 사이에는 $1 \geq F \geq H \geq F^2 \geq 0$의 관계가 있다.
④ 수용률이란 최대수용전력을 설비용량으로 나눈 값을 퍼센트로 나타낸 것이다.

해설

밸런서는 권선비가 1 : 1인 단권변압기로 단상 3선식 배전선로 말단에 시설하여 전압의 불평형을 방지하고 선로손실을 경감시킬 목적으로 사용한다.

상 제8장 송전선로 보호방식

28 단로기에 대한 설명으로 틀린 것은?

① 소호장치가 있어 아크를 소멸시킨다.
② 무부하 및 여자전류의 개폐에 사용된다.
③ 사용회로수에 의해 분류하면 단투형과 쌍투형이 있다.
④ 회로의 분리 또는 계통의 접속 변경 시 사용한다.

해설

단로기는 아크소호장치가 없어서 부하전류나 고장전류는 차단할 수 없고 변압기 여자전류나 무부하 충전전류 등 매우 적은 전류를 개폐할 수 있는 것으로, 주로 발·변전소에 회로변경, 보수점검을 위해 설치하며 블레이드 접촉부, 지지애자 및 조작장치로 구성되어 있다.

정답 24 ④ 25 ③ 26 ③ 27 ② 28 ①

중 제8장 송전선로 보호방식

29 345[kV] 선로용 차단기로 가장 많이 사용되는 것은?

① 진공차단기　　② 기중차단기
③ 자기차단기　　④ 가스차단기

해설

가스차단기(GCB)와 공기차단기(ABB)가 초고압용으로 사용된다.

중 제8장 송전선로 보호방식

30 송전선로의 고속도 재폐로 계전방식의 목적으로 옳은 것은?

① 전압강하 방지
② 일선 지락 순간사고 시의 정전시간 단축
③ 전선로의 보호
④ 단락사고 방지

해설 재폐로 방식

㉠ 재폐로 방식은 고장전류를 차단하고 차단기를 일정 시간 후 자동적으로 재투입하는 방식이다.
㉡ 송전계통의 안정도를 향상시키고 송전용량을 증가시킬 수 있다.
㉢ 계통사고의 자동복구를 할 수 있다.

상 제7장 이상전압 및 유도장해

31 접지봉을 사용하여 희망하는 접지저항치까지 줄일 수 없을 때 사용하는 선은?

① 차폐선　　② 가공지선
③ 크로스본드선　　④ 매설지선

해설 매설지선

탑각 접지저항이 300[Ω]을 초과하면 철탑 각각에 동복강연선을 지하 50[cm] 이상의 깊이에 20~80[m] 정도 방사상으로 포설하여 역섬락을 방지한다.

중 제11장 발전

32 횡축에 1년 365일을 역일 순으로 취하고, 종축에 유량을 취하여 매일의 측정유량을 나타낸 곡선은?

① 유황곡선　　② 적산유량곡선
③ 유량도　　④ 수위유량곡선

해설 하천의 유량측정

㉠ 유황곡선 : 횡축에 일수를, 종축에 유량을 표시하고 유량이 많은 일수를 차례로 배열하여 이 점들을 연결한 곡선이다.
㉡ 적산유량곡선 : 횡축에 역일을, 종축에 유량을 기입하고 이들의 유량을 매일 적산하여 작성한 곡선으로 저수지 용량 등을 결정하는데 이용할 수 있다.
㉢ 유량도 : 횡축에 역일을, 종축에 유량을 기입하고 매일의 유량을 표시한 것이다.
㉣ 수위유량곡선 : 횡축의 하천의 유량과 종축의 하천의 수위 사이에는 일정한 관계가 있으므로 이들 관계를 곡선으로 표시한 것이다.

상 제7장 이상전압 및 유도장해

33 선로정수를 평형되게 하고, 근접 통신선에 대한 유도장해를 줄일 수 있는 방법은?

① 연가를 시행한다.
② 전선으로 복도체를 사용한다.
③ 전선로의 이도를 충분하게 한다.
④ 소호리액터 접지를 하여 중성점 전위를 줄여준다.

해설 연가의 목적

㉠ 선로정수 평형
㉡ 근접 통신선에 대한 유도장해 감소
㉢ 소호리액터 접지계통에서 중성점의 잔류전압으로 인한 직렬공진의 방지

상 제2장 전선로

34 154[kV] 송전선로에 10개의 현수애자가 연결되어 있다. 다음 중 전압부담이 가장 적은 것은?

① 철탑에 가장 가까운 것
② 철탑에서 3번째
③ 전선에서 가장 가까운 것
④ 전선에서 3번째

해설

송전선로에서 현수애자의 전압부담은 전선에서 가까이 있는 것부터 1번째 애자 22[%], 2번째 애자 17[%], 3번째 애자 12[%], 4번째 애자 10[%], 그리고 8번째 애자가 약 6[%], 마지막 애자가 8[%] 정도의 전압을 부담하게 된다

정답 29 ④　30 ②　31 ④　32 ③　33 ①　34 ②

중 제6장 중성점 접지방식

35 비접지식 3상 송배전계통에서 1선 지락고장 시 고장전류를 계산하는 데 사용되는 정전용량은?

① 작용정전용량   ② 대지정전용량
③ 합성정전용량   ④ 선간정전용량

해설

1선 지락고장 시 지락점에 흐르는 지락전류는 대지정전용량으로 흐른다.
비접지식 선로에서 1선 지락사고 시의 지락전류

$$I_g = 2\pi f(3C_s) \frac{V}{\sqrt{3}} l \times 10^{-6}[\text{A}]$$

상 제8장 송전선로 보호방식

36 단락전류를 제한하기 위한 것은?

① 동기조상기   ② 분로리액터
③ 전력용 콘덴서   ④ 한류리액터

해설

한류리액터는 선로에 직렬로 설치한 리액터로 단락사고 시 발전기에 전기자 반작용이 일어나기 전 커다란 돌발 단락전류가 흐르므로 이를 제한하기 위해 설치하는 리액터이다.

상 제6장 중성점 접지방식

37 1선 지락 시에 지락전류가 가장 작은 송전계통은?

① 비접지식
② 직접접지식
③ 저항접지식
④ 소호리액터 접지식

해설

송전계통의 접지방식별 지락사고 시 지락전류의 크기 비교

중성점 접지방식	지락전류의 크기
비접지	적음
직접접지	최대
저항접지	중간 정도
소호리액터 접지	최소

상 제6장 중성점 접지방식

38 유효접지는 1선 접지 시에 전선상의 전압이 상규 대지전압의 몇 배를 넘지 않도록 하는 중성점 접지를 말하는가?

① 0.8   ② 1.3
③ 3   ④ 4

해설

1선 지락고장 시 건전상 전압이 상규 대지전압의 1.3배를 넘지 않는 범위에 들어가도록 중성점 임피던스를 조절해서 접지하는 방식을 유효접지라고 한다.

상 제11장 발전

39 어느 화력발전소에서 40000[kWh]를 발전하는 데 발열량 860[kcal/kg]의 석탄이 60톤 사용된다. 이 발전소의 열효율[%]은 약 얼마인가?

① 56.7   ② 66.7
③ 76.7   ④ 86.7

해설 열효율

$$\eta = \frac{860P}{WC} \times 100 = \frac{860 \times 40000}{60 \times 10^3 \times 860} \times 100 = 66.7[\%]$$

여기서, P : 전력량[W]
       W : 연료소비량[kg]
       C : 열량[kcal/kg]

중 제9장 배전방식

40 고압 배전선로 구성방식 중 고장 시 자동적으로 고장개소의 분리 및 건전선로에 폐로하여 전력을 공급하는 개폐기를 가지며, 수요분포에 따라 임의의 분기선으로부터 전력을 공급하는 방식은?

① 환상식   ② 망상식
③ 뱅킹식   ④ 가지식(수지식)

해설

환상식(루프) 배전은 선로고장 시 자동적으로 고장구간을 구분하여 정전구간을 줄이고 전압변동 및 전력손실이 적어지는 것이 장점이지만 시설비가 많이 들어 부하밀도가 높은 도심지의 번화가나 상가지역에 적당하다.

정답   35 ②   36 ④   37 ④   38 ②   39 ②   40 ①

제3과목 전기기기

상 제2장 동기기

41 여자전류 및 단자전압이 일정한 비철극형 동기발전기의 출력과 부하각 δ와의 관계를 나타낸 것은? (단, 전기자저항은 무시한다.)

① δ에 비례
② δ에 반비례
③ $\cos\delta$에 비례
④ $\sin\delta$에 비례

해설 동기발전기의 출력

• 비돌극기의 출력
$$P = \frac{E_a V_n}{X_s}\sin\delta[\text{W}]$$
(최대출력이 부하각 $\delta = 90°$에서 발생)

• 돌극기의 출력
$$P = \frac{E_a V_n}{X_d}\sin\delta - \frac{V_n^2(X_d - X_q)}{2X_d X_q}\sin2\delta\,[\text{W}]$$
(최대출력이 부하각 $\delta = 60°$에서 발생)

상 제5장 정류기

42 단상 전파정류회로에서 교류전압 $v = \sqrt{2}\,V\sin\theta[\text{V}]$인 정현파전압에 대하여 직류전압 E_d의 평균값 E_{do}는 몇 [V]인가?

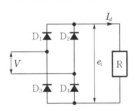

① $E_{do} = 0.45\,V$
② $E_{do} = 0.90\,V$
③ $E_{do} = 1.17\,V$
④ $E_{do} = 1.35\,V$

해설

단상 전파의 직류전압 $E_d = \frac{2\sqrt{2}}{\pi}V = 0.9\,V[\text{V}]$

하 제1장 직류기

43 직류분권발전기에 대하여 적은 것이다. 바른 것은?

① 단자전압이 강하하면 계자전류가 증가한다.
② 타여자발전기의 경우보다 외부특성곡선이 상향으로 된다
③ 분권권선의 접속방법에 관계없이 자기여자로 전압을 올릴 수가 있다.
④ 부하에 의한 전압의 변동이 타여자발전기에 비하여 크다.

해설

부하전력 $P = V_n I_n[\text{kW}]$, 계자권선전압 $V_f = I_f \cdot r_f[\text{V}]$
㉠ 분권발전기 전류 및 전압
• $I_a = I_f + I_n$
• $E_a = V_n + I_a \cdot r_a[\text{V}]$
㉡ 분권발전기의 경우 부하변화 시 계자권선의 전압 및 전류도 변화되므로 전기자전류가 타여자발전기에 비해 크게 변화되므로 전압변동도 크다.

상 제3장 변압기

44 1차 전압 6900[V], 1차 권선 3000회, 권수비 20의 변압기를 60[Hz]에 사용할 때 철심의 최대자속[Wb]은?

① 0.86×10^{-4}
② 8.63×10^{-3}
③ 86.3×10^{-3}
④ 863×10^{-3}

해설

1차 전압 $E_1 = 4.44fN_1\phi_m[\text{V}]$에서
철심의 최대자속 ϕ_m을 구하면
$$\phi_m = \frac{E_1}{4.44fN_1}$$
$$= \frac{6900}{4.44 \times 60 \times 3000}$$
$$= 8.633 \times 10^{-3}[\text{Wb}]$$

상 제2장 동기기

45 6극, 슬롯수 54의 동기기가 있다. 전기자코일은 제1슬롯과 제9슬롯에 연결된다고 할 때 기본파에 대한 단절권계수는?

① 약 0.342
② 약 0.981
③ 약 0.985
④ 약 1.0

정답 41 ④ 42 ② 43 ④ 44 ② 45 ③

해설

$$\beta = \frac{\text{코일간격}}{\text{자극간격}} = \frac{9-1}{54/6} = \frac{8}{9}$$

단절권계수 $K_P = \sin\frac{\beta\pi}{2} = \sin\frac{\frac{8}{9}\pi}{2} = \sin 80°$
$\fallingdotseq 0.985$

상 제3장 변압기

46 단상 100[kVA], 13200/200[V] 변압기의 저압측 선전류의 유효분전류[A]는? (단, 역률은 0.8, 지상이다.)

① 300   ② 400
③ 500   ④ 700

해설

$$I_2 = \frac{P}{V_2} = \frac{100}{0.2} \times (0.8 - j\,0.6) = 400 - j\,300\,[A]$$
따라서 유효분 400[A], 무효분 300[A]가 흐른다.

중 제1장 직류기

47 직류직권전동기의 회전수를 반으로 줄이면 토크는 약 몇 배가 되는가?

① $\frac{1}{4}$ ② $\frac{1}{2}$
③ 4   ④ 2

해설

직권전동기의 토크와 회전수
$$T \propto \frac{1}{N^2} = \frac{1}{\left(\frac{1}{2}\right)^2} = 4\text{배}$$

상 제4장 유도기

48 동기 와트로 표시되는 것은?

① 토크   ② 동기속도
③ 출력   ④ 1차 입력

해설

동기 와트 $P_2 = 1.026 \cdot T \cdot N_s \times 10^{-3}\,[kW]$
동기 와트(P_2)는 동기속도에서 토크의 크기를 나타낸다.

상 제1장 직류기

49 직류기의 양호한 정류를 얻는 조건이 아닌 것은?

① 정류주기를 크게 할 것
② 정류 코일의 인덕턴스를 작게 할 것
③ 리액턴스 전압을 작게 할 것
④ 브러시 접촉저항을 작게 할 것

해설 저항정류 : 탄소브러시 이용

탄소브러시는 접촉저항이 커서 정류 중 개방과 단락 시 브러시의 마모 및 파손을 방지하기 위해 사용한다.

상 제2장 동기기

50 무부하포화곡선과 공극선으로 산출할 수 있는 것은?

① 동기 임피던스   ② 단락비
③ 전기자반작용   ④ 포화율

해설

무부하포화곡선과 공극선을 통해 자속의 포화 정도를 나타내는 포화율을 산출할 수 있다.

상 제4장 유도기

51 3상 유도기에서 출력의 변환식이 맞는 것은?

① $P_o = P_2 - P_{2c} = P_2 - sP_2$
$\quad = \frac{N}{N_s}P_2 = (1-s)P_2$

② $P_o = P_2 + P_{2c} = P_2 + sP_2$
$\quad = \frac{N_s}{N}P_2 = (1+s)P_2$

③ $P_o = P_2 + P_{2c} = \frac{N}{N_s}P_2 = (1-s)P_2$

④ $(1-s)P_2 = \frac{N}{N_s}P_2$
$\quad = P_o - P_{2c} = P_o - sP_2$

해설

출력=2차 입력－2차 동손 → $P_o = P_2 - P_{2c}$
$P_2 : P_{2c} = 1 : s$에서
$P_{2c} = sP_2 \rightarrow P_o = P_2 - sP_2$
$P_2 : P_o = 1 : 1-s \rightarrow P_o = (1-s)P_2$
$N = (1-s)N_s$에서
$\frac{N}{N_s} = (1-s) \rightarrow P_o = \frac{N}{N_s}P_2$

정답 46 ②   47 ③   48 ①   49 ④   50 ④   51 ①

상 제4장 유도기

52 권선형 3상 유도전동기에서 2차 저항을 변화시켜 속도를 제어하는 경우 최대 토크는?

① 최대 토크가 생기는 점의 슬립에 비례한다.

② 최대 토크가 생기는 점의 슬립에 반비례한다.

③ 2차 저항에만 비례한다.

④ 항상 일정하다.

해설

최대 토크는 $T_m \propto \dfrac{r_2}{S_t} = \dfrac{mr_2}{mS_t}$으로 저항의 크기가 변화되어 슬립이 변화되어도 항상 일정하다. 반면에 슬립이 $s_t \to ms_t$로 증가 시 회전속도 $N = (1-ms_t)N_s$로 감소

중 제2장 동기기

53 동기기에 있어서 동기 임피던스와 단락비와의 관계는?

① 동기 임피던스[Ω] $= \dfrac{1}{(단락비)^2}$

② 단락비 $= \dfrac{동기\ 임피던스[\Omega]}{동기각속도}$

③ 단락비 $= \dfrac{1}{동기\ 임피던스[pu]}$

④ 동기 임피던스[pu] = 단락비

해설

단락비 $K_s = \dfrac{I_s}{I_n} = \dfrac{100}{\%Z} = \dfrac{1}{Z[pu]} = \dfrac{10^3 V_n^2}{P Z_s}$

중 제6장 특수기기

54 단상 정류자전동기의 종류가 아닌 것은?

① 직권형   ② 아트킨손형

③ 보상직권형   ④ 유도보상직권형

해설

단상 직권전동기의 종류에는 직권형, 보상직권형, 유도보상직권형이 있다. 아트킨손형은 단상 반발전동기의 종류이다.

중 제1장 직류기

55 200[kW], 200[V]의 직류분권발전기가 있다. 전기자권선의 저항이 0.025[Ω]일 때 전압변동률은 몇 [%]인가?

① 6.0

② 12.5

③ 20.5

④ 25.0

해설

부하전류 $I_n = \dfrac{P}{V_n} = \dfrac{200000}{200} = 1000[A]$

$E_a = V_o$이므로

$E_a = V_n + I_a r_a = 200 + 1000 \times 0.025 = 225[V]$

전압변동률 $\varepsilon = \dfrac{V_0 - V_n}{V_n} \times 100[\%]$

$\quad\quad = \dfrac{225 - 200}{200} \times 100$

$\quad\quad = 12.5[\%]$

하 제6장 특수기기

56 3상 직권 정류자전동기에 중간변압기를 사용하는 이유로 적당하지 않은 것은?

① 중간변압기를 이용하여 속도상승을 억제할 수 있다.

② 회전자전압을 정류작용에 맞는 값으로 선정할 수 있다.

③ 중간변압기를 사용하여 누설 리액턴스를 감소할 수 있다.

④ 중간변압기의 권수비를 바꾸어 전동기 특성을 조정할 수 있다.

해설 중간변압기 사용이유

㉠ 전원전압의 크기에 관계없이 회전자전압을 정류작용에 맞는 값으로 선정

㉡ 중간변압기의 권수비를 바꾸어 전동기의 특성 조정 가능

㉢ 경부하에서는 속도가 현저하게 상승하나 중간변압기를 사용하여 철심을 포화시켜 속도상승을 억제

정답 52 ④ 53 ③ 54 ② 55 ② 56 ③

57 A, B 두 대의 직류발전기를 병렬운전하여 부하에 100[A]를 공급하고 있다. A발전기의 유기기전력과 내부저항은 110[V]와 0.04[Ω], B발전기의 유기기전력과 내부저항은 112[V]와 0.06[Ω]일 때 A발전기에 흐르는 전류[A]는?

① 4   ② 6

③ 40   ④ 60

해설

부하전류의 합 $I = I_A + I_B = 100[A]$ ·············· ①
단자전압 $V_n = E - I_a r_a$ ······························ ②
병렬운전 시 단자전압은 같으므로 ①과 ②식에서
$110 - 0.04 I_A = 112 - 0.06 I_B$
$110 - 0.04(100 - I_B) = 112 - 0.06 I_B$
위의 식을 정리하면 $I_B = 60[A]$
$\therefore I_A = 100 - 60 = 40[A]$

58 단상 변압기의 2차측(105[V]단자)에 1[Ω]의 저항을 접속하고 1차측에 1[A]의 전류를 흘렸을 때 1차 단자전압이 900[V]이었다. 1차측 탭전압과 2차 전류는 얼마인가? (단, 변압기는 이상변압기이고, V_r는 1차 탭전압, I_2는 2차 전류를 표시함)

① $V_r = 3150[V]$, $I_2 = 30[A]$
② $V_r = 900[V]$, $I_2 = 30[A]$
③ $V_r = 900[V]$, $I_2 = 1[A]$
④ $V_r = 3150[V]$, $I_2 = 1[A]$

해설

1차 전류와 2차 저항을 이용하여 권수비를 산출하면
$1 = \dfrac{900}{R_1} = \dfrac{900}{a^2 \times 1}$ 를 정리하면 권수비 $a = 30$이 된다.
$V_1 = a V_2 = 30 \times 105 = 3150[V]$
$I_2 = a I_1 = 30 \times 1 = 30[A]$

59 슬립 6[%]인 유도전동기의 2차측 효율[%]은?

① 94   ② 84

③ 90   ④ 88

해설

2차 효율 $\eta_2 = (1 - s) \times 100 = (1 - 0.06) \times 100$
$= 0.94 \times 100$
$= 94[\%]$

60 사이리스터 2개를 사용한 단상 전파정류회로에서 직류전압 100[V]를 얻으려면 몇 [V]의 교류전압이 필요한가? (단, 정류기 내의 전압강하는 무시한다.)

① 약 111   ② 약 141

③ 약 152   ④ 약 166

해설

직류평균전압 $E_d = \dfrac{2\sqrt{2} E}{\pi} - e_a[V]$에서
상전압 E를 구하면
$E = \dfrac{\pi}{2\sqrt{2}}(E_d + e_a)$
$= \dfrac{\pi}{2\sqrt{2}} \times 100 = 111[V]$

61 $G(s)H(s) = \dfrac{K(1 + s T_2)}{s^2(1 + s T_1)}$ 를 갖는 제어계의 안정조건은? (단, K, T_1, $T_2 > 0$)

① $T_2 = 0$ ② $T_1 > T_2$

③ $T_2 = T_1$ ④ $T_1 < T_2$

해설

㉠ $F(s) = 1 + G(s)H(s) = 1 + \dfrac{K(1 + s T_2)}{s^2(1 + s T_1)} = 0$
㉡ 위 식을 정리하면 특성방정식은
$F(s) = as^3 + bs^2 + cs + d$
$= s^2(1 + s T_1) + K(1 + s T_2)$
$= T_1 s^3 + s^2 + K T_2 s + K = 0$
㉢ $bc > ad$의 조건을 만족해야 하므로
$K T_2 > K T_1$이 되어야 한다.
$\therefore$ 안정하기 위한 조건 : $T_1 < T_2$

정답   57 ③   58 ①   59 ①   60 ①   61 ④

중 제어공학 제8장 시퀀스회로의 이해

62 그림과 같은 논리회로에서 A=1, B=1인 입력에 대한 출력 X, Y는 각각 얼마인가?

① X=0, Y=0   ② X=0, Y=1

③ X=1, Y=0   ④ X=1, Y=1

해설

㉠ X는 AND 회로, Y는 XOR 회로이고, 진리표는 아래와 같다.

AND 회로			XOR 회로		
입력		출력	입력		출력
A	B	X	A	B	Y
0	0	0	0	0	0
0	1	0	0	1	1
1	0	0	1	0	1
1	1	1	1	1	0

㉡ XOR의 간략화 회로의 논리식

$$Y = A\overline{B} + \overline{A}B = A \oplus B$$

중 제어공학 제4장 주파수영역해석법

63 $G(s) = \dfrac{1}{5s+1}$ 일 때, 보드선도에서 절점 주파수 ω_0는?

① 0.2[rad/sec]   ② 0.5[rad/sec]

③ 2[rad/sec]   ④ 5[rad/sec]

해설

㉠ 1차 제어계 $G(j\omega) = \dfrac{K}{1+j\omega T}$,에서 $\omega = \dfrac{1}{T}$인 주파수를 절점주파수(break frequency)라 한다. 즉, 실수부와 허수부의 크기가 같아지는 주파수를 말한다.

㉡ 주파수 전달함수 $G(j\omega) = \dfrac{1}{1+j5\omega}$

∴ 절점주파수 $\omega_0 = \dfrac{1}{5} = 0.2$[rad/sec]

상 제어공학 제7장 상태방정식

64 $\dfrac{d^3}{dt^3}x(t) + 8\dfrac{d^2}{dt^2}x(t) + 19\dfrac{d}{dt}x(t) + 12x(t) = 6u(t)$의 미분방정식을 상태방정식 $\dfrac{dx(t)}{dt} = Ax(t) + Bu(t)$로 표현할 때 옳은 것은?

① $A = \begin{bmatrix} 0 & 1 & 0 \\ 0 & 0 & 1 \\ -12 & -19 & -8 \end{bmatrix}$, $B = \begin{bmatrix} 0 \\ 0 \\ 6 \end{bmatrix}$

② $A = \begin{bmatrix} 0 & 1 & 0 \\ 0 & 0 & 1 \\ -8 & -19 & -12 \end{bmatrix}$, $B = \begin{bmatrix} 0 \\ 0 \\ 6 \end{bmatrix}$

③ $A = \begin{bmatrix} 0 & 1 & 0 \\ 0 & 0 & 1 \\ -12 & -19 & -8 \end{bmatrix}$, $B = \begin{bmatrix} 6 \\ 0 \\ 0 \end{bmatrix}$

④ $A = \begin{bmatrix} 0 & 1 & 0 \\ 0 & 0 & 1 \\ -12 & -19 & -8 \end{bmatrix}$, $B = \begin{bmatrix} 6 \\ 0 \\ 1 \end{bmatrix}$

해설

㉠ $x(t) = x_1(t)$

㉡ $\dfrac{d}{dt}x(t) = \dfrac{d}{dt}x_1(t) = \dot{x}_1(t) = x_2(t)$

㉢ $\dfrac{d^2}{dt^2}x(t) = \dfrac{d}{dt}x_2(t) = \dot{x}_2(t) = x_3(t)$

㉣ $\dfrac{d^3}{dt^3}x(t) = \dfrac{d}{dt}x_3(t) = \dot{x}_3(t)$

∴ $-12x_1(t) - 19x_2(t) - 8x_3(t) + 6u(t)$

$$\begin{bmatrix} \dot{x}_1 \\ \dot{x}_2 \\ \dot{x}_3 \end{bmatrix} = \begin{bmatrix} 0 & 1 & 0 \\ 0 & 0 & 1 \\ -12 & -19 & -8 \end{bmatrix} \begin{bmatrix} x_1(t) \\ x_2(t) \\ x_3(t) \end{bmatrix} + \begin{bmatrix} 0 \\ 0 \\ 6 \end{bmatrix} u(t)$$

[별해] $\dfrac{d^3}{dt^3}c(t) + K_1\dfrac{d^2}{dt^2}c(t) + K_2\dfrac{d}{dt}c(t) + K_3c(t) = K_4u(t)$의 경우 아래와 같이 구성된다.

$$\begin{bmatrix} \dot{x}_1 \\ \dot{x}_2 \\ \dot{x}_3 \end{bmatrix} = \begin{bmatrix} 0 & 1 & 0 \\ 0 & 0 & 1 \\ -K_3 & -K_2 & -K_1 \end{bmatrix} \begin{bmatrix} x_1(t) \\ x_2(t) \\ x_3(t) \end{bmatrix} + \begin{bmatrix} 0 \\ 0 \\ K_4 \end{bmatrix} u(t)$$

중 제어공학 제1장 자동제어의 개요

65 엘리베이터의 자동제어는 다음 중 어느 제어에 속하는가?

① 추종제어   ② 프로그램제어

③ 정치제어   ④ 비율제어

정답 62 ③   63 ①   64 ①   65 ②

무인자판기, 엘리베이터, 열차의 무인운전 등은 미리 정해진 입력에 따라 제어를 실시하는 프로그램제어에 속한다.

상 제어공학 제3장 시간영역해석법

66 단위 피드백제어계에서 개루프 전달함수 $G(s)$가 다음과 같이 주어지는 계의 단위 계단입력에 대한 정상편차는?

$$G(s) = \frac{6}{(s+1)(s+3)}$$

① $\dfrac{1}{2}$　　　　② $\dfrac{1}{3}$

③ $\dfrac{1}{4}$　　　　④ $\dfrac{1}{6}$

해설

㉠ 정상위치편차 상수
$$K_p = \lim_{s \to 0} s^0 G = \lim_{s \to 0} G(s)H(s)$$
$$= \lim_{s \to 0} \frac{6}{(s+1)(s+3)} = \frac{6}{3} = 2$$
㉡ 정상위치편차
$$e_{sp} = \frac{1}{1+K_p} = \frac{1}{3}$$

하 제어공학 제2장 전달함수

67 다음 연산증폭기의 출력은?

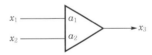

① $x_3 = -a_1 x_1 - a_2 x_2$

② $x_3 = a_1 x_1 + a_2 x_2$

③ $x_3 = (a_1 + a_2)(x_1 + x_2)$

④ $x_3 = -(a_1 - a_2)(x_1 + x_2)$

해설

반전증폭기(OP-AMP)를 이용하여 2입력 가산증폭기의 등가 블록선도는 아래와 같다.

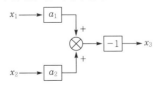

∴ 출력 : $x_3 = -a_1 x_1 - a_2 x_2$

중 제어공학 제6장 근궤적법

68 다음과 같은 특성방정식의 근궤적 가지수는?

$$F(s) = s(s+1)(s+2) + K(s+3) = 0$$

① 6　　　　② 5

③ 4　　　　④ 3

해설

근궤적의 수는 극점과 영점의 수 중 큰 것 또는 특성방정식의 차수에 의해 결정된다.
∴ 특성방정식이 3차가 되므로 근궤적의 수도 3개가 된다.

상 제어공학 제2장 전달함수

69 그림과 같은 신호흐름선도에서 전달함수 $\dfrac{C(s)}{R(s)}$는?

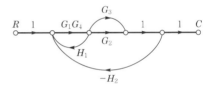

① $\dfrac{G_1 G_4 (G_2 + G_3)}{1 + G_1 G_4 H_1 + G_1 G_4 (G_3 + G_2) H_2}$

② $\dfrac{G_1 G_4 (G_2 + G_3)}{1 - G_1 G_4 H_1 + G_1 G_4 (G_3 + G_2) H_2}$

③ $\dfrac{G_1 G_2 - G_3 G_4}{1 + G_1 G_3 G_4 H_2 + G_1 G_2 H_1}$

④ $\dfrac{G_1 G_2 - G_3 G_4}{1 - G_1 G_2 H_1 + G_1 G_3 G_4 H_2}$

해설

$$M(s) = \frac{C(s)}{R(s)} = \frac{\sum \text{전향경로이득}}{1 - \sum \text{폐루프 이득}}$$
$$= \frac{G_1 G_4 (G_2 + G_3)}{1 - G_1 G_4 H_1 + G_1 G_4 (G_3 + G_2) H_2}$$

중 제어공학 제3장 시간영역해석법

70 어떤 제어계에 입력신호를 가하고 난 후 출력신호가 정상상태에 도달할 때까지의 응답을 무엇이라고 하는가?

① 시간응답　　　② 선형응답

③ 정상응답　　　④ 과도응답

정답　66 ②　67 ①　68 ④　69 ②　70 ④

해설

과도응답이란 입력을 가한 후 정상상태에 도달할 때까지의 출력을 의미한다.

중 **회로이론 제5장 대칭좌표법**

71 불평형 3상 전류가 $I_a = 15 + j\,2\,[\text{A}]$, $I_b = -20 - j\,14\,[\text{A}]$, $I_c = -3 + j\,10\,[\text{A}]$일 때 역상분 전류 I_2는?

① $1.91 + j\,6.24\,[\text{A}]$　② $15.74 - j\,3.57\,[\text{A}]$

③ $-2.67 - j\,0.67\,[\text{A}]$　④ $2.67 - j\,0.67\,[\text{A}]$

해설 역상분 전류

$$
\begin{aligned}
I_2 &= \frac{1}{3}(I_a + a^2 I_b + a I_c) \\
&= \frac{1}{3}\Big[(15 + j2) \\
&\quad + \Big(-\frac{1}{2} - j\frac{\sqrt{3}}{2}\Big)(-20 - j14) \\
&\quad + \Big(-\frac{1}{2} + j\frac{\sqrt{3}}{2}\Big)(-3 + j10)\Big] \\
&= 1.91 + j6.24\,[\text{A}]
\end{aligned}
$$

중 **회로이론 제7장 4단자망 회로해석**

72 4단자 정수 A, B, C, D로 출력측을 개방시켰을 때 입력측에서 본 구동점 임피던스 $Z_{11} = \dfrac{V_1}{I_1}\bigg|_{I_2 = 0}$ 를 표시한 것 중 옳은 것은?

① $Z_{11} = \dfrac{A}{C}$ 　② $Z_{11} = \dfrac{B}{D}$

③ $Z_{11} = \dfrac{A}{B}$ 　④ $Z_{11} = \dfrac{B}{C}$

해설 4단자 방정식

㉠ $V_1 = A V_2 + B I_2$

㉡ $I_1 = C V_2 + D I_2$

$$
\therefore Z_{11} = \frac{V_1}{I_1} = \frac{A V_2 + B I_2}{C V_2 + D I_2}\bigg|_{I_2 = 0} = \frac{A V_2}{C V_2} = \frac{A}{C}
$$

중 **회로이론 제8장 분포정수회로**

73 위상정수 $\beta = \dfrac{\pi}{8}\,[\text{rad/km}]$인 선로에 1[MHz]에 대한 전파속도는 몇 [m/s]인가?

① 1.6×10^7　② 3.2×10^7

③ 5.0×10^7　④ 8.0×10^7

해설

$$
\begin{aligned}
v &= \frac{1}{\sqrt{LC}} = \frac{\omega}{\beta} \\
&= \frac{2\pi f}{\beta} = \frac{2\pi \times 10^6}{\frac{\pi}{8}} \\
&= 16 \times 10^6 = 1.6 \times 10^7\,[\text{m/s}]
\end{aligned}
$$

여기서, 위상정수 $\beta = \omega \sqrt{LC}$

중 **회로이론 제9장 과도현상**

74 인덕턴스 0.5[H], 저항 2[Ω]의 직렬회로에 30[V]의 직류전압을 급히 가했을 때 스위치를 닫은 후 0.1초 후의 전류의 순시값 i[A]와 회로의 시정수 τ[sec]는?

① $i = 4.95$, $\tau = 0.25$

② $i = 12.75$, $\tau = 0.35$

③ $i = 5.95$, $\tau = 0.45$

④ $i = 13.75$, $\tau = 0.25$

해설

㉠ 전류의 순시값

$$
\begin{aligned}
i(t) &= \frac{E}{R}\Big(1 - e^{-\frac{R}{L}t}\Big) \\
&= \frac{30}{2}\Big(1 - e^{-\frac{2}{0.5} \times 0.1}\Big) \\
&= 4.95\,[\text{A}]
\end{aligned}
$$

㉡ 시정수

$$
\tau = \frac{L}{R} = \frac{0.5}{2} = 0.25\,[\text{sec}]
$$

중 **회로이론 제3장 다상 교류회로의 이해**

75 선간전압 V[V]의 평형전원에 대칭부하 R[Ω]이 그림과 같이 접속되어 있을 때 a, b 두 상간에 접속된 전력계의 지시 c상의 전류[A]는?

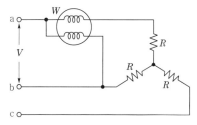

① $\dfrac{W}{3V}$ 　② $\dfrac{2W}{3V}$

③ $\dfrac{2W}{\sqrt{3}\,V}$ 　④ $\dfrac{\sqrt{3}\,W}{V}$

해설

㉠ 2전력계법에 의한 유효전력

$P = W_1 + W_2 = \sqrt{3}\,VI\cos\theta\,[\text{W}]$

㉡ 평형 3상의 R만의 부하인 경우

$W_1 = W_2$, $\cos\theta = 1$이 된다.

∴ 선전류 $I = \dfrac{W_1 + W_2}{\sqrt{3}\,V\cos\theta} = \dfrac{2W}{\sqrt{3}\,V}[\text{A}]$

상 회로이론 제3장 다상 교류회로의 이해

76 전원과 부하가 다같이 △결선(환상결선)된 3상 평형회로가 있다. 전원전압이 200[V], 부하 임피던스가 $Z = 6 + j8[\Omega]$인 경우 부하전류[A]는?

① 20

② $\dfrac{20}{\sqrt{3}}$

③ $20\sqrt{3}$

④ $10\sqrt{3}$

해설

㉠ 각 상의 임피던스의 크기

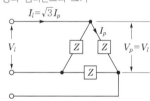

$Z = \sqrt{8^2 + 6^2} = 10[\Omega]$

㉡ 전원전압은 선간전압을 의미하고, △결선 시 상전압과 선간전압의 크기는 같다.

㉢ 상전류(환상전류)

$I_P = \dfrac{V_P}{Z} = \dfrac{200}{10} = 20[\text{A}]$

∴ 선전류(부하전류)

$I_l = \sqrt{3}\,I_P = 20\sqrt{3}[\text{A}]$

중 회로이론 제2장 단상 교류회로의 이해

77 그림과 같은 RC 병렬회로에서 양단에 인가된 전원전압이 $e(t) = 3e^{-5t}$[V]인 경우 이 회로의 임피던스[Ω]는?

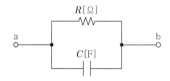

---

① $\dfrac{1}{R}(1 - j\omega CR)$

② $\dfrac{1}{R}(1 + j\omega CR)$

③ $\dfrac{R}{1 + j\omega CR}$

④ $\dfrac{R}{1 - j\omega CR}$

해설

$Z = \dfrac{1}{\dfrac{1}{R} + \dfrac{1}{-jX_C}} = \dfrac{1}{\dfrac{1}{R} + j\dfrac{1}{X_C}}$

$= \dfrac{1}{\dfrac{1}{R} + j\omega C}$

$= \dfrac{R}{1 + j\omega CR}[\Omega]$

상 회로이론 제10장 라플라스 변환

78 $f(t) = \mathcal{L}^{-1}\left[\dfrac{1}{s^2 + a^2}\right]$의 값은 얼마인가?

① $\dfrac{1}{a}\cos at$

② $\dfrac{1}{a}\sin at$

③ $\cos at$

④ $\sin at$

해설

$\mathcal{L}^{-1}\left[\dfrac{1}{s^2 + a^2}\right] = \mathcal{L}^{-1}\left[\dfrac{1}{a} \times \dfrac{a}{s^2 + a^2}\right] = \dfrac{1}{a}\sin at$

중 회로이론 제2장 단상 교류회로의 이해

79 두 개의 코일 A, B가 있다. A코일의 저항과 유도 리액턴스가 각각 3[Ω], 5[Ω], B코일은 각각 5[Ω], 1[Ω]이다. 두 코일을 직렬로 접속하여 100[V]의 전압을 인가할 때 흐르는 전류[A]는 어떻게 표현되는가?

① $10\underline{/37°}$

② $10\underline{/-37°}$

③ $10\underline{/57°}$

④ $10\underline{/-57°}$

해설

㉠ 합성 임피던스

$Z = R_1 + jX_{L1} + R_2 + jX_{L2}$
$= R_1 + R_2 + j(X_{L1} + X_{L2})$
$= 3 + 5 + j(5 + 1) = 8 + j6$

㉡ 임피던스의 극형식 표현

$Z = 8 + j6 = \sqrt{8^2 + 6^2}\underline{/\tan^{-1}\frac{6}{8}} = 10\underline{/36.87°}$

∴ 전류 $I = \dfrac{V}{Z} = \dfrac{100}{10\underline{/37°}} = 10\underline{/-37°}[\text{A}]$

정답 76 ③ 77 ③ 78 ② 79 ②

중 회로이론 제6장 회로망 해석

80 그림과 같은 회로의 a, b 단자 간의 전압[V]은?

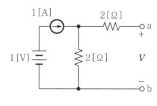

① 2
② −2
③ −4
④ 4

해설

중첩의 정리를 이용하여 풀이할 수 있다.
㉠ 전압원 1[V]만의 회로해석 : $I_1 = 0$[A]

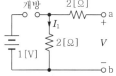

㉡ 전류원 1[A]만의 회로해석 : $I_2 = 1$[A]

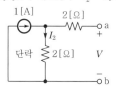

㉢ 2[Ω] 통과전류 : $I = I_1 + I_2 = 1$[A]
∴ 개방전압 $V = 2I = 2 \times 1 = 2$[V]

제5과목 **전기설비기술기준**

상 제3장 전선로

81 특고압 가공전선로를 시가지에서 A종 철주를 사용하여 시설하는 경우 경간(지지물 간 거리)은 최대는 몇 [m]이어야 하는가?

① 50
② 75
③ 150
④ 200

해설 시가지 등에서 특고압 가공전선로의 시설 (KEC 333.1)

㉠ 지지물에는 철주, 철근 콘크리트주 또는 철탑을 사용한다.
㉡ 지지물 간 거리는 A종은 75[m] 이하, B종은 150[m] 이하, 철탑은 400[m](2 이상의 전선이 수평이고 간격이 4[m] 미만인 경우는 250[m]) 이하로 한다.

하 제6장 분산형전원설비

82 이차전지를 이용한 전기저장장치의 시설기준으로 틀린 것은?

① 전기저장장치를 시설하는 장소는 폭발성 가스의 축적을 방지하기 위한 환기시설을 갖추어야 한다.
② 점검을 용이하게 하기 위해 충전부분이 노출되도록 시설하여야 한다.
③ 침수의 우려가 없도록 시설하여야 한다.
④ 전기저장장치의 이차전지, 제어반, 배전반의 시설은 기기 등을 조작 또는 보수·점검할 수 있는 충분한 공간을 확보하고 조명설비를 설치하여야 한다.

해설 전기저장장치의 시설장소 요구사항(KEC 511.1)

㉠ 전기저장장치의 이차전지, 제어반, 배전반의 시설은 기기 등을 조작 또는 보수·점검할 수 있는 충분한 공간을 확보하고 조명설비를 설치할 것
㉡ 전기저장장치를 시설하는 장소는 폭발성 가스의 축적을 방지하기 위한 환기시설을 갖추고 제조사가 권장하는 온도·습도·수분·먼지 등 적정 운영환경을 상시 유지할 것
㉢ 침수 및 누수의 우려가 없도록 시설할 것
㉣ 외벽 등 확인하기 쉬운 위치에 "전기저장장치 시설장소" 표지를 하고, 일반인의 출입을 통제하기 위한 잠금장치 등을 설치할 것

중 제3장 전선로

83 지중전선로를 직접 매설식에 의하여 시설할 때 중량물의 압력을 받을 우려가 있는 장소에 지중전선을 견고한 트로프, 기타 방호물에 넣지 않고도 부설할 수 있는 케이블은?

① 염화비닐 절연 케이블
② 폴리에틸렌 외장 케이블
③ 콤바인덕트 케이블
④ 알루미늄피 케이블

해설 지중전선로의 시설(KEC 334.1)

직접 매설식에 의하여 시설하는 경우
㉠ 매설 깊이를 차량, 기타 중량물의 압력을 받을 우려가 있는 장소에는 1.0[m] 이상, 기타 장소에는 0.6[m] 이상으로 하고 또한 지중전선을 견고한 트로프, 기타 방호물에 넣어서 시설

정답 80 ① 81 ② 82 ② 83 ③

ⓛ 케이블을 견고한 트로프, 기타 방호물에 넣지 않아도 되는 경우
- 차량, 기타 중량물의 압력을 받을 우려가 없는 경우에 그 위를 견고한 판 또는 몰드로 덮어 시설하는 경우
- 저압 또는 고압의 지중전선에 콤바인덕트 케이블을 사용하여 시설하는 경우
- 지중전선에 파이프형 압력케이블을 사용하거나 최대사용전압이 60[kV]를 초과하는 연피케이블, 알루미늄피케이블 그 밖의 금속피복을 한 특고압 케이블을 사용하고 또한 지중전선의 위를 견고한 판 또는 몰드 등으로 덮어 시설하는 경우

상 제2장 저압설비 및 고압 · 특고압설비

84 저압 옥내간선에서 분기하여 전기사용기계기구에 이르는 저압 옥내전로에서 저압 옥내 간선과의 분기점에서 전선의 길이가 몇 [m] 이하인 곳에 개폐기 및 과전류차단기를 설치하여야 하는가?

① 2　　② 3
③ 5　　④ 6

해설 과부하 보호장치의 설치 위치(KEC 212.4.2)
분기회로의 보호장치는 분기회로의 분기점으로부터 3[m]까지 이동하여 설치할 수 있다.

하 제5장 전기철도

85 전차선로의 전기방식에 대한 설명으로 틀린 것은?

① 교류방식에서 최저 비영구 전압은 지속시간이 2분 이하로 예상되는 전압의 최저값으로 한다.
② 직류방식에서 최고 비영구 전압은 지속시간이 3분 이하로 예상되는 전압의 최고값으로 한다.
③ 수전선로의 공칭전압은 교류 3상 22.9[kV], 154[kV], 345[kV]이다.
④ 교류방식의 급전전압 주파수(실효값)는 60[Hz]이다.

해설 전차선로의 전압(KEC 411.2)
직류방식에서 최고 비영구 전압은 지속시간이 5분 이하로 예상되는 전압의 최고값으로 한다.

중 제4장 발전소, 변전소, 개폐소 및 기계기구 시설보호

86 특고압을 직접 저압으로 변성하는 변압기를 시설하여서는 안 되는 것은?

① 발전소 · 변전소 · 개폐소 또는 이에 준하는 곳의 소내용 변압기
② 전기로 등 전류가 큰 전기를 소비하기 위한 변압기
③ 사용전압이 35[kV] 이하인 변압기로서 그 특고압측 권선과 저압측 권선이 혼촉한 경우에 자동적으로 변압기를 전로로부터 차단하기 위한 장치를 설치한 것
④ 직류식 전기철도용 신호회로에 전기를 공급하기 위한 변압기

해설 특고압을 직접 저압으로 변성하는 변압기의 시설(KEC 341.3)
ⓐ 전기로 등 전류가 큰 전기를 소비하기 위한 변압기
ⓑ 발전소 · 변전소 · 개폐소 또는 이에 준하는 곳의 소내용 변압기
ⓒ 교류식 전기철도용 신호회로에 전기를 공급하기 위한 변압기
ⓓ 사용전압이 35[kV] 이하인 변압기로서, 그 특고압측 권선과 저압측 권선이 혼촉한 경우에 자동적으로 변압기를 전로로부터 차단하기 위한 장치를 설치한 것

상 제3장 전선로

87 가공전선으로의 지지물에 시설하는 지선(지지선)의 시방세목으로 옳은 것은?

① 안전율은 1.2일 것
② 소선은 3조 이상의 연선일 것
③ 소선은 지름 2.0[mm] 이상인 금속선을 사용한 것일 것
④ 허용인장하중의 최저는 3.2[kN]으로 할 것

해설 지선(지지선)의 시설(KEC 331.11)
가공전선로의 지지물에 시설하는 지선(지지선)은 다음에 따라야 한다.
ⓐ 지선(지지선)의 안전율 : 2.5 이상(목주 · A종 철주, A종 철근 콘크리트주 등 1.5 이상)
ⓑ 허용인장하중 : 4.31[kN] 이상
ⓒ 소선(素線) 3가닥 이상의 연선일 것
ⓓ 소선은 지름 2.6[mm] 이상의 금속선을 사용한 것일 것 또는 소선의 지름이 2[mm] 이상인 아연도강연선으로서, 소선의 인장강도가 0.68[kN/mm²] 이상인 것
ⓔ 지중부분 및 지표상 0.3[m]까지의 부분에는 내식성이 있는 것 또는 아연도금철봉 사용

정답 84 ② 85 ② 86 ④ 87 ②

중 제6장 분산형전원설비

88 전기저장장치의 시설기준에 대한 설명으로 틀린 것은?

① 외부터미널과 접속하기 위해 필요한 접점의 압력이 사용기간 동안 유지되어야 한다.
② 단자를 체결 또는 잠글 때 너트나 나사는 풀림방지 기능이 있는 것을 사용하여야 한다.
③ 전선은 2.5[mm^2] 이상의 연동선 또는 이와 동등 이상의 세기 및 굵기여야 한다.
④ 전기배선을 옥측 또는 옥외에 시설할 경우 금속관공사, 합성수지관공사, 애자공사의 규정에 준하여 시설한다.

해설 전기저장장치의 시설(KEC 511.2)

㉠ 전선은 2.5[mm^2] 이상의 연동선 또는 이와 동등 이상의 세기 및 굵기를 사용한다.
㉡ 단자의 접속은 기계적, 전기적 안전성을 확보하도록 하여야 한다.
㉢ 단자를 체결 또는 잠글 때 너트나 나사는 풀림방지 기능이 있는 것을 사용하여야 한다.
㉣ 옥측 또는 옥외에 시설할 경우에는 합성수지관공사, 금속관공사, 금속제 가요전선관공사, 케이블공사로 시설할 것

상 제3장 전선로

89 사용전압이 35[kV] 이하인 특고압 가공전선과 가공약전류전선 등을 동일 지지물에 시설하는 경우, 특고압 가공전선로는 어떤 종류의 보안공사를 하여야 하는가?

① 제1종 특고압 보안공사
② 제2종 특고압 보안공사
③ 제3종 특고압 보안공사
④ 고압 보안공사

해설 특고압 가공전선과 가공약전류전선 등의 공용설치(KEC 333.19)

㉠ 특고압 가공전선로는 제2종 특고압 보안공사에 의할 것
㉡ 특고압 가공전선은 가공약전류전선 등의 위로 하고 별개의 완금류에 시설할 것
㉢ 특고압 가공전선은 케이블인 경우 이외에는 인장강도 21.67[kN] 이상의 연선 또는 단면적이 50[mm^2] 이상인 경동연선일 것
㉣ 특고압 가공전선과 가공약전류전선 등 사이의 이격거리(간격)는 2[m] 이상으로 할 것. 다만, 특고압 가공전선이 케이블인 경우에는 0.5[m]까지로 감할 수 있다.

상 제3장 전선로

90 가공전선로의 지지물로 사용하는 철주 또는 철근 콘크리트주는 지선(지지선)을 사용하지 않는 상태에서 얼마 이상의 풍압하중에 견디는 강도를 가지는 경우 이외에는 지선(지지선)을 사용하여 그 강도를 분담시켜서는 안 되는가?

① $\frac{1}{2}$ ② $\frac{1}{3}$
③ $\frac{1}{5}$ ④ $\frac{1}{10}$

해설 지선(지지선)의 시설(KEC 331.11)

㉠ 철탑은 지선(지지선)을 사용하여 그 강도를 분담시켜서는 안 된다.
㉡ 지지물로 사용하는 철주 또는 철근 콘크리트주는 지선(지지선)을 사용하지 않는 상태에서 2분의 1 이상의 풍압하중에 견디는 강도를 가지는 경우 이외에는 지선(지지선)을 사용하여 그 강도를 분담시켜서는 안 된다.

상 제4장 발전소, 변전소, 개폐소 및 기계기구 시설보호

91 발전기나 이를 구동시키는 원동기에 사고가 발생하였을 때 발전기를 전로로부터 자동적으로 차단하는 장치를 시설하여야 하는 경우로 옳은 것은?

① 용량이 1,000[kVA]인 수차발전기의 스러스트 베어링의 온도가 현저히 상승한 경우
② 용량이 300[kVA]인 발전기를 구동하는 수차의 압유장치의 유압이 현저히 저하한 경우
③ 용량이 5,000[kVA]인 발전기의 내부에 고장이 생긴 경우
④ 발전기에 과전류나 과전압이 생긴 경우

해설 발전기 등의 보호장치(KEC 351.3)

다음의 경우 자동적으로 이를 전로로부터 자동차단하는 장치를 하여야 한다.
㉠ 발전기에 과전류나 과전압이 생기는 경우
㉡ 500[kVA] 이상 : 수차의 압유장치의 유압 또는 전동식 제어장치(가이드밴, 니들, 디플렉터 등)의 전원전압이 현저하게 저하한 경우
㉢ 100[kVA] 이상 : 발전기를 구동하는 풍차의 압유장치의 유압, 압축공기장치의 공기압 또는 전동식 블레이드 제어장치의 전원전압이 현저히 저하한 경우

정답 88 ④ 89 ② 90 ① 91 ④

ⓔ 2,000[kVA] 이상 : 수차발전기의 스러스트 베어링의 온도가 현저하게 상승하는 경우
ⓜ 10,000[kVA] 이상 : 발전기 내부고장이 생긴 경우
ⓗ 출력 10,000[kW] 넘는 증기터빈의 스러스트 베어링이 현저하게 마모되거나 온도가 현저히 상승하는 경우

상 | 제1장 공통사항

92 최대사용전압이 69[kV]인 중성점 비접지식 전로의 절연내력시험전압은 몇 [kV]인가?

① 103.5 ② 86.25
③ 63.48 ④ 75.9

해설 전로의 절연저항 및 절연내력(KEC 132)

전로의 종류	시험전압
1. 최대사용전압 7[kV] 이하인 전로	최대사용전압의 1.5배의 전압
2. 최대사용전압 7[kV] 초과 25[kV] 이하인 중성점 접지식 전로(중성선을 가지는 것으로서 그 중성선을 다중접지 하는 것에 한함)	최대사용전압의 0.92배의 전압
3. 최대사용전압 7[kV] 초과 60[kV] 이하인 전로 (2란의 것을 제외)	최대사용전압의 1.25배의 전압 (10.5[kV] 미만으로 되는 경우는 10.5[kV])
4. 최대사용전압 60[kV] 초과 중성점 비접지식 전로(전위 변성기를 사용하여 접지하는 것을 포함)	최대사용전압의 1.25배의 전압
5. 최대사용전압 60[kV] 초과 중성점 접지식 전로(전위 변성기를 사용하여 접지하는 것 및 6란과 7란의 것을 제외)	최대사용전압의 1.1배의 전압 (75[kV] 미만으로 되는 경우에는 75[kV])
6. 최대사용전압이 60[kV] 초과 중성점 직접접지식 전로(7란의 것을 제외)	최대사용전압의 0.72배의 전압
7. 최대사용전압이 170[kV] 초과 중성점 직접 접지식 전로로서 그 중성점이 직접 접지되어 있는 발전소 또는 변전소 혹은 이에 준하는 장소에 시설하는 것	최대사용전압의 0.64배의 전압
8. 최대사용전압이 60[kV]를 초과하는 정류기에 접속되고 있는 전로	교류측 및 직류 고압측에 접속되고 있는 전로는 교류측의 최대사용전압의 1.1배의 직류전압 직류측 중성선 또는 귀선이 되는 전로(이하 이 장에서 "직류 저압측 전로"라 한다)는 규정하는 계산식에 의하여 구한 값

※ 절연내력시험전압
$$E = 69000 \times 1.25 = 86250 \fallingdotseq 86.25[kV]$$

상 | 제2장 저압설비 및 고압·특고압설비

93 저압 옥내배선 합성수지관공사 시 연선이 아닌 경우 사용할 수 있는 연동선의 최대 단면적은 몇 [mm²]인가?

① 4 ② 6
③ 10 ④ 16

해설 합성수지관공사(KEC 232.11)

㉠ 전선은 절연전선을 사용(옥외용 비닐절연전선은 사용불가)
㉡ 전선은 연선일 것. 다만, 다음의 것은 적용하지 않음
  • 짧고 가는 합성수지관에 넣은 것
  • 단면적 10[mm²](알루미늄선은 단면적 16[mm²]) 이하의 것
㉢ 전선은 합성수지관 안에서 접속점이 없도록 할 것
㉣ 합성수지관의 지지점 간의 거리는 1.5[m] 이하일 것
㉤ 관 상호 간 및 박스와는 관을 삽입하는 깊이를 관의 바깥지름의 1.2배(접착제를 사용 : 0.8배)로 함

하 | 제2장 저압설비 및 고압·특고압설비

94 저압 옥내 직류전기설비에서 직류 2선식을 다음과 같이 시설하였을 때 접지하지 않아도 되는 경우는?

① 사용전압이 80[V] 이하인 경우
② 접지검출기를 설치하고 전체구역의 산업용 기계기구에 공급하는 경우
③ 최대 40[mA] 이하의 직류화재경보회로를 시설한 경우
④ 절연감시장치 또는 절연고장점검출장치를 설치하여 관리자가 확인할 수 있도록 경보장치를 시설하는 경우

해설 저압 옥내 직류전기설비의 접지(KEC 243.1.8)

직류 2선식에서 접지공사를 생략할 수 있는 경우
㉠ 사용전압이 60[V] 이하인 경우
㉡ 접지검출기를 설치하고 특정구역 내의 산업용 기계기구에만 공급하는 경우
㉢ 교류전로로부터 공급을 받는 정류기에서 인출되는 직류계통
㉣ 최대전류 30[mA] 이하의 직류화재경보회로
㉤ 절연감시장치 또는 절연고장점검출장치를 설치하여 관리자가 확인할 수 있도록 경보장치를 시설하는 경우

정답 92 ② 93 ③ 94 ④

상 제2장 저압설비 및 고압·특고압설비

95 일반주택 및 아파트 각 호실의 현관등은 몇 분 이내에 소등되는 타임스위치를 시설하여야 하는가?

① 1분
② 3분
③ 5분
④ 10분

해설 점멸기의 시설(KEC 234.6)

다음의 경우에는 센서등(타임스위치 포함)을 시설하여야 한다.
㉠ 「관광진흥법」과 「공중위생관리법」에 의한 관광숙박업 또는 숙박업(여인숙업을 제외)에 이용되는 객실의 입구등은 1분 이내에 소등되는 것
㉡ 일반주택 및 아파트 각 호실의 현관등은 3분 이내에 소등되는 것

상 제3장 전선로

96 22.9[kV]의 특고압 가공전선로를 시가지에 시설할 경우 지표상의 최저높이는 몇 [m]이어야 하는가? (단, 전선은 특고압 절연전선이다.)

① 6
② 7
③ 8
④ 10

해설 시가지 등에서 특고압 가공전선로의 시설 (KEC 333.1)

전선의 지표상의 높이는 다음에서 정한 값 이상일 것

사용전압의 구분	지표상의 높이
35[kV] 이하	10[m] 이상 (전선이 특고압 절연전선인 경우에는 8[m])
35[kV] 초과	10[m]에 35[kV]를 초과하는 10[kV] 또는 그 단수마다 0.12[m]를 더한 값

상 제4장 발전소, 변전소, 개폐소 및 기계기구 시설보호

97 발전소, 변전소 또는 이에 준하는 곳에 특고압전로의 접속상태를 모의모선(模擬母線)의 사용 또는 기타의 방법으로 표시하여야 하는데 다음 중 표시의 의무가 없는 것은?

① 전선로의 회선수가 3회선 이하로서 복모선
② 전선로의 회선수가 2회선 이하로서 복모선
③ 전선로의 회선수가 3회선 이하로서 단일모선
④ 전선로의 회선수가 2회선 이하로서 단일모선

해설 특고압전로의 상 및 접속상태의 표시 (KEC 351.2)

㉠ 발전소·변전소 등의 특고압전로에는 그의 보기 쉬운 곳에 상별 표시
㉡ 발전소·변전소 등의 특고압전로에 대하여는 접속상태를 모의모선에 의해 사용 표시
㉢ 특고압 전선로의 회선수가 2 이하이고 또한 특고압의 모선이 단일모선인 경우 생략 가능

중 제3장 전선로

98 사용전압이 400[V] 초과인 저압 가공전선에 사용할 수 없는 전선은? (단, 시가지에 시설하는 경우이다.)

① 인입용 비닐절연전선
② 지름 5[mm] 이상의 경동선
③ 케이블
④ 나전선(중성선 또는 다중접지된 접지측 전선으로 사용하는 전선에 한한다.)

해설 저압 가공전선의 굵기 및 종류(KEC 222.5)

㉠ 저압 가공전선은 나전선(중성선 또는 다중접지된 접지측 전선으로 사용하는 전선), 절연전선, 다심형 전선 또는 케이블을 사용할 것
㉡ 사용전압이 400[V] 이하인 저압 가공전선
  • 지름 3.2[mm] 이상(인장강도 3.43[kN] 이상)
  • 절연전선인 경우는 지름 2.6[mm] 이상(인장강도 2.3[kN] 이상)
㉢ 사용전압이 400[V] 초과인 저압 가공전선
  • 시가지 : 지름 5[mm] 이상(인장강도 8.01[kN] 이상)
  • 시가지 외 : 지름 4[mm] 이상(인장강도 5.26[kN] 이상)
㉣ 사용전압이 400[V] 초과인 저압 가공전선에는 인입용 비닐절연전선을 사용하지 않을 것

중 제2장 저압설비 및 고압·특고압설비

99 합성수지관공사에 의한 저압 옥내배선시설 방법에 대한 설명 중 틀린 것은?

① 관의 지지점 간의 거리는 1.2[m] 이하로 할 것
② 박스, 기타의 부속품을 습기가 많은 장소에 시설하는 경우에는 방습장치로 할 것
③ 사용전선은 절연전선일 것
④ 합성수지관 안에는 전선의 접속점이 없도록 할 것

정답 95 ② 96 ③ 97 ④ 98 ① 99 ①

해설 합성수지관공사(KEC 232.11)

㉠ 전선은 절연전선을 사용(옥외용 비닐절연전선은 사용불가)
㉡ 전선은 연선일 것. 다만, 다음의 것은 적용하지 않음
  • 짧고 가는 합성수지관에 넣은 것
  • 단면적 10[mm²](알루미늄선은 단면적 16[mm²]) 이하의 것
㉢ 전선은 합성수지관 안에서 접속점이 없도록 할 것
㉣ 합성수지관의 지지점 간의 거리는 1.5[m] 이하일 것
㉤ 관 상호 간 및 박스와는 관을 삽입하는 깊이를 관의 바깥지름의 1.2배(접착제를 사용 : 0.8배)로 함
㉥ 습기가 많은 장소 또는 물기가 있는 장소에 시설하는 경우에는 방습장치를 할 것

중 제2장 저압설비 및 고압 · 특고압설비

100 애자사용공사에 의한 고압 옥내배선을 시설하고자 한다. 다음 중 잘못된 내용은?

① 저압 옥내배선과 쉽게 식별되도록 시설한다.
② 전선은 공칭단면적 6[mm²] 이상의 연동선을 사용한다.
③ 전선 상호 간의 간격은 8[cm] 이상이어야 한다.
④ 전선과 조영재 사이의 이격거리(간격)는 4[cm] 이상이어야 한다.

해설 고압 옥내배선 등의 시설(KEC 342.1)

㉠ 고압 옥내배선은 다음에 의하여 시설한다.
  • 애자사용공사(건조한 장소로서 전개된 장소에 한한다.)
  • 케이블공사
  • 케이블트레이공사
㉡ 애자사용공사에 의한 고압 옥내배선은 다음에 의한다.
  • 전선은 공칭단면적 6[mm²] 이상의 연동선 또는 이와 동등 이상의 세기 및 굵기의 고압 절연전선이나 특고압 절연전선 또는 인하용 고압 절연전선일 것
  • 전선의 지지점 간의 거리는 6[m] 이하일 것. 다만, 전선을 조영재의 면을 따라 붙이는 경우에는 2[m] 이하이어야 한다.
  • 전선 상호 간의 간격은 0.08[m] 이상, 전선과 조영재 사이의 이격거리(간격)는 0.05[m] 이상일 것

정답 100 ④

과년도 출제문제 ⋮⋮ 2024년 제3회 CBT 기출복원문제

제1과목 전기자기학

중 제12장 전자계

01 벡터 마그네틱 퍼텐셜 A는? (단, H : 자계의 세기, B : 자속밀도)

① $\nabla \times A = 0$
② $\nabla \cdot A = 0$
③ $H = \nabla \times A$
④ $B = \nabla \times A$

해설

자속밀도 $B = \mathrm{rot}\, A = \nabla \times A$
여기서, A : 자기적인 벡터 퍼텐셜

상 제8장 전류의 자기현상

02 진공 중에 선간거리 1[m]의 평행 왕복도선이 있다. 두 선간에 작용하는 힘이 4×10^{-7}[N/m]이었다면 전선에 흐르는 전류는?

① 1[A]
② $\sqrt{2}$ [A]
③ $\sqrt{3}$ [A]
④ 2[A]

해설 평행도선 사이에 작용하는 힘

$$F = \frac{2I_1 I_2}{r} \times 10^{-7} = \frac{2I^2}{r} \times 10^{-7} [\text{N/m}]$$

$$\therefore I = \sqrt{\frac{Fd}{2 \times 10^{-7}}} = \sqrt{\frac{4 \times 10^{-7} \times 1}{2 \times 10^{-7}}} = \sqrt{2} [\text{A}]$$

중 제6장 전류

03 유전율 ε[F/m], 고유저항 ρ[Ω·m]의 유전체로 채운 정전용량 C[F]의 콘덴서에 전압 V[V]를 가할 때의 유전체 중에 발생하는 열량은 시간 t[sec] 간에 몇 [cal]가 되겠는가?

① $0.24 \dfrac{CV^2}{\rho \varepsilon} t$
② $0.24 \dfrac{CV}{\rho \varepsilon} t$
③ $4.2 \dfrac{CV}{\rho \varepsilon} t$
④ $4.2 \dfrac{CV^2}{\rho \varepsilon} t$

해설

㉠ 절연저항 $R = \dfrac{\rho \varepsilon}{C}$

㉡ 누설전류 $I_g = \dfrac{V}{R} = \dfrac{CV}{\rho \varepsilon}$

∴ 발열량 $H = 0.24 \times I_g^2 R t$

$$= 0.24 \times \frac{V^2}{R} t$$

$$= 0.24 \times \frac{CV^2}{\rho \varepsilon} t \,[\text{cal}]$$

상 제11장 인덕턴스

04 길이 l, 단면 반지름 $a (l \gg a)$, 권수 N_1인 단층 원통형 1차 솔레노이드의 중앙 부근에 권수 N_2인 2차 코일을 밀착되게 감았을 경우 상호 인덕턴스[H]는?

① $\dfrac{\mu \pi a^2}{l} N_1 N_2$
② $\dfrac{\mu \pi a^2}{l} N_1^2 N_2^2$
③ $\dfrac{\mu l}{\pi a^2} N_1 N_2$
④ $\dfrac{\mu l}{\pi a^2} N_1^2 N_2^2$

해설 상호 인덕턴스

$$M = \frac{\mu S N_1 N_2}{l} = \frac{\mu (\pi a^2) N_1 N_2}{l} [\text{H}]$$

여기서, 단면적 $S = \pi a^2$

상 제4장 유전체

05 극판 면적이 50[cm²], 간격이 5[cm]인 평행판 콘덴서의 극판 간에 유전율 3인 유전체를 넣은 후 극판 간에 50[V]의 전위차를 가하면 전극판을 떼어내는 데 필요한 힘은 몇 [N]인가?

① -600
② -750
③ -6000
④ -7500

정답 01 ④ 02 ② 03 ① 04 ① 05 ④

[해설] 전극판을 떼어내는 데 필요한 힘

$$F = \frac{1}{2}\varepsilon E^2 \times S = \frac{1}{2}\varepsilon \left(\frac{V}{d}\right)^2 S$$

$$= \frac{1}{2} \times 3 \times \left(\frac{50}{0.05}\right)^2 \times 50 \times 10^{-4}$$

$$= 7500[\text{N}]$$

∴ 전극판을 떼어내는 힘은 흡인력과 반대방향이므로 $-7500[\text{N}]$이다.

[상] 제9장 자성체와 자기회로

06 평균 자로의 길이 80[cm]의 환상 철심에 500회의 코일을 감고 여기에 4[A]의 전류를 흘렸을 때 기자력과 자화력(자계의 세기)은?

① 2000[AT], 2500[AT/m]
② 3000[AT], 2500[AT/m]
③ 2000[AT], 3500[AT/m]
④ 3000[AT], 3500[AT/m]

[해설]

㉠ 기자력
$$F = NI = 500 \times 4 = 2000[\text{AT}]$$
㉡ 자화력(자계의 세기)
$$H = \frac{NI}{l} = \frac{500 \times 4}{0.8} = 2500[\text{AT/m}]$$

[상] 제5장 전기 영상법

07 그림과 같이 직교 도체 평면상 P점에 Q가 있을 때 P′점의 영상전하는?

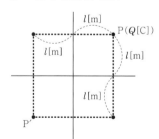

① Q^2 ② Q
③ $-Q$ ④ 0

[해설]

P점과 밑으로 대칭점(영상점)에 $-Q$가, 이 $-Q$로부터 $+Q$가 P′에 나타난다.

[하] 제2장 진공 중의 정전계

08 진공 중에 선전하밀도 ρ[C/m], 반경이 a[m]인 아주 긴 직선 원통 전하가 있다. 원통 중심축으로부터 $\frac{a}{2}$[m]인 거리에 있는 점의 전계의 세기는?

① $\dfrac{\rho}{4\pi\varepsilon_0 a}[\text{V/m}]$

② $\dfrac{\rho}{2\pi\varepsilon_0 a}[\text{V/m}]$

③ $\dfrac{\rho}{\pi\varepsilon_0 a^2}[\text{V/m}]$

④ $\dfrac{\rho}{8\pi\varepsilon_0 a}[\text{V/m}]$

[해설] 전하가 도체 내부에 균일하게 분포된 경우

㉠ 도체 외부 전계 : $E = \dfrac{\lambda}{2\pi\varepsilon_0 r}[\text{V/m}]$

㉡ 도체 내부 전계 : $E = \dfrac{r\,\lambda}{2\pi\varepsilon_0 a^2}[\text{V/m}]$

∴ 도체 내부 거리 $r = \dfrac{a}{2}$이므로

$$E = \frac{\lambda}{4\pi\varepsilon_0 a} = \frac{\rho}{4\pi\varepsilon_0 a}[\text{V/m}]$$

[중] 제9장 자성체와 자기회로

09 비자화율 $\dfrac{\chi}{\mu_0}$이 490이며, 자속밀도 0.05[Wb/m²]인 자성체에서 자계의 세기는 몇 [AT/m]인가?

① $10^4\pi$ ② $50 \times 10^3\pi$

③ $\dfrac{5 \times 10^4}{2\pi}$ ④ $\dfrac{10^4}{4\pi}$

[해설]

㉠ 자화율 $\chi = \mu_0(\mu_s - 1)[\text{H/m}]$

㉡ 비자화율 $\chi_{er} = \dfrac{\chi}{\mu_0} = \mu_s - 1$

㉢ 비투자율 $\mu_s = 1 + \dfrac{\chi}{\mu_0} = 1 + 49 = 50$

㉣ 자속밀도 $B = \mu H = \mu_0 \mu_s H [\text{Wb/m}^2]$

∴ $H = \dfrac{B}{\mu_0 \mu_s} = \dfrac{0.05}{4\pi \times 10^{-7} \times 50} = \dfrac{10^4}{4\pi}[\text{AT/m}]$

정답   06 ①   07 ②   08 ①   09 ④

하 제2장 진공 중의 정전계

10 반경 a이고 Q의 전하를 갖는 절연된 도체 구가 있다. 구의 중심에서 거리 r에 따라 변하는 전위 V와 전계의 세기 E를 그림으로 표시하면?

①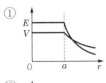

②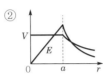

③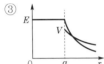

④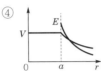

🔎 **해설** 도체 내외부 전계·전위 특징

㉠ 도체 내부 전계는 0이다.
㉡ 도체 표면은 등전위면이고, 표면전위는 내부 전위와 같다.

상 제4장 유전체

11 유전체 내의 전속밀도에 관한 설명 중 옳은 것은?

① 진전하만이다.
② 분극전하만이다.
③ 겉보기 전하만이다.
④ 진전하와 분극전하이다.

하 제10장 전자유도법칙

12 고주파를 취급할 경우 큰 단면적을 갖는 한 개의 도선을 사용하지 않고 전체로서는 같은 단면적이라도 가는 선을 모은 도체를 사용하는 주된 이유는?

① 히스테리시스손을 감소시키기 위하여
② 철손을 감소시키기 위하여
③ 과전류에 대한 영향을 감소시키기 위하여
④ 표피효과에 대한 영향을 감소시키기 위하여

🔎 **해설** 표피효과 억제대책

연선, 복도체, 다도체 사용

중 제7장 진공 중의 정자계

13 그림과 같은 반경 a[m]인 원형코일에 I[A]의 전류가 흐르고 있다. 이 도체 중심축상 x[m]인 P점의 자위[A]는?

① $\dfrac{I}{2}\left(1-\dfrac{x}{\sqrt{a^2+x^2}}\right)$

② $\dfrac{I}{2}\left(1-\dfrac{a}{\sqrt{a^2+x^2}}\right)$

③ $\dfrac{I}{2}\left(1-\dfrac{x^2}{(a^2+x^2)^{3/2}}\right)$

④ $\dfrac{I}{2}\left(1-\dfrac{a^2}{(a^2+x^2)^{3/2}}\right)$

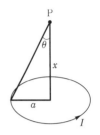

🔎 **해설** 원형 선전류에 의한 자위

$$U = \frac{P\omega}{4\pi\mu_0} = \frac{I\omega}{4\pi}$$
$$= \frac{I}{2}(1-\cos\theta)$$
$$= \frac{I}{2}\left(1-\frac{x}{\sqrt{a^2+x^2}}\right)[\text{A}]$$

상 제12장 전자계

14 변위전류밀도를 나타내는 식은?

① $\dfrac{\partial\phi}{\partial t}$ ② $\dfrac{\partial D}{\partial t}$

③ $\dfrac{\partial B}{\partial t}$ ④ $\dfrac{\partial N\phi}{\partial t}$

🔎 **해설**

㉠ 변위전류밀도

$$i_d = \frac{\partial D}{\partial t} = \varepsilon\frac{\partial E}{\partial t} = j\omega\varepsilon E\,[\text{A/m}^2]$$

㉡ 변위전류는 전계, 자계, 전자계 및 회로에 인가되는 교류전압보다 위상이 90° 앞선다.

상 제10장 전자유도법칙

15 최대 자속밀도 B_m, 주파수 f에서의 유도 기전력을 E_1, 최대 자속밀도가 $2B_m$, 주파수 $2f$에서의 유도기전력을 E_2라 하면, E_1과 E_2의 관계는?

① $E_2 = E_1$ ② $E_2 = 2E_1$
③ $E_2 = 4E_1$ ④ $E_2 = 0.25E_1$

정답 10 ④ 11 ① 12 ④ 13 ① 14 ② 15 ③

해설

㉠ 최대 유도기전력

$$E_m = \omega N \phi_m = 2\pi f N B_m S\,[\mathrm{V}]$$

여기서, N : 권선수
S : 단면적

㉡ 최대 유도기전력은 주파수 f와 최대 자속밀도 B_m에 비례하므로 f와 B_m 모두 2배 증가하면 유도기전력은 4배 증가한다.

$$\therefore E_2 = 4E_1$$

상 제4장 유전체

16 유전속의 분포가 그림과 같을 때 ε_1과 ε_2의 관계는?

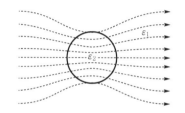

① $\varepsilon_1 = \varepsilon_2$ ② $\varepsilon_1 > \varepsilon_2$

③ $\varepsilon_1 < \varepsilon_2$ ④ $\varepsilon_1 = \varepsilon_2 = 0$

해설

유전속(전속선)은 유전율이 큰 곳으로 모이므로 $\varepsilon_1 < \varepsilon_2$가 된다.

하 제5장 전기 영상법

17 유전율이 ε_1과 ε_2인 두 유전체가 경계를 이루어 접하고 있는 경우 유전율이 ε_1인 영역에 전하 Q가 존재할 때 이 전하에 작용하는 힘에 대한 설명으로 옳은 것은?

① $\varepsilon_1 > \varepsilon_2$인 경우 반발력이 작용한다.

② $\varepsilon_1 > \varepsilon_2$인 경우 흡인력이 작용한다.

③ ε_1과 ε_2값에 상관없이 반발력이 작용한다.

④ ε_1과 ε_2값에 상관없이 흡인력이 작용한다.

해설 유전체 내의 영상전하

$$Q' = -\frac{\varepsilon_2 - \varepsilon_1}{\varepsilon_2 + \varepsilon_1}Q = \frac{\varepsilon_1 - \varepsilon_2}{\varepsilon_1 + \varepsilon_2}Q$$

$\therefore \varepsilon_1 > \varepsilon_2$인 경우 반발력이, $\varepsilon_1 < \varepsilon_2$인 경우 흡인력이 작용한다.

상 제8장 전류의 자기현상

18 다음 중 무한 솔레노이드에 전류가 흐를 때에 대한 설명으로 가장 알맞은 것은?

① 내부자계는 위치에 상관없이 일정하다.

② 내부자계와 외부자계는 그 값이 같다.

③ 외부자계는 솔레노이드 근처에서 멀어질수록 그 값이 작아진다.

④ 내부자계의 크기는 0이다.

해설 솔레노이드의 특징

㉠ 솔레노이드 외부자계는 없다.

㉡ 솔레노이드 내부자계는 평등자계이다.

㉢ 평등자계를 얻는 방법 : 단면적에 비하여 길이를 충분히 길게 한다.

중 제11장 인덕턴스

19 자기 유도계수가 각각 L_1, L_2인 A, B 2개의 코일이 있다. 상호 유도계수 $M = \sqrt{L_1 L_2}$라고 할 때 다음 중 틀린 것은?

① A코일에서 만든 자속은 전부 B코일과 쇄교되어 진다.

② 두 코일이 만드는 자속은 항상 같은 방향이다.

③ A코일에 1초 동안에 1[A]의 전류 변화를 주면 B코일에는 1[V]가 유기된다.

④ L_1, L_2는 부(−)의 값을 가질 수 없다.

해설

㉠ 상호 인덕턴스 $M = k\sqrt{L_1 L_2}$에서 $k = 1$은 자기적인 완전결합을 의미한다. 즉, A코일에서 만든 자속은 전부 B코일과 쇄교된다($\phi_1 = \phi_{21}$, $\phi_{11} = 0$).

㉡ A코일에 시간에 따라 변화하는 전류를 인가하면 B코일에는 $e = -M\dfrac{di_A}{dt}\,[\mathrm{V}]$의 기전력이 유도된다.

따라서 $\dfrac{di_A}{dt} = 1\,[\mathrm{A/s}]$를 인가하면 B코일에는 $M\,[\mathrm{V}]$의 기전력이 유도된다.

중 제7장 진공 중의 정자계

20 자속의 연속성을 나타낸 식은?

① $\mathrm{div}\, B = \rho$ ② $\mathrm{div}\, B = 0$

③ $B = \mu H$ ④ $\mathrm{div}\, B = \mu H$

정답 16 ③ 17 ① 18 ① 19 ③ 20 ②

해설

자극은 항상 N, S극이 쌍으로 존재하여 자력선이 N극에서 나와서 S극으로 들어간다.

즉, 자계는 발산하지 않고 회전한다.

∴ div $B = 0 (\nabla \cdot B = 0)$

제2과목   전력공학

상   제10장 배전선로 계산

21 송전선로에서 사용하는 변압기결선에 △결선이 포함되어 있는 이유는?

① 직류분의 제거   ② 제3고조파의 제거
③ 제5고조파의 제거   ④ 제7고조파의 제거

해설

변압기결선에 △결선을 사용하면 제3고조파(영상분)를 제거하여 근접 통신선에 대한 유도장해를 억제할 수 있다.

중   제6장 중성점 접지방식

22 중성점 저항접지방식에서 1선 지락 시의 영상전류를 I_0라고 할 때 저항을 통하는 전류는 어떻게 표현되는가?

① $\dfrac{1}{3} I_0$ ② $\sqrt{3} \, I_0$
③ $3 I_0$ ④ $6 I_0$

해설

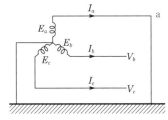

그림과 같이 a상에 지락사고가 발생하고 b와 c상이 개방되었다면

$V_a = 0$, $I_b = I_c = 0$ 이므로

$I_0 + a^2 I_1 + a I_2 = I_0 + a I_1 + a^2 I_2 = 0$

따라서, $I_0 = I_1 = I_2$

따라서 a상의 지락전류 I_g 는

$I_g = I_a = I_0 + I_1 + I_2 = 3 I_0$

$= \dfrac{3 E_a}{Z_0 + Z_1 + Z_2}$

상   제6장 중성점 접지방식

23 선로, 기기 등의 절연 수준 저감 및 전력용 변압기의 단절연을 모두 행할 수 있는 중성점 접지방식은?

① 직접접지방식
② 소호리액터접지방식
③ 고저항접지방식
④ 비접지방식

해설 직접접지방식의 특성

㉠ 계통에 접속된 변압기의 중성점을 금속선으로 직접 접지하는 방식이다.
㉡ 1선 지락고장 시 이상전압이 낮다.
㉢ 절연레벨을 낮출 수 있다(저감절연으로 경제적).
㉣ 변압기의 단절연을 할 수 있다.
㉤ 보호계전기의 동작이 확실하다.

상   제7장 이상전압 및 유도장해

24 인덕턴스가 1.345[mH/km], 정전용량이 0.00785[μF/km]인 가공선의 서지 임피던스는 몇 [Ω]인가?

① 320   ② 370
③ 414   ④ 483

해설 서지 임피던스(=특성 임피던스)

$Z_0 = \sqrt{\dfrac{L}{C}} = \sqrt{\dfrac{1.345 \times 10^{-3}}{0.00785 \times 10^{-6}}} = 414[\Omega]$

중   제7장 이상전압 및 유도장해

25 변전소, 발전소 등에 설치하는 피뢰기에 대한 설명 중 옳지 않은 것은?

① 피뢰기의 직렬갭은 일반적으로 저항으로 되어 있다.
② 정격전압은 상용주파 정현파전압의 최고한도를 규정한 순시값이다.
③ 방전전류는 뇌충격전류의 파고값으로 표시한다.
④ 속류란 방전현상이 실질적으로 끝난 후에도 전력계통에서 피뢰기에 공급되어 흐르는 전류를 말한다.

정답   21 ②   22 ③   23 ①   24 ③   25 ②

📖 해설

피뢰기 정격전압이란 선로단자와 접지단자 간에 인가할 수 있는 상용주파 최대허용전압으로 그 크기는 다음과 같이 구해진다.

피뢰기 정격전압 $V_n = \alpha\beta V_m$ [V]

(여기서, α : 접지계수, β : 유도계수, V_m : 공칭전압)

상 제7장 이상전압 및 유도장해

26 단선식 송전선로와 단선식 통신선로가 근접하고 있는 경우에 두 선간의 정전용량을 C_m[μF], 통신선의 대지정전용량을 C_o[μF]라 하면 전선의 대지전압이 E[V]이고 통신선의 절연이 완전할 경우 통신선에 유도되는 전압은 몇 [V]인가?

① $\dfrac{C_m}{C_m + C_o} E$ 　　② $\dfrac{C_m + C_o}{C_m} E$

③ $\dfrac{C_o}{C_m} E$ 　　④ $\dfrac{C_m}{C_o} E$

📖 해설 통신선에 유도되는 전압(=정전유도전압)

$$E_o = \frac{C_m}{C_o + C_m} E \text{[V]}$$

상 제10장 배전선로 계산

27 500[kVA] 변압기 3대를 △−△결선 운전하는 변전소에서 부하의 증가로 500[kVA] 변압기 1대를 증설하여 2뱅크로 하였다. 최대 몇 [kVA]의 부하에 응할 수 있는가?

① $\dfrac{1000}{\sqrt{3}}$ 　　② $1000\sqrt{3}$

③ $\dfrac{2000\sqrt{3}}{3}$ 　　④ $\dfrac{3000\sqrt{3}}{3}$

📖 해설

변압기 2대 V결선으로 3상 전력을 공급할 경우

$P_V = \sqrt{3} \cdot P_1$[kVA]

V결선의 2뱅크 운전을 하면 $P = 2P_V$이므로

$P = 2P_V = 2 \times \sqrt{3} \times 500 = 1000\sqrt{3} = 1732$[kVA]

상 제8장 송전선로 보호방식

28 초고압용 차단기에서 개폐저항을 사용하는 이유는?

① 차단전류 감소

② 이상전압 감쇄

③ 차단속도 증진

④ 차단전류의 역률 개선

📖 해설

초고압용 차단기는 개폐 시 전류절단현상이 나타나 높은 이상전압이 발생하므로 개폐 시 이상전압을 억제하기 위해 개폐저항기를 사용한다.

상 제9장 배전방식

29 어떤 수용가의 1년간 소비전력량은 100만[kWh]이고 1년 중 최대전력은 130[kW]라면 부하율은 약 몇 [%]인가?

① 74.2 　　② 78.6

③ 82.4 　　④ 87.8

📖 해설

1시간당 평균전력 $P = \dfrac{100 \times 10^4}{365 \times 24} = 114.15$[kW]

부하율 $F = \dfrac{P}{P_m} \times 100 = \dfrac{114.5}{130} \times 100 = 87.8$[%]

상 제3장 선로정수 및 코로나현상

30 반지름 14[mm]의 ACSR로 구성된 완전 연가된 3상 1회 송전선로가 있다. 각 상간의 등가선간거리가 2800[mm]라고 할 때 이 선로의 [km]당 작용 인덕턴스는 몇 [mH/km]인가?

① 1.11 　　② 1.012

③ 0.83 　　④ 0.33

📖 해설

작용 인덕턴스 $L = 0.05 + 0.4605\log_{10}\dfrac{280}{1.4}$

$= 1.11$[mH/km]

등가선간거리와 전선의 반지름을 [cm]으로 환산한다.
(2800[mm] → 280[cm], 14[mm] → 1.4[cm])

정답 26 ① 27 ② 28 ② 29 ④ 30 ①

상 제8장 송전선로 보호방식

31 전력퓨즈(power fuse)는 고압, 특고압기기의 주로 어떤 전류의 치단을 목적으로 설치하는가?

① 충전전류
② 부하전류
③ 단락전류
④ 영상전류

해설

과전류 차단기에는 차단기(CB)와 퓨즈(fuse)가 있는데 퓨즈는 단락전류를 차단하기 위해 설치한다. 과부하전류나 기동전류와 같은 과도전류 등에는 동작하지 않아야 한다.

하 제8장 송전선로 보호방식

32 모선보호용 계전기로 사용하면 가장 유리한 것은?

① 거리방향계전기
② 역상계전기
③ 재폐로계전기
④ 과전류계전기

해설

모선보호에 후비보호 계전방식으로서 거리방향계전기를 설치해서 신뢰도를 향상시킨다.

상 제5장 고장 계산 및 안정도

33 3상 송전선로에서 선간단락이 발생하였을 때 다음 중 옳은 것은?

① 역상전류만 흐른다.
② 정상전류와 역상전류가 흐른다.
③ 역상전류와 영상전류가 흐른다.
④ 정상전류와 영상전류가 흐른다.

해설

선간단락고장 시 $I_0 = 0$, $I_1 = -I_2$, $V_1 = V_2$이므로 영상전류는 흐르지 않는다.
여기서, I_0 : 영상전류
　　　 I_1 : 정상전류
　　　 I_2 : 역상전류
　　　 V_1 : 정상전압
　　　 V_2 : 역상전압

상 제5장 고장 계산 및 안정도

34 송전선로에서의 고장 또는 발전기 탈락과 같은 큰 외란에 대하여 계통에 연결된 각 동기기기가 동기를 유지하면서 계속 안정적으로 운전할 수 있는지를 판별하는 안정도는?

① 동태안정도(dynamic stability)
② 정태안정도(steady-state stability)
③ 전압안정도(voltage stability)
④ 과도안정도(transient stability)

해설 안정도의 종류 및 특성

㉠ 정태안정도 : 정태안정도란 부하가 서서히 증가한 경우 계속해서 송전할 수 있는 능력으로 이때의 전력을 정태안정 극한전력이라 한다.
㉡ 과도안정도 : 계통에 갑자기 부하가 증가하여 급격한 교란상태가 발생하더라도 정전을 일으키지 않고 송전을 계속하기 위한 전력의 최대치를 과도안정도라 한다.
㉢ 동태안정도 : 차단기 또는 조상설비 등을 설치하여 안정도를 높인 것을 동태안정도라 한다.

중 제11장 발전

35 열효율 35[%]의 화력발전소의 평균 발열량 6000[kcal/kg]의 석탄을 사용하면 1[kWh]를 발전하는 데 필요한 석탄량은 약 몇 [kg]인가?

① 0.41
② 0.62
③ 0.71
④ 0.82

해설

석탄의 양 $W = \dfrac{860P}{C\eta}$[kg]

여기서 P : 발전소출력[kW]
　　　 C : 연료의 발열량[kcal/kg]
　　　 η : 열효율

석탄량 $W = \dfrac{860 \times 1}{6000 \times 0.35} = 0.4095 = 0.41$[kg]

상 제5장 고장 계산 및 안정도

36 단락전류를 제한하기 위한 것은?

① 동기조상기
② 분로리액터
③ 전력용 콘덴서
④ 한류리액터

정답 31 ③ 32 ① 33 ② 34 ④ 35 ① 36 ④

🔍 해설

한류리액터는 선로에 직렬로 설치한 리액터로, 단락사고 시 발전기에 전기자 반작용이 일어나기 전 커다란 돌발단락전류가 흐르므로 이를 제한하기 위해 설치하는 리액터이다.

중 제11장 발전

37 증기사이클에 대한 설명 중 틀린 것은?

① 랭킨사이클의 열효율은 초기 온도 및 초기 압력이 높을수록 효율이 크다.
② 재열사이클은 저압터빈에서 증기가 포화상태에 가까워졌을 때 증기를 다시 가열하여 고압터빈으로 보낸다.
③ 재생사이클은 증기원동기 내에서 증기의 팽창 도중에서 증기를 추출하여 급수를 예열한다.
④ 재열재생사이클은 재생사이클과 재열사이클을 조합하여 병용하는 방식이다.

🔍 해설 **재열사이클**

고압터빈에서 임의의 온도까지 팽창한 증기를 추출하여 보일러로 되돌려 보내 재열기로 적당한 온도까지 재가열시켜 다시 저압터빈으로 보내는 방식이다.

중 제9장 배전방식

38 공장이나 빌딩에 200[V] 전압을 400[V]로 승압하여 배전할 때, 400[V] 배전과 관계없는 것은?

① 전선 등 재료의 절감
② 전압변동률의 감소
③ 배선의 전력손실 경감
④ 변압기 용량의 절감

🔍 해설

배전전압이 200[V]에서 400[V]로 2배 상승하는 경우 배전전압이 상승하면 아래와 같은 특성이 나타나지만 변압기의 용량은 부하의 용량과 관계가 있으므로 변화되지 않는다.

※ 배전전압의 2배 상승 시

㉠ 전선굵기 등 재료는 $A \propto \dfrac{1}{V^2}$ 이므로 $\dfrac{1}{4}$ 배로 된다.

㉡ 전압변동률 $\varepsilon \propto \dfrac{1}{V^2}$ 이므로 $\dfrac{1}{4}$ 배로 된다.

㉢ 전력손실 $P_c \propto \dfrac{1}{V^2}$ 이므로 $\dfrac{1}{4}$ 배로 된다.

하 제11장 발전

39 유효낙차 100[m], 최대 유량 20[m³/sec]의 수차에서 낙차가 80[m]로 감소하면 유량은 몇 [m³/sec]가 되겠는가? (단, 수차 안내날개의 열림은 불변이라고 한다.)

① 15
② 18
③ 24
④ 30

🔍 해설

유량과 낙차와의 관계는 $\dfrac{Q'}{Q} = \left(\dfrac{H'}{H}\right)^{\frac{1}{2}}$ 의 관계가 있으므로 낙차가 100[m]에서 감소하면 이때의 유량

$Q' = Q \times \left(\dfrac{H'}{H}\right)^{\frac{1}{2}}$ 이므로

$Q' = 20 \times \left(\dfrac{80}{100}\right)^{\frac{1}{2}} = 18[\text{m}^3/\text{sec}]$

상 제5장 고장 계산 및 안정도

40 송전단전압이 160[kV], 수전단전압이 150[kV], 두 전압 사이의 위상차가 45°, 전체 리액턴스가 50[Ω]이고, 선로손실이 없다면 송전단에서 수전단으로 공급되는 전송전력은 몇 [MW]인가?

① 139.5
② 239.5
③ 339.5
④ 439.5

🔍 해설

송전전력 $P = \dfrac{V_S V_R}{X} \sin\delta \, [\text{MW}]$

여기서, V_S : 송전단전압[kV]
V_R : 수전단전압[kV]
X : 선로의 유도 리액턴스[Ω]

$P = \dfrac{V_S V_R}{X} \sin\delta$

$= \dfrac{160 \times 150}{50} \times \sin 45°$

$= 339.411 \fallingdotseq 339.5[\text{MW}]$

정답 37 ② 38 ④ 39 ② 40 ③

제3과목 전기기기

상 제3장 변압기

41 주상변압기의 고압측에는 몇 개의 탭을 내놓는 데 그 이유로 옳은 것은?

① 변압기의 여자전류를 조정하기 위하여
② 부하전류를 조정하기 위하여
③ 예비단자를 확보하기 위하여
④ 수전점의 전압을 조정하기 위하여

해설

주상변압기 탭 조정장치는 1차측에 약 5[%] 간격 정도의 5개의 탭을 설치한 것으로, 이를 변화시켜 배전선로에서 전압강하에 의해 낮아진 수전점의 전압을 조정하기 위해 사용한다.

중 제4장 유도기

42 60[Hz]의 3상 유도전동기를 동일전압으로 50[Hz]에 사용할 때 ㉠ 무부하전류, ㉡ 온도상승, ㉢ 속도는 어떻게 변하겠는가?

① ㉠ $\dfrac{60}{50}$으로 증가, ㉡ $\dfrac{60}{50}$으로 증가, ㉢ $\dfrac{50}{60}$으로 감소

② ㉠ $\dfrac{60}{50}$으로 증가, ㉡ $\dfrac{50}{60}$으로 감소, ㉢ $\dfrac{50}{60}$으로 감소

③ ㉠ $\dfrac{50}{60}$으로 감소, ㉡ $\dfrac{60}{50}$으로 증가, ㉢ $\dfrac{50}{60}$으로 감소

④ ㉠ $\dfrac{50}{60}$으로 감소, ㉡ $\dfrac{60}{50}$으로 증가, ㉢ $\dfrac{60}{50}$으로 증가

해설 유도전동기의 주파수변환 시 특성

㉠ 무부하전류 $I_o = \dfrac{V_1}{\omega L} = \dfrac{V_1}{2\pi f L}$에서 $I_{o60} : I_{o50}$

$= \dfrac{1}{60} : \dfrac{1}{50}$이므로 $I_{o50} = \dfrac{60}{50} I_{o60}$으로 증가된다.

㉡ 온도상승은 철손과 비례적으로 나타나므로 철손 $\left(P_i \propto \dfrac{V_1^2}{f}\right)$이 주파수에 반비례하므로 $\dfrac{60}{50}$으로 증가된다.

㉢ 회전속도 $N = (1-s)\dfrac{120f}{P}$에서 $N \propto f$이므로 주파수가 감소하면 속도는 $\dfrac{50}{60}$으로 감소한다.

중 제1장 직류기

43 직류발전기가 90[%] 부하에서 최대 효율이 된다면 이 발전기의 전부하에 있어서 고정손과 부하손의 비는 얼마인가?

① 1.1 ② 1.0
③ 0.9 ④ 0.81

해설

최대 효율이 되는 부하율 $\dfrac{1}{m} = \sqrt{\dfrac{고정손}{부하손}} = \sqrt{\dfrac{P_i}{P_c}}$

$P_i = \left(\dfrac{1}{m}\right)^2 P_c$, $P_i = (0.9)^2 P_c = 0.81 P_c$

고정손과 부하손의 비는 $\alpha = \dfrac{P_i}{P_c} = 0.81$

상 제4장 유도기

44 유도전동기를 정격상태로 사용 중 전압이 10[%] 상승하면 특성의 변화가 나타나는 데 그 내용으로 틀린 것은? (단, 부하는 일정 토크라고 가정한다.)

① 슬립이 작아진다.
② 효율이 떨어진다.
③ 속도가 감소한다.
④ 히스테리시스손과 와류손이 증가한다.

해설 유도전동기의 특성

$$T = \frac{P_{극수}}{4\pi f} V_1^2 \frac{I_2^2 \dfrac{r_2}{s}}{\left(r_1 + \dfrac{r_2}{s}\right)^2 + (x_1 + x_2)^2} [\text{N} \cdot \text{m}]$$

$T \propto P_{극수} \propto \dfrac{1}{f} \propto V_1^2 \propto \dfrac{r_2}{s}$에서 $V_1^2 \propto \dfrac{1}{s}$에서 전압이 상승하면 슬립은 감소한다.

슬립이 감소하면 회전속도$\left(N = (1-s)\dfrac{120f}{P}\right)$는 증가한다.

중 제2장 동기기

45 동기발전기의 안정도를 증진시키기 위하여 설계상 고려할 점으로 틀린 것은?

① 자동전압조정기의 속도를 크게 한다.
② 정상 과도 리액턴스 및 단락비를 작게 한다.
③ 회전자의 관성력을 크게 한다.
④ 영상 및 역상 임피던스를 크게 한다.

해설

안정도를 증진시키기 위해 고려할 사항은 다음과 같다.
㉠ 정상 과도 리액턴스 또는 동기 리액턴스는 작게 하고 단락비를 크게 한다.
㉡ 자동전압조정기의 속응도를 크게 한다(속응여자방식 채용).
㉢ 회전자의 관성력을 크게 한다.
㉣ 영상 및 역상 임피던스를 크게 한다.
㉤ 관성을 크게 하거나 플라이휠 효과를 크게 한다.

상 제3장 변압기

46 비율차동계전기를 사용하는 이유로 옳은 것은?

① 변압기의 고조파 발생 억제
② 변압기의 자기 포화 억제
③ 변압기의 상간 단락 보호
④ 변압기의 여자돌입전류 보호

해설 비율차동계전기

변압기, 발전기, 모선 등의 내부고장 및 단락사고의 보호용으로 사용된다.

상 제5장 정류기

47 단상 반파정류회로인 경우 정류효율은 몇 [%]인가?

① 12.6   ② 40.6
③ 60.6   ④ 81.2

해설 정류효율

㉠ 단상 반파정류 $= \dfrac{4}{\pi^2} \times 100 = 40.6[\%]$

㉡ 단상 전파정류 $= \dfrac{8}{\pi^2} \times 100 = 81.2[\%]$

하 제5장 정류기

48 단상 200[V]의 교류전압을 점호각 60°로 반파정류를 하여 저항부하에 공급할 때의 직류전압[V]은?

① 97.5
② 86.4
③ 75.5
④ 67.5

해설

직류전압 $E_d = 0.45E\left(\dfrac{1+\cos a}{2}\right)$

$= 0.45 \times 200\left(\dfrac{1+\cos 60°}{2}\right)$

$= 67.5[\text{V}]$

여기서, E_d : 단상 반파정류 시 직류전압

상 제1장 직류기

49 직류기에서 전기자반작용을 방지하는 방법 중 적합하지 않은 것은?

① 보상권선 설치
② 보극 설치
③ 보상권선과 보극 설치
④ 부하에 따라 브러시 이동

해설

전기자반작용을 방지하기 위해 보극, 보상권선, 브러시 이동 등의 방법이 있는데 이중 보극 설치를 통한 반작용 방지효과가 가장 적다.

하 제6장 특수기기

50 브러시를 이동하여 회전속도를 제어하는 전동기는?

① 직류직권전동기
② 단상 직권전동기
③ 반발전동기
④ 반발기동형 단상 유도전동기

해설

반발전동기는 브러시의 위치를 변경하여 토크 및 회전속도를 제어할 수 있다.

정답 45 ② 46 ③ 47 ② 48 ④ 49 ② 50 ③

하 제6장 특수기기

51 스테핑 전동기의 스텝각이 3°이고, 스테핑 주파수(pulse rate)가 1200[pps]이다. 이 스테핑 전동기의 회전속도[rps]는?

① 10 　　　　　② 12
③ 14 　　　　　④ 16

해설

스테핑모터의 속도는 $\eta_m = \frac{1}{NP}\eta_{pulse}$ 에서 1번의 펄스에 $\frac{1}{NP}$ 바퀴만큼 회전한다.

1펄스에 스텝각이 3°이므로 1초당 1200펄스이므로
1초당 스텝각 = 3° × 1200 = 3600°

스테핑모터의 회전속도 $n = \frac{3600°}{360°} = 10[rps]$

중 제2장 동기기

52 동기전동기에 관한 다음 기술사항 중 틀린 것은?

① 회전수를 조정할 수 없다.
② 직류여자기가 필요하다.
③ 난조가 일어나기 쉽다.
④ 역률을 조정할 수 없다.

해설

여자전류를 가감하여 역률을 조정할 수 있는 것이 동기기의 가장 큰 장점이다.

상 제1장 직류기

53 자극수 4, 슬롯수 40, 슬롯 내부코일변수 4인 단중 중권 직류기의 정류자편수는?

① 80 　　　　　② 40
③ 20 　　　　　④ 1

해설

정류자편수는 코일수와 같고
총코일수 = $\frac{총도체수}{2}$ 이므로

정류자편수 $K = \frac{슬롯수 \times 슬롯내\ 코일변수}{2}$
$= \frac{40 \times 4}{2}$
$= 80$개

상 제5장 정류기

54 정류회로에서 상의 수를 크게 했을 경우에 대한 내용으로 옳은 것은?

① 맥동주파수와 맥동률이 증가한다.
② 맥동률과 맥동주파수가 감소한다.
③ 맥동주파수는 증가하고 맥동률은 감소한다.
④ 맥동률과 주파수는 감소하나 출력이 증가한다.

해설

1상에서 3상 또는 6상 등으로 상수를 크게 하면 양질의 직류전력이 발생하여 맥동주파수는 증가하고 교류분이 감소하여 맥동률은 감소한다.

중 제5장 정류기

55 SCR의 특징으로 틀린 것은?

① 과전압에 약하다.
② 열용량이 적어 고온에 약하다.
③ 전류가 흐르고 있을 때의 양극 전압강하가 크다.
④ 게이트에 신호를 인가할 때부터 도통할 때까지의 시간이 짧다.

해설 SCR의 특징

㉠ 과전압에 약하다.
㉡ 아크가 생기지 않으므로 열의 발생이 적다.
㉢ 게이트에 신호를 인가할 때부터 도통할 때까지의 시간이 짧다.
㉣ 전류가 흐르고 있을 때의 양극 전압강하가 작다.

상 제2장 동기기

56 동기발전기의 자기여자현상의 방지법이 아닌 것은?

① 수전단에 리액턴스를 병렬로 접속한다.
② 발전기 2대 또는 3대를 병렬로 모선에 접속한다.
③ 송전선로의 수전단에 변압기를 접속한다.
④ 단락비가 작은 발전기로 충전한다.

정답 51 ① 52 ④ 53 ① 54 ③ 55 ③ 56 ④

해설 자기여자현상의 방지대책

㉠ 수전단에 병렬로 리액터를 설치
㉡ 수전단 부근에 변압기를 설치하여 자화전류를 흘림
㉢ 수전단에 부족여자로 운전하는 동기조상기를 설치하여 지상전류를 흘림
㉣ 발전기를 2대 이상 병렬로 설치
㉤ 단락비가 큰 기계를 사용

상 제2장 동기기

57 2대의 동기발전기가 병렬운전하고 있을 때 동기화전류가 흐르는 경우는?

① 기전력의 크기에 차가 있을 때
② 기전력의 위상에 차가 있을 때
③ 기전력의 파형에 차가 있을 때
④ 부하 분담에 차가 있을 때

해설

유도기전력의 위상이 다를 경우 → 유효순환전류(동기화전류)가 흐름

수수전력(=주고 받는 전력) $P = \dfrac{E^2}{2Z_s}\sin\delta\,[\text{kW}]$

상 제3장 변압기

58 단상 변압기의 임피던스 와트(impedance watt)를 구하기 위해서는 다음 중 어느 시험이 필요한가?

① 무부하시험   ② 단락시험
③ 유도시험   ④ 반환부하법

해설

단락시험에서 정격전류와 같은 단락전류가 흐를 때의 입력이 임피던스 와트이고, 동손과 크기가 같다.

하 제2장 동기기

59 유도발전기의 동작특성에 관한 설명 중 틀린 것은?

① 병렬로 접속된 동기발전기에서 여자를 취해야 한다.
② 효율과 역률이 낮으며 소출력의 자동수력 발전기와 같은 용도에 사용된다.
③ 유도발전기의 주파수를 증가시키려면 회전속도를 동기속도 이상으로 회전시켜야 한다.

④ 선로에 단락이 생긴 경우에는 여자가 상실되므로 단락전류는 동기발전기에 비해 적고 지속시간도 짧다.

해설

유도발전기는 유도전동기의 회전자가 고정자에서 발생하는 회전자계의 동기속도보다 빠르게 회전하여 전력을 발생시키므로 주파수를 증가시키는 것과는 무관하다.

하 제6장 특수기기

60 단상 정류자전동기의 일종인 단상 반발전동기에 해당되는 것은?

① 시라게전동기
② 반발유도전동기
③ 아트킨손형 전동기
④ 단상 직권 정류자전동기

해설

단상 반발전동기의 종류에는 아트킨손형 전동기, 톰슨형전동기, 데리형 전동기가 있다.

제4과목   회로이론 및 제어공학

하 제어공학 제4장 주파수영역해석법

61 주파수응답에 의한 위치제어계의 설계에서 계통의 안정도척도와 관계가 적은 것은 어느 것인가?

① 공진값
② 고유주파수
③ 위상여유
④ 이득여유

해설 주파수응답에서 안정도의 척도

공진값, 위상여유, 이득여유

상 제어공학 제3장 시간영역해석법

62 2차 시스템의 감쇠율 δ(damping ratio)가 $\delta < 0$이면 어떤 경우인가?

① 비감쇠   ② 과감쇠
③ 부족감쇠   ④ 발산

정답   57 ②   58 ②   59 ③   60 ③   61 ②   62 ④

🔍해설 2차 지연요소의 인디셜 응답의 구분

㉠ $\delta > 1$: 과제동(비진동)
㉡ $\delta = 1$: 임계제동(임계상태)
㉢ $0 < \delta < 1$: 부족제동(감쇠진동)
㉣ $\delta = 0$: 무제동(무한진동, 완전진동)
㉤ $\delta < 0$: 발산(부의 제동)

상 제어공학 제8장 시퀀스회로의 이해

63 그림과 같은 논리회로와 등가인 것은?

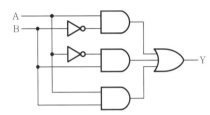

① A B → Y

② A B → Y

③ A B → Y

④ A B → Y

🔍해설

$$Y = A \cdot \overline{B} + \overline{A} \cdot B + A \cdot B$$
$$= A(\overline{B} + B) + B(\overline{A} + A) = A + B$$

상 제어공학 제2장 전달함수

64 그림의 신호흐름선도를 미분방정식으로 표현한 것으로 옳은 것은? (단, 모든 초기값은 0이다.)

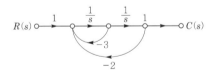

① $\dfrac{d^2 c(t)}{dt^2} + 3\dfrac{dc(t)}{dt} + 2c(t) = r(t)$

② $\dfrac{d^2 c(t)}{dt^2} + 2\dfrac{dc(t)}{dt} + 3c(t) = r(t)$

③ $\dfrac{d^2 c(t)}{dt^2} - 3\dfrac{dc(t)}{dt} - 2c(t) = r(t)$

④ $\dfrac{d^2 c(t)}{dt^2} - 2\dfrac{dc(t)}{dt} - 3c(t) = r(t)$

🔍해설

㉠ 종합 전달함수

$$M(s) = \frac{C(s)}{R(s)} = \frac{\sum 전향경로이득}{1 - \sum 폐루프이득}$$

$$= \frac{\dfrac{1}{s^2}}{1 + \dfrac{3}{s} + \dfrac{2}{s^2}} = \frac{1}{s^2 + 3s + 2}$$

㉡ $C(s)[s^2 + 3s + 2] = R(s)$에서 라플라스 역변환하여 미분방정식으로 표현하면

$$\therefore \ \frac{d^2}{dt^2}c(t) + 3\frac{d}{dt}c(t) + 2c(t) = r(t)$$

중 제어공학 제5장 안정도 판별법

65 특정방정식 $2s^3 + 5s^2 + 3s + 1 = 0$로 주어진 계의 안정도를 판정하고 우반평면상의 근을 구하면?

① 임계상태이며 허수측상에 근이 2개 존재한다.
② 안정하고 우반평면에 근이 없다.
③ 불안정하며 우반평면상에 근이 2개이다.
④ 불안정하며 우반평면상에 근이 1개이다.

🔍해설

$F(s) = as^3 + bs^2 + cs + d = 0$에서 $a, b, c, b > 0$와 $bc > ad$를 만족해야 안정된 제어계가 된다.
$bc = 15$, $ad = 2$이므로 $bc > ad$를 만족한다.
∴ 안정하고 불안정한 근도 없다.

상 제어공학 제7장 상태방정식

66 z변환함수 $\dfrac{z}{(z - e^{-at})}$에 대응되는 라플라스 변환과 이에 대응되는 시간함수는?

① $\dfrac{1}{(s+a)^2}$, te^{-at}

② $\dfrac{1}{1 - e^{-ts}}$, $\displaystyle\sum_{n=0}^{\infty} \delta(t - nt)$

③ $\dfrac{a}{s(s+a)}$, $1 - e^{-at}$

④ $\dfrac{1}{s+a}$, e^{-at}

정답 63 ② 64 ① 65 ② 66 ④

해설

$$\frac{z}{z-e^{-at}} \xrightarrow{z^{-1}} e^{-at} \xrightarrow{\mathcal{L}} \frac{1}{s+a}$$

하 　제어공학 제3장 시간영역해석법

67 그림의 블록선도에서 K에 대한 폐루프 전달함수 $T = \dfrac{C(s)}{R(s)}$ 의 감도 S_K^T는?

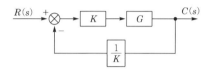

① -1

② -0.5

③ 0.5

④ 1

해설 종합 전달함수

$$M(s) = T = \frac{KG}{1+\dfrac{1}{G}} = \frac{KG^2}{G+1} \text{에서}$$

$$\therefore \text{감도}: S_K^T = \frac{K}{T} \cdot \frac{dT}{dK}$$

$$= \frac{K}{\dfrac{KG^2}{G+1}} \times \frac{d}{dK}\left(\frac{KG^2}{G+1}\right)$$

$$= \frac{G+1}{G^2} \times \frac{G^2}{G+1} = 1$$

중 　제어공학 제4장 주파수영역해석법

68 다음 RC 저역여파기 회로의 전달함수 $G(j\omega)$에서 $\omega = \dfrac{1}{RC}$인 경우 $|G(j\omega)|$의 값은?

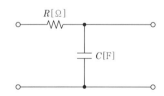

① 1　　　　② 0.5

③ 0.707　　④ 0

해설

㉠ 전압비 전달함수

$$G(s) = \frac{\dfrac{1}{Cs}}{R+\dfrac{1}{Cs}} = \frac{1}{RCs+1}$$

㉡ 주파수 전달함수

$$G(j\omega) = \frac{1}{1+j\omega RC}\Big|_{\omega=\frac{1}{RC}}$$

$$= \frac{1}{1+j} = \frac{1}{\sqrt{2}\ \underline{/45°}}$$

$$= 0.707\ \underline{/-45°}$$

상 　제어공학 제5장 안정도 판별법

69 $G(s)H(s) = \dfrac{2}{(s+1)(s+2)}$의 이득여유는?

① $20[dB]$　　　　② $-20[dB]$

③ $0[dB]$　　　　④ $\infty[dB]$

해설

㉠ 이득여유는 개루프 전달함수 $G(j\omega)H(j\omega)$의 허수를 0으로 하여 구해야 한다.

㉡ 개루프 전달함수

$$G(j\omega)H(j\omega) = \frac{2}{(j\omega+1)(j\omega+2)}\Big|_{\omega=0}$$

$$= \frac{2}{2} = 1$$

∴ 이득여유

$$g_m = 20\log\frac{1}{|G(j\omega)H(j\omega)|}$$

$$= 20\log 1 = 0[dB]$$

상 　제어공학 제1장 자동제어의 개요

70 인가 직류전압을 변화시켜서 전동기의 회전수를 800[rpm]으로 하고자 한다. 이 경우 회전수는 어느 용어에 해당하는가?

① 목표값　　　　② 조작량

③ 제어량　　　　④ 제어대상

해설

㉠ 전압 : 조작량

㉡ 전동기 : 제어대상

㉢ 회전수 : 제어량

㉣ 800[rpm] : 목표값

정답　67 ④　68 ③　69 ③　70 ③

중 회로이론 제3장 다상 교류회로의 이해

71 그림과 같은 부하에 선간전압이 $V_{ab} = 100$ $\underline{/30°}$[V]인 평형 3상 전압을 가했을 때 선전류 I_a[A]는?

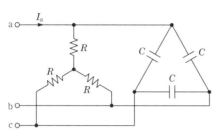

① $\dfrac{100}{\sqrt{3}} \left(\dfrac{1}{R} + j3\omega C \right)$

② $100 \left(\dfrac{1}{R} + j\sqrt{3}\,\omega C \right)$

③ $\dfrac{100}{\sqrt{3}} \left(\dfrac{1}{R} + j\omega C \right)$

④ $100 \left(\dfrac{1}{R} + j\omega C \right)$

해설

㉠ △결선을 Y결선으로 등가변환하면 다음과 같다.
(임피던스 크기를 $\dfrac{1}{3}$로 변환)

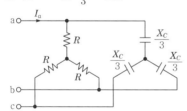

㉡ 저항과 정전용량은 병렬관계이므로 아래와 같이 등가변환시킬 수 있다.

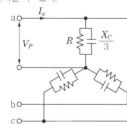

㉢ 합성 임피던스

$$Z = \cfrac{1}{\dfrac{1}{R} + \dfrac{1}{\dfrac{-jX_C}{3}}} = \cfrac{1}{\dfrac{1}{R} + j\dfrac{3}{X_C}}$$

$$= \cfrac{1}{\dfrac{1}{R} + j3\omega C}$$

여기서, 용량 리액턴스 $X_C = \dfrac{1}{\omega C}$

㉣ 상전압 : $V_P = \dfrac{V_\ell}{\sqrt{3}} \ \underline{/-30°} = \dfrac{100}{\sqrt{3}} \ \underline{/0°}$

㉤ Y결선은 상전류와 선전류가 동일하므로

$$I_a = \dfrac{V_P}{Z} = \dfrac{100}{\sqrt{3}} \left(\dfrac{1}{R} + j3\omega C \right)[A]$$

하 회로이론 제2장 단상 교류회로의 이해

72 그림과 같은 회로에서 전압계 3개로 단상전력을 측정하고자 할 때의 유효전력[W]은?

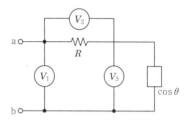

① $\dfrac{1}{2R} \left(V_1^{\,2} - V_2^{\,2} - V_3^{\,2} \right)$

② $\dfrac{1}{2R} \left(V_1^{\,2} - V_3^{\,2} \right)$

③ $\dfrac{R}{2} \left(V_1^{\,2} - V_2^{\,2} - V_3^{\,2} \right)$

④ $\dfrac{R}{2} \left(V_2^{\,2} - V_1^{\,2} - V_3^{\,2} \right)$

해설

㉠ 역률 : $\cos\theta = \dfrac{V_1^{\,2} - V_2^{\,2} - V_3^{\,2}}{2V_2 V_3}$

㉡ 유효전력(소비전력)

$P = VI\cos\theta$

$= V_3 \times \dfrac{V_2}{R} \times \dfrac{V_1^{\,2} - V_2^{\,2} - V_3^{\,2}}{2V_2 V_3}$

$= \dfrac{1}{2R} \left(V_1^{\,2} - V_2^{\,2} - V_3^{\,2} \right)$[W]

상 회로이론 제5장 대칭좌표법

73 전압대칭분을 각각 V_0, V_1, V_2, 전류의 대칭분을 각각 I_0, I_1, I_2라 할 때 대칭분으로 표시되는 전전력은 얼마인가?

① $V_0 I_1 + V_1 I_2 + V_2 I_0$

② $V_0 I_0 + V_1 I_1 + V_2 I_2$

③ $3V_0 I_1 + 3V_1 I_2 + 3V_2 I_0$

④ $3V_0 I_0 + 3V_1 I_1 + 3V_2 I_2$

해설 대칭좌표법에 의한 전력표시

$$P_a = P + jP_r$$
$$= \overline{V_a} I_a + \overline{V_b} I_b + \overline{V_c} I_c$$
$$= \left(\overline{V_0} + \overline{V_1} + \overline{V_2}\right) I_a + \left(\overline{V_0} + \overline{a^2}\, \overline{V_1} + \overline{a}\, \overline{V_2}\right) I_b$$
$$\quad + \left(\overline{V_0} + \overline{a}\, \overline{V_1} + \overline{a^2}\, \overline{V_2}\right) I_c$$
$$= \left(\overline{V_0} + \overline{V_1} + \overline{V_2}\right) I_a + \left(\overline{V_0} + a\, \overline{V_1} + a^2\, \overline{V_2}\right) I_b$$
$$\quad + \left(\overline{V_0} + a^2\, \overline{V_1} + a\, \overline{V_2}\right) I_c$$
$$= \overline{V_0}\left(I_a + I_b + I_c\right) + \overline{V_1}\left(I_a + aI_b + a^2 I_c\right)$$
$$\quad + \overline{V_2}\left(I_a + a^2 I_b + aI_c\right)$$
$$= 3\,\overline{V_0} I_0 + 3\,\overline{V_1} I_1 + 3\,\overline{V_2} I_2$$

상 회로이론 제8장 분포정수회로

74 선로의 단위길이당 분포 인덕턴스, 저항, 정전용량, 누설 컨덕턴스를 각각 L, R, G, C라 하면 전파정수는 어떻게 되는가?

① $\dfrac{\sqrt{R + j\omega L}}{G + j\omega C}$

② $\sqrt{(R + j\omega L)(G + j\omega C)}$

③ $\dfrac{R + j\omega L}{G + j\omega C}$

④ $\sqrt{\dfrac{G + j\omega C}{R + j\omega L}}$

해설

전파정수란 전압, 전류가 선로의 끝 송전단에서부터 멀어져감에 따라 그 진폭이라든가 위상이 변해가는 특성과 관계된 상수를 말한다.

∴ 전파정수

$$\gamma = \sqrt{ZY} = \sqrt{(R + j\omega L)(G + j\omega C)}$$
$$= \sqrt{RG} + j\omega\sqrt{LC} = \alpha + j\beta$$

여기서, α : 감쇠정수
β : 위상정수

하 회로이론 제7장 4단자망 회로해석

75 그림과 같은 4단자 회로의 4단자 정수 A, B, C, D에서 A의 값은?

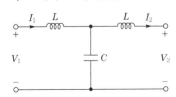

① $1 - j\omega C$

② $1 - \omega^2 LC$

③ $j\omega C$

④ $j\omega L(2 - \omega^2 LC)$

해설

㉠ $A = 1 + \dfrac{j\omega L}{\dfrac{1}{j\omega C}} = 1 + j^2 \omega^2 LC = 1 - \omega^2 LC$

㉡ $B = \dfrac{j\omega L \times \dfrac{1}{j\omega} + (j\omega L)^2 + j\omega L \times \dfrac{1}{j\omega}}{\dfrac{1}{j\omega C}}$

$\quad = j\omega LC(2 - \omega^2 LC)$

㉢ $C = \dfrac{1}{\dfrac{1}{j\omega C}} = j\omega C$

㉣ $D = 1 + \dfrac{j\omega L}{\dfrac{1}{j\omega C}} = 1 + j^2 \omega^2 LC = 1 - \omega^2 LC$

상 회로이론 제3장 다상 교류회로의 이해

76 그림과 같은 평형 Y형 결선에서 각 상이 8[Ω]의 저항과 6[Ω]의 리액턴스가 직렬로 접속된 부하에 걸린 선간전압이 $100\sqrt{3}$ [V]이다. 이 때 선전류는 몇 [A]인가?

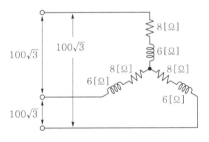

① 5 ② 10
③ 15 ④ 20

해설

㉠ 각 상의 임피던스의 크기
$$Z = \sqrt{8^2 + 6^2} = 10[\Omega]$$

㉡ 상전압 $V_P = \dfrac{V_l}{\sqrt{3}} = \dfrac{100\sqrt{3}}{\sqrt{3}} = 100[V]$

∴ 선전류 $I_l = I_P = \dfrac{V_P}{Z} = \dfrac{100}{10} = 10[A]$

정답 74 ② 75 ② 76 ②

하 회로이론 제10장 라플라스 변환

77 그림과 같은 반파 정현파의 라플라스(Laplace) 변환은?

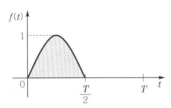

① $\dfrac{s}{s^2+\omega^2}\left(1+e^{-\frac{Ts}{2}}\right)$

② $\dfrac{\omega}{s^2+\omega^2}\left(1+e^{-\frac{Ts}{2}}\right)$

③ $\dfrac{s}{s^2+\omega^2}\left(1+e^{\frac{Ts}{2}}\right)$

④ $\dfrac{\omega}{s^2+\omega^2}\left(1+e^{\frac{Ts}{2}}\right)$

해설

함수 $f(t)=\sin\omega t+\sin\omega\left(t-\dfrac{T}{2}\right)$

$\therefore\ F(s)=\dfrac{\omega}{s^2+\omega^2}+\dfrac{\omega}{s^2+\omega^2}\,e^{-\frac{Ts}{2}}$

$\qquad=\dfrac{\omega}{s^2+\omega^2}\left(1+e^{-\frac{Ts}{2}}\right)$

하 회로이론 제6장 회로망 해석

78 그림과 같은 직류회로에서 저항 $R[\Omega]$의 값은?

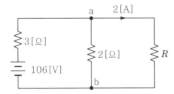

① 10[Ω] ② 20[Ω]

③ 30[Ω] ④ 40[Ω]

해설 테브난의 등가변환

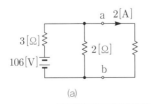

(a)

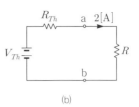

(b)

㉠ 개방전압 : a, b 양단의 단자전압

$\quad V_{Th}=2I=2\times\dfrac{106}{3+2}=42.4[\text{V}]$

㉡ 등가저항 : 전압원을 단락시킨 상태에서 a, b에서 바라본 합성저항

$\quad R_{Th}=\dfrac{3\times2}{3+2}=1.2[\Omega]$

㉢ 부하전류 : $I=\dfrac{V_{Th}}{R_{Th}+R}=2[\text{A}]$

$\therefore\ R=\dfrac{V_{Th}}{I}-R_{Th}=\dfrac{42.4}{2}-1.2=20[\Omega]$

하 회로이론 제4장 비정현파 교류회로의 이해

79 비정현 주기파 중 고조파의 감소율이 가장 적은 것은?

① 반파정류파

② 삼각파

③ 전파정류파

④ 구형파

해설

고조파 감소율이 작다는 것은 계통에 고조파 함유율이 매우 크다는 것을 의미한다. 따라서 정현파에 무수히 많은 고주파(주파수 성분)가 포함되면 파형은 구형파의 형태가 된다.

상 회로이론 제10장 라플라스 변환

80 자동제어계에서 중량함수(weight function)라고 불려지는 것은?

① 인디셜

② 임펄스

③ 전달함수

④ 램프함수

해설

임펄스(impulse)함수＝충격함수＝중량함수
　　　　　　　　＝하중(weight)함수

정답 77 ② 78 ② 79 ④ 80 ②

제5과목 전기설비기술기준

상 제3장 전선로

81 사용전압이 400[V] 이하인 경우의 저압 보안공사에 전선으로 경동선을 사용할 경우 몇 [mm] 이상의 것을 사용하여야 하는가?

① 1.2
② 2.6
③ 3.5
④ 4.0

해설 저압 보안공사(KEC 222.10)

전선은 인장강도 8.01[kN] 이상의 것 또는 지름 5[mm] 이상의 경동선일 것(사용전압이 400[V] 이하인 경우에는 인장강도 5.26[kN] 이상의 것 또는 지름 4[mm] 이상의 경동선)

상 전기설비기술기준

82 가공전선로의 지지물로 볼 수 없는 것은?

① 목주
② 지선(지지선)
③ 철탑
④ 철근 콘크리트주

해설 정의(전기설비기술기준 제3조)

지지물이라 함은 목주, 철주, 철근 콘크리트주 및 철탑과 이와 유사한 시설물로서, 전선·약전류전선 또는 광섬유케이블을 지지하는 것을 주된 목적으로 하는 것을 말한다.

중 제1장 공통사항

83 건축물·구조물과 분리되지 않은 피뢰시스템인 경우, 피뢰시스템 등급이 I, II등급이라면 병렬 인하도선의 최대 간격은 몇 [m]로 하는가?

① 30
② 10
③ 20
④ 15

해설 인하도선시스템(KEC 152.2)

건축물·구조물과 분리되지 않은 피뢰시스템인 경우
㉠ 인하도선의 수는 2가닥 이상으로 한다.
㉡ 병렬 인하도선의 최대 간격은 피뢰시스템 등급에 따라 I·II등급은 10[m], III등급은 15[m], IV등급은 20[m]로 한다.

하 제5장 전기철도

84 전기철도의 변전방식에서 변전소 설비에 대한 내용 중 해당되지 않는 것은?

① 급전용 변압기에서 직류 전기철도는 3상 정류기용 변압기로 해야 한다.
② 제어용 교류전원은 상용과 예비의 2계통으로 구성한다.
③ 제어반의 경우 디지털 계전기방식을 원칙으로 한다.
④ 제어반의 경우 아날로그 계전기방식을 원칙으로 한다.

해설 변전소의 설비(KEC 421.4)

㉠ 급전용 변압기는 직류 전기철도의 경우 3상 정류기용 변압기, 교류 전기철도의 경우 3상 스코트결선 변압기의 적용을 원칙으로 하고, 급전계통에 적합하게 선정하여야 한다.
㉡ 제어용 교류전원은 상용과 예비의 2계통으로 구성하여야 한다.
㉢ 제어반의 경우 디지털 계전기방식을 원칙으로 하여야 한다.

중 제3장 전선로

85 가공전선로에 사용하는 지지물을 강관으로 구성되는 철탑으로 할 경우 지지물의 강도 계산에 적용하는 병종 풍압하중은 구성재의 수직투영면적 1[m^2]에 대한 풍압을 몇 [Pa]로 하여 계산하는가?

① 441
② 627
③ 706
④ 1078

해설 풍압하중의 종별과 적용(KEC 331.6)

철탑의 갑종 풍압하중의 크기는 1255[Pa]이나 병종 풍압하중은 갑종 풍압하중의 50[%]를 적용하기 때문에 627[Pa]이다.

상 제3장 전선로

86 시가지에 시설하는 특고압 가공전선로의 지지물이 철탑이고, 전선이 수평으로 2 이상 있는 경우에 전선 상호 간의 간격이 4[m] 미만인 때에는 특고압 가공전선로의 경간(지지물 간 거리)은 몇 [m] 이하이어야 하는가?

① 100
② 150
③ 200
④ 250

정답 81 ④ 82 ② 83 ② 84 ④ 85 ② 86 ④

해설 시가지 등에서 특고압 가공전선로의 시설 (KEC 333.1)

시가지에 시설하는 특고압 가공전선로의 경간(지지물 간 거리)은 다음 값 이하일 것

지지물의 종류	경간(지지물 간 거리)
A종 철주 또는 A종 철근 콘크리트주	75[m]
B종 철주 또는 B종 철근 콘크리트주	150[m]
철탑	400[m] (단주인 경우에는 300[m]) 단, 전선이 수평으로 2 이상 있는 경우에 전선 상호 간의 간격이 4[m] 미만인 때에는 250[m]

상 제1장 공통사항

87 저압용 기계기구에 인체에 대한 감전보호용 누전차단기를 시설하면 외함의 접지를 생략할 수 있다. 이 경우의 누전차단기 정격에 대한 기술기준으로 적합한 것은?

① 정격감도전류 30[mA] 이하,
　동작시간 0.03[sec] 이하의 전류동작형
② 정격감도전류 30[mA] 이하,
　동작시간 0.1[sec] 이하의 전류동작형
③ 정격감도전류 60[mA] 이하,
　동작시간 0.03[sec] 이하의 전류동작형
④ 정격감도전류 60[mA] 이하,
　동작시간 0.1[sec] 이하의 전류동작형

해설 기계기구의 철대 및 외함의 접지(KEC 142.7)

저압용의 개별 기계기구에 전기를 공급하는 전로에 시설하는 인체 감전보호용 누전차단기는 정격감도전류가 30[mA] 이하, 동작시간이 0.03[sec] 이하의 전류동작형의 것을 말한다.

상 제1장 공통사항

88 사용전압 25[kV] 이하인 특고압 가공전선로의 중성점 접지용 접지도체의 공칭단면적은 몇 [mm²] 이상의 연동선이어야 하는가? (단, 중성선 다중접지방식으로 전로에 지락이 생겼을 때 2초 이내에 자동적으로 이를 전로로부터 차단하는 장치가 되어 있다.)

① 16　　　　　② 2.5
③ 6　　　　　 ④ 4

해설 접지도체(KEC 142.3.1)

접지도체의 굵기
㉠ 특고압 · 고압 전기설비용은 6[mm²] 이상의 연동선
㉡ 중성점 접지용은 16[mm²] 이상의 연동선
㉢ 7[kV] 이하의 전로 또는 25[kV] 이하인 특고압 가공전선로로 중성점 다중접지방식(지락 시 2초 이내 전로차단)인 경우 6[mm²] 이상의 연동선

상 제2장 저압설비 및 고압 · 특고압설비

89 도로 또는 옥외주차장에 표피전류 가열장치를 시설하는 경우, 발열선에 전기를 공급하는 전로의 대지전압은 교류 몇 [V] 이하이어야 하는가? (단, 주파수가 60[Hz]의 것에 한한다.)

① 400　　　　　② 600
③ 300　　　　　④ 150

해설 표피전류 가열장치의 시설(KEC 241.12.4)

도로 또는 옥외주차장에 표피전류 가열장치를 시설할 경우
㉠ 발열선에 전기를 공급하는 전로의 대지전압은 교류(주파수가 60[Hz]) 300[V] 이하일 것
㉡ 발열선과 소구경관은 전기적으로 접속하지 아니할 것
㉢ 소구경관은 그 온도가 120[℃]를 넘지 아니하도록 시설할 것

상 제2장 저압설비 및 고압 · 특고압설비

90 옥내에 시설하는 전동기가 소손되는 것을 방지하기 위한 과부하보호장치를 설치하지 않아도 되는 것은?

① 전동기출력이 4[kW]이며, 취급자가 감시할 수 없는 경우
② 정격출력이 0.2[kW] 이하의 경우
③ 과전류차단기가 없는 경우
④ 정격출력이 10[kW] 이상인 경우

해설 저압전로 중의 전동기 보호용 과전류보호장치의 시설(KEC 212.6.3)

다음의 어느 하나에 해당하는 경우에는 과전류보호장치의 시설 생략 가능
㉠ 전동기를 운전 중 상시 취급자가 감시할 수 있는 위치에 시설하는 경우
㉡ 전동기의 구조나 부하의 성질로 보아 전동기가 손상될 수 있는 과전류가 생길 우려가 없는 경우
㉢ 단상 전동기로서 그 전원측 전로에 시설하는 과전류차단기의 정격전류가 16[A](배선차단기는 20[A]) 이하인 경우
㉣ 전동기의 정격출력이 0.2[kW] 이하인 경우

정답 87 ① 88 ③ 89 ③ 90 ②

하 제3장 전선로

91 저압 옥측전선로의 시설로 잘못된 것은?

① 철골주 조영물에 버스덕트공사로 시설
② 합성수지관공사로 시설
③ 목조 조영물에 금속관공사로 시설
④ 전개된 장소에 애자사용공사로 시설

해설 옥측전선로(KEC 221.2)

저압 옥측전선로는 다음에 따라 시설하여야 한다.
㉠ 애자공사(전개된 장소에 한한다)
㉡ 합성수지관공사
㉢ 금속관공사(목조 이외의 조영물에 시설하는 경우에 한한다)
㉣ 버스덕트공사[목조 이외의 조영물(점검할 수 없는 은폐된 장소를 제외)에 시설하는 경우에 한한다]
㉤ 케이블공사[연피케이블, 알루미늄피케이블 또는 무기물절연(MI) 케이블을 사용하는 경우에는 목조 이외의 조영물에 시설하는 경우에 한한다]

중 제3장 전선로

92 도로를 횡단하여 시설하는 지선(지지선)의 높이는 특별한 경우를 제외하고 지표상 몇 [m] 이상으로 하여야 하는가?

① 5
② 5.5
③ 6
④ 6.5

해설 지선(지지선)의 시설(KEC 331.11)

㉠ 도로를 횡단하여 시설하는 지선(지지선)의 높이는 지표상 5[m] 이상
㉡ 교통에 지장을 초래할 우려가 없는 경우에는 지표상 4.5[m] 이상
㉢ 보도의 경우에는 2.5[m] 이상

상 제3장 전선로

93 고압 가공인입선이 케이블 이외의 것으로서 그 아래에 위험표시를 하였다면 전선의 지표상 높이는 몇 [m]까지로 감할 수 있는가?

① 2.5
② 3.5
③ 4.5
④ 5.5

해설 고압 가공인입선의 시설(KEC 331.12.1)

고압 가공인입선의 높이는 지표상 3.5[m]까지 감할 수 있다. 이 경우에 고압 가공인입선이 케이블 이외의 것인 때에는 그 전선의 아래쪽에 위험표시를 하여야 한다.

상 제3장 전선로

94 저압 가공인입선에 사용할 수 없는 전선은?

① 절연전선
② 단심케이블
③ 나전선
④ 다심케이블

해설 저압 인입선의 시설(KEC 221.1.1)

㉠ 전선은 절연전선 또는 케이블일 것
㉡ 전선이 케이블인 경우 이외에는 인장강도 2.30[kN] 이상의 것 또는 지름 2.6[mm] 이상의 인입용 비닐절연전선일 것. 다만, 경간(지지물 간 거리)이 15[m] 이하인 경우는 인장강도 1.25[kN] 이상의 것 또는 지름 2[mm] 이상의 인입용 비닐절연전선일 것
㉢ 전선이 옥외용 비닐절연전선인 경우에는 사람이 접촉할 우려가 없도록 시설하고, 옥외용 비닐절연전선 이외의 절연전선인 경우에는 사람이 쉽게 접촉할 우려가 없도록 시설할 것

상 제4장 발전소, 변전소, 개폐소 및 기계기구 시설보호

95 변전소에서 154[kV], 용량 2100[kVA] 변압기를 옥외에 시설할 때 울타리의 높이와 울타리에서 충전부분까지의 거리의 합계는 몇 [m] 이상이어야 하는가?

① 5
② 5.5
③ 6
④ 6.5

해설 발전소 등의 울타리 · 담 등의 시설(KEC 351.1)

발전소 등의 울타리 · 담 등의 시설 시 간격

사용전압의 구분	울타리 · 담 등의 높이와 울타리 · 담 등으로부터 충전부분까지의 거리의 합계
35[kV] 이하	5[m]
35[kV] 초과 160[kV] 이하	6[m]
160[kV] 초과	6[m]에 160[kV]를 초과하는 10[kV] 또는 그 단수마다 12[cm]를 더한 값

정답 91 ③ 92 ① 93 ② 94 ③ 95 ③

중 **제1장 공통사항**

96 연료전지 및 태양전지 모듈은 최대사용전압의 몇 배의 직류전압을 충전부분과 대지 사이에 연속하여 10분간 가하여 절연내력을 시험하였을 때에 이에 견디는 것이어야 하는가?

① 2.5　　　　② 1
③ 1.5　　　　④ 3

해설 연료전지 및 태양전지 모듈의 절연내력 (KEC 134)

연료전지 및 태양전지 모듈은 최대사용전압의 1.5배의 직류전압 또는 1배의 교류전압을 충전부분과 대지 사이에 연속하여 10분 가하여 절연내력을 시험하였을 때에 이에 견디는 것이어야 한다. 단, 시험전압 계산값이 500[V] 미만인 경우 500[V]로 시험한다.

상 **제3장 전선로**

97 다음 중 제1종 특고압 보안공사를 필요로 하는 가공전선로에 지지물로 사용할 수 있는 것은 어느 것인가?

① A종 철근 콘크리트주
② B종 철근 콘크리트주
③ A종 철주
④ 목주

해설 특고압 보안공사(KEC 333.22)

제1종 특고압 보안공사 시 전선로의 지지물에는 B종 철주·B종 철근 콘크리트주 또는 철탑을 사용할 것(지지물의 강도가 약한 A종 지지물과 목주는 사용할 수 없음)

하 **제5장 전기철도**

98 직류 전기철도 시스템의 누설전류 간섭방지에 대한 설명으로 틀린 것은?

① 누설전류를 최소화하기 위해 귀선전류를 금속귀로 외부로만 흐르도록 한다.
② 직류 전기철도 시스템이 매설 배관 또는 케이블과 인접할 경우 누설전류를 피하기 위해 최대한 이격시켜야 하며, 주행레일과 최소 1[m] 이상의 거리를 유지하여야 한다.

③ 귀선시스템의 종방향 전기저항을 낮추기 위해서는 레일 사이에 저저항 레일본드를 접합한다.
④ 레일 사이에 저저항 레일본드를 접속하여 귀선시스템의 전체 종방향 저항이 5[%] 이상 증가하지 않도록 하여야 한다.

해설 전기철도 누설전류 간섭에 대한 방지 (KEC 461.5)

㉠ 직류 전기철도 시스템의 누설전류를 최소화하기 위해 귀선전류를 금속귀로 내부로만 흐르도록 하여야 한다.
㉡ 직류 전기철도 시스템이 매설 배관 또는 케이블과 인접할 경우 누설전류를 피하기 위해 최대한 이격시켜야 하며, 주행레일과 최소 1[m] 이상의 거리를 유지하여야 한다.
㉢ 귀선시스템의 종방향 전기저항을 낮추기 위해서는 레일 사이에 저저항 레일본드를 접합 또는 접속하여 전체 종방향 저항이 5[%] 이상 증가하지 않도록 하여야 한다.

상 **제2장 저압설비 및 고압·특고압설비**

99 2차측 개방전압이 10000[V]인 절연변압기를 사용한 전격살충기는 전격격자가 지표 또는 바닥에서 몇 [m] 이상의 높이에 시설되어야 하는가?

① 2.5　　　　② 2.8
③ 3.0　　　　④ 3.5

해설 전격살충기(KEC 241.7)

㉠ 전격살충기는 전용개폐기를 전격살충기에서 가까운 곳에 쉽게 개폐할 수 있도록 시설한다.
㉡ 전격격자는 지표 또는 바닥에서 3.5[m] 이상의 높은 곳에 시설할 것. 단, 2차측 개방전압이 7000[V] 이하의 절연변압기를 사용하고 또한 보호격자의 내부에 사람의 손이 들어갈 경우 또는 보호격자에 사람이 접촉될 경우 절연변압기의 1차측 전로를 자동적으로 차단하는 보호장치를 시설한 것은 지표 또는 바닥에서 1.8[m]까지 감할 수 있다.
㉢ 전격살충기의 전격격자와 다른 시설물(가공전선은 제외) 또는 식물과의 이격거리(간격)는 0.3[m] 이상일 것
㉣ 전격살충기를 시설한 곳에는 위험표시를 할 것

정답 96 ③　97 ②　98 ①　99 ④

상 제3장 전선로

100 중성점접접지식 22.9[kV] 특고압 가공전선을 A종 철근 콘크리트주를 사용하여 시가지에 시설하는 경우 반드시 지키지 않아도 되는 것은?

① 전선로의 경간(지지물 간 거리)은 75[m] 이하로 할 것

② 전선의 단면적은 55[mm²] 경동연선 또는 이와 동등 이상의 세기 및 굵기의 것일 것

③ 전선이 특고압 절연전선인 경우 지표 상의 높이는 8[m] 이상일 것

④ 전로에 지기가 생긴 경우 또는 단락한 경우에 1초 안에 자동차단하는 장치를 시설할 것

해설 시가지 등에서 특고압 가공전선로의 시설 (KEC 333.1)

사용전압이 100[kV]를 초과하는 특고압 가공전선에 지락 또는 단락이 생겼을 때에는 1초 이내에 자동적으로 이를 전로로부터 차단하는 장치를 시설할 것

정답 100 ④

제1과목 전기자기학

중 **제9장 자성체와 자기회로**

01 그림과 같은 자기회로에서 코일에 흐르는 전류가 10[A]이면 $\overline{ACB}$ 구간에 투과하는 자속 ϕ 는 약 몇 [Wb]인가? (단, 코일의 권수 10회, $R_1 = 0.1$[AT/Wb], $R_2 = 0.2$[AT/Wb], $R_3 = 0.3$[AT/Wb]이다.)

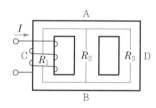

① 2.25×10^2
② 4.55×10^2
③ 6.50×10^2
④ 8.45×10^2

🔑 **해설**

㉠ 합성 자기저항

$$R_m = R_1 + \frac{R_2 \times R_3}{R_2 + R_3}$$
$$= 0.1 + \frac{0.2 \times 0.3}{0.2 + 0.3} = 0.22\text{[AT/Wb]}$$

㉡ $\overline{ACB}$ 구간에 통과하는 자속(전체 자속)

$$\phi = \frac{F}{R_m} = \frac{IN}{R_m} = \frac{10 \times 10}{0.22} = 4.55 \times 10^2\text{[Wb]}$$

중 **제3장 정전용량**

02 평행판 콘덴서의 극간거리를 $\frac{1}{2}$ 로 줄이면 콘덴서 용량은 처음 값에 비해 어떻게 되는가?

① $\frac{1}{2}$ 이 된다.
② $\frac{1}{4}$ 이 된다.
③ 2 배가 된다.
④ 4 배가 된다.

🔑 **해설**

평행판 콘덴서의 정전용량$\left(C = \dfrac{\varepsilon S}{d}\right)$[F]은 극판거리에 반비례하므로 극간거리가 $\dfrac{1}{2}$ 배 되면 정전용량은 2 배로 증가한다.

상 **제8장 전류의 자기현상**

03 길이 40[cm]의 철선을 정사각형으로 만들고 전류 5[A]를 흘렸을 때 그 중심에서의 자계의 세기는 몇 [A/m]인가?

① 40
② 45
③ 80
④ 85

🔑 **해설**

㉠ 40[cm] 철선으로 정사각형을 만들었을 때 정사각형 한변의 길이 : $l = 10$[cm]

㉡ 정사각형 중심에서의 자계의 세기

$$H = \frac{2\sqrt{2}\,I}{\pi l} = \frac{2\sqrt{2} \times 5}{\pi \times 0.1} = 45\text{[A/m]}$$

하 **제2장 진공 중의 정전계**

04 반경이 $a = 10$[cm]인 구의 표면 전하밀도를 $\delta = 10^{-10}$[C/m²]이 되도록 하는 구의 전위[V]는 얼마인가?

① 21.3[V]
② 11.3[V]
③ 2.13[V]
④ 1.13[V]

🔑 **해설**

㉠ 표면 전하밀도

$$\delta = \frac{Q}{4\pi a^2} = 10^{-10}\text{[C/m}^2\text{]}$$

㉡ 구도체의 전위

$$V = \frac{Q}{4\pi\varepsilon_0 a} = \frac{Q}{4\pi a^2} \times \frac{a}{\varepsilon_0} = \delta \times \frac{a}{\varepsilon_0}$$
$$= 10^{-10} \times \frac{0.1}{8.855 \times 10^{-12}}$$
$$= 1.13\text{[V]}$$

정답 01 ② 02 ③ 03 ② 04 ④

상 제10장 전자유도법칙

05 패러데이 법칙에 대한 설명 중 적합한 것은?

① 전자유도에 의한 회로에 발생되는 기전력은 자속 쇄교수의 시간에 대한 증가율에 비례한다.

② 전자유도에 의한 회로에 발생되는 기전력은 자속의 변화를 방해하는 기전력이 유도된다.

③ 전자유도에 의한 회로에 발생되는 기전력은 자속의 변화 방향으로 유도된다.

④ 전자유도에 의한 회로에 발생되는 기전력은 자속 쇄교수의 시간에 대한 감쇄율에 비례한다.

해설

패러데이 법칙$\left(\text{유도기전력} : e = -N\dfrac{d\phi}{dt}\right)$

전자유도에 의해 발생되는 기전력은 자속 쇄교수의 매초 변화율(감쇄율)에 비례한다.

하 제2장 진공 중의 정전계

06 간격 d[m]의 평형판 도체에 V[kV]의 전위차를 주었을 때 음극 도체판을 초기 속도 0으로 출발한 전자 e[C]이 양극 도체판에 도달할 때의 속도는 몇 [m/s]인가? (단, 전자의 질량 $m = 9.107 \times 10^{-31}$[kg], 전자 1개의 전하량 $e = -1.602 \times 10^{-19}$[C])

① $v = 5.95 \times 10^3 \sqrt{V}$

② $v = 5.95 \times 10^5 \sqrt{V}$

③ $v = 9.55 \times 10^3 \sqrt{V}$

④ $v = 9.55 \times 10^5 \sqrt{V}$

해설 전자의 운동 속도

$$v = \sqrt{\frac{2eV}{m}}$$
$$= \sqrt{\frac{2 \times 1.602 \times 19^{-19} \times V}{9.107 \times 10^{-31}}}$$
$$= 5.95 \times 10^5 \times \sqrt{V}\,[\text{m/s}]$$

상 제10장 전자유도법칙

07 다음 중 전동기의 원리에 적용되는 법칙은?

① 렌츠의 법칙

② 플레밍의 오른손 법칙

③ 플레밍의 왼손 법칙

④ 옴의 법칙

해설 플레밍의 왼손 법칙(전동기의 원리)

㉠ 자계 내의 도체에 전류를 흘리면 도체에는 전자력 F가 발생한다.

㉡ 전자력 : $F = IBl\sin\theta$[N]

상 제4장 유전체

08 두 유전체 ①, ②가 유전율 $\varepsilon_1 = 2\sqrt{3}\,\varepsilon_0$, $\varepsilon_2 = 2\varepsilon_0$이며, 경계를 이루고 있을 때 그림과 같이 전계 E_1이 입사하여 굴절을 하였다면 유전체 ② 내의 전계의 세기 E_2는 몇 [V/m]인가?

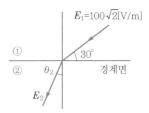

① 95

② 100

③ $100\sqrt{2}$

④ $100\sqrt{3}$

해설

㉠ 유전체 경계조건 $\dfrac{\varepsilon_2}{\varepsilon_1} = \dfrac{\tan\theta_2}{\tan\theta_1}$ 에서

$\tan\theta_2 = \tan\theta_1 \dfrac{\varepsilon_2}{\varepsilon_1}$ 이므로 굴절각은

$$\theta_2 = \tan^{-1}\left(\tan\theta_1 \frac{\varepsilon_2}{\varepsilon_1}\right)$$
$$= \tan^{-1}\left(\tan60° \times \frac{2\varepsilon_0}{2\sqrt{3}\,\varepsilon_0}\right) = 45°$$

여기서, 입사각 : $\theta_1 = 90 - 30 = 60°$

㉡ $E_1\sin\theta_1 = E_2\sin\theta_2$에서

$$E_2 = E_1 \frac{\sin\theta_1}{\sin\theta_2}$$
$$= 100\sqrt{2}\,\frac{\sin60°}{\sin45°} = 100\sqrt{3}\,[\text{V/m}]$$

정답 05 ④ 06 ② 07 ③ 08 ④

하 제3장 정전용량

09 공기 중에서 5[V], 10[V]로 대전된 반지름 2[cm], 4[cm]의 2개의 구를 가는 철사로 접속했을 때 공통 전위는 몇 [V]인가?

① 6.25
② 7.5
③ 8.33
④ 10

🔍해설 **공통 전위**

$$V = \frac{C_1 V_1 + C_2 V_2}{C_1 + C_2}$$

$$= \frac{r_1 V_1 + r_2 V_2}{r_1 + r_2}$$

$$= \frac{0.02 \times 5 + 0.04 \times 10}{0.02 + 0.04} = 8.33[\text{V}]$$

(여기서, $C_1 = 4\pi\varepsilon_0 r_1$, $C_2 = 4\pi\varepsilon_0 r_2$)

상 제6장 전류

10 다음 중 특성이 다른 것이 하나 있다. 그것은 무엇인가?

① 톰슨 효과(Thomson effect)
② 스트레치 효과(Stretch effect)
③ 핀치 효과(Pinch effect)
④ 홀 효과(Hall effect)

🔍해설

스트레치 효과, 핀치 효과, 홀 효과는 모두 전류와 자계 관계의 현상이고, 톰슨 효과는 열전기 현상이다.

중 제7장 진공 중의 정자계

11 자극의 세기 4[Wb], 자축의 길이 10[cm]의 막대자석이 100[AT/m]의 평등자장 내에서 20[N·m]의 회전력을 받았다면 이때 막대자석과 자장이 이루는 각도는?

① 0°
② 30°
③ 60°
④ 90°

🔍해설
㉠ 막대자석의 회전력 : $T = mlH\sin\theta$
㉡ $\sin\theta = \dfrac{T}{mlH} = \dfrac{20}{4 \times 0.1 \times 100} = 0.5$
∴ $\theta = \sin^{-1} 0.5 = 30°$

상 제9장 자성체와 자기회로

12 다음 설명의 (㉠), (㉡)에 들어갈 내용으로 옳은 것은?

> 히스테리시스 곡선은 가로축(횡축)(㉠), 세로축(종축)(㉡)와의 관계를 나타낸다.

① ㉠ 자속밀도, ㉡ 투자율
② ㉠ 자기장의 세기, ㉡ 자속밀도
③ ㉠ 자화의 세기, ㉡ 자기장의 세기
④ ㉠ 자기장의 세기, ㉡ 투자율

🔍해설 **히스테리시스 곡선**

자성체가 자화되는 특성을 나타낸 곡선으로 외부에서 인가한 자기력에 대한 자성체 내의 자속밀도를 나타낸 곡선

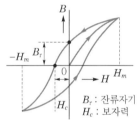

B_r : 잔류자기
H_c : 보자력

㉠ 가로축(횡축) : 자기장의 세기
㉡ 세로축(종축) : 자속밀도

중 제8장 전류의 자기현상

13 전류 I[A]가 반지름 a[m]의 원주를 균일하게 흐를 때 원주 내부의 중심에서 r[m] 떨어진 원주 내부 점의 자계의 세기는 몇 [AT/m]인가?

① $\dfrac{rI}{2\pi a^2}$
② $\dfrac{Ir}{2\pi a}$
③ $\dfrac{Ir}{\pi a^2}$
④ $\dfrac{Ir}{\pi a}$

🔍해설 **전류가 도체 내부에 균일하게 흐를 경우**

㉠ 외부 자계 : $H_e = \dfrac{I}{2\pi r}$[AT/m]

㉡ 표면 자계 : $H_s = \dfrac{I}{2\pi a}$[AT/m]

㉢ 내부 자계 : $H_e = \dfrac{rI}{2\pi a^2}$[AT/m]

정답 09 ③ 10 ① 11 ② 12 ② 13 ①

상 제12장 전자계

14 Maxwell의 전자계에 관한 제2기본방정식으로 자속밀도 B와 전계 E의 관계로 옳은 것은?

① $div\ E = \dfrac{\partial B}{\partial t}$

② $div\ B = -\dfrac{\partial E}{\partial t}$

③ $rot\ E = \dfrac{\partial B}{\partial t}$

④ $rot\ E = -\dfrac{\partial B}{\partial t}$

해설 맥스웰 방정식

㉠ $rot\ H = i + \dfrac{\partial D}{\partial t}$

㉡ $rot\ E = -\dfrac{\partial B}{\partial t}$

㉢ $div\ D = \rho$

㉣ $div\ B = 0$

중 제10장 전자유도법칙

15 서울에서 부산 방향으로 향하는 제트기가 있다. 제트기가 대지면과 나란하게 1235[km/h]로 비행할 때, 제트기 날개 사이에 나타나는 전위차[V]는? (단, 지구의 자기장은 대지면에서 수직으로 향하고, 그 크기는 30[A/m]이고, 제트기의 몸체 표면은 도체로 구성되며, 날개 사이의 길이는 65[m]이다.)

① 0.42

② 0.84

③ 1.68

④ 3.03

해설

제트기(도체)가 대지 표면에서 발생되는 자기장을 끊어 나가면 제트기 표면에는 기전력이 유도된다. (플레밍의 오른손 법칙)

∴ 유도기전력

$e = vBl\sin\theta$

$= v\mu_0 Hl\sin\theta$

$= \dfrac{1235}{3600} \times 4\pi \times 10^{-7} \times 30 \times 65 \times \sin 90°$

$= 0.84[\text{V}]$

하 제4장 유전체

16 영구 쌍극자 모멘트를 갖고 있는 분자가 외부전계에 의하여 배열함으로서 일어나는 전기분극 현상은?

① 쌍극자 연면분극

② 전자분극

③ 쌍극자 배향분극

④ 이온분극

상 제5장 전기 영상법

17 접지되어 있는 반지름 0.2[m]인 도체구의 중심으로부터 거리가 0.4[m] 떨어진 점 P에 점전하 6×10^{-3}[C]이 있다. 영상전하는 몇 [C]인가?

① -2×10^{-3}

② -3×10^{-3}

③ -4×10^{-3}

④ -6×10^{-3}

해설 접지도체구와 점전하에 의한 전기 영상법

영상전하 $Q_P = -\dfrac{a}{d}Q$

$= -\dfrac{0.2}{0.4} \times 6 \times 10^{-3} = -3 \times 10^{-3}[\text{C}]$

상 제12장 전자계

18 10[mW], 20[kHz]의 송신기가 자유공간 내에서 사방으로 균일하게 전파를 발사할 때 송신기로부터 10[km]지점에서의 포인팅 벡터는 약 몇 [W/m²]인가?

① 4×10^{-11}

② 8×10^{-11}

③ 4×10^{-12}

④ 8×10^{-12}

해설

포인팅 벡터는 전자파의 진행방향에 수직한 평면의 단위면적을 단위시간 내에 통과하는 에너지의 크기이므로

∴ $P = \dfrac{P_s}{S} = \dfrac{P_s}{4\pi r^2} = \dfrac{10 \times 10^{-3}}{4\pi \times (10 \times 10^3)^2}$

$= 8 \times 10^{-12}[\text{W/m}^2]$

정답 **14** ④ **15** ② **16** ③ **17** ② **18** ④

상 제11장 인덕턴스

19 내경의 반지름이 1[mm], 외경의 반지름이 3[mm]인 동축케이블의 단위길이당 인덕턴스는 약 몇 [μH/m]인가? (단, 이때 $\mu_r=$ 1이며, 내부 인덕턴스는 무시한다.)

① 0.1
② 0.2
③ 0.3
④ 0.4

해설 동축케이블의 전체 인덕턴스

$$L = L_i + L_o = \frac{\mu}{8\pi} + \frac{\mu}{2\pi}\ln\frac{b}{a}\,[\text{H/m}]$$

여기서, L_i : 내부 인덕턴스
L_o : 외부 인덕턴스

$$\therefore\ L = \frac{\mu}{2\pi}\ln\frac{b}{a} = \frac{4\pi\times10^{-7}}{2\pi}\ln\frac{3\times10^{-3}}{1\times10^{-3}}$$
$$= 0.2\times10^{-6} = 0.2\,[\mu\text{H/m}]$$

상 제2장 진공 중의 정전계

20 진공 중에서 원점의 점전하 0.3[μC]에 의한 점(1, −2, 2)[m]의 x성분 전계는 몇 [V/m]인가?

① 300
② −200
③ 200
④ 100

해설

㉠ 단위벡터
$$\vec{r_0} = \frac{\vec{r}}{r} = \frac{i-2j+2k}{\sqrt{1^2+2^2+2^2}} = \frac{i-2j+2k}{3}$$

㉡ 전계의 세기(스칼라)
$$E = \frac{Q}{4\pi\varepsilon_0 r^2} = 9\times10^9 \times \frac{0.3\times10^{-6}}{3^2}$$
$$= 300\,[\text{V/m}]$$

∴ 전계의 세기(벡터)
$$\vec{E} = E\vec{r_0} = 300\times\left(\frac{i-2j+2k}{3}\right)$$
$$= 100i - 200j + 200k\,[\text{V/m}]$$

제2과목 **전력공학**

중 제4장 송전 특성 및 조상설비

21 송배전선로의 도중에 직렬로 삽입하여 선로의 유도성 리액턴스를 보상함으로써 선로정수 그 자체를 변화시켜서 선로의 전압강하를 감소시키는 직렬콘덴서 방식의 득실에 대한 설명으로 옳은 것은?

① 최대송전전력이 감소하고 정태안정도가 감소된다.
② 부하의 변동에 따른 수전단의 전압변동률은 증대된다.
③ 선로의 유도리액턴스를 보상하고 전압강하를 감소한다.
④ 송수 양단의 전달임피던스가 증가하고 안정 극한전력이 감소한다.

해설

전압강하 $e = V_S - V_R$
$$= \sqrt{3}\,I_n\{R\cos\theta + (X_L - X_C)\sin\theta\}\text{가}$$
되어 감소된다.
직렬콘덴서는 송전선로와 직렬로 설치하는 전력용 콘덴서 설치하게 되면 안정도를 증가시키고 선로의 유도성 리액턴스를 보상하여 선로의 전압강하를 감소시킨다. 또한 역률이 나쁜 선로일수록 효과가 양호하다.

상 제3장 선로정수 및 코로나현상

22 직경이 5[mm]의 경동선의 전선간격이 1.00[m]로 정삼각형 배치를 한 가공전선의 1선에 1[km]당의 작용 인덕턴스는 몇 [mH/km]인가?

① 1.20
② 1.25
③ 1.30
④ 1.35

해설

작용인덕턴스 $L = 0.05 + 0.4605\log_{10}\dfrac{D}{r}\,[\text{mH/km}]$

정삼각형의 등가선간거리
$$D = \sqrt[3]{D_1 \cdot D_2 \cdot D_3} = \sqrt[3]{1\cdot1\cdot1} = 1\,[\text{m}]$$
전선의 반경이 2.5[mm]이므로 등가선간거리와 전선의 반지름을 [cm]로 환산한다.
$$L = 0.05 + 0.4605\log_{10}\frac{100}{\frac{0.5}{2}} = 1.25\,[\text{mH/km}]$$

정답 19 ② 20 ④ 21 ③ 22 ②

상 제7장 이상전압 및 유도장해

23 전력선과 통신선 간의 상호정전용량 및 상호인덕턴스에 의해 발생되는 유도장해로 옳은 것은?

① 정전유도장해 및 전자유도장해
② 전력유도장해 및 정전유도장해
③ 정전유도장해 및 고조파유도장해
④ 전자유도장해 및 고조파유도장해

⚙ 해설 전력선과 통신선 간의 유도장해

- 정전유도장해 : 전력선과 통신선과의 상호정전용량에 의해 발생
- 전자유도장해 : 전력선과 통신선과의 상호인덕턴스에 의해 발생

상 제10장 배전선로 계산

24 부하가 말단에만 집중되어 있는 3상 배전선로의 선간 전압강하가 866[V], 1선당의 저항이 10[Ω], 리액턴스가 20[Ω], 부하역률이 80[%](지상)인 경우 부하전류(또는 선로전류)의 근사값은?

① 25[A]
② 50[A]
③ 75[A]
④ 125[A]

⚙ 해설

전압강하 $e = \sqrt{3}\,I(R\cos\theta + X\sin\theta)[V]$

부하전류 $I = \dfrac{e}{\sqrt{3}\,(R\cos\theta + X\sin\theta)}$

$= \dfrac{866}{\sqrt{3}\times(10\times0.8 + 20\times0.6)}$

$= 25[A]$

중 제3장 선로정수 및 코로나현상

25 22000[V], 60[Hz], 1회선의 3상 지중송전에 대한 무부하 송전용량은 약 몇 [kVA] 정도 되겠는가? (단, 송전선의 길이는 20[km], 1선 1[km]당의 정전용량은 0.5[μF]이다.)

① 1750   ② 1825
③ 1900   ④ 1925

⚙ 해설 무부하 송전용량(= 충전용량)

$Q_c = 2\pi f C V_n^2 l \times 10^{-9}[kVA]$

$= 2\pi\times60\times0.5\times22000^2\times20\times10^{-9}$

$= 1824.68[kVA]$

상 제11장 발전

26 원자로의 제어재가 구비하여야 할 조건으로 틀린 것은?

① 중성자 흡수 단면적이 적을 것
② 높은 중성자 속에서 장시간 그 효과를 간직할 것
③ 열과 방사선에 대하여 안정할 것
④ 내식성이 크고 기계적 가공이 용이할 것

⚙ 해설

제어재는 중성자의 수를 감소시켜 핵분열 연쇄반응을 제어하는 것으로 중성자 흡수가 큰 것이 요구되므로 카드뮴(cd), 붕소(B), 하프늄(Hf) 등이 이용되고 있다.

상 제10장 배전선로 계산

27 부하전력 및 역률이 같을 때 전압을 n배 승압하면 전압강하와 전력손실은 어떻게 되는가?

① 전압강하 : $\dfrac{1}{n}$, 전력손실 : $\dfrac{1}{n^2}$

② 전압강하 : $\dfrac{1}{n^2}$, 전력손실 : $\dfrac{1}{n}$

③ 전압강하 : $\dfrac{1}{n}$, 전력손실 : $\dfrac{1}{n}$

④ 전압강하 : $\dfrac{1}{n^2}$, 전력손실 : $\dfrac{1}{n^2}$

⚙ 해설

전압강하 $e = \sqrt{3}\,I(r\cos\theta + x\sin\theta)$

$= \sqrt{3}\times\dfrac{P}{\sqrt{3}\,V\cos\theta}(r\cos\theta + x\sin\theta)$

$= \dfrac{P}{V}(r + x\tan\theta) \propto \dfrac{1}{V}$

전력손실 $P_c = 3I^2 r = 3\times\left(\dfrac{P}{\sqrt{3}\,V\cos\theta}\right)^2\times\rho\dfrac{L}{A}$

$= \dfrac{P^2}{V^2\cos^2\theta}\rho\dfrac{l}{A} \propto \dfrac{1}{V^2}$

정답 23 ① 24 ① 25 ② 26 ① 27 ①

하 제4장 송전 특성 및 조상설비

28 수전단의 전력원방정식이 $P_r^2 + (Q_r + 400)^2 = 250000$으로 표현되는 전력계통에서 가능한 최대로 공급할 수 있는 부하전력(P_r)과 이때 전압을 일정하게 유지하는 데 필요한 무효전력(Q_r)은 각각 얼마인가?

① $P_r = 500$, $Q_r = -400$
② $P_r = 400$, $Q_r = 500$
③ $P_r = 300$, $Q_r = 100$
④ $P_r = 200$, $Q_r = -300$

해설

㉠ 전력원선도는 유효전력(가로축)과 무효전력(세로축)으로 표현한다.
㉡ 역률 1.0 → 전력계통 유지 시 최대전력공급이 가능하다.
∴ $P_r^2 + (Q_r + 400)^2$
$= 500^2 + (-400 + 400)^2 = 250000$

상 제3장 선로정수 및 코로나현상

29 코로나 방지대책으로 적당하지 않은 것은?

① 전선의 외경을 크게 한다.
② 선간거리를 증가시킨다.
③ 복도체 방식을 채용한다.
④ 가선금구를 개량한다.

해설 코로나 방지대책

㉠ 굵은 전선(ACSR)을 사용하여 코로나 임계전압을 높인다.
㉡ 등가반경이 큰 복도체 및 다도체 방식을 채택한다.
㉢ 가선금구류를 개량한다.

상 제10장 배전선로 계산

30 안정권선(△권선)을 가지고 있는 대용량 고전압의 변압기가 있다. 조상기 및 전력용 콘덴서는 주로 어디에 접속되는가?

① 주변압기의 1차
② 주변압기의 2차
③ 주변압기의 3차(안정권선)
④ 주변압기의 1차와 2차

해설 1차 변전소에 설치되어 있는 3권선 변압기의 제3차 권선의 용도

㉠ 제3고조파 제거를 위해 안정권선(△권선) 설치
㉡ 조상설비(동기조상기 및 전력용 콘덴서, 분로리액터) 설치
㉢ 변전소 내에 전원공급

중 제8장 송전선로 보호방식

31 다음 개폐장치 중에서 고장전류의 차단능력이 없는 것은?

① 진공차단기(VCB)
② 유입개폐기(OS)
③ 리클로저(recloser)
④ 전력퓨즈(power fuse)

해설

유입개폐기(OS)는 정격전류 및 부하전류의 개폐가 가능하다.

상 제7장 이상전압 및 유도장해

32 피뢰기의 제한전압이란?

① 상용주파 전압에 대한 피뢰기의 충격방전 개시전압
② 충격파 침입 시 피뢰기의 충격방전 개시전압
③ 피뢰기가 충격파 방전종료 후 언제나 속류를 확실히 차단할 수 있는 상용주파 허용단자전압
④ 충격파전류가 흐르고 있을 때의 피뢰기의 단자전압

해설 피뢰기 제한전압

㉠ 방전으로 저하되어서 피뢰기 단자 간에 남게 되는 충격전압의 파고치
㉡ 방전 중에 피뢰기 단자 간에 걸리는 전압의 최대치(파고값)

상 제8장 송전선로 보호방식

33 차단기의 소호재료가 아닌 것은?

① 기름
② 공기
③ 수소
④ SF_6

정답 28 ① 29 ② 30 ③ 31 ② 32 ④ 33 ③

해설

㉠ 차단기의 동작 시 아크 소호 매질로 수소가스는 사용하지 않는다.

㉡ 아크 소호재료 : 기름 → 유입차단기, 공기 → 공기차단기, SF_6 → 가스차단기

상 제8장 송전선로 보호방식

34 그림과 같은 특성을 갖는 계전기의 동작시간 특성은?

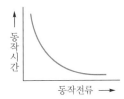

① 반한시 특성
② 정한시 특성
③ 비례한시 특성
④ 반한시 정한시 특성

해설 계전기의 한시 특성에 의한 분류

㉠ 순한시계전기 : 최소동작전류 이상의 전류가 흐르면 즉시 동작하는 것
㉡ 반한시계전기 : 동작전류가 커질수록 동작시간이 짧게 되는 특성을 가진 것
㉢ 정한시계전기 : 동작전류의 크기에 관계없이 일정한 시간에서 동작하는 것
㉣ 정한시 반한시계전기 : 동작전류가 적은 동안에는 반한시 특성으로 되고 그 이상에서는 정한시 특성이 되는 것
㉤ 계단식계전기 : 한시치가 다른 계전기와 조합하여 계단적인 한시 특성을 가진 것

상 제4장 송전 특성 및 조상설비

35 선로의 단위길이당의 분포인덕턴스, 저항, 정전용량 및 누설컨덕턴스를 각각 L, r, C 및 g라 할 때 전파정수는?

① $\sqrt{g+j\dfrac{\omega C}{r}}+j\omega L$

② $\sqrt{r+\dfrac{j\omega L}{g}}+j\omega C$

③ $\sqrt{(r+j\omega L)(g+j\omega C)}$

④ $(r+j\omega L)(g+j\omega C)$

해설

전파정수 $\gamma=\sqrt{ZY}=\sqrt{(r+j\omega L)(g+j\omega C)}$

중 제4장 송전 특성 및 조상설비

36 154[kV], 300[km]의 3상 송전선에서 일반회로 정수는 다음과 같다. $\dot{A}=0.930$, $\dot{B}=j150$, $\dot{C}=j0.90\times10^{-3}$, $\dot{D}=0.930$ 이 송전선에서 무부하시 송전단에 154[kV]를 가했을 때 수전단전압은 약 몇 [kV]인가?

① 143
② 154
③ 166
④ 171

해설

송전선의 무부하시 수전단전류 $I_R=0$이므로
송전단전압 $E_S=AE_R+BI_R$에서
$E_S=AE_R+B\times0=AE_R$

수전단전압 $E_R=\dfrac{E_S}{A}$
$=\dfrac{154}{0.93}=165.59=166[kV]$

하 제6장 중성점 접지방식

37 정격전압 13200[V]인 Y결선 발전기의 중성점을 80[Ω]의 저항으로 접지하였다. 발전기 단자에서 1선 지락전류는 약 몇 [A]인가? (단, 기타 정수는 무시한다.)

① 60
② 95
③ 120
④ 165

해설

1선 지락전류 $I_g=\dfrac{V}{R}$
$=\dfrac{13200}{80}=165[A]$
여기서, R은 접지저항

상 제9장 배전방식

38 어느 수용가의 부하설비는 전등설비가 500[W], 전열설비가 600[W], 전동기설비가 400[W], 기타 설비가 100[W]이다. 이 수용가의 최대수용전력이 1200[W]이면 수용률은 몇 [%]인가?

① 55 　　② 65
③ 75 　　④ 85

해설

$$수용률 = \frac{최대수용전력}{설비용량} \times 100[\%]$$
$$= \frac{1200}{500+600+400+100} \times 100$$
$$= \frac{1200}{1600} \times 100 = 75[\%]$$

상 제11장 발전

39 다음 중 특유속도가 가장 작은 수차는?

① 프로펠러수차
② 프란시스수차
③ 펠톤수차
④ 카플란수차

해설

각 수차의 특유속도는 다음과 같다.
㉠ 펠톤수차 : $12 \leq N_S \leq 23$
㉡ 프란시스수차 : $N_S \leq \dfrac{13000}{H+20} + 50$
㉢ 프로펠러수차 : $N_S \leq \dfrac{20000}{H+20} + 50$
㉣ 카플란수차 : $N_S \leq \dfrac{20000}{H+20} + 50$

하 제1장 전력계통

40 전자계산기에 의한 전력 조류 계산에서 슬랙(slack)모선의 지정값은? (단, 슬랙모선을 기준모선으로 한다.)

① 유효전력과 무효전력
② 전압크기와 유효전력
③ 전압크기와 무효전력
④ 전압크기와 위상차

해설

계통의 조류를 계산하는 데 있어 발전기모선, 부하모선에서는 다같이 유효전력이 지정되어 있지만 송전손실이 미지이므로 이들을 모두 지정해 버리면 계산 후 이 송전손실 때문에 계통 전체에 유효전력에 과부족이 생기므로 발전기모선 중에서 유효전력용 모선으로 남겨서 여기서 유효전력과 전압의 크기를 지정하는 대신 전압의 크기와 그 위상각을 지정하는 모선을 슬랙모선 또는 스윙모선이라고 한다.

제3과목　전기기기

상 제4장 유도기

41 4[극], 60[Hz]의 3상 유도전동기가 있다. 1725[rpm]으로 회전하고 있을 때 2차 기전력의 주파수는?

① 10[Hz]
② 7.5[Hz]
③ 5[Hz]
④ 2.5[Hz]

해설

동기속도 $N_s = \dfrac{120f}{P} = \dfrac{120 \times 60}{4} = 1800[rpm]$

1725[rpm]으로 회전 시

슬립 $s = \dfrac{N_s - N}{N_s} = \dfrac{1800 - 1725}{1800} = 0.0416$

2차 기전력의 주파수 $f_2 = sf_1$
$$= 0.0416 \times 60 = 2.5[Hz]$$

중 제1장 직류기

42 대형 직류기의 토크 측정법은?

① 전기동력계
② 프로니브레이크
③ 와전류제동기
④ 반환부하법

해설

전기동력계는 전동기의 특성을 파악하기 위한 설비로 토크를 측정할 수 있다.

정답 38 ③　39 ③　40 ④　41 ④　42 ①

중 제3장 변압기

43 단상변압기에 있어서 부하역률 80[%]의 지역률에서 전압변동률이 4[%], 부하역률이 100[%]에서 전압변동률이 3[%]라고 한다. 이 변압기의 퍼센트 리액턴스 강하는 몇 [%]인가?

① 2.7

② 3.0

③ 3.3

④ 3.6

해설

역률 $100[\%]$일 때 $\varepsilon = p = 3\,[\%]$
지역률 $80[\%]$일 때 $\varepsilon = p\cos\theta + q\sin\theta$ 에서
$\varepsilon = 3 \times 0.8 + q \times 0.6 = 4$
$\therefore\ q = \dfrac{4 - 3 \times 0.8}{0.6} = 2.7[\%]$

상 제5장 정류기

44 입력 100[V]의 단상교류를 SCR 4개를 사용하여 브리지 제어 정류한다. 이때 사용할 1개 SCR의 최대 역전압(내압)은 약 몇 [V] 이상이어야 하는가?

① 25

② 100

③ 142

④ 200

해설

최대 역전압 $PIV = \sqrt{2}\,E[\mathrm{V}]$
여기서, 정류소자 2개 → $PIV = 2\sqrt{2}\,E[\mathrm{V}]$,
정류소자 1개, 4개 → $PIV = \sqrt{2}\,E[\mathrm{V}]$
$PIV = \sqrt{2} \times 100 = 141.4 \fallingdotseq 142[\mathrm{V}]$

하 제3장 변압기

45 V결선의 단권변압기를 사용하여, 선로전압 V_1에서 V_2로 변압하여 전력 $P[\mathrm{kVA}]$를 송전하는 경우, 단권변압기의 자기용량 P_s는 얼마인가?

① $\left(1 - \dfrac{V_2}{V_1}\right)P$

② $\dfrac{2}{\sqrt{3}}\left(1 - \dfrac{V_2}{V_1}\right)P$

③ $\dfrac{\sqrt{3}}{2}\left(1 - \dfrac{V_2}{V_1}\right)P$

④ $\dfrac{1}{2}\left(1 - \dfrac{V_2}{V_1}\right)P$

해설 단권변압기의 V결선

$\dfrac{\text{자기용량}}{\text{부하용량}} = \dfrac{1}{0.866}\left(\dfrac{V_1 - V_2}{V_1}\right)$

V결선 시 자기용량

$P_s = \dfrac{1}{0.866}\left(\dfrac{V_1 - V_2}{V_1}\right)P$
$\quad = \dfrac{2}{\sqrt{3}}\left(1 - \dfrac{V_2}{V_1}\right)P$

상 제2장 동기기

46 다음은 유도자형 동기발전기의 설명이다. 옳은 것은?

① 전기자만 고정되어 있다.

② 계자극만 고정되어 있다.

③ 계자극과 전기자가 고정되어 있다.

④ 회전자가 없는 특수 발전기이다.

해설

유도자형 발전기는 계자 및 전기자 모두 고정된 상태로 발전이 되는데 실험실 전원 등으로 사용된다.

상 제1장 직류기

47 직류기의 전기자반작용의 결과가 아닌 것은 어느 것인가?

① 전기적 중성축이 이동한다.

② 주자속이 감소한다.

③ 정류자편 사이의 전압이 불균일하게 된다.

④ 자기여자현상이 생긴다.

해설 전기자반작용에 의한 문제점 및 대책

㉠ 전기자반작용으로 인한 문제점
 • 편자작용에 의한 중성축 이동
 • 주자속 감소(감자작용)
 • 정류자와 브러시 부근에서 불꽃 발생(정류불량의 원인)
㉡ 전기자반작용 대책
 • 보극 설치(소극적 대책)
 • 보상권선 설치(적극적 대책)

정답 **43** ① **44** ③ **45** ② **46** ③ **47** ④

중 제4장 유도기

48 100[kW] 4극, 3300[V], 주파수 60[Hz]의 3상 유도전동기의 효율이 92[%], 역률 90[%]일 때 부하전류가 정격 출력일 때 입력 [kVA]은 얼마인가?

① 420.9 ② 220.8

③ 120.8 ④ 326.5

해설 3상 유도전동기의 입력

$$P = \frac{P_o}{\cos\theta \times \eta_M}[\text{kVA}]$$

여기서, P : 입력

P_o : 정격출력

η_M : 전동기효율

입력 $P = \dfrac{P_o}{\cos\theta \times \eta_M} = \dfrac{100}{0.9 \times 0.92}$

$= 120.77 \fallingdotseq 120.8[\text{kVA}]$

상 제2장 동기기

49 동기발전기 1상의 정격전압을 V, 정격출력에서의 무부하로 하였을 때 전압을 V_0라 하고 전압변동률이 ε이라면 각 상의 정격전압 V를 나타내는 식은?

① $V_0(\varepsilon - 1)$ ② $V_0(\varepsilon + 1)$

③ $\dfrac{V_0}{(\varepsilon + 1)}$ ④ $\dfrac{V_0}{(\varepsilon - 1)}$

해설

전압변동률 $\varepsilon = \dfrac{V_0 - V_n}{V_n} \times 100 = \left(\dfrac{V_0}{V_n} - 1\right) \times 100$

[%]에서 정격전압을 구하면

정격전압 $V_n = \dfrac{V_0}{\varepsilon + 1}$

상 제2장 동기기

50 단락비가 큰 동기기는?

① 전기자반작용이 크다.

② 기계가 소형이다.

③ 전압변동률이 크다.

④ 안정도가 높다.

해설 단락비가 큰 기기의 특징

철의 비율이 높아 철기계라 한다.

㉠ 동기임피던스가 작다. (단락전류가 크다.)

㉡ 전기자반작용이 작다.

㉢ 전압변동률이 작다.

㉣ 공극이 크다.

㉤ 안정도가 높다.

㉥ 철손이 크다.

㉦ 효율이 낮다.

㉧ 가격이 높다.

㉨ 송전선의 충전용량이 크다.

상 제2장 동기기

51 6극 Y결선에서 3상 동기발전기의 극당 자속이 0.16[Wb], 회전수 1200[rpm], 1상의 감긴 수 186, 권선계수 0.96이면 단자전압 [V]은?

① 13183 ② 12254

③ 26366 ④ 27456

해설

동기속도 $N_s = \dfrac{120f}{P}$[rpm]에서

주파수 $f = \dfrac{N_S \times P}{120} = \dfrac{1200 \times 6}{120} = 60[\text{Hz}]$

1상의 유기기전력

$E = 4.44 K_w f N \phi$

$= 4.44 \times 0.96 \times 60 \times 186 \times 0.16$

$= 7610.94[\text{V}]$

Y결선 시 단자전압은 1상의 유기기전력의 $\sqrt{3}$배이므로

단자전압 $V_n = \sqrt{3}\,E = \sqrt{3} \times 7610.94$

$= 13182.53 \fallingdotseq 13183[\text{V}]$

하 제6장 특수기기

52 다음 중 서보모터가 갖추어야 할 조건이 아닌 것은?

① 기동토크가 클 것

② 토크속도의 수하특성을 가질 것

③ 회전자를 굵고 짧게 할 것

④ 전압이 0이 되었을 때 신속하게 정지할 것

해설

직류 서보모터는 속응성을 높이기 위해 일반 전동기에 비하여 회전자 축이 가늘고 길며 공극의 자속밀도를 크게 한 것으로 자동제어기기에 사용한다.

정답 48 ③ 49 ③ 50 ④ 51 ① 52 ③

상 제5장 정류기

53 정류방식 중에서 맥동률이 가장 작은 회로는?

① 단상 반파정류회로
② 단상 전파정류회로
③ 3상 반파정류회로
④ 3상 전파정류회로

해설

각 정류방식에 따른 맥동률을 구하면 다음과 같다.
㉠ 단상 반파정류 : 1.21
㉡ 단상 전파정류 : 0.48
㉢ 3상 반파정류 : 0.19
㉣ 3상 전파정류 : 0.042

중 제1장 직류기

54 전기자저항 0.3[Ω], 직권계자권선의 저항 0.7 [Ω]의 직권전동기에 110[V]를 가하였더니 부하전류가 10[A]이었다. 이때 전동기의 속도[rpm]는? (단, 기계정수는 2이다.)

① 1200
② 1500
③ 1800
④ 3600

해설

직권전동기($I_a = I_f = I_n$)이므로
자속 $\phi \propto I_a$이기 때문에 회전속도를 구하면
$$n = k \times \frac{V_n - I_a(r_a + r_f)}{\phi}$$
$$= 2.0 \times \frac{110 - 10 \times (0.3 + 0.7)}{10} = 20[\text{rps}]$$
직권전동기의 회전속도
$N = 60n = 60 \times 20 = 1200[\text{rpm}]$

중 제2장 동기기

55 3상 동기발전기의 1상의 유도기전력 120[V], 반작용 리액턴스 0.2[Ω]이다. 90° 진상전류 20[A]일 때의 발전기 단자전압[V]은? (단, 기타는 무시한다.)

① 116
② 120
③ 124
④ 140

해설 동기발전기의 전류 위상에 따른 전압관계

㉠ 부하전류가 지상전류일 경우
$E_a = V_n + I_n \cdot x_s[\text{V}]$
㉡ 부하전류가 진상전류일 경우
$E_a = V_n - I_n \cdot x_s[\text{V}]$

90° 진상전류가 20[A]일 때 발전기 단자전압
$V_n = E_a + I_n \cdot x_s = 120 + 20 \times 0.2 = 124[\text{V}]$

중 제2장 동기기

56 동기발전기의 병렬운전 중 계자를 변화시키면 어떻게 되는가?

① 무효순환전류가 흐른다.
② 주파수위상이 변한다.
③ 유효순환전류가 흐른다.
④ 속도조정률이 변한다.

해설

병렬운전 중 계자전류가 달라 기전력의 크기가 다를 경우 두 발전기 사이에 무효순환전류가 흐른다.

상 제5장 정류기

57 사이리스터에서의 래칭전류에 관한 설명으로 옳은 것은?

① 게이트를 개방한 상태에서 사이리스터 도통 상태를 유지하기 위한 최소의 순전류
② 게이트 전압을 인가한 후에 급히 제거한 상태에서 도통 상태가 유지되는 최소의 순전류
③ 사이리스터의 게이트를 개방한 상태에서 전압을 상승하면 급히 증가하게 되는 순전류
④ 사이리스터가 턴온하기 시작하는 순전류

해설 사이리스터 전류의 정의

㉠ 래칭전류 : 사이리스터를 Turn on 하는 데 필요한 최소의 Anode 전류
㉡ 유지전류 : 게이트를 개방한 상태에서도 사이리스터가 on 상태를 유지하는 데 필요한 최소의 Anode 전류

중 제4장 유도기

58 유도전동기의 회전속도를 N[rpm], 동기속도를 N_s[rpm]이라 하고 순방향 회전자계의 슬립을 s라고 하면, 역방향 회전자계에 대한 회전자 슬립은?

① $s - 1$
② $1 - s$
③ $s - 2$
④ $2 - s$

정답 53 ④ 54 ① 55 ③ 56 ① 57 ④ 58 ④

해설

정방향 회전 시 슬립

$s = \dfrac{N_s - N}{N_s} = 1 - \dfrac{N}{N_s}$ 에서

$\dfrac{N}{N_s} = 1 - s$

역방향 회전 시 슬립

$s = \dfrac{N_s - (-N)}{N_s} = 1 + \dfrac{N}{N_s}$

역방향 회전자계에 대한 회전자 슬립

$s = 1 + \dfrac{N}{N_s} = 1 + (1 - s) = 2 - s$

상 제2장 동기기

59 2대의 3상 동기발전기가 무부하로 운전하고 있을 때, 대응하는 기전력 사이의 상차각이 30°이면 한 쪽 발전기에서 다른 쪽 발전기로 공급하는 1상당 전력은 몇 [kW]인가? (단, 여기서 각 발전기의 1상의 기전력은 2000[V], 동기리액턴스 5[Ω]이고, 전기자 저항은 무시한다.)

① 400[kW]
② 300[kW]
③ 200[kW]
④ 100[kW]

해설

수수전력(= 주고 받는 전력) $P = \dfrac{E^2}{2X_s} \sin\delta$[kW]

$P = \dfrac{E_1^2}{2X_s} \sin\delta = \dfrac{(2000)^2}{2 \times 5} \times \sin 30° \times 10^{-3}$
$= 200,000[\text{W}] = 200[\text{kW}]$

중 제1장 직류기

60 직류발전기의 병렬운전에서는 계자전류를 변화시키면 부하분담은?

① 계자전류를 감소시키면 부하분담이 적어진다.
② 계자전류를 증가시키면 부하분담이 적어진다.
③ 계자전류를 감소시키면 부하분담이 커진다.
④ 계자전류와는 무관하다.

해설 직류발전기의 병렬운전 중에 계자전류의 변화 시

㉠ 계자전류 증가하면 기전력이 증가 – 부하분담 증가
㉡ 계자전류 감소하면 기전력이 감소 – 부하분담 감소

제4과목 **회로이론 및 제어공학**

상 제어공학 제1장 자동제어의 개요

61 피드백 제어계에서 제어요소에 대한 설명 중 옳은 것은?

① 목표차에 비례하는 신호를 발생하는 요소이다.
② 조작부와 검출부로 구성되어 있다.
③ 조절부와 검출부로 구성되어 있다.
④ 동작신호를 조작량으로 변환시키는 요소이다.

해설 제어요소

㉠ 동작신호에 따라 제어대상을 제어하기 위한 조작량을 만들어 내는 장치
㉡ 조절부와 조작부로 구성

중 제어공학 제2장 전달함수

62 다음 신호흐름선도에서 $\dfrac{C(s)}{R(s)}$ 의 값은?

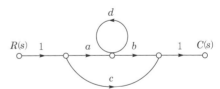

① $\dfrac{ab + c(1-d)}{1-d}$
② $\dfrac{ab + c}{1-d}$
③ $ab + c$
④ $\dfrac{ab + c(1+d)}{1+d}$

해설

㉠ $\Delta = 1 - \sum l_1 = 1 - d$
㉡ $G_1 = ab, \ \Delta_1 = 1$
㉢ $G_2 = c, \ \Delta_2 = \Delta = 1 - d$

정답 59 ③ 60 ① 61 ④ 62 ①

∴ 메이슨공식

$$M(s) = \frac{\sum G_K \Delta_K}{\Delta} = \frac{G_1 \Delta_1 + G_2 \Delta_2}{\Delta}$$
$$= \frac{ab + c(1-d)}{1-d}$$

하 제어공학 제8장 시퀀스회로의 이해

63 다음 그림과 같은 회로는 어떤 논리회로인가?

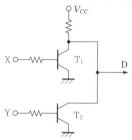

① AND 회로   ② NAND 회로
③ OR 회로   ④ NOR 회로

해설

㉠ 트랜지스터(T_1, T_2)에 입력(X, Y)을 주면 전원(Vcc)은 모두 접지로 흐르기 때문에 출력(D)은 0이 되어 ㉡과 같이 동작한다.

㉡ 진리표(Truth-table)

NOR 회로		
입력		출력
X	Y	D
0	0	1
0	1	0
1	0	0
1	1	0

중 제어공학 제3장 시간영역해석법

64 단위램프입력에 대하여 정상속도편차 상수가 유한값을 갖는 제어계의 형은?

① 0형 제어계   ② 1형 제어계
③ 2형 제어계   ④ 3형 제어계

해설 제어계의 형별

㉠ 정상위치편차 e_{sp}가 유한한 값이 나오면 0형 제어계라 한다. (입력 : 단위계단함수)
㉡ 정상 속도편차 e_{sv}가 유한한 값이 나오면 1형 제어계라 한다. (입력 : 단위램프함수)

㉢ 정상 가속도편차 e_{sa}가 유한한 값이 나오면 2형 제어계라 한다. (입력 : 단위포물선함수)

상 제어공학 제5장 안정도 판별법

65 계의 특성방정식이 $2s^4 + 4s^2 + 3s + 6 = 0$ 일 때 이 계통은?

① 안정하다.
② 불안정하다.
③ 임계상태이다.
④ 조건부 안정이다.

해설 안정조건

특성방정식의 모든 차수가 존재하면서 차수의 부호가 동일(+)할 것

∴ s^3계수가 0이므로 안정 필요조건에 만족하지 못하므로 불안정한 제어계가 된다.

중 제어공학 제4장 주파수영역해석법

66 $G(s) = e^{-Ls}$에서 $\omega = 100$[rad/sec]일 때 이득 g[dB]은?

① 0[dB]   ② 20[dB]
③ 30[dB]   ④ 40[dB]

해설

㉠ 주파수 전달함수 : $G(j\omega) = e^{-j\omega L} = 1 \underline{/-\omega L^\circ}$
㉡ 이득 : $g = 20 \log |G(j\omega)| = 20 \log 1 = 0$[dB]

상 제어공학 제7장 상태방정식

67 다음 중 z변환함수 $\dfrac{3z}{(z - e^{-3t})}$에 대응되는 라플라스 변환함수는?

① $\dfrac{1}{(s+3)}$ ② $\dfrac{3}{(s-3)}$
③ $\dfrac{1}{(s-3)}$ ④ $\dfrac{3}{(s+3)}$

해설

㉠ z역변환 : $\dfrac{3z}{(z - e^{-3t})} \xrightarrow{z^{-1}} 3e^{-3t}$
㉡ 라플라스 변환 : $3e^{-3t} \xrightarrow{\mathcal{L}} \dfrac{3}{s+3}$

정답 63 ④ 64 ② 65 ② 66 ① 67 ④

중 제어공학 제6장 근궤적법

68 근궤적 s 평면의 $j\omega$ 축과 교차할 때 폐루프의 제어계는?

① 안정
② 불안정
③ 임계상태
④ 알 수 없다.

해설 특성근 위치에 따른 안정도 판별

㉠ s 평면 좌반부에 위치 : 안정
㉡ s 평면 우반부에 위치 : 불안정
㉢ s 평면 허수축에 위치 : 임계상태(안정한계)

중 제어공학 제2장 전달함수

69 다음의 두 블록선도가 등가인 경우 A 요소의 전달함수는?

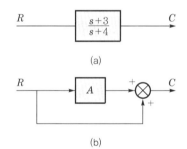

(a)

(b)

① $\dfrac{-1}{s+4}$

② $\dfrac{-2}{s+4}$

③ $\dfrac{-3}{s+4}$

④ $\dfrac{-4}{s+4}$

해설

㉠ (a) 회로의 종합 전달함수

$$M(s) = \frac{\sum 전향경로이득}{\sum 폐루프이득} = \frac{s+3}{s+4}$$

㉡ (b) 회로의 종합 전달함수

$$M(s) = \frac{\sum 전향경로이득}{\sum 폐루프이득} = A+1$$

㉢ (a), (b) 회로가 등가가 되기 위한 A 값은

$$\frac{s+3}{s+4} = A+1 에서$$

$$\therefore A = \frac{s+3}{s+4} - 1 = \frac{-1}{s+4}$$

상 제어공학 제7장 상태방정식

70 $A = \begin{bmatrix} 0 & 1 \\ -3 & -2 \end{bmatrix}$, $B = \begin{bmatrix} 4 \\ 5 \end{bmatrix}$ 인 상태방정식 $\dfrac{dx}{dt} = Ax + Br$ 에서 제어계의 특성방정식은?

① $s^2 + 4s + 3 = 0$
② $s^2 + 3s + 2 = 0$
③ $s^2 + 3s + 4 = 0$
④ $s^2 + 2s + 3 = 0$

해설

특성방정식 $F(s) = |sI - A| = 0$ 에서

$$\therefore F(s) = \begin{bmatrix} s & 0 \\ 0 & s \end{bmatrix} - \begin{bmatrix} 0 & 1 \\ -3 & -2 \end{bmatrix}$$

$$= \begin{bmatrix} s & -1 \\ 3 & s+2 \end{bmatrix}$$

$$= s(s+2) + 3$$

$$= s^2 + 2s + 3 = 0$$

하 회로이론 제10장 라플라스 변환

71 $\mathcal{L}^{-1}\left[\dfrac{s}{(s+1)^2}\right]$ 는?

① $e^{-t} - te^{-t}$ ② $e^{-t} + 2te^{-t}$
③ $e^t - te^{-t}$ ④ $e^{-t} + te^{-t}$

해설

$$\mathcal{L}^{-1}\left[\frac{s}{(s+1)^2}\right] = \mathcal{L}^{-1}\left[\frac{s+1-1}{(s+1)^2}\right]$$

$$= \mathcal{L}^{-1}\left[\frac{s+1}{(s+1)^2} - \frac{1}{(s+1)^2}\right]$$

$$= \mathcal{L}^{-1}\left[\frac{1}{s+1} - \frac{1}{(s+1)^2}\right]$$

$$= \mathcal{L}^{-1}\left[\frac{1}{s+1} - \frac{1}{s^2}\bigg|_{s=s+1}\right]$$

$$= e^{-t} - te^{-t}$$

정답 68 ③ 69 ① 70 ④ 71 ①

중 회로이론 제3장 다상 교류회로의 이해

72 그림과 같은 부하에 선간전압이 $V_{ab} = 100$ $\angle 30°$[V]인 평형 3상 전압을 가했을 때 선전류 I_a[A]는?

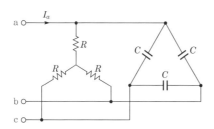

① $\dfrac{100}{\sqrt{3}}\left(\dfrac{1}{R} + j3\omega C\right)$

② $100\left(\dfrac{1}{R} + j\sqrt{3}\,\omega C\right)$

③ $\dfrac{100}{\sqrt{3}}\left(\dfrac{1}{R} + j\omega C\right)$

④ $100\left(\dfrac{1}{R} + j\omega C\right)$

해설

㉠ △결선을 Y결선으로 등가변환하면 다음과 같다. (임피던스 크기를 $\dfrac{1}{3}$로 변환)

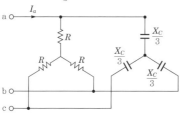

㉡ 저항과 정전용량은 병렬관계이므로 아래와 같이 등가변환시킬 수 있다.

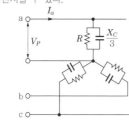

㉢ 합성 임피던스

$$Z = \cfrac{1}{\dfrac{1}{R} + \cfrac{1}{\dfrac{-jX_C}{3}}} = \cfrac{1}{\dfrac{1}{R} + j\dfrac{3}{X_C}}$$

$$= \cfrac{1}{\dfrac{1}{R} + j3\omega C}$$

여기서, 용량 리액턴스 : $X_C = \dfrac{1}{\omega C}$

㉣ 상전압 : $V_P = \dfrac{V_l}{\sqrt{3}} \angle -30°$

$$= \dfrac{100}{\sqrt{3}} \angle 0°$$

㉤ Y결선은 상전류와 선전류가 동일하므로

$$I_a = \dfrac{V_P}{Z}$$

$$= \dfrac{100}{\sqrt{3}}\left(\dfrac{1}{R} + j3\omega C\right)$$

상 회로이론 제9장 과도현상

73 $R = 100$[Ω], $L = 1$[H]의 직렬회로에 직류전압 $E = 100$[V]를 가했을 때, $t = 0.01$[s] 후의 전류 i_t[A]는 약 얼마인가?

① 0.362[A]

② 0.632[A]

③ 3.62[A]

④ 6.32[A]

해설 과도전류

$$i(t) = \dfrac{E}{R}\left(1 - e^{-\frac{R}{L}t}\right)$$

$$= \dfrac{100}{100}\left(1 - e^{-\frac{100}{1} \times 0.01}\right)$$

$$= 1(1 - e^{-1}) = 0.632[A]$$

상 회로이론 제1장 직류회로의 이해

74 그림과 같은 회로에서 r_1, r_2에 흐르는 전류의 크기가 1 : 2의 비율이라면 r_1, r_2의 저항은 각각 몇 [Ω]인가?

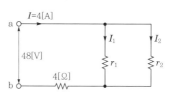

① $r_1 = 16$, $r_2 = 8$

② $r_1 = 24$, $r_2 = 12$

③ $r_1 = 6$, $r_2 = 3$

④ $r_1 = 8$, $r_2 = 4$

정답 **72** ① **73** ② **74** ②

해설

㉠ $I_1 : I_2 = I_1 : 2I_1 = \dfrac{E}{r_1} : \dfrac{E}{r_2}$ 에서

$\dfrac{2EI_1}{r_1} = \dfrac{EI_1}{r_2}$ 이므로 $r_1 = 2r_2$ 가 된다.

㉡ 합성저항 $R = \dfrac{V}{I} = \dfrac{48}{4} = 12[\Omega]$ 또는

$R = 4 + \dfrac{r_1 \times r_2}{r_1 + r_2} = 4 + \dfrac{2r_2^2}{3r_2} = 4 + \dfrac{2}{3}r_2$ 이므로

$R = 12 = 4 + \dfrac{2}{3}r_2$

$\therefore r_2 = \dfrac{3}{2} \times 8 = 12[\Omega], \ r_1 = 2r_2 = 24[\Omega]$

상 회로이론 제5장 대칭좌표법

75 3상 회로에 있어서 대칭분 전압이 $\dot{V}_0 = -8 + j3[V]$, $\dot{V}_1 = 6 - j8[V]$, $\dot{V}_2 = 8 + j12[V]$일 때 a상의 전압[V]은?

① $6 + j7$ 　　　② $-32.3 + j2.73$

③ $2.3 + j0.73$ 　④ $23 + j0.73$

해설 a상 전압

$V_a = V_0 + V_1 + V_2$
$= (-8 + j3) + (6 - j8) + (8 + j12)$
$= 6 + j7[V]$

상 회로이론 제3장 다상 교류회로의 이해

76 성형(Y)결선의 부하가 있다. 선간전압 300[V]의 3상 교류를 인가했을 때 선전류가 40[A]이고 역률이 0.8이라면 리액턴스는 약 몇 [Ω]인가?

① $2.6[\Omega]$ 　　　② $4.3[\Omega]$

③ $16.6[\Omega]$ 　　④ $35.6[\Omega]$

해설

㉠ 한 상의 임피던스

$Z = \dfrac{V_p}{I_p} = \dfrac{\dfrac{V_l}{\sqrt{3}}}{I_l}$

$= \dfrac{\dfrac{300}{\sqrt{3}}}{40} = 4.33[\Omega]$

㉡ 무효율

$\sin\theta = \sqrt{1 - \cos^2\theta} = \sqrt{1 - 0.8^2} = 0.6$

㉢ 임피던스 삼각형

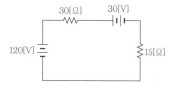

$X = Z\sin\theta$

$R = Z\cos\theta$

$\therefore$ 리액턴스

$X = Z\sin\theta$
$= 4.33 \times 0.6 = 2.598[\Omega]$

중 회로이론 제6장 회로망 해석

77 다음 회로에서 120[V], 30[V] 전압원의 전력은?

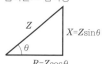

① 240[W], 60[W]

② 240[W], −60[W]

③ −240[W], 60[W]

④ −240[W], −60[W]

해설

㉠ 회로전류

$I = \dfrac{V}{R} = \dfrac{120 - 30}{30 + 15} = 2[A]$

㉡ 120[V] 전압원의 전력

$P_1 = V_1 I = 120 \times 2 = 240[W]$

㉢ 30[V] 전압원의 전력

$P_2 = -V_2 I = -30 \times 2 = -60[W]$

상 회로이론 제4장 비정현파 교류회로의 이해

78 전류가 1[H]의 인덕터를 흐르고 있을 때 인덕터에 축적되는 에너지[J]는 얼마인가?

$$i = 5 + 10\sqrt{2}\sin 100t + 5\sqrt{2}\sin 200t[A]$$

① 150[J] 　　　② 100[J]

③ 75[J] 　　　④ 50[J]

$I = \sqrt{5^2 + 10^2 + 5^2} = 12.25[\text{A}]$

$\therefore$ 인덕터에 축적되는 에너지

$W_L = \frac{1}{2}LI^2 = \frac{1}{2} \times 1 \times 12.25^2 = 75[\text{J}]$

상 회로이론 제8장 분포정수회로

79 무손실선로가 되기 위한 조건 중 틀린 것은?

① $\frac{R}{L} = \frac{G}{C}$인 선로를 무왜형(無歪形) 회로라 한다.

② $R = G = 0$인 선로를 무손실회로라 한다.

③ 무손실선로, 무왜선로의 감쇠정수는 $\sqrt{RG}$ 이다.

④ 무손실선로, 무왜회로에서의 위상속도는 $\frac{1}{\sqrt{CL}}$ 이다.

해설

① 무왜형 회로 : 송전단에서 보낸 정현파 입력이 수전단에 전혀 일그러짐이 없이 도달되는 회로로, 선로정수가 R, L, C, G 사이에 $\frac{R}{L} = \frac{G}{C}$의 관계를 무왜 조건이라 한다.

② 무손실선로 : 손실이 없는 선로($R = G = 0$)로 송전전압 및 전류의 크기가 항상 일정하다.

③ 전파정수 $\gamma = \sqrt{ZY} = \sqrt{RG} + j\omega\sqrt{LC} = \alpha + j\beta$ 에서 무손실선로의 경우 $R = G = 0$이므로 감쇠정수는 $\alpha = 0$이 된다.

④ 위상속도(전파속도)

$v = \frac{1}{\sqrt{\varepsilon\mu}} = \frac{1}{\sqrt{LC}} = \frac{\omega}{\beta}[\text{m/s}]$

상 회로이론 제6장 회로망 해석

80 임피던스 함수 $Z(s) = \frac{4s + 2}{s}$ 로 표시되는 2단자 회로망은 다음 중 어느 것인가?

① 4[Ω] 1/2[H]
○—ⱳ—ⱱⱱⱱ—○

② 4[Ω] 1/2[F]
○—ⱳ—┤├—○

③ 4[Ω] 2[H]
○—ⱳ—ⱱⱱⱱ—○

④ 4[Ω] 2[F]
○—ⱳ—┤├—○

해설

㉠ RLC 직렬회로의 합성 임피던스는

$Z(s) = R + Ls + \frac{1}{Cs}$ 의 형태이다.

㉡ 문제의 임피던스를 정리하면 다음과 같다.

$Z(s) = \frac{4s + 2}{s} = 4 + \frac{2}{s}$

$= 4 + \frac{1}{\frac{s}{2}} = 4 + \frac{1}{\frac{1}{2}s}$

$\therefore R = 4[\text{Ω}]$, $C = \frac{1}{2}[\text{F}]$이 직렬로 접속된 회로로 나타낼 수 있다.

제5과목 **전기설비기술기준**

상 제3장 전선로

81 폭발성 또는 연소성의 가스가 침입할 우려가 있는 곳에 시설하는 지중함으로서 그 크기가 최소 몇 [m³] 이상인 것에는 통풍장치 기타 가스를 방산시키기 위한 적당한 장치를 시설하여야 하는가?

① 0.5 ② 0.75

③ 1 ④ 2

해설 지중함의 시설(KEC 334.2)

㉠ 지중함은 견고하고 차량 기타 중량물의 압력에 견디는 구조일 것

㉡ 지중함은 그 안의 고인 물을 제거할 수 있는 구조로 되어 있을 것

㉢ 폭발성 또는 연소성의 가스가 침입할 우려가 있는 것에 시설하는 지중함으로서 그 크기가 1[m³] 이상인 것에는 통풍장치 기타 가스를 방산시키기 위한 적당한 장치를 시설할 것

㉣ 지중함의 뚜껑은 시설자 이외의 자가 쉽게 열 수 없도록 시설할 것

중 제1장 공통사항

82 저압 수용가의 인입구 부근에 접지저항치가 얼마 이하의 금속제 수도관로를 접지극으로 사용할 수 있는가?

① 2[Ω] 이하 ② 3[Ω] 이하

③ 5[Ω] 이하 ④ 10[Ω] 이하

정답 79 ③ 80 ② 81 ③ 82 ②

해설 접지극의 시설 및 접지저항(KEC 142.2)

지중에 매설되어 있고 대지와의 전기저항값이 3[Ω] 이하의 값을 유지하고 있는 금속제 수도관로는 접지극으로 사용이 가능하다.

상 제1장 공통사항

83 전동기의 절연내력시험은 권선과 대지 간에 계속하여 시험전압을 가할 경우 몇 분간은 견디어야 하는가?

① 5
② 10
③ 20
④ 30

해설 회전기 및 정류기의 절연내력(KEC 133)

회전기의 절연내력시험을 살펴보면 다음과 같다.

종류		시험전압	시험방법
회전기	발전기 · 전동기 · 조상기 · 기타회전기 (회전변류기를 제외한다)	최대사용전압 7[kV] 이하	최대사용전압의 1.5배의 전압(500[V] 미만으로 되는 경우에는 500[V])	권선과 대지 사이에 연속하여 10분간 가한다.
		최대사용전압 7[kV] 초과	최대사용전압의 1.25배의 전압 (10.5[kV] 미만으로 되는 경우에는 10.5[kV])	
	회전변류기		직류측의 최대 사용전압의 1배의 교류전압(500[V] 미만으로 되는 경우에는 500[V])	

상 제3장 전선로

84 고압 가공전선이 철도를 횡단하는 경우 레일면상의 최소 높이는 얼마인가?

① 5[m]
② 5.5[m]
③ 6[m]
④ 6.5[m]

해설 고압 가공전선의 높이(KEC 332.5)

고압 가공전선의 높이는 다음에 따라야 한다.
㉠ 도로를 횡단하는 경우에는 지표상 6[m] 이상(교통에 지장을 줄 우려가 없는 경우 5[m] 이상)
㉡ 철도 또는 궤도를 횡단하는 경우에는 레일면상 6.5[m] 이상
㉢ 횡단보도교의 위에 시설하는 경우에는 그 노면상 3.5[m] 이상

상 제1장 공통사항

85 부하의 설비용량이 커서 두 개 이상의 전선을 병렬로 사용하여 시설하는 경우 잘못된 것은?

① 병렬로 사용하는 전선에는 각각에 퓨즈를 설치하여야 한다.
② 병렬로 사용하는 각 전선의 굵기는 동선 50[mm^2] 이상 또는 알루미늄 70[mm^2] 이상으로 하고, 전선은 같은 도체, 같은 재료, 같은 길이 및 같은 굵기의 것을 사용하여야 한다.
③ 같은 극의 각 전선은 동일한 터미널러그에 완전히 접속하여야 한다.
④ 교류회로에서 병렬로 사용하는 전선은 금속관 안에 전자적 불평형이 생기지 않도록 시설하여야 한다.

해설 전선의 접속(KEC 123)

두 개 이상의 전선을 병렬로 사용하는 경우에는 다음에 의하여 시설할 것
㉠ 병렬로 사용하는 각 전선의 굵기는 동선 50[mm^2] 이상 또는 알루미늄 70[mm^2] 이상으로 하고, 전선은 같은 도체, 같은 재료, 같은 길이 및 같은 굵기의 것을 사용할 것
㉡ 같은 극의 각 전선은 동일한 터미널러그에 완전히 접속할 것
㉢ 같은 극인 각 전선의 터미널러그는 동일한 도체에 2개 이상의 리벳 또는 2개 이상의 나사로 접속할 것
㉣ 병렬로 사용하는 전선에는 각각에 퓨즈를 설치하지 말 것
㉤ 교류회로에서 병렬로 사용하는 전선은 금속관 안에 전자적 불평형이 생기지 않도록 시설할 것

상 제3장 전선로

86 고압 가공전선로의 전선으로 단면적 14[mm^2]의 경동연선을 사용할 때 그 지지물이 B종 철주인 경우라면, 경간은 몇 [m]이어야 하는가?

① 150[m]
② 250[m]
③ 500[m]
④ 600[m]

해설 고압 가공전선로 경간의 제한(KEC 332.9)

고압 가공전선의 단면적이 22[mm^2](인장강도 8.71[kN])인 경동연선의 경우의 경간
㉠ 목주 · A종 철주 또는 A종 철근콘크리트주를 사용하는 경우 300[m] 이하

정답 83 ② 84 ④ 85 ① 86 ②

ⓛ B종 철주 또는 B종 철근콘크리트주를 사용하는 경우 500[m] 이하
[참고] 단면적 22[mm²] 이상이어야만 늘릴 수 있으므로 B종의 표준경간을 적용한다.
- B종 철주의 표준경간 : 250[m] 이하

상 제2장 저압설비 및 고압·특고압설비

87 샤워시설이 있는 욕실 등 인체가 물에 젖어 있는 상태에서 전기를 사용하는 장소에 콘센트를 시설할 경우 인체감전보호용 누전차단기의 정격감도전류는 몇 [mA] 이하인가?

① 5
② 10
③ 15
④ 30

해설 콘센트의 시설(KEC 234.5)

욕조나 샤워시설이 있는 욕실 또는 화장실 등 인체가 물에 젖어있는 상태에서 전기를 사용하는 장소에 콘센트를 시설하는 경우에는 다음에 따라 시설하여야 한다.
㉠ 「전기용품 및 생활용품 안전관리법」의 적용을 받는 인체감전보호용 누전차단기(정격감도전류 15[mA] 이하, 동작시간 0.03초 이하의 전류동작형의 것에 한한다) 또는 절연변압기(정격용량 3[kVA] 이하인 것에 한한다)로 보호된 전로에 접속하거나, 인체감전보호용 누전차단기가 부착된 콘센트를 시설하여야 한다.
ⓛ 콘센트는 접지극이 있는 방적형 콘센트를 사용하여 접지하여야 한다.
ⓒ 습기가 많은 장소 또는 수분이 있는 장소에 시설하는 콘센트 및 기계기구용 콘센트는 접지용 단자가 있는 것을 사용하여 접지하고 방습장치를 하여야 한다.

상 제2장 저압설비 및 고압·특고압설비

88 특고압을 옥내에 시설하는 경우 그 사용전압의 최대 한도는 몇 [kV] 이하인가? (단, 케이블트레이공사는 제외)

① 100
② 170
③ 250
④ 345

해설 특고압 옥내전기설비의 시설(KEC 342.4)

사용전압은 100[kV] 이하일 것(다만, 케이블트레이 배선에 의하여 시설하는 경우에는 35[kV] 이하일 것)

상 제3장 전선로

89 지중전선로에 사용되는 전선은?

① 절연전선
② 동복강선
③ 케이블
④ 나경동선

해설 지중전선로의 시설(KEC 334.1)

㉠ 지중전선로에는 케이블을 사용
ⓛ 지중전선로의 매설방법 : 직접 매설식, 관로식, 암거식
ⓒ 관로식 및 직접 매설식을 시설하는 경우 매설깊이를 차량, 기타 중량물의 압력을 받을 우려가 있는 장소에는 1.0[m] 이상, 기타 장소에는 0.6[m] 이상 시설

중 제4장 발전소, 변전소, 개폐소 및 기계기구 시설보호

90 345000[V]의 전압을 변전하는 변전소가 있다. 이 변전소에 울타리를 시설하고자 하는 경우 울타리의 높이는 몇 [m] 이상이어야 하는가?

① 1.6
② 2
③ 2.2
④ 2.4

해설 발전소 등의 울타리·담 등의 시설(KEC 351.1)

㉠ 울타리·담 등의 높이는 2[m] 이상으로 하고, 지표면과 울타리·담 등의 하단 사이의 간격은 15[cm] 이하로 한다.
ⓛ 울타리·담 등의 높이와 울타리·담 등으로부터 충전부분까지 거리의 합계는 다음 표에서 정한 값 이상으로 한다.

사용전압의 구분	울타리·담 등의 높이와 울타리·담 등으로부터 충전부분까지 거리의 합계
35[kV] 이하	5[m]
35[kV] 초과 160[kV] 이하	6[m]
160[kV] 초과	6[m]에 160[kV]를 초과하는 10[kV] 또는 그 단수마다 12[cm]를 더한 값

정답 87 ③ 88 ① 89 ③ 90 ②

상 제2장 저압설비 및 고압·특고압설비

91 전기온상 등의 시설에서 전기온상 등에 전기를 공급하는 전로의 대지전압은 몇 [V] 이하이어야 하는가?

① 500　　　　② 300
③ 600　　　　④ 700

해설 전기온상 등(KEC 241.5)

㉠ 전기온상에 전기를 공급하는 전로의 대지전압은 300[V] 이하일 것
㉡ 발열선 및 발열선에 직접 접속하는 전선은 전기온상선 일 것
㉢ 발열선은 그 온도가 80[℃]를 넘지 아니하도록 시설할 것

중 제6장 분산형전원설비

92 분산형 전원계통 연계설비의 시설에서 전력계통으로 언급되지 않는 것은?

① 전력판매사업자의 계통
② 구내계통
③ 구외계통
④ 독립전원계통

해설 계통 연계의 범위(KEC 503.1)

분산형 전원설비 등을 전력계통에 연계하는 경우에 적용하며, 여기서 전력계통이라 함은 전력판매사업자의 계통, 구내계통 및 독립전원계통 모두를 말한다.

상 제2장 저압설비 및 고압·특고압설비

93 금속제 외함을 가진 저압의 기계기구로서 사람이 쉽게 접촉될 우려가 있는 곳에 시설하는 경우 전기를 공급받는 전로에 지락이 생겼을 때 자동적으로 전로를 차단하는 장치를 설치하여야 하는 기계기구의 사용전압은 몇 [V]를 초과하는 경우인가?

① 30　　　　② 50
③ 100　　　④ 150

해설 누전차단기의 시설(KEC 211.2.4)

금속제 외함을 가지는 사용전압이 50[V]를 초과하는 저압의 기계기구로서, 사람이 쉽게 접촉할 우려가 있는 곳에 시설하는 것에 전기를 공급하는 전로에는 전로에 지락이 생겼을 때 자동적으로 전로를 차단하는 장치를 하여야 한다.

상 제1장 공통사항

94 계통외도전부(Extraneous Conductive Part)에 대한 용어의 정의로 옳은 것은?

① 전력계통에서 돌발적으로 발생하는 이상현상에 대비하여 대지와 계통을 연결하는 것으로, 중성점을 대지에 접속하는 것을 말한다.
② 전기설비의 일부는 아니지만 지면에 전위 등을 전해줄 위험이 있는 도전성 부분을 말한다.
③ 충전부는 아니지만 고장 시에 충전될 위험이 있고, 사람이 쉽게 접촉할 수 있는 기기의 도전성 부분을 말한다.
④ 통상적인 운전상태에서 전압이 걸리도록 되어 있는 도체 또는 도전부를 말한다. 중성선을 포함하나 PEN 도체, PEM 도체 및 PEL 도체는 포함하지 않는다.

해설 용어 정의(KEC 112)

㉠ 계통접지 : 전력계통에서 돌발적으로 발생하는 이상현상에 대비하여 대지와 계통을 연결하는 것으로, 중성점을 대지에 접속하는 것을 말한다.
㉡ 노출도전부 : 충전부는 아니지만 고장 시에 충전될 위험이 있고, 사람이 쉽게 접촉할 수 있는 기기의 도전성 부분을 말한다.
㉢ 충전부 : 통상적인 운전상태에서 전압이 걸리도록 되어 있는 도체 또는 도전부를 말한다. 중성선을 포함하나 PEN 도체, PEM 도체 및 PEL 도체는 포함하지 않는다.

중 제6장 분산형전원설비

95 태양광발전설비에서 주택의 태양전지 모듈에 접속하는 부하측 옥내배선의 대지전압 제한은 직류 몇 [V] 이하여야 하는가?

① 250
② 300
③ 400
④ 600

해설 옥내전로의 대지전압 제한(KEC 511.3)

주택의 태양전지 모듈에 접속하는 부하측 옥내배선의 대지전압 제한은 직류 600[V] 이하이어야 한다.

정답　91 ②　92 ③　93 ②　94 ②　95 ④

상 제2장 저압설비 및 고압·특고압설비

96 제어회로용 절연전선을 금속덕트공사에 의하여 시설하고자 한다. 절연피복을 포함한 전선의 총단면적은 덕트 내부 단면적의 몇 [%]까지 할 수 있는가?

① 20　　　　　② 30
③ 40　　　　　④ 50

해설 금속덕트공사(KEC 232.31)

금속덕트에 넣은 전선의 단면적(절연피복의 단면적을 포함)의 합계는 덕트의 내부 단면적의 20[%](전광표시장치 기타 이와 유사한 장치 또는 제어회로 등의 배선만을 넣는 경우에는 50[%]) 이하일 것

중 제2장 저압설비 및 고압·특고압설비

97 옥내 저압전선으로 나전선의 사용이 기본적으로 허용되지 않는 것은?

① 애자사용공사의 전기로용 전선
② 유희용 전차에 전기공급을 위한 접촉전선
③ 제분공장의 전선
④ 애자사용공사의 전선의 피복절연물이 부식하는 장소에 시설하는 전선

해설 나전선의 사용제한(KEC 231.4)

다음 내용에서만 나전선을 사용할 수 있다.
㉠ 애자공사에 의하여 전개된 곳에 다음의 전선을 시설하는 경우
　• 전기로용 전선
　• 전선의 피복절연물이 부식하는 장소에 시설하는 전선
　• 취급자 이외의 사람이 출입할 수 없도록 설비한 장소
㉡ 버스덕트공사에 의하여 시설하는 경우
㉢ 라이팅덕트공사에 의하여 시설하는 경우
㉣ 저압 접촉전선 및 유희용 전차를 시설하는 경우

하 제1장 공통사항

98 다음 각 케이블 중 특히 특고압 전선용으로만 사용할 수 있는 것은?

① 용접용 케이블
② MI 케이블
③ CD 케이블
④ 파이프형 압력 케이블

해설 고압 및 특고압케이블(KEC 122.5)

사용전압이 특고압인 전로에 전선으로 사용하는 케이블은 절연체가 부틸 고무혼합물·에틸렌 프로필렌 고무혼합물 또는 폴리에틸렌 혼합물인 케이블로서, 선심 위에 금속제의 전기적 차폐층을 설치한 것이거나 파이프형 압력 케이블·연피 케이블·알루미늄피 케이블 그 밖의 금속피복을 한 케이블을 사용하여야 한다.

하 제6장 분산형전원설비

99 전기저장장치의 이차전지에서 자동으로 전로로부터 차단하는 장치를 시설해야 하는 경우가 아닌 것은?

① 과전압 또는 과전류가 발생한 경우
② 제어장치에 이상이 발생한 경우
③ 전압 및 전류가 낮아지는 경우
④ 이차전지 모듈의 내부 온도가 급격히 상승할 경우

해설 제어 및 보호장치(KEC 512.2.2)

전기저장장치의 이차전지는 다음에 따라 자동으로 전로로부터 차단하는 장치를 시설하여야 한다.
㉠ 과전압 또는 과전류가 발생한 경우
㉡ 제어장치에 이상이 발생한 경우
㉢ 이차전지 모듈의 내부 온도가 급격히 상승할 경우

상 제1장 공통사항

100 고압전로의 1선 지락전류가 20[A]인 경우 이에 결합된 변압기 저압측의 접지저항값은 최대 몇 [Ω]이 되는가? (단, 이 전로는 고·저압 혼촉 시에 저압전로의 대지전압이 150[V]를 넘는 경우에 1초를 넘고 2초 내에 자동 차단하는 장치가 되어 있다.)

① 7.5　　　　　② 10
③ 15　　　　　④ 30

해설 변압기 중성점 접지(KEC 142.5)

1초 초과 2초 이내에 고압·특고압 전로를 자동으로 차단하는 장치를 설치할 때는 300을 1선 지락전류로 나눈 값 이하로 한다.
변압기의 중성점 접지저항

$$R = \frac{300}{1선\ 지락전류} = \frac{300}{20} = 15[\Omega]$$

정답 96 ④　97 ③　98 ④　99 ③　100 ③

제1과목 전기자기학

중 | 제5장 전기 영상법

01 면도체의 표면에서 a[m]인 거리에 점전하 Q[C]가 있다. 이 전하를 무한원점까지 운반하는 데 요하는 일은 몇 [J]인가?

① $\dfrac{Q^2}{4\pi\varepsilon_0 a^2}$ ② $\dfrac{Q^2}{8\pi\varepsilon_0 a}$

③ $\dfrac{Q^2}{16\pi\varepsilon_0 a}$ ④ $\dfrac{Q^2}{16\pi\varepsilon_0 a^2}$

해설

도체 표면과 점전하 사이에 $F=\dfrac{Q^2}{16\pi\varepsilon_0 a^2}$[N]의 힘이

작용하기 때문에 무한원점까지 점전하를 운반할 때 에너지가 필요하다. $a=r$로 하고, a에서 ∞까지 적분하여 계산한다.

$$\therefore W=\int_a^\infty \frac{Q^2}{16\pi\varepsilon_0 r^2}\,dr$$
$$=\frac{Q^2}{16\pi\varepsilon_0}\left(-\frac{1}{r}\right)_a^\infty$$
$$=\frac{Q^2}{16\pi\varepsilon_0 a}[\text{J}]$$

하 | 제2장 진공 중의 정전계

02 $E=2i+j+4k$[V/m]로 표시되는 전계가 있다. $0.1[\mu\text{C}]$의 전하를 원점으로부터 $r=4i+j+2k$[m]로 움직이는 데 필요한 일은 몇 [J]인가?

① 1.7×10^{-4} ② 2.0×10^{-4}

③ 2.4×10^{-4} ④ 2.7×10^{-4}

해설

㉠ 전위차
$$V=\int E\,dl$$
$$=\int_0^2\int_0^1\int_0^3 2i+j+4k\,dx\,dy\,dz$$
$$=(2\times4)+(1\times1)+(4\times2)=17[\text{V}]$$
㉡ 전하를 움직이는데 필요한 일
$$W=QV=10^{-5}\times17=1.7\times10^{-4}[\text{J}]$$

상 | 제8장 전류의 자기현상

03 평행하게 왕복되는 두 선간에 흐르는 전류 간의 전자력은? (단, 두 도선 간의 거리를 r[m]라 한다.)

① $\dfrac{1}{r}$에 비례하며, 반발력이다.

② r에 비례하며, 흡인력이다.

③ $\dfrac{1}{r^2}$에 비례하며, 반발력이다.

④ r^2에 비례하며, 흡인력이다.

해설

㉠ 평행도선 사이에 작용하는 힘(전자력)
$$f=\frac{2I_1I_2}{r}\times10^{-7}[\text{N/m}]$$
㉡ 전류가 동일 방향으로 흐를 경우 : 흡인력
㉢ 전류가 반대 방향으로 흐를 경우 : 반발력
∴ 왕복되는 두 선간에 흐르는 전류는 서로 반대 방향으로 흐르므로 반발력이 작용한다.

상 | 제7장 진공 중의 정자계

04 자속의 연속성을 나타낸 식은?

① $div\,B=\rho$

② $div\,B=0$

③ $B=\mu H$

④ $div\,B=\mu H$

해설

자극은 항상 N, S극이 쌍으로 존재하여 자력선이 N극에서 나와서 S극으로 들어간다.
즉, 자계는 발산하지 않고 회전한다.
$$\therefore div\,B=0\,(\nabla\cdot B=0)$$

정답 01 ③ 02 ① 03 ① 04 ②

하 제3장 정전용량

05

그림과 같이 같은 크기의 정방형 금속으로 된 평행판 콘덴서의 한쪽 전극을 30°만큼 회전시키면 콘덴서의 용량은 양 전극판이 완전히 겹쳤을 때의 대략 몇 [%]가 되는가?

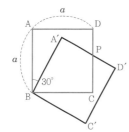

① 62[%]
② 60[%]
③ 58[%]
④ 56[%]

해설

㉠ $\overline{\text{CP}} = a \times \tan 30° = \dfrac{a}{\sqrt{3}}$ [m]

㉡ □BCPA′의 면적(△BCP면적의 2배)

$S' = \left(\dfrac{1}{2} \times a \times \dfrac{a}{\sqrt{3}}\right) \times 2 = \dfrac{a^2}{\sqrt{3}}$ [m²]

㉢ 평행판 콘덴서의 정전용량 : $C = \dfrac{\varepsilon S}{d}$ [F]

→ 두 전극이 포개지는 면적 S에 비례한다.

㉣ 전극이 전부 겹쳤을 때 면적
$S = a^2$ [m²]

㉤ 그림과 같이 전극이 30°회전했을 때 두 전극이 포개지는 부분의 면적

$S' = \dfrac{a^2}{\sqrt{3}} = \dfrac{S}{\sqrt{3}} = 0.577 S$ [m²]

∴ 면적이 0.577배로 감소하여 정전용량 또한 0.577배로 감소한다.

중 제9장 자성체와 자기회로

06

다음 조건들 중 초전도체에 부합되는 것은? (단, μ_r은 비투자율, χ_m은 비자화율, B는 자속밀도이며, 작동온도는 임계온도 이하라 한다.)

① $\chi_m = -1$, $\mu_r = 0$, $B = 0$
② $\chi_m = 0$, $\mu_r = 0$, $B = 0$
③ $\chi_m = 1$, $\mu_r = 0$, $B = 0$
④ $\chi_m = -1$, $\mu_r = 1$, $B = 0$

해설 초전도체의 특징

㉠ 전기저항이 없다.

㉡ 마이스너 효과 : 초전도체 내부로 자기장이 침투하지 못하게 되는 완전비자성 상태($\chi_m = -1$)가 만들어지는 현상이다. 여기서, 내부 자기장이 침투하지 못하게 된다는 것은 비투자율 μ_r과 자속밀도 B가 0이 된다는 것을 의미한다.

중 제6장 전류

07

반지름이 5[mm]인 구리선에 10[A]의 전류가 단위시간에 흐르고 있을 때 구리선의 단면을 통과하는 전자의 개수는 단위시간당 얼마인가? (단, 전자의 전하량은 $e = 1.602 \times 10^{-19}$[C]이다.)

① 6.24×10^{18}
② 6.24×10^{19}
③ 1.28×10^{22}
④ 1.28×10^{23}

해설 전자의 개수

$N = \dfrac{Q}{e} = \dfrac{It}{e}$

$= \dfrac{10 \times 1}{1.602 \times 10^{-19}} = 6.242 \times 10^{19}$ 개

하 제8장 전류의 자기현상

08

자계의 세기 $H = xy\, a_y - xz\, a_z$[A/m]일 때 점(2, 3, 5)에서 전류밀도 J[A/m²]는?

① $5\, a_x + 3\, a_y$
② $3\, a_x + 5\, a_y$
③ $5\, a_y + 2\, a_z$
④ $5\, a_y + 3\, a_z$

해설

앙페르 주회적분의 미분형으로 구할 수 있다.

㉠ 전류밀도

$i = J = rot\ H = \nabla \times H$

$= \begin{vmatrix} a_x & a_y & a_z \\ \dfrac{\partial}{\partial x} & \dfrac{\partial}{\partial y} & \dfrac{\partial}{\partial z} \\ 0 & xy & -xz \end{vmatrix} = z\, a_y + y\, a_z$ [A/m²]

㉡ 여기서, $x = 2$, $y = 3$, $z = 5$를 대입하면

∴ $J = 5\, a_y + 3\, a_z$ [A/m²]

정답 05 ③ 06 ① 07 ② 08 ④

상 제12장 전자계

09 진공 중에서 빛의 속도와 일치하는 전자파의 전반속도를 얻기 위한 조건으로 맞는 것은?

① $\mu_s = 0,\ \varepsilon_s = 0$ ② $\mu_s = 0,\ \varepsilon_s = 1$
③ $\mu_s = 1,\ \varepsilon_s = 0$ ④ $\mu_s = 1,\ \varepsilon_s = 1$

해설

㉠ 전자파의 속도 $v = \dfrac{1}{\sqrt{\varepsilon\mu}} = \dfrac{3\times10^8}{\sqrt{\varepsilon_s\mu_s}}$[m/s]

㉡ 전자파의 속도가 빛의 속도와 같기 위해서는 $\varepsilon_s = \mu_s = 1$이 되어야 한다.

상 제2장 진공 중의 정전계

10 자유공간 중에서 점 $P(2, -4, 5)$가 도체 면상에 있으며, 이 점에서 전계 $E = 3a_x - 6a_y + 2a_z$[V/m]이다. 도체면에 법선 성분 E_n 및 접선성분 E_t의 크기는 몇 [V/m]인가?

① $E_n = 3,\ E_t = -6$
② $E_n = 7,\ E_t = 0$
③ $E_n = 2,\ E_t = 3$
④ $E_n = -6,\ E_t = 0$

해설

㉠ 전계는 도체표면에 대해서 수직으로만 진출하기 때문에 $E_t = 0$이 된다.
㉡ 전계의 법선성분의 크기
$|E| = E_n = \sqrt{3^2 + (-6)^2 + 2^2} = 7$[V/m]

상 제4장 유전체

11 내원통의 반지름 a[m], 외원통의 반지름 b[m]인 동축원통콘덴서의 내외 원통 사이에 공기를 넣었을 때 정전용량이 C_0이었다. 내외 반지름을 모두 3배로 하고 공기 대신 비유전율 9인 유전체를 넣었을 경우의 정 전용량은?

① $\dfrac{C_0}{9}$ ② $\dfrac{C_0}{3}$
③ C_0 ④ $9C_0$

해설 동축원통도체(동축케이블)

㉠ 정전용량 : $C_0 = \dfrac{2\pi\varepsilon_0 l}{\ln\dfrac{b}{a}}$[F]

㉡ 내외 반지름을 3배, 공기 대신 비유전율 $\varepsilon_s = 9$를 채웠을 때의 정전용량

$C = \varepsilon_s C_0 = \dfrac{2\pi\varepsilon_0\varepsilon_s l}{\ln\dfrac{b'}{a'}}$

$= \dfrac{2\pi\times9\varepsilon_0 l}{\ln\dfrac{3b}{3a}} = 9\times\dfrac{2\pi\varepsilon_0 l}{\ln\dfrac{b}{a}}$

$= 9C_0$[F]

상 제9장 자성체와 자기회로

12 자기회로에 대한 설명으로 틀린 것은?

① 전기회로의 정전용량에 해당되는 것은 없다.
② 자기저항에는 전기저항의 줄 손실에 해당되는 손실이 있다.
③ 기자력과 자속은 변화가 비직선성을 갖고 있다.
④ 누설자속은 전기회로의 누설전류에 비하여 대체로 많다.

해설

자기회로에는 철손(히스테리스시손, 와류손)이 있고, 줄 손실은 발생하지 않는다.

상 제10장 전자유도법칙

13 도전율이 5.8×10^7[℧/m], 비투자율이 1인 구리에 50[Hz]의 주파수를 갖는 전류가 흐를 때, 표피두께는 약 몇 [mm]인가?

① 8.53[mm] ② 9.35[mm]
③ 11.28[mm] ④ 13.03[mm]

해설 침투깊이(표피두께)

$\delta = \sqrt{\dfrac{2}{\omega\mu\sigma}} = \dfrac{1}{\sqrt{\pi f\mu\sigma}}$

$= \dfrac{1}{\sqrt{\pi\times50\times4\pi\times10^{-7}\times5.8\times10^7}}$

$= 9.35$[mm]

여기서, 각 주파수 $\omega = 2\pi f$

정답 09 ④ 10 ② 11 ④ 12 ② 13 ②

상 제12장 전자계

14 맥스웰은 전극 간의 유전체를 통하여 흐르는 전류를 (㉠)라 하고, 이것은 (㉡)를 발생한다고 가정하였다. ㉠, ㉡에 알맞는 것은?

① ㉠ 와전류, ㉡ 자계
② ㉠ 변위전류, ㉡ 자계
③ ㉠ 와전류, ㉡ 전류
④ ㉠ 변위전류, ㉡ 전계

해설 맥스웰의 제1전자 방정식

$rot\,H = i + \dfrac{\partial D}{\partial t}$

도선에 흐르는 전도전류 및 유전체를 통하여 흐르는 변위전류는 주위에 회전하는 자계를 발생시킨다.

상 제4장 유전체

15 평행평판 공기콘덴서의 양 극판에 $+\sigma[\text{C/m}^2]$, $-\sigma[\text{C/m}^2]$의 전하가 분포되어 있다. 이 두 전극 사이에 유전율 $\varepsilon[\text{F/m}]$인 유전체를 삽입한 경우의 전계는 몇 [V/m]인가? (단, 유전체의 분극전하밀도를 $+\sigma'[\text{C/m}^2]$, $-\sigma'$ $[\text{C/m}^2]$이라 한다.)

① $\dfrac{\sigma - \sigma'}{\varepsilon_0}$

② $\dfrac{\sigma + \sigma'}{\varepsilon_0}$

③ $\dfrac{\sigma}{\varepsilon_0} - \dfrac{\sigma'}{\varepsilon}$

④ $\dfrac{\sigma'}{\varepsilon_0}$

해설

평행판 공기콘덴서 사이의 전계 $E_0 = \dfrac{\sigma}{\varepsilon_0}$ 에서 두 전극

사이에 유전체를 삽입하면 유전체에는 분극현상이 발생되어 유전체 내의 전하가 $\sigma - \sigma'$만큼 감소된다.

∴ 유전체 내의 전계의 세기

$\quad E = \dfrac{\sigma - \sigma'}{\varepsilon_0}$

상 제8장 전류의 자기현상

16 단위길이당 권수가 n인 무한장 솔레노이드에 $I[\text{A}]$의 전류가 흐를 때 다음 설명 중 옳은 것은?

① 솔레노이드 내부는 평등자계이다.
② 외부와 내부의 자계의 세기는 같다.
③ 외부자계의 세기는 $I[\text{AT/m}]$이다.
④ 내부자계의 세기는 $nI^2[\text{AT/m}]$이다.

해설

무한장 솔레노이드의 내부자계는 평등자계이고, 외부자계는 0이다.

중 제11장 인덕턴스

17 그림과 같이 반지름 $a[\text{m}]$인 원형 단면을 가지고 중심 간격이 $d[\text{m}]$인 평행 왕복도선의 단위길이당 자기 인덕턴스[H/m]는? (단, 도체는 공기 중에 있고 $d \gg a$로 한다.)

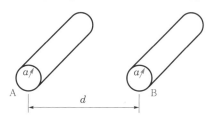

① $L = \dfrac{\mu_0}{\pi}\ln\dfrac{a}{b} + \dfrac{\mu}{4\pi}$ [H/m]

② $L = \dfrac{\mu_0}{\pi}\ln\dfrac{a}{b} + \dfrac{\mu}{2\pi}$ [H/m]

③ $L = \dfrac{\mu_0}{\pi}\ln\dfrac{d}{a} + \dfrac{\mu}{4\pi}$ [H/m]

④ $L = \dfrac{\mu_0}{\pi}\ln\dfrac{d}{a} + \dfrac{\mu}{2\pi}$ [H/m]

해설

㉠ 동축원통도체(동축케이블)의 인덕턴스

$\quad L = \dfrac{\mu}{8\pi} + \dfrac{\mu_0}{2\pi}\ln\dfrac{b}{a}[\text{H/m}]$

㉡ 두 개의 평형 왕복도선의 인덕턴스

$\quad L = \dfrac{\mu}{4\pi} + \dfrac{\mu_0}{\pi}\ln\dfrac{d}{a}[\text{H/m}]$

정답 14 ② 15 ① 16 ① 17 ③

상 제11장 인덕턴스

18 철심이 들어 있는 환상 코일에서 1차 코일의 권수가 100회일 때 자기 인덕턴스는 0.01[H]이었다. 이 철심에 2차 코일을 200회 감았을 때 2차 코일의 자기 인덕턴스 L_2와 상호 인덕턴스 M은 각각 몇 [H]인가?

① $L_2 = 0.02[\text{H}]$, $M = 0.01[\text{H}]$

② $L_2 = 0.01[\text{H}]$, $M = 0.02[\text{H}]$

③ $L_2 = 0.04[\text{H}]$, $M = 0.02[\text{H}]$

④ $L_2 = 0.02[\text{H}]$, $M = 0.04[\text{H}]$

해설

㉠ 2차 코일의 자기 인덕턴스

$$L_2 = \left(\frac{N_2}{N_1}\right)^2 \times L_1 = \left(\frac{200}{100}\right)^2 \times 0.01 = 0.04[\text{H}]$$

㉡ 상호 인덕턴스

$$M = \frac{N_2}{N_1} \times L_1 = \frac{200}{100} \times 0.01 = 0.02[\text{H}]$$

상 제9장 자성체와 자기회로

19 그림과 같이 진공 중에 자극 면적이 2[cm²], 간격이 0.1[cm]인 자성체 내에서 포화 자속밀도가 2[Wb/m²]일 때 두 자극면 사이에 작용하는 힘의 크기는 약 몇 [N]인가?

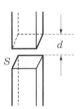

① 53[N] ② 106[N]

③ 159[N] ④ 318[N]

해설 단위면적당 작용하는 힘

$$f = \frac{1}{2}\mu H^2 = \frac{1}{2}HB = \frac{B^2}{2\mu}[\text{N/m}^2]$$

∴ 철편의 흡인력

$$F = f \cdot S = \frac{B^2}{2\mu_0} \times S$$
$$= \frac{2^2}{2 \times 4\pi \times 10^{-7}} \times 2 \times 10^{-4}$$
$$= 318.31[\text{N}]$$

중 제12장 전자계

20 방송국 안테나 출력이 $W[\text{W}]$이고 이로부터 진공 중에 $r[\text{m}]$ 떨어진 점에서 자계의 세기의 실효치 H는 몇 [A/m]인가?

① $\dfrac{1}{r}\sqrt{\dfrac{W}{377\pi}}$ [A/m]

② $\dfrac{1}{2r}\sqrt{\dfrac{W}{377\pi}}$ [A/m]

③ $\dfrac{1}{2r}\sqrt{\dfrac{W}{188\pi}}$ [A/m]

④ $\dfrac{1}{r}\sqrt{\dfrac{2W}{377\pi}}$ [A/m]

해설 방사전력

$$P_s = W = \int_S P ds$$
$$= PS = EHS = 120\pi H^2 S[\text{W}]에서$$
$$H = \sqrt{\frac{W}{120\pi S}} = \sqrt{\frac{W}{120\pi \times 4\pi r^2}}$$
$$= \sqrt{\frac{W}{377\pi \times (2r)^2}}$$
$$= \frac{1}{2r}\sqrt{\frac{W}{377\pi}} [\text{A/m}]$$

제2과목 **전력공학**

상 제8장 송전선로 보호방식

21 전력용 퓨즈의 장점으로 틀린 것은?

① 소형으로 큰 차단용량을 갖는다.

② 밀폐형 퓨즈는 차단 시에 소음이 없다.

③ 가격이 싸고 유지·보수가 간단하다.

④ 과도전류에 의해 쉽게 용단되지 않는다.

해설 전력용 퓨즈의 특성

㉠ 소형 경량이며 경제적이다.

㉡ 재투입되지 않는다.

㉢ 소전류에서 동작이 함께 이루어지지 않아 결상되기 쉽다.

㉣ 변압기 여자전류나 전동기 기동전류 등의 과도전류로 인해 용단되기 쉽다.

정답 18 ③ 19 ④ 20 ② 21 ④

중 제9장 배전방식

22 배전선의 말단에 단일부하가 있는 경우와, 배전선에 따라 균등한 부하가 분포되어 있는 경우에 배전선 내의 전력손실을 비교하면 전자는 후자의 몇 배인가? (단, 송전단에서의 전류는 동일하다고 가정한다.)

① 3
② 2
③ $\dfrac{1}{3}$
④ $\dfrac{2}{3}$

해설

부하의 형태	전압 강하	전력 손실	부하 율	분산손실 계수
말단에 집중된 경우	1.0	1.0	1.0	1.0
평등 부하 분포	$\dfrac{1}{2}$	$\dfrac{1}{3}$	$\dfrac{1}{2}$	$\dfrac{1}{3}$
중앙일수록 큰 부하 분포	$\dfrac{1}{2}$	0.38	$\dfrac{1}{2}$	0.38
말단일수록 큰 부하 분포	$\dfrac{2}{3}$	0.58	$\dfrac{2}{3}$	0.58
송전단일수록 큰 부하 분포	$\dfrac{1}{3}$	$\dfrac{1}{5}$	$\dfrac{1}{3}$	$\dfrac{1}{5}$

상 제8장 송전선로 보호방식

23 동일 모선에 2개 이상의 피더(Feeder)를 가진 비접지배전계통에서 지락사고에 대한 선택지락보호계전기는?

① OCR
② OVR
③ GR
④ SGR

해설

㉠ 선택지락계전기(SGR) : 병행 2회선 송전선로에서 지락고장 시 고장회선을 선택차단할 수 있는 계전기

㉡ 과전류계전기(OCR) : 일정한 크기 이상의 전류가 흐를 경우 동작하는 계전기
㉢ 과전압계전기(OVR) : 일정한 크기 이상의 전압이 걸렸을 경우 동작하는 계전기
㉣ 지락계전기(GR) : 지락사고 시 지락전류가 흘렀을 경우 동작하는 계전기

중 제11장 발전

24 유효낙차 100[m], 최대사용수량 20[m³/s], 설비이용률 70[%]인 수력발전소의 연간 발전전력량은 약 몇 [kWh]가 되는가?

① 30×10^6
② 60×10^6
③ 120×10^6
④ 180×10^6

해설

연간 발전량 $P = 9.8HQ\eta t$[kWh]에서
$P = 9.8 \times 100 \times 20 \times 0.7 \times 365 \times 24$
$= 120187200 \fallingdotseq 120 \times 10^6$[kWh]

상 제5장 고장 계산 및 안정도

25 3상 동기발전기 단자에서의 고장전류 계산 시 영상전류 I_0와 정상전류 I_1 및 역상전류 I_2가 같은 경우는?

① 1선 지락
② 2선 지락
③ 선간단락
④ 2상 단락

해설

1선 지락고장 시
$I_0 = I_1 = I_2, \ I_g = 3I_0 = \dfrac{3E_a}{Z_0 + Z_1 + Z_2}$[A]

상 제4장 송전 특성 및 조상설비

26 동기조상기에 대한 설명으로 옳은 것은?

① 정지기의 일종이다.
② 연속적인 전압 조정이 불가능하다.
③ 계통의 안정도를 증진시키기가 어렵다.
④ 송전선의 시송전에 이용할 수 있다.

정답 22 ① 23 ④ 24 ③ 25 ① 26 ④

해설 동기조상기 특성

㉠ 진상전류 및 지상전류 이용할 수 있어 광범위로 연속적인 전압 조정을 할 수 있다.

㉡ 시동전동기를 갖는 경우에는 조상기를 발전기로 동작시켜 선로에 충전전류를 흘리고 시송전(＝시충전)에 이용할 수 있다.

㉢ 계통의 안정도를 증진시켜 송전전력을 증가시킬 수 있다.

상 제11장 발전

27 유량의 크기를 구분할 때 갈수량이란?

① 하천의 수위 중에서 1년을 통하여 355일간 이보다 내려가지 않는 수위

② 하천의 수위 중에서 1년을 통하여 275일간 이보다 내려가지 않는 수위

③ 하천의 수위 중에서 1년을 통하여 185일간 이보다 내려가지 않는 수위

④ 하천의 수위 중에서 1년을 통하여 95일간 이보다 내려가지 않는 수위

해설

하천의 유량은 계절에 따라 변하므로 유량과 수위는 다음과 같이 구분한다.

㉠ 갈수량 : 1년 365일 중 355일은 이 양 이하로 내려가지 않는 유량

㉡ 저수량 : 1년 365일 중 275일은 이 양 이하로 내려가지 않는 유량

㉢ 평수량 : 1년 365일 중 185일은 이 양 이하로 내려가지 않는 유량

㉣ 풍수량 : 1년 365일 중 95일은 이 양 이하로 내려가지 않는 유량

중 제10장 배전선로 계산

28 고압 배전선로의 중간에 승압기를 설치하는 주 목적은?

① 전압변동률의 감소
② 말단의 전압강하 방지
③ 전력손실의 감소
④ 역률 개선

해설

승압의 목적으로는 송전전력의 증가, 전력손실 및 전압강하율의 경감. 단면적을 작게 함으로써 재료절감의 효과 등이 있다.

상 제6장 중성점 접지방식

29 다음 표는 리액터의 종류와 그 목적을 나타낸 것이다. 바르게 짝지어진 것은?

종류	목적
㉠ 병렬리액터	ⓐ 지락 아크의 소멸
㉡ 한류리액터	ⓑ 송전손실 경감
㉢ 직렬리액터	ⓒ 차단기의 용량 경감
㉣ 소호리액터	ⓓ 제5고조파 제거

① ㉠ - ⓑ
② ㉡ - ⓓ
③ ㉢ - ⓓ
④ ㉣ - ⓒ

해설 리액터의 종류 및 특성

㉠ 병렬리액터(＝분로리액터) : 페란티현상을 방지한다.

㉡ 한류리액터 : 계통의 사고 시 단락전류의 크기를 억제하여 차단기의 용량을 경감시킨다.

㉢ 직렬리액터 : 콘덴서설비에서 발생하는 제5고조파를 제거한다.

㉣ 소호리액터 : 1선 지락사고 시 지락전류를 억제하여 지락 시 발생하는 아크를 소멸한다.

하 제7장 이상전압 및 유도장해

30 통신선과 평행인 주파수 60[Hz]의 3상 1회선 송전선이 있다. 1선 지락 때문에 영상전류가 100[A] 흐르고 있다. 통신선에 유도되는 전자유도전압은 몇 [V]인가? (단, 여기서 영상전류는 전전선에 걸쳐서 같으며, 송전선과 통신선과의 상호인덕턴스는 0.06[mH/km], 그 평행길이는 40[km]이다.)

① 156.6
② 162.8
③ 230.2
④ 271.4

해설 통신선에 유도되는 전자유도전압

$E_n = 2\pi f M l \times 3I_0 \times 10^{-3}$[V]

여기서, M : 상호인덕턴스
l : 선로평행길이
I_0 : 영상전류, $\dot{I_a} + \dot{I_b} + \dot{I_c} = 3\dot{I_0}$[A]

$E_n = 2\pi \times 60 \times 0.06 \times 10^{-3} \times 40 \times 3 \times 100$
$= 271.4$[V]

상 제5장 고장 계산 및 안정도

31 교류 송전에서는 송전거리가 멀어질수록 동일 전압에서의 송전 가능전력이 적어진다. 그 이유는?

① 선로의 어드미턴스가 커지기 때문이다.
② 선로의 유도성 리액턴스가 커지기 때문이다.
③ 코로나손실이 증가하기 때문이다.
④ 저항손실이 커지기 때문이다.

해설

송전전력 $P = \dfrac{V_S V_R}{X} \sin\delta$[MW]

여기서 V_S : 송전단전압[kV]
V_R : 수전단전압[kV]
X : 선로의 유도리액턴스[Ω]
따라서 송전거리가 멀어질수록 유도리액턴스 X 가 증가하여 송전전력이 감소한다.

상 제7장 이상전압 및 유도장해

32 3상 송전선로와 통신선이 병행되어 있는 경우에 통신유도장해로서 통신선에 유도되는 정전유도전압은?

① 통신선의 길이에 비례한다
② 통신선의 길이의 자승에 비례한다.
③ 통신선의 길이에 반비례한다.
④ 통신선의 길이와는 관계가 없다.

해설 통신선에 유도되는 정전유도전압

$E_n = \dfrac{3C_m}{C_0 + 3C_m} E_0$[V]

정전유도전압은 선로길이와 관계없고 이격거리와 영상전압의 크기에 따라 변화된다.

상 제10장 배전선로 계산

33 역률개선용 콘덴서를 부하와 병렬로 연결하고자 한다. △결선방식과 Y결선방식을 비교하면 콘덴서의 정전용량(단위 : [μF])의 크기는 어떠한가?

① △결선방식과 Y결선방식은 동일하다.
② Y결선방식이 △결선방식의 $\dfrac{1}{2}$ 용량이다.

③ △결선방식이 Y결선방식의 $\dfrac{1}{3}$ 용량이다.
④ Y결선방식이 △결선방식의 $\dfrac{1}{\sqrt{3}}$ 용량이다.

해설

㉠ △결선 시 콘덴서 용량
$Q_\triangle = 6\pi f C V^2 \times 10^{-9}$[kVA]
㉡ Y결선 시 콘덴서 용량
$Q_Y = 2\pi f C V^2 \times 10^{-9}$[kVA]

$\dfrac{C_\triangle}{C_Y} = \dfrac{\frac{Q}{6\pi f V^2 \times 10^{-9}}}{\frac{Q}{2\pi f V^2 \times 10^{-9}}} = \dfrac{1}{3}$ 에서 $C_\triangle = \dfrac{1}{3} C_Y$

중 제5장 고장 계산 및 안정도

34 송전계통의 안정도를 향상시키기 위한 방법이 아닌 것은?

① 계통의 직렬리액턴스를 감소시킨다.
② 속응여자방식을 채용한다.
③ 수 개의 계통으로 계통을 분리시킨다.
④ 중간 조상방식을 채택한다.

해설 송전전력을 증가시키기 위한 안정도 증진대책

㉠ 직렬리액턴스를 작게 한다.
　• 발전기나 변압기 리액턴스를 작게한다.
　• 선로에 복도체를 사용하거나 병행 회선수를 늘린다.
　• 선로에 직렬콘덴서를 설치한다.
㉡ 전압변동을 적게 한다.
　• 단락비를 크게 한다.
　• 속응여자방식을 채용한다.
㉢ 계통을 연계시킨다.
㉣ 중간 조상방식을 채용한다.
㉤ 고장구간을 신속히 차단시키고 재폐로방식을 채택한다.
㉥ 소호리액터 접지방식을 채용한다.
㉦ 고장 시에 발전기 입출력의 불평형을 작게 한다.

중 제4장 송전 특성 및 조상설비

35 중거리 송전선로의 특성은 무슨 회로로 다루어야 하는가?

① RL 집중정수회로
② RLC 집중정수회로
③ 분포정수회로
④ 특성임피던스회로

정답 31 ② 32 ④ 33 ③ 34 ③ 35 ②

해설 송전특성

㉠ 집중정수회로
 • 단거리 송전선로 : R, L 적용
 • 중거리 송전선로 : R, L, C 적용
㉡ 분포정수회로
 • 장거리 송전선로 : R, L, C, g 적용

중 제9장 배전방식

36 전력 수요설비에 있어서 그 값이 높게 되면 경제적으로 불리하게 되는 것은?

① 부하율
② 수용률
③ 부등률
④ 부하밀도

해설

수용률이 높아지면 설비용량이 커져서 변압기 등의 가격이 비싸져서 비경제적이 된다.

상 제6장 중성점 접지방식

37 소호리액터 접지에 대하여 틀린 것은?

① 선택지락계전기의 동작이 용이하다.
② 지락전류가 적다.
③ 지락 중에도 송전이 계속 가능하다.
④ 전자유도장애가 경감한다.

해설

소호리액터 접지방식은 지락사고 시 소호리액터와 대지 정전용량의 병렬공진으로 인해 지락전류가 거의 흐르지 않으므로 고장검출이 어려워 선택지락계전기의 동작이 불확실하다.

하 제7장 이상전압 및 유도장해

38 가공지선에 대한 다음 설명 중 옳은 것은?

① 차폐각은 보통 15°~30° 정도로 하고 있다.
② 차폐각이 클수록 벼락에 대한 차폐효과가 크다.
③ 가공지선을 2선으로 하면 차폐각이 적어진다.
④ 가공지선으로는 연동선을 주로 사용한다.

해설 가공지선

㉠ 차폐각은 가공지선과 전력선과의 설치각을 말하며 차폐각이 작을수록 차폐효율이 높아지고 정전유도가 감소하므로 보통 45° 이하로 설계한다.
㉡ 가공지선은 2선 이상으로 하면 차폐각이 작아져 차폐효율이 높아진다.

상 제2장 전선로

39 송전전력, 송전거리 전선의 비중 및 전력손실률이 일정하다고 하면 전선의 단면적 A [mm²]는 다음 어느 것에 비례하는가? (단, 여기서 V는 송전전압이다.)

① V ② V^2

③ $\dfrac{1}{V^2}$ ④ $\dfrac{1}{\sqrt{V}}$

해설

부하전력 $P = V_n I_n \cos\theta$[W]

부하전류 $I_n = \dfrac{P}{V_n \cos\theta}$[A]

전력손실 $P_l = I_n{}^2 R = \left(\dfrac{P}{V_n \cos\theta}\right)^2 \times R$

$\qquad = \dfrac{P^2}{V_n{}^2 \cos^2\theta} \rho \dfrac{l}{A}$[W]

전선의 단면적과 전압 관계 $A \propto \dfrac{1}{V^2}$

여기서, P : 송전전력
 V_n : 송전전압
 R : 선로저항
 $\cos\theta$: 역률
 A : 전선굵기

상 제5장 고장 계산 및 안정도

40 단락전류를 제한하기 위하여 사용되는 것은?

① 현수애자
② 사이리스터
③ 한류리액터
④ 직렬콘덴서

해설

한류리액터는 선로에 직렬로 설치한 리액터로 단락사고 시 발전기에 전기자 반작용이 일어나기 전 커다란 돌발 단락전류가 흐르므로 이를 제한하기 위해 설치하는 리액터이다.

제3과목 **전기기기**

제2장 동기기

41 동기기의 전기자권선이 매극 매상당 슬롯수가 4, 상수가 3인 권선의 분포계수는 얼마인가?

① 0.487 ② 0.844
③ 0.866 ④ 0.958

해설

상수 $m=3$, 매극 매상당 슬롯수 $q=4$이므로

분포계수 $K_d = \dfrac{\sin\dfrac{\pi}{2m}}{q\sin\dfrac{\pi}{2mq}} = \dfrac{\sin\dfrac{180°}{2\times3}}{4\sin\dfrac{180°}{2\times3\times4}}$
$= 0.958$

제4장 유도기

42 보통 농형에 비하여 2중 농형 전동기의 특징인 것은?

① 최대토크가 크다.
② 손실이 적다.
③ 기동토크가 크다.
④ 슬립이 크다.

해설

2중 농형 전동기는 보통 농형 전동기의 기동특성을 개선하기 위해 회전자도체를 2중으로 하여 기동전류를 적게 하고 기동토크를 크게 발생한다.

제4장 유도기

43 8극과 4극 2대의 유도전동기를 종속법에 의한 직렬종속법으로 속도제어를 할 때, 전원 주파수가 60[Hz]인 경우 무부하속도[rpm]는?

① 600 ② 900
③ 1200 ④ 1800

해설

권선형 유도전동기의 속도제어법의 종속법은 2대 이상의 유도전동기를 속도제어 할 때 사용하는 방법으로 한쪽 고정자를 다른 쪽 회전자와 연결하고 기계적으로 축을 연결하여 속도를 제어하는 방법이다.

직렬종속법 $N = \dfrac{120f_1}{P_1+P_2} = \dfrac{120\times60}{8+4} = 600[\text{rpm}]$

제4장 유도기

44 3상 유도전동기의 회전방향은 이 전동기에서 발생되는 회전자계의 회전방향과 어떤 관계가 있는가?

① 아무 관계도 없다.
② 회전자계의 회전방향으로 회전한다.
③ 회전자계의 반대방향으로 회전한다.
④ 부하조건에 따라 정해진다.

해설

3상 유도전동기에서 전동기의 회전자는 회전자계의 유도작용에 의해 약간 늦게 같은 방향으로 회전한다.

제4장 유도기

45 3상 유도전동기의 2차 저항을 2배로 하면 2배로 되는 것은?

① 토크
② 전류
③ 역률
④ 슬립

해설

최대 토크를 발생하는 슬립 $s_t \propto \dfrac{r_2}{x_2}$(여기서, x_t는 일정)

최대 토크 $T_m \propto \dfrac{r_2}{s_t} = \dfrac{mr_2}{ms_t}$ 이므로 2차 저항이 2배로 되면 슬립이 2배로 된다.

제3장 변압기

46 2차로 환산한 임피던스가 각각 $0.03+j0.02$ [Ω], $0.02+j0.03$[Ω]인 단상 변압기 2대를 병렬로 운전시킬 때, 분담전류는?

① 크기는 같으나 위상이 다르다.
② 크기와 위상이 같다.
③ 크기는 다르나 위상이 같다.
④ 크기와 위상이 다르다.

해설

$\sqrt{0.03^2+0.02^2} = \sqrt{0.02^2+0.03^2}$ 으로 변압기 2대의 임피던스 크기가 같으므로 분담전류의 크기가 같지만 저항 및 리액턴스의 비가 다르므로 분담전류의 위상이 다르다.

정답 41 ④ 42 ③ 43 ① 44 ② 45 ④ 46 ①

하 제6장 특수기기

47 75[W] 정도 이하의 소형 공구, 영사기, 치과의료용 등에 사용되고 만능전동기라고도 하는 정류자전동기는?

① 단상 직권 정류자전동기
② 단상 반발 정류자전동기
③ 3상 직권 정류자전동기
④ 단상 분권 정류자전동기

해설 단상 직권 정류자전동기의 특성

㉠ 소형 공구 및 가전제품에 일반적으로 널리 이용되는 전동기
㉡ 교류·직류 양용으로 사용되어 교직양용 전동기 (universal motor)
㉢ 믹서기, 재봉틀, 진공소제기, 휴대용 드릴, 영사기 등에 사용

상 제2장 동기기

48 여자전류 및 단자전압이 일정한 비철극형 동기발전기의 출력과 부하각 δ 와의 관계를 나타낸 것은? (단, 전기자저항은 무시한다.)

① δ에 비례
② δ에 반비례
③ $\cos\delta$에 비례
④ $\sin\delta$에 비례

해설

비철극형 동기발전기의 출력 $P = \dfrac{E_a V_n}{x_s}\sin\delta[\text{W}]$

중 제2장 동기기

49 동기전동기의 위상특성곡선은 다음의 어느 것인가? (단, P를 출력, I_f를 계자전류, I를 전기자전류, $\cos\phi$를 역률로 한다.)

① $I_f - I$ 곡선, P는 일정
② $P - I$ 곡선, I_f는 일정
③ $P - I_f$ 곡선, I는 일정
④ $I_f - I$ 곡선, $\cos\phi$는 일정

해설

위상특성곡선은 계자전류와 전기자전류와의 관계곡선으로 부하의 크기가 일정한 상태에서 V곡선으로 나타난다.

중 제4장 유도기

50 220[V], 50[Hz], 8극, 15[kW]의 3상 유도전동기가 있다. 전부하 회전수가 720[rpm]이면 이 전동기의 2차 동손과 2차 효율은 약 얼마인가?

① 425[W], 85[%]
② 537[W], 92[%]
③ 625[W], 96[%]
④ 723[W], 98[%]

해설

동기속도 $N_s = \dfrac{120f}{P}$

$\qquad = \dfrac{120 \times 50}{8} = 750[\text{rpm}]$

슬립 $s = \dfrac{N_s - N}{N_s}$

$\qquad = \dfrac{750 - 720}{750} = 0.04$

∴ 2차 동손 $P_{C2} = \dfrac{s}{1-s}P$

$\qquad = \dfrac{0.04}{1-0.04} \times 15 \times 10^3$

$\qquad = 625[\text{W}]$

∴ 2차 효율 $\eta_2 = \dfrac{P}{P_2}$

$\qquad = \dfrac{15000}{15625}$

$\qquad = 0.96 \times 100$

$\qquad = 96[\%]$

상 제2장 동기기

51 3상 동기발전기를 병렬운전시키는 경우 고려하지 않아도 되는 조건은?

① 기전력파형이 같을 것
② 기전력의 주파수가 같을 것
③ 회전수가 같을 것
④ 기전력의 크기가 같을 것

해설

병렬운전 시 정격주파수가 같을 때 극수에 따라 회전수는 달라진다.
(예) 6극, 8극 병렬 운전시 6극 발전기는 1200[rpm], 8극 발전기는 900[rpm])

정답 47 ① 48 ④ 49 ① 50 ③ 51 ③

전기기사

중 제4장 유도기

52 극수 P의 3상 유도전동기가 주파수 f[Hz], 슬립 s, 토크 T[N·m]로 회전하고 있을 때 기계적 출력[W]은?

① $\dfrac{4\pi f}{P} \times T \cdot (1-s)$

② $\dfrac{4Pf}{\pi} \times T \cdot (1-s)$

③ $\dfrac{4\pi f}{P} T \cdot s$

④ $\dfrac{\pi f}{2P} \times T \cdot (1-s)$

해설

토크 $T = \dfrac{P_o}{\omega}$[N·m]에서 $P_o = \omega T$[W]

회전자 속도 $N = (1-s)N_s$

$\qquad\qquad = (1-s)\dfrac{120f}{P}$[rpm]

기계적 출력 $P_o = 2\pi \dfrac{N}{60} T$

$\qquad\qquad = 2\pi \cdot (1-s)\dfrac{120f}{P} \cdot \dfrac{1}{60} \cdot T$

$\qquad\qquad = \dfrac{4\pi f}{P} \times T \cdot (1-s)$[W]

상 제2장 동기기

53 동기기에 있어서 동기임피던스와 단락비와의 관계는?

① 동기임피던스[Ω] = $\dfrac{1}{(단락비)^2}$

② 단락비 = $\dfrac{동기임피던스[ohm]}{동기각속도}$

③ 단락비 = $\dfrac{1}{동기임피던스[PU]}$

④ 동기임피던스[PU] = 단락비

해설

단락비 $K_S = \dfrac{I_s}{I_n} = \dfrac{100}{\%Z} = \dfrac{1}{Z[PU]} = \dfrac{10^3 V_n^2}{P Z_s}$

중 제3장 변압기

54 변압기의 기름 중 아크 방전에 의하여 생기는 가스 중 가장 많이 발생하는 가스는?

① 수소   ② 일산화탄소

③ 아세틸렌   ④ 산소

해설

유입변압기에서 아크 방전 등이 발생할 경우 변압기유가 전기분해되어 수소, 메탄 등의 가연성 기체와 슬러지가 발생한다.

중 제5장 정류기

55 정류기의 단상 전파정류에 있어서 직류전압 100[V]를 얻는 데 필요한 2차 상전압은 얼마인가? (단, 부하는 순저항으로 하고 변압기 내의 전압강하는 무시하며 전압강하를 15[V]로 한다.)

① 약 94.4[V]   ② 약 128[V]

③ 약 181[V]   ④ 약 255[V]

해설

단상 전파직류전압 $E_d = \dfrac{2\sqrt{2}}{\pi} E - e = 0.9E - e$[V]

직류전압 100[V]를 얻는 데 필요한 2차 상전압은

$E = \dfrac{\pi}{2\sqrt{2}}(E_d + e) = \dfrac{\pi}{2\sqrt{2}}(100 + 15)$

$\quad = 127.68 \fallingdotseq 128$[V]

하 제1장 직류기

56 직류분권전동기의 기동 시에 정격전압을 공급하면 전기자전류가 많이 흐르다가 회전 속도가 점점 증가함에 따라 전기자전류가 감소한다. 그 중요한 이유는?

① 전동기의 역기전력 상승
② 전기자권선의 저항 증가
③ 전기자반작용의 증가
④ 브러시의 접촉저항 증가

해설

전동기의 기동 시에 큰 기동전류가 점차 작아져서 정격전류가 되는 이유는 전기자에서 발생하는 역기전력이 기동전류와 반대 방향으로 증가하기 때문이다.

정답 52 ① 53 ③ 54 ① 55 ② 56 ①

상 제3장 변압기

57 3000[V]의 단상 배전선전압을 3300[V]로 승압하는 단권 변압기의 자기용량[kVA]은? (단, 여기서 부하용량은 100[kVA]이다.)

① 약 2.1
② 약 5.3
③ 약 7.4
④ 약 9.1

해설 자기용량과 부하용량의 비

$$\frac{자기용량}{부하용량} = \frac{V_h - V_l}{V_h}$$

$$자기용량 = \frac{3300 - 3000}{3300} \times 100 = 9.09 ≒ 9.1[kVA]$$

중 제5장 정류기

58 도통(on)상태에 있는 SCR을 차단(off)상태로 만들기 위해서는 어떻게 하여야 하는가?

① 게이트 펄스전압을 가한다.
② 게이트 전류를 증가시킨다.
③ 게이트 전압이 부(-)가 되도록 한다.
④ 전원전압의 극성이 반대가 되도록 한다.

해설

SCR의 경우 부하전류가 흐르고 있을 경우 게이트 전압으로 차단을 할 수 없고 애노드 전류가 0 또는 전원의 극성이 반대가 되어야 차단(off)된다.

상 제4장 유도기

59 3상 권선형 유도전동기의 2차 회로에 저항을 삽입하는 목적이 아닌 것은?

① 속도를 줄이지만 최대 토크를 크게 하기 위해
② 속도제어를 하기 위하여
③ 기동토크를 크게 하기 위하여
④ 기동전류를 줄이기 위하여

해설

권선형 유도전동기의 2차 저항의 크기변화를 통해 기동전류 감소와 기동토크 증대 및 속도제어를 할 수 있지만 최대 토크는 변하지 않는다.

중 제1장 직류기

60 정격전압 400[V], 정격출력 40[kW]의 직류 분권발전기의 전기자저항 0.15[Ω], 분권계자 저항 100[Ω]이다. 이 발전기의 전압변동률은 몇 [%]인가?

① 4.7
② 3.9
③ 5.2
④ 3.0

해설

전기자전류 $I_a = I_n + I_f = \dfrac{40000}{400} + \dfrac{400}{100} = 104[A]$

유기기전력 $E_a = V_n + I_a \cdot r_a = 400 + 104 \times 0.15$
$= 415.6[V]$

전압변동률 $\varepsilon = \dfrac{V_0 - V_n}{V_n} \times 100$

$= \dfrac{415.6 - 400}{400} \times 100 = 3.9[\%]$

제4과목 **회로이론 및 제어공학**

상 제어공학 제6장 근궤적법

61 특성방정식이 아래와 같을 때 근궤적의 점근선이 실수축과 이루는 각은 각각 몇 도인가? (단, $-\infty < K \leq 0$ 이다.)

$$s(s+4)(s^2+3s+3) + K(s+2) = 0$$

① 0°, 120°, 240°
② 45°, 135°, 225°
③ 60°, 180°, 300°
④ 90°, 180°, 270°

해설

㉠ 전달함수 : $G(s) = \dfrac{K(s+2)}{s(s+4)(s^2+3s+3)}$

㉡ 극점의 수 : $P = 4$

㉢ 영점의 수 : $Z = 1$

㉣ 점근선의 수 : $N = P - Z = 3$

∴ 점근선이 이루는 각 : $\alpha = \dfrac{(2K+1)\pi}{P - Z}$

• $K = 0$ 일 때 : $\alpha_0 = \dfrac{\pi}{4-1} = 60°$

• $K = 1$ 일 때 : $\alpha_1 = \dfrac{3\pi}{4-1} = 180°$

• $K = 2$ 일 때 : $\alpha_2 = \dfrac{5\pi}{4-1} = 300°$

정답 57 ④ 58 ④ 59 ① 60 ② 61 ③

하 **제어공학 제8장 시퀀스회로의 이해**

62 인버터(─▷○─)의 기능 회로가 아닌 것은?

①   ②

③   ④

✎ 해설

① $\overline{A + \overline{A}} = A \cdot A = A$
② $\overline{A + A} = \overline{A} \cdot \overline{A} = \overline{A}$
③ $\overline{A \cdot \overline{A}} = \overline{A}$
④ $\overline{A + A} = \overline{A} \cdot \overline{A} = \overline{A}$

∴ 인버터는 반전회로이므로 입력에 A를 주었을 때 반전이 되지 않은 ①이 정답이 된다.

상 **제어공학 제3장 시간영역해석법**

63 제동계수 $\zeta = 1$인 경우 어떠한가?

① 임계진동이다. ② 강제진동이다.
③ 감쇠진동이다. ④ 완전진동이다.

✎ 해설 **2차 지연요소의 인디셜응답의 구분**

㉠ $0 < \zeta < 1$: 부족제동
㉡ $\zeta = 1$: 임계제동(임계진동)
㉢ $\zeta > 1$: 과제동
㉣ $\zeta = 0$: 무제동(무한진동)
㉤ $\zeta < 0$: 발산

중 **제어공학 제7장 상태방정식**

64 상태방정식 $\dfrac{d}{dt} x(t) = A\,x(t) + B\,r(t)$
인 제어계의 특성방정식은?

① $|sI - B| = I$ ② $|sI - A| = I$
③ $|sI - B| = 0$ ④ $|sI - A| = 0$

하 **제어공학 제1장 자동제어의 개요**

65 조작량이 아래와 같이 표시되는 PID동작에 있어서 비례감도, 적분시간, 미분시간을 구하면?

$$y(t) = 4z(t) + 1.6\frac{dz(t)}{dt} + \int z(t)dt$$

① $K_P = 2$, $T_D = 0.1$, $T_I = 2$
② $K_P = 3$, $T_D = 0.2$, $T_I = 4$
③ $K_P = 4$, $T_D = 0.4$, $T_I = 4$
④ $K_P = 5$, $T_D = 0.4$, $T_I = 4$

✎ 해설

㉠ 위의 함수를 라플라스 변환하여 전개하면

$$Y(s) = 4Z(s) + 1.6\,s\,Z(s) + \frac{1}{s}Z(s)$$
$$= 4\left(1 + 0.4s + \frac{1}{4s}\right)Z(s)$$

㉡ 전달함수

$$Y(s) = \frac{Y(s)}{Z(s)} = K_P\left(1 + T_D\,s + \frac{1}{T_I\,s}\right)$$
$$= 4\left(1 + 0.4s + \frac{1}{4s}\right)$$

∴ 비례감도(K_P) = 4, 미분시간(T_D) = 0.4, 적분시간(T_I) = 4

상 **제어공학 제2장 전달함수**

66 전달함수에 대한 설명으로 틀린 것은?

① 어떤 계의 전달함수는 그 계에 대한 임펄스응답의 라플라스 변환과 같다.
② 전달함수는 $\dfrac{출력\ 라플라스\ 변환}{입력\ 라플라스\ 변환}$으로 정의된다.
③ 전달함수가 s가 될 때 적분요소라 한다.
④ 어떤 계의 전달함수의 분모를 0으로 놓으면 이것이 곧 특성방정식이다.

✎ 해설

㉠ 미분요소 : $G(s) = s$
㉡ 적분요소 : $G(s) = \dfrac{1}{s}$

상 **제어공학 제7장 상태방정식**

67 다음 중 라플라스 변환값과 z 변환값이 같은 함수는?

① t^2
② t
③ $u(t)$
④ $\delta(t)$

해설 z변환과 s변환의 관계

$f(t)$	s변환	z변환
임펄스함수 $\delta(t)$	1	1
단위계단함수 $u(t) = 1$	$\dfrac{1}{s}$	$\dfrac{z}{z-1}$
지수함수 e^{-at}	$\dfrac{1}{s+a}$	$\dfrac{z}{z-e^{-at}}$
램프함수 t	$\dfrac{1}{s^2}$	$\dfrac{Tz}{(z-1)^2}$

상 제어공학 제7장 상태방정식

68 다음 중 단위계단입력에 대한 응답특성이 $c(t) = 1 - e^{-\frac{1}{T}t}$ 로 나타나는 제어계는?

① 비례제어계
② 적분제어계
③ 1차 지연제어계
④ 2차 지연제어계

해설

1차 지연요소에 계단함수 $f(t) = Ku(t)$를 넣으면 출력 $c(t) = K\left(1 - e^{-\frac{1}{T}t}\right)$의 형태가 된다.

상 제어공학 제4장 주파수영역해석법

69 전압비 10^7일 때 감쇠량으로 표시하면 몇 [dB]인가?

① 7[dB]
② 70[dB]
③ 100[dB]
④ 140[dB]

해설

이득 $g = 20 \log |G(j\omega)|$
$= 20 \log 10^7 = 140 \log 10$
$= 140[\text{dB}]$

중 제어공학 제5장 안정도 판별법

70 특성방정식이 아래와 같을 때 특성근 중에는 양의 실수부를 갖는 근이 몇 개 있는가?

$$s^4 + 7s^3 + 17s^2 + 17s + 6 = 0$$

① 1
② 2
③ 3
④ 무근

해설

루스표를 작성하면 다음과 같다.

㉠ $F(s) = a_0 s^4 + a_1 s^3 + a_2 s^2 + a_3 s + a_4 = 0$

s^4	a_0	a_2	a_4
s^3	a_1	a_3	a_5
s^2	b_1	b_2	b_3
s^1	c_1	c_2	c_3
s^0	d_1	d_2	d_3

㉡ $F(s) = s^4 + 7s^3 + 17s^2 + 17s + 6 = 0$

s^4	1	17	6
s^3	7	17	0
s^2	b_1	6	0
s^1	c_1	0	0
s^0	6	0	0

㉢ $b_1 = \dfrac{\begin{bmatrix} a_0 & a_2 \\ a_1 & a_3 \end{bmatrix}}{-a_1} = \dfrac{a_0 a_3 - a_1 a_2}{-a_1}$

$= \dfrac{1 \times 17 - 7 \times 17}{-7} = 14.57$

㉣ $c_1 = \dfrac{\begin{bmatrix} a_1 & a_3 \\ b_1 & b_2 \end{bmatrix}}{-a_1} = \dfrac{a_1 b_2 - b_1 a_3}{-b_1}$

$= \dfrac{7 \times 6 - 14.57 \times 17}{-14.57} = 14.11$

∴ 수열 제1열이 모두 동일 부호이므로 안정하고, 불안정한 근(양의 실수부의 근)은 없다.

중 회로이론 제3장 다상 교류회로의 이해

71 대칭 n상에서 선전류와 환상전류 사이의 위상차는 어떻게 되는가?

① $\dfrac{n}{2}\left(1 - \dfrac{\pi}{2}\right)$
② $\dfrac{\pi}{2}\left(1 - \dfrac{n}{2}\right)$
③ $2\left(1 - \dfrac{2}{n}\right)$
④ $\dfrac{\pi}{2}\left(1 - \dfrac{2}{n}\right)$

해설 환상결선에서 선전류와 상전류의 관계

㉠ 선전류 : $I_l = 2 \sin \dfrac{\pi}{n} I_p$

㉡ 위상차 : $\theta = \dfrac{\pi}{2} - \dfrac{\pi}{n} = \dfrac{\pi}{2}\left(1 - \dfrac{2}{n}\right)$

여기서, n : 상수

㉢ 환상결선 시 선간전압과 상전압은 같다.

정답 68 ③ 69 ④ 70 ④ 71 ④

상 회로이론 제1장 직류회로의 이해

72 그림에서 4단자망(two port)의 개방 순방향 전달임피던스 Z_{21}과 단락 순방향 전달어드미턴스 Y_{21}은?

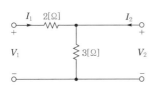

① $Z_{21} = 3[\Omega]$, $Y_{21} = -\dfrac{1}{2}[\mho]$

② $Z_{21} = 3[\Omega]$, $Y_{21} = \dfrac{1}{3}[\mho]$

③ $Z_{21} = 3[\Omega]$, $Y_{21} = \dfrac{1}{2}[\mho]$

④ $Z_{21} = 2[\Omega]$, $Y_{21} = -\dfrac{5}{6}[\mho]$

해설

㉠ $Z_{21} = 3[\Omega]$

㉡ $Y_{21} = \dfrac{-Z_3}{Z_1 Z_2 + Z_2 Z_3 + Z_3 Z_1}$

$= \dfrac{-3}{0+0+6} = -\dfrac{1}{2}[\mho]$

중 회로이론 제4장 비정현파 교류회로의 이해

73 ωt가 0에서 π까지 $i = 10[A]$, π에서 2π까지는 $i = 0[A]$인 파형을 푸리에 급수로 전개하면 a_0는?

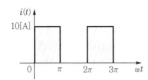

① 14.14　　　　② 10

③ 7.07　　　　④ 5

해설 직류분(교류의 평균값으로 해석)

$a_0 = \dfrac{1}{T}\displaystyle\int_0^T f(t)\,dt$

$= \dfrac{1}{2\pi}\displaystyle\int_0^\pi 10\,d\omega t$

$= \dfrac{10}{2\pi}[\omega t]_0^\pi = \dfrac{10}{2} = 5[A]$

[별해] 구형반파의 평균값 $I_{av} = \dfrac{I_m}{2} = 5[A]$

상 회로이론 제2장 단상 교류회로의 이해

74 저항 R과 유도리액턴스 X_L이 병렬로 연결된 회로의 역률은?

① $\dfrac{\sqrt{R^2 + X_L{}^2}}{R}$　　② $\dfrac{\sqrt{R^2 + X_L{}^2}}{X_L}$

③ $\dfrac{R}{\sqrt{R^2 + X_L{}^2}}$　　④ $\dfrac{X_L}{\sqrt{R^2 + X_L{}^2}}$

해설

㉠ 직렬 시 역률 $\cos\theta = \dfrac{R}{\sqrt{R^2 + X_L{}^2}} = \dfrac{V_R}{V}$

㉡ 병렬 시 역률 $\cos\theta = \dfrac{X_L}{\sqrt{R^2 + X_L{}^2}} = \dfrac{I_R}{I}$

여기서, V : 전체 전압
　　　　V_R : R의 단자전압
　　　　I : 전체 전류
　　　　I_R : R의 통과전류

중 회로이론 제6장 회로망 해석

75 그림과 같은 회로망에서 Z_1을 4단자 정수에 의해 표시하면?

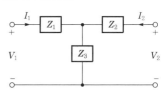

① $\dfrac{1}{C}$　　　　② $\dfrac{D-1}{C}$

③ $\dfrac{B-1}{C}$　　　　④ $\dfrac{A-1}{C}$

해설

㉠ 4단자 정수는 다음과 같다.

$\begin{bmatrix} A & B \\ C & D \end{bmatrix} = \begin{bmatrix} 1 + \dfrac{Z_1}{Z_3} & Z_1 + Z_2 + \dfrac{Z_1 Z_2}{Z_3} \\ \dfrac{1}{Z_3} & 1 + \dfrac{Z_2}{Z_3} \end{bmatrix}$

㉡ $A - 1 = \dfrac{Z_1}{Z_3} = Z_1 C$이므로

∴ $Z_1 = \dfrac{A-1}{C}$

하 　회로이론 제4장 비정현파 교류회로의 이해

76 그림과 같은 Y결선에서 기본파와 제3고조파 전압만이 존재한다고 할 때 전압계의 눈금이 $V_1 = 150[\text{V}]$, $V_2 = 220[\text{V}]$로 나타낼 때 제3고조파 전압을 구하면 몇 [V]인가?

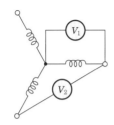

① 약 145.4[V]

② 약 150.4[V]

③ 약 127.2[V]

④ 약 79.9[V]

🔎 해설

Y결선에서 선간전압은 제3고조파 성분이 포함되지 않는다. 따라서 전압계 V_2에는 기본파 상전압의 $\sqrt{3}$ 배의 전압($V_2 = \sqrt{3}\,V_p$)이 측정된다.

㉠ 상전압 : $V_p = \dfrac{V_2}{\sqrt{3}} = \dfrac{220}{\sqrt{3}}[\text{V}]$

㉡ 전압계 V_1 측정 전압 $V_1 = \sqrt{V_p^{\,2} + V_3^{\,2}}[\text{V}]$ 이므로 제3고조파 전압(V_3)는

$\therefore V_3 = \sqrt{V_1^{\,2} - V_p^{\,2}}$
$= \sqrt{150^2 - \left(\dfrac{220}{\sqrt{3}}\right)^2} = 79.9[\text{V}]$

상 　회로이론 제10장 라플라스 변환

77 함수 $f(t) = \sin t \cos t$의 라플라스 변환 $F(s)$은?

① $\dfrac{1}{s^2 + 4}$

② $\dfrac{1}{s^2 + 2}$

③ $\dfrac{1}{(s+2)^2}$

④ $\dfrac{1}{(s+4)^2}$

🔎 해설

㉠ $\sin(t + t) = \sin t \cos t + \cos t \sin t$

㉡ $\sin(t - t) = \sin t \cos t - \cos t \sin t$

㉢ ㉠ + ㉡ $= \sin 2t = 2\sin t \cos t$

$\therefore \mathcal{L}\left[\dfrac{1}{2}\sin 2t\right] = \dfrac{1}{2} \times \dfrac{2}{s^2 + 2^2} = \dfrac{1}{s^2 + 4}$

상 　회로이론 제9장 과도현상

78 직류 $R - C$ 직렬회로에서 회로의 시정수값은?

① $\dfrac{R}{C}$

② $\dfrac{E}{R}$

③ $\dfrac{1}{RC}$

④ RC

🔎 해설

㉠ $R - L$ 회로의 시정수 : $\tau = \dfrac{L}{R}[\text{sec}]$

㉡ $R - C$ 회로의 시정수 : $\tau = RC[\text{sec}]$

중 　회로이론 제6장 회로망 해석

79 그림과 같은 회로에서 미지의 저항 R의 값을 구하면 몇 [Ω]인가?

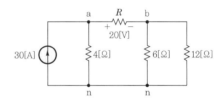

① 2.5[Ω]

② 2[Ω]

③ 1.6[Ω]

④ 1[Ω]

🔎 해설

㉠ 전류원을 전압원으로 등가변환

㉡ $V_R = IR = \dfrac{120}{4 + 4 + R} \times R = 20[\text{V}]$에서

$120R = 20(8 + R)$

$120R = 160 + 20R$

$100R = 160$

$\therefore R = \dfrac{160}{100} = 1.6[\Omega]$

정답 　76 ④ 　77 ① 　78 ④ 　79 ③

상 회로이론 제3장 다상 교류회로의 이해

80 그림과 같은 선간전압 200[V]의 3상 전원에 대칭부하를 접속할 때 부하역률은?

(단, $R=9[\Omega]$, $X_C=\dfrac{1}{\omega C}=4[\Omega]$)

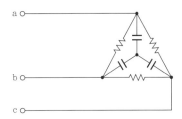

① 0.6   ② 0.7

③ 0.8   ④ 0.9

해설

△결선으로 접속된 저항 R을 Y결선으로 등가변환하면 그 크기가 $\dfrac{1}{3}$배로 줄어든다.

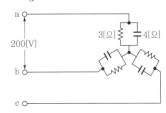

∴ 병렬회로의 역률

$$\cos\theta=\frac{X}{\sqrt{R^2+X^2}}=\frac{4}{\sqrt{3^2+4^2}}=0.8$$

제5과목 전기설비기술기준

상 제4장 발전소, 변전소, 개폐소 및 기계기구 시설보호

81 전력용 콘덴서의 내부에 고장이 생긴 경우 및 과전류 또는 과전압이 생긴 경우에 자동적으로 전로로부터 차단하는 장치가 필요한 뱅크 용량은 몇 [kVA] 이상인가?

① 1000

② 5000

③ 10000

④ 15000

해설 조상설비의 보호장치(KEC 351.5)

조상설비에는 그 내부에 고장이 생긴 경우에 보호하는 장치를 시설하여야 한다.

설비종별	뱅크용량의 구분	자동적으로 전로로 부터 차단하는 장치
전력용 커패시터 및 분로리액터	500[kVA] 초과 15000[kVA] 미만	내부고장 및 과전류 발생 시 보호장치
	15000[kVA] 이상	내부고장 및 과전류 · 과전압 발생 시 보호장치
조상기	15000[kVA] 이상	내부고장 시 보호장치

상 제3장 전선로

82 특고압 가공전선로에 사용되는 B종 철주 중 각도형은 전선로 중 최소 몇 도를 넘는 수평각도를 이루는 곳에 사용되는가?

① 3   ② 5

③ 8   ④ 10

해설 특고압 가공전선로의 철주 · 철근콘크리트 주 또는 철탑의 종류(KEC 333.11)

특고압 가공전선로의 지지물로 사용하는 B종 철근 · B종 콘크리트주 또는 철탑의 종류는 다음과 같다.
㉠ 직선형 : 전선로의 직선부분(수평각도 3° 이하)에 사용하는 것(내장형 및 보강형 제외)
㉡ 각도형 : 전선로 중 3°를 초과하는 수평각도를 이루는 곳에 사용하는 것
㉢ 인류형 : 전가섭선을 인류하는 곳에 사용하는 것
㉣ 내장형 : 전선로의 지지물 양쪽의 경간의 차가 큰 곳에 사용하는 것
㉤ 보강형 : 전선로의 직선부분에 그 보강을 위하여 사용하는 것

상 제2장 저압설비 및 고압·특고압설비

83 전기온상의 발열선의 온도는 몇 [℃]를 넘지 아니하도록 시설하여야 하는가?

① 70   ② 80

③ 90   ④ 100

해설 전기온상 등(KEC 241.5)

전기온상의 발열선은 그 온도가 80[℃]를 넘지 아니하도록 시설할 것

제3장 전선로

84 중성점접지식 22.9[kV] 특고압 가공전선을 A종 철근콘크리트주를 사용하여 시가지에 시설하는 경우 반드시 지키지 않아도 되는 것은?

① 전선로의 경간은 75[m] 이하로 할 것
② 전선의 단면적은 55[mm²] 경동연선 또는 이와 동등 이상의 세기 및 굵기의 것일 것
③ 전선이 특고압 절연전선인 경우 지표상의 높이는 8[m] 이상일 것
④ 전로에 지기가 생긴 경우 또는 단락한 경우에 1초 안에 자동차단하는 장치를 시설할 것

해설 시가지 등에서 특고압 가공전선로의 시설 (KEC 333.1)

사용전압이 100[kV]를 초과하는 특고압 가공전선에 지락 또는 단락이 생겼을 때에는 1초 이내에 자동적으로 이를 전로로부터 차단하는 장치를 시설할 것

중 제3장 전선로

85 특고압전로와 비접지식 저압전로를 결합하는 변압기로써 그 특고압권선과 저압권선 간에 혼촉방지판이 있는 변압기에 접속하는 저압 옥상전선로의 전선으로 사용할 수 있는 것은?

① 케이블 ② 절연전선
③ 경동연선 ④ 강심알루미늄선

해설 혼촉방지판이 있는 변압기에 접속하는 저압 옥외전선의 시설 등(KEC 322.2)

㉠ 저압전선은 1구내에만 시설할 것
㉡ 저압 가공전선로 및 옥상전선로의 전선은 케이블일 것
㉢ 저압 가공전선과 고압 또는 특고압의 가공전선을 동일 지지물에 시설하지 아니할 것
[예외] 고압 및 특고압 가공전선이 케이블인 경우

상 제2장 저압설비 및 고압·특고압설비

86 전원의 한 점을 직접 접지하고, 설비의 노출 도전성 부분을 전원계통의 접지극과 별도로 전기적으로 독립하여 접지하는 방식은?

① TT 계통 ② TN-C 계통
③ TN-S 계통 ④ TN-CS 계통

해설 TT 계통(KEC 203.3)

전원의 한 점을 직접 접지하고 설비의 노출도전부는 전원의 접지전극과 전기적으로 독립적인 접지극에 접속시킨다. 배전계통에서 PE 도체를 추가로 접지할 수 있다.

상 제3장 전선로

87 특고압 가공전선로를 시가지에 위험의 우려가 없도록 시설하는 경우, 지지물로 A종 철주를 사용한다면 경간은 최대 몇 [m] 이하이어야 하는가?

① 50 ② 75
③ 150 ④ 200

해설 시가지 등에서 특고압 가공전선로의 시설 (KEC 333.1)

㉠ 지지물에는 철주, 철근콘크리트주 또는 철탑을 사용한다.
㉡ A종은 75[m] 이하, B종은 150[m] 이하, 철탑은 400[m] (2 이상의 전선이 수평이고 간격이 4[m] 미만인 경우는 250[m]) 이하로 한다.

하 제3장 전선로

88 고압 가공전선과 건조물의 상부 조영재와의 옆쪽 이격거리는 일반적인 경우 최소 몇 [m] 이상이어야 하는가? (단, 전선은 경동연선이라고 한다.)

① 1.5 ② 1.2
③ 0.9 ④ 0.6

해설 고압 가공전선과 건조물의 접근(KEC 332.11)

건조물 조영재의 구분	접근형태	이격거리
상부 조영재	위쪽	2[m] (전선이 케이블인 경우에는 1[m])
	옆쪽 또는 아래쪽	1.2[m] (전선에 사람이 쉽게 접촉할 우려가 없도록 시설한 경우에는 0.8[m], 케이블인 경우에는 0.4[m])
기타의 조영재		1.2[m] (전선에 사람이 쉽게 접촉할 우려가 없도록 시설한 경우에는 0.8[m], 케이블인 경우에는 0.4[m])

하 제2장 저압설비 및 고압·특고압설비

89 주택의 옥내를 통과하여 그 주택 이외의 장소에 전기를 공급하기 위한 옥내배선을 공사하는 방법이다. 사람이 접촉할 우려가 없는 은폐된 장소에서 시행하는 공사종류가 아닌 것은? (단, 주택의 옥내전로의 대지전압은 300[V]이다.)

① 금속관공사
② 금속덕트공사
③ 케이블공사
④ 합성수지관공사

해설 옥내전로의 대지전압의 제한(KEC 231.6)

주택의 옥내를 통과하여 그 주택 이외의 장소에 전기를 공급하기 위한 옥내배선은 사람이 접촉할 우려가 없는 은폐된 장소에는 합성수지관공사, 금속관공사, 케이블공사에 의하여 시설하여야 한다.

상 제3장 전선로

90 사용전압이 35000[V] 이하인 특고압 가공전선이 건조물과 제2차 접근상태로 시설되는 경우에 특고압 가공전선로는 어떤 보안공사를 하여야 하는가?

① 제1종 특고압 보안공사
② 제2종 특고압 보안공사
③ 제3종 특고압 보안공사
④ 제4종 특고압 보안공사

해설 특고압 가공전선과 건조물의 접근(KEC 333.23)

특고압 보안공사를 구분하면 다음과 같다.
㉠ 제1종 특고압 보안공사 : 35[kV] 넘고, 2차 접근상태인 경우
㉡ 제2종 특고압 보안공사 : 35[kV] 이하이고, 2차 접근상태인 경우
㉢ 제3종 특고압 보안공사 : 특고압 가공전선이 다른 시설물과 1차 접근상태인 경우

상 제1장 공통사항

91 3300[V] 고압 유도전동기의 절연내력 시험전압은 최대사용전압의 몇 배를 10분간 가하는가?

① 1
② 1.25
③ 1.5
④ 2

해설 회전기 및 정류기의 절연내력(KEC 133)

최대사용전압이 7[kV] 이하이므로 최대사용전압의 1.5배의 전압을 10분간 가한다.

중 제2장 저압설비 및 고압·특고압설비

92 의료장소에서의 전기설비시설로 적합하지 않은 것은?

① 그룹 0장소는 TN 또는 TT 접지계통 적용
② 의료 IT 계통의 분전반은 의료장소의 내부 혹은 가까운 외부에 설치
③ 그룹 1 또는 그룹 2 의료장소의 수술등, 내시경 조명등은 정전 시 0.5초 이내 비상전원공급
④ 의료 IT 계통의 누설전류 계측 시 10[mA]에 도달하면 표시 및 경보하도록 시설

해설 의료장소(KEC 242.10)

㉠ 그룹 0 : TT 계통 또는 TN 계통
㉡ 의료 IT 계통의 분전반은 의료장소의 내부 혹은 가까운 외부에 설치할 것
㉢ 그룹 1 또는 그룹 2의 의료장소의 수술등, 내시경, 수술실 테이블, 기타 필수 조명등의 정전 시 절환시간 0.5초 이내에 비상전원을 공급할 것
㉣ 의료 IT 계통의 절연상태를 지속적으로 계측, 감시하는 장치를 하여 절연저항이 50[kΩ]까지 감소하면 표시설비 및 음향설비로 경보를 발하도록 할 것

상 제1장 공통사항

93 대지로부터 반드시 절연하여야 하는 것은?

① 전로의 중성점에 접지공사를 하는 경우의 접지점
② 계기용 변성기 2차측 전로에 접지공사를 하는 경우의 접지점
③ 시험용 변압기
④ 저압 가공전선로 접지측 전선

해설 전로의 절연원칙(KEC 131)

다음 각 부분 이외에는 대지로부터 절연하여야 한다.
㉠ 전로의 중성점에 접지공사를 하는 경우의 접지점
㉡ 계기용 변성기의 2차측 전로에 접지공사를 하는 경우의 접지점
㉢ 저압 가공전선의 특고압 가공전선과 동일 지지물에 시설되는 부분에 접지공사를 하는 경우의 접지점

정답 89 ② 90 ② 91 ③ 92 ④ 93 ④

ⓔ 중성점이 접지된 특고압 가공전선로의 중성선에 다중 접지를 하는 경우의 접지점

ⓜ 저압전로와 사용전압이 300[V] 이하의 저압전로를 결합하는 변압기의 2차측 전로에 접지공사를 하는 경우의 접지점

ⓑ 다음과 같이 절연할 수 없는 부분
- 시험용 변압기, 전력선 반송용 결합 리액터, 전기울타리용 전원장치, X선 발생장치, 전기부식방지용 양극, 단선식 전기철도의 귀선 등 전로의 일부를 대지로부터 절연하지 않고 전기를 사용하는 것이 부득이한 것
- 전기욕기·전기로·전기보일러·전해조 등 대지로부터 절연이 기술상 곤란한 것

ⓐ 저압 옥내직류 전기설비의 접지에 의하여 직류계통에 접지공사를 하는 경우의 접지점

중 제2장 저압설비 및 고압·특고압설비

94 진열장 안의 사용전압이 400[V] 미만인 저압 옥내배선으로 외부에서 보기 쉬운 곳에 한하여 시설할 수 있는 전선은? (단, 진열장은 건조한 곳에 시설하고 진열장 내부를 건조한 상태로 사용하는 경우이다.)

① 단면적이 0.75[mm²] 이상인 코드 또는 캡타이어케이블
② 단면적이 0.75[mm²] 이상인 나전선 또는 캡타이어케이블
③ 단면적이 1.25[mm²] 이상인 코드 또는 절연전선
④ 단면적이 1.25[mm²] 이상인 나전선 또는 다심형 전선

해설 진열장 또는 이와 유사한 것의 내부 배선 (KEC 234.8)

㉠ 건조한 장소에 시설하고 또한 내부를 건조한 상태로 사용하는 진열장 또는 이와 유사한 것의 내부에 사용전압이 400[V] 이하의 배선을 외부에서 잘 보이는 장소에 한하여 코드 또는 캡타이어케이블로 직접 조영재에 밀착하여 배선할 것
㉡ 전선의 배선은 단면적 0.75[mm²] 이상의 코드 또는 캡타이어케이블일 것

상 제2장 저압설비 및 고압·특고압설비

95 과전류차단기로 저압전로에 사용하는 산업용 배선차단기의 부동작전류와 동작전류로 적합한 것은?

① 1.0배, 1.2배　　② 1.05배, 1.3배
③ 1.25배, 1.6배　　④ 1.3배, 1.8배

해설 보호장치의 특성(KEC 212.3.4)

과전류 트립 동작시간 및 특성(산업용 배선차단기)

정격전류의 구분	시간	정격전류의 배수 (모든 극에 통전)	
		부동작전류	동작전류
63[A] 이하	60분	1.05배	1.3배
63[A] 초과	120분	1.05배	1.3배

상 제3장 전선로

96 345[kV]의 송전선을 사람이 쉽게 들어갈 수 없는 산지에 시설하는 경우 전선의 지표상 높이는 최소 몇 [m] 이상이어야 하는가?

① 7.28　　② 7.85
③ 8.28　　④ 8.85

해설 특고압 가공전선의 높이(KEC 333.7)

산지의 경우 160[kV] 이하는 5[m] 이상, 160[kV]를 초과하는 경우 10[kV]마다 단수를 적용하여 가산한다.
$(345[kV] - 160[kV]) \div 10 = 18.5$에서 절상하여 단수는 19로 한다.
∴ 전선 지표상 높이 = $5 + 0.12 \times 19 = 7.28[m]$

하 제5장 전기철도

97 전기철도의 변전방식에서 변전소설비에 대한 내용 중 해당되지 않는 것은?

① 급전용 변압기에서 직류 전기철도는 3상 정류기용 변압기로 해야 한다.
② 제어용 교류전원은 상용과 예비의 2계통으로 구성한다.
③ 제어반의 경우 디지털계전기방식을 원칙으로 한다.
④ 제어반의 경우 아날로그계전기방식을 원칙으로 한다.

해설 전기철도의 변전소설비(KEC 421.4)

㉠ 급전용 변압기는 직류 전기철도의 경우 3상 정류기용 변압기, 교류 전기철도의 경우 3상 스코트결선 변압기의 적용을 원칙으로 하고, 급전계통에 적합하게 선정하여야 한다.
㉡ 제어용 교류전원은 상용과 예비의 2계통으로 구성하여야 한다.
㉢ 제어반의 경우 디지털계전기방식을 원칙으로 하여야 한다.

정답 94 ① 95 ② 96 ① 97 ④

중 제1장 공통사항

98 다음 중 특고압전로의 다중접지 지중 배전 계통에 사용하는 케이블은?

① 알루미늄피케이블
② 클로로프렌외장케이블
③ 폴리에틸렌외장케이블
④ 동심중성선 전력케이블

해설 고압 및 특고압케이블(KEC 122.5)

특고압전로의 다중접지 지중 배전계통에 사용하는 케이블은 동심중성선 전력케이블로서 최대사용전압은 25.8 [kV] 이하이다.

상 제3장 전선로

99 저압 및 고압 가공전선의 높이는 도로를 횡단하는 경우와 철도를 횡단하는 경우에 각각 몇 [m] 이상이어야 하는가?

① 도로 : 지표상 5, 철도 : 레일면상 6
② 도로 : 지표상 5, 철도 : 레일면상 6.5
③ 도로 : 지표상 6, 철도 : 레일면상 6
④ 도로 : 지표상 6, 철도 : 레일면상 6.5

해설 저압 및 고압 가공전선의 높이(KEC 222.7, 332.5)

㉠ 도로를 횡단하는 경우에는 지표상 6[m] 이상
㉡ 철도 또는 궤도를 횡단하는 경우에는 레일면상 6.5[m] 이상

중 제3장 전선로

100 지중전선로를 직접 매설식에 의하여 시설할 때 중량물의 압력을 받을 우려가 있는 장소에 지중전선을 견고한 트라프, 기타 방호물에 넣지 않고도 부설할 수 있는 케이블은?

① 염화비닐 절연 케이블
② 폴리에틸렌 외장 케이블
③ 콤바인덕트케이블
④ 알루미늄피케이블

해설 지중전선로의 시설(KEC 334.1)

㉠ 깊이를 차량, 기타 중량물의 압력을 받을 우려가 있는 장소에는 1.0[m] 이상, 기타 장소에는 0.6[m] 이상으로 하고 또한 지중전선을 견고한 트라프, 기타 방호물에 넣어서 시설

㉡ 케이블을 견고한 트라프, 기타 방호물에 넣지 않아도 되는 경우
• 차량, 기타 중량물의 압력을 받을 우려가 없는 경우에 그 위를 견고한 판 또는 몰드로 덮어 시설하는 경우
• 저압 또는 고압의 지중전선에 콤바인덕트케이블을 사용하여 시설하는 경우
• 지중전선에 파이프형 압력케이블을 사용하고 또한 지중전선의 위를 견고한 판 또는 몰드 등으로 덮어 시설하는 경우
• 지중전선에 파이프형 압력케이블을 사용하거나 최대사용전압이 60[kV]를 초과하는 연피케이블, 알루미늄피케이블, 그 밖의 금속피복을 한 특고압 케이블을 사용하고 또한 지중전선의 위를 견고한 판 또는 몰드 등으로 덮어 시설하는 경우

정답 98 ④ 99 ④ 100 ③

2023년 제3회 CBT 기출복원문제

제1과목 전기자기학

상 제2장 진공 중의 정전계

01 정전 흡인력에 대한 설명 중 옳은 것은?

① 정전 흡인력은 전압의 제곱에 비례한다.
② 정전 흡인력은 극판 간격에 비례한다.
③ 정전 흡인력은 극판 면적의 제곱에 비례한다.
④ 정전 흡인력은 쿨롱의 법칙으로 직접 계산된다.

해설

㉠ 정전응력(흡인력) $f = \dfrac{1}{2}\varepsilon E^2$

$= \dfrac{1}{2}ED = \dfrac{D^2}{2\varepsilon}$ [N/m²]

㉡ 전위차 : $V = lE$[V]

∴ 정전응력(흡인력)은 전압의 제곱에 비례한다.

상 제11장 인덕턴스

02 환상 철심의 평균 자로 길이 l[m], 단면적 A [m²], 비투자율 μ_s, 권선수 N_1, N_2인 두 코일의 상호 인덕턴스는?

① $\dfrac{2\pi\mu_s l\, N_1 N_2}{A} \times 10^{-7}$[H]

② $\dfrac{AN_1 N_2}{2\pi\mu_s l} \times 10^{-7}$[H]

③ $\dfrac{4\pi\mu_s A N_1 N_2}{l} \times 10^{-7}$[H]

④ $\dfrac{4\pi^2\mu_s N_1 N_2}{Al} \times 10^{-7}$[H]

해설 상호 인덕턴스(상호 유도계수)

$M = \dfrac{\mu_0\mu_s A N_1 N_2}{l} = \dfrac{4\pi\mu_s A N_1 N_2}{l} \times 10^{-7}$[H]

여기서, 진공의 투자율 $\mu_0 = 4\pi \times 10^{-7}$

중 제11장 인덕턴스

03 그림과 같은 회로에서 인덕턴스 20[H]에 저축되는 에너지는 몇 [J]인가?

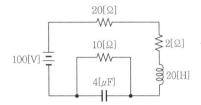

① 1.95
② 19.5
③ 97.7
④ 9,770

해설

㉠ 직류회로에는 주파수가 없으므로 $f = 0$에서 C는 개방, L은 단락상태가 된다.

㉡ 용량 리액턴스($f = 0$)

$X_C = \dfrac{1}{\omega C} = \dfrac{1}{2\pi f C}\Big|_{f=0} = \infty$

㉢ 유도 리액턴스($f = 0$)

$X_L = \omega L = 2\pi f L\big|_{f=0} = 0$

㉣ 회로에 흐르는 전류

$I = \dfrac{100}{20+2+10} = \dfrac{100}{32}$[A]

∴ 코일에 저장되는 자기적 에너지

$W_L = \dfrac{1}{2}LI^2 = \dfrac{1}{2} \times 20 \times \left(\dfrac{100}{32}\right)^2 = 97.656$[J]

상 제4장 유전체

04 비유전율이 10인 유전체를 5[V/m]인 전계 내에 놓으면 유전체의 표면 전하밀도는 몇 [C/m²]인가? (단, 유전체의 표면과 전계는 직각이다.)

① $35\varepsilon_0$
② $45\varepsilon_0$
③ $55\varepsilon_0$
④ $65\varepsilon_0$

해설

유전체 표면 전하밀도는 분극전하밀도이므로

∴ $P = \varepsilon_0(\varepsilon_s - 1)E$

$= \varepsilon_0(10-1) \times 5 = 45\varepsilon_0$[C/m²]

정답 01 ① 02 ③ 03 ③ 04 ②

상 제7장 진공 중의 정자계

05 자력선의 성질을 설명한 것이다. 옳지 않은 것은?

① 자력선은 서로 교차하지 않는다.
② 자력선은 N극에서 나와 S극으로 향한다.
③ 진공에서 나오는 자력선의 수는 m 개이다.
④ 한 점의 자력선 밀도는 그 점의 자장의 세기를 나타낸다.

해설 가우스의 법칙(주위 매질 : 진공)

㉠ 자기력선 수 $N = \dfrac{m}{\mu_0}$ 개
㉡ 자속선 수 $N = m$개
㉢ 1[Wb]의 자극(m[Wb])으로부터 1개의 자속 ϕ [Wb]가 발생한다.

하 제6장 전류

06 200[V], 30[W]인 백열전구와 200[V], 60[W]인 백열전구를 직렬로 접속하고, 200[V]의 전압을 인가하였을 때 어느 전구가 더 어두운가? (단, 전구의 밝기는 소비전력에 비례한다.)

① 둘 다 같다.
② 30[W]전구가 60[W]전구보다 더 어둡다.
③ 60[W]전구가 30[W]전구보다 더 어둡다.
④ 비교할 수 없다.

해설

㉠ 전력 $P = \dfrac{V^2}{R}$[W]에서 $R = \dfrac{V^2}{P}$[Ω]이므로 전력은 저항에 반비례한다. 따라서 전력이 작은 백열전구(30[W]용)의 저항이 더 크다.
㉡ 직렬회로에서 전류의 크기는 일정하고 $P = I^2 R$[W]이므로 백열전구의 소비전력은 저항 크기에 비례하므로 30[W]용 백열전구가 전력을 더 많이 소비한다.
∴ 전구의 밝기는 소비전력에 비례한다고 했으므로 30[W]인 백열전구가 더 밝다.

중 제5장 전기 영상법

07 접지된 무한히 넓은 평면도체로부터 a[m] 떨어져 있는 공간에 Q[C]의 점전하가 놓여 있을 때 그림 P점의 전위는 몇 [V]인가?

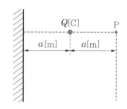

① $\dfrac{Q}{8\pi\varepsilon_0 a}$ ② $\dfrac{Q}{6\pi\varepsilon_0 a}$

③ $\dfrac{3Q}{4\pi\varepsilon_0 a}$ ④ $\dfrac{Q}{2\pi\varepsilon_0 a}$

해설 영상전하 해석

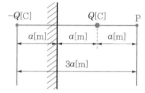

$$\therefore V = V_1 + V_2 = \frac{Q}{4\pi\varepsilon_0 r_1} + \frac{-Q}{4\pi\varepsilon_0 r_2}$$
$$= \frac{Q}{4\pi\varepsilon_0 a} - \frac{Q}{4\pi\varepsilon_0 3a} = \frac{Q}{4\pi\varepsilon_0}\left(\frac{1}{a} - \frac{1}{3a}\right)$$
$$= \frac{Q}{6\pi\varepsilon_0 a}[V]$$

상 제4장 유전체

08 어떤 종류의 결정을 가열하면 한 면에 정(正), 반대 면에 부(負)의 전기가 나타나 분극을 일으키며 반대로 냉각하면 역(逆)의 분극이 일어나는 것은?

① 파이로(Pyro)전기
② 볼타(Volta)효과
③ 바크하우젠(Barkhausen)법칙
④ 압전기(Piezo-electric)의 역효과

중 제2장 진공 중의 정전계

09 포아송의 방정식 $\nabla^2 V = -\dfrac{\rho}{\varepsilon_0}$ 은 어떤 식에서 유도한 것인가?

① $div\ D = \dfrac{\rho}{\varepsilon_0}$ ② $div\ D = -\rho$

③ $div\ E = \dfrac{\rho}{\varepsilon_0}$ ④ $div\ E = -\dfrac{\rho}{\varepsilon_0}$

정답 05 ③ 06 ③ 07 ② 08 ① 09 ③

해설

㉠ 가우스 법칙의 미분형 : $div\, E = \dfrac{\rho}{\varepsilon_0}$

㉡ 전위경도 : $E = -\,grad\, V = -\nabla V$

㉢ $div\, E = \nabla \cdot E = -(\nabla \cdot \nabla V) = -\nabla^2 V$

$\therefore \nabla^2 V = -\dfrac{\rho}{\varepsilon_0}$

중 제2장 진공 중의 정전계

10 반지름 a[m]인 무한히 긴 원통형 도선 A, B가 중심 사이의 거리 d[m]로 평행하게 배치되어 있다. 도선 A, B에 각각 단위길이마다 $+Q$ [C/m], $-Q$[C/m]의 전하를 줄 때 두 도선 사이의 전위차는 몇 [V]인가?

① $\dfrac{Q}{2\pi\varepsilon_0}\ln\dfrac{d-a}{a}$

② $\dfrac{Q}{2\pi\varepsilon_0}\ln\dfrac{a}{d-a}$

③ $\dfrac{Q}{\pi\varepsilon_0}\ln\dfrac{d-a}{a}$

④ $\dfrac{Q}{\pi\varepsilon_0}\ln\dfrac{a}{d-a}$

해설

㉠ 도체 A로부터 x[m] 떨어진 곳에서 전계를 보면 그림과 같이 E_1, E_2가 동일 방향이므로 합력이 된다.

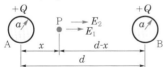

㉡ P점에서의 전계

$E = E_1 + E_2 = \dfrac{Q}{2\pi\varepsilon_0}\left(\dfrac{1}{x} + \dfrac{1}{d-x}\right)$

$\therefore$ 도선 사이의 전위

$V = -\displaystyle\int_{d-a}^{a} \dfrac{Q}{2\pi\varepsilon_0}\left(\dfrac{1}{x} + \dfrac{1}{d-x}\right)dx$

$\quad = \dfrac{Q}{\pi\varepsilon_0}\ln\dfrac{d-a}{a}$ [V]

상 제4장 유전체

11 간격 d[m], 면적 S[m^2]의 평행판 커패시터 사이에 유전율 ε을 갖는 절연체를 넣고 전극간에 V[V]의 전압을 가할 때 양 전극판을 때어내는 데 필요한 힘의 크기는 몇 [N]인가?

① $\dfrac{1}{2\varepsilon}\dfrac{V^2}{d^2 S}$

② $\dfrac{1}{2\varepsilon}\dfrac{dV^2}{S}$

③ $\dfrac{1}{2}\varepsilon\dfrac{V}{d}S$

④ $\dfrac{1}{2}\varepsilon\dfrac{V^2}{d^2}S$

해설

㉠ 단위면적당 작용하는 힘은

$f = \dfrac{1}{2}\varepsilon E^2 = \dfrac{1}{2}ED = \dfrac{D^2}{2\varepsilon}$ [N/m^2]이므로

㉡ 전극판을 때어내는데 필요한 힘은

$F = f \cdot S = \dfrac{1}{2}\varepsilon E^2 S$ [N]이 된다.

㉢ 여기에 $E = \dfrac{V}{d}$를 대입하면

$\therefore F = \dfrac{1}{2}\varepsilon\left(\dfrac{V}{d}\right)^2 S = \dfrac{1}{2d}\dfrac{\varepsilon S}{d}V^2 = \dfrac{1}{2d}CV^2$ [N]

상 제3장 정전용량

12 평행판 전극의 단위면적당 정전용량이 $C = 200$[pF/m^2]일 때 두 극판 사이에 전위차 2000[V]를 가하면 이 전극판 사이의 전계의 세기는 약 몇 [V/m]인가?

① 22.6×10^3 ② 45.2×10^3

③ 22.6×10^6 ④ 45.2×10^5

해설

㉠ 단위면적당 정전용량 : $C = \dfrac{\varepsilon_0}{d}$ [F/m^2]

㉡ 평행판 도체 간의 간격

$d = \dfrac{\varepsilon_0}{C} = \dfrac{8.855 \times 10^{-12}}{200 \times 10^{-12}} = 0.0442$ [m]

$\therefore$ 전계의 세기

$E = \dfrac{V}{d} = \dfrac{2000}{0.0442} = 45.2 \times 10^3$ [V/m]

정답 10 ③ 11 ④ 12 ②

상 제11장 인덕턴스

13 감은 횟수 200회의 코일 N_1와 300회의 코일 N_2를 가까이 놓고 N_1에 1[A]의 전류를 흘릴 때 N_2와 쇄교하는 자속이 4×10^{-4}[Wb]이었다면 이들 코일 사이의 상호 인덕턴스는?

① 0.12[H]　　　② 0.12[mH]
③ 0.08[H]　　　④ 0.08[mH]

해설 상호 인덕턴스(상호 유도계수)

$$M = \frac{N_2}{I_1} \phi_{21} = \frac{300}{1} \times 4 \times 10^{-4} = 0.12[H]$$

여기서, ϕ_{21} : 1차 전류에 의해 발생된 자속이 2차 권선을 쇄교하는 자속

상 제8장 전류의 자기현상

14 두 개의 길고 직선인 도체가 평행으로 그림과 같이 위치하고 있다. 각 도체에는 10[A]의 전류가 같은 방향으로 흐르고 있으며, 이격거리는 0.2[m]일 때 오른쪽 도체의 단위길이당 힘[N/m]은? (단, a_x, a_z는 단위벡터이다.)

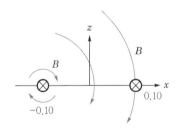

① $10^{-2}(-a_x)$　　② $10^{-4}(-a_x)$
③ $10^{-2}(-a_z)$　　④ $10^{-4}(-a_z)$

해설 평행도선 사이의 작용력

㉠ 전류가 동일 방향으로 흐르면 두 평행도체 사이에는 흡인력이 발생하므로 오른쪽 도체에서 작용하는 힘의 방향은 $-a_x$이 된다.
㉡ 전자력

$$f = \frac{2I^2}{r} \times 10^{-7}$$
$$= \frac{2 \times 10^2 \times 10^{-7}}{0.2} = 10^{-4}[N/m]$$

중 제2장 진공 중의 정전계

15 반경 a이고 Q의 전하를 갖는 절연된 도체구가 있다. 구의 중심에서 거리 r에 따라 변하는 전위 V와 전계의 세기 E를 그림으로 표시하면?

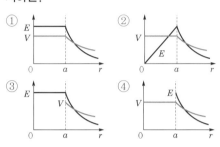

해설 도체 내외부 전계·전위 특징

㉠ 도체 내부 전계는 0이다.
㉡ 도체 표면은 등전위면이고, 표면전위는 내부 전위와 같다.

상 제12장 전자계

16 유전체 내의 전계의 세기가 E, 분극의 세기가 P, 유전율이 $\varepsilon = \varepsilon_0 \varepsilon_s$인 유전체 내의 변위전류밀도는?

① $\varepsilon \dfrac{\partial E}{\partial t} + \dfrac{\partial P}{\partial t}$　　② $\varepsilon_0 \dfrac{\partial E}{\partial t} + \dfrac{\partial P}{\partial t}$
③ $\varepsilon_0 \left(\dfrac{\partial E}{\partial t} + \dfrac{\partial P}{\partial t} \right)$　　④ $\varepsilon \left(\dfrac{\partial E}{\partial t} + \dfrac{\partial P}{\partial t} \right)$

해설

분극의 세기 $P = D - \varepsilon_0 E$에서
전속밀도는 $D = \varepsilon_0 E + P$이 된다.
∴ 변위전류밀도
$$i_d = \frac{\partial D}{\partial t} = \frac{\partial}{\partial t}(\varepsilon_0 E + P) = \varepsilon_0 \frac{\partial E}{\partial t} + \frac{\partial P}{\partial t}$$

하 제10장 전자유도법칙

17 진공 중에서 유전율 ε[F/m]의 유전체가 평등자계 B[Wb/m^2] 내에 속도 v[m/s]로 운동할 때, 유전체에 발생하는 분극의 세기 P는 몇 [C/m^2]인가?

① $(\varepsilon - \varepsilon_0)v \cdot B$　　② $(\varepsilon - \varepsilon_0)v \times B$
③ $\varepsilon v \times B$　　④ $\varepsilon_0 v \times B$

정답 13 ① 14 ② 15 ④ 16 ② 17 ②

해설

㉠ 플레밍의 오른손 법칙 : 자계 내에 도체가 운동하면 도체에는 기전력이 발생되며, 유도되는 기전력의 크기는 다음과 같다. (유도기전력)
$$e = V = vBl\sin\theta = (v \times B)l[\text{V}]$$

㉡ 기전력과 전계의 세기의 관계
$$V = lE \text{에서 } E = \frac{V}{l} = v \times B$$

∴ 분극의 세기
$$P = \varepsilon_0(\varepsilon_s - 1)E = \varepsilon_0(\varepsilon_s - 1)v \times B$$
$$= (\varepsilon - \varepsilon_0)v \times B[\text{C/m}^2]$$

상 제9장 자성체와 자기회로

18 다음 중 자장의 세기에 대한 설명으로 잘못된 것은?

① 자속밀도에 투자율을 곱한 것과 같다.
② 단위자극에 작용하는 힘과 같다.
③ 단위길이당 기자력과 같다.
④ 수직 단면의 자력선 밀도와 같다.

해설 자장의 세기

㉠ 자속밀도 $B = \mu H[\text{Wb/m}^2]$이므로 $H = \dfrac{B}{\mu}[\text{AT/m}]$이다.

㉡ 자기력 $F = mH[\text{N}]$에서 $H = \dfrac{F}{m}[\text{N/Wb}]$이다.

㉢ 기자력 $F = IN[\text{AT}]$에서 앙페르 법칙에 의한 자계 $H = \dfrac{NI}{l} = \dfrac{F}{l}[\text{AT/m}]$이다.

하 제6장 전류

19 그림과 같은 손실유전체에서 전원의 양극 사이에 채워진 동축케이블의 전력손실은 몇 [W]인가? (단, 모든 단위는 MKS 유리화 단위이며, σ는 매질의 도전율[S/m]이라 한다.)

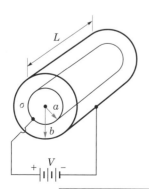

① $\dfrac{\pi\sigma V^2 L}{2\ln\dfrac{b}{a}}$

② $\dfrac{\pi\sigma V^2 L}{\ln\dfrac{b}{a}}$

③ $\dfrac{2\pi\sigma V^2 L}{\ln\dfrac{b}{a}}$

④ $\dfrac{4\pi\sigma V^2 L}{\ln\dfrac{b}{a}}$

해설

㉠ 동축케이블의 정전용량 $C = \dfrac{2\pi\varepsilon L}{\ln\dfrac{b}{a}}[\text{F}]$

㉡ 전기저항 $R = \dfrac{1}{2\pi\sigma L}\ln\dfrac{b}{a}[\Omega]$

∴ 전력손실
$$P_c = \frac{V^2}{R} = \frac{V^2}{\dfrac{1}{2\pi\sigma L}\ln\dfrac{b}{a}} = \frac{2\pi\sigma LV^2}{\ln\dfrac{b}{a}}[\text{W}]$$

중 제9장 자성체와 자기회로

20 전자석에 사용하는 연철(soft iron)의 성질로 옳은 것은?

① 잔류자기, 보자력이 모두 크다.
② 보자력이 크고 히스테리시스 곡선의 면적이 작다.
③ 보자력과 히스테리시스 곡선의 면적이 모두 작다.
④ 보자력이 크고 잔류자기가 작다.

해설 히스테리시스 곡선의 종류

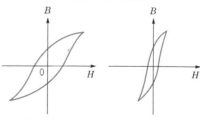

(a) 영구자석　　　　(b) 전자석

㉠ 영구자석 : 잔류자기와 보자력이 크고 히스테리시스 곡선의 면적이 큰 자성체

㉡ 전자석 : 잔류자기는 크나, 보자력과 히스테리시스 곡선의 면적이 모두 작은 자성체

정답 18 ① 19 ③ 20 ③

제2과목 전력공학

중 제10장 배전선로 계산

21 정전용량 C[F]의 콘덴서를 △결선해서 3상 전압 V[V]를 가했을 때의 충전용량과 같은 전원을 Y결선으로 했을 때의 충전용량비(△결선/Y결선)는?

① $\dfrac{1}{\sqrt{3}}$

② $\dfrac{1}{3}$

③ $\sqrt{3}$

④ 3

해설

△결선 시 용량 $Q_\triangle = 6\pi f C V^2 \times 10^{-9}$[kVA],
Y결선 시 용량 $Q_Y = 2\pi f C V^2 \times 10^{-9}$[kVA]

$\dfrac{Q_\triangle}{Q_Y} = 3$

상 제10장 배전선로 계산

22 송배전계통의 무효전력 조정으로 모선전압의 적정유지를 위하여 최근 전력용 콘덴서를 설치하고 있다. 이때 무슨 고조파를 제거하기 위해 직렬리액터를 삽입하는가?

① 제3고조파

② 제5고조파

③ 제6고조파

④ 제7고조파

해설

직렬리액터는 전력용 콘덴서에 의해 발생된 제5고조파를 제거하기 위해 사용한다.
직렬리액터의 용량 $X_L = 0.04 X_C$(이론상 4[%], 실제로는 5~6[%]를 적용)

중 제10장 배전선로 계산

23 부하단의 선간전압(단상 3선식의 경우에는 중성선과 기준선 사이의 전압) 및 선로전류가 같을 경우, 단상 2선식과 단상 3선식의 1선당의 공급전력의 비는?

① 100 : 115

② 100 : 133

③ 100 : 75

④ 100 : 87

해설

$\dfrac{\text{단상 3선식}}{\text{단상 2선식}} = \dfrac{2VI\cos\theta/3}{VI\cos\theta/2} = \dfrac{4}{3} = 1.33$

상 제8장 송전선로 보호방식

24 SF₆ 가스차단기가 공기차단기와 다른 점은?

① 소음이 적다.

② 고속조작에 유리하다.

③ 압축공기로 투입한다.

④ 지지애자를 사용한다.

해설 가스차단기의 특징

㉠ 아크소호 특성과 절연 특성이 뛰어난 불활성의 SF₆ 가스를 이용
㉡ 차단 성능이 뛰어나고 개폐서지가 낮다.
㉢ 완전 밀폐형으로 조작 시 가스를 대기 중에 방출하지 않아 조작 소음이 적다.
㉣ 보수점검주기가 길다.

상 제2장 전선로

25 장거리 경간을 갖는 송전선로에서 전선의 단선을 방지하기 위하여 사용하는 전선은?

① 경알루미늄선

② 경동선

③ 중공전선

④ ACSR

해설 강심알루미늄연선(ACSR)의 특징

㉠ 경동선에 비해 저항률이 높아서 동일 전력을 공급하기 위해서는 전선이 굵어져서 바깥지름이 더 커지게 된다.
㉡ 전선이 굵어져서 코로나현상 방지에 효과적이다.
㉢ 중량이 작아 장경간 선로에 적합하고 온천지역에 적용된다.

중 제8장 송전선로 보호방식

26 다음 중 차단기의 차단능력이 가장 가벼운 것은?

① 중성점 직접접지계통의 지락전류차단

② 중성점 저항접지계통의 지락전류차단

③ 송전선로의 단락사고 시의 단락사고차단

④ 중성점을 소호리액터로 접지한 장거리 송전선로의 지락전류차단

정답 21 ④ 22 ② 23 ② 24 ① 25 ④ 26 ④

해설 송전선로의 지락전류차단

차단기의 차단능력이 가벼운 것은 사고 시의 사고전류가 가장 작을 때이므로 접지방식 중에 소호리액터 접지계통에 지락사고 발생 시 지락전류가 거의 흐르지 못하기 때문에 차단 시 이상전압이 거의 발생하지 않는다.

하 제9장 배전방식

27 3상 4선식 고압선로의 보호에 있어서 중성선 다중접지방식의 특성 중 옳은 것은?

① 합성접지저항이 매우 높다.
② 건전상의 전위 상승이 매우 높다.
③ 통신선에 유도장해를 줄 우려가 있다.
④ 고장 시 고장전류가 매우 작다.

해설

3상 4선식 중성선 다중접지방식에서 1선 지락사고 시 지락전류(영상분 전류)가 매우 커서 근접 통신선에 유도장해가 크게 발생한다.

하 제10장 배전선로 계산

28 송전전력, 송전거리, 전선로의 전력손실이 일정하고, 같은 재료의 전선을 사용한 경우 단상 2선식에 대한 3상 4선식의 1선당 전력비는 약 얼마인가? (단, 중성선은 외선과 같은 굵기이다.)

① 0.7
② 0.87
③ 0.94
④ 1.15

해설 전압 및 전류가 일정한 경우 1선당 전력비

㉠ 단상 2선식 1선당 공급전력 $\rightarrow \dfrac{1}{2}VI$

㉡ 3상 4선식 1선당 공급전력 $\rightarrow \dfrac{\sqrt{3}}{4}VI$

$\therefore$ 전선 1선당 전력비 $= \dfrac{\text{3상 4선식}}{\text{단상 2선식}}$

$= \dfrac{\dfrac{\sqrt{3}}{4}VI}{\dfrac{1}{2}VI}$

$= \dfrac{2\sqrt{3}}{4} = 0.866 \fallingdotseq 0.87$

상 제5장 고장 계산 및 안정도

29 송전선로의 안정도 향상대책과 관계가 없는 것은?

① 속응여자방식 채용
② 재폐로방식의 채용
③ 무효전력의 조정
④ 리액턴스 조정

해설 송전전력을 증가시키기 위한 안정도 증진대책

㉠ 직렬리액턴스를 작게 한다.
  • 발전기나 변압기 리액턴스를 작게 한다.
  • 선로에 복도체를 사용하거나 병행회선수를 늘린다.
  • 선로에 직렬콘덴서를 설치한다.
㉡ 전압변동을 적게 한다.
  • 단락비를 크게 한다.
  • 속응여자방식을 채용한다.
㉢ 계통을 연계시킨다.
㉣ 중간조상방식을 채용한다.
㉤ 고장구간을 신속히 차단시키고 재폐로방식을 채택한다.
㉥ 소호리액터 접지방식을 채용한다.
㉦ 고장 시에 발전기 입·출력의 불평형을 작게 한다.

상 제1장 전력계통

30 직류송전에 대한 설명으로 틀린 것은?

① 직류송전에서는 유효전력과 무효전력을 동시에 보낼 수 있다.
② 역률이 항상 1로 되기 때문에 그 만큼 송전효율이 좋아진다.
③ 직류송전에서는 리액턴스라든지 위상각에 대해서 고려할 필요가 없기 때문에 안정도상의 난점이 없어진다.
④ 직류에 의한 계통연계는 단락용량이 증대하지 않기 때문에 교류계통의 차단용량이 적어도 된다.

해설 직류송전방식(HVDC)의 장점

㉠ 비동기연계가 가능하다
㉡ 리액턴스가 없어서 역률을 1로 운전이 가능하고 안정도가 높다.
㉢ 절연비가 저감, 코로나에 유리하다.
㉣ 유전체손이나 연피손이 없다.
㉤ 고장전류가 적어 계통 확충이 가능하다.

정답 27 ③ 28 ② 29 ③ 30 ①

중 제3장 선로정수 및 코로나현상

31 선간거리가 $2D$[m]이고 선로 도선의 지름이 d[m]인 선로의 단위길이당 정전용량은 몇 [μF/km]인가?

① $\dfrac{0.02413}{\log_{10}\dfrac{4D}{d}}$　　② $\dfrac{0.02413}{\log_{10}\dfrac{2D}{d}}$

③ $\dfrac{0.2413}{\log_{10}\dfrac{D}{d}}$　　④ $\dfrac{0.2413}{\log_{10}\dfrac{4D}{d}}$

해설

정전용량 $C = \dfrac{0.02413}{\log_{10}\dfrac{D}{r}} = \dfrac{0.02413}{\log_{10}\dfrac{2D}{d/2}}$

　　　　$= \dfrac{0.02413}{\log_{10}\dfrac{4D}{d}}$[$\mu$F/km]

여기서, d : 도체의 반경[cm]
　　　　D : 선간거리[cm]

상 제11장 발전

32 기력발전소의 열사이클 중 가장 기본적인 것으로서 두 등압변화와 두 단열변화로 되는 열사이클은?

① 랭킨사이클
② 재생사이클
③ 재열사이클
④ 재생재열사이클

해설

랭킨사이클은 증기를 작업유체로 사용하는 기력발전소의 기본 사이클로서 2개의 등압변화와 단열변화로 구성된다.

상 제8장 송전선로 보호방식

33 다음 그림에서 *친 부분에 흐르는 전류는?

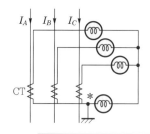

① B상전류
② 정상전류
③ 역상전류
④ 영상전류

해설

*부분에 흐르는 전류 $I_* = I_A + I_B + I_C = 3I_0$
여기서, I_0 : 영상전류

상 제8장 송전선로 보호방식

34 차단기의 고속도 재폐로의 목적은?

① 고장의 신속한 제거
② 안정도 향상
③ 기기의 보호
④ 고장전류 억제

해설 재폐로방식의 특징

재폐로방식은 고장전류를 차단하고 차단기를 일정시간 후 자동적으로 재투입하는 방식으로 3상 재폐로방식과 다상 재폐로방식이 있으며 재폐로방식을 적용하면 다음과 같다.
㉠ 송전계통의 안정도를 향상시킨다.
㉡ 송전용량을 증가시킬 수 있다.
㉢ 계통사고의 자동복구를 할 수 있다.

상 제8장 송전선로 보호방식

35 전압이 정정치 이하로 되었을 때 동작하는 것으로서 단락 고장 검출 등에 사용되는 계전기는?

① 부족전압계전기
② 비율차동계전기
③ 재폐로계전기
④ 선택계전기

해설 보호계전기의 동작기능별 분류

㉠ 부족전압계전기 : 전압이 일정값 이하로 떨어졌을 경우 동작되고 단락 시에 고장검출도 가능한 계전기
㉡ 비율차동계전기 : 총 입력전류와 총 출력전류 간의 차이가 총 입력전류에 대하여 일정 비율 이상으로 되었을 때 동작하는 계전기
㉢ 재폐로계전기 : 차단기에 동작책무를 부여하기 위해 차단기를 재폐로시키기 위한 계전기
㉣ 선택계전기 : 고장회선을 선택 차단할 수 있게 하는 계전기

정답 31 ① 32 ① 33 ④ 34 ② 35 ①

상 제6장 중성점 접지방식

36 송전계통의 중성점 접지방식에서 유효접지 라 하는 것은?

① 소호리액터 접지방식
② 1선 접지 시에 건전상의 전압이 상규 대지전압의 1.3배 이하로 중성점 임피 던스를 억제시키는 중성점 접지
③ 중성점에 고저항을 접지시켜 1선 지락 시에 이상전압의 상승을 억제시키는 중성점 접지
④ 송전선로에 사용되는 변압기의 중성점 을 저리액턴스로 접지시키는 방식

해설 유효접지

1선 지락 고장 시 건전상 전압이 상규 대지전압의 1.3배 를 넘지 않는 범위에 들어가도록 중성점 임피던스를 조 절해서 접지하는 방식을 유효접지라고 한다.

중 제5장 고장 계산 및 안정도

37 154[kV] 송전선로에서 송전거리가 154[km] 라 할 때 송전용량계수법에 의한 송전용량 은 몇 [kW]인가? (단, 송전용량계수는 1200으 로 한다.)

① 61600　　② 92400
③ 123200　　④ 184800

해설

송전용량 $P = K\dfrac{V_R^{\,2}}{L}$[kW]

여기서, K : 송전용량계수
　　　　V_R : 수전단전압[kV]
　　　　L : 송전거리[km]

$P = 1200 \times \dfrac{154^2}{154} = 184800$[kW]

상 제3장 선로정수 및 코로나현상

38 선로정수를 전체적으로 평형되게 하고 근접 통신선에 대한 유도장해를 줄일 수 있는 방법은?

① 딥(dip)을 준다.
② 연가를 한다.
③ 복도체를 사용한다.
④ 소호리액터 접지를 한다.

해설 연가의 목적

㉠ 선로정수 평형
㉡ 근접 통신선에 대한 유도장해 감소
㉢ 소호리액터 접지계통에서 중성점의 잔류전압으로 인한 직렬공진의 방지

상 제5장 고장 계산 및 안정도

39 그림과 같은 3상 3선식 전선로의 단락점에 서 3상 단락전류를 제한하려고 %리액턴스 5[%]의 한류리액터를 시설하였다. 단락전 류는 약 몇 [A] 정도 되는가? (단, 66[kV] 에 대한 %리액턴스는 5[%] 저항분은 무시 한다.)

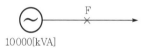

10000[kVA]

① 880
② 1000
③ 1130
④ 1250

해설

단락전류 $I_s = \dfrac{100}{\%X} \times I_n$[A]

합성 퍼센트 리액턴스
$\%X_T = \%X_{\text{한류리액터}} + \%X_{\text{전원}}$
　　　$= 5 + 5 = 10$[%]

정격전류 $I_n = \dfrac{P}{\sqrt{3}\,V_n} = \dfrac{10000}{\sqrt{3} \times 66} = 87.48$[A]

단락전류 $I_s = \dfrac{100}{\%X} \times I_n = \dfrac{100}{10} \times 87.48$
　　　　　　$= 874.77 ≒ 880$[A]

상 제4장 송전 특성 및 조상설비

40 페란티 현상이 발생하는 원인은?

① 선로의 과도한 저항 때문이다.
② 선로의 정전용량 때문이다.
③ 선로의 인덕턴스 때문이다.
④ 선로의 급격한 전압강하 때문이다.

해설

페란티 현상이란 선로에 충전전류가 흐르면 수전단전압 이 송전단전압보다 높아지는 현상으로 그 원인은 선로 의 정전용량 때문이다.

정답 36 ② 37 ④ 38 ② 39 ① 40 ②

제3과목 **전기기기**

제2장 동기기

41 병렬운전하는 두 동기발전기 사이에 그림과 같이 동기검정기가 접속되어 있을 때 상회전 방향이 일치되어 있다면?

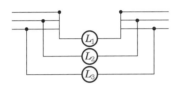

① L_1, L_2, L_3 모두 어둡다.

② L_1, L_2, L_3 모두 밝다.

③ L_1, L_2, L_3 순서대로 명멸한다.

④ L_1, L_2, L_3 모두 점등되지 않는다.

해설

병렬운전하는 두 동기발전기의 상회전방향 및 위상이 일치하는지 시험하기 위해 동기검정기를 사용한다. 그림에서 램프 3개 모두 소등 시 정상적인 운전으로 판단할 수 있다.

상 **제3장 변압기**

42 권수비 60인 단상 변압기의 전부하 2차 전압 200[V], 전압변동률 3[%]일 때 1차 전압[V]은?

① 1200

② 12180

③ 12360

④ 12720

해설 무부하 단자전압

$V_{20} = \left(1 + \dfrac{\%\delta}{100}\right) \times V_{2n} = \left(1 + \dfrac{3}{100}\right) \times 200 = 206$ [V]

∴ 1차 전압 $V_{10} = 206 \times 60 = 12360$[V]

상 **제2장 동기기**

43 동기발전기에서 극수 4, 1극의 자속수 0.062[Wb], 1분 간의 회전속도를 1800, 코일의 권수를 100이라고 하고 이때 코일의 유기기전력의 실효치[V]를 구하면? (단, 권선계수는 1.0이라 한다.)

① 526[V]

② 1488[V]

③ 1652[V]

④ 2336[V]

해설

동기발전기의 유기기전력 $E = 4.44 K_w f N \phi$[V]

여기서, K_w : 권선계수

f : 주파수

N : 1상당 권수

ϕ : 극당 자속

동기속도 $N_s = \dfrac{120f}{P}$[rpm]에서

$f = \dfrac{N_S \times P}{120} = \dfrac{1800 \times 4}{120} = 60$[Hz]

유기기전력 $E = 4.44 K_w f N \phi$

$= 4.44 \times 1.0 \times 60 \times 100 \times 0.062$

$= 1652$[V]

상 **제3장 변압기**

44 변압기 여자전류, 철손을 알 수 있는 시험은?

① 유도시험

② 단락시험

③ 부하시험

④ 무부하시험

해설 변압기의 등가회로 작성 시 특성시험

㉠ 무부하시험 : 무부하전류(여자전류), 철손, 여자어드미턴스

㉡ 단락시험 : 임피던스전압, 임피던스와트, 동손, 전압변동률

㉢ 권선의 저항측정

중 **제2장 동기기**

45 동기전동기의 진상전류는 어떤 작용을 하는가?

① 증자작용

② 감자작용

③ 교차자화작용

④ 아무 작용도 없다.

해설 동기전동기의 전기자 반작용

㉠ 교차자화작용 : 전기자전류 I_a가 공급전압과 동상일 때(횡축 반작용)

㉡ 감자작용 : 전기자전류 I_a가 공급전압보다 위상이 90° 앞설 때(직축 반작용)

㉢ 증자작용 : 전기자전류 I_a가 공급전압보다 위상이 90° 늦을 때(직축 반작용)

정답 41 ④ 42 ③ 43 ③ 44 ④ 45 ②

중 제4장 유도기

46 단상 유도전압조정기의 단락권선의 역할은?

① 철손 경감   ② 전압강하 경감
③ 절연보호   ④ 전압조정 용이

해설

단락권선은 제어각 $\alpha = 90°$ 위치에서 직렬권선의 리액턴스에 의한 전압강하를 방지한다.

상 제3장 변압기

47 3상 변압기를 병렬운전할 경우 조합 불가능한 것은?

① △-△와 △-△
② Y-△와 Y-△
③ △-△와 △-Y
④ △-Y와 Y-△

해설

3상 변압기의 병렬운전 시 △-△와 △-Y, △-Y와 Y-Y의 결선은 위상차가 30° 발생하여 순환전류가 흐르기 때문에 병렬운전이 불가능하다.

상 제1장 직류기

48 직류분권전동기를 무부하로 운전 중 계자회로에 단선이 생겼다. 다음 중 옳은 것은?

① 즉시 정지한다.
② 과속도로 되어 위험하다.
③ 역전한다.
④ 무부하이므로 서서히 정지한다.

해설

분권전동기의 운전 중 계자회로가 단선이 되면 계자전류가 0이 되고, 무여자($\phi = 0$) 상태가 되어 회전수 N이 위험속도가 된다.

상 제4장 유도기

49 유도전동기의 제동방법 중 슬립의 범위를 1~2 사이로 하여 3선 중 2선의 접속을 바꾸어 제동하는 방법은?

① 역상제동   ② 직류제동
③ 단상제동   ④ 회생제동

해설 역상제동

운전 중의 유도전동기에 회전방향과 반대의 회전자계를 부여함에 따라 정지시키는 방법이다. 교류전원의 3선 중 2선을 바꾸면 회전방향과 반대가 되기 때문에 회전자는 강한 제동력을 받아 급속하게 정지한다.

하 제6장 특수기기

50 스테핑모터의 일반적인 특징으로 틀린 것은?

① 기동·정지 특성은 나쁘다.
② 회전각은 입력 펄스 수에 비례한다.
③ 회전속도는 입력 펄스 주파수에 비례한다.
④ 고속응답이 좋고, 고출력의 운전이 가능하다.

해설 스테핑모터의 특징

㉠ 회전각도는 입력 펄스 신호의 수에 비례하고 회전속도는 펄스 주파수에 비례
㉡ 모터의 제어가 간단하고 디지털 제어회로와 조합이 용이
㉢ 기동, 정지, 정회전, 역회전이 용이하고 신호에 대한 응답성이 좋음
㉣ 브러시 등의 접촉부분이 없어 수명이 길고 신뢰성이 높음

상 제5장 정류기

51 반도체 소자 중 3단자 사이리스터가 아닌 것은?

① SCR   ② GTO
③ TRIAC   ④ SCS

해설 SCS(Silicon Controlled Switch)

Gate가 2개인 4단자 1방향성 사이리스터
① SCR(사이리스터) : 단방향 3단자
② GTO(Gate Turn Off 사이리스터) : 단방향 3단자
③ TRIAC(트라이액) : 양방향 3단자

하 제3장 변압기

52 2[kVA], 3000/100[V]의 단상 변압기의 철손이 200[W]이면 1차에 환산한 여자 컨덕턴스[℧]는?

① 약 66.6×10^{-3}[℧]
② 약 22.2×10^{-6}[℧]
③ 약 2×10^{-2}[℧]
④ 약 2×10^{-6}[℧]

정답 46 ②   47 ③   48 ②   49 ①   50 ①   51 ④   52 ②

해설

$$P = \frac{V_1^2}{R} \text{ 에서 } g = \frac{1}{R} = \frac{P_i}{V_1^2}$$

여자 컨덕턴스 $g = \dfrac{P_i}{V_1^2} = \dfrac{200}{3000^2}$

$$= 22.22 \times 10^{-6} \, [\text{℧}]$$

상 제1장 직류기

53 직류 직권전동기에 있어서 회전수 N과 토크 T와의 관계는? (단, 자기포화는 무시한다.)

① $T \propto \dfrac{1}{N}$

② $T \propto \dfrac{1}{N^2}$

③ $T \propto N$

④ $T \propto N^{\frac{3}{2}}$

해설

직권전동기의 특성 $T \propto I_a^2 \propto \dfrac{1}{N^2}$

여기서, T : 토크
I_a : 전기자전류
N : 회전수

중 제2장 동기기

54 송전선로에 접속된 동기조상기의 설명 중 가장 옳은 것은?

① 과여자로 해서 운전하면 앞선 전류가 흐르므로 리액터 역할을 한다.

② 과여자로 해서 운전하면 뒤진 전류가 흐르므로 콘덴서 역할을 한다.

③ 부족여자로 해서 운전하면 앞선 전류가 흐르므로 리액터 역할을 한다.

④ 부족여자로 해서 운전하면 송전선로의 자기여자작용에 의한 전압상승을 방지한다.

해설 동기조상기

㉠ 과여자로 해서 운전 : 선로에는 앞선 전류가 흐르고 일종의 콘덴서로 작용하며 부하의 뒤진 전류를 보상해서 송전선로의 역률을 좋게 하고 전압강하를 감소시킴

㉡ 부족여자로 운전 : 뒤진 전류가 흐르므로 일종의 리액터로서 작용하고 무부하의 장거리 송전선로에 발전기를 접속하는 경우 송전선로에 흐르는 앞선 전류에 의하여 자기여자작용으로 일어나는 단자전압의 이상상승을 방지

상 제1장 직류기

55 직류기의 권선을 단중 파권으로 감으면?

① 내부 병렬회로수가 극수만큼 생긴다.

② 균압환을 연결해야 한다.

③ 저압 대전류용 권선이다.

④ 내부 병렬회로수가 극수와 관계없이 언제나 2이다.

해설

파권은 어떤 (+)브러시에서 출발하면 전부의 코일변을 차례차례 이어가서 브러시에 이르기 때문에 병렬회로수는 항상 2이고 코일이 모두 직렬로 이어져서 고전압·저전류 기기에 적합하다.

하 제6장 특수기기

56 단상 정류자전동기의 종류가 아닌 것은?

① 직권형   ② 아트킨손형

③ 보상직권형   ④ 유도보상직권형

해설

단상 직권전동기의 종류에는 직권형, 보상직권형, 유도보상직권형이 있다. 아트킨손형은 단상 반발전동기의 종류이다.

중 제2장 동기기

57 발전기의 부하가 불평형이 되어 발전기의 회전자가 과열 소손되는 것을 방지하기 위하여 설치하는 계전기는?

① 과전압계전기

② 역상 과전류계전기

③ 계자상실계전기

④ 비율차동계전기

해설 역상 과전류계전기

부하의 불평형 시 고조파가 발생하므로 역상분을 검출할 수 있고 기기 과열의 큰 원인인 과전류의 검출이 가능하다.

하 제1장 직류기

58 전기자권선의 저항 0.06[Ω], 직권계자권선 및 분권계자회로의 저항이 각각 0.05[Ω]와 100[Ω]인 외분권 가동 복권발전기의 부하전류가 18[A]일 때, 그 단자전압이 $V = 100$[V]라면 유기기전력은 몇 [V]인가? (단, 전기자 반작용과 브러시 접촉저항은 무시한다.)

① 약 102 ② 약 105
③ 약 107 ④ 약 109

해설

가동 복권발전기의 경우

전기자전류 $I_a = I + I_f = I + \dfrac{V_t}{r_f} = 18 + \dfrac{100}{100} = 19$[A]

유기기전력 $E_a = V_t + (r_a + r_s)I_a$
$= 100 + (0.06 + 0.05) \times 19$
$= 102.09$[V]

중 제4장 유도기

59 단상 유도전동기의 기동에 브러시를 필요로 하는 것은 다음 중 어느 것인가?

① 분상기동형
② 반발기동형
③ 콘덴서 기동형
④ 셰이딩 코일 기동형

해설

반발기동형은 기동 시에는 반발전동기로 기동하고 기동 후에는 원심력 개폐기로 정류자를 단락시켜 농형 회전자로 기동하는 데 브러시는 고정자권선과 회전자권선을 단락시킨다.

중 제3장 변압기

60 다음은 단권변압기를 설명한 것이다. 틀린 것은?

① 소형에 적합하다.
② 누설자속이 적다.
③ 손실이 적고 효율이 좋다.
④ 재료가 절약되어 경제적이다.

해설 단권변압기의 장점 및 단점

㉠ 장점
• 철심 및 권선을 적게 사용하여 변압기의 소형화, 경량화가 가능하다.
• 철손 및 동손이 적어 효율이 높다.
• 자기용량에 비하여 부하용량이 커지므로 경제적이다.
• 누설자속이 거의 없으므로 전압변동률이 작고 안정도가 높다
㉡ 단점
• 고압측과 저압측이 직접 접촉되어 있으므로 저압측의 절연강도는 고압측과 동일한 크기의 절연이 필요하다.
• 누설자속이 거의 없어 %임피던스가 작기 때문에 사고 시 단락전류가 크다.

제4과목 회로이론 및 제어공학

상 제어공학 제8장 시퀀스회로의 이해

61 다음 논리식 $[(AB + A\overline{B}) + AB] + \overline{A}B$ 를 간단히 하면?

① $A + B$ ② $\overline{A} + B$
③ $A + \overline{B}$ ④ $A + A \cdot B$

해설

$[(AB + A\overline{B}) + AB] + \overline{A}B$
$= [A(B + \overline{B}) + AB] + \overline{A}B$
$= A + AB + \overline{A}B$
$= A + AB + AB + \overline{A}B$
$= A(1 + B) + B(A + \overline{A})$
$= A + B$

중 제어공학 제3장 시간영역해석법

62 단위 부궤환제어시스템(unit negative feed back control system)의 개루프 전달함수 $G(s) = \dfrac{\omega_n^2}{s(s + 2\zeta\omega_n)}$ 일 때 다음 설명 중 틀린 것은?

① 이 시스템은 $\zeta = 1.2$일 때 과제동된 상태에 있게 된다.
② 이 폐루프시스템의 특성방정식은 $s^2 + 2\zeta\omega_n s + \omega_n^2 = 0$ 이다.
③ ζ 값이 작게 될수록 제동이 많이 걸리게 된다.
④ ζ 값이 음의 값이면 불안정하게 된다.

정답 58 ① 59 ② 60 ① 61 ① 62 ③

해설

㉠ $\zeta > 1$: 과제동
㉡ $\zeta = 1$: 임계제동
㉢ $0 < \zeta < 1$: 부족제동
㉣ $\zeta = 0$: 무제동(무한진동)
㉤ $\zeta < 0$: 발산
∴ 제동계수 ζ가 클수록 제동이 많이 걸리게 된다.

중 제어공학 제3장 시간영역해석법

63 전달함수 $G(s) = \dfrac{C(s)}{R(s)} = \dfrac{1}{(s+a)^2}$ 인

제어계의 임펄스응답 $c(t)$는?

① e^{-at} ② $1 - e^{-at}$

③ te^{-at} ④ $\dfrac{1}{2}t^2$

해설

㉠ 임펄스함수의 라플라스 변환
$$\delta(t) \xrightarrow{\ \mathcal{L}\ } 1 \ [\text{즉}, \ R(s) = 1]$$
㉡ 출력 라플라스 변환
$$C(s) = R(s)G(s) = G(s) = \frac{1}{(s+a)^2}$$
∴ 응답(시간영역에서의 출력)
$$c(t) = \mathcal{L}^{-1}\left[\frac{1}{(s+a)^2}\right]$$
$$= \mathcal{L}^{-1}\left[\frac{1}{s^2}\right]\bigg|_{s \to s+a} = te^{-at}$$

상 제어공학 제7장 상태방정식

64 샘플치(sampled-date) 제어계통이 안정되기 위한 필요충분 조건은?

① 전체(over-all) 전달함수의 모든 극점이 z평면의 원점에 중심을 둔 단위원 내부에 위치해야 한다.
② 전체(over-all) 전달함수의 모든 영점이 z평면의 원점에 중심을 둔 단위원 내부에 위치해야 한다.
③ 전체(over-all) 전달함수의 모든 극점이 z평면 좌반면에 위치해야 한다.
④ 전체(over-all) 전달함수의 모든 영점이 z평면 우반면에 위치해야 한다.

해설 극점의 위치에 따른 안정도 판별

구분	s평면	z평면
안정	좌반부	단위원 내부에 사상
불안정	우반부	단위원 외부에 사상
임계안정 (안정한계)	허수축	단위 원주상으로 사상

하 제어공학 제2장 전달함수

65 그림과 같은 액면계에서 $q(t)$를 입력, $h(t)$를 출력으로 본 전달함수는?

① $\dfrac{K}{s}$

② Ks

③ $1 + Ks$

④ $\dfrac{K}{1+s}$

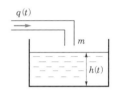

해설

$h(t) = \dfrac{1}{A}\displaystyle\int q(t)dt$에서 이를 라플라스 변환하면

$$H(s) = \frac{1}{As}Q(s) = \frac{K}{s}Q(s)$$

∴ 전달함수 $G(s) = \dfrac{H(s)}{Q(s)} = \dfrac{K}{s}$

상 제어공학 제2장 전달함수

66 그림과 같은 신호흐름선도에서 전달함수 $\dfrac{C(s)}{R(s)}$는?

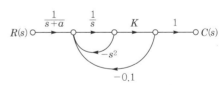

① $\dfrac{C(s)}{R(s)} = \dfrac{K}{(s+a)(s^2+s+0.1K)}$

② $\dfrac{C(s)}{R(s)} = \dfrac{K(s+a)}{(s+a)(s^2+s+0.1K)}$

③ $\dfrac{C(s)}{R(s)} = \dfrac{K}{(s+a)(s^2+s-0.1K)}$

④ $\dfrac{C(s)}{R(s)} = \dfrac{K(s+a)}{(s+a)(-s^2-s+0.1K)}$

정답 63 ③   64 ①   65 ①   66 ①

해설 종합전달함수(메이슨공식)

$$M(s) = \frac{C(s)}{R(s)} = \frac{\sum 전향경로이득}{1 - \sum 폐루프이득}$$

$$= \frac{\dfrac{K}{s(s+a)}}{1 + s + \dfrac{0.1K}{s}}$$

$$= \frac{K}{s(s+a)\left(s+1+\dfrac{0.1K}{s}\right)}$$

$$= \frac{K}{(s+a)(s^2+s+0.1K)}$$

중 제어공학 제3장 시간영역해석법

67 미분방정식으로 표시되는 2차계가 있다. 진동계수는 얼마인가? (단, y는 출력, x는 입력이다.)

$$\frac{d^2y}{dt^2} + 5\frac{dy}{dt} + 9y = 9x$$

① 5

② 6

③ $\dfrac{6}{5}$

④ $\dfrac{5}{6}$

해설

㉠ 미분방정식을 라플라스 변환하면
$$s^2\,Y(s) + 5s\,Y(s) + 9\,Y(s) = 9X(s)$$
$$Y(s)\left(s^2 + 5s + 9\right) = 9X(s)$$

㉡ 전달함수
$$M(s) = \frac{Y(s)}{X(s)} = \frac{9}{s^2 + 5s + 9}$$

㉢ 특성방정식
$$F(s) = s^2 + 5s + 9 = 0$$

㉣ 2차 제어계의 특성방정식
$$F(s) = s^2 + 2\zeta\omega_n s + \omega_n^2 = 0$$

㉤ 상수항에서 $\omega_n^2 = 9$이므로 고유각 주파수
$$\omega_n = 3$$

∴ 1차항에서 $2\zeta\omega_n s = 5s$이므로 진동계수는
$$\zeta = \frac{5}{2\omega_n} = \frac{5}{2 \times 3} = \frac{5}{6}$$

상 제어공학 제5장 안정도 판별법

68 $G(j\omega)H(j\omega) = \dfrac{10}{(j\omega+1)(j\omega+T)}$ 에서 이득여유를 20[dB]보다 크게 하기 위한 T의 범위는?

① $T > 0$

② $T > 10$

③ $T < 0$

④ $T > 100$

해설

㉠ 이득여유는 개루프 전달함수 $G(j\omega)H(j\omega)$의 허수를 0으로 하여 구해야 한다.

㉡ 개루프 전달함수
$$G(j\omega)H(j\omega) = \frac{10}{(j\omega+1)(j\omega+T)}\bigg|_{\omega=0} = \frac{10}{T}$$

㉢ 이득여유 $g_m = 20\log \dfrac{1}{|G(j\omega)H(j\omega)|}$
$$= 20\log \frac{T}{10}$$

$g_m = 20$[dB]보다 크게 하려면 $\dfrac{T}{10} > 10$이 되어야 한다.

∴ $T > 100$

중 제어공학 제2장 전달함수

69 $G(s) = \dfrac{s+b}{s+a}$ 전달함수를 갖는 회로가 진상 보상회로의 특성을 가지려면 그 조건은 어떠한가?

① $a > b$

② $a < b$

③ $a > 1$

④ $b > 1$

해설

㉠ 진상보상기
출력신호의 위상이 입력신호 위상보다 앞서도록 보상하여 안정도와 속응성 개선을 목적으로 한다.

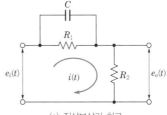

(a) 진상보상기 회로

(b) 정지 벡터도

ⓒ 진상보상기의 전달함수

$$G(s) = \frac{E_o(s)}{E_i(s)} = \frac{R_2}{\dfrac{R_1 \times \dfrac{1}{Cs}}{R_1 + \dfrac{1}{Cs}} + R_2}$$

$$= \frac{R_2 + R_1 R_2 Cs}{R_1 + R_2 + R_1 R_2 Cs}$$

$$= \frac{s + \dfrac{R_2}{R_1 R_2 C}}{s + \dfrac{R_1 + R_2}{R_1 R_2 C}} = \frac{s + b}{s + a}$$

∴ 진상보상기의 전달함수는 위와 같으므로, $a > b$ 의 조건을 갖는다.

하 제어공학 제6장 근궤적법

70 다음 중 어떤 계통의 파라미터가 변할 때 생기는 특성방정식의 근의 움직임으로 시스템의 안정도를 판별하는 방법은?

① 보드선도법
② 나이퀴스트 판별법
③ 근궤적법
④ 루스-후르비츠 판별법

중 회로이론 제6장 회로망 해석

71 그림과 같은 이상변압기 4단자 정수 AB CD는 어떻게 표시되는가?

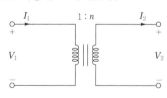

① $n,\ 0,\ 0,\ \dfrac{1}{n}$　　② $\dfrac{1}{n},\ 0,\ 0,\ -n$

③ $\dfrac{1}{n},\ 0,\ 0,\ n$　　④ $n,\ 0,\ 1,\ \dfrac{1}{n}$

해설

㉠ 변압기 권수비 $a = \dfrac{N_1}{N_2} = \dfrac{1}{n}$

㉡ 4단자 정수 $\begin{bmatrix} A & B \\ C & D \end{bmatrix} = \begin{bmatrix} a & 0 \\ 0 & \dfrac{1}{a} \end{bmatrix}$

$\therefore \begin{bmatrix} A & B \\ C & D \end{bmatrix} = \begin{bmatrix} \dfrac{1}{n} & 0 \\ 0 & n \end{bmatrix}$

하 회로이론 제8장 분포정수회로

72 무한장이라고 생각할 수 있는 평행 2회선 선로에 주파수 200[MHz]의 전압을 가하면 전압의 위상은 1[m]에 대해서 얼마나 되는가? (단, 여기서 위상속도는 3×10^8[m/s]로 한다.)

① $\dfrac{4}{3}\pi$　　② $\dfrac{2}{3}\pi$

③ $\dfrac{\pi}{3}$　　④ π

해설 위상정수

$$\beta = \frac{\omega}{v} = \frac{2\pi f}{v} = \frac{2\pi \times 200 \times 10^6}{3 \times 10^8} = \frac{4\pi}{3}\,[\mathrm{rad/m}]$$

상 회로이론 제6장 회로망 해석

73 4단자 회로망에서 출력측을 개방하니 $V_1 = 12$[V], $V_2 = 4$[V], $I_1 = 2$[A]이고, 출력측을 단락하니 $V_1 = 16$[V], $I_1 = 4$[A], $I_2 = 2$[A]이었다. 4단자 정수 A, B, C, D는 얼마인가?

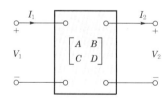

① 3, 8, 0.5, 2
② 8, 0.5, 2, 3
③ 0.5, 2, 3, 8
④ 2, 3, 8, 0.5

해설

4단자 방정식 $\begin{cases} V_1 = A V_2 + B I_2 \\ I_1 = C V_2 + D I_2 \end{cases}$ 에서 출력측을 개방하면 $I_2 = 0$, 단락하면 $V_2 = 0$이 된다.

㉠ $A = \left.\dfrac{V_1}{V_2}\right|_{I_2=0} = \dfrac{12}{4} = 3$

㉡ $B = \left.\dfrac{V_1}{I_2}\right|_{V_2=0} = \dfrac{16}{2} = 8$

㉢ $C = \left.\dfrac{I_1}{V_2}\right|_{I_2=0} = \dfrac{2}{4} = 0.5$

㉣ $D = \left.\dfrac{I_1}{I_2}\right|_{V_2=0} = \dfrac{4}{2} = 2$

상 회로이론 제5장 대칭좌표법

74 전류의 대칭분을 I_0, I_1, I_2, 유기기전력 및 단자전압의 대칭분을 E_a, E_b, E_c 및 V_0, V_1, V_2라 할 때 교류발전기의 기본식 중 역상분 V_2값은?

① $-Z_0 I_0$

② $-Z_2 I_2$

③ $E_a - Z_1 I_1$

④ $E_b - Z_2 I_2$

해설 3상 교류발전기 기본식

㉠ 영상분 : $V_0 = -Z_0 I_0$
㉡ 정상분 : $V_1 = E_a - Z_1 I_1$
㉢ 역상분 : $V_2 = -Z_2 I_2$

하 회로이론 제1장 직류회로의 이해

75 최대 눈금이 50[V]의 직류전압계가 있다. 이 전압계를 써서 150[V]의 전압을 측정하려면 몇 [Ω]의 저항을 배율기로 사용하여야 되는가? (단, 전압계의 내부저항은 5000[Ω]이다.)

① 1000

② 2500

③ 5000

④ 10000

해설

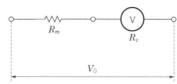

㉠ 전압계 측정전압

$V = \dfrac{R_v}{R_m + R_v} \times V_0$

$\rightarrow \dfrac{V_0}{V} = \dfrac{R_m + R_v}{R_v} = \dfrac{R_m}{R_v} + 1$

㉡ 배율

$m = \dfrac{V_0}{V} = \dfrac{150}{50} = 3$

∴ 배율기 저항

$R_m = \left(\dfrac{V_0}{V} - 1 \right) R_v = (m-1) R_v$

$= (3-1) \times 5000 = 10000[\Omega]$

상 회로이론 제1장 직류회로의 이해

76 그림과 같은 회로에 대칭 3상 전압 220[V]를 가할 때 a, a′ 선이 단선되었다고 하면 선전류는?

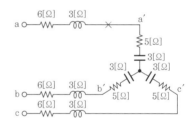

① 5[A]

② 10[A]

③ 15[A]

④ 20[A]

해설

3상에서 a선이 끊어지면 b, c상에 의해 단상 전원이 공급되므로 b, c상에 흐르는 전류는 다음과 같다.

∴ $I = \dfrac{V_{bc}}{Z_{bc}}$

$= \dfrac{220}{6 + j3 + 5 - j3 - j3 + 5 + j3 + 6}$

$= \dfrac{220}{22} = 10[A]$

하 회로이론 제10장 라플라스 변환

77 그림과 같은 반파 정현파의 라플라스(Laplace) 변환은?

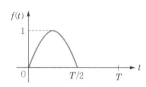

① $\dfrac{s}{s^2+\omega^2}\left(1+e^{-\frac{Ts}{2}}\right)$

② $\dfrac{\omega}{s^2+\omega^2}\left(1+e^{-\frac{Ts}{2}}\right)$

③ $\dfrac{s}{s^2+\omega^2}\left(1+e^{\frac{Ts}{2}}\right)$

④ $\dfrac{\omega}{s^2+\omega^2}\left(1+e^{\frac{Ts}{2}}\right)$

해설

함수 $f(t)=\sin\omega t+\sin\omega\left(t-\dfrac{T}{2}\right)$

$\therefore\ F(s)=\dfrac{\omega}{s^2+\omega^2}+\dfrac{\omega}{s^2+\omega^2}\,e^{-\frac{Ts}{2}}$

$\qquad=\dfrac{\omega}{s^2+\omega^2}\left(1+e^{-\frac{Ts}{2}}\right)$

중 회로이론 제4장 비정현파 교류회로의 이해

78 그림과 같은 정현파 교류를 푸리에 급수로 전개할 때 직류분은?

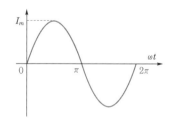

① I_m

② $\dfrac{I_m}{2}$

③ $\dfrac{I_m}{\sqrt{2}}$

④ $\dfrac{2I_m}{\pi}$

해설 직류분(교류의 평균값으로 해석)

$a_0=\dfrac{1}{T}\int_0^T f(t)\,dt=\dfrac{1}{\pi}\int_0^\pi I_m\sin\omega t=\dfrac{2I_m}{\pi}$

중 회로이론 제2장 단상 교류회로의 이해

79 그림과 같은 회로에서 부하 임피던스 $\dot{Z}_L$을 얼마로 할 때 이에 최대 전력이 공급되는가?

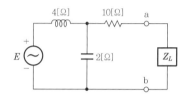

① $10+j1.3$　　② $10-j1.3$

③ $10+j4$　　　④ $10-j4$

해설 전원측 합성 임피던스

$Z_{ab}=10+\dfrac{j4\times(-j2)}{j4+(-j2)}$

$\qquad=10+\dfrac{8}{j2}$

$\qquad=10-j4[\Omega]$

$\therefore$ 최대 전력 전달조건

$\quad Z_L=\overline{Z_{ab}}=10+j4[\Omega]$

여기서, Z_{ab} : $a,\ b$단자에서 전원측 임피던스[Ω]

상 회로이론 제9장 과도현상

80 그림의 회로에서 스위치 S를 닫을 때의 충전전류 $i(t)$[A]는 얼마인가? (단, 콘덴서에 초기 충전전하는 없다.)

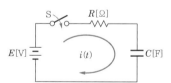

① $\dfrac{E}{R}\,e^{-\frac{1}{CR}t}$　　② $\dfrac{E}{R}\,e^{\frac{R}{C}t}$

③ $\dfrac{E}{R}\,e^{-\frac{C}{R}t}$　　④ $\dfrac{E}{R}\,e^{\frac{1}{CR}t}$

정답 77 ② 78 ④ 79 ③ 80 ①

해설

㉠ C에 충전된 전하량

$$Q(t) = CE\left(1 - e^{-\frac{1}{RC}t}\right)_{[C]}$$

㉡ 스위치 투입 시 충전전류

$$i(t) = \frac{dQ(t)}{dt} = \frac{E}{R}e^{-\frac{1}{RC}t}_{[A]}$$

㉢ 스위치 개방 시 방전전류

$$i(t) = -\frac{E}{R}e^{-\frac{1}{RC}t}_{[A]}$$

제5과목 전기설비기술기준

상 제2장 저압설비 및 고압·특고압설비

81 흥행장의 저압 전기설비공사로 무대, 무대마루 밑, 오케스트라 박스, 영사실, 기타 사람이나 무대도구가 접촉할 우려가 있는 곳에 시설하는 저압 옥내배선, 전구선 또는 이동전선은 사용전압이 몇 [V] 이하이어야 하는가?

① 100
② 200
③ 300
④ 400

해설 전시회, 쇼 및 공연장의 전기설비(KEC 242.6)

무대·무대마루 밑·오케스트라 박스·영사실 기타 사람이나 무대도구가 접촉할 우려가 있는 곳에 시설하는 저압 옥내배선, 전구선 또는 이동전선은 사용전압이 400[V] 이하이어야 한다.

상 제1장 공통사항

82 3상 4선식 22.9[kV] 중성점 다중접지식 가공전선로의 전로와 대지 간의 절연내력 시험전압은?

① 28625[V]
② 22900[V]
③ 21068[V]
④ 16488[V]

해설 전로의 절연저항 및 절연내력(KEC 132)

최대사용전압이 25000[V] 이하, 중성점 다중접지식일 때 시험전압은 최대사용전압의 0.92배를 가해야 한다. 시험전압 $E = 22900 \times 0.92 = 21068[V]$

중 제1장 공통사항

83 주택 등 저압수용장소에서 고정 전기설비에 TN-C-S 접지방식으로 중성선 겸용 보호도체(PEN)를 알루미늄으로 사용할 경우 단면적은 몇 [mm²] 이상이어야 하는가?

① 2.5
② 6
③ 10
④ 16

해설 주택 등 저압수용장소 접지(KEC 142.4.2)

저압수용장소에서 계통접지가 TN-C-S 방식인 경우에 보호도체의 시설에서 중성선 겸용 보호도체(PEN)는 고정 전기설비에만 사용할 수 있고, 그 도체의 단면적이 구리는 10[mm²] 이상, 알루미늄은 16[mm²] 이상이어야 하며, 그 계통의 최고전압에 대하여 절연되어야 한다.

상 제3장 전선로

84 철탑의 강도계산에 사용하는 이상 시 상정하중에 대한 철탑의 기초에 대한 안전율은 얼마 이상이어야 되겠는가?

① 1.33
② 1.83
③ 2.25
④ 2.75

해설 가공전선로 지지물의 기초안전율(KEC 331.7)

가공전선로의 지지물에 하중이 가하여지는 경우에는 그 하중을 받는 지지물의 기초안전율은 2로 한다. 단, 철탑에 이상 시 상정하중이 가하여 지는 경우에는 1.33으로 한다.

상 제4장 발전소, 변전소, 개폐소 및 기계기구 시설보호

85 피뢰기를 반드시 시설하지 않아도 되는 곳은?

① 고압 전선로에 접속되는 단권변압기의 고압측
② 가공전선로와 지중전선로가 접속되는 곳
③ 고압 가공전선로로부터 공급을 받는 수용장소의 인입구
④ 특고압 가공전선로로부터 공급을 받는 수용장소의 인입구

해설 피뢰기의 시설(KEC 341.13)

고압 및 특고압의 전로 중 피뢰기를 시설하여야 할 곳
㉠ 발전소·변전소 또는 이에 준하는 장소의 가공전선 인입구 및 인출구
㉡ 가공전선로에 접속하는 배전용 변압기의 고압측 및 특고압측

정답 81 ④ 82 ③ 83 ④ 84 ① 85 ①

ⓒ 고압 및 특고압 가공전선로부터 공급을 받는 수용
장소의 인입구
ⓓ 가공전선로와 지중전선로가 접속되는 곳

상 제2장 저압설비 및 고압·특고압설비

86 옥내에 시설하는 전동기가 소손되는 것을
방지하기 위한 과부하보호장치를 하지 않
아도 되는 것은?

① 전동기출력이 4[kW]이며, 취급자가 감
시할 수 없는 경우
② 정격출력이 0.2[kW] 이하의 경우
③ 과전류차단기가 없는 경우
④ 정격출력이 10[kW] 이상인 경우

해설 저압전로 중의 전동기 보호용 과전류보호장
치의 시설(KEC 212.6.3)

다음의 어느 하나에 해당하는 경우에는 과전류 보호장
치의 시설 생략 가능
ⓐ 전동기를 운전 중 상시 취급자가 감시할 수 있는 위
치에 시설하는 경우
ⓑ 전동기의 구조나 부하의 성질로 보아 전동기가 손상
될 수 있는 과전류가 생길 우려가 없는 경우
ⓒ 단상 전동기로써 그 전원측 전로에 시설하는 과전류
차단기의 정격전류가 16[A](배선차단기는 20[A])
이하인 경우
ⓓ 전동기의 정격출력이 0.2[kW] 이하인 경우

하 제6장 분산형전원설비

87 태양전지발전소에 시설하는 태양전지 모듈, 전선
및 개폐기의 시설에 대한 설명으로 틀린 것은?

① 전선은 공칭단면적 2.5[mm²] 이상의
연동선을 사용할 것
② 태양전지 모듈에 접속하는 부하측 전
로에는 개폐기를 시설할 것
③ 태양전지 모듈을 병렬로 접속하는 전
로에는 과전류차단기를 시설할 것
④ 옥측에 시설하는 경우 금속관공사, 합성
수지관공사, 애자사용공사로 배선할 것

해설 태양광발전설비(KEC 520)

ⓐ 전선은 2.5[mm²] 이상의 연동선을 사용
ⓑ 옥내시설 : 합성수지관공사, 금속관공사, 가요전선
관공사 또는 케이블공사
ⓒ 옥측 또는 옥외시설 : 합성수지관공사, 금속관공사,
가요전선관공사 또는 케이블공사

상 제3장 전선로

88 특고압 가공전선로에 사용하는 가공지선에
는 지름 몇 [mm]의 나경동선 또는 이와 동등
이상의 세기 및 굵기의 나선을 사용하여야 하
는가?

① 2.6
② 3.5
③ 4
④ 5

해설 특고압 가공전선로의 가공지선(KEC 333.8)

ⓐ 지름 5[mm](인장강도 8.01[kN]) 이상의 나경동선
ⓑ 아연도강연선 22[mm²] 또는 OPGW(광섬유 복합 가
공지선) 전선을 사용

상 제2장 저압설비 및 고압·특고압설비

89 금속관공사에 의한 저압 옥내배선시설에
대한 설명으로 틀린 것은?

① 인입용 비닐절연전선을 사용했다.
② 옥외용 비닐절연전선을 사용했다.
③ 짧고 가는 금속관에 연선을 사용했다.
④ 단면적 10[mm²] 이하의 전선을 사용했다.

해설 금속관공사(KEC 232.12)

ⓐ 전선은 절연전선을 사용(옥외용 비닐절연전선은 사
용불가)
ⓑ 전선은 연선일 것. 다만, 다음의 것은 적용하지 않음
•짧고 가는 금속관에 넣은 것
•단면적 10[mm²](알루미늄선은 단면적 16[mm²])
이하의 것
ⓒ 전선은 금속관 안에서 접속점이 없도록 할 것
ⓓ 관 두께는 콘크리트에 매입하는 것은 1.2[mm] 이상,
기타 경우 1[mm] 이상으로 할 것

중 제2장 저압설비 및 고압·특고압설비

90 의료장소에서 인접하는 의료장소와의 바닥
면적 합계가 몇 [m²] 이하인 경우 등전위본
딩바를 공용으로 할 수 있는가?

① 30
② 50
③ 80
④ 100

해설 의료장소 내의 접지 설비(KEC 242.10.4)

의료장소마다 그 내부 또는 근처에 등전위본딩 바를 설
치할 것. 다만, 인접하는 의료장소와의 바닥면적 합계가
50[m²] 이하인 경우에는 등전위본딩 바를 공용할 수
있다.

정답 86 ② 87 ④ 88 ④ 89 ② 90 ②

하 제2장 저압설비 및 고압·특고압설비

91 전동기의 과부하보호장치의 시설에서 전원측 전로에 시설한 배선용 차단기의 정격전류가 몇 [A] 이하의 것이면 이 전로에 접속하는 단상 전동기에는 과부하보호장치를 생략할 수 있는가?

① 15 ② 20
③ 30 ④ 50

해설 저압전로 중의 전동기 보호용 과전류보호장치의 시설(KEC 212.6.3)

㉠ 옥내에 시설하는 전동기(정격출력이 0.2[kW] 이하인 것을 제외)에는 전동기가 손상될 우려가 있는 과전류가 생겼을 때에 자동적으로 이를 저지하거나 이를 경보하는 장치를 하여야 한다.
㉡ 다음의 어느 하나에 해당하는 경우에는 과전류보호장의 시설 생략 가능
 • 전동기를 운전 중 상시 취급자가 감시할 수 있는 위치에 시설하는 경우
 • 전동기의 구조나 부하의 성질로 보아 전동기가 손상될 수 있는 과전류가 생길 우려가 없는 경우
 • 단상 전동기로써 그 전원측 전로에 시설하는 과전류 차단기의 정격전류가 16[A](배선차단기는 20[A]) 이하인 경우
 • 전동기의 정격출력이 0.2[kW] 이하인 경우

중 제1장 공통사항

92 공통접지공사 적용 시 선도체의 단면적이 16[mm²]인 경우 보호도체(PE)에 적합한 단면적은? (단, 보호도체의 재질이 선도체와 같은 경우)

① 4 ② 6
③ 10 ④ 16

해설 보호도체(KEC 142.3.2)

선도체의 단면적 S ([mm²], 구리)	보호도체의 최소 단면적 ([mm²], 구리)	
	보호도체의 재질	
	선도체와 같은 경우	선도체와 다른 경우
$S \leq 16$	S	$(k_1/k_2) \times S$
$16 < S \leq 35$	$16^{(a)}$	$(k_1/k_2) \times 16$
$S > 35$	$S^{(a)}/2$	$(k_1/k_2) \times (S/2)$

상 제3장 전선로

93 사용전압이 22.9[kV]인 특고압 가공전선과 그 지지물·완금류·지주 또는 지선 사이의 이격거리는 몇 [cm] 이상이어야 하는가?

① 15 ② 20
③ 25 ④ 30

해설 특고압 가공전선과 지지물 등의 이격거리 (KEC 333.5)

특고압 가공전선과 그 지지물·완금류·지주 또는 지선 사이의 이격거리는 다음 표에서 정한 값 이상이어야 한다. 단, 기술상 부득이한 경우 위험의 우려가 없도록 시설한 때에는 표에서 정한 값의 0.8배까지 감할 수 있다.

사용전압	이격거리[m]
15[kV] 미만	0.15
15[kV] 이상 25[kV] 미만	0.2
25[kV] 이상 35[kV] 미만	0.25
35[kV] 이상 50[kV] 미만	0.3
50[kV] 이상 60[kV] 미만	0.35
60[kV] 이상 70[kV] 미만	0.4
70[kV] 이상 80[kV] 미만	0.45
80[kV] 이상 130[kV] 미만	0.65
130[kV] 이상 160[kV] 미만	0.9
160[kV] 이상 200[kV] 미만	1.1
200[kV] 이상 230[kV] 미만	1.3
230[kV] 이상	1.6

상 제3장 전선로

94 저압 가공전선으로 케이블을 사용하는 경우 케이블은 조가용선에 행거로 시설하고 이때 사용전압이 고압인 때에는 행거의 간격을 몇 [cm] 이하로 시설하여야 하는가?

① 30
② 50
③ 75
④ 100

해설 가공케이블의 시설(KEC 332.2)

㉠ 케이블은 조가용선에 행거로 시설할 것
 • 조가용선에 0.5[m] 이하마다 행거에 의해 시설할 것
 • 조가용선에 접촉시키고 금속테이프 등을 0.2[m] 이하 간격으로 나선형으로 감아 붙일 것
 • 단면적 22[mm²] 이상의 아연도강연선일 것
㉡ 조가용선 및 케이블 피복에는 접지공사를 할 것

정답 91 ② 92 ④ 93 ② 94 ②

중 제1장 공통사항

95 두 개 이상의 전선을 병렬로 사용하는 경우에 동선과 알루미늄선은 각각 얼마 이상의 전선으로 하여야 하는가?

① 동선 : 20[mm²] 이상,
   알루미늄선 : 40[mm²] 이상
② 동선 : 30[mm²] 이상,
   알루미늄선 : 50[mm²] 이상
③ 동선 : 40[mm²] 이상,
   알루미늄선 : 60[mm²] 이상
④ 동선 : 50[mm²] 이상,
   알루미늄선 : 70[mm²] 이상

해설 전선의 접속(KEC 123)

두 개 이상의 전선을 병렬로 사용하는 경우 각 전선의 굵기는 동선 50[mm²] 이상 또는 알루미늄 70[mm²] 이상으로 하고, 전선은 같은 도체, 같은 재료, 같은 길이 및 같은 굵기의 것을 사용하여야 한다.

상 제3장 전선로

96 저압 가공전선 또는 고압 가공전선이 도로를 횡단할 때 지표상의 높이는 몇 [m] 이상으로 하여야 하는가? (단, 농로, 기타 교통이 번잡하지 않은 도로 및 횡단보도교는 제외한다.)

① 4   ② 5
③ 6   ④ 7

해설 저·고압 가공전선의 높이(KEC 222.7, 332.5)

㉠ 도로를 횡단하는 경우 지표상 6[m] 이상
㉡ 철도 또는 궤도를 횡단하는 경우에는 레일면상 6.5[m] 이상
㉢ 횡단보도교의 위인 경우에는 저·고압 가공전선은 노면상 3.5[m] 이상(절연전선 및 케이블인 경우에는 3[m] 이상)
㉣ 기타(도로를 따라 시설)의 경우 지표상 5[m] 이상

중 제3장 전선로

97 B종 철주를 사용한 고압 가공전선로를 교류 전차선로와 교차해서 시설하는 경우 고압 가공전선로의 경간은 몇 [m] 이하이어야 하는가?

① 60   ② 80
③ 100   ④ 120

해설 고압 가공전선과 교류 전차선 등의 접근 또는 교차(KEC 332.15)

고압 및 저압 가공전선이 교류 전차선로 위에서 교차할 때 가공전선로의 경간
㉠ 목주, A종 철주 또는 A종 철근콘크리트주의 경우 60[m] 이하
㉡ B종 철근콘크리트주를 사용하는 경우 120[m] 이하

상 제2장 저압설비 및 고압·특고압설비

98 애자사용배선에 의한 고압 옥내배선 등의 시설에서 사용되는 연동선의 공칭단면적은 몇 [mm²] 이상인가?

① 6   ② 10
③ 16   ④ 22

해설 고압 옥내배선 등의 시설(KEC 342.1)

㉠ 고압 옥내배선은 다음에 의하여 시설한다.
 • 애자사용배선(건조한 장소로서 전개된 장소에 한한다)
 • 케이블배선
 • 케이블트레이배선
㉡ 애자사용배선에 의한 고압 옥내배선은 다음에 의한다.
 • 전선은 공칭단면적 6[mm²] 이상의 연동선 또는 이와 동등 이상의 세기 및 굵기의 고압 절연전선이나 특고압 절연전선 또는 인하용 고압 절연전선일 것
 • 전선의 지지점 간의 거리는 6[m] 이하일 것. 다만, 전선을 조영재의 면을 따라 붙이는 경우에는 2[m] 이하이어야 한다.
 • 전선 상호 간의 간격은 0.08[m] 이상, 전선과 조영재 사이의 이격거리는 0.05[m] 이상일 것

상 제1장 공통사항

99 저압용 기계기구에 인체에 대한 감전보호용 누전차단기를 시설하면 외함의 접지를 생략할 수 있다. 이 경우의 누전차단기 정격에 대한 기술기준으로 적합한 것은?

① 정격감도전류 30[mA] 이하, 동작시간 0.03[sec] 이하의 전류동작형
② 정격감도전류 30[mA] 이하, 동작시간 0.1[sec] 이하의 전류동작형
③ 정격감도전류 60[mA] 이하, 동작시간 0.03[sec] 이하의 전류동작형
④ 정격감도전류 60[mA] 이하, 동작시간 0.1[sec] 이하의 전류동작형

정답 95 ④ 96 ③ 97 ④ 98 ① 99 ①

[해설] 기계기구의 철대 및 외함의 접지(KEC 142.7)

저압용의 개별 기계기구에 전기를 공급하는 전로에 인체 감전보호용 누전차단기는 정격감도전류가 30[mA] 이하, 동작시간이 0.03[sec] 이하의 전류동작형의 것을 말한다.

상 제3장 전선로

100 사용전압이 35[kV] 이하인 특고압 가공전선과 가공약전류전선 등을 동일 지지물에 시설하는 경우, 특고압 가공전선로는 어떤 종류의 보안공사를 하여야 하는가?

① 제1종 특고압 보안공사
② 제2종 특고압 보안공사
③ 제3종 특고압 보안공사
④ 고압 보안공사

[해설] 특고압 가공전선과 가공약전류전선 등의 공용설치(KEC 333.19)

㉠ 특고압 가공전선로는 제2종 특고압 보안공사에 의할 것
㉡ 특고압 가공전선은 가공약전류전선 등의 위로 하고 별개의 완금류에 시설할 것
㉢ 특고압 가공전선은 케이블인 경우 이외에는 인장강도 21.67[kN] 이상의 연선 또는 단면적이 50[mm²] 이상인 경동연선일 것
㉣ 특고압 가공전선과 가공약전류전선 등 사이의 이격거리는 2[m] 이상으로 할 것. 다만, 특고압 가공전선이 케이블인 경우에는 0.5[m]까지로 감할 수 있다.

2022년 제1회 기출문제

제1과목 전기자기학

하 제3장 정전용량

01 면적이 0.02[m³], 간격이 0.03[m]이고, 공기로 채워진 평행 평판의 커패시터에 1.0×10^{-6}[C]의 전하를 충전시킬 때, 두 판 사이에 작용하는 힘의 크기는 약 몇 [N]인가?

① 1.13 ② 1.41
③ 1.89 ④ 2.83

해설

㉠ 전계의 세기와 전위차의 관계 : $V = dE$
㉡ 콘덴서에 축적된 전하량 : $Q = CV$[C]
㉢ 평행판 콘덴서 정전용량 : $C = \dfrac{\varepsilon_0 S}{d}$ [F]
㉣ 평행판 사이에 작용하는 힘(정전응력)

$$f = \frac{1}{2}\varepsilon_0 E[\text{N/m}^2] = \frac{1}{2}\varepsilon_0 E^2 S[\text{N}]$$

$$= \frac{1}{2}\varepsilon_0 \times \left(\frac{V}{d}\right)^2 \times S = \frac{1}{2d} \times \frac{\varepsilon_0 S}{d} \times V^2$$

$$= \frac{1}{2d} \times CV^2 = \frac{1}{2d} \times C \times \left(\frac{Q}{C}\right)^2$$

$$= \frac{Q^2}{2Cd} = \frac{Q^2}{2\varepsilon_0 S}[\text{N}]$$

$$\therefore \ F = \frac{(10^{-6})^2}{2 \times 8.855 \times 10^{-12} \times 0.02} = 2.823[\text{N}]$$

중 제7장 진공 중의 정자계

02 자극의 세기가 7.4×10^{-5}[Wb], 길이가 10[cm]인 막대자석이 100[AT/m]의 평등자계 내에 자계의 방향과 30°로 놓여 있을 때 이 자석에 작용하는 회전력[N·m]은?

① 2.5×10^{-3} ② 3.7×10^{-4}
③ 5.3×10^{-5} ④ 6.2×10^{-6}

해설

막대자석의 회전력(토크)
$$T = mlH\sin\theta = 7.4 \times 10^{-5} \times 0.1 \times 100 \times \sin 30°$$
$$= 3.7 \times 10^{-4}[\text{N} \cdot \text{m}]$$

중 제12장 전자계

03 유전율이 $\varepsilon = 2\varepsilon_0$이고 투자율이 μ_0인 비도전성 유전체에서 전자파의 전계의 세기가
$$E(z, t) = 120\pi\cos(10^9 t - \beta z)\hat{y}[\text{V/m}]$$
일 때, 자계의 세기 H[A/m]는? (단, $\hat{x}$, $\hat{y}$는 단위벡터이다.)

① $-\sqrt{2}\cos(10^9 t - \beta z)\hat{x}$
② $\sqrt{2}\cos(10^9 t - \beta z)\hat{x}$
③ $-2\cos(10^9 t - \beta z)\hat{x}$
④ $2\cos(10^9 t - \beta z)\hat{x}$

해설

㉠ 전계와 자계의 관계 : $\sqrt{\varepsilon}\,E = \sqrt{\mu}\,H$
㉡ 자계의 최대값

$$H_m = \sqrt{\frac{\varepsilon}{\mu}}\,E_m = \sqrt{\frac{\varepsilon_0 \varepsilon_s}{\mu_0 \mu_s}}\,E_m$$

$$= \frac{E_m}{120\pi}\sqrt{\frac{\varepsilon_s}{\mu_s}} = \frac{120\pi}{120\pi}\sqrt{\frac{2}{1}} = \sqrt{2}$$

㉢ 전자파는 시간적 변화에 따라 z축으로 향하므로 전계가 $\hat{y}$이면 자계는 $-\hat{x}$방향이 된다.
$$\therefore \ H(z, t) = -\sqrt{2}\cos(10^9 t - \beta z)\hat{x}[\text{A/m}]$$

상 제9장 자성체와 자기회로

04 자기회로에서 전기회로의 도전율 σ[℧/m]에 대응되는 것은?

① 자속
② 기자력
③ 투자율
④ 자기저항

해설 전기회로와 자기회로의 대응관계

㉠ 기전력 – 기자력
㉡ 전류 – 자속
㉢ 전류밀도 – 자속밀도
㉣ 전기저항 – 자기저항
㉤ 컨덕턴스 – 퍼미언스
㉥ 도전율 – 투자율

정답 01 ④ 02 ② 03 ① 04 ③

중 제11장 인덕턴스

05 단면적이 균일한 환상철심에 권수 1000회인 A코일과 권수 N_B회인 B코일이 감겨져 있다. A코일의 자기인덕턴스가 100[mH]이고, 두 코일 사이의 상호인덕턴스가 20[mH]이고, 결합계수가 1일 때, B코일의 권수(N_B)는 몇 회인가?

① 100
② 200
③ 300
④ 400

📝 해설

㉠ A코일의 자기인덕턴스

$$L_A = \frac{\mu S N_A^2}{l} = 100 \,[\text{mH}]$$

㉡ 상호인덕턴스

$$M = \frac{\mu S N_A N_B}{l} = 20 \,[\text{mH}]$$

㉢ M와 L_A의 관계 $M = \dfrac{N_B}{N_A} \times L_A$에서 B코일의 권수는 다음과 같다.

$$\therefore N_B = \frac{M \times N_A}{L_A} = \frac{20 \times 1000}{100} = 200 \,[\text{mH}]$$

상 제12장 전자계

06 공기 중에서 1[V/m]의 전계의 세기에 의한 변위전류밀도의 크기를 2[A/m²]으로 흐르게 하려면 전계의 주파수는 몇 [MHz]가 되어야 하는가?

① 9000
② 18000
③ 36000
④ 72000

📝 해설

변위전류밀도 $i_d = \omega \varepsilon E = 2\pi f \varepsilon_0 E \,[\text{A/m}^2]$에서 전계의 주파수

$$f = \frac{i_d}{2\pi \varepsilon_0 E} = \frac{2}{2\pi \times 8.855 \times 10^{-12} \times 1}$$

$$= 0.036 \times 10^{12} \,[\text{Hz}] = 36000 \,[\text{MHz}]$$

여기서, $1[\text{Hz}] = 10^{-6} \,[\text{MHz}]$

상 제6장 전류

07 내부 원통도체의 반지름이 a[m], 외부 원통도체의 반지름이 b[m]인 동축 원통도체에서 내외 도체 간 물질의 도전율이 σ[℧/m]일 때 내외 도체 간의 단위길이당 컨덕턴스 [℧/m]는?

① $\dfrac{2\pi\sigma}{\ln\dfrac{b}{a}}$ ② $\dfrac{2\pi\sigma}{\ln\dfrac{a}{b}}$

③ $\dfrac{4\pi\sigma}{\ln\dfrac{b}{a}}$ ④ $\dfrac{4\pi\sigma}{\ln\dfrac{a}{b}}$

📝 해설 동축 원통도체(동축케이블)

㉠ 정전용량 : $C = \dfrac{2\pi\varepsilon}{\ln\dfrac{b}{a}}$ [F/m]

㉡ 저항과 정전용량 관계 : $RC = \varepsilon\rho$

㉢ 절연저항 : $R = \dfrac{\varepsilon\rho}{C} = \dfrac{\rho}{2\pi}\ln\dfrac{b}{a}$ [Ω/m]

여기서, 도전율 $\sigma = \dfrac{1}{\rho}$, ρ : 고유저항

㉣ 컨덕턴스 : $G = \dfrac{1}{R} = \dfrac{2\pi\sigma}{\ln\dfrac{b}{a}}$ [℧/m]

상 제8장 전류의 자기현상

08 z축상에 놓인 길이가 긴 직선도체에 10[A]의 전류가 $+z$방향으로 흐르고 있다. 이 도체 주위의 자속밀도가 $3\hat{x} - 4\hat{y}$[Wb/m²]일 때 도체가 받는 단위길이당 힘[N/m]은? (단, $\hat{x}$, $\hat{y}$는 단위벡터이다.)

① $-40\hat{x} + 30\hat{y}$ ② $-30\hat{x} + 40\hat{y}$
③ $30\hat{x} + 40\hat{y}$ ④ $40\hat{x} + 30\hat{y}$

📝 해설

㉠ 플레밍의 왼손법칙 : 자계 내의 도체에 전류를 흘리면 도체에는 전자력 F가 발생한다.

㉡ 전자력 : $F = IBl\sin\theta = (\vec{I} \times \vec{B})l[\text{N}]$

㉢ 단위길이당 작용하는 힘

$$f = \vec{I} \times \vec{B} = 10\,\hat{z} \times (3\hat{x} - 4\hat{y})$$

$$= 30\hat{y} + 40\hat{x} = 40\hat{x} + 30\hat{y} \,[\text{N/m}]$$

정답 05 ② 06 ③ 07 ① 08 ④

제2장 진공 중의 정전계

09 진공 중 한 변의 길이가 0.1[m]인 정삼각형의 3정점 A, B, C에 각각 2.0×10^{-6}[C]의 점전하가 있을 때, 점 A의 전하에 작용하는 힘은 몇 [N]인가?

① $1.8\sqrt{2}$

② $1.8\sqrt{3}$

③ $3.6\sqrt{2}$

④ $3.6\sqrt{3}$

해설

정삼각형 A점에서 받아지는 힘은 A, B 사이에 작용하는 힘 F_1와 A, C 사이에 작용하는 힘 F_2를 더하여 구할 수 있다.

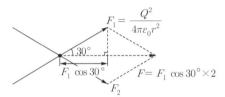

$$F = F_1 + F_2 = F_1 \times \cos 30° \times 2$$

$$= \frac{Q^2}{4\pi\varepsilon_0 r^2} \times \cos 30° \times e$$

$$= 9 \times 10^9 \times \frac{(2 \times 10^{-6})^2}{0.1^2} \times \frac{\sqrt{3}}{2} \times 2$$

$$= 3.6\sqrt{3} \, [\text{N}]$$

상 제9장 자성체와 자기회로

10 투자율이 μ[H/m], 자계의 세기가 H[AT/m], 자속밀도가 B[Wb/m²]인 곳에서의 자계에너지밀도[J/m³]는?

① $\dfrac{B^2}{2\mu}$

② $\dfrac{H^2}{2\mu}$

③ $\dfrac{1}{2}\mu H$

④ BH

해설

㉠ 전계에너지밀도

$$w_e = \frac{1}{2}\varepsilon E^2 = \frac{1}{2}ED = \frac{D^2}{2\varepsilon} \, [\text{J/m}^3]$$

㉡ 자계에너지밀도

$$w_m = \frac{1}{2}\mu H^2 = \frac{1}{2}HB = \frac{B^2}{2\mu} \, [\text{J/m}^3]$$

하 제2장 진공 중의 정전계

11 진공 내 전위함수가 $V = x^2 + y^2$[V]로 주어졌을 때, $0 \le x \le 1$, $0 \le y \le 1$, $0 \le z \le 1$인 공간에 저장되는 정전에너지[J]는?

① $\dfrac{4}{3}\varepsilon_0$

② $\dfrac{2}{3}\varepsilon_0$

③ $4\varepsilon_0$

④ $2\varepsilon_0$

해설

단위체적당 저축되는 에너지 $w_e = \frac{1}{2}\varepsilon_0 E^2$[J/m³]에서 체적($v = \int_x \int_y \int_z d_x d_y d_z$)을 곱하여 전체 에너지를 구할 수 있다.

㉠ 전계의 세기

$$E = -\operatorname{grad}V = -\nabla V = -2xi - 2yj$$

㉡ $E^2 = E \cdot E = 4x^2 + 4y^2$

$$\therefore W = \int_0^1 \int_0^1 \int_0^1 \frac{1}{2}\varepsilon_0 E^2 \, dx\,dy\,dz = \frac{4}{3}\varepsilon_0 \, [\text{J}]$$

상 제4장 유전체

12 전계가 유리에서 공기로 입사할 때 입사각 θ_1과 굴절각 θ_2의 관계와 유리에서의 전계 E_1과 공기에서의 전계 E_2의 관계는?

① $\theta_1 > \theta_2$, $E_1 > E_2$

② $\theta_1 < \theta_2$, $E_1 > E_2$

③ $\theta_1 > \theta_2$, $E_1 < E_2$

④ $\theta_1 < \theta_2$, $E_1 < E_2$

해설 유전체 경계면의 조건($\varepsilon_1 > \varepsilon_2$의 경우)

㉠ $\dfrac{\varepsilon_2}{\varepsilon_1} = \dfrac{\tan\theta_2}{\tan\theta_1} \rightarrow \theta_1 > \theta_2$

㉡ $E_1 \sin\theta_1 = E_2 \sin\theta_2 \rightarrow E_1 < E_2$

㉢ $D_1 \cos\theta_1 = D_2 \cos\theta_2 \rightarrow D_1 > D_2$

상 제2장 진공 중의 정전계

13 진공 중 4[m] 간격으로 평행한 두 개의 무한 평판도체에 각각 +4[C/m²], −4[C/m²]의 전하를 주었을 때, 두 도체 간의 전위차는 약 몇 [V]인가?

① 1.36×10^{11}

② 1.36×10^{12}

③ 1.8×10^{11}

④ 1.8×10^{12}

해설

㉠ 평행판 도체 사이의 전계 : $E = \dfrac{\sigma}{\varepsilon_0}$ [V/m]

㉡ 평행판 도체의 전위차 : $V = dE$ [V]

∴ $V = \dfrac{\sigma d}{\varepsilon_0} = \dfrac{4 \times 4}{8.855 \times 10^{-12}} = 1.8 \times 10^{12}$ [V]

상 제11장 인덕턴스

14 인덕턴스[H]의 단위를 나타낸 것으로 틀린 것은?

① [Ω · s] ② [Wb/A]
③ [J/A²] ④ [N/A · m]

해설 인덕턴스 공식

㉠ 단자전압 $V_L = L\dfrac{di}{dt}$ 에서

$L = \dfrac{V_L dt}{di}$ [V · s/A = Ω · s]

㉡ 쇄교자속 $\Phi = \phi N = LI$ 에서

$L = \dfrac{\Phi}{I}$ [Wb/A]

㉢ 코일에 축적되는 자기에너지 $W_L = \dfrac{1}{2}LI^2$ 에서

$L = \dfrac{2W_L}{I^2}$ [J/A²]

상 제3장 정전용량

15 진공 중 반지름이 a[m]인 무한길이의 원통도체 2개가 간격 d[m]로 평행하게 배치되어 있다. 두 도체 사이의 정전용량[C]을 나타낸 것으로 옳은 것은?

① $\pi\varepsilon_0 \ln\dfrac{d-a}{a}$ ② $\dfrac{\pi\varepsilon_0}{\ln\dfrac{d-a}{a}}$

③ $\pi\varepsilon_0 \ln\dfrac{a}{d-a}$ ④ $\dfrac{\pi\varepsilon_0}{\ln\dfrac{a}{d-a}}$

해설 각 도체에 따른 정전용량

㉠ 구도체 : $C = 4\pi\varepsilon_0 a$ [F]

㉡ 동심 구도체 : $C = \dfrac{4\pi\varepsilon_0 ab}{b-a}$ [F]

㉢ 동축케이블 : $C = \dfrac{2\pi\varepsilon_0}{\ln\dfrac{b}{a}}$ [F/m]

㉣ 평행도체 : $C = \dfrac{\pi\varepsilon_0}{\ln\dfrac{d-a}{a}}$ [F/m]

㉤ 평행판 도체 : $C = \dfrac{\varepsilon_0 S}{d}$ [F]

상 제8장 전류의 자기현상

16 진공 중에 4[m]의 간격으로 놓여진 평행도선에 같은 크기의 왕복전류가 흐를 때 단위 길이당 2.0×10^{-7}[N]의 힘이 작용하였다. 이때 평행도선에 흐르는 전류는 몇 [A]인가?

① 1 ② 2
③ 4 ④ 8

해설

평행 왕복전류 사이에서 작용하는 힘 $f = \dfrac{2I^2}{d} \times 10^{-7}$ [N/m]에서 전류는 다음과 같다.

∴ $I = \sqrt{\dfrac{fd}{2 \times 10^{-7}}} = \sqrt{\dfrac{2 \times 10^{-7} \times 4}{2 \times 10^{-7}}} = 2$ [A]

상 제4장 유전체

17 평행극판 사이 간격이 d[m]이고 정전용량이 0.3[μF]인 공기 커패시터가 있다. 그림과 같이 두 극판 사이에 비유전율이 5인 유전체를 절반 두께만큼 넣었을 때 이 커패시터의 정전용량은 몇 [μF]이 되는가?

① 0.01
② 0.05
③ 0.1
④ 0.5

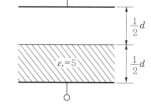

해설

초기 공기콘덴서 $C_0 = \dfrac{\varepsilon_0 S}{d} = 0.3$ [μF]에서 극판간격을 나누어 유전체를 삽입하면

㉠ 공기콘덴서 : $C_1 = 2C_0 = 0.6$ [μF]

㉡ 유전체콘덴서 : $C_2 = 2\varepsilon_r C_0 = 3$ [μF]
여기서, 비유전율 : $\varepsilon_r = 5$

㉢ 문제의 그림과 같이 공기콘덴서와 유전체콘덴서가 직렬로 접속되어 있으므로 합성정전용량은 다음과 같다.

∴ $C = \dfrac{C_1 \times C_2}{C_1 + C_2} = \dfrac{0.6 \times 3}{0.6 + 3} = 0.5$ [μF]

정답 14 ④ 15 ② 16 ② 17 ④

상 제5장 전기 영상법

18 반지름이 a[m]인 접지된 구도체와 구도체의 중심에서 거리 d[m] 떨어진 곳에 점전하가 존재할 때, 점전하에 의한 접지된 구도체에서의 영상전하에 대한 설명으로 틀린 것은?

① 영상전하는 구도체 내부에 존재한다.

② 영상전하는 점전하와 구도체 중심을 이은 직선상에 존재한다.

③ 영상전하의 전하량과 점전하의 전하량은 크기는 같고 부호는 반대이다.

④ 영상전하의 위치는 구도체의 중심과 점전하 사이 거리(d[m])와 구도체의 반지름(a[m])에 의해 결정된다.

해설 접지된 구도체와 점전하

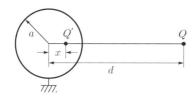

㉠ 영상전하 : $Q' = -\dfrac{a}{d}Q$[C]

㉡ 구도체 내의 영상점 : $x = \dfrac{a^2}{d}$[m]

상 제4장 유전체

19 평등전계 중에 유전체구에 의한 전계분포가 그림과 같이 되었을 때 ε_1과 ε_2의 크기 관계는?

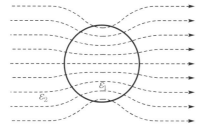

① $\varepsilon_1 > \varepsilon_2$

② $\varepsilon_1 < \varepsilon_2$

③ $\varepsilon_1 = \varepsilon_2$

④ 무관하다.

해설 유전체 내에 전기력선과 유전속(전속선) 관계

㉠ 전기력선은 유전율이 작은 곳으로 모이려는 특성이 있다.

㉡ 유전속(전속선)은 유전율이 큰 곳으로 모이려는 특성이 있다.

∴ 그림에서 전기력선은 ε_1 공간에 모였으므로 $\varepsilon_1 < \varepsilon_2$의 관계를 갖는다.

상 제10장 전자유도법칙

20 어떤 도체에 교류전류가 흐를 때 도체에서 나타나는 표피효과에 대한 설명으로 틀린 것은?

① 도체 중심부보다 도체 표면부에 더 많은 전류가 흐르는 것을 표피효과라 한다.

② 전류의 주파수가 높을수록 표피효과는 작아진다.

③ 도체의 도전율이 클수록 표피효과는 커진다.

④ 도체의 투자율이 클수록 표피효과는 커진다.

해설

표피두께 $\delta = \dfrac{1}{\sqrt{\pi f \mu \sigma}}$[m] 에서 $f\mu\sigma$가 클수록 δ가 작고, δ가 작을수록 표피효과는 크다.

∴ 주파수가 높을수록 표피효과는 커진다.

제2과목 **전력공학**

상 제6장 중성점 접지방식

21 소호리액터를 송전계통에 사용하면 리액터의 인덕턴스와 선로의 정전용량이 어떤 상태로 되어 지락전류를 소멸시키는가?

① 병렬공진   ② 직렬공진

③ 고임피던스   ④ 저임피던스

해설

소호리액터 접지방식은 리액터 용량과 대지정전용량의 병렬공진을 이용하여 지락전류를 소멸시킨다.

정답 18 ③   19 ②   20 ②   21 ①

상 제11장 발전

22 어느 발전소에서 40000[kWh]를 발전하는데 발열량 5000[kcal/kg]의 석탄을 20톤 사용하였다. 이 화력발전소의 열효율[%]은 약 얼마인가?

① 27.5
② 30.4
③ 34.4
④ 38.5

해설

열효율 $\eta = \dfrac{860P}{WC} \times 100[\%]$

여기서, P : 전력량[W]

W : 연료소비량[kg]

C : 열량[kcal/kg]

$\eta = \dfrac{860 \times 40000}{20 \times 10^3 \times 5000} \times 100 = 34.4[\%]$

중 제10장 배전선로 계산

23 송전전력, 선간전압, 부하역률, 전력손실 및 송전거리를 동일하게 하였을 경우 단상 2선식에 대한 3상 3선식의 총 전선량(중량)비는 얼마인가? (단, 전선은 동일한 전선이다.)

① 0.75
② 0.94
③ 1.15
④ 1.33

해설

전선의 소요전선량은 단상 2선식을 100[%]로 하였을 때 단상 3선식 : 37.5[%], 3상 3선식 : 75[%], 3상 4선식 : 33.3[%]이다.

상 제5장 고장 계산 및 안정도

24 3상 송전선로가 선간단락(2선 단락)이 되었을 때 나타나는 현상으로 옳은 것은?

① 역상전류만 흐른다.
② 정상전류와 역상전류가 흐른다.
③ 역상전류와 영상전류가 흐른다.
④ 정상전류와 영상전류가 흐른다.

해설 선로의 고장 시 대칭좌표법으로 해석할 경우 필요한 사항

㉠ 1선 지락 : 영상분, 정상분, 역상분
㉡ 선간단락 : 정상분, 역상분
㉢ 3선 단락 : 정상분

따라서 선간단락 시 정상전류와 역상전류가 흐르게 된다.

중 제4장 송전 특성 및 조상설비

25 중거리 송전선로의 4단자 정수가 $A=1.0$, $B=j190$, $D=1.0$일 때 C의 값은 얼마인가?

① 0
② $-j120$
③ j
④ $j190$

해설

$AD - BC = 1$에서

$C = \dfrac{AD-1}{B} = \dfrac{1.0 \times 1.0 - 1}{j190} = 0$

중 제10장 배전선로 계산

26 배전전압을 $\sqrt{2}$ 배로 하였을 때 같은 손실률로 보낼 수 있는 전력은 몇 배가 되는가?

① $\sqrt{2}$
② $\sqrt{3}$
③ 2
④ 3

해설

송전전력 $P \propto V^2$

배전전압의 $\sqrt{2}$ 배 상승 시 송전전력은 2배로 된다.

중 제7장 이상전압 및 유도장해

27 다음 중 재점호가 가장 일어나기 쉬운 차단전류는?

① 동상전류
② 지상전류
③ 진상전류
④ 단락전류

해설

송전선로 개폐조작 시 이상전압(재점호)이 가장 큰 경우는 무부하 송전선로의 충전전류(진상전류) 차단 시 발생한다.

상 제2장 전선로

28 현수애자에 대한 설명이 아닌 것은?

① 애자를 연결하는 방법에 따라 클레비스(clevis)형과 볼소켓형이 있다.
② 애자를 표시하는 기호는 P이며 구조는 2~5층의 갓 모양의 자기편을 시멘트로 접착하고 그 자기를 주철재 base로 지지한다.
③ 애자의 연결개수를 가감함으로써 임의의 송전전압에 사용할 수 있다.
④ 큰 하중에 대하여는 2련 또는 3련으로 하여 사용할 수 있다.

정답 22 ③ 23 ① 24 ② 25 ① 26 ③ 27 ③ 28 ②

[해설] 현수애자의 특성

㉠ 애자의 연결개수를 가감함으로써 임의의 송전전압에 사용할 수 있다.

㉡ 큰 하중에 대해서는 2연 또는 3연으로 하여 사용할 수 있다.

㉢ 현수애자를 접속하는 방법에 따라 클레비스형과 볼 소켓형으로 나눌 수 있다.

[하] 제5장 고장 계산 및 안정도

29 교류발전기의 전압조정장치로 속응여자방식을 채택하는 이유로 틀린 것은?

① 전력계통에 고장이 발생할 때 발전기의 동기화력을 증가시킨다.

② 송전계통의 안정도를 높인다.

③ 여자기의 전압상승률을 크게 한다.

④ 전압조정용 탭의 수동변환을 원활히 하기 위이다.

[해설]

속응여자방식을 사용하면 여자기의 전압상승률을 올릴 수 있고, 고장발생으로 발전기의 전압이 저하하더라도 즉각 응동해서 발전기 전압을 일정 수준까지 유지시킬 수 있으므로 안정도 증진에 기여한다.

[상] 제8장 송전선로 보호방식

30 차단기의 정격차단시간에 대한 설명으로 옳은 것은?

① 고장발생부터 소호까지의 시간

② 트립코일여자로부터 소호까지의 시간

③ 가동접촉자의 개극부터 소호까지의 시간

④ 가동접촉자의 동작시간부터 소호까지의 시간

[해설] 차단기의 정격차단시간

정격전압하에서 규정된 표준동작책무 및 동작상태에 따라 차단할 때의 차단시간 한도로서 트립코일여자로부터 아크의 소호까지의 시간(개극시간 + 아크시간)이다.

정격전압[kV]	7.2	25.8	72.5	170	362
정격차단시간[Cycle]	5~8	5	5	3	3

[상] 제3장 선로정수 및 코로나현상

31 3상 1회선 송전선을 정삼각형으로 배치한 3상 선로의 자기인덕턴스를 구하는 식은? (단, D는 전선의 선간거리[m], r은 전선의 반지름[m]이다.)

① $L = 0.5 + 0.4605 \log_{10} \dfrac{D}{r}$

② $L = 0.5 + 0.4605 \log_{10} \dfrac{D}{r^2}$

③ $L = 0.05 + 0.4605 \log_{10} \dfrac{D}{r}$

④ $L = 0.05 + 0.4605 \log_{10} \dfrac{D}{r^2}$

[해설]

정삼각형 배치인 경우의 등가선간거리

$D = \sqrt[3]{D \times D \times D} = D[m]$

작용인덕턴스 $L = 0.05 + 0.4605 \log_{10} \dfrac{D}{r}$[mH/km]

여기서, D : 등가선간거리
　　　　r : 전선의 반지름

[상] 제9장 배전방식

32 불평형 부하에서 역률[%]은?

① $\dfrac{\text{유효전력}}{\text{각 상의 피상전력의 산술합}} \times 100$

② $\dfrac{\text{무효전력}}{\text{각 상의 피상전력의 산술합}} \times 100$

③ $\dfrac{\text{무효전력}}{\text{각 상의 피상전력의 벡터합}} \times 100$

④ $\dfrac{\text{유효전력}}{\text{각 상의 피상전력의 벡터합}} \times 100$

[해설]

불평형 부하 시 역률

$\cos\theta = \dfrac{P}{S} = \dfrac{P}{\sqrt{P^2 + Q^2 + H^2}} \times 100$

여기서, S : 피상전력[kVA]
　　　　P : 유효전력[kW]
　　　　Q : 무효전력[kVar]
　　　　H : 고조파전력[kVAH]

정답 29 ④　30 ②　31 ③　32 ④

하 제8장 송전선로 보호방식

33 다음 중 동작속도가 가장 느린 계전방식은?

① 전류차동보호계전방식
② 거리보호계전방식
③ 전류위상비교보호계전방식
④ 방향비교보호계전방식

해설

거리보호계전방식은 고장 후에도 고장 전의 전압을 잠시 동안 유지하는 특성이 있어 동작시간이 느린 계전방식이다.

중 제4장 송전 특성 및 조상설비

34 부하회로에서 공진현상으로 발생하는 고조파 장해가 있을 경우 공진현상을 회피하기 위하여 설치하는 것은?

① 진상용 콘덴서   ② 직렬리액터
③ 방전코일   ④ 진공차단기

해설

역률개선을 하기 위해 설치한 전력용 콘덴서와 배전계통의 임피던스가 공진현상이 발생할 수 있고 이로 인해 고조파의 확대현상이 발생할 수 있으므로 이를 억제하기 위해 직렬리액터를 설치해야 한다.

상 제2장 전선로

35 경간이 200[m]인 가공전선로가 있다. 사용전선의 길이는 경간보다 몇 [m] 더 길게 하면 되는가? (단, 사용전선의 1[m]당 무게는 2[kg], 인장하중은 4000[kg], 전선의 안전율은 2로 하고 풍압하중은 무시한다.)

① $\dfrac{1}{2}$ ② $\sqrt{2}$

③ $\dfrac{1}{3}$ ④ $\sqrt{3}$

해설

전선의 이도 $D = \dfrac{WS^2}{8T} = \dfrac{2 \times 200^2}{8 \times 4000/2.0} = 5$[m]

전선의 실제 길이 $L = S + \dfrac{8D^2}{3S}$ 에서 전선의 경간보다

$\dfrac{8D^2}{3S}$ 만큼 더 길어지므로 $\dfrac{8D^2}{3S} = \dfrac{8 \times 5^2}{200} = 0.33$[m],

즉 $\dfrac{1}{3}$[m] 더 길게 하면 된다.

상 제4장 송전 특성 및 조상설비

36 송전단전압이 100[V], 수전단전압이 90[V]인 단거리 배전선로의 전압강하율[%]은 약 얼마인가?

① 5   ② 11
③ 15   ④ 20

해설

전압강하율 $\%e = \dfrac{V_S - V_R}{V_R} \times 100$[%]

여기서, V_S : 송전단전압

V_R : 수전단전압

$\%e = \dfrac{100 - 90}{90} \times 100 = 11.1$[%]

중 제9장 배전방식

37 다음 중 환상(루프)방식과 비교할 때 방사상 배전선로 구성방식에 해당되는 사항은?

① 전력수요 증가 시 간선이나 분기선을 연장하여 쉽게 공급이 가능하다.
② 전압변동 및 전력손실이 작다.
③ 사고발생 시 다른 간선으로의 전환이 쉽다.
④ 환상방식보다 신뢰도가 높은 방식이다.

해설 방사상 배전선로 특징

㉠ 배전설비가 간단하고 사고 시 정전범위가 넓다.
㉡ 배선선로의 전압강하와 전력손실이 크다.
㉢ 부하밀도가 낮은 농어촌 지역에 적합하다.
㉣ 전력수요 증가 시 선로의 증설 또는 연장이 용이하다.

상 제2장 전선로

38 초호각(arcing horn)의 역할은?

① 풍압을 조절한다.
② 송전효율을 높인다.
③ 선로의 섬락 시 애자의 파손을 방지한다.
④ 고주파수의 섬락전압을 높인다.

해설 초호각(아킹혼), 초호환(아킹링)의 사용목적

㉠ 뇌격으로 인한 섬락사고 시 애자련을 보호
㉡ 애자련의 전압분담 균등화

정답 33 ② 34 ② 35 ③ 36 ② 37 ① 38 ③

하 제11장 발전

39 유효낙차 90[m], 출력 104500[kW], 비속도(특유속도) 210[m·kW]인 수차의 회전속도는 약 몇 [rpm]인가?

① 150
② 180
③ 210
④ 240

해설

특유속도 $N_s = \dfrac{NP^{\frac{1}{2}}}{H^{\frac{5}{4}}}$[rpm]

여기서, N : 회전속도[rpm]
H : 유효낙차[m]
P : 출력[kW]

회전속도 $N = \dfrac{N_s \cdot H^{\frac{5}{4}}}{P^{\frac{1}{2}}} = \dfrac{210 \times 90^{\frac{5}{4}}}{104500^{\frac{1}{2}}}$

$= 180.07 ≒ 180$[rpm]

상 제8장 송전선로 보호방식

40 발전기 또는 주변압기의 내부고장보호용으로 가장 널리 쓰이는 것은?

① 거리계전기
② 과전류계전기
③ 비율차동계전기
④ 방향단락계전기

해설

비율차동계전기는 고장에 의해 생긴 불평형의 전류차가 평형전류의 설정값 이상이 되었을 때 동작하는 계전기로 기기 및 선로보호에 쓰인다.

제3과목   전기기기

하 제5장 정류기

41 SCR을 이용한 단상 전파 위상제어 정류회로에서 전원전압은 실효값이 220[V], 60[Hz]인 정현파이며, 부하는 순저항으로 10[Ω]이다. SCR의 점호각 α를 60°라 할 때 출력전류의 평균값[A]은?

① 7.54
② 9.73
③ 11.43
④ 14.86

해설

직류전압 $E_d = 0.9E\left(\dfrac{1+\cos\alpha}{2}\right)$

$= 0.9 \times 220\left(\dfrac{1+\cos 60°}{2}\right) = 148.6$[V]

출력전류(=직류전류) $I_d = \dfrac{E_d}{R} = \dfrac{148.6}{10} = 14.86$[A]

중 제1장 직류기

42 직류발전기가 90[%] 부하에서 최대효율이 된다면 이 발전기의 전부하에 있어서 고정손과 부하손의 비는?

① 0.81
② 0.9
③ 1.0
④ 1.1

해설

최대효율이 되는 부하율 $\dfrac{1}{m} = \sqrt{\dfrac{고정손}{부하손}} = \sqrt{\dfrac{P_i}{P_c}}$

$P_i = \left(\dfrac{1}{m}\right)^2 P_c$, $P_i = (0.9)^2 P_c = 0.81 P_c$

고정손과 부하손의 비 $\alpha = \dfrac{P_i}{P_c} = 0.81$

상 제5장 정류기

43 정류기의 직류측 평균전압이 2000[V]이고 리플률이 3[%]일 경우, 리플전압의 실효값[V]은?

① 20
② 30
③ 50
④ 60

해설

리플률(=맥동률) = $\dfrac{리플전압의 실효값}{직류측 평균전압}$

리플전압의 실효값(=교류분 전압)
V = 리플률×직류측 평균전압 = $0.03 \times 2000 = 60$[V]

하 제6장 특수기기

44 단상 직권 정류자전동기에서 보상권선과 저항도선의 작용에 대한 설명으로 틀린 것은?

① 보상권선은 역률을 좋게 한다.
② 보상권선은 변압기의 기전력을 크게 한다.
③ 보상권선은 전기자반작용을 제거해 준다.
④ 저항도선은 변압기 기전력에 의한 단락전류를 작게 한다.

정답 39 ② 40 ③ 41 ④ 42 ① 43 ④ 44 ②

해설

㉠ 보상권선 : 전기자반작용을 제거해 역률을 개선하고 기전력을 작게 한다.

㉡ 저항도선 : 변압기 기전력에 의한 단락전류를 감소시킨다.

하 제2장 동기기

45 비돌극형 동기발전기 한 상의 단자전압을 V, 유도기전력을 E, 동기리액턴스를 X_s, 부하각이 δ이고, 전기자저항을 무시할 때 한 상의 최대출력[W]은?

① $\dfrac{EV}{X_s}$ ② $\dfrac{3EV}{X_s}$

③ $\dfrac{E^2 V}{X_s}$ ④ $\dfrac{EV^2}{X_s}$

해설 동기발전기의 출력

㉠ 비돌극기의 출력

$$P = \frac{E_a V_n}{X_s}\sin\delta\,[W]$$

(최대출력이 부하각 $\delta = 90°$에서 발생)

㉡ 돌극기의 출력

$$P = \frac{E_a V_n}{X_d}\sin\delta - \frac{V_n{}^2 (X_d - X_q)}{2X_d X_q}\sin2\delta\,[W]$$

(최대출력이 부하각 $\delta = 60°$에서 발생)

상 제2장 동기기

46 3상 동기발전기에서 그림과 같이 1상의 권선을 서로 똑같은 2조로 나누어 그 1조의 권선전압을 E[V], 각 권선의 전류를 I[A]라 하고 지그재그 Y형(zigzag star)으로 결선하는 경우 선간전압[V], 선전류[A] 및 피상전력[VA]은?

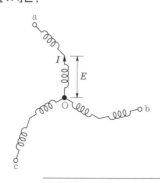

① $3E$, I, $\sqrt{3} \times 3E \times I = 5.2EI$

② $\sqrt{3}\,E$, $2I$,
$\sqrt{3} \times \sqrt{3}\,E \times 2I = 6EI$

③ E, $2\sqrt{3}\,I$,
$\sqrt{3} \times E \times 2\sqrt{3}\,I = 6EI$

④ $\sqrt{3}\,E$, $\sqrt{3}\,I$,
$\sqrt{3} \times \sqrt{3}\,E \times \sqrt{3}\,I = 5.2EI$

해설

㉠ 선간전압 $V_l = 3E$
㉡ 선전류 $I_l = I$
㉢ 피상전력 $= \sqrt{3} \times V_l \times I_l = \sqrt{3} \times 3E \times I$
$= 5.196 ≒ 5.2EI$

상 제4장 유도기

47 다음 중 비례추이를 하는 전동기는?

① 동기전동기
② 정류자전동기
③ 단상 유도전동기
④ 권선형 유도전동기

해설

비례추이가 가능한 전동기는 권선형 유도전동기로서 2차 저항의 가감을 통하여 토크 및 속도 등을 변화시킬 수 있다.

중 제1장 직류기

48 단자전압 200[V], 계자저항 50[Ω], 부하전류 50[A], 전기자저항 0.15[Ω], 전기자반작용에 의한 전압강하 3[V]인 직류분권발전기가 정격속도로 회전하고 있다. 이때 발전기의 유도기전력은 약 몇 [V]인가?

① 211.1 ② 215.1

③ 225.1 ④ 230.1

해설

계자전류 $I_f = \dfrac{V_n}{r_f} = \dfrac{200}{50} = 4[A]$

전기자전류 $I_a = I_n + I_f = 50 + 4 = 54[A]$

유도기전력 $E_a = V_n + I_a \cdot r_a + e$
$= 200 + 54 \times 0.15 + 3$
$= 211.1[V]$

상 제2장 동기기

49 동기기의 권선법 중 기전력의 파형을 좋게 하는 권선법은?

① 전절권, 2층권
② 단절권, 집중권
③ 단절권, 분포권
④ 전절권, 집중권

해설

동기기에서 고조파를 제거하여 기전력의 파형을 개선하기 위해 분포권 및 단절권을 사용한다.

중 제3장 변압기

50 변압기에 임피던스 전압을 인가할 때의 입력은?

① 철손
② 와류손
③ 정격용량
④ 임피던스 와트

해설

변압기 2차측을 단락한 상태에서 1차측의 인가전압을 서서히 증가시키면 정격전류가 1차, 2차 권선에 흐르게 되는데, 이때 전압계의 지시값이 임피던스 전압이고 전력계의 지시값이 임피던스 와트(동손)이다.

중 제1장 직류기

51 불꽃 없는 정류를 하기 위해 평균 리액턴스 전압(A)과 브러시 접촉면 전압강하(B) 사이에 필요한 조건은?

① A > B
② A < B
③ A = B
④ A, B에 관계없다.

해설

불꽃 없는 정류를 위해 접촉저항이 큰 탄소브러시를 사용하므로 접촉면에 전압강하가 크게 된다.

하 제4장 유도기

52 유도전동기 1극의 자속 ϕ, 2차 유효전류 $I_2 \cos\theta_2$, 토크 τ의 관계로 옳은 것은?

① $\tau \propto \phi \times I_2 \cos\theta_2$
② $\tau \propto \phi \times (I_2 \cos\theta_2)^2$
③ $\tau \propto \dfrac{1}{\phi \times I_2 \cos\theta_2}$
④ $\tau \propto \dfrac{1}{\phi \times (I_2 \cos\theta_2)^2}$

해설

$T = F \cdot r\,[\mathrm{N \cdot m}]$에서 힘 $T = BiLr = \dfrac{\phi}{A}iLr\,[\mathrm{m}]$,
토크 $T \propto k \cdot \phi \cdot i$
따라서, 토크(T)는 자속(ϕ)과 2차 전류 유효분($I_2 \cos\theta_2$)의 곱에 비례한다.

하 제4장 유도기

53 회전자가 슬립 s로 회전하고 있을 때 고정자와 회전자의 실효권수비를 α라 하면 고정자 기전력 E_1과 회전자 기전력 E_{2s}의 비는?

① $s\alpha$
② $(1-s)\alpha$
③ $\dfrac{\alpha}{s}$
④ $\dfrac{\alpha}{1-s}$

해설

㉠ 정지 시 : $\alpha = \dfrac{E_1}{E_2} \rightarrow E_2 = \dfrac{1}{\alpha}E_1$

㉡ 운전 시 : $E_{2s} = sE_2 = s \cdot \dfrac{1}{\alpha}E_1 \rightarrow \dfrac{E_1}{E_{2s}} = \dfrac{\alpha}{s}$

상 제1장 직류기

54 직류직권전동기의 발생토크는 전기자전류를 변화시킬 때 어떻게 변하는가? (단, 자기포화는 무시한다.)

① 전류에 비례한다.
② 전류에 반비례한다.
③ 전류의 제곱에 비례한다.
④ 전류의 제곱에 반비례한다.

해설

직권전동기의 특성 $T \propto I_a^2 \propto \dfrac{1}{N^2}$

여기서, T : 토크
I_a : 전기자전류
N : 회전수

상 제2장 동기기

55 동기발전기의 병렬운전 중 유도기전력의 위상차로 인하여 발생하는 현상으로 옳은 것은?

① 무효전력이 생긴다.
② 동기화전류가 흐른다.
③ 고조파 무효순환전류가 흐른다.
④ 출력이 요동하고 권선이 가열된다.

해설

동기발전기의 병렬운전 중에 유도기전력의 위상이 다를 경우 동기화전류(=유효순환전류)가 흐른다.

상 제4장 유도기

56 3상 유도기의 기계적 출력(P_o)에 대한 변환식으로 옳은 것은? (단, 2차 입력은 P_2, 2차 동손은 P_{2c}, 동기속도는 N_s, 회전자속도는 N, 슬립은 s이다.)

① $P_o = P_2 + P_{2c} = \dfrac{N}{N_s} P_2 = (2-s)P_2$

② $(1-s)P_2 = \dfrac{N}{N_s} P_2 = P_o - P_{2c}$
$= P_o - sP_2$

③ $P_o = P_2 - P_{2c} = P_2 - sP_2 = \dfrac{N}{N_s} P_2$
$= (1-s)P_2$

④ $P_o = P_2 + P_{2c} = P_2 + sP_2 = \dfrac{N}{N_s} P_2$
$= (1+s)P_2$

해설

출력=2차 입력－2차 동손 → $P_o = P_2 - P_{2c}$
$P_2 : P_{2c} = 1 : s$에서 $P_{2c} = sP_2$ → $P_o = P_2 - sP_2$
$P_2 : P_o = 1 : 1-s$ → $P_o = (1-s)P_2$
$N = (1-s)N_s$에서 $\dfrac{N}{N_s} = (1-s)$ → $P_o = \dfrac{N}{N_s} P_2$

상 제3장 변압기

57 변압기의 등가회로 구성에 필요한 시험이 아닌 것은?

① 단락시험
② 부하시험
③ 무부하시험
④ 권선저항 측정

해설 변압기의 등가회로 작성 시 특성시험

㉠ 무부하시험 : 무부하전류(여자전류), 철손, 여자어드미턴스
㉡ 단락시험 : 임피던스 전압, 임피던스 와트, 동손, 전압변동률
㉢ 권선의 저항측정

중 제3장 변압기

58 단권변압기 두 대를 V결선하여 전압을 2000[V]에서 2200[V]로 승압한 후 200[kVA]의 3상 부하에 전력을 공급하려고 한다. 이때 단권변압기 1대의 용량은 약 몇 [kVA]인가?

① 4.2
② 10.5
③ 18.2
④ 21

해설

단권변압기 V결선

$\dfrac{\text{자기용량}}{\text{부하용량}} = \dfrac{1}{0.866} \left(\dfrac{V_h - V_l}{V_h} \right)$

V결선 시 자기용량 $= \dfrac{1}{0.866} \left(\dfrac{2200-2000}{2200} \right) \times 200$
$= 20.995 [\text{kVA}]$

단권변압기 1대 자기용량 $= 20.995 \div 2 = 10.49$
$≒ 10.5 [\text{kVA}]$

상 제3장 변압기

59 권수비 $a = \dfrac{6600}{220}$, 주파수 60[Hz], 변압기의 철심 단면적 0.02[m²], 최대자속밀도 1.2[Wb/m²]일 때 변압기의 1차측 유도기전력은 약 몇 [V]인가?

① 1407
② 3521
③ 42198
④ 49814

해설

변압기 유도기전력 $E = 4.44 f N \phi_m [\text{V}]$
여기서, $\phi_m = B \cdot A$
$E = 4.44 \times 60 \times 6600 \times 1.2 \times 0.02$
$= 42197.76 ≒ 42198 [\text{V}]$

정답 55 ② 56 ③ 57 ② 58 ② 59 ③

하 제4장 유도기

60 회전형 전동기와 선형 전동기(linear motor)를 비교한 설명으로 틀린 것은?

① 선형의 경우 회전형에 비해 공극의 크기가 작다.

② 선형의 경우 직접적으로 직선운동을 얻을 수 있다.

③ 선형의 경우 회전형에 비해 부하관성의 영향이 크다.

④ 선형의 경우 전원의 상 순서를 바꾸어 이동방향을 변경한다.

해설 선형 전동기(Linear Motor)의 특징

㉠ 직선형 구동력을 직접 발생시키기 때문에 기계적인 변환장치가 불필요하므로 효율이 높다.

㉡ 회전형에 비해 공극이 커서 역률 및 효율이 낮다.

㉢ 회전형의 경우와 같이 전원의 상순을 바꾸어서 이동 방향에 변화를 준다.

㉣ 부하관성에 영향을 크게 받는다.

제4과목 회로이론 및 제어공학

중 제어공학 제7장 상태방정식

61 $F(z) = \dfrac{(1-e^{-aT})z}{(z-1)(z-e^{-aT})}$ 의 역 z 변환은?

① $1 - e^{-at}$ ② $1 + e^{-at}$

③ $t \cdot e^{-at}$ ④ $t \cdot e^{at}$

해설

$$F(z) = \frac{z - z\,e^{-at}}{(z-1)(z-e^{-at})}$$

$$= \frac{z^2 - z\,e^{-at} - z^2 + z}{(z-1)(z-e^{-at})}$$

$$= \frac{z(z-e^{-at}) - z(z-1)}{(z-1)(z-e^{-at})}$$

$$= \frac{z}{z-1} - \frac{z}{z-e^{-at}}$$

$$\therefore f(t) = 1 - e^{-at}$$

상 제어공학 제5장 안정도 판별법

62 다음의 특성방정식 중 안정한 제어시스템은?

① $s^3 + 3s^2 + 4s + 5 = 0$

② $s^4 + 3s^3 - s^2 + s + 10 = 0$

③ $s^5 + s^3 + 2s^2 + 4s + 3 = 0$

④ $s^4 - 2s^3 - 3s^2 + 4s + 5 = 0$

해설 안정조건

㉠ 특성방정식의 모든 차수가 존재할 것

㉡ 모든 차수의 계수의 부호가 동일(+)할 것

∴ 모든 조건을 만족한 것은 ①이다.

중 제어공학 제2장 전달함수

63 다음 중 그림의 신호흐름선도에서 전달함수 $\dfrac{C(s)}{R(s)}$ 는?

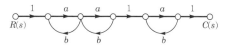

① $\dfrac{a^3}{(1-ab)^3}$

② $\dfrac{a^3}{1 - 3ab + a^2 b^2}$

③ $\dfrac{a^3}{1 - 3ab}$

④ $\dfrac{a^3}{1 - 3ab + 2a^2 b^2}$

해설

메이슨 공식(정식) $M(s) = \dfrac{\sum G_K \Delta_K}{\Delta}$

㉠ $\sum l_1 = ab + ab + ab = 3ab$

㉡ $\sum l_2 = a^2 b^2 + a^2 b^2 = 2a^2 b^2$

㉢ $\Delta = 1 - \sum l_1 + \sum l_2 = 1 - 3ab + 2a^2 b^2$

㉣ $G_1 = a^3, \ \Delta_1 = 1$

∴ 메이슨 공식(정식)

$$M(s) = \frac{\sum G_K \Delta_K}{\Delta} = \frac{G_1 \Delta_1}{\Delta}$$

$$= \frac{a^3}{1 - 3ab + 2a^2 b^2}$$

상 제어공학 제3장 시간영역해석법

64 그림과 같은 블록선도에서 제어시스템에 단위계단함수가 입력되었을 때 정상상태 오차가 0.01이 되는 α의 값은?

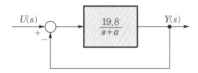

① 0.2 　　② 0.6

③ 0.8 　　④ 1.0

해설

㉠ 단위계단함수($u(t)$)가 입력으로 주어졌을 때의 정상편차를 정상위치편차라 한다.
㉡ 정상위치편차상수

$$K_p = \lim_{s \to 0} s^0 G = \lim_{s \to 0} G(s)H(s)$$
$$= \lim_{s \to 0} \frac{19.8}{s+\alpha} = \frac{19.8}{\alpha}$$

㉢ 정상위치편차

$$e_{sp} = \frac{1}{1+K_p} = \frac{1}{1+\dfrac{19.8}{\alpha}} = 0.01$$

㉣ 위 ㉢항을 정리하여 α를 구할 수 있다.

$$1 = 0.01\left(1+\frac{19.8}{\alpha}\right) \text{에서 } 100 = 1+\frac{19.8}{\alpha}$$

$$\therefore \ \alpha = \frac{19.8}{100-1} = 0.2$$

상 회로이론 제6장 회로망 해석

65 그림과 같은 보드선도의 이득선도를 갖는 제어시스템의 전달함수는?

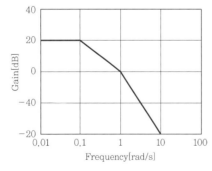

① $G(s) = \dfrac{10}{(s+1)(s+10)}$

② $G(s) = \dfrac{10}{(s+1)(10s+1)}$

③ $G(s) = \dfrac{20}{(s+1)(s+10)}$

④ $G(s) = \dfrac{20}{(s+1)(10s+1)}$

해설

㉠ 절점주파수 $\omega_1 = 0.1$, $\omega_2 = 1$이므로

$$G(j\omega) = \frac{K}{(j\omega+1)(j10\omega+1)} \text{의 식을 만족하게}$$

된다.
㉡ $\omega = 0.1$일 때, $g = 20\log|G(j\omega)| = 20[\text{dB}]$이 되어야 하므로 $|G(j\omega)| = 100$이 된다.

㉢ $G(j\omega) = \dfrac{K}{(j\omega+1)(j10\omega+1)}\bigg|_{\omega=0.1}$

$$= \frac{K}{(1+j0.1)(1+j)}$$
$$= 0.7K\underline{/-0.88°}$$

㉣ $K = \dfrac{10}{0.7} = 14.28$

$$\therefore \ G(s) = \frac{14.28}{(s+1)(10s+1)}$$

상 제어공학 제2장 전달함수

66 다음 중 그림과 같은 블록선도의 전달함수 $\dfrac{C(s)}{R(s)}$는?

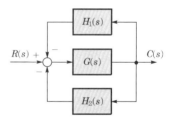

① $\dfrac{G(s)H_1(s)H_2(s)}{1+G(s)H_1(s)H_2(s)}$

② $\dfrac{G(s)}{1+G(s)H_1(s)H_2(s)}$

③ $\dfrac{G(s)}{1-G(s)[H_1(s)+H_2(s)]}$

④ $\dfrac{G(s)}{1+G(s)[H_1(s)+H_2(s)]}$

정답 64 ① 65 전항 정답 66 ④

해설 종합전달함수

$$M(s) = \frac{\sum \text{전향경로이득}}{1 - \sum \text{폐루프이득}}$$
$$= \frac{G(s)}{1 - [- G(s)H_1(s) - G(s)H_2(s)]}$$
$$= \frac{G(s)}{1 + G(s)[H_1(s) + H_2(s)]}$$

상 제어공학 제8장 시퀀스회로의 이해

67 그림과 같은 논리회로와 등가인 것은?

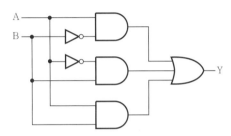

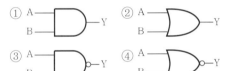

해설

$$Y = A \cdot \overline{B} + \overline{A} \cdot B + A \cdot B$$
$$= A(\overline{B} + B) + B(\overline{A} + A) = A + B$$

상 제어공학 제6장 근궤적법

68 다음의 개루프 전달함수에 대한 근궤적의 점근선이 실수축과 만나는 교차점은?

$$G(s)H(s) = \frac{K(s+3)}{s^2(s+1)(s+3)(s+4)}$$

① $\dfrac{5}{3}$ ② $-\dfrac{5}{3}$

③ $\dfrac{5}{4}$ ④ $-\dfrac{5}{4}$

해설

㉠ 극점 $s_1 = 0$(중근), $s_2 = -1$, $s_3 = -3$, $s_4 = -4$ 에서 극점의 수 $P = 5$개가 되고, 극점의 총합 $\sum P = -8$이 된다.

㉡ 영점 $s = -3$에서 영점의 수 $Z = 1$개가 되고, 영점의 총합 $\sum Z = -3$이 된다.

∴ 점근선의 교차점

$$\sigma = \frac{\sum P - \sum Z}{P - Z} = \frac{-8 - (-3)}{5 - 1} = -\frac{5}{4}$$

상 제어공학 제1장 자동제어의 개요

69 블록선도에서 ⓐ에 해당하는 신호는?

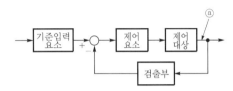

① 조작량 ② 제어량
③ 기준입력 ④ 동작신호

해설

㉠ 제어대상의 입력 : 조작량
㉡ 제어대상의 출력 : 제어량

상 제어공학 제7장 상태방정식

70 다음의 미분방정식과 같이 표현되는 제어시스템이 있다. 이 제어시스템을 상태방정식 $\dot{x} = Ax + Bu$로 나타내었을 때 시스템 행렬 A는?

$$\frac{d^3 C(t)}{dt^3} + 5\frac{d^2 C(t)}{dt^2} + \frac{dC(t)}{dt} + 2C(t) = r(t)$$

① $\begin{bmatrix} 0 & 1 & 0 \\ 0 & 0 & 1 \\ -2 & -1 & -5 \end{bmatrix}$

② $\begin{bmatrix} 1 & 0 & 0 \\ 0 & 1 & 0 \\ -2 & -1 & -5 \end{bmatrix}$

③ $\begin{bmatrix} 0 & 1 & 0 \\ 0 & 0 & 1 \\ 2 & 1 & 5 \end{bmatrix}$

④ $\begin{bmatrix} 1 & 0 & 0 \\ 0 & 1 & 0 \\ 2 & 1 & 5 \end{bmatrix}$

정답 67 ② 68 ④ 69 ② 70 ①

해설

㉠ $C(t) = x_1(t)$

㉡ $\dfrac{d}{dt}C(t) = \dfrac{d}{dt}x_1(t) = \dot{x}_1(t) = x_2(t)$

㉢ $\dfrac{d^2}{dt^2}C(t) = \dfrac{d}{dt}x_2(t) = \dot{x}_2(t) = x_3(t)$

㉣ $\dfrac{d^3}{dt^3}C(t) = \dfrac{d}{dt}x_3(t) = \dot{x}_3(t)$

$= -2x_1(t) - x_2(t) - 5x_3(t) + r(t)$

$\therefore \begin{bmatrix} \dot{x}_1 \\ \dot{x}_2 \\ \dot{x}_3 \end{bmatrix} = \begin{bmatrix} 0 & 1 & 0 \\ 0 & 0 & 1 \\ -2 & -1 & -5 \end{bmatrix} \begin{bmatrix} x_1(t) \\ x_2(t) \\ x_3(t) \end{bmatrix} + \begin{bmatrix} 0 \\ 0 \\ 1 \end{bmatrix} r(t)$

하 　회로이론 제4장 비정현파 교류회로의 이해

71 $f_e(t)$가 우함수이고 $f_o(t)$가 기함수일 때 주기함수 $f(t) = f_e(t) + f_o(t)$에 대한 다음 식 중 틀린 것은?

① $f_e(t) = f_e(-t)$

② $f_o(t) = -f_o(-t)$

③ $f_o(t) = \dfrac{1}{2}[f(t) - f(-t)]$

④ $f_e(t) = \dfrac{1}{2}[f(t) - f(-t)]$

상 　회로이론 제3장 다상 교류회로의 이해

72 3상 평형회로에 Y결선의 부하가 연결되어 있고, 부하에서의 선간전압이 $V_{ab} = 100\sqrt{3}\underline{/0°}$ [V]일 때 선전류가 $I_a = 20\underline{/-60°}$ [A]이었다. 이 부하의 한 상의 임피던스[Ω]는? (단, 3상 전압의 상순은 a−b−c이다.)

① $5\underline{/30°}$　　　② $5\sqrt{3}\underline{/30°}$

③ $5\underline{/60°}$　　　④ $5\sqrt{3}\underline{/60°}$

해설

㉠ Y결선의 특징 : $V_l = \sqrt{3}\,V_p\underline{/30°}$

$I_l = I_p\underline{/0°}$

여기서, $I_l = I_a$: 선전류

I_p : 상전류

㉡ 상전압 : $V_p = \dfrac{V_l}{\sqrt{3}}\underline{/-30°} = 100\underline{/-30°}$

여기서, 선간전압 $V_l = 100\sqrt{3}\underline{/0°}$

$\therefore$ 부하 한 상의 임피던스

$Z = \dfrac{V_p}{I_p} = \dfrac{100\underline{/-30°}}{20\underline{/-60°}} = 5\underline{/30°}$

상 　회로이론 제6장 회로망 해석

73 그림의 회로에서 120[V]와 30[V]의 전압원(능동소자)에서의 전력은 각각 몇 [W]인가? (단, 전압원(능동소자)에서 공급 또는 발생하는 전력은 양수(+)이고, 소비 또는 흡수하는 전력은 음수(−)이다.)

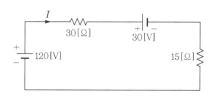

① 240[W], 60[W]

② 240[W], −60[W]

③ −240[W], 60[W]

④ −240[W], −60[W]

해설

㉠ 회로에 흐르는 전류 : $I = \dfrac{V}{R} = \dfrac{120-30}{30+15} = 2$[A]

㉡ 전류는 시계방향으로 흐른다.

㉢ +단자에서 전류가 나가면 전력을 발생시키는 소자이고, 전류가 +단자로 들어가면 전력을 소비하는 소자를 의미한다.

㉣ 따라서 120[V]는 전력을 발생시키고, 30[V]는 전력을 소비하게 된다.

$\therefore$ 120[V]의 전력 $P = 120 \times 2 = 240$[W]

0[V]의 전력 $P = -30 \times 2 = -60$[W]

하 　회로이론 제10장 라플라스 변환

74 정전용량이 C[F]인 커패시터에 단위임펄스의 전류원이 연결되어 있다. 이 커패시터의 전압 $v_C(t)$는? (단, $u(t)$는 단위계단함수이다.)

① $v_C(t) = C$

② $v_C(t) = Cu(t)$

③ $v_C(t) = \dfrac{1}{C}$

④ $v_C(t) = \dfrac{1}{C}u(t)$

정답　71 ④　72 ①　73 ②　74 ④

해설

㉠ 단위임펄스함수 : $\delta(t) = \dfrac{du(t)}{dt}$

㉡ 전류의 정의식 : $i(t) = \dfrac{dq(t)}{dt} = C \dfrac{dv(t)}{dt}$

㉢ 커패시터 단자전압 : $v_C = \dfrac{1}{C} \displaystyle\int i(t) dt$

$\qquad = \dfrac{1}{C} \displaystyle\int \delta(t) dt$

$\qquad = \dfrac{1}{C} \displaystyle\int \dfrac{du(t)}{dt} dt$

$\qquad = \dfrac{1}{C} u(t)$

상 회로이론 제3장 다상 교류회로의 이해

75 각 상의 전압이 다음과 같을 때 영상분 전압[V]의 순시치는? (단, 3상 전압의 상순은 a−b−c이다.)

$$v_a(t) = 40 \sin \omega t \,[\text{V}]$$

$$v_b(t) = 40 \sin \left(\omega t - \frac{\pi}{2} \right) [\text{V}]$$

$$v_c(t) = 40 \sin \left(\omega t + \frac{\pi}{2} \right) [\text{V}]$$

① $40 \sin \omega t$
② $\dfrac{40}{3} \sin \omega t$

③ $\dfrac{40}{3} \sin \left(\omega t - \dfrac{\pi}{2} \right)$
④ $\dfrac{40}{3} \sin \left(\omega t + \dfrac{\pi}{2} \right)$

해설

㉠ 영상분 전압 : $V_0 = \dfrac{1}{3} (V_a + V_b + V_c)$

㉡ 문제에서 V_b 와 V_c 는 크기는 같고, 위상이 반대가 되므로 $V_b + V_c = 0$이 된다. 따라서 영상분 전압은 $V_0 = \dfrac{1}{3} V_a$가 된다.

∴ $V_0 = \dfrac{40}{3} \sin \omega t \,[\text{V}]$

하 회로이론 제3장 다상 교류회로의 이해

76 그림과 같이 3상 평형의 순저항부하에 단상 전력계를 연결하였을 때 전력계가 $W[\text{W}]$ 를 지시하였다. 이 3상 부하에서 소모하는 전체 전력[W]은?

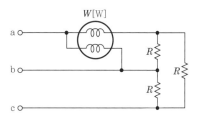

① $2W$
② $3W$

③ $\sqrt{2}\, W$
④ $\sqrt{3}\, W$

해설

R만의 부하에서는 2전력계법으로 3상 전력을 측정할 수 있으며, 이때 측정되는 전력은 $W_1 = W_2 = W$가 되고, 역률은 1이 된다.

∴ 2전력법에서 유효전력 $P = W_1 + W_2 = 2W[\text{W}]$

상 회로이론 제9장 과도현상

77 그림의 회로에서 $t = 0[\text{sec}]$에 스위치(S) 를 닫은 후 $t = 1[\text{sec}]$일 때 이 회로에 흐르는 전류는 약 몇 [A]인가?

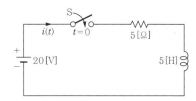

① 2.52
② 3.16

③ 4.21
④ 6.32

해설

$t = 0$에서 스위치를 닫았을 때의 과도전류

$i(t) = \dfrac{E}{R} \left(1 - e^{-\frac{L}{R} t} \right) = \dfrac{20}{5} (1 - e^{-1})$

$\qquad = 4 \times 0.632 = 2.528[\text{A}]$

상 회로이론 제2장 단상 교류회로의 이해

78 순시치전류 $i(t) = I_m \sin (\omega t + \theta_I)[\text{A}]$의 파고율은 약 얼마인가?

① 0.577
② 0.707

③ 1.414
④ 1.732

해설

파고율 $= \dfrac{\text{최대값}}{\text{실효값}} = \dfrac{I_m}{\dfrac{I_m}{\sqrt{2}}} = \sqrt{2} = 1.414$

정답 75 ② 76 ① 77 ① 78 ③

상 회로이론 제7장 4단자망 회로해석

79 그림의 회로가 정저항회로로 되기 위한 L [mH]은? (단, $R = 10[\Omega]$, $C = 1000[\mu F]$ 이다.)

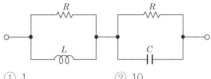

① 1
② 10
③ 100
④ 1000

🔧해설

정저항회로의 조건 $R^2 = Z_1 Z_2 = \dfrac{L}{C}$

$\therefore L = R^2 C = 10^2 \times 1000 \times 10^{-6}$

$\qquad = 10^{-1}[H] = 100[mH]$

여기서, $1[H] = 1000[mH]$

상 회로이론 제8장 분포정수회로

80 분포정수회로에 있어서 선로의 단위길이당 저항이 100[Ω/m], 인덕턴스가 200[mH/m], 누설컨덕턴스가 0.5[℧/m]일 때 일그러짐이 없는 조건(무왜형 조건)을 만족하기 위한 단위길이당 커패시턴스는 몇 [μF/m]인가?

① 0.001
② 0.1
③ 10
④ 1000

🔧해설

무왜형 조건 $LG = RC$

$\therefore C = \dfrac{LG}{R} = \dfrac{200 \times 10^{-3} \times 0.5}{100}$

$\qquad = 10^{-3}[F/m] = 10^3[\mu F/m]$

여기서, $1[\mu F] = 10^6[\mu F]$

제5과목 **전기설비기술기준**

하 제2장 저압설비 및 고압·특고압설비

81 저압 가공전선이 안테나와 접근상태로 시설될 때 상호 간의 이격거리는 몇 [cm] 이상이어야 하는가? (단, 전선이 고압 절연전선, 특고압 절연전선 또는 케이블이 아닌 경우이다.)

① 60
② 80
③ 100
④ 120

🔧해설 고압 가공전선과 안테나의 접근 또는 교차 (KEC 332.14)

㉠ 고압 가공전선은 고압 보안공사에 의할 것
㉡ 가공전선과 안테나 사이의 수평이격거리
 • 저압 사용 시 0.6[m] 이상(절연전선 케이블인 경우 : 0.3[m] 이상)
 • 고압 사용 시 0.8[m] 이상(케이블인 경우에는 : 0.4[m] 이상)

상 제3장 전선로

82 고압 가공전선으로 사용한 경동선은 안전율이 얼마 이상인 이도로 시설하여야 하는가?

① 2.0
② 2.2
③ 2.5
④ 3.0

🔧해설 고압 가공전선의 안전율(KEC 332.4)

㉠ 경동선 또는 내열 동합금선 : 2.2 이상이 되는 이도로 시설
㉡ 그 밖의 전선(예 : 강심 알루미늄 연선, 알루미늄선) : 2.5 이상이 되는 이도로 시설

중 제5장 전기철도

83 급전선에 대한 설명으로 틀린 것은?

① 급전선은 비절연보호도체, 매설접지도체, 레일 등으로 구성하여 단권변압기 중성점과 공통접지에 접속한다.
② 가공식은 전차선의 높이 이상으로 전차선로 지지물에 병가하며, 나전선의 접속은 직선접속을 원칙으로 한다.
③ 선상승강장, 인도교, 과선교 또는 교량 하부 등에 설치할 때에는 최소 절연이격거리 이상을 확보하여야 한다.
④ 신설 터널 내 급전선을 가공으로 설계할 경우 지지물의 취부는 C찬넬 또는 매입전을 이용하여 고정하여야 한다.

🔧해설

비절연보호도체, 매설접지도체, 레일 등으로 구성하여 단권변압기 중성점과 공통접지에 접속하는 것은 귀선로이다.

정답 79 ③ 80 ④ 81 ① 82 ② 83 ①

하 제3장 전선로

84 사용전압이 22.9[kV]인 특고압 가공전선과 그 지지물·완금류·지주 또는 지선 사이의 이격거리는 몇 [cm] 이상이어야 하는가?

① 15   ② 20
③ 25   ④ 30

해설 특고압 가공전선과 지지물 등의 이격거리 (KEC 333.5)

특고압 가공전선과 그 지지물·완금류·지주 또는 지선 사이의 이격거리는 다음 표에서 정한 값 이상이어야 한다. 단, 기술상 부득이한 경우 위험의 우려가 없도록 시설한 때에는 표에서 정한 값의 0.8배까지 감할 수 있다.

사용전압 [kV]	이격거리 [cm]	사용전압 [kV]	이격거리 [cm]
15 미만	15	70 이상 80 미만	45
15 이상 25 미만	20	80 이상 130 미만	65
25 이상 35 미만	25	130 이상 160 미만	90
35 이상 50 미만	30	160 이상 200 미만	110
50 이상 60 미만	35	200 이상 230 미만	130
60 이상 70 미만	40	230 이상	160

상 제2장 저압설비 및 고압·특고압설비

85 진열장 내의 배선으로 사용전압 400[V] 이하에 사용하는 코드 또는 캡타이어케이블의 최소 단면적은 몇 [mm²]인가?

① 1.25
② 1.0
③ 0.75
④ 0.5

해설 진열장 또는 이와 유사한 것의 내부 배선 (KEC 234.8)

㉠ 건조한 장소에 시설하고 또한 내부를 건조한 상태로 사용하는 진열장 또는 이와 유사한 것의 내부에 사용전압이 400[V] 이하인 배선을 외부에서 잘 보이는 장소에 한하여 코드 또는 캡타이어케이블로 직접 조영재에 밀착하여 배선할 것
㉡ 전선의 배선은 단면적 0.75[mm²] 이상의 코드 또는 캡타이어케이블일 것

상 제1장 공통사항

86 최대사용전압이 23000[V]인 중성점 비접지식 전로의 절연내력시험전압은 몇 [V]인가?

① 16560
② 21160
③ 25300
④ 28750

해설 전로의 절연저항 및 절연내력(KEC 132)

중성점 비접지식 전로의 절연내력시험은 최대사용전압에 1.25배를 한 시험전압을 10분간 가하여 시행한다.
절연내력시험전압＝23000×1.25＝28750[V]

상 제3장 전선로

87 지중전선로를 직접 매설식에 의하여 시설할 때, 차량 기타 중량물의 압력을 받을 우려가 있는 장소인 경우 매설깊이는 몇 [m] 이상으로 시설하여야 하는가?

① 0.6   ② 1.0
③ 1.2   ④ 1.5

해설 지중전선로의 시설(KEC 334.1)

차량 등 중량을 받을 우려가 있는 장소에서는 1.0[m] 이상, 기타의 장소에는 0.6[m] 이상으로 한다.

상 제2장 저압설비 및 고압·특고압설비

88 플로어덕트공사에 의한 저압 옥내배선공사 시 시설기준으로 틀린 것은?

① 덕트의 끝부분은 막을 것
② 옥외용 비닐절연전선을 사용할 것
③ 덕트 안에는 전선에 접속점이 없도록 할 것
④ 덕트 및 박스 기타의 부속품은 물이 고이는 부분이 없도록 시설하여야 한다.

해설 플로어덕트공사(KEC 232.32)

㉠ 전선은 절연전선일 것(옥외용 비닐절연전선은 제외)
㉡ 전선은 연선일 것 단, 단면적 10[mm²](알루미늄선은 단면적 16[mm²]) 이하인 것은 단선을 사용할 수 있음
㉢ 플로어덕트 안에는 전선에 접속점이 없도록 할 것
㉣ 덕트의 끝부분은 막을 것

정답 84 ②   85 ③   86 ④   87 ②   88 ②

중 제1장 공통사항

89 중앙급전 전원과 구분되는 것으로서 전력 소비지역 부근에 분산하여 배치 가능한 신·재생에너지 발전설비 등의 전원으로 정의되는 용어는?

① 임시전력원
② 분전반전원
③ 분산형전원
④ 계통연계전원

해설 용어 정의(KEC 112)

분산형전원은 중앙급전 전원과 구분되는 것으로서 전력 소비지역 부근에 분산하여 배치 가능한 전원을 말한다. 상용전원의 정전 시에만 사용하는 비상용 예비전원은 제외하며, 신·재생에너지 발전설비, 전기저장장치 등을 포함한다.

하 제2장 저압설비 및 고압·특고압설비

90 애자공사에 의한 저압 옥측전선로는 사람이 쉽게 접촉될 우려가 없도록 시설하고, 전선의 지지점 간의 거리는 몇 [m] 이하이어야 하는가?

① 1   ② 1.5
③ 2   ④ 3

해설 옥측전선로(KEC 221.2)

애자공사에 의한 저압 옥측전선로는 다음에 의하고 또한 사람이 쉽게 접촉될 우려가 없도록 시설할 것
㉠ 전선은 공칭단면적 4[mm²] 이상의 연동 절연전선 (옥외용 및 인입용 절연전선은 제외)일 것
㉡ 전선의 지지점 간의 거리는 2[m] 이하일 것

하 제2장 저압설비 및 고압·특고압설비

91 저압 가공전선로의 지지물이 목주인 경우 풍압하중의 몇 배의 하중에 견디는 강도를 가지는 것이어야 하는가?

① 1.2   ② 1.5
③ 2   ④ 3

해설 저압 가공전선로의 지지물의 강도(KEC 222.8)

저압 가공전선로의 지지물은 목주인 경우에는 풍압하중의 1.2배의 하중, 기타의 경우에는 풍압하중에 견디는 강도를 가지는 것이어야 한다.

중 제5장 전기철도

92 교류 전차선 등 충전부와 식물 사이의 이격 거리는 몇 [m] 이상이어야 하는가? (단, 현장여건을 고려한 방호벽 등의 안전조치를 하지 않은 경우이다.)

① 1   ② 3
③ 5   ④ 10

해설 전차선 등과 식물사이의 이격거리(KEC 431.11)

교류 전차선 등 충전부와 식물 사이의 이격거리는 5[m] 이상이어야 한다. 다만, 5[m] 이상 확보하기 곤란한 경우에는 현장여건을 고려하여 방호벽 등 안전조치를 하여야 한다.

상 제3장 전선로

93 조상기에 내부 고장이 생긴 경우, 조상기의 뱅크용량이 몇 [kVA] 이상일 때 전로로부터 자동 차단하는 장치를 시설하여야 하는가?

① 5000   ② 10000
③ 15000   ④ 20000

해설 조상설비의 보호장치(KEC 351.5)

조상설비에는 그 내부에 고장이 생긴 경우에 보호하는 장치를 시설하여야 한다.

설비종별	뱅크용량의 구분	자동적으로 전로로부터 차단하는 장치
전력용 커패시터 및 분로리액터	500[kVA] 초과 15000[kVA] 미만	내부고장, 과전류 발생 시 보호장치
	15000[kVA] 이상	내부고장 및 과전류·과전압 발생 시 보호장치
조상기	15000[kVA] 이상	내부고장 시 보호장치

중 제2장 저압설비 및 고압·특고압설비

94 고장보호에 대한 설명으로 틀린 것은?

① 고장보호는 일반적으로 직접 접촉을 방지하는 것이다.
② 고장보호는 인축의 몸을 통해 고장전류가 흐르는 것을 방지하여야 한다.
③ 고장보호는 인축의 몸에 흐르는 고장전류를 위험하지 않는 값 이하로 제한하여야 한다.
④ 고장보호는 인축의 몸에 흐르는 고장전류의 지속시간을 위험하지 않은 시간까지로 제한하여야 한다.

정답 89 ③   90 ③   91 ①   92 ③   93 ③   94 ①

해설 감전에 대한 보호(KEC 113.2)

㉠ 고장보호는 일반적으로 기본절연의 고장에 의한 간접 접촉을 방지하는 것이다.
㉡ 고장보호는 다음 중 어느 하나에 적합하여야 한다.
 • 인축의 몸을 통해 고장전류가 흐르는 것을 방지
 • 인축의 몸에 흐르는 고장전류를 위험하지 않은 값 이하로 제한
 • 인축의 몸에 흐르는 고장전류의 지속시간을 위험하지 않은 시간까지로 제한

중 제2장 저압설비 및 고압·특고압설비

95 네온방전등의 관등회로의 전선을 애자공사에 의해 자기 또는 유리제 등의 애자로 견고하게 지지하여 조영재의 아랫면 또는 옆면에 부착한 경우 전선 상호 간의 이격거리는 몇 [mm] 이상이어야 하는가?

① 30 ② 60
③ 80 ④ 100

해설 네온방전등(KEC 234.12)

㉠ 사람이 쉽게 접촉할 우려가 없는 곳에 위험의 우려가 없도록 시설할 것
㉡ 배선은 전개된 장소 또는 점검할 수 있는 은폐된 장소에 시설할 것
㉢ 배선은 애자사용공사에 의하여 시설한다.
 • 전선은 네온관용 전선을 사용할 것
 • 전선지지점 간의 거리는 1[m] 이하로 할 것
 • 전선 상호 간의 이격거리는 60[mm] 이상일 것

중 제3장 전선로

96 수소냉각식 발전기에서 사용하는 수소냉각 장치에 대한 시설기준으로 틀린 것은?

① 수소를 통하는 관으로 동관을 사용할 수 있다.
② 수소를 통하는 관은 이음매가 있는 강판이어야 한다.
③ 발전기 내부의 수소의 온도를 계측하는 장치를 시설하여야 한다.
④ 발전기 내부의 수소의 순도가 85[%] 이하로 저하한 경우에 이를 경보하는 장치를 시설하여야 한다.

해설 수소냉각식 발전기 등의 시설(KEC 351.10)

㉠ 발전기 내부 또는 조상기 내부의 수소의 순도가 85[%] 이하로 저하한 경우에 이를 경보하는 장치를 시설할 것
㉡ 발전기 내부 또는 조상기 내부의 수소의 온도를 계측하는 장치를 시설할 것
㉢ 수소를 통하는 관은 동관 또는 이음매 없는 강판이어야 하며, 또한 수소가 대기압에서 폭발하는 경우에 생기는 압력에 견디는 강도의 것일 것

상 제3장 전선로

97 전력보안통신설비인 무선통신용 안테나 등을 지지하는 철주의 기초 안전율은 얼마 이상이어야 하는가? (단, 무선용 안테나 등이 전선로의 주위상태를 감시할 목적으로 시설되는 것이 아닌 경우이다.)

① 1.3 ② 1.5
③ 1.8 ④ 2.0

해설 무선용 안테나 등을 지지하는 철탑 등의 시설(KEC 364.1)

목주, 철주, 철근콘크리트주, 철탑의 기초 안전율은 1.5 이상으로 한다.

상 제3장 전선로

98 특고압 가공전선로의 지지물 양측의 경간의 차가 큰 곳에 사용하는 철탑의 종류는?

① 내장형 ② 보강형
③ 직선형 ④ 인류형

해설 특고압 가공전선로의 철주·철근콘크리트주 또는 철탑의 종류(KEC 333.11)

특고압 가공전선로의 지지물로 사용하는 B종 철근·B종 콘크리트주 또는 철탑의 종류는 다음과 같다.
㉠ 직선형 : 전선로의 직선부분(수평각도 3° 이하)에 사용하는 것(내장형 및 보강형 제외)
㉡ 각도형 : 전선로 중 3°를 초과하는 수평각도를 이루는 곳에 사용하는 것
㉢ 인류형 : 전가섭선을 인류하는 곳에 사용하는 것
㉣ 내장형 : 전선로의 지지물 양쪽의 경간의 차가 큰 곳에 사용하는 것
㉤ 보강형 : 전선로의 직선부분에 그 보강을 위하여 사용하는 것

정답 95 ② 96 ② 97 ② 98 ①

상 제2장 저압설비 및 고압·특고압설비

99 사무실 건물의 조명설비에 사용되는 백열 전등 또는 방전등에 전기를 공급하는 옥내 전로의 대지전압은 몇 [V] 이하인가?

① 250 ② 300
③ 350 ④ 400

해설 옥내전로의 대지전압의 제한(KEC 231.6)

백열전등 또는 방전등에 공급하는 옥내의 전로의 대지 전압은 300[V] 이하이어야 하며, 다음에 의하여 시설할 것(150[V] 이하의 전로인 경우는 예외로 함)
㉠ 백열전등 또는 방전등 및 이에 부속하는 전선은 사람이 접촉할 우려가 없도록 시설할 것
㉡ 백열전등 또는 방전등용 안전기는 저압 옥내배선과 직접 접속하여 시설할 것
㉢ 전구소켓은 키나 그 밖의 점멸기구가 없도록 시설할 것

중 제6장 분산형전원설비

100 전기저장장치를 전용건물에 시설하는 경우에 대한 설명이다. 다음 (   )에 들어갈 내용으로 옳은 것은?

> 전기저장장치 시설장소는 주변 시설(도로, 건물, 가연물질 등)로부터 (㉠)[m] 이상 이격하고 다른 건물의 출입구나 피난계단 등 이와 유사한 장소로부터는 (㉡)[m] 이상 이격하여야 한다.

① ㉠ 3, ㉡ 1 ② ㉠ 2, ㉡ 1.5
③ ㉠ 1, ㉡ 2 ④ ㉠ 1.5, ㉡ 3

해설 특정 기술을 이용한 전기저장장치의 시설 (KEC 515)

전기저장장치 시설장소는 주변 시설(도로, 건물, 가연 물질 등)로부터 1.5[m] 이상 이격하고 다른 건물의 출 입구나 피난계단 등 이와 유사한 장소로부터는 3[m] 이상 이격하여야 한다.

정답 99 ② 100 ④

제1과목 **전기자기학**

상 제12장 전자계

01 $\varepsilon_r = 81$, $\mu_r = 1$인 매질의 고유임피던스는 약 몇 [Ω]인가? (단, ε_r은 비유전율이고, μ_r은 비투자율이다.)

① 13.9   ② 21.9

③ 33.9   ④ 41.9

해설

㉠ 진공에서의 고유임피던스

$$Z_0 = \sqrt{\frac{\mu_0}{\varepsilon_0}} = \sqrt{\frac{4\pi \times 10^{-7}}{\frac{1}{36\pi \times 10^9}}} = 120\pi$$

㉡ 매질에서의 고유임피던스

$$Z = \sqrt{\frac{\mu}{\varepsilon}} = \sqrt{\frac{\mu_0 \mu_r}{\varepsilon_0 \varepsilon_r}} = 120\pi \sqrt{\frac{\mu_r}{\varepsilon_r}}$$

$$= 120\pi \sqrt{\frac{1}{81}} = 41.887 = 41.9 [\Omega]$$

상 제9장 자성체와 자기회로

02 강자성체의 $B-H$ 곡선을 자세히 관찰하면 매끈한 곡선이 아니라 자속밀도가 어느 순간 급격히 계단적으로 증가 또는 감소하는 것을 알 수 있다. 이러한 현상을 무엇이라 하는가?

① 퀴리점(Curie point)

② 자왜현상(magneto-striction)

③ 바크하우젠효과(Barkhausen effect)

④ 자기여자효과(magnetic after effect)

해설

강자성체에 자계를 가하면 자화가 일어나는데 자화는 자구(磁區)를 형성하고 있는 경계면, 즉 자벽(磁壁)이 단속적으로 이동함으로써 발생한다. 이때 자계의 변화에 대한 자속의 변화는 미시적으로는 불연속으로 이루어지는데, 이것을 바크하우젠효과라고 한다.

중 제5장 전기 영상법

03 진공 중에 무한 평면 도체와 d[m]만큼 떨어진 곳에 선전하밀도 λ[C/m]의 무한 직선 도체가 평행하게 놓여 있는 경우 직선 도체의 단위길이당 받는 힘은 몇 [N/m]인가?

① $\dfrac{\lambda^2}{\pi \varepsilon_0 d}$ ② $\dfrac{\lambda^2}{2\pi \varepsilon_0 d}$

③ $\dfrac{\lambda^2}{4\pi \varepsilon_0 d}$ ④ $\dfrac{\lambda^2}{16\pi \varepsilon_0 d}$

해설 무한 평면 도체와 선도체(전기 영상법)

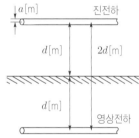

㉠ 영상 선전하 : $\lambda' = -\lambda$

㉡ 두 전하 사이에 작용하는 힘

$$F = QE = \lambda l E[\text{N}] = \lambda E[\text{N/m}]$$

$$= \lambda \times \frac{\lambda}{2\pi \varepsilon_0 r} = \frac{\lambda^2}{2\pi \varepsilon_0 (2d)} = \frac{\lambda^2}{4\pi \varepsilon_0 d}[\text{N/m}]$$

상 제4장 유전체

04 평행 극판 사이에 유전율이 각각 ε_1, ε_2인 유전체를 그림과 같이 채우고, 극판 사이에 일정한 전압을 걸었을 때 두 유전체 사이에 작용하는 힘은? (단, $\varepsilon_1 > \varepsilon_2$)

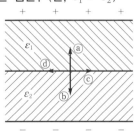

① ⓐ의 방향   ② ⓑ의 방향

③ ⓒ의 방향   ④ ⓓ의 방향

정답 01 ④   02 ③   03 ③   04 ②

해설

유전체 경계면에서 작용하는 힘은 유전율이 큰 곳에서 작은 곳으로 작용한다.

$\therefore \varepsilon_1 > \varepsilon_2$이므로 힘은 ε_1에서 ε_2측으로 작용하는 ⓑ 방향이 된다.

중 제4장 유전체

05 정전용량이 $20[\mu F]$인 공기의 평행판 커패시터에 0.1[C]의 전하량을 충전하였다. 두 평행판 사이에 비유전율이 10인 유전체를 채웠을 때 유전체 표면에 나타나는 분극전하량[C]은?

① 0.009   ② 0.01

③ 0.09   ④ 0.1

해설

㉠ 분극의 세기(분극전하밀도)

$$P = \frac{Q'}{S} = D\left(1 - \frac{1}{\varepsilon_r}\right)[\text{C/m}^2]$$

여기서, 전속밀도 : $D = \frac{Q}{S}[\text{C/m}^2]$

㉡ 분극전하량

$$Q' = Q\left(1 - \frac{1}{\varepsilon_r}\right) = 0.1\left(1 - \frac{1}{10}\right) = 0.09[\text{C}]$$

하 제5장 전기 영상법

06 유전율이 ε_1과 ε_2인 두 유전체가 경계를 이루어 평행하게 접하고 있는 경우 유전율이 ε_1인 영역에 전하 Q가 존재할 때 이 전하와 ε_2인 유전체 사이에 작용하는 힘에 대한 설명으로 옳은 것은?

① $\varepsilon_1 > \varepsilon_2$인 경우 반발력이 작용한다.

② $\varepsilon_1 > \varepsilon_2$인 경우 흡인력이 작용한다.

③ ε_1과 ε_2에 상관없이 반발력이 작용한다.

④ ε_1과 ε_2에 상관없이 흡인력이 작용한다.

해설 유전체와 점전하

㉠ 영상전하 : $Q' = \dfrac{\varepsilon_1 - \varepsilon_2}{\varepsilon_1 + \varepsilon_2} Q[\text{C}]$

㉡ $\varepsilon_1 > \varepsilon_2$: 반발력 작용

㉢ $\varepsilon_1 < \varepsilon_2$: 흡인력 작용

상 제11장 인덕턴스

07 단면적이 균일한 환상철심에 권수 100회인 A코일과 권수 400회인 B코일이 있을 때 A코일의 자기인덕턴스가 4[H]라면 두 코일의 상호인덕턴스는 몇 [H]인가? (단, 누설자속은 0이다.)

① 4

② 8

③ 12

④ 16

해설

㉠ A코일의 자기인덕턴스 : $L_A = \dfrac{\mu S N_A^2}{l}$

㉡ B코일의 자기인덕턴스 : $L_B = \dfrac{\mu S N_B^2}{l}$

㉢ 상호인덕턴스 : $M = \dfrac{\mu S N_A N_B}{l}$

여기서, $\dfrac{\mu S}{l} = \dfrac{1}{N_A^2} \times L_A$

$\therefore M = \dfrac{N_B}{N_A} \times L_A = \dfrac{400}{100} \times 4 = 16[\text{H}]$

상 제11장 인덕턴스

08 평균자로의 길이가 10[cm], 평균단면적이 2[cm²]인 환상 솔레노이드의 자기인덕턴스를 5.4[mH] 정도로 하고자 한다. 이때 필요한 코일의 권선수는 약 몇 회인가? (단, 철심의 비투자율은 15000이다.)

① 6

② 12

③ 24

④ 29

해설 환상 솔레노이드의 자기인덕턴스

$L = \dfrac{\mu S N^2}{l}$에서 권선수는 다음과 같다.

$$\therefore N = \sqrt{\frac{Ll}{\mu S}} = \sqrt{\frac{Ll}{\mu_0 \mu_s S}}$$

$$= \sqrt{\frac{5.4 \times 10^{-3} \times 0.1}{4\pi \times 10^{-7} \times 15000 \times 2 \times 10^{-4}}}$$

$$= 11.97 \fallingdotseq 12[\text{T}]$$

정답   05 ③   06 ①   07 ④   08 ②

상 제9장 자성체와 자기회로

09 투자율이 μ[H/m], 단면적이 S[m²], 길이가 l[m]인 자성체에 권선을 N회 감아서 I[A]의 전류를 흘렸을 때 이 자성체의 단면적 S[m²]를 통과하는 자속[Wb]은?

① $\mu\dfrac{I}{Nl}S$ ② $\mu\dfrac{NI}{Sl}$

③ $\dfrac{NI}{\mu S}l$ ④ $\mu\dfrac{NI}{l}S$

해설

㉠ 기자력 : $F = IN$[AT]

㉡ 자기저항 : $R = \dfrac{l}{\mu S}$ [AT/Wb]

㉢ 자속 : $\phi = \dfrac{F}{R_m} = \dfrac{\mu SNI}{l}$ [Wb]

상 제12장 전자계

10 그림은 커패시터의 유전체 내에 흐르는 변위전류를 보여준다. 커패시터의 전극면적을 S[m²], 전극에 축적된 전하를 q[C], 전극의 표면전하밀도를 σ[C/m²], 전극 사이의 전속밀도를 D[C/m²]라 하면 변위전류밀도 i_d[A/m²]는?

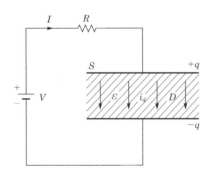

① $\dfrac{\partial D}{\partial t}$ ② $\dfrac{\partial q}{\partial t}$

③ $S\dfrac{\partial D}{\partial t}$ ④ $\dfrac{1}{S}\dfrac{\partial D}{\partial t}$

해설 변위전류밀도

㉠ 정의 : 시간적 변화에 따른 전속밀도의 변화

㉡ 정의 식 : $i_d = \dfrac{\partial D}{\partial t}$ [C/m²]

하 제2장 진공 중의 정전계

11 진공 중에서 점 $(1, 3)$[m]의 위치에 -2×10^{-9}[C]의 점전하가 있을 때 점 $(2, 1)$[m]에 있는 1[C]의 점전하에 작용하는 힘은 몇 [N]인가? (단, $\hat{x}$, $\hat{y}$는 단위벡터이다.)

① $-\dfrac{18}{5\sqrt{5}}\hat{x} + \dfrac{36}{5\sqrt{5}}\hat{y}$

② $-\dfrac{36}{5\sqrt{5}}\hat{x} + \dfrac{18}{5\sqrt{5}}\hat{y}$

③ $-\dfrac{36}{5\sqrt{5}}\hat{x} - \dfrac{18}{5\sqrt{5}}\hat{y}$

④ $\dfrac{18}{5\sqrt{5}}\hat{x} + \dfrac{36}{5\sqrt{5}}\hat{y}$

해설

$+$ 전하와 $-$ 전하 사이에서는 흡인력이 작용하므로 Q점에서 작용하는 힘은 P방향으로 작용한다.

P(1, 3)   Q(2, 1)
$-Q$ $\overset{\leftarrow}{F}$ $+Q$

㉠ 변위벡터
$$\vec{r} = (1-2)\hat{x} + (3-1)\hat{y} = -1\hat{x} + 2\hat{y}$$

㉡ 단위벡터
$$\vec{r_0} = \frac{\vec{r}}{r} = \frac{-\hat{x}+2\hat{y}}{\sqrt{(-1)^2+2^2}} = \frac{-\hat{x}+2\hat{y}}{\sqrt{5}}$$

㉢ 쿨롱의 힘(두 전하 사이에 작용하는 힘)
$$F = \frac{Q_1 Q_2}{4\pi\varepsilon_0 r^2}$$
$$= 9 \times 10^9 \times \frac{2 \times 10^{-9} \times 1}{(\sqrt{5})^2}$$
$$= \frac{18}{5}[N]$$
$$\therefore \vec{F} = F\vec{r_0} = \left(-\frac{18}{5\sqrt{5}}\hat{x} + \frac{36}{5\sqrt{5}}\hat{y}\right)[N]$$

상 제4장 유전체

12 정전용량이 C_0[μF]인 평행판의 공기 커패시터가 있다. 두 극판 사이에 극판과 평행하게 절반을 비유전율이 ε_r인 유전체로 채우면 커패시터의 정전용량[μF]은?

① $\dfrac{C_0}{2\left(1 + \dfrac{1}{\varepsilon_r}\right)}$ ② $\dfrac{C_0}{1 + \dfrac{1}{\varepsilon_r}}$

③ $\dfrac{2C_0}{1 + \dfrac{1}{\varepsilon_r}}$ ④ $\dfrac{4C_0}{1 + \dfrac{1}{\varepsilon_r}}$

해설

㉠ 초기 공기콘덴서 용량 : $C_0 = \dfrac{\varepsilon_0 S}{d}\,[\mu\text{F}]$

㉡ 극판과 평행하게 유전체를 접속하게 되면 다음 그림과 같다.

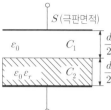

㉢ 공기부분의 정전용량

$$C_1 = \frac{\varepsilon_0 S}{\dfrac{d}{2}} = 2\frac{\varepsilon_0 S}{d} = 2C_0$$

㉣ 유전체 내의 정전용량

$$C_2 = \frac{\varepsilon_r \varepsilon_0 S}{\dfrac{d}{2}} = 2\varepsilon_r \frac{\varepsilon_0 S}{d} = 2\varepsilon_r C_0$$

㉤ C_1 과 C_2 는 직렬로 접속되어 있으므로 다음과 같다.

$$\therefore\ C = \frac{1}{\dfrac{1}{C_1} + \dfrac{1}{C_2}} = \frac{1}{\dfrac{1}{2C_0} + \dfrac{1}{2\varepsilon_r C_0}}$$

$$= \frac{1}{\dfrac{1}{2C_0}\left(1 + \dfrac{1}{\varepsilon_r}\right)} = \frac{2C_0}{1 + \dfrac{1}{\varepsilon_r}}\,[\mu\text{F}]$$

중 ┃ 제3장 정전용량

13 그림과 같이 점 O를 중심으로 반지름이 a [m]인 구도체 1과 안쪽 반지름이 b[m]이고 바깥쪽 반지름이 c[m]인 구도체 2가 있다. 이 도체계에서 전위계수 P_{11}[1/F]에 해당 되는 것은?

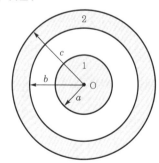

① $\dfrac{1}{4\pi\varepsilon}\dfrac{1}{a}$

② $\dfrac{1}{4\pi\varepsilon}\left(\dfrac{1}{a} - \dfrac{1}{b}\right)$

③ $\dfrac{1}{4\pi\varepsilon}\left(\dfrac{1}{b} - \dfrac{1}{c}\right)$

④ $\dfrac{1}{4\pi\varepsilon}\left(\dfrac{1}{a} - \dfrac{1}{b} + \dfrac{1}{c}\right)$

해설 동심 구도체

㉠ 전위 : $V = \dfrac{Q}{4\pi\epsilon}\left(\dfrac{1}{a} - \dfrac{1}{b} + \dfrac{1}{c}\right)$[V]

㉡ 전위계수 : $P = \dfrac{1}{C} = \dfrac{V}{Q}$

$$= \frac{1}{4\pi\varepsilon}\left(\frac{1}{a} - \frac{1}{b} + \frac{1}{c}\right)[1/\text{F}]$$

상 ┃ 제7장 진공 중의 정자계

14 자계의 세기를 나타내는 단위가 아닌 것은?

① [AT/m]

② [N/Wb]

③ [H · A/m²]

④ [Wb/H · m]

해설

㉠ 자기력 : $F = mH$에서 $H = \dfrac{F}{m}$[N/Wb]

㉡ 자위 : $U = rH$에서 $H = \dfrac{U}{r}$[AT/m]

㉢ 자속밀도 $B = \mu H$에서

$$H = \frac{B}{\mu}\left[\frac{\text{Wb/m}^2}{\text{H/m}} = \text{Wb/H} \cdot \text{m}\right]$$

상 ┃ 제8장 전류의 자기현상

15 그림과 같이 평행한 무한장 직선의 두 도선에 I[A], $4I$[A]인 전류가 각각 흐른다. 두 도선 사이 점 P에서의 자계의 세기가 0이 라면 $\dfrac{a}{b}$ 는?

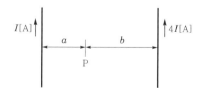

① 2

② 4

③ $\dfrac{1}{2}$

④ $\dfrac{1}{4}$

해설

㉠ I에 의한 자계의 세기 : $H_1 = \dfrac{I}{2\pi a}$

㉡ $4I$에 의한 자계의 세기 : $H_2 = \dfrac{4I}{2\pi b}$

㉢ P점에서 자계의 세기가 0이 되기 위해서는 $H_1 = H_2$가 되어야 한다.

$$\therefore \frac{I}{2\pi a} = \frac{4I}{2\pi b} \rightarrow \frac{a}{b} = \frac{1}{4}$$

상 제3장 정전용량

16 내압 및 정전용량이 각각 1000[V] – 2[μF], 700[V] – 3[μF], 600[V] – 4[μF], 300[V] – 8[μF]인 4개의 커패시터가 있다. 이 커패시터들을 직렬로 연결하여 양단에 전압을 인가한 후 전압을 상승시키면 가장 먼저 절연이 파괴되는 커패시터는? (단, 커패시터의 재질이나 형태는 동일하다.)

① 1000[V] – 2[μF] ② 700[V] – 3[μF]
③ 600[V] – 4[μF] ④ 300[V] – 8[μF]

해설

콘덴서가 축적할 수 있는 전하량($Q = CV$)이 작은 순서로 절연이 파괴된다.

㉠ 2[μF] → $Q = 2 \times 1000 = 2000[\mu C]$
㉡ 3[μF] → $Q = 3 \times 700 = 2100[\mu C]$
㉢ 4[μF] → $Q = 4 \times 600 = 2400[\mu C]$
㉣ 8[μF] → $Q = 8 \times 300 = 2400[\mu C]$
$\therefore$ 2[μF]의 커패시터가 가장 먼저 절연이 파괴된다.

상 제4장 유전체

17 반지름이 2[m]이고 권수가 120회인 원형 코일 중심에서의 자계의 세기를 30[AT/m]로 하려면 원형 코일에 몇 [A]의 전류를 흘려야 하는가?

① 1 ② 2
③ 3 ④ 4

해설

원형 코일 중심에서 자계의 세기 $H = \dfrac{NI}{2a}$이므로 전류는 다음과 같다.

$$\therefore I = \frac{2aH}{N} = \frac{2 \times 2 \times 30}{120} = 1[A]$$

상 제3장 정전용량

18 내구의 반지름이 $a = 5$[cm], 외구의 반지름이 $b = 10$[cm]이고, 공기로 채워진 동심구형 커패시터의 정전용량은 약 몇 [pF]인가?

① 11.1 ② 22.2
③ 33.3 ④ 44.4

해설 동심구 도체의 정전용량

$$C = \frac{4\pi\varepsilon_0 ab}{b-a} = \frac{1}{9 \times 10^9} \times \frac{ab}{b-a}$$
$$= \frac{1}{9 \times 10^9} \times \frac{0.05 \times 0.1}{0.1 - 0.05} = 1.11 \times 10^{-11}[F]$$
$$= 11.1[pF](여기서, \ 1[F] = 10^{12}[pF])$$

상 제9장 자성체와 자기회로

19 자성체의 종류에 대한 설명으로 옳은 것은? (단, χ_m은 자화율이고, μ_r는 비투자율이다.)

① $\chi_m > 0$이면, 역자성체이다.
② $\chi_m < 0$이면, 상자성체이다.
③ $\mu_r > 1$이면, 비자성체이다.
④ $\mu_r < 1$이면, 역자성체이다.

해설

㉠ 자화의 세기 : $J = \mu_0(\mu_r - 1)H[\text{Wb/m}^2]$
㉡ 자화율 : $\chi_m = \mu_0(\mu_r - 1)[\text{H/m}]$
㉢ 자성체의 종류

종류		자화율	비투자율
비자성체	–	$\chi_m = 0$	$\mu_r = 0$
강자성체	철, 니켈, 코발트 등	$\chi_m \gg 0$	$\mu_r \gg 0$
상자성체	공기, 망간, 알루미늄 등	$\chi_m > 0$	$\mu_r > 0$
반자성체	금, 은, 동, 창연 등	$\chi_m < 0$	$\mu_r < 0$

하 제1장 벡터

20 구좌표계에서 $\nabla^2 r$의 값은 얼마인가? (단, $r = \sqrt{x^2 + y^2 + z^2}$)

① $\dfrac{1}{r}$ ② $\dfrac{2}{r}$
③ r ④ $2r$

정답 16 ① 17 ① 18 ① 19 ④ 20 ②

해설

$$\nabla^2 r = \frac{1}{r^2}\frac{\partial}{\partial r}\left(r^2\frac{\partial r}{\partial r}\right)$$
$$+ \frac{1}{r^2\sin\theta}\frac{\partial}{\partial\theta}\left(\sin\theta\frac{\partial r}{\partial\theta}\right)$$
$$+ \frac{1}{r^2\sin^2\theta}\frac{\partial^2 r}{\partial\phi^2}$$
$$= \frac{1}{r^2}\frac{\partial}{\partial r}\left(r^2\frac{\partial r}{\partial r}\right) = \frac{2}{r}$$

제2과목 **전력공학**

상 제7장 이상전압과 유도장해

21 피뢰기의 충격방전 개시전압은 무엇으로 표시하는가?

① 직류전압의 크기
② 충격파의 평균치
③ 충격파의 최대치
④ 충격파의 실효치

해설

충격방전 개시전압이란 파형과 극성의 충격파를 피뢰기의 선로단자와 접지단자 간에 인가했을 때 방전전류가 흐르기 이전에 도달할 수 있는 최고 전압을 말한다.

상 제4장 송전 특성 및 조상설비

22 전력용 콘덴서에 비해 동기조상기의 이점으로 옳은 것은?

① 소음이 적다.
② 진상전류 이외에 지상전류를 취할 수 있다.
③ 전력손실이 적다.
④ 유지보수가 쉽다.

해설 동기조상기와 전력용 콘덴서의 특성 비교

동기조상기	전력용 콘덴서
• 진상, 지상전류 모두 공급이 가능하다.	• 진상전류만 공급이 가능하다.
• 전류조정이 연속적이다.	• 전류조정이 계단적이다.
• 대형, 중량으로 값이 비싸고 손실이 크다.	• 소형, 경량으로 값이 싸고 전력손실이 적다.
• 선로의 시송전(=시충전운전)이 가능하다.	• 용량 변경이 쉽고 유지보수가 용이하다.

하 제8장 송전선로 보호방식

23 단락 보호방식에 관한 설명으로 틀린 것은?

① 방사상 선로의 단락 보호방식에서 전원이 양단에 있을 경우 방향단락계전기와 과전류계전기를 조합시켜서 사용한다.
② 전원이 1단에만 있는 방사상 송전선로에서의 고장전류는 모두 발전소로부터 방사상으로 흘러나간다.
③ 환상선로의 단락 보호방식에서 전원이 두 군데 이상 있는 경우에는 방향거리계전기를 사용한다.
④ 환상선로의 단락 보호방식에서 전원이 1단에만 있을 경우 선택단락계전기를 사용한다.

해설 환상선로의 단락 보호방식

㉠ 방향단락계전방식 : 선로에 전원이 1단에 있는 경우
㉡ 방향거리계전방식 : 선로에 전원이 두 군데 이상 있는 경우

상 제9장 배전방식

24 밸런서의 설치가 가장 필요한 배전방식은?

① 단상 2선식
② 단상 3선식
③ 3상 3선식
④ 3상 4선식

해설

밸런스는 단상 3선식 선로의 말단에 전압불평형을 방지하기 위하여 설치하는 설비로 권선비가 1:1인 단권변압기이다.

상 제8장 송전선로 보호방식

25 부하전류가 흐르는 전로는 개폐할 수 없으나 기기의 점검이나 수리를 위하여 회로를 분리하거나, 계통의 접속을 바꾸는데 사용하는 것은?

① 차단기
② 단로기
③ 전력용 퓨즈
④ 부하개폐기

해설

단로기는 부하전류나 고장전류는 차단할 수 없고 변압기 여자전류나 무부하 충전전류 등 매우 작은 전류를 개폐할 수 있는 것으로, 주로 발·변전소에 회로변경, 보수·점검을 위해 설치하며 블레이드 접촉부, 지지애자 및 조작장치로 구성되어 있다.

정답 21 ③ 22 ② 23 ④ 24 ② 25 ②

중 제4장 송전 특성 및 조상설비

26 정전용량 0.01[μF/km], 길이 173.2[km], 선간전압 60[kV], 주파수 60[Hz]인 3상 송전선로의 충전전류는 약 몇 [A]인가?

① 6.3
② 12.5
③ 22.6
④ 37.2

해설

송전선로의 충전전류 $I_c = 2\pi f C \dfrac{V_n}{\sqrt{3}} l \times 10^{-6}$[A]

$$I_c = 2\pi f C \frac{V_n}{\sqrt{3}} l \times 10^{-6}$$

$$= 2\pi \times 60 \times 0.01 \times \frac{60000}{\sqrt{3}} \times 173.2 \times 10^{-6}$$

$$= 22.6[A]$$

상 제8장 송전선로 보호방식

27 보호계전기의 반한시 · 정한시 특성은?

① 동작전류가 커질수록 동작시간이 짧게 되는 특성
② 최소 동작전류 이상의 전류가 흐르면 즉시 동작하는 특성
③ 동작전류의 크기에 관계없이 일정한 시간에 동작하는 특성
④ 동작전류가 커질수록 동작시간이 짧아지며, 어떤 전류 이상이 되면 동작전류의 크기에 관계없이 일정한 시간에서 동작하는 특성

해설 계전기의 한시특성에 의한 분류

㉠ 순한시계전기 : 최소 동작전류 이상의 전류가 흐르면 즉시 동작하는 것
㉡ 반한시계전기 : 동작전류가 커질수록 동작시간이 짧게 되는 특성을 가진 것
㉢ 정한시계전기 : 동작전류의 크기에 관계없이 일정한 시간에서 동작하는 것
㉣ 정한시 반한시계전기 : 동작전류가 적은 동안에는 반한시 특성으로 되고 그 이상에서는 정한시 특성이 되는 것

상 제5장 고장 계산 및 안정도

28 전력계통의 안정도에서 안정도의 종류에 해당하지 않는 것은?

① 정태안정도
② 상태안정도
③ 과도안정도
④ 동태안정도

해설 안정도의 종류 및 특성

㉠ 정태안정도 : 정태안정도란 부하가 서서히 증가한 경우 계속해서 송전할 수 있는 능력으로 이때의 전력을 정태안정 극한전력이라 한다.
㉡ 과도안정도 : 계통에 갑자기 부하가 증가하여 급격한 교란상태가 발생하더라도 정전을 일으키지 않고 송전을 계속하기 위한 전력의 최대치를 과도안정도라 한다.
㉢ 동태안정도 : 차단기 또는 조상설비 등을 설치하여 안정도를 높인 것을 동태안정도라 한다.

상 제10장 배전선로 계산

29 배전선로의 역률개선에 따른 효과로 적합하지 않은 것은?

① 선로의 전력손실 경감
② 선로의 전압강하의 감소
③ 전원측 설비의 이용률 향상
④ 선로 절연의 비용 절감

해설 역률개선의 효과

㉠ 변압기 및 배전선의 손실 경감
㉡ 전압강하 감소
㉢ 설비이용률 향상(동일부하 시 변압기용량 감소)
㉣ 전력요금 경감

중 제9장 배전방식

30 저압뱅킹 배전방식에서 캐스케이딩현상을 방지하기 위하여 인접 변압기를 연락하는 저압선의 중간에 설치하는 것으로 알맞은 것은?

① 구분퓨즈
② 리클로저
③ 섹셔널라이저
④ 구분개폐기

해설

캐스케이딩현상이란 저압뱅킹방식을 적용하는 저압 선로의 일부 구간에서 고장이 일어나면 이 고장으로 인하여 건전한 구간까지 고장이 확대되는 것으로 이를 방지하기 위하여 변압기를 연락하는 저압선 중간에 구분퓨즈를 설치하여야 한다.

중 제10장 배전선로 계산

31 승압기에 의하여 전압 V_e에서 V_h로 승압할 때, 2차 정격전압 e, 자기용량 W인 단상 승압기가 공급할 수 있는 부하용량은?

① $\dfrac{V_h}{e} \times W$
② $\dfrac{V_e}{e} \times W$
③ $\dfrac{V_e}{V_h - V_e} \times W$
④ $\dfrac{V_h - V_e}{V_e} \times W$

정답 26 ③ 27 ④ 28 ② 29 ④ 30 ① 31 ①

해설

승압기 용량 $W = \dfrac{e}{V_h} \times W_o$ 이므로 승압기가 공급하는

부하용량 $W_o = \dfrac{V_h}{e} \times W$ [kVA]

상 제11장 발전

32 배기가스의 여열을 이용해서 보일러에 공급되는 급수를 예열함으로써 연료소비량을 줄이거나 증발량을 증가시키기 위해서 설치하는 여열회수 장치는?

① 과열기　　　　② 공기예열기
③ 절탄기　　　　④ 재열기

해설

㉠ 절탄기 : 배기가스의 여열을 이용하여 보일러 급수를 예열하기 위한 설비
㉡ 과열기 : 포화증기를 과열증기로 만들어 증기터빈에 공급하기 위한 설비
㉢ 공기예열기 : 연도가스의 여열을 이용하여 연소할 공기를 예열하는 설비
㉣ 재열기 : 고압터빈 내에서 팽창되어 과열증기가 습증기로 되었을 때 추기하여 재가열하는 설비

상 제4장 송전 특성 및 조상설비

33 직렬콘덴서를 선로에 삽입할 때의 이점이 아닌 것은?

① 선로의 인덕턴스를 보상한다.
② 수전단의 전압강하를 줄인다.
③ 정태안정도를 증가한다.
④ 송전단의 역률을 개선한다.

해설 직렬콘덴서를 설치하였을 경우의 특징

㉠ 선로의 인덕턴스를 보상하여 전압강하 및 전압변동률을 줄인다.
㉡ 안정도가 증가하여 송전전력이 커진다.
㉢ 부하역률이 나쁜 선로일수록 설치효과가 좋다.

중 제10장 배전선로 계산

34 전선의 굵기가 균일하고 부하가 균등하게 분산되어 있는 배전선로의 전력손실은 전체 부하가 선로 말단에 집중되어 있는 경우에 비하여 어느 정도가 되는가?

① $\dfrac{1}{2}$　　　　② $\dfrac{1}{3}$
③ $\dfrac{2}{3}$　　　　④ $\dfrac{3}{4}$

해설 부하모양에 따른 부하계수

부하의 형태		전압강하	전력손실	부하율	분산손실계수
말단에 집중된 경우		1.0	1.0	1.0	1.0
균등 부하분포		$\dfrac{1}{2}$	$\dfrac{1}{3}$	$\dfrac{1}{2}$	$\dfrac{1}{3}$
중앙일수록 큰 부하 분포		$\dfrac{1}{2}$	0.38	$\dfrac{1}{2}$	0.38
말단일수록 큰 부하 분포		$\dfrac{2}{3}$	0.58	$\dfrac{2}{3}$	0.58
송전단일수록 큰 부하 분포		$\dfrac{1}{3}$	$\dfrac{1}{5}$	$\dfrac{1}{3}$	$\dfrac{1}{5}$

상 제4장 송전 특성 및 조상설비

35 송전단전압 161[kV], 수전단전압 154[kV], 상차각 35°, 리액턴스 60[Ω]일 때 선로손실을 무시하면 전송전력[MW]은 약 얼마인가?

① 356　　　　② 307
③ 237　　　　④ 161

해설

송전전력 $P = \dfrac{V_S V_R}{X} \sin\delta$ [MW]

여기서, V_S : 송전단전압[kV]
　　　　V_R : 수전단전압[kV]
　　　　X : 선로의 유도리액턴스[Ω]

송전전력 $P = \dfrac{161 \times 154}{60} \sin 35° = 237.02$ [MW]

상 제6장 중심점 접지방식

36 직접접지방식에 대한 설명으로 틀린 것은?

① 1선 지락사고 시 건전상의 대지전압이 거의 상승하지 않는다.
② 계통의 절연수준이 낮아지므로 경제적이다.
③ 변압기의 단절연이 가능하다.
④ 보호계전기가 신속히 동작하므로 과도안정도가 좋다.

정답 32 ③　33 ④　34 ②　35 ③　36 ④

해설 직접접지방식의 특징

㉠ 1선 지락사고 시 건전상의 전위는 거의 상승하지 않는다.
㉡ 변압기에 단절연 및 저감절연이 가능하여 경제적이다.
㉢ 1선 지락 시 지락전류가 커서 지락보호계전기의 동작이 확실하다.
㉣ 지락전류가 크기 때문에 기기에 주는 충격과 유도장해가 크고 과도안정도가 나쁘다.

상 제2장 전선로

37 그림과 같이 지지점 A, B, C에는 고저차가 없으며, 경간 AB와 BC 사이에 전선이 가설되어 그 이도가 각각 12[cm]이다. 지지점 B에서 전선이 떨어져 전선의 이도가 D로 되었다면 D의 길이[cm]는? (단, 지지점 B는 A와 C의 중점이며 지지점 B에서 전선이 떨어지기 전, 후의 길이는 같다.)

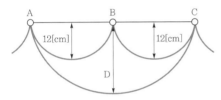

① 17
② 24
③ 30
④ 36

해설 새로운 전선의 이도 D

경간이 같고 전선의 지지점에 고저차가 없는 상태에서 전선이 떨어질 경우
$D = 2D_1 = 2 \times 12 = 24$[cm]

하 제11장 발전

38 수차의 캐비테이션 방지책으로 틀린 것은?

① 흡출수두를 증대시킨다.
② 과부하운전을 가능한 한 피한다.
③ 수차의 비속도를 너무 크게 잡지 않는다.
④ 침식에 강한 금속재료로 러너를 제작한다.

해설 공동현상(cavitation)

㉠ 공기의 흐름보다 유수의 흐름이 빠르면 유수 중에서 진공이 발생하게 된다. 이 현상을 공동현상 또는 캐비테이션현상이라 한다.
㉡ 영향
 • 수차의 금속부분이 부식
 • 진동과 소음발생
 • 출력과 효율의 저하
㉢ 방지대책
 • 수차의 특유속도(비속도)를 너무 높게 취하지 말 것
 • 흡출관을 사용하지 말 것
 • 침식에 강한 금속재료로 러너를 제작할 것
 • 수차를 과도한 부분부하에서 운전하지 말 것

상 제7장 이상전압 및 유도장해

39 송전선로에 매설지선을 설치하는 목적은?

① 철탑 기초의 강도를 보강하기 위하여
② 직격뇌로부터 송전선을 차폐보호하기 위하여
③ 현수애자 1연의 전압분담을 균일화하기 위하여
④ 철탑으로부터 송전선로로의 역섬락을 방지하기 위하여

해설

매설지선은 철탑의 탑각 접지저항을 작게 하기 위한 지선으로, 역섬락을 방지하기 위해 사용한다.

하 제4장 송전 특성 및 조상설비

40 1회선 송전선과 변압기의 조합에서 변압기의 여자 어드미턴스를 무시하였을 경우 송수전단의 관계를 나타내는 4단자 정수 C_0는? (단, $A_0 = A + CZ_{ts}$, $B_0 = B + AZ_{tr} + DZ_{ts} + CZ_{tr}Z_{ts}$, $D_0 = D + CZ_{tr}$, 여기서, Z_{ts}는 송전단변압기의 임피던스이며, Z_{tr}은 수전단변압기의 임피던스이다.)

① C
② $C + DZ_{ts}$
③ $C + AZ_{ts}$
④ $CD + CA$

해설

송전선로의 양단에 송전단변압기 Z_{ts}, 수전단변압기 Z_{tr}의 변압기가 직렬로 접속하므로 다음과 같다.

$$\begin{bmatrix} A_0 & B_0 \\ C_0 & D_0 \end{bmatrix}$$

$$= \begin{bmatrix} 1 & Z_{ts} \\ 0 & 1 \end{bmatrix}\begin{bmatrix} A & B \\ C & D \end{bmatrix}\begin{bmatrix} 1 & Z_{tr} \\ 0 & 1 \end{bmatrix}$$

$$= \begin{bmatrix} A + CZ_{ts} & B + DZ_{ts} \\ C & D \end{bmatrix}\begin{bmatrix} 1 & Z_{tr} \\ 0 & 1 \end{bmatrix}$$

$$= \begin{bmatrix} A + CZ_{ts} & B + AZ_{tr} + DZ_{ts} + CZ_{tr}Z_{ts} \\ C & D + CZ_{tr} \end{bmatrix}$$

제3과목 전기기기

중 제3장 변압기

41 단상 변압기의 무부하상태에서 $V_1 = 200\sin(\omega t + 30°)$[V]의 전압이 인가되었을 때 $I_o = 3\sin(\omega t + 60°) + 0.7\sin(3\omega t + 180°)$[A]의 전류가 흘렀다. 이때 무부하손은 약 몇 [W]인가?

① 150
② 259.8
③ 415.2
④ 512

해설

주파수가 같은 전압과 전류의 실효값으로 전력계산을 한다.

$$P = E_1 I_1 \cos\theta = \frac{200}{\sqrt{2}} \times \frac{3}{\sqrt{2}} \times \cos(60 - 30)$$
$$= 259.8[\text{W}]$$

하 제6장 특수기기

42 단상 직권 정류자전동기의 전기자권선과 계자권선에 대한 설명으로 틀린 것은?

① 계자권선의 권수를 적게 한다.
② 전기자권선의 권수를 크게 한다.
③ 변압기 기전력을 적게 하여 역률 저하를 방지한다.
④ 브러시로 단락되는 코일 중의 단락전류를 크게 한다.

해설 단상 직권 정류자전동기의 특성

㉠ 전기자, 계자 모두 성층철심을 사용한다.
㉡ 역률 및 토크 감소를 해결하기 위해 계자권선의 권수를 감소하고 전기자권선수를 증가한다.
㉢ 보상권선을 설치하여 전기자반작용을 감소시킨다.
㉣ 브러시와 정류자 사이에서 단락전류가 커져 정류작용이 어려워지므로 고저항의 도선을 전기자코일과 정류자편 사이에 접속하여 단락전류를 억제한다.

중 제1장 직류기

43 전부하 시의 단자전압이 무부하 시의 단자전압보다 높은 직류발전기는?

① 분권발전기
② 평복권발전기
③ 과복권발전기
④ 차동복권발전기

해설

과복권발전기의 경우 단자전압(V_n)이 무부하 시 전압(V_0)보다 높아서 전압변동률이 '−'로 나타난다.

$$\varepsilon = \frac{V_0 - V_n}{V_n} \times 100[\%]$$

여기서, V_0 : 무부하전압
V_n : 단자전압

㉠ $\varepsilon(+)$: 타여자, 분권, 부족복권, 차동복권
㉡ $\varepsilon(0)$: 평복권
㉢ $\varepsilon(-)$: 과복권, 직권

상 제1장 직류기

44 직류기의 다중 중권 권선법에서 전기자 병렬회로 수 a와 극수 P 사이의 관계로 옳은 것은? (단, m은 다중도이다.)

① $a = 2$
② $a = 2m$
③ $a = P$
④ $a = mP$

해설 중권 권선법

㉠ 단중의 경우 : $a = P$
㉡ 다중도 m의 경우 : $a = mP$
여기서, a : 병렬회로수
P : 극수

중 제4장 유도기

45 슬립 s_t에서 최대 토크를 발생하는 3상 유도 전동기에 2차측 한 상의 저항을 r_2라 하면 최대 토크로 기동하기 위한 2차측 한 상에 외부로부터 가해주어야 할 저항[Ω]은?

① $\dfrac{1-s_t}{s_t}r_2$ ② $\dfrac{1+s_t}{s_t}r_2$

③ $\dfrac{r_2}{1-s_t}$ ④ $\dfrac{r_2}{s_t}$

해설

최대 토크 $T_m \propto \dfrac{r_2}{s_t} = \dfrac{mr_2}{ms_t}$

기동토크와 전부하토크(최대 토크로 해석)가 같을 경우의 슬립 $s=1$이므로 $\dfrac{r_2}{s_t} = \dfrac{r_2+R}{1}$

외부에서 가해야 할 저항 $R = \dfrac{1-s_t}{s_t}r_2[\Omega]$

상 제3장 변압기

46 단상 변압기를 병렬운전할 경우 부하전류의 분담은?

① 용량에 비례하고 누설임피던스에 비례
② 용량에 비례하고 누설임피던스에 반비례
③ 용량에 반비례하고 누설리액턴스에 비례
④ 용량에 반비례하고 누설리액턴스의 제곱에 비례

해설

변압기의 병렬운전 시 부하전류의 분담은 정격용량에 비례하고 누설임피던스의 크기에 반비례하여 운전된다.

하 제6장 특수기기

47 스텝모터(step motor)의 장점으로 틀린 것은?

① 회전각과 속도는 펄스수에 비례한다.
② 위치제어를 할 때 각도 오차가 적고 누적된다.
③ 가속, 감속이 용이하며 정·역전 및 변속이 쉽다.
④ 피드백 없이 오픈루프로 손쉽게 속도 및 위치제어를 할 수 있다.

해설 스텝모터(step motor)의 특징

㉠ 기동, 정지, 정회전, 역회전이 용이하고 신호에 대한 응답성이 좋다.
㉡ 제어가 간단하고 정밀한 동기운전이 가능하며, 오차도 누적되지는 않는다.
㉢ 피드백루프가 필요없어 오픈루프로 손쉽게 속도 및 위치제어가 가능하다.
㉣ 가·감속 운전과 정·역전 및 변속이 용이하다.
㉤ 모터의 제어가 간단하고 디지털 제어회로와 조합이 용이하다.
㉥ 브러시 등의 접촉부분이 없어 수명이 길고 신뢰성이 높다.
㉦ 회전각도는 입력펄스신호의 수에 비례하고 회전속도는 펄스주파수에 비례한다.

중 제4장 유도기

48 380[V], 60[Hz], 4극, 10[kW]인 3상 유도전동기의 전부하슬립이 4[%]이다. 전원전압을 10[%] 낮추는 경우 전부하슬립은 약 몇 [%]인가?

① 3.3 ② 3.6
③ 4.4 ④ 4.9

해설

슬립과 전압의 관계 $s \propto \dfrac{1}{V_1^2}$

공급전압이 380[V]에서 10[%] 감소 시 공급전압이 342[V]로 되므로

$0.04 : s_2 = \dfrac{1}{380^2} : \dfrac{1}{342^2}$

슬립 $s_2 = 0.04 \times \dfrac{1}{342^2} \times 380^2 = 0.0493$

따라서 슬립은 약 4.9[%]이다.

상 제4장 유도기

49 3상 권선형 유도전동기의 기동 시 2차측 저항을 2배로 하면 최대 토크값은 어떻게 되는가?

① 3배로 된다. ② 2배로 된다.
③ 1/2로 된다. ④ 변하지 않는다.

해설

최대 토크 $T_m \propto \dfrac{r_2}{s_t} = \dfrac{mr_2}{ms_t}$에서 2차측 저항의 증감에 따라 최대 토크의 발생 슬립이 비례하여 변화되므로 최대 토크는 변하지 않는다.

정답 45 ① 46 ② 47 ② 48 ④ 49 ④

제1장 직류기

50 직류 분권전동기에서 정출력 가변속도의 용도에 적합한 속도제어법은?

① 계자제어   ② 저항제어

③ 전압제어   ④ 극수제어

해설

전동기 출력 $P_o = \omega T = 2\pi \dfrac{N}{60} \cdot k\phi I_a$[W]

회전수와 자속 관계는 $N \propto \dfrac{1}{\phi}$이므로 계자제어($\phi$)는 출력 P_o가 거의 일정하다.

제1장 직류기

51 직류 분권전동기의 전기자전류가 10[A]일 때 5[N·m]의 토크가 발생하였다. 이 전동기의 계자의 자속이 80[%]로 감소되고, 전기자전류가 12[A]로 되면 토크는 약 몇 [N·m]인가?

① 3.9   ② 4.3

③ 4.8   ④ 5.2

해설

토크 $T = \dfrac{PZ\phi I_a}{2\pi a}$[N·m]

$T \propto k\phi I_a$

여기서, $k = \dfrac{PZ}{2\pi a}$

전기자전류와 자속이 10[A], 100[%]에서 12[A], 80[%]로 변화되었으므로 $5 : 10 \times 100 = T : 12 \times 80$이다.

토크 $T = 5 \times 12 \times 80 \times \dfrac{1}{10 \times 100} = 4.8$[N·m]

제3장 변압기

52 권수비가 a인 단상변압기 3대가 있다. 이것을 1차에 △, 2차에 Y로 결선하여 3상 교류평형회로에 접속할 때 2차측의 단자전압을 V[V], 전류를 I[A]라고 하면 1차측의 단자전압 및 선전류는 얼마인가? (단, 변압기의 저항, 누설리액턴스, 여자전류는 무시한다.)

① $\dfrac{aV}{\sqrt{3}}$[V], $\dfrac{\sqrt{3}\,I}{a}$[A]

② $\sqrt{3}\,aV$[V], $\dfrac{I}{\sqrt{3}\,a}$[A]

③ $\dfrac{\sqrt{3}\,V}{a}$[V], $\dfrac{aI}{\sqrt{3}}$[A]

④ $\dfrac{V}{\sqrt{3}\,a}$[V], $\sqrt{3}\,aI$[A]

해설

변압기 권수비 $a = \dfrac{E_1}{E_2} = \dfrac{N_1}{N_2} = \dfrac{I_2}{I_1}$

㉠ 2차측이 Y결선으로 단자전압(=선간전압)이 V이므로 상전압은 $E_2 = \dfrac{V}{\sqrt{3}}$이고 1차측으로 상전압으로 변환하면 $E_1 = aE_2 = \dfrac{aV}{\sqrt{3}}$으로 된다. 이때 1차측이 △결선으로 상전압과 선간전압이 같으므로 1차 단자전압은 $V_1 = \dfrac{aV}{\sqrt{3}}$으로 된다.

㉡ 2차측이 Y결선으로 선전류와 상전류가 같으므로 상전류는 I가 되고 1차측 상전류로 변환하면 $I_1 = \dfrac{I_2}{a} = \dfrac{I}{a}$로 된다. 이때 △결선 선전류로 변환하면 $\sqrt{3}$배 상승하므로 1차 선전류는 $I_1 = \dfrac{\sqrt{3}\,I}{a}$으로 된다.

제5장 정류기

53 3상 전원전압 220[V]를 3상 반파정류회로의 각 상에 SCR을 사용하여 정류제어할 때 위상각을 60°로 하면 순저항부하에서 얻을 수 있는 출력전압 평균값은 약 몇 [V]인가?

① 128.65

② 148.55

③ 257.3

④ 297.1

제2장 동기기

54 유도자형 동기발전기의 설명으로 옳은 것은?

① 전기자만 고정되어 있다.

② 계자극만 고정되어 있다.

③ 회전자가 없는 특수 발전기이다.

④ 계자극과 전기자가 고정되어 있다.

해설

유도자형 발전기는 계자 및 전기자 모두 고정된 상태로 발전이 되는데 실험실 전원 등으로 사용된다.

정답   50 ①   51 ③   52 ①   53 전항 정답   54 ④

중 　제2장 동기기

55 3상 동기발전기의 여자전류 10[A]에 대한 단자전압이 $1000\sqrt{3}$ [V], 3상 단락전류가 50[A]인 경우 동기임피던스는 몇 [Ω]인가?

① 5
② 11
③ 20
④ 34

해설

동기임피던스 $Z_s = \dfrac{E}{I_s} = \dfrac{\dfrac{V_n}{\sqrt{3}}}{I_s} = \dfrac{\dfrac{1000\sqrt{3}}{\sqrt{3}}}{50} = 20[\Omega]$

여기서, E : 1상의 유기기전력
V_n : 3상 단자전압

하 　제2장 동기기

56 동기발전기에서 무부하 정격전압일 때의 여자전류를 I_{f0}, 정격부하 정격전압일 때의 여자전류를 I_{f1}, 3상 단락 정격전류에 대한 여자전류를 I_{fs}라 하면 정격속도에서의 단락비 K는?

① $K = \dfrac{I_{fs}}{I_{f0}}$
② $K = \dfrac{I_{f0}}{I_{fs}}$
③ $K = \dfrac{I_{fs}}{I_{f1}}$
④ $K = \dfrac{I_{f1}}{I_{fs}}$

해설 단락비(K)

정격속도에서 무부하 정격전압 V_n[V]를 발생시키는데 필요한 계자전류 I_{f0}[A]와, 정격전류 I_n[A]와 같은 지속단락전류가 흐르도록 하는데 필요한 계자전류 I_{fs}[A]의 비

중 　제3장 변압기

57 변압기의 습기를 제거하여 절연을 향상시키는 건조법이 아닌 것은?

① 열풍법
② 단락법
③ 진공법
④ 건식법

해설

변압기의 권선과 철심을 건조함으로써 습기를 없애고 절연을 향상시킬 수 있는데 건조법에는 열풍법, 단락법, 진공법이 있다.

하 　제2장 동기기

58 극수 20, 주파수 60[Hz]인 3상 동기발전기의 전기자권선이 2층 중권, 전기자 전 슬롯수 180, 각 슬롯 내의 도체수 10, 코일피치 7 슬롯인 2중 성형결선으로 되어 있다. 선간전압 3300[V]를 유도하는데 필요한 기본파 유효자속은 약 몇 [Wb]인가? (단, 코일피치와 자극피치의 비 $\beta = \dfrac{7}{9}$ 이다.)

① 0.004
② 0.062
③ 0.053
④ 0.07

해설

1상의 권수 $N = \dfrac{180 \times 10}{2} \times \dfrac{1}{3} \times \dfrac{1}{2} = 150$회

분포계수 3상이므로,
상수 $m = 3$

매극매상당 슬롯수 $q = \dfrac{180}{3 \times 20} = 3$

분포계수 $K_d = \dfrac{\sin\dfrac{n\pi}{2m}}{q\sin\dfrac{n\pi}{2mq}} = \dfrac{\sin\dfrac{\pi}{2 \times 3}}{3\sin\dfrac{\pi}{2 \times 3 \times 3}} = 0.96$

단절권계수 $K_P = \sin\dfrac{\beta\pi}{2} = \sin\dfrac{\dfrac{7}{9}\pi}{2} = 0.94$

권선계수 $k_w = k_d \cdot k_p = 0.96 \times 0.94 = 0.9$

1상의 유기기전력 $E = 4.44 K_w f N \phi$[V]에서

기본파 유효자속 $\phi = \dfrac{\dfrac{3300}{\sqrt{3}}}{4.44 \times 0.9 \times 60 \times 150}$
$\fallingdotseq 0.053$[Wb]

상 　제5장 정류기

59 2방향성 3단자 사이리스터는 어느 것인가?

① SCR
② SSS
③ SCS
④ TRIAC

해설

㉠ TRIAC(트라이액) : 2방향 3단자
㉡ SCR : 단방향 3단자
㉢ SSS : 2방향 2단자
㉣ SCS : 단방향 4단자

정답 55 ③　56 ②　57 ④　58 ③　59 ④

중 | 제4장 유도기

60 일반적인 3상 유도전동기에 대한 설명으로 틀린 것은?

① 불평형 전압으로 운전하는 경우 전류는 증가하나 토크는 감소한다.

② 원선도 작성을 위해서는 무부하시험, 구속시험, 1차 권선저항 측정을 하여야 한다.

③ 농형은 권선형에 비해 구조가 견고하며 권선형에 비해 대형전동기로 널리 사용된다.

④ 권선형 회전자의 3선 중 1선이 단선되면 동기속도의 50[%]에서 더 이상 가속되지 못하는 현상을 게르게스현상이라 한다.

해설

농형 유도전동기의 기동 시 기동전류가 크고 기동토크가 작기 때문에 비례추이를 이용하여 기동전류가 작고 기동토크가 큰 권선형 유도전동기를 대형전동기로 사용할 수 있다.

제4과목 | 회로이론 및 제어공학

상 | 제어공학 제2장 전달함수

61 다음 블록선도의 전달함수 $\left(\dfrac{C(s)}{R(s)}\right)$는?

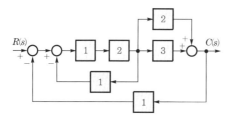

① $\dfrac{10}{9}$　　② $\dfrac{10}{13}$

③ $\dfrac{12}{9}$　　④ $\dfrac{12}{13}$

해설

종합전달함수

$$M(s) = \frac{\sum 전향경로이득}{1 - \sum 폐루프이득}$$
$$= \frac{1 \times 2 \times (2+3)}{1 - (-2-10)} = \frac{10}{13}$$

상 | 제어공학 제3장 주파수영역해석법

62 전달함수가 $G(s) = \dfrac{1}{0.1s(0.01s+1)}$ 과 같은 제어시스템에서 $\omega = 0.1$[rad/s]일 때의 이득[dB]과 위상각[°]은 약 얼마인가?

① 40[dB], $-90°$

② -40[dB], $90°$

③ 40[dB], $-180°$

④ -40[dB], $-180°$

해설

㉠ 주파수 전달함수

$$G(j\omega) = \frac{1}{j0.1\omega(1+j0.01\omega)}\bigg|_{\omega=0.1}$$
$$= \frac{1}{j0.01(1+j0.001)}$$
$$\fallingdotseq 100\underline{/-90°} \;(위상각 : -90°)$$

㉡ 이득 : $g = 20\log|G(j\omega)| = 20\log 10^2$
$$= 40[\text{dB}]$$

중 | 제어공학 제8장 시퀀스회로의 이해

63 다음의 논리식과 등가인 것은?

$$Y = (A+B)(\overline{A}+B)$$

① $Y = A$　　② $Y = B$

③ $Y = \overline{A}$　　④ $Y = \overline{B}$

해설

$Y = (A+B)(\overline{A}+B) = A\overline{A}+AB+\overline{A}B+BB$
$= 0+AB+\overline{A}B+B = B(A+\overline{A}+1) = B$

하 | 제어공학 제7장 근궤적법

64 다음의 개루프 전달함수에 대한 근궤적이 실수축에서 이탈하게 되는 분리점은 약 얼마인가?

$$G(s)H(s) = \frac{K}{s(s+3)(s+8)}, \; K \geq 0$$

① -0.93　　② -5.74

③ -6.0　　④ -1.33

정답 60 ③ 61 ② 62 ① 63 ② 64 ④

해설

㉠ 특성방정식
$$F(s) = 1 + G(s)H(s)$$
$$= s(s+3)(s+8) + K$$
$$= s^3 + 11s^2 + 24s + K = 0$$

㉡ 전달함수 이득
$$K = -s^3 - 11s^2 - 24s$$

㉢ $\dfrac{dK}{ds} = -3s^2 - 22s - 24 = 0$에서

$$s = \frac{22 \pm \sqrt{22^2 - 4 \times (-3) \times (-24)}}{2 \times (-3)}$$

$$= \frac{22 \pm 14}{-6}$$ 이므로

$s_1 = -1.33$, $s_2 = -6$이 된다.

∴ 근궤적의 범위가 $0 \sim -3$, $-8 \sim -\infty$
이므로 분지점은 $s = -1.33$이 된다.

중 제어공학 제7장 상태방정식

65 $F(z) = \dfrac{(1 - e^{-aT})z}{(z-1)(z - e^{-aT})}$ 의 역 z변

환은?

① $t \cdot e^{-at}$ 　② $a^t \cdot e^{-at}$

③ $1 + e^{-at}$ 　④ $1 - e^{-at}$

해설

$$F(z) = \frac{z - z\,e^{-at}}{(z-1)(z - e^{-at})}$$

$$= \frac{z^2 - z\,e^{-at} - z^2 + z}{(z-1)(z - e^{-at})}$$

$$= \frac{z(z - e^{-at}) - z(z-1)}{(z-1)(z - e^{-at})}$$

$$= \frac{z}{z-1} - \frac{z}{z - e^{-at}}$$

∴ $f(t) = 1 - e^{-at}$

상 제어공학 제2장 전달함수

66 기본 제어요소인 비례요소의 전달함수는?
(단, K는 상수이다.)

① $G(s) = K$

② $G(s) = Ks$

③ $G(s) = \dfrac{K}{s}$

④ $G(s) = \dfrac{K}{s+K}$

해설 제어요소의 전달함수

㉠ 비례요소 : $G(s) = K$

㉡ 미분요소 : $G(s) = Ks$

㉢ 적분요소 : $G(s) = \dfrac{K}{s}$

㉣ 1차 지연요소 : $G(s) = \dfrac{K}{Ts+1}$

㉤ 2차 지연요소 : $G(s) = \dfrac{K \cdot \omega_n^2}{s^2 + 2\zeta \omega_n s + \omega_n^2}$

㉥ 부동작 시간요소 : $G(s) = Ke^{-Ls}$

하 제어공학 제7장 상태방정식

67 다음의 상태방정식으로 표현되는 시스템의
상태천이행렬은?

$$\begin{bmatrix} \dfrac{d}{dt}x_1 \\ \dfrac{d}{dt}x_2 \end{bmatrix} = \begin{bmatrix} 0 & 1 \\ -3 & -4 \end{bmatrix} \begin{bmatrix} x_1 \\ x_2 \end{bmatrix}$$

① $\begin{bmatrix} 1.5e^{-t} - 0.5e^{-3t} & -1.5e^{-t} + 1.5e^{-3t} \\ 0.5e^{-t} - 0.5e^{-3t} & -0.5e^{-t} + 1.5e^{-3t} \end{bmatrix}$

② $\begin{bmatrix} 1.5e^{-t} - 0.5e^{-3t} & 0.5e^{-t} - 0.5e^{-3t} \\ -1.5e^{-t} + 1.5e^{-3t} & -0.5e^{-t} + 1.5e^{-3t} \end{bmatrix}$

③ $\begin{bmatrix} 1.5e^{-t} - 0.5e^{-4t} & 0.5e^{-t} - 0.5e^{-4t} \\ -1.5e^{-t} + 1.5e^{-4t} & -0.5e^{-t} + 1.5e^{-4t} \end{bmatrix}$

④ $\begin{bmatrix} 1.5e^{-t} - 0.5e^{-4t} & -1.5e^{-t} + 1.5e^{-4t} \\ 0.5e^{-t} - 0.5e^{-4t} & -0.5e^{-t} + 1.5e^{-4t} \end{bmatrix}$

해설

㉠ $A = \begin{bmatrix} 0 & 1 \\ -3 & -4 \end{bmatrix}$ 행렬일 경우 상태행렬식은

$\Phi(s) = [sI - A]^{-1}$ 이다.

㉡ $sI - A = \begin{bmatrix} s & 0 \\ 0 & s \end{bmatrix} - \begin{bmatrix} 0 & 1 \\ -3 & -4 \end{bmatrix} = \begin{bmatrix} s & -1 \\ 3 & s+4 \end{bmatrix}$

㉢ $[sI - A]^{-1} = \dfrac{1}{s(s+4)+3} \begin{bmatrix} s+4 & 1 \\ -3 & s \end{bmatrix}$

$$= \frac{1}{s^2 + 4s + 3} \begin{bmatrix} s+4 & 1 \\ -3 & s \end{bmatrix}$$

$$= \frac{1}{(s+1)(s+3)} \begin{bmatrix} s+4 & 1 \\ -3 & s \end{bmatrix}$$

$$= \begin{bmatrix} \dfrac{s+4}{(s+1)(s+3)} & \dfrac{1}{(s+1)(s+3)} \\ \dfrac{-3}{(s+1)(s+3)} & \dfrac{s}{(s+1)(s+3)} \end{bmatrix}$$

∴ 천이행렬 $\Phi(t) = \mathcal{L}^{-1}\Phi(s)$ 이므로 각 행렬요소를
라플라스 역변환하면 다음과 같다.

$$\Phi(t) = \begin{bmatrix} 1.5e^{-t} - 0.5e^{-3t} & 0.5e^{-t} - 0.5e^{-3t} \\ -1.5e^{-t} + 1.5e^{-3t} & -0.5e^{-t} + 1.5e^{-3t} \end{bmatrix}$$

정답 65 ④ 66 ① 67 ②

상 제어공학 제3장 시간영역해석법

68 제어시스템의 전달함수가 $T(s)=\dfrac{1}{4s^2+s+1}$ 과 같이 표현될 때 이 시스템의 고유주파수(ω_n[rad/s])와 감쇠율(ζ)은?

① $\omega_n=0.25,\ \zeta=1.0$

② $\omega_n=0.5,\ \zeta=0.25$

③ $\omega_n=0.5,\ \zeta=0.5$

④ $\omega_n=1.0,\ \zeta=0.5$

해설

㉠ 특성방정식 $F(s)=4s^2+s+1=0$에서
$F(s)=s^2+\dfrac{1}{4}s+\dfrac{1}{4}=0$

㉡ 2차 제어계의 특성방정식
$F(s)=s^2+2\zeta\omega_n s+{\omega_n}^2=0$과 비교하여
고유주파수(ω_n)와 감쇠율(ζ)을 구할 수 있다.

㉢ 상수항에서 ${\omega_n}^2=\dfrac{1}{4}$ 에서
고유주파수 $\omega_n=\dfrac{1}{2}=0.5$이다.

㉣ 1차항에서 $2\zeta\omega_n s=\dfrac{1}{4}s$에서
감쇠율 $\zeta=\dfrac{1}{4\times 2\omega_n}=\dfrac{1}{4}=0.25$이다.

상 제어공학 제2장 전달함수

69 그림의 신호흐름선도를 미분방정식으로 표현한 것으로 옳은 것은? (단, 모든 초기값은 0이다.)

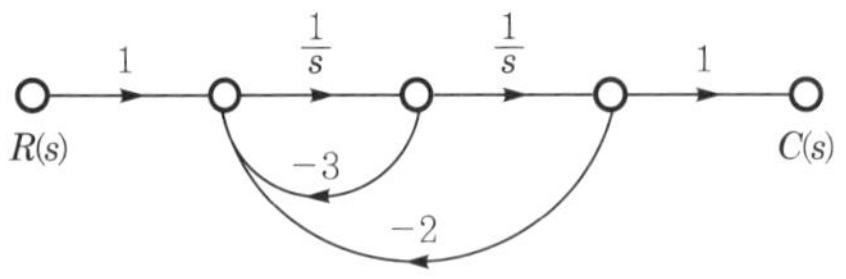

① $\dfrac{d^2c(t)}{dt^2}+3\dfrac{dc(t)}{dt}+2c(t)=r(t)$

② $\dfrac{d^2c(t)}{dt^2}+2\dfrac{dc(t)}{dt}+3c(t)=r(t)$

③ $\dfrac{d^2c(t)}{dt^2}-3\dfrac{dc(t)}{dt}-2c(t)=r(t)$

④ $\dfrac{d^2c(t)}{dt^2}-2\dfrac{dc(t)}{dt}-3c(t)=r(t)$

해설

㉠ 전달함수 : $M(s)=\dfrac{\sum 전향경로}{1-\sum 폐루프이득}$

$$M(s)=\dfrac{\dfrac{1}{s^2}}{1+\dfrac{3}{s}+\dfrac{2}{s^2}}=\dfrac{1}{s^2+3s+2}=\dfrac{C(s)}{R(s)}$$

㉡ $C(s)[s^2+3s+2]=R(s)$에서 라플라스 역변환하면
$\therefore\ \dfrac{d^2}{dt^2}c(t)+3\dfrac{d}{dt}c(t)+2c(t)=r(t)$

상 제어공학 제7장 상태방정식

70 제어시스템의 특성방정식이 $s^4+s^3-3s^2-s+2=0$와 같을 때, 이 특성방정식에서 s 평면의 오른쪽에 위치하는 근은 몇 개인가?

① 0　　② 1

③ 2　　④ 3

해설 제어계의 안정조건

㉠ 특성방정식의 모든 차수가 존재할 것
㉡ 특성방정식의 부호가 모두 동일(+)할 것
㉢ 위 두 조건을 만족하지 못하면 불안정한 제어계가 되며, 불안정한 근(s평면 우반면근)은 2개가 된다.

하 회로이론 제6장 회로망 해석

71 회로에서 6[Ω]에 흐르는 전류[A]는?

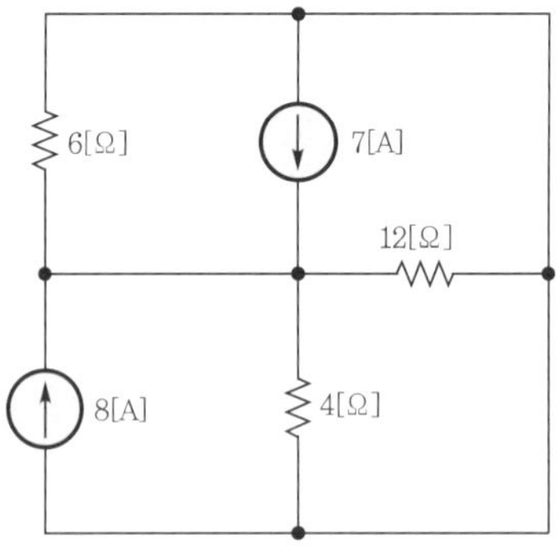

① 2.5

② 5

③ 7.5

④ 10

정답 68 ② 69 ① 70 ③ 71 ②

해설

중첩의 정리로 풀이할 수 있다.

㉠ 8[A]로 해석

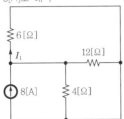

- 12[Ω]과 4[Ω]의 병렬합성저항

$$\frac{12 \times 4}{12+4} = 3[\Omega]$$

- $I_1 = \frac{3}{6+3} \times 8 = \frac{24}{9}[A]$

㉡ 7[A]로 해석

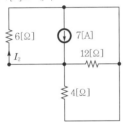

- 12[Ω]과 4[Ω]의 병렬합성저항

$$\frac{12 \times 4}{12+4} = 3[\Omega]$$

- $I_2 = \frac{3}{6+3} \times 7 = \frac{21}{9}[A]$

㉢ 6[Ω]을 통과하는 전류

$$I = I_1 + I_2 = \frac{45}{9} = 5[A]$$

상 회로이론 제9장 과도현상

72 RL 직렬회로에서 시정수가 0.03[s], 저항이 14.7[Ω]일 때 이 회로의 인덕턴스[mH]는?

① 441   ② 362

③ 17.6   ④ 2.53

해설

㉠ RL 회로의 시정수 : $\tau = \frac{L}{R}[sec]$

㉡ 인덕턴스 : $L = \tau R = 0.03 \times 14.7$
$$= 0.441[H] = 441[mH]$$

상 회로이론 제5장 대칭좌표법

73 상의 순서가 $a-b-c$인 불평형 3상 교류회로에서 각 상의 전류가 $I_a = 7.28 \underline{/15.95°}[A]$, $I_b = 12.81 \underline{/-128.66°}[A]$, $I_c = 7.21 \underline{/123.69°}$ [A]일 때 역상분 전류는 약 몇 [A]인가?

① $8.95 \underline{/-1.14°}$

② $8.95 \underline{/1.14°}$

③ $2.51 \underline{/-96.55°}$

④ $2.51 \underline{/96.55°}$

해설

역상분 전류

$I_2 = \frac{1}{3}(I_a + a^2 I_1 + a I_2)$

$\quad = \frac{1}{3}[(7.28 \underline{/15.95°})$
$\qquad + (1 \underline{/240°}) \times (12.8 \underline{/-128.66°})$
$\qquad + (1 \underline{/120°}) \times (7.21 \underline{/123.69°})$
$\quad = 2.51 \underline{/96.55°}[A]$

상 회로이론 제7장 4단자망 회로해석

74 그림과 같은 T형 4단자 회로의 임피던스 파라미터 Z_{22}는?

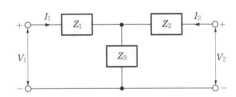

① Z_3

② $Z_1 + Z_2$

③ $Z_1 + Z_3$

④ $Z_2 + Z_3$

해설 임피던스 파라미터

㉠ $Z_{11} = Z_1 + Z_3$

㉡ $Z_{12} = Z_{21} = Z_3$

㉢ $Z_{22} = Z_2 + Z_3$

중 회로이론 제3장 다상 교류회로의 이해

75 그림과 같은 부하에 선간전압이 $V_{ab} =$ $100\underline{/30°}$[V]인 평형 3상 전압을 가했을 때 선전류 I_a[A]는?

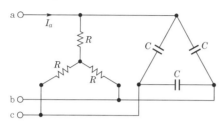

① $\dfrac{100}{\sqrt{3}}\left(\dfrac{1}{R}+j3\omega C\right)$

② $100\left(\dfrac{1}{R}+j\sqrt{3}\,\omega C\right)$

③ $\dfrac{100}{\sqrt{3}}\left(\dfrac{1}{R}+j\omega C\right)$

④ $100\left(\dfrac{1}{R}+j\omega C\right)$

해설

㉠ △결선을 Y결선으로 등가변환하면 다음과 같다. (임피던스 크기를 $\dfrac{1}{3}$로 변환)

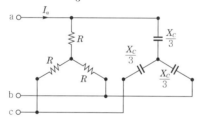

㉡ 저항과 정전용량은 병렬관계이므로 아래와 같이 등가변환시킬 수 있다.

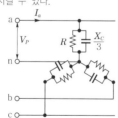

㉢ 합성임피던스

$$Z = \cfrac{1}{\dfrac{1}{R}+\cfrac{1}{\dfrac{-jX_C}{3}}} = \cfrac{1}{\dfrac{1}{R}+j\dfrac{3}{X_C}}$$

$$= \cfrac{1}{\dfrac{1}{R}+j3\omega C}$$

여기서, $X_C = \dfrac{1}{\omega C}$

㉣ 상전압 : $V_P = \dfrac{V_l}{\sqrt{3}}\underline{/-30°} = \dfrac{100}{\sqrt{3}}\underline{/0°}$

㉤ Y결선은 상전류와 선전류가 동일하므로

$$I_a = \dfrac{V_P}{Z} = \dfrac{100}{\sqrt{3}}\left(\dfrac{1}{R}+j3\omega C\right)$$

상 회로이론 제8장 분포정수회로

76 분포정수로 표현된 선로의 단위길이당 저항이 0.5[Ω/km], 인덕턴스가 1[μH/km], 커패시턴스가 6[μF/km]일 때 일그러짐이 없는 조건(무왜형 조건)을 만족하기 위한 단위길이당 컨덕턴스[℧/km]는?

① 1   ② 2

③ 3   ④ 4

해설

무왜형 조건 : $LG = RC$

$$\therefore\ G = \dfrac{RC}{L} = \dfrac{0.5 \times 6}{1} = 3\,[℧/km]$$

상 회로이론 제1장 직류회로의 이해

77 그림 (a)의 Y결선회로를 그림 (b)의 △결선회로로 등가변환했을 때 R_{ab}, R_{bc}, R_{ca}는 각각 몇 [Ω]인가? (단, $R_a = 2$[Ω], $R_b = 3$[Ω], $R_c = 4$[Ω])

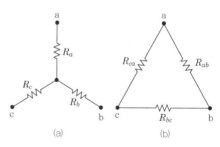

(a)   (b)

① $R_{ab} = \dfrac{6}{9}$, $R_{bc} = \dfrac{12}{9}$, $R_{ca} = \dfrac{8}{9}$

② $R_{ab} = \dfrac{1}{3}$, $R_{bc} = 1$, $R_{ca} = \dfrac{1}{2}$

③ $R_{ab} = \dfrac{13}{2}$, $R_{bc} = 13$, $R_{ca} = \dfrac{26}{3}$

④ $R_{ab} = \dfrac{11}{3}$, $R_{bc} = 11$, $R_{ca} = \dfrac{11}{2}$

정답   75 ①   76 ③   77 ③

해설

Y결선을 △결선으로 등가변환하면

㉠ $R_{ab} = \dfrac{R_a R_b + R_b R_c + R_c R_a}{R_c}$

$= \dfrac{2 \times 3 + 3 \times 4 + 4 \times 2}{4} = \dfrac{13}{2}$

㉡ $R_{bc} = \dfrac{R_a R_b + R_b R_c + R_c R_a}{R_a}$

$= \dfrac{2 \times 3 + 3 \times 4 + 4 \times 2}{2} = 13$

㉢ $R_{ca} = \dfrac{R_a R_b + R_b R_c + R_c R_a}{R_b}$

$= \dfrac{2 \times 3 + 3 \times 4 + 4 \times 2}{3} = \dfrac{26}{3}$

`상` 회로이론 제4장 비정현파 교류회로의 이해

78 다음과 같은 비정현파 교류전압 $v(t)$와 전류 $i(t)$에 의한 평균전력은 약 몇 [W]인가?

$$v(t) = 200\sin 100\pi t$$
$$+ 80\sin\left(300\pi t - \frac{\pi}{2}\right)[\text{V}]$$
$$i(t) = \frac{1}{5}\sin\left(100\pi t - \frac{\pi}{3}\right)$$
$$+ \frac{1}{10}\sin\left(300\pi t - \frac{\pi}{4}\right)[\text{A}]$$

① 6.414
② 8.586
③ 12.828
④ 24.212

해설

유효전력(=소비전력=평균전력)

$P = V_0 I_0 + \sum_{i=1}^{n} \dfrac{1}{2}\left(V_{im} I_{im} \cos\theta_i\right)$

$= \dfrac{1}{2} \times 200 \times \dfrac{1}{5} \times \cos 60°$

$\quad + \dfrac{1}{2} \times 80 \times \dfrac{1}{10} \times \cos 45°$

$= 12.828[\text{W}]$

`하` 회로이론 제2장 단상 교류회로의 이해

79 회로에서 $I_1 = 2e^{-j\frac{\pi}{6}}$ [A], $I_2 = 5e^{j\frac{\pi}{6}}$ [A], $I_3 = 5.0$[A], $Z_3 = 1.0$[Ω]일 때 부하(Z_1, Z_2, Z_3) 전체에 대한 복소전력은 약 몇 [VA]인가?

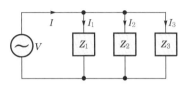

① $55.3 - j7.5$
② $55.3 + j7.5$
③ $45 - j26$
④ $45 + j26$

해설

㉠ 전체 전류
$I = I_1 + I_2 + I_3 = 2\underline{/-30°} + 5\underline{/30°} + 5$
$= 11.06 + j1.5[\text{A}]$

㉡ 회로 전압 : $V = I_3 Z_3 = 5 \times 1 = 5[\text{V}]$

∴ 복소전력 (* : 공액복소수의 의미)
$P_a = V I^* = 5 \times (11.06 - j1.5)$
$= 55.3 - j7.5[\text{VA}]$

`중` 회로이론 제10장 라플라스 변환

80 $f(t) = \mathcal{L}^{-1}\left[\dfrac{s^2 + 3s + 2}{s^2 + 2s + 5}\right]$는?

① $\delta(t) + e^{-t}(\cos 2t - \sin 2t)$
② $\delta(t) + e^{-t}(\cos 2t + 2\sin 2t)$
③ $\delta(t) + e^{-t}(\cos 2t - 2\sin 2t)$
④ $\delta(t) + e^{-t}(\cos 2t + \sin 2t)$

해설

㉠ $F(s) = \dfrac{s^2 + 3s + 2}{s^2 + 2s + 5} = 1 + \dfrac{s - 3}{s^2 + 2s + 5}$

㉡ $1 \xrightarrow{\mathcal{L}^{-1}} \delta(t)$

㉢ $\dfrac{s - 3}{s^2 + 2s + 5} \xrightarrow{\mathcal{L}^{-1}} \dfrac{s - 3}{(s+1)^2 + 2^2}$

$= \dfrac{s + 1}{(s+1)^2 + 2^2} - 2 \times \dfrac{2}{(s+1)^2 + 2^2}$

$= e^{-t}\cos 2t - 2e^{-t}\sin 2t$

$= e^{-t}(\cos 2t - 2\sin 2t)$

∴ $f(t) = \delta(t) + e^{-t}(\cos 2t - 2\sin 2t)$

하 제6장 분산형전원설비

81 풍력터빈의 피뢰설비시설기준에 대한 설명으로 틀린 것은?

① 풍력터빈에 설치한 피뢰설비(리셉터, 인하도선 등)의 기능저하로 인해 다른 기능에 영향을 미치지 않을 것

② 풍력터빈 내부의 계측 센서용 케이블은 금속관 또는 차폐케이블 등을 사용하여 뇌유도과전압으로부터 보호할 것

③ 풍력터빈에 설치하는 인하도선은 쉽게 부식되지 않는 금속선으로서 뇌격전류를 안전하게 흘릴 수 있는 충분한 굵기여야 하며, 가능한 직선으로 시설할 것

④ 수뢰부를 풍력터빈 중앙부분에 배치하되 뇌격전류에 의한 발열에 용손(溶損)되지 않도록 재질, 크기, 두께 및 형상 등을 고려할 것

해설 피뢰설비(KEC 532.3.5)

풍력터빈의 피뢰설비는 다음에 따라 시설하여야 한다.
㉠ 수뢰부를 풍력터빈 선단부분 및 가장자리 부분에 배치하되 뇌격전류에 의한 발열에 용손(溶損)되지 않도록 재질, 크기, 두께 및 형상 등을 고려할 것
㉡ 풍력터빈에 설치하는 인하도선은 쉽게 부식되지 않는 금속선으로서 뇌격전류를 안전하게 흘릴 수 있는 충분한 굵기여야 하며, 가능한 직선으로 시설할 것
㉢ 풍력터빈 내부의 계측 센서용 케이블은 금속관 또는 차폐케이블 등을 사용하여 뇌유도과전압으로부터 보호할 것
㉣ 풍력터빈에 설치한 피뢰설비(리셉터, 인하도선 등)의 기능저하로 인해 다른 기능에 영향을 미치지 않을 것

중 제2장 저압설비 및 고압 · 특고압설비

82 샤워시설이 있는 욕실 등 인체가 물에 젖어있는 상태에서 전기를 사용하는 장소에 콘센트를 시설할 경우 인체감전보호용 누전차단기의 정격감도전류는 몇 [mA] 이하인가?

① 5 ② 10
③ 15 ④ 30

해설 콘센트의 시설(KEC 234.5)

욕조나 샤워시설이 있는 욕실 또는 화장실 등 인체가 물에 젖어있는 상태에서 전기를 사용하는 장소에 콘센트를 시설하는 경우에는 다음에 따라 시설하여야 한다.
㉠「전기용품 및 생활용품 안전관리법」의 적용을 받는 인체감전보호용 누전차단기(정격감도전류 15[mA] 이하, 동작시간 0.03초 이하의 전류동작형의 것에 한한다) 또는 절연변압기(정격용량 3[kVA] 이하인 것에 한한다)로 보호된 전로에 접속하거나, 인체감전보호용 누전차단기가 부착된 콘센트를 시설하여야 한다.
㉡ 콘센트는 접지극이 있는 방적형 콘센트를 사용하여 접지하여야 한다.
㉢ 습기가 많은 장소 또는 수분이 있는 장소에 시설하는 콘센트 및 기계기구용 콘센트는 접지용 단자가 있는 것을 사용하여 접지하고 방습장치를 하여야 한다.

상 제3장 전선로

83 강관으로 구성된 철탑의 갑종 풍압하중은 수직 투영면적 1[m²]에 대한 풍압을 기초로 하여 계산한 값이 몇 [Pa]인가? (단, 단주는 제외한다.)

① 1255 ② 1412
③ 1627 ④ 2157

해설 풍압하중의 종별과 적용(KEC 331.6)

풍압을 받는 구분			풍압[Pa]
지지물	목주		588
	원형 철주		
	원형 철근콘크리트주		
	철탑	강관으로 구성	1255
		기타	2157

중 제1장 공통사항

84 한국전기설비규정에 따른 용어의 정의에서 감전에 대한 보호 등 안전을 위해 제공되는 도체를 말하는 것은?

① 접지도체 ② 보호도체
③ 수평도체 ④ 접지극도체

해설 용어 정의(KEC 112)

보호도체(PE, Protective Conductor)
감전에 대한 보호 등 안전을 위해 제공되는 도체를 말한다.

정답 81 ④ 82 ③ 83 ① 84 ②

중 제5장 전기철도

85 통신상의 유도장해 방지시설에 대한 설명이다. 다음 (   )에 들어갈 내용으로 옳은 것은?

> 교류식 전기철도용 전차선로는 기설 가공약전류전선로에 대하여 (   )에 의한 통신상의 장해가 생기지 않도록 시설하여야 한다.

① 정전작용
② 유도작용
③ 가열작용
④ 산화작용

해설 통신상의 유도장해 방지시설(KEC 461.7)

교류식 전기철도용 전차선로는 기설 가공약전류전선로에 대하여 유도작용에 의한 통신상의 장해가 생기지 않도록 시설하여야 한다.

중 제6장 분산형전원설비

86 주택의 전기저장장치의 축전지에 접속하는 부하측 옥내배선을 사람이 접촉할 우려가 없도록 케이블배선에 의하여 시설하고 전선에 적당한 방호장치를 시설한 경우 주택의 옥내전로의 대지전압은 직류 몇 [V]까지 적용할 수 있는가? (단, 전로에 지락이 생겼을 때 자동적으로 전로를 차단하는 장치를 시설한 경우이다.)

① 150   ② 300
③ 400   ④ 600

해설 옥내전로의 대지전압 제한(KEC 511.3)

주택의 전기저장장치의 축전지에 접속하는 부하측 옥내배선을 다음에 따라 시설하는 경우에 주택의 옥내전로의 대지전압은 직류 600[V]까지 적용할 수 있다.
㉠ 전로에 지락이 생겼을 때 자동적으로 전로를 차단하는 장치를 시설할 것
㉡ 사람이 접촉할 우려가 없는 은폐된 장소에 합성수지관배선, 금속관배선 및 케이블배선에 의하여 시설하거나, 사람이 접촉할 우려가 없도록 케이블배선에 의하여 시설하고 전선에 적당한 방호장치를 시설할 것

상 제1장 공통사항

87 전압의 구분에 대한 설명으로 옳은 것은?

① 직류에서의 저압은 1000[V] 이하의 전압을 말한다.
② 교류에서의 저압은 1500[V] 이하의 전압을 말한다.
③ 직류에서의 고압은 3500[V]를 초과하고 7000[V] 이하인 전압을 말한다.
④ 특고압은 7000[V]를 초과하는 전압을 말한다.

해설 적용범위(KEC 111.1)

전압의 구분은 다음과 같다.

구분	교류(AC)	직류(DC)
저압	1[kV] 이하	1.5[kV] 이하
고압	저압을 초과하고 7[kV] 이하인 것	
특고압	7[kV]를 초과하는 것	

상 제3장 전선로

88 고압 가공전선로의 가공지선으로 나경동선을 사용할 때의 최소 굵기는 지름 몇 [mm] 이상인가?

① 3.2
② 3.5
③ 4.0
④ 5.0

해설 고압 가공전선로의 가공지선(KEC 332.6)

고압 가공전선로의 가공지선 → 4[mm](인장강도 5.26 [kN]) 이상의 나경동선

중 제4장 발전소, 변전소, 개폐소 및 기계기구 시설보호

89 특고압용 변압기의 내부에 고장이 생겼을 경우에 자동차단장치 또는 경보장치를 하여야 하는 최소 뱅크용량은 몇 [kVA]인가?

① 1000
② 3000
③ 5000
④ 10000

정답 85 ②   86 ④   87 ④   88 ③   89 ③

해설 특고압용 변압기의 보호장치(KEC 351.4)

뱅크용량의 구분	동작조건	장치의 종류
5000[kVA] 이상 10000[kVA] 미만	변압기 내부고장	자동차단장치 또는 경보장치
10000[kVA] 이상	변압기 내부고장	자동차단장치
타냉식변압기(변압기의 권선 및 철심을 직접 냉각시키기 위하여 봉입한 냉매를 강제 순환시키는 냉각 방식을 말한다)	냉각장치에 고장이 생긴 경우 또는 변압기의 온도가 현저히 상승한 경우	경보장치

하 제2장 저압설비 및 고압 · 특고압설비

90 합성수지관 및 부속품의 시설에 대한 설명으로 틀린 것은?

① 관의 지지점 간의 거리는 1.5[m] 이하로 할 것
② 합성수지제 가요전선관 상호 간은 직접 접속할 것
③ 접착제를 사용하여 관 상호 간을 삽입하는 깊이는 관의 바깥지름의 0.8배 이상으로 할 것
④ 접착제를 사용하지 않고 관 상호 간을 삽입하는 깊이는 관의 바깥지름의 1.2배 이상으로 할 것

해설 합성수지관공사(KEC 232.11)

㉠ 전선은 절연전선을 사용(옥외용 비닐절연전선은 사용불가)
㉡ 전선은 연선일 것. 다만, 다음의 것은 적용하지 않음
  • 짧고 가는 합성수지관에 넣은 것
  • 단면적 10[mm^2](알루미늄선은 단면적 16[mm^2]) 이하의 것
㉢ 전선은 합성수지관 안에서 접속점이 없도록 할 것
㉣ 합성수지관의 지지점 간의 거리는 1.5[m] 이하 일 것
㉤ 관 상호간 및 박스와는 관을 삽입하는 깊이를 관의 바깥지름의 1.2배(접착제를 사용 : 0.8배)로 함
㉥ 합성수지제 가요전선관 상호 간은 직접 접속하지 말 것

상 제3장 전선로

91 사용전압이 22.9[kV]인 가공전선이 철도를 횡단하는 경우, 전선의 레일면상의 높이는 몇 [m] 이상인가?

① 5
② 5.5
③ 6
④ 6.5

해설 특고압 가공전선의 높이(KEC 333.7)

사용전압 35[kV] 이하에서 전선 지표상의 높이
㉠ 철도 또는 궤도를 횡단하는 경우에는 6.5[m] 이상
㉡ 도로를 횡단하는 경우에는 6[m] 이상
㉢ 횡단보도교의 위에 시설하는 경우 특고압 절연전선 또는 케이블인 경우에는 4[m] 이상

상 제3장 전선로

92 가공전선로의 지지물에 시설하는 통신선 또는 이에 직접 접속하는 가공통신선이 철도 또는 궤도를 횡단하는 경우 그 높이는 레일면상 몇 [m] 이상으로 하여야 하는가?

① 3
② 3.5
③ 5
④ 6.5

해설 전력보안통신선의 시설높이와 이격거리 (KEC 362.2)

가공전선로의 지지물에 시설하는 통신선 또는 이에 직접접속하는 가공통신선의 높이
㉠ 도로를 횡단하는 경우에는 지표상 6[m] 이상으로 한다. 단, 저압이나 고압의 가공전선로의 지지물에 시설하는 통신선 또는 이에 직접 접속하는 가공통신선을 시설하는 경우에 교통에 지장을 줄 우려가 없을 때에는 지표상 5[m]까지로 감할 수 있다.
㉡ 철도 또는 궤도를 횡단하는 경우에는 레일면상 6.5[m] 이상으로 한다.
㉢ 횡단보도교의 위에 시설하는 경우에는 그 노면상 5[m] 이상으로 한다(단, 다음 중 하나에 해당하는 경우에는 제외).
  • 저압 또는 고압의 가공전선로의 지지물에 시설하는 통신선 또는 이에 직접 접속하는 가공통신선을 노면상 3.5[m](통신선이 절연전선과 동등 이상의 절연효력이 있는 것인 경우에는 3[m]) 이상으로 하는 경우
  • 특고압 전선로의 지지물에 시설하는 통신선 또는 이에 직접 접속하는 가공통신선으로서 광섬유 케이블을 사용하는 것을 그 노면상 4[m] 이상으로 하는 경우

상 제3장 전선로

93 전력보안통신설비의 조가선은 단면적 몇 [mm^2] 이상의 아연도강연선을 사용하여야 하는가?

① 16
② 38
③ 50
④ 55

해설 조가선 시설기준(KEC 362.3)

조가선은 단면적 38[mm^2] 이상의 아연도강연선을 사용할 것

정답 90 ② 91 ④ 92 ④ 93 ②

중 제2장 저압설비 및 고압·특고압설비

94 가요전선관 및 부속품의 시설에 대한 내용이다. 다음 ( )에 들어갈 내용으로 옳은 것은?

> 1종 금속제 가요전선관에는 단면적 ( ) [mm²] 이상의 나연동선을 전체 길이에 걸쳐 삽입 또는 첨가하여 그 나연동선과 1종 금속제 가요전선관을 양쪽 끝에서 전기적으로 완전하게 접속할 것 다만, 관의 길이가 4[m] 이하인 것을 시설하는 경우에는 그러하지 아니하다.

① 0.75   ② 1.5
③ 2.5   ④ 4

해설 가요전선관 및 부속품의 시설(KEC 232.13.3)

1종 금속제 가요전선관에는 단면적 2.5[mm²] 이상의 나연동선을 전체 길이에 걸쳐 삽입 또는 첨가하여 그 나연동선과 1종 금속제 가요전선관을 양쪽 끝에서 전기적으로 완전하게 접속할 것 다만, 관의 길이가 4[m] 이하인 것을 시설하는 경우에는 그러하지 아니하다.

상 제3장 전선로

95 사용전압이 154[kV]인 전선로를 제1종 특고압 보안공사로 시설할 경우, 여기에 사용되는 경동연선의 단면적은 몇 [mm²] 이상이어야 하는가?

① 100   ② 125
③ 150   ④ 200

해설 특고압 보안공사(KEC 333.22)

제1종 특고압 보안공사는 다음에 따라 시설할 것
㉠ 35[kV] 넘는 특고압 가공전선로가 건조물 등과 제2차 접근상태로 시설되는 경우에 적용
㉡ 전선의 굵기
 • 100[kV] 미만 : 인장강도 21.67[kN] 이상, 55[mm²] 이상의 경동연선일 것
 • 100[kV] 이상 300[kV] 미만 : 인장강도 58.84[kN] 이상, 150[mm²] 이상의 경동연선일 것
 • 300[kV] 이상 : 인장강도 77.47[kN] 이상, 200[mm²] 이상의 경동연선일 것

하 제3장 전선로

96 사용전압이 400[V] 이하인 저압 옥측전선로를 애자공사에 의해 시설하는 경우 전선 상호 간의 간격은 몇 [m] 이상이어야 하는가? (단, 비나 이슬에 젖지 않는 장소에 사람이 쉽게 접촉될 우려가 없도록 시설한 경우이다.)

① 0.025   ② 0.045
③ 0.06   ④ 0.12

해설 옥측전선로(KEC 221.2)

전선 상호 간의 간격 및 전선과 그 저압 옥측전선로를 시설하는 조영재 사이의 이격거리

시설장소	전선 상호 간의 간격		전선과 조영재 사이의 이격거리	
	사용전압이 400[V] 이하인 경우	사용전압이 400[V] 초과인 경우	사용전압이 400[V] 이하인 경우	사용전압이 400[V] 초과인 경우
비나 이슬에 젖지 않는 장소	0.06[m]	0.06[m]	0.025[m]	0.025[m]
비나 이슬에 젖는 장소	0.06[m]	0.12[m]	0.025[m]	0.045[m]

상 제3장 전선로

97 지중전선로는 기설 지중약전류전선로에 대하여 통신상의 장해를 주지 않도록 기설 약전류전선로로부터 충분히 이격시키거나 기타 적당한 방법으로 시설하여야 한다. 이때 통신상의 장해가 발생하는 원인으로 옳은 것은?

① 충전전류 또는 표피작용
② 충전전류 또는 유도작용
③ 누설전류 또는 표피작용
④ 누설전류 또는 유도작용

해설 지중약전류전선의 유도장해방지(KEC 334.5)

지중전선로는 기설 지중약전류전선로에 대하여 누설전류 또는 유도작용에 의하여 통신상의 장해를 주지 않도록 기설 약전류전선로로부터 충분히 이격시키거나 기타 적당한 방법으로 시설하여야 한다.

정답 94 ③ 95 ③ 96 ③ 97 ④

전기기사

중 제1장 공통사항

98 최대사용전압이 10.5[kV]를 초과하는 교류의 회전기 절연내력을 시험하고자 한다. 이때 시험전압은 최대사용전압의 몇 배의 전압으로 하여야 하는가? (단, 회전변류기는 제외한다.)

① 1
② 1.1
③ 1.25
④ 1.5

☞ 해설 회전기 및 정류기의 절연내력(KEC 133)

종류			시험전압	시험방법
회전기	발전기·전동기·조상기·기타 회전기(회전변류기를 제외한다)	최대사용전압7[kV]이하	최대사용전압의 1.5배의 전압(500[V] 미만으로 되는 경우에는 500[V])	권선과 대지 사이에 연속하여 10분간 가한다.
		최대사용전압7[kV]초과	최대사용전압의 1.25배의 전압(10.5[kV] 미만으로 되는 경우에는 10.5[kV])	
	회전변류기		직류측의 최대사용전압의 1배의 교류전압(500[V] 미만으로 되는 경우에는 500[V])	
정류기	최대사용전압60[kV] 이하		직류측의 최대사용전압의 1배의 교류전압(500[V] 미만으로 되는 경우에는 500[V])	충전부분과 외함 간에 연속하여 10분간 가한다.
	최대사용전압60[kV] 초과		교류측의 최대사용전압의 1.1배의 교류전압 또는 직류측의 최대사용전압의 1.1배의 직류전압	교류측 및 직류고전압측 단자와 대지 사이에 연속하여 10분간 가한다.

상 제2장 저압설비 및 고압·특고압설비

99 폭연성 분진 또는 화약류의 분말에 전기설비가 발화원이 되어 폭발할 우려가 있는 곳에 시설하는 저압 옥내배선의 공사방법으로 옳은 것은? (단, 사용전압이 400[V] 초과인 방전등을 제외한 경우이다.)

① 금속관공사
② 애자사용공사
③ 합성수지관공사
④ 캡타이어 케이블공사

☞ 해설 분진 위험장소(KEC 242.2)

㉠ 폭연성 분진(마그네슘·알루미늄·티탄 등)이 발화원이 되어 폭발할 우려가 있는 곳에 시설하는 저압 옥내 전기설비 → 금속관공사, 케이블공사(캡타이어 케이블은 제외)

㉡ 가연성 분진(소맥분·전분·유황 등)이 발화원이 되어 폭발할 우려가 있는 곳에 시설하는 저압 옥내 전기설비 → 금속관공사, 케이블공사, 합성수지관공사(두께 2[mm] 미만은 제외)

중 제2장 저압설비 및 고압·특고압설비

100 과전류차단기로 저압전로에 사용하는 범용의 퓨즈(「전기용품 및 생활용품 안전관리법」에서 규정하는 것을 제외한다)의 정격전류가 16[A]인 경우 용단전류는 정격전류의 몇 배인가? [단, 퓨즈(gG)인 경우이다.]

① 1.25
② 1.5
③ 1.6
④ 1.9

☞ 해설 보호장치의 특성(KEC 212.3.4)

과전류차단기로 저압전로에 사용하는 범용의 퓨즈는 다음 표에 적합한 것이어야 한다.

정격전류의 구분	시간	정격전류의 배수	
		불용단전류	용단전류
4[A] 이하	60분	1.5배	2.1배
4[A] 초과 16[A] 미만	60분	1.5배	1.9배
16[A] 이상 63[A] 이하	60분	1.25배	1.6배
63[A] 초과 160[A] 이하	120분		
160[A] 초과 400[A] 이하	180분		
400[A] 초과	240분		

정답 98 ③ 99 ① 100 ③

22-46

제1과목 전기자기학

상 제4장 유전체

01 그림과 같이 평행판 콘덴서의 극판 사이에 유전율이 각각 ε_1, ε_2 인 두 유전체를 반반씩 채우고 극판 사이에 일정한 전압을 걸어줄 때 매질 (1), (2) 내의 전계의 세기 E_1, E_2 사이에 성립하는 관계로 옳은 것은?

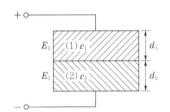

① $E_2 = 4E_1$　　② $E_2 = 2E_1$

③ $E_2 = \dfrac{E_1}{4}$　　④ $E_2 = E_1$

해설

㉠ 전계가 경계면에 대하여 수직으로 입사할 경우 두 유전체 내의 전속밀도의 크기는 일정하다.
㉡ 즉, $D_1 = D_2$ 에서 $\varepsilon_1 E_1 = \varepsilon_2 E_2$ 이 된다.

$$\therefore E_2 = \frac{\varepsilon_1}{\varepsilon_2} E_1 = \frac{\varepsilon_1}{4\varepsilon_1} E_1 = \frac{1}{4} E_1$$

상 제12장 전자계

02 비유전율 81, 비투자율 1인 물속의 전자파 파동임피던스는 약 몇 [Ω]인가?

① $9[\Omega]$　　② $27[\Omega]$

③ $33[\Omega]$　　④ $42[\Omega]$

해설

특성임피던스(=파동임피던스=고유임피던스)

$$\therefore Z = \sqrt{\frac{\mu}{\varepsilon}} = \sqrt{\frac{\mu_0 \mu_s}{\varepsilon_0 \varepsilon_s}} = 120\pi \sqrt{\frac{\mu_s}{\varepsilon_s}}$$

$$= 120\pi \sqrt{\frac{1}{81}} = 42[\Omega]$$

여기서, $\mu_0 = 4\pi \times 10^{-7}$ [H/m]

$$\varepsilon_0 = \frac{1}{36\pi \times 10^9} \text{ [F/m]}$$

$$\sqrt{\frac{\mu_0}{\varepsilon_0}} = 120\pi \fallingdotseq 377$$

상 제2장 진공 중의 정전계

03 점 (0, 1)[m] 되는 곳에 -2×10^{-9}[C]의 점전하가 있다. 점 (2, 0)[m]에 있는 10^{-8}[C]에 작용하는 힘은 몇 [N]인가?

① $\left(-\dfrac{36}{5\sqrt{5}} \overrightarrow{a_x} + \dfrac{18}{5\sqrt{5}} \overrightarrow{a_y} \right) 10^{-8}$

② $\left(-\dfrac{18}{5\sqrt{5}} \overrightarrow{a_x} + \dfrac{36}{5\sqrt{5}} \overrightarrow{a_y} \right) 10^{-8}$

③ $\left(-\dfrac{36}{3\sqrt{5}} \overrightarrow{a_x} + \dfrac{18}{3\sqrt{5}} \overrightarrow{a_y} \right) 10^{-8}$

④ $\left(\dfrac{36}{5\sqrt{5}} \overrightarrow{a_x} - \dfrac{18}{5\sqrt{5}} \overrightarrow{a_y} \right) 10^{-8}$

해설

㉠ +전하와 -전하 사이에는 흡인력이 작용하므로 Q점에서 P점으로 힘이 작용한다.

$P(0, 1)$ 　　　　　　 $Q(2, 0)$
$\bullet$ 　　　　　　　　　　 $\bullet$
$-Q$ 　　　$\overrightarrow{F}$ 　　 $+Q$

㉡ 거리벡터(변위벡터)
$$\vec{r} = (0-2)a_x + (1-0)a_y = -2a_x + a_y$$

㉢ 단위벡터
$$\overrightarrow{r_0} = \frac{\vec{r}}{r} = \frac{-2a_x + a_y}{\sqrt{2^2 + 1^2}} = \frac{-2a_x + a_y}{\sqrt{5}}$$

㉣ 두 전하 사이의 작용력(쿨롱의 법칙)
$$F = \frac{Q_1 Q_2}{4\pi\varepsilon_0 r^2} = 9 \times 10^9 \times \frac{2 \times 10^{-9} \times 10^{-8}}{(\sqrt{5})^2}$$

$$= \frac{18}{5} \times 10^{-8} [\text{N}]$$

$$\therefore \vec{F} = F \overrightarrow{r_0} = \left(-\frac{36}{5\sqrt{5}} \overrightarrow{a_x} + \frac{18}{5\sqrt{5}} \overrightarrow{a_y} \right) 10^{-8}$$

상 제12장 전자계

04 공기 중에서 1[V/m]의 전계의 세기에 의한 변위전류밀도의 크기를 2[A/m²]으로 흐르게 하려면 전계의 주파수는 몇 [MHz]가 되어야 하는가?

① 18000
② 72000
③ 9000
④ 36000

해설

㉠ 변위전류밀도의 크기
$$i_d = \omega \varepsilon_0 E = 2\pi f \varepsilon_0 E [\text{A/m}^2]$$
㉡ 주파수
$$f = \frac{i_d}{2\pi \varepsilon_0 E} = \frac{2}{2\pi \times 8.855 \times 10^{-12} \times 1}$$
$$= 36000 \times 10^6 [\text{Hz}] = 36000 [\text{MHz}]$$

상 제2장 진공 중의 정전계

05 그림과 같이 등전위면이 존재하는 경우 전계의 방향은?

① a방향
② b방향
③ c방향
④ d방향

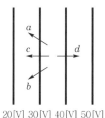

20[V] 30[V] 40[V] 50[V]

해설

전계는 고전위에서 저전위방향으로 향하고, 등전위면에 수직으로 발생한다.

상 제2장 진공 중의 정전계

06 대전도체 표면의 전하밀도를 $\sigma[\text{C/m}^2]$라 할 때 대전도체 표면의 단위면적에 받는 정전응력의 크기[N/m²]와 방향은?

① $\dfrac{\sigma^2}{2\varepsilon_0}$, 도체 내부 방향
② $\dfrac{\sigma^2}{2\varepsilon_0}$, 도체 외부 방향
③ $\dfrac{\sigma^2}{\varepsilon_0}$, 도체 외부 방향
④ $\dfrac{\sigma^2}{\varepsilon_0}$, 도체 내부 방향

해설

정전응력은 양극판(＋극판과 －극판) 사이에서 발생한다. (도체 내부 방향)
$$\therefore \ f = \frac{1}{2}\varepsilon_0 E^2 = \frac{1}{2}DE = \frac{1}{2}\sigma E = \frac{\sigma^2}{2\varepsilon_0}[\text{N/m}^2]$$

상 제9장 자성체와 자기회로

07 자기회로에서 전기회로의 도전율 $\sigma[\mho]$에 대응되는 것은?

① 자속
② 자기저항
③ 자기력
④ 투자율

해설 전기회로와 자기회로의 대응관계

㉠ 기전력 ↔ 기자력
㉡ 전기저항 ↔ 자기저항
㉢ 도전율 ↔ 투자율
㉣ 전류 ↔ 자속
㉤ 전류밀도 ↔ 자속밀도

하 제10장 전자유도법칙

08 진공 중에서 유전율 $\varepsilon[\text{F/m}]$의 유전체가 평등자계 $B[\text{Wb/m}^2]$ 내에 속도 $v[\text{m/s}]$로 운동할 때, 유전체에 발생하는 분극의 세기 P는 몇 [C/m²]인가?

① $(\varepsilon + \varepsilon_0)v \cdot B$
② $(\varepsilon - \varepsilon_0)v \times B$
③ $\varepsilon v \times B$
④ $\varepsilon_0 v \times B$

해설

㉠ 플레밍의 오른손법칙
자계 내에 도체가 운동하면 도체에는 기전력이 발생되며, 유도되는 기전력의 크기는 다음과 같다. (유도기전력)
$$e = V = vBl\sin\theta = (v \times B)l[\text{V}]$$
㉡ 기전력과 전계의 세기의 관계
$$V = lE \text{에서} \ E = \frac{V}{l} = v \times B$$
∴ 분극의 세기
$$P = \varepsilon_0(\varepsilon_s - 1)E = \varepsilon_0(\varepsilon_s - 1)v \times B[\text{C/m}^2]$$

정답 04 ④ 05 ③ 06 ① 07 ④ 08 ②

제3장 정전용량

09 두 개의 커패시터를 직렬로 접속하고 직류전압을 인가했을 때에 대한 설명으로 틀린 것은?

① 각 커패시터의 두 전극에 정전유도에 의하여 정·부의 동일한 전하가 나타나고 전하량은 일정하다.

② 합성 정전용량은 각 커패시터의 정전용량의 합과 같다.

③ 합성 정전용량은 각 커패시터의 정전용량보다 작아진다.

④ 정전용량이 작은 커패시터에 전압이 더 많이 걸린다.

해설

커패시터 3개를 직렬로 접속했을 때 합성 정전용량은

$$C = \frac{1}{\frac{1}{C_1} + \frac{1}{C_2} + \frac{1}{C_3}}$$ 이 된다.

제2장 진공 중의 정전계

10 진공 중에 한 변의 길이가 0.1[m]인 정삼각형의 3정점 A, B, C에 각각 2.0×10^{-6}[C]의 점전하가 있을 때, 점 A의 전하에 작용하는 힘은 몇 [N]인가?

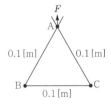

① $1.8\sqrt{2}$
② $1.8\sqrt{3}$
③ $3.6\sqrt{2}$
④ $3.6\sqrt{3}$

해설

정삼각형 A점에서 받아지는 힘은 A, B 사이에 작용하는 힘 F_1 와 A, C 사이에 작용하는 힘 F_2를 더하여 구할 수 있다.

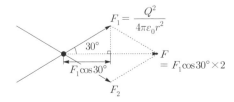

$$F = F_1 + F_2 = F_1 \times \cos 30° \times 2$$
$$= \frac{Q^2}{4\pi\varepsilon_0 r^2} \times \cos 30° \times 2$$
$$= 9 \times 10^9 \times \frac{(2 \times 10^{-6})^2}{0.1^2} \times \frac{\sqrt{3}}{2} \times 2$$
$$= 3.6\sqrt{3} \text{ [N]}$$

제11장 인덕턴스

11 그림과 같이 단면적이 균일한 환상철심에 권수 N_1인 코일과 권수 A인 코일이 있을 때 코일의 자기인덕턴스가 L_1[H]라면 두 코일의 상호인덕턴스는 몇 [H]인가? (단, 누설자속은 0이라고 한다.)

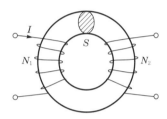

① $\frac{L_1 N_1}{N_2}$
② $\frac{N_2}{L_1 L_2}$
③ $\frac{N_1}{L_1 N_2}$
④ $\frac{L_1 N_2}{N_1}$

해설

㉠ 1차 코일의 자기인덕턴스

$$L_1 = \frac{\mu S N_1^2}{l} \text{[H]} \rightarrow \frac{\mu S}{l} = \frac{1}{N_1^2} \times L_1$$

㉡ 2차 코일의 자기인덕턴스

$$L_2 = \frac{\mu S N_2^2}{l} = \frac{\mu S}{l} \times N_2^2 = \left(\frac{N_2}{N_1}\right)^2 \times L_1$$

㉢ 상호인덕턴스

$$M = \frac{\mu S N_1 N_2}{l} = \frac{\mu S}{l} \times N_1 N_2 = \frac{N_2}{N_1} \times L_1$$

제4장 유전체

12 자화율(magnetic susceptibility) χ는 상자성체에서 일반적으로 어떤 값을 갖는가?

① $\chi = 0$
② $\chi > 0$
③ $\chi < 0$
④ $\chi = 1$

해설

㉠ 자화의 세기 : $J = \mu_o (\mu_s - 1) H\,[\text{Wb/m}^2]$

㉡ 자화율 : $\chi = \mu_0 (\mu_s - 1)\,[\text{H/m}]$

㉢ 비자화율 : $\chi_{er} = \mu_s - 1$

㉣ 자성체의 종류별 특징

종류	자화율	비자화율	비투자율
비자성체	$\chi = 0$	$\chi_{er} = 0$	$\mu_s = 1$
강자성체	$\chi \gg 0$	$\chi_{er} \gg 0$	$\mu_s \gg 1$
상자성체	$\chi > 0$	$\chi_{er} > 0$	$\mu_s > 1$
반자성체	$\chi < 0$	$\chi_{er} < 0$	$\mu_s < 1$

중 | 제6장 전류

13 구리의 저항율은 20[℃]에서 1.69×10^{-8} [$\Omega \cdot$ m]이고 온도계수는 0.0039이다. 단면이 2[mm²]인 구리선 200[m]의 50[℃]에서의 저항값은 몇 [Ω]인가?

① 1.69×10^{-3} ② 1.89×10^{-3}

③ 1.69 ④ 1.89

해설

㉠ 20[℃]에서 전기저항값

$$R = \rho \frac{l}{S}$$

$$= 1.69 \times 10^{-8} \times \frac{200}{2 \times 10^{-6}}$$

$$= 1.69[\Omega]$$

여기서, ρ : 20[℃]에서의 고유저항

㉡ 50[℃]로 상승했을 때의 전기저항값

$$R_T = R_t[1 + \alpha_t(T - t)]$$

$$= 1.69 \times [1 + 0.0039(50 - 20)]$$

$$= 1.887[\Omega]$$

여기서, T : 현재 온도

t : 초기 온도

α_t : t[℃]에서의 온도계수

상 | 제8장 전류의 자기현상

14 z 축상에 놓인 길이가 긴 직선 도체에 10[A]의 전류가 $+z$ 방향으로 흐르고 있다. 이 도체 주위의 자속밀도가 $3\hat{x} - 4\hat{y}$ [Wb/m²]일 때 도체가 받는 단위길이당 힘 [N/m]은? (단, $\hat{x}$, $\hat{y}$ 는 단위벡터이다.)

① $-40\hat{x} + 30\hat{y}$ ② $-30\hat{x} + 40\hat{y}$

③ $30\hat{x} + 40\hat{y}$ ④ $40\hat{x} + 30\hat{y}$

해설

㉠ 플레밍의 왼손법칙 : 자계 내의 도체에 전류를 흘리면 도체에는 전자력 F 가 발생한다.

㉡ 전자력 : $F = IBl\sin\theta = (\dot{I} \times \dot{B})l\,[\text{N}]$

∴ 단위길이당 작용하는 힘

$$f = \dot{I} \times \dot{B} = 10\,\hat{z} \times (3\hat{x} - 4\hat{y})$$

$$= 30\,\hat{y} + 40\,\hat{x} = 40\,\hat{x} + 30\,\hat{y}\,[\text{N/m}]$$

여기서, $\hat{I} \times \hat{x} = \hat{y}$, $\hat{I} \times -\hat{y} = \hat{x}$

상 | 제3장 정전용량

15 콘덴서의 내압(耐壓) 및 정전용량이 각각 1000[V] $-$ 2[μF], 700[V] $-$ 3[μF], 600[V] $-$ 4[μF], 300[V] $-$ 8[μF]이다. 이 콘덴서를 직렬로 연결할 때 양단에 인가되는 전압을 상승시키면 제일 먼저 절연이 파괴되는 콘덴서는?

① 1000[V] $-$ 2[μF]

② 700[V] $-$ 3[μF]

③ 600[V] $-$ 4[μF]

④ 300[V] $-$ 8[μF]

해설

최대 전하=내압×정전용량의 결과 최대 전하값이 작은 것이 먼저 파괴된다.

① $1000 \times 2 = 2000[\mu\text{C}]$

② $700 \times 3 = 2100[\mu\text{C}]$

③ $600 \times 4 = 2400[\mu\text{C}]$

④ $300 \times 8 = 2400[\mu\text{C}]$

∴ 1000[V] $-$ 2[μF]가 먼저 파괴된다.

상 | 제8장 전류의 자기현상

16 다음 중 무한장 솔레노이드에 전류가 흐를 때에 대한 설명으로 가장 알맞은 것은?

① 내부자계는 위치에 상관없이 일정하다.

② 내부자계와 외부자계는 그 값이 같다.

③ 외부자계는 솔레노이드 근처에서 멀어질수록 그 값이 작아진다.

④ 내부자계의 크기는 0이다.

해설 솔레노이드 자계의 특징

㉠ 솔레노이드의 내부자계는 평등자장이므로 위치에 상관없이 항상 일정하다.

㉡ 외부자계는 0이다.

상 제10장 전자유도법칙

17 DC 전압을 가하면 전류는 도선 중심쪽으로 흐르려고 한다. 이러한 현상을 무슨 효과라 하는가?

① Skin효과　　　　② Pinch효과
③ 압전기효과　　　④ Peltier효과

해설

① 표피효과(Skin효과) : 교류전압을 가하면 전류가 도선 표면으로 흐르려고 하는 현상
③ 압전기효과(피에조효과) : 전체에 압력이나 인장력을 가하면 전기분극이 발생하는 현상
④ 펠티에효과(Peltier효과) : 두 종류의 금속으로 폐회로를 만들어 전류를 흘리면 양 접속점에서 한쪽은 온도가 올라가고 다른 쪽은 온도가 내려가는 현상

상 제5장 전기영상법

18 비투자율은? (단, μ_0는 진공의 투자율, χ_m은 자화율이다.)

① $1 + \dfrac{\chi_m}{\mu_0}$　　　② $\mu_0(1+\chi_m)$

③ $\dfrac{1}{1+\chi_m}$　　　④ $\dfrac{1}{1-\chi_m}$

해설

㉠ 자화의 세기 : $J = \mu_0(\mu_s-1)H = \chi H$ [Wb/m²]
㉡ 자화율 : $\chi_m = \mu_0(\mu_s-1) = \mu - \mu_0$
㉢ 비자화율 : $\chi_{er} = \dfrac{\chi_m}{\mu_0} = \mu_s - 1$
∴ 비투자율 : $\mu_s = 1 + \dfrac{\chi_m}{\mu_0}$

중 제8장 전류의 자기현상

19 반지름 25[cm]의 원형 코일을 1[mm] 간격으로 동축상에 평행 배치한 후 각각에 100[A]의 전류가 같은 방향으로 흐를 때 상호 간에 작용하는 인력은 몇 [N]인가?

① 0.0314　　　② 0.314
③ 3.14　　　　④ 31.4

해설

㉠ 반지름 25[cm]의 원형 코일의 길이
$l = 2\pi r = 2\pi \times 25 = 50\pi$ [cm]
㉡ 두 도선 사이에 작용하는 힘(전자력)
$$F = \frac{2I_1 I_2 l}{d} \times 10^{-7}$$
$$= \frac{2 \times 100^2 \times 50\pi \times 10^{-2}}{10^{-3}} \times 10^{-7}$$
$$= 3.14 \text{[N]}$$

상 제12장 전자계

20 유전체 내에서 변위전류를 발생하는 것은?

① 분극전하밀도의 시간적 변화
② 전속밀도의 시간적 변화
③ 자속밀도의 시간적 변화
④ 분극전하밀도의 공간적 변화

해설

㉠ 변위전류밀도 : $i_d = \dfrac{\partial D}{\partial t}$ [A/m²]
㉡ 의미 : 시간에 따라 전속밀도의 크기가 변화하면 변위전류가 발생한다.

제2과목 **전력공학**

상 제6장 중성점 접지방식

21 다음 중 1선 지락전류가 큰 순서대로 배열된 것은?

㉠ 직접접지 3상 3선 방식
㉡ 저항접지 3상 3선 방식
㉢ 리액터(reactor)접지 3상 3선 방식
㉣ 비접지 3상 3선 방식

① ㉣ - ㉠ - ㉡ - ㉢
② ㉣ - ㉡ - ㉠ - ㉢
③ ㉠ - ㉡ - ㉣ - ㉢
④ ㉡ - ㉠ - ㉢ - ㉣

해설 송전계통의 접지방식별 지락사고 시 지락전류 크기 비교

중성점 접지방식	비접지	직접 접지	저항 접지	소호리액터 접지
지락전류의 크기	작음	최대	중간	최소

정답 17 ② 18 ① 19 ③ 20 ② 21 ③

중 제6장 중성점 접지방식

22 선로의 길이 60[km]인 3상 3선식 66[kV] 1회선 송전에 적당한 소호리액터용량은 몇 [kVA]인가? (단, 대지정전용량은 1선당 0.0053[μF/km]이다)

① 322   ② 522

③ 1044   ④ 1566

해설

소호리액터용량 $Q_L = 2\pi f C V^2 l \times 10^{-9}$[kVA]

$Q_L = 2\pi \times 60 \times 0.0053 \times 66000^2 \times 60 \times 10^{-9}$
$= 522.2$[kVA]

하 제5장 고장 계산 및 안정도

23 그림과 같이 전압 11[kV], 용량 15[MVA]의 3상 교류발전기 2대와 용량 33[MVA]의 변압기 1대로 된 계통이 있다. 발전기 1대 및 변압기 %리액턴스가 20[%], 10[%]일 때 차단기 2의 차단용량[MVA]은?

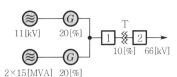

① 80   ② 95

③ 103   ④ 125

해설

변압기용량 33[MVA]를 기준용량으로 발전기 및 변압기의 %리액턴스를 환산하여 합산하면

$\%X = 10 + \dfrac{20}{2} \times \dfrac{33}{15} = 32$[%]

차단기 2의 차단용량 $P_s = \dfrac{100}{32} \times 33 = 103$[MVA]

상 제4장 송전 특성 및 조상설비

24 전력원선도의 가로축과 세로축은 각각 어느 것을 나타내는가?

① 최대 전력 – 피상전력

② 유효전력 – 무효전력

③ 조상용량 – 송전효율

④ 송전효율 – 코로나손실

해설

전력원선도의 가로축은 유효전력, 세로축은 무효전력, 반경(반지름)은 $\dfrac{V_S V_R}{Z}$ 이다.

중 제4장 송전 특성 및 조상설비

25 동기조상기와 전력용 콘덴서를 비교할 때 전력용 콘덴서의 이점으로 옳은 것은?

① 진상과 지상의 전류 양용이다.

② 단락고장이 일어나도 고장전류가 흐르지 않는다.

③ 송전선의 시송전에 이용 가능하다.

④ 전압조정이 연속적이다.

해설 전력용 콘덴서의 장점

㉠ 정지기로 회전기인 동기조상기에 비해 전력손실이 작다.

㉡ 부하특성에 따라 콘덴서의 용량을 수시로 변경할 수 있다.

㉢ 단락고장이 일어나도 고장전류가 흐르지 않는다.

상 제5장 고장 계산 및 안정도

26 전력계통의 안정도 향상대책으로 옳지 않은 것은?

① 계통의 직렬리액턴스를 낮게 한다.

② 고속도 재폐로방식을 채용한다.

③ 지락전류를 크게 하기 위하여 직접접지방식을 채용한다.

④ 고속도 차단방식을 채용한다.

해설

직접접지방식은 1선 지락사고 시 대지로 흐르는 지락전류가 다른 접지방식에 비해 너무 커서 안정도가 가장 낮은 접지방식이다.

중 제11장 발전

27 횡축에 1년 365일을 역일 순으로 취하고, 종축에 유량을 취하여 매일의 측정유량을 나타낸 곡선은?

① 유황곡선   ② 적산유량곡선

③ 유량도   ④ 수위유량곡선

정답 22 ②   23 ③   24 ②   25 ②   26 ③   27 ③

해설 하천의 유량측정

㉠ 유황곡선 : 횡축에 일수를, 종축에 유량을 표시하고 유량이 많은 일수를 차례로 배열하여 이 점들을 연결한 곡선이다.

㉡ 적산유량곡선 : 횡축에 역일을, 종축에 유량을 기입하고 이들의 유량을 매일 적산하여 작성한 곡선으로, 저수지용량 등을 결정하는 데 이용할 수 있다.

㉢ 유량도 : 횡축에 역일을, 종축에 유량을 기입하고 매일의 유량을 표시한 것이다.

㉣ 수위유량곡선 : 횡축에 하천유량을, 종축에 하천의 수위 사이에는 일정한 관계가 있으므로 이들 관계를 곡선으로 표시한 것이다.

하 제10장 배전선로 계산

28 전선의 굵기가 균일하고 부하가 균등하게 분포되어 있는 배전선로의 전력손실은 전체 부하가 송전단으로부터 전체 전선로 길이의 어느 지점에 집중되어 있는 손실과 같은가?

① $\dfrac{3}{4}$ ② $\dfrac{2}{3}$

③ $\dfrac{1}{3}$ ④ $\dfrac{1}{2}$

해설

㉠ 부하가 말단에 집중된 경우 전력손실 $P_l = I_n^{\ 2} r$[W]

㉡ 부하가 균등하게 분산 분포된 경우 전력손실

$$P_l = \frac{1}{3} I_n^{\ 2} r\,[\text{W}]$$

중 제10장 배전선로 계산

29 고압 배전선로의 중간에 승압기를 설치하는 주목적은?

① 부하의 불평형 방지
② 말단의 전압강하 방지
③ 전력손실의 감소
④ 역률개선

해설

승압의 목적으로는 송전전력의 증가, 전력손실 및 전압강하율의 경감, 단면적을 작게 함으로써 재료절감의 효과 등이 있다.

상 제5장 고장 계산 및 안정도

30 선간단락 고장을 대칭좌표법으로 해석할 경우 필요한 것 모두를 나열한 것은?

① 정상임피던스 및 역상임피던스
② 정상임피던스 및 영상임피던스
③ 역상임피던스 및 영상임피던스
④ 영상임피던스

해설 선로고장 시 대칭좌표법으로 해석할 경우 필요사항

㉠ 1선 지락 : 영상임피던스, 정상임피던스, 역상임피던스
㉡ 선간단락 : 정상임피던스, 역상임피던스
㉢ 3선 단락 : 정상임피던스

상 제7장 이상전압 및 유도장해

31 전선로에서 가공지선을 설치하는 목적이 아닌 것은?

① 뇌(雷)의 직격을 받을 경우 송전선 보호
② 유도뢰에 의한 송전선의 고전위 방지
③ 통신선에 대한 차폐효과 증진
④ 철탑의 접지저항 경감

해설 가공지선의 설치효과

㉠ 직격뢰로부터 선로 및 기기 차폐
㉡ 유도뢰에 의한 정전차폐효과
㉢ 통신선의 전자유도장해를 경감시킬 수 있는 전자차폐효과

상 제1장 전력계통

32 전력계통의 전압을 조정하는 가장 보편적인 방법은?

① 발전기의 유효전력 조정
② 부하의 유효전력 조정
③ 계통의 주파수 조정
④ 계통의 무효전력 조정

해설

조상설비를 이용하여 무효전력을 조정하여 전압을 조정한다.

정답 28 ③ 29 ② 30 ① 31 ② 32 ④

전기기사

상 | 제7장 이상전압 및 유도장해

33 계통 내 각 기기, 기구 및 애자 등의 상호 간에 적정한 절연강도를 지니게 함으로서 계통설계를 합리적으로 할 수 있게 한 것을 무엇이라 하는가?

① 기준충격 절연강도
② 보호계전방식
③ 절연계급 선정
④ 절연협조

해설 절연협조의 정의

발·변전소의 기기나 송·배전선로 등의 전력계통 전체의 절연설계를 보호장치와 관련시켜서 합리화를 도모하고 안전성과 경제성을 유지하는 것이다.

상 | 제4장 송전 특성 및 조상설비

34 송전선로의 정상상태 극한(최대)송전전력은 선로리액턴스와 대략 어떤 관계가 성립하는가?

① 송·수전단 사이의 리액턴스에 반비례한다.
② 송·수전단 사이의 리액턴스에 비례한다.
③ 송·수전단 사이의 리액턴스의 자승에 비례한다.
④ 송·수전단 사이의 리액턴스의 자승에 반비례한다.

해설

송전전력 $P = \dfrac{V_S V_R}{X} \sin\delta$ [MW]에서 정상상태 극한(최대)송전전력은 송·수전단 사이 선로의 리액턴스에 반비례한다.

상 | 제7장 이상전압 및 유도장해

35 송전선로에 근접한 통신선에 유도장해가 발생한다. 정전유도의 원인은?

① 영상전압
② 역상전압
③ 역상전류
④ 정상전류

해설

전력선과 통신선 사이에 발생하는 상호정전용량의 불평형으로, 통신선에 유도되는 정전유도전압으로 인해 정상일 때에도 유도장해가 발생한다.

정전유도전압 $E_n = \dfrac{C_m}{C_s + C_m} E_0$ [V]

하 | 제11장 발전

36 열효율 35[%]의 화력발전소의 평균발열량 6000[kcal/kg]의 석탄을 사용하면 1[kWh]를 발전하는 데 필요한 석탄량은 약 몇 [kg]인가?

① 0.41
② 0.62
③ 0.71
④ 0.82

해설

석탄의 양

$$W = \frac{860P}{C\eta} = \frac{860 \times 1}{6000 \times 0.35} = 0.4095 = 0.41 \text{[kg]}$$

여기서, P : 발전소출력[kW]
C : 연료의 발열량[kcal/kg]
η : 열효율

중 | 제10장 배전선로 계산

37 그림과 같은 회로에서 A, B, C, D의 어느 곳에 전원을 접속하면 간선 A-D 간의 전력손실이 최소가 되는가?

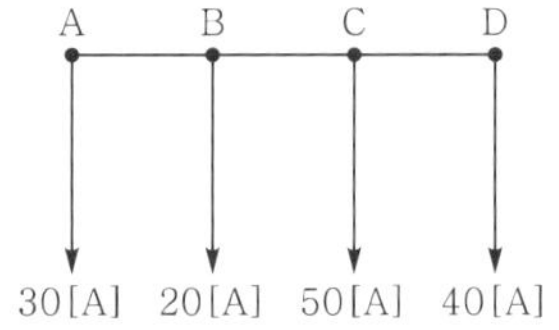

① A
② B
③ C
④ D

A   B   C   D

30[A] 20[A] 50[A] 40[A]

해설

각 구간당 저항이 동일하다고 가정하고 각 구간당 저항을 r 이라 하면
• A점에서 하는 급전의 경우 :
$P_{CA} = 110^2 r + 90^2 r + 40^2 r = 21800r$
• B점에서 하는 급전의 경우 :
$P_{CB} = 30^2 r + 90^2 r + 40^2 r = 10600r$
• C점에서 하는 급전의 경우 :
$P_{CC} = 30^2 r + 50^2 r + 40^2 r = 5000r$
• D점에서 하는 급전의 경우 :
$P_{CD} = 30^2 r + 50^2 r + 100^2 r = 13400r$
따라서 C점에서 급전하는 경우 전력손실은 최소가 된다.

중 | 제8장 송전선로 보호방식

38 여러 회선인 비접지 3상 3선식 배전선로에 방향지락계전기를 사용하여 선택지락보호를 하려고 한다. 필요한 것은?

① CT와 OCR
② CT와 PT
③ 접지변압기와 ZCT
④ 접지변압기와 ZPT

정답 33 ④ 34 ① 35 ① 36 ① 37 ③ 38 ③

해설

방향지락계전기(DGR)는 방향성을 갖는 과전류지락계전기로, 영상전압과 영상전류를 얻어 선택지락보호를 한다.

상 제8장 송전선로 보호방식

39 접촉자가 외기(外氣)로부터 격리되어 있어 아크에 의한 화재의 염려가 없고 소형 · 경량으로 구조가 간단하며 보수가 용이하고 진공 중의 아크소호능력을 이용하는 차단기는?

① 유입차단기   ② 진공차단기
③ 공기차단기   ④ 가스차단기

해설 진공차단기

㉠ 소형 · 경량으로 제작이 가능하다.
㉡ 아크나 가스의 외부방출이 없어 소음이 작다.
㉢ 아크에 의한 화재나 폭발의 염려가 없다.
㉣ 소호특성이 우수하고, 고속개폐가 가능하다.

중 제11장 발전

40 원자력발전소에서 사용하는 감속재에 관한 설명으로 틀린 것은?

① 중성자 흡수단면적이 클 것
② 감속비가 클 것
③ 감속능력이 클 것
④ 경수, 중수, 흑연 등이 사용됨

해설

감속재란 핵분열에 의해 생긴 고속중성자를 열중성자로 감속하기 위하여 사용하는 것이다.
㉠ 원자핵의 질량수가 적을 것
㉡ 중성자의 산란이 크고 흡수가 적을 것

제3과목   전기기기

상 제1장 직류기

41 직류발전기에서 회전속도가 빨라지면 정류가 힘든 이유는?

① 리액턴스 전압이 커진다.
② 정류자속이 감소한다.
③ 브러시 접촉저항이 커진다.
④ 정류주기가 길어진다.

해설

리액턴스 전압 $e_L = L\dfrac{2I_c}{T_c}$[V]에서

$T_c \propto \dfrac{1}{v}$ (여기서, T_c : 정류주기, v : 회전속도)

직류기에서 정류 시 회전속도가 증가되면 정류주기가 감소하여 리액턴스 전압이 커지므로 정류가 불량해진다.

하 제1장 직류기

42 직류분권발전기의 전기자저항이 0.05[Ω]이다. 단자전압이 200[V], 회전수 1500[rpm]일 때 전기자전류가 100[A]이다. 이것을 전동기로 사용하여 전기자전류와 단자전압이 같을 때 회전속도[rpm]는? (단, 전기자반작용은 무시한다.)

① 1427   ② 1577
③ 1620   ④ 1800

해설

유기기전력
$E_a = V_n + I_a \cdot r_a = 200 + 100 \times 0.05 = 205$[V]
역기전력
$E_c = V_n - I_a \cdot r_a = 200 - 100 \times 0.05 = 195$[V]
전동기로 운전 시 회전수
$N_{전동기} = N_{발전기} \times \dfrac{E_c}{E_a} = 1500 \times \dfrac{195}{205}$
$\quad = 1426.82 ≒ 1427$[rpm]

중 제2장 동기기

43 정격출력 10000[kVA], 정격전압 6600[V], 정격 역률 0.6인 3상 동기발전기가 있다. 동기리액턴스 0.6[p.u]인 경우의 전압변동률[%]을 구하면?

① 21[%]   ② 31[%]
③ 40[%]   ④ 52[%]

해설 단위법(p.u법)

㉠ 무부하전압 $E = V_0 = \sqrt{0.6^2 + (0.6 + 0.8)^2}$
$\quad = 1.523$[pu]

㉡ 정격전압 $V = 1$

㉢ 전압변동율 $\%\varepsilon = \dfrac{(V_0 - V)}{V} \times 100$
$\quad = \dfrac{(1.523 - 1)}{1} \times 100$
$\quad = 52.32$[%]

정답   39 ②   40 ①   41 ①   42 ①   43 ④

하 제6장 특수기기

44 자동제어장치에 쓰이는 서보모터(servo motor)의 특성을 나타내는 것 중 틀린 것은?

① 빈번한 시동, 정시, 역전 등의 가혹한 상태에 견디도록 견고하고 큰 돌입전류에 견딜 것
② 시동토크는 크나, 회전부의 관성모멘트가 작고 전기적 시정수가 짧을 것
③ 발생토크는 입력신호(入力信號)에 비례하고 그 비가 클 것
④ 직류서보모터에 비하여 교류서보모터의 시동토크가 매우 클 것

해설 서보모터의 특성

㉠ 시동 정지가 빈번한 상황에서도 견딜 수 있을 것
㉡ 큰 회전력을 가질 것
㉢ 회전자(Rotor)의 관성모멘트가 작을 것
㉣ 급제동 및 급가속(시동토크가 크다)에 대응할 수 있을 것(시정수가 짧을 것)
㉤ 토크의 크기는 직류서보모터가 교류서보모터보다 크다.

중 제3장 변압기

45 어떤 주상변압기가 $\frac{4}{5}$ 부하일 때 최대효율이 된다고 한다. 전부하에 있어서의 철손과 동손의 비 P_c / P_i는?

① 약 1.15
② 약 1.56
③ 약 1.64
④ 약 0.64

해설

최대효율이 되는 부하율 $\frac{1}{m} = \sqrt{\frac{P_i}{P_c}}$

주상변압기의 부하가 $\frac{4}{5}$일 때 최대효율이므로

$\frac{4}{5} = \sqrt{\frac{P_i}{P_c}}$ 에서 $\frac{P_c}{P_i} = \frac{5^2}{4^2} = 1.56$

중 제3장 변압기

46 변압비 10 : 1의 단상변압기 3대를 Y-△로 접속하여 2차측에 200[V], 75[kVA]의 3상 평형부하를 걸었을 때 1차측에 흐르는 전류는 몇 [A]인가?

① 10.5
② 11.0
③ 12.5
④ 13.5

해설

2차측 △결선의 상전류에 흐르는 전류

$I_2 = \frac{P}{\sqrt{3}\,V_n} \times \frac{1}{\sqrt{3}} = \frac{75}{\sqrt{3} \times 0.2} \times \frac{1}{\sqrt{3}}$
$= 125[A]$

따라서 1차측에 흐르는 전류

$I_1 = \frac{1}{a} I_2 = \frac{1}{10} \times 125 = 12.5[A]$

상 제3장 변압기

47 3000/200[V] 변압기의 1차 임피던스가 225[Ω]이면 2차 환산임피던스는 몇 [Ω]인가?

① 1.0
② 1.5
③ 2.1
④ 2.8

해설

권수비 $a = \frac{V_1}{V_2} = \frac{3000}{200} = 15$

2차 환산 임피던스 $Z_2 = \frac{Z_1}{a^2} = \frac{225}{15^2} = 1[Ω]$

상 제4장 유도기

48 단상 유도전압조정기에서 단락권선의 역할은?

① 철손 경감
② 전압강하 경감
③ 절연보호
④ 전압조정 용이

해설

단락권선은 단상 유도전압조정기에서 나타나는 리액턴스에 의한 전압강하를 감소시킨다.

중 제4장 유도기

49 15[kW] 3상 유도전동기의 기계손이 350[W], 전부하 시의 슬립이 3[%]이다. 전부하 시의 2차 동손[W]은?

① 약 475[W]
② 약 460.5[W]
③ 약 453[W]
④ 약 439.5[W]

해설

2차 출력 $P_o = P + P_m = 15000 + 350 = 15350$[W]
(여기서, P_m : 기계손)

$P_o : P_c = 1 - s : s$

2차 동손

$P_c = \dfrac{s}{1-s} P_o = \dfrac{0.03}{1-0.03} \times 15350 = 474.74$[W]

상 **제2장 동기기**

50 교류기에서 집중권이란 매극 매상의 슬롯 수가 몇 개임을 말하는가?

① 1/2
② 1
③ 2
④ 5

해설

매극 매상당 슬롯수 $q = 1$인 경우

분포권계수가 $K_d = \dfrac{\sin\dfrac{\pi}{2m}}{q\sin\dfrac{\pi}{2mq}} = \dfrac{\sin\dfrac{\pi}{2m}}{1\sin\dfrac{\pi}{2m1}} = 1$

이므로 집중권과 같다.

중 **제4장 유도기**

51 단상 유도전동기의 기동 시 브러시를 필요로 하는 것은 다음 중 어느 것인가?

① 분상기동형
② 반발기동형
③ 콘덴서기동형
④ 셰이딩코일기동형

해설

반발기동형은 기동 시에는 반발전동기로 기동하고 기동 후에는 원심력 개폐기로 정류자를 단락시켜 농형 회전자로 기동하는데 브러시는 고정자권선과 회전자권선을 단락시킨다.

중 **제1장 직류기**

52 단자전압 110[V], 전기자전류 15[A], 전기자회로의 저항 2[Ω], 정격속도 1800[rpm]으로 전부하에서 운전하고 있는 직류분권전동기의 토크[N · m]는?

① 6.0
② 6.4
③ 10.08
④ 11.14

해설

역기전력 $E_c = V_n - I_a \cdot r_a = 110 - 15 \times 2 = 80$[V]
발생동력 $P_o = E_c \cdot I_a = 80 \times 15 = 1200$[V]

1[kg · m] $= 9.8$[N · m]에서

토크 $T = 0.975 \dfrac{P_o}{N} \times 9.8 = 0.975 \times \dfrac{1200}{1800} \times 9.8$

$= 6.37 \fallingdotseq 6.4$[N · m]

상 **제1장 직류기**

53 직류발전기의 무부하포화곡선과 관계되는 것은?

① 부하전류와 계자전류
② 단자전압과 계자전류
③ 단자전압과 부하전류
④ 출력과 부하전류

해설

무부하곡선이란 직류발전기가 정격속도로 회전하는 무부하상태에서 계자전류와 유기기전력(단자전압)과의 관계곡선을 나타낸다.

상 **제2장 동기기**

54 동기발전기에서 앞선 전류가 흐를 때 어떤 작용을 하는가?

① 감자작용
② 증자작용
③ 교차자화작용
④ 아무 작용도 하지 않음

해설 **동기발전기의 전기자반작용**

㉠ 전류와 전압이 동위상 : 교차자화작용(횡축 반작용)
㉡ 전류가 전압보다 90° 뒤질 때(지상전류) : 감자작용 (직축 반작용)
㉢ 전류가 전압보다 90° 앞설 때(진상전류) : 증자(자화) 작용

상 **제3장 변압기**

55 단상변압기의 임피던스 와트(impedance watt)를 구하기 위해서는 다음 중 어느 시험이 필요한가?

① 무부하시험
② 단락시험
③ 유도시험
④ 반환부하법

해설

단락시험에서 정격전류와 같은 단락전류가 흐를 때의 입력이 임피던스 와트이고, 동손과 크기가 같다.

정답 **50** ② **51** ② **52** ② **53** ② **54** ② **55** ②

중 | 제3장 변압기

56 주파수가 정격보다 3[%] 감소하고 동시에 전압이 정격보다 3[%] 상승된 전원에서 운전되는 변압기가 있다. 철손이 fB_m^2에 비례한다면 이 변압기 철손은 정격상태에 비하여 어떻게 달라지는가? (단, f : 주파수, B_m : 자속밀도 최대치)

① 8.7[%] 증가
② 8.7[%] 감소
③ 9.4[%] 증가
④ 9.4[%] 감소

해설

주파수의 3[%] 감소 시 1 → 0.97
전압의 3[%] 증가 시 1 → 1.03

철손 $P_i \propto \dfrac{V^2}{f} = \dfrac{1.03^2}{0.97} \fallingdotseq 1.094$

철손의 변화 $= (1.094 - 1) \times 100 = 9.4[\%]$

상 | 제5장 정류기

57 단상 반파의 정류효율은?

① $\dfrac{4}{\pi^2} \times 100[\%]$
② $\dfrac{\pi^2}{4} \times 100$
③ $\dfrac{8}{\pi^2} \times 100$
④ $\dfrac{\pi^2}{8} \times 100$

해설 정류효율

㉠ 단상 반파정류 $= \dfrac{4}{\pi^2} \times 100 = 40.6[\%]$

㉡ 단상 전파정류 $= \dfrac{8}{\pi^2} \times 100 = 81.2[\%]$

중 | 제3장 변압기

58 같은 정격전압에서 변압기의 주파수만 높이면 가장 많이 증가하는 것은?

① 여자전류
② 온도상승
③ 철손
④ %임피던스

해설

정격전압에서 주파수만 증가하면 철손, 여자전류, 온도상승은 주파수에 반비례하여 감소하지만, %임피던스는 주파수에 비례하여 증가한다.

중 | 제2장 동기기

59 정격전압 6[kV], 정격용량 10000[kVA], 주파수 60[Hz]인 3상 동기발전기의 단락비는? (단, 1상의 동기임피던스는 3[Ω]이다.)

① 12
② 1.2
③ 1.0
④ 0.833

해설

단락비 $K_s = \dfrac{I_s}{I_n} = \dfrac{100}{\%Z} = \dfrac{1}{Z[\text{p.u}]} = \dfrac{10^3 V_n^2}{P Z_s}$

$= \dfrac{10^3 \times 6^2}{10000 \times 3} = 1.2$

상 | 제2장 동기기

60 동기발전기 2대를 병렬운전시키는 경우 일치하지 않아도 되는 것은?

① 기전력의 크기
② 기전력의 위상
③ 부하전류
④ 기전력의 주파수

해설

동기발전기의 병렬운전 시 유기기전력의 크기, 위상, 주파수, 파형, 상회전방향은 같아야 하고, 용량, 출력, 부하전류, 임피던스 등은 임의로 운전한다.

제4과목 회로이론 및 제어공학

하 | 제어공학 제2장 전달함수

61 $\dfrac{k}{s+\alpha}$ 인 전달함수를 신호흐름선도로 표시하면?

①

②

③

④

정답 56 ③ 57 ① 58 ④ 59 ② 60 ③ 61 ③

해설

보기의 전달함수 값은 다음과 같다.

① $M(s) = \dfrac{-ks}{1-s\alpha}$

② $M(s) = \dfrac{ks}{1+k\alpha}$

③ $\dfrac{\dfrac{k}{s}}{1+\dfrac{\alpha}{s}} = \dfrac{k}{s+\alpha}$

④ $\dfrac{-ks}{1-k\alpha}$

상 제어공학 제2장 전달함수

62 적분요소의 전달함수는?

① K

② $\dfrac{K}{Ts+1}$

③ $\dfrac{1}{Ts}$

④ Ts

해설

① 비례요소
② 1차 지연요소
③ 적분요소
④ 미분요소

상 제어공학 제7장 상태방정식

63 $\dfrac{d^3}{dt^3}c(t) + 8\dfrac{d^2}{dt^2}c(t) + 19\dfrac{d}{dt}c(t) + 12c(t) = 6u(t)$의 미분방정식을 상태방정식 $\dfrac{dx(t)}{dt} = Ax(t) + Bu(t)$로 표현할 때 옳은 것은?

① $A = \begin{bmatrix} 0 & 1 & 0 \\ 0 & 0 & 1 \\ -12 & -19 & -8 \end{bmatrix}$, $B = \begin{bmatrix} 0 \\ 0 \\ 6 \end{bmatrix}$

② $A = \begin{bmatrix} 0 & 1 & 0 \\ 0 & 0 & 1 \\ -8 & -19 & -12 \end{bmatrix}$, $B = \begin{bmatrix} 0 \\ 0 \\ 6 \end{bmatrix}$

③ $A = \begin{bmatrix} 0 & 1 & 0 \\ 0 & 0 & 1 \\ -12 & -19 & -8 \end{bmatrix}$, $B = \begin{bmatrix} 6 \\ 0 \\ 0 \end{bmatrix}$

④ $A = \begin{bmatrix} 0 & 1 & 0 \\ 0 & 0 & 1 \\ -12 & -19 & -8 \end{bmatrix}$, $B = \begin{bmatrix} 6 \\ 0 \\ 1 \end{bmatrix}$

해설

㉠ $c(t) = x_1(t)$

㉡ $\dfrac{d}{dt}c(t) = \dfrac{d}{dt}x_1(t) = \dot{x}_1(t) = x_2(t)$

㉢ $\dfrac{d^2}{dt^2}c(t) = \dfrac{d}{dt}x_2(t) = \dot{x}_2(t) = x_3(t)$

㉣ $\dfrac{d^3}{dt^3}c(t) = \dfrac{d}{dt}x_3(t) = \dot{x}_3(t)$
$= -12x_1(t) - 19x_2(t) - 8x_3(t) + 6u(t)$

$\therefore \begin{bmatrix} \dot{x}_1 \\ \dot{x}_2 \\ \dot{x}_3 \end{bmatrix} = \begin{bmatrix} 0 & 1 & 0 \\ 0 & 0 & 1 \\ -12 & -19 & -8 \end{bmatrix}\begin{bmatrix} x_1(t) \\ x_2(t) \\ x_3(t) \end{bmatrix} + \begin{bmatrix} 0 \\ 0 \\ 6 \end{bmatrix}u(t)$

상 제어공학 제8장 시퀀스회로의 이해

64 논리식 $\overline{\overline{A} + \overline{B} \cdot \overline{C}}$ 를 간단히 계산한 결과는?

① $\overline{A+BC}$

② $\overline{A \cdot (B+C)}$

③ $\overline{A \cdot B + C}$

④ $\overline{A + B + C}$

해설

드 모르간의 정리를 이용하여 논리식을 간략화하면 다음과 같다.

$\therefore \overline{\overline{A} + (\overline{B} \cdot \overline{C})} = A \cdot (B+C)$

상 제어공학 제3장 시간영역해석법

65 전달함수 $G(s) = \dfrac{C(s)}{R(s)} = \dfrac{1}{(s+a)^2}$ 인 제어계의 임펄스응답 $c(t)$는?

① e^{-at}

② $1 - e^{-at}$

③ te^{-at}

④ $\dfrac{1}{2}t^2$

해설

㉠ 임펄스함수의 라플라스 변환
$\delta(t) \xrightarrow{\mathcal{L}} 1$ (즉, $R(s) = 1$)

㉡ 출력 라플라스 변환
$C(s) = R(s)G(s) = G(s) = \dfrac{1}{(s+a)^2}$

㉢ 응답 $c(t) = \mathcal{L}^{-1}\left[\dfrac{1}{(s+a)^2}\right]$
$= \mathcal{L}^{-1}\left[\dfrac{1}{s^2}\bigg|_{s \to s+a}\right] = te^{-at}$

정답 62 ③ 63 ① 64 ② 65 ③

상 제어공학 제2장 전달함수

66 다음과 같은 블록선도에서 등가 합성전달 함수 $\dfrac{C}{R}$는?

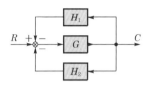

① $\dfrac{H_1 + H_2}{1 + G}$

② $\dfrac{G}{1 - H_3 G - H_2 G}$

③ $\dfrac{H_1}{1 + H_1 H_2 G}$

④ $\dfrac{G}{1 + H_1 G + H_2 G}$

해설

종합전달함수

$$M(s) = \frac{\sum \text{전향경로이득}}{1 - \sum \text{폐루프이득}}$$

$$= \frac{G}{1 - (-GH_1 - GH_2)}$$

$$= \frac{G}{1 + H_1 G + H_2 G}$$

상 제어공학 제4장 주파수영역해석법

67 전달함수 $G(s) = \dfrac{1}{s(s+10)}$ 에 $\omega = 0.1$ 인 정현파 입력을 주었을 때 보드선도의 이득은?

① -40[dB] ② -20[dB]

③ 0[dB] ④ 20[dB]

해설

주파수 전달함수

$$G(j\omega) = \frac{1}{j\omega(j\omega+10)}\bigg|_{\omega = 0.1}$$

$$= \frac{1}{j0.1(j0.1+10)} = 1\underline{/-90°}$$

∴ 이득 $g = 20 \log |G(j\omega)|$
$$= 20 \log 1 = 0[\text{dB}]$$

상 제어공학 제6장 근궤적법

68 개루프 전달함수가 $\dfrac{K(s-5)}{s(s-1)^2(s+2)^2}$ 일 때 주어지는 계에서 점근선의 교차점은?

① $-\dfrac{3}{2}$

② $-\dfrac{7}{4}$

③ $\dfrac{5}{3}$

④ $-\dfrac{1}{5}$

해설

㉠ 극점 $s_1 = 0$, $s_2 = 1$(중근), $s_3 = -2$(중근)에서 극점의 수 $P = 5$개가 되고, 극점의 총합 $\sum P = 1 + 1 - 2 - 2 = -2$ 가 된다.

㉡ 영점 $s_1 = 5$ 에서 영점의 수 $Z = 1$개가 되고, 영점의 총합 $\sum Z = 5$가 된다.

∴ 점근선의 교차점

$$\sigma = \frac{\sum P - \sum Z}{P - Z} = \frac{-2 - 5}{5 - 1} = -\frac{7}{4}$$

상 제어공학 제5장 안정도 판별법

69 $G(j\omega)H(j\omega) = \dfrac{20}{(j\omega + 1)(j\omega + 2)}$ 의 이득여유는?

① 0[dB]

② 10[dB]

③ 20[dB]

④ -20[dB]

해설

㉠ 이득여유는 개루프 전달함수 $G(j\omega)H(j\omega)$의 허수를 0으로 하여 구해야 한다.

㉡ 개루프 전달함수

$$G(j\omega)H(j\omega) = \frac{20}{(j\omega+1)(j\omega+2)}\bigg|_{\omega = 0}$$

$$= \frac{20}{2} = 10$$

㉢ 이득여유

$$g_m = 20 \log \frac{1}{|G(j\omega)H(j\omega)|}$$

$$= 20 \log \frac{1}{10} = -20[\text{dB}]$$

상 제어공학 제3장 시간영역해석법

70 2차 제어계의 과도응답에 대한 설명 중 틀린 것은?

① 제동계수가 1보다 작은 경우는 부족제동이라 한다.

② 제동계수가 1보다 큰 경우는 과제동이라 한다.

③ 제동계수가 1일 경우는 적정제동이라 한다.

④ 제동계수가 0일 경우는 무제동이라 한다.

해설 2차 지연요소의 인디셜 응답의 구분

㉠ $0 < \delta < 1$: 부족제동

㉡ $\delta = 1$: 임계제동

㉢ $\delta > 1$: 과제동

㉣ $\delta = 0$: 무제동(무한진동)

㉤ $\delta < 0$: 발산

∴ 제동계수 δ가 1일 경우 임계제동이라 한다.

상 회로이론 제5장 대칭좌표법

71 상의 순서가 $a-b-c$인 불평형 3상 전압이 아래와 같을 때 역상분 전압은?

$$V_a = 9 + j6[V]$$
$$V_b = -13 - j15[V]$$
$$V_c = -3 + j4[V]$$

① $0.18 + j6.72$

② $-2.33 - j1.67$

③ $11.15 + j0.95$

④ $-7.0 + j5.0$

해설

역상분 전압

$$V_2 = \frac{1}{3}\left(V_a + a^2 V_b + a V_c\right)$$
$$= \frac{1}{3}\left[(9+j6) + \left(-\frac{1}{2} - j\frac{\sqrt{3}}{2}\right)\right.$$
$$\times (-13 - j15) + \left(-\frac{1}{2} + j\frac{\sqrt{3}}{2}\right)$$
$$\left. \times (-3 + j4)\right]$$
$$= 0.18 + j6.72[V]$$

상 회로이론 제3장 다상 교류회로의 이해

72 그림과 같은 3상 평형회로에서 전원 전압이 $V_{ab} = 200[V]$이고, 부하 한 상의 임피던스가 $Z = 3 - j4[\Omega]$인 경우 전원과 부하 간의 선전류 I_a는 약 몇 [A]인가? (단, 3상 전압의 상순은 $a-b-c$이다.)

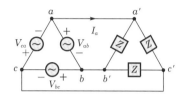

① $69.28 \angle 23°$

② $69.28 \angle 53°$

③ $40 \angle 23°$

④ $40 \angle 53°$

해설

㉠ 부하 한 상의 임피던스 :

$$Z = 3 - j4 = \sqrt{3^2 + 4^2} \angle \tan^{-1}\frac{-4}{3}$$
$$= 5 \angle -53°[\Omega]$$

㉡ 부하의 상전류 : $I_p = \frac{V_p}{Z} = \frac{200}{5 \angle -53°} = 40 \angle 53°[A]$

㉢ 선전류 : $I_l = I_p \sqrt{3} \angle -30° = 69.28 \angle 23°$

중 회로이론 제3장 다상 교류회로의 이해

73 그림과 같은 부하에 선간전압이 $V_{ab} = 100 \angle 30°[V]$인 평형 3상 전압을 가했을 때 선전류 $I_a[A]$는?

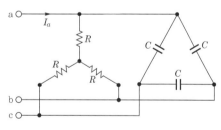

① $\dfrac{100}{\sqrt{3}}\left(\dfrac{1}{R} + j3\omega C\right)$

② $100\left(\dfrac{1}{R} + j\sqrt{3}\,\omega C\right)$

③ $\dfrac{100}{\sqrt{3}}\left(\dfrac{1}{R} + j\omega C\right)$

④ $100\left(\dfrac{1}{R} + j\omega C\right)$

해설

㉠ △결선을 Y결선으로 등가변환하면 다음과 같다. (임
피던스 크기를 $\frac{1}{3}$로 변환)

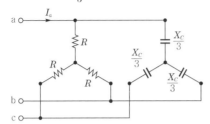

㉡ 저항과 정전용량은 병렬관계이므로 아래와 같이 등가
변환시킬 수 있다.

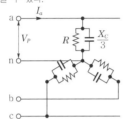

㉢ 합성 임피던스

$$Z = \cfrac{1}{\cfrac{1}{R} + \cfrac{1}{\cfrac{-jX_C}{3}}} = \cfrac{1}{\cfrac{1}{R} + j\cfrac{3}{X_C}}$$

$$= \cfrac{1}{\cfrac{1}{R} + j3\omega C}$$

여기서, $X_C = \dfrac{1}{\omega C}$

㉣ 상전압 : $V_P = \dfrac{V_l}{\sqrt{3}} \angle{-30°} = \dfrac{100}{\sqrt{3}} \angle{0°}$

㉤ Y결선은 상전류와 선전류가 동일하므로

$$I_a = \frac{V_P}{Z} = \frac{100}{\sqrt{3}} \left(\frac{1}{R} + j3\omega C \right)$$

상 회로이론 제9장 과도현상

74 $R = 1[\text{M}\Omega]$, $C = 1[\mu\text{F}]$의 직렬회로에 직류
100[V]를 가했다. 시정수[sec]와 초기값 전
류는 몇 [A]인가?

① $\tau = 5[\text{sec}]$, $i(0) = 10^{-4}[\text{A}]$

② $\tau = 4[\text{sec}]$, $i(0) = 10^{-3}[\text{A}]$

③ $\tau = 1[\text{sec}]$, $i(0) = 10^{-4}[\text{A}]$

④ $\tau = 2[\text{sec}]$, $i(0) = 10^{-3}[\text{A}]$

해설

㉠ 시정수

$$\tau = RC = 10^6 \times 10^{-6} = 1 [\text{sec}]$$

㉡ 초기값 전류

$$i(0) = \frac{E}{R} = \frac{100}{10^{-6}} = 10^{-4}[\text{A}]$$

상 회로이론 제2장 단상 교류회로의 이해

75 그림과 같은 파형을 가진 맥류의 평균값이
10[A]이라면 전류의 실효값은 얼마인가?

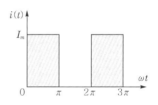

① 10

② 14

③ 20

④ 28

해설 반파구형파의 평균값, 최대값, 실효값

㉠ 평균값 : $I_a = \dfrac{I_m}{2}$

㉡ 최대값 : $I_m = 2I_a = 2 \times 10 = 20[\text{A}]$

㉢ 실효값 : $I = \dfrac{I_m}{\sqrt{2}} = \dfrac{20}{\sqrt{2}} = 14.14[\text{A}]$

상 회로이론 제10장 라플라스 변환

76 $I(s) = \dfrac{2(s+1)}{s^2 + 2s + 5}$ 일 때 $I(s)$의 초기값

$i(0^+)$가 바르게 구해진 것은?

① $\dfrac{2}{5}$

② $\dfrac{1}{5}$

③ 2

④ -2

해설

초기값

$$\lim_{t \to 0} i(t) = \lim_{s \to \infty} s\,I(s)$$

$$= \lim_{s \to \infty} \frac{2s^2 + 2s}{s^2 + 2s + 5} = \lim_{s \to \infty} \frac{2 + \dfrac{2}{s}}{1 + \dfrac{2}{s} + \dfrac{5}{s^2}}$$

$$= 2$$

정답 74 ③ 75 ② 76 ③

상 회로이론 제4장 비정현파 교류회로의 이해

77 100[Ω]의 저항에 흐르는 전류가 $i = 5 + 14.14\sin t + 7.07\sin 2t$[A]일 때 저항에서 소비하는 평균전력[W]은?

① 20000[W]　② 15000[W]
③ 10000[W]　④ 7500[W]

해설

㉠ 전류의 실효값

$$I = \sqrt{I_0^2 + I_1^2 + I_3^2}$$
$$= \sqrt{5^2 + \left(\frac{14.14}{\sqrt{2}}\right)^2 + \left(\frac{7.07}{\sqrt{2}}\right)^2}$$
$$= 12.24\,[\text{A}]$$

㉡ 평균전력(=유효전력=소비전력)

$$P = I^2 R = 12.24^2 \times 100 = 15000\,[\text{W}]$$

상 회로이론 제9장 과도현상

78 RC 직렬회로에 $t = 0$[s]일 때 직류전압 100[V]를 인가하면 0.2초에 흐르는 전류는 몇 [mA]인가? (단, $R = 1000$[Ω], $C = 50[\mu F]$이고, 커패시터의 초기 충전 전하는 없는 것으로 본다.)

① 1.83　② 2.98
③ 3.25　④ 1.25

해설

RC 직렬회로에서 과도전류

$$i(t) = \frac{E}{R}e^{-\frac{1}{RC}t}$$
$$= \frac{100}{1000} \times e^{-\frac{1}{1000 \times 50 \times 10^{-6}} \times 0.2}$$
$$= 0.00183\,[\text{A}]$$
$$= 1.83\,[\text{mA}]$$

상 회로이론 제7장 4단자망 회로해석

79 내부 임피던스가 순저항 6[Ω]인 전원과 120[Ω]의 순저항 부하 사이에 임피던스 정합(matching)을 위한 이상변압기의 권선비는?

① $\frac{1}{\sqrt{20}}$　② $\frac{1}{\sqrt{2}}$
③ $\frac{1}{20}$　④ $\frac{1}{2}$

해설

㉠ 변압기 2차측 임피던스를 1차로 환산
: $Z_1 = a^2 Z_2$[Ω]

㉡ 권수비 : $a = \frac{N_1}{N_2} = \frac{V_1}{V_2} = \frac{I_2}{I_1} = \sqrt{\frac{Z_1}{Z_2}}$

∴ $a = \sqrt{\frac{Z_1}{Z_2}} = \sqrt{\frac{6}{120}} = \frac{1}{\sqrt{20}}$

상 회로이론 제10장 라플라스 변환

80 $F(s) = \dfrac{2s+3}{s^2+3s+2}$ 의 라플라스 역변환은?

① $e^{-t} + e^{-2t}$　② $e^{-t} - e^{-2t}$
③ $e^t - 2e^{-2t}$　④ $e^{-t} + 2e^{-2t}$

해설

$$F(s) = \frac{2s+3}{s^2+3s+2} = \frac{2s+3}{(s+1)(s+2)}$$
$$= \frac{A}{s+1} + \frac{B}{s+2}$$
$$\xrightarrow{\mathcal{L}} Ae^{-t} + Be^{-2t}$$

$A = \lim_{s \to -1}(s+1)F(s) = \lim_{s \to -1}\frac{2s+3}{s+2} = \frac{-2+3}{-1+2} = 1$

$B = \lim_{s \to -2}(s+2)F(s) = \lim_{s \to -2}\frac{2s+3}{s+1} = \frac{-4+3}{-2+1} = 1$

∴ $f(t) = Ae^{-t} + Be^{-2t} = e^{-t} + e^{-2t}$

제5과목　전기설비기술기준

중 제6장 분산형전원설비

81 연료전지설비에서 연료전지를 자동적으로 전로에서 차단하고 연료전지에 연료가스 공급을 자동적으로 차단하며, 연료전지 내의 연료가스를 자동적으로 배기하는 장치를 시설해야 하는 경우에 해당되지 않는 것은?

① 연료전지에 저전류가 생긴 경우
② 발전요소(發電要素)의 발전전압에 이상이 생겼을 경우
③ 연료가스 출구에서의 산소농도 또는 공기 출구에서의 연료가스 농도가 현저히 상승한 경우
④ 연료전지의 온도가 현저하게 상승한 경우

정답 77 ② 78 ① 79 ① 80 ① 81 ①

해설 연료전지설비의 보호장치(KEC 542.2.1)

연료전지는 다음의 경우에 자동적으로 이를 전로에서 차단하고 연료전지에 연료가스 공급을 자동적으로 차단하며 연료전지 내의 연료가스를 자동적으로 배기하는 장치를 시설할 것

㉠ 연료전지에 과전류가 생긴 경우
㉡ 발전요소의 발전전압에 이상이 생겼을 경우 또는 연료가스 출구에서의 산소농도 또는 공기 출구에서의 연료가스 농도가 현저히 상승한 경우
㉢ 연료전지의 온도가 현저하게 상승한 경우

하 **제6장 분산형전원설비**

82 태양광설비에서 전력변환장치의 시설부분 중 잘못된 것은?

① 옥외에 시설하는 경우 방수등급은 IPX4 이상으로 할 것
② 인버터는 실내 · 실외용을 구분할 것
③ 각 직렬군의 태양전지 개방전압은 인버터 입력전압 범위 이내일 것
④ 태양광설비에는 외부피뢰시스템을 설치하지 않을 것

해설 태양광설비의 전력변환장치의 시설(KEC 522.2.2)

㉠ 인버터는 실내 · 실외용을 구분할 것
㉡ 각 직렬군의 태양전지 개방전압은 인버터 입력전압 범위 이내일 것
㉢ 옥외에 시설하는 경우 방수등급은 IPX4 이상일 것

상 **제6장 분산형전원설비**

83 풍력발전설비의 접지설비에서 고려해야 할 것은?

① 타워기초를 이용한 통합접지공사를 할 것
② 공통접지를 할 것
③ IT접지계통을 적용하여 인체에 감전사고가 없도록 할 것
④ 단독접지를 적용하여 전위차가 없도록 할 것

해설 풍력발전설비의 접지설비(KEC 532.3.4)

접지설비는 풍력발전설비 타워기초를 이용한 통합접지공사를 하여야 하며, 설비 사이의 전위차가 없도록 등전위본딩을 하여야 한다.

상 **제3장 전선로**

84 지중전선로의 시설에서 관로식에 의하여 시설하는 경우 매설깊이는 몇 [m] 이상으로 하여야 하는가? (단, 중량물의 압력을 받을 우려가 있는 경우)

① 0.6
② 1.0
③ 1.2
④ 1.5

해설 지중전선로의 시설(KEC 334.1)

㉠ 관로식의 경우 케이블 매설깊이
  • 차량, 기타 중량물에 의한 압력을 받을 우려가 있는 장소 : 1.0[m] 이상
  • 기타 장소 : 0.6[m] 이상
㉡ 직접 매설식의 경우 케이블 매설깊이
  • 차량, 기타 중량물에 의한 압력을 받을 우려가 있는 장소 : 1.0[m] 이상
  • 기타 장소 : 0.6[m] 이상

하 **제5장 전기철도**

85 전기철도의 변전방식에서 변전소 설비에 대한 내용 중 옳지 않은 것은?

① 급전용 변압기에서 직류 전기철도는 3상 정류기용 변압기로 해야 한다.
② 제어용 교류전원은 상용과 예비의 2계통으로 구성한다.
③ 제어반의 경우 디지털계전기방식을 원칙으로 한다.
④ 제어반의 경우 아날로그계전기방식을 원칙으로 한다.

해설 전기철도의 변전소 설비(KEC 421.4)

㉠ 급전용 변압기는 직류 전기철도의 경우 3상 정류기용 변압기, 교류 전기철도의 경우 3상 스코트결선 변압기의 적용을 원칙으로 하고, 급전계통에 적합하게 선정하여야 한다.
㉡ 제어용 교류전원은 상용과 예비의 2계통으로 구성하여야 한다.
㉢ 제어반의 경우 디지털계전기방식을 원칙으로 하여야 한다.

정답 82 ④ 83 ① 84 ② 85 ④

중 제2장. 저압설비 및 고압·특고압설비

86 감전에 대한 보호에서 설비의 각 부분에 하나 이상의 보호대책을 적용하야 하는 데 이에 속하지 않는 것은?

① 전원의 자동차단
② 단절연 및 저감절연
③ 한 개의 전기사용기기에 전기를 공급하기 위한 전기적 분리
④ SELV와 PELV에 의한 특별저압

해설 감전에 대한 보호대책 일반 요구사항(KEC 211.1.2)

설비의 각 부분에서 하나 이상의 보호대책은 외부영향의 조건을 고려하여 적용하여야 한다.
㉠ 전원의 자동차단
㉡ 이중절연 또는 강화절연
㉢ 한 개의 전기사용기기에 전기를 공급하기 위한 전기적 분리
㉣ SELV와 PELV에 의한 특별저압

하 제3장 전선로

87 저압 가공전선이 가공약전류전선과 접근하여 시설될 때 저압 가공전선과 가공약전류전선 사이의 이격거리는 몇 [cm] 이상이어야 하는가?

① 30 ② 40
③ 50 ④ 60

해설 저압 가공전선과 가공약전류전선 등의 접근 또는 교차(KEC 222.13)

가공전선의 종류	이격거리
저압 가공전선	0.6[m] (절연전선 또는 케이블인 경우에는 0.3[m])
고압 가공전선	0.8[m] (전선이 케이블인 경우에는 0.4[m])

상 제1장 공통사항

88 저압전로의 절연성능에서 전로의 사용전압이 500[V] 초과 시 절연저항은 몇 [MΩ] 이상인가?

① 0.1 ② 0.2
③ 0.5 ④ 1.0

해설 저압전로의 절연성능(기술기준 제52조)

전로의 사용전압[V]	DC시험전압[V]	절연저항[MΩ]
SELV 및 PELV	250	0.5
FELV, 500[V] 이하	500	1.0
500[V] 초과	1000	1.0

상 제3장 전선로

89 사용전압이 35[kV] 이하인 특고압 가공전선과 가공약전류전선 등을 동일 지지물에 시설하는 경우, 특고압 가공전선로는 어떤 종류의 보안공사를 하여야 하는가?

① 제1종 특고압 보안공사
② 제2종 특고압 보안공사
③ 제3종 특고압 보안공사
④ 고압 보안공사

해설 특고압 가공전선과 가공약전류전선 등의 공용설치(KEC 333.19)

㉠ 특고압 가공전선로는 제2종 특고압 보안공사에 의할 것
㉡ 특고압 가공전선은 가공약전류전선 등의 위로 하고, 별개의 완금류에 시설할 것
㉢ 특고압 가공전선은 케이블인 경우 이외에는 인장강도 21.67[kN] 이상의 연선 또는 단면적이 50[mm²] 이상인 경동연선일 것
㉣ 특고압 가공전선과 가공약전류전선 등 사이의 이격거리는 2[m] 이상으로 할 것. 다만, 특고압 가공전선이 케이블인 경우에는 0.5[m]까지로 감할 수 있다.

상 제4장 발전소, 변전소, 개폐소 및 기계기구 시설보호

90 발전소, 변전소, 개폐소 또는 이에 준하는 곳 이외에 시설하는 특고압 옥외배전용 변압기를 시가지 외에서 옥외에 시설하는 경우 변압기의 1차 전압은 특별한 경우를 제외하고 몇 [V] 이하이어야 하는가?

① 10000 ② 25000
③ 35000 ④ 50000

해설 특고압 배전용 변압기의 시설(KEC 341.2)

㉠ 변압기의 1차 전압은 35[kV] 이하, 2차 전압은 저압 또는 고압일 것
㉡ 변압기의 특고압측에 개폐기 및 과전류차단기를 시설할 것
㉢ 변압기의 2차측이 고압인 경우에는 개폐기를 시설하고 지상에서 쉽게 개폐할 수 있도록 시설할 것
㉣ 특고압측과 고압측에는 피뢰기를 시설할 것

정답 86 ② 87 ④ 88 ④ 89 ② 90 ③

전기기사

제4장 발전소, 변전소, 개폐소 및 기계기구 시설보호

91 뱅크용량이 20000[kVA]인 전력용 콘덴서에 자동적으로 이를 전로로부터 차단하는 보호장치를 하려고 한다. 다음 중 반드시 시설하여야 할 보호장치가 아닌 것은?

① 내부에 고장이 생긴 경우에 동작하는 장치
② 절연유의 압력이 변화할 때 동작하는 장치
③ 과전류가 생긴 경우에 동작하는 장치
④ 과전압이 생긴 경우에 동작하는 장치

해설 조상설비의 보호장치(KEC 351.5)

조상설비에는 그 내부에 고장이 생긴 경우에 보호하는 장치를 시설하여야 한다.

설비종별	뱅크용량의 구분	자동적으로 전로로부터 차단하는 장치
전력용 커패시터 및 분로리액터	500[kVA] 초과 15000[kVA] 미만	내부고장 및 과전류 발생 시 보호장치
	15000[kVA] 이상	내부고장 및 과전류·과전압 발생 시 보호장치
조상기	15000[kVA] 이상	내부고장 시 보호장치

제3장 전선로

92 다음 중 이상 시 상정하중에 속하는 것은 어느 것인가?

① 각도주에 있어서의 수평 횡하중
② 전선배치가 비대칭으로 인한 수직편심하중
③ 전선 절단에 의하여 생기는 압력에 의한 하중
④ 전선로에 현저한 수직각도가 있는 경우의 수직하중

해설 이상 시 상정하중(KEC 333.14)

철탑의 강도 계산에 사용하는 이상 시 상정하중은 풍압이 전선로에 직각방향으로 가해지는 경우의 하중과 전선로의 방향으로 가해지는 경우의 하중을 전선 및 가섭선의 절단으로 인한 불평균하중을 계산하여 각 부재에 대한 이들의 하중 중 그 부재에 큰 응력이 생기는 쪽의 하중을 채택하는 것으로 한다.

제2장 저압설비 및 고압·특고압설비

93 옥내의 네온방전등 공사 방법으로 옳은 것은?

① 방전등용 변압기는 절연변압기일 것
② 관등회로의 배선은 점검할 수 없는 은폐장소에 시설할 것
③ 관등회로의 배선은 애자사용공사에 의할 것
④ 전선의 지지점 간의 거리는 2[m] 이하일 것

해설 네온방전등(KEC 234.12)

㉠ 사람이 쉽게 접촉할 우려가 없는 곳에 위험의 우려가 없도록 시설할 것
㉡ 배선은 전개된 장소 또는 점검할 수 있는 은폐된 장소에 시설할 것
㉢ 배선은 애자사용공사에 의하여 시설한다.
  • 전선은 네온관용 전선을 사용할 것
  • 전선지지점 간의 거리는 1[m] 이하로 할 것
  • 전선 상호 간의 이격거리는 60[mm] 이상일 것

제2장 저압설비 및 고압·특고압설비

94 전기온상의 발열선의 온도는 몇 [℃]를 넘지 아니하도록 시설하여야 하는가?

① 70   ② 80
③ 90   ④ 100

해설 전기온상 등(KEC 241.5)

전기온상의 발열선은 그 온도가 80[℃]를 넘지 아니하도록 시설할 것

제2장 저압설비 및 고압·특고압설비

95 호텔 또는 여관의 각 객실의 입구등은 몇 분 이내에 소등되는 타임스위치를 시설하여야 하는가?

① 1   ② 2
③ 3   ④ 5

해설 점멸기의 시설(KEC 234.6)

다음의 경우에는 센서등(타임스위치 포함)을 시설하여야 한다.
㉠ 「관광진흥법」과 「공중위생관리법」에 의한 관광숙박업 또는 숙박업(여인숙업을 제외한다)에 이용되는 객실의 입구등은 1분 이내에 소등되는 것
㉡ 일반주택 및 아파트 각 호실의 현관등은 3분 이내에 소등되는 것

91 ② 92 ③ 93 ③ 94 ② 95 ①

22-66

하 제3장 전선로

96 저압 옥측전선로의 시설로 잘못된 것은?

① 철골조 조영물에 버스덕트공사로 시설
② 목조 조영물에 합성수지관공사로 시설
③ 목조 조영물에 금속관공사로 시설
④ 전개된 장소에 애자사용공사로 시설

해설 옥측전선로(KEC 221.2)

저압 옥측전선로는 다음에 따라 시설하여야 한다.
㉠ 애자사용공사(전개된 장소에 한한다)
㉡ 합성수지관공사
㉢ 금속관공사(목조 이외의 조영물에 시설하는 경우에 한한다)
㉣ 버스덕트공사[목조 이외의 조영물(점검할 수 없는 은폐된 장소를 제외한다)에 시설하는 경우에 한한다]
㉤ 케이블공사(연피케이블, 알루미늄피케이블 또는 무기물절연(MI)케이블을 사용하는 경우에는 목조 이외의 조영물에 시설하는 경우에 한한다)

중 제2장 저압설비 및 고압 · 특고압설비

97 옥내배선의 사용전압이 400[V] 이하일 때 전광표시장치, 기타 이와 유사한 장치 또는 제어회로 등의 배선에 다심케이블을 시설하는 경우 배선의 단면적은 몇 [mm²] 이상인가?

① 0.75
② 1.5
③ 1
④ 2.5

해설 저압 옥내배선의 사용전선(KEC 231.3.1)

㉠ 연동선 : 2.5[mm²] 이상
㉡ 전광표시장치, 기타 이와 유사한 장치 또는 제어회로 등에 사용하는 배선에 단면적 1.5[mm²] 이상의 연동선을 사용하고 이를 합성수지관공사 · 금속관공사 · 금속몰드공사 · 금속덕트공사 · 플로어덕트공사 또는 셀룰러덕트공사에 의하여 시설
㉢ 전광표시장치, 기타 이와 유사한 장치 또는 제어회로 등의 배선에 단면적 0.75[mm²] 이상인 다심케이블 또는 다심캡타이어케이블을 사용하고 또한 과전류가 생겼을 때 자동적으로 전로에서 차단하는 장치를 시설

상 제1장 공통사항

98 건축물 및 구조물을 낙뢰로부터 보호하기 위해 피뢰시스템을 지상으로부터 몇 [m] 이상인 곳에 적용해야 하는가?

① 10[m] 이상
② 20[m] 이상
③ 30[m] 이상
④ 40[m] 이상

해설 피뢰시스템의 적용범위 및 구성(KEC 151)

피뢰시스템이 적용되는 시설
㉠ 전기전자설비가 설치된 건축물 · 구조물로서 낙뢰로부터 보호가 필요한 것 또는 지상으로부터 높이가 20[m] 이상인 것
㉡ 전기설비 및 전자설비 중 낙뢰로부터 보호가 필요한 설비

상 제2장 저압설비 및 고압 · 특고압설비

99 계통 전체에 대해 중성선과 보호도체의 기능을 동일도체로 겸용한 PEN 도체를 사용하거나, 배전계통에서 PEN 도체를 추가로 접지할 수 있는 접지 계통은?

① IT
② TT
③ TC
④ TN-C

해설 TN 계통(KEC 203.2)

TN-C 계통은 그 계통 전체에 대해 중성선과 보호도체의 기능을 동일도체로 겸용한 PEN 도체를 사용한다. 배전계통에서 PEN 도체를 추가로 접지할 수 있다.

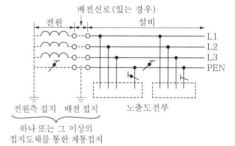

상 제1장 공통사항

100 최대사용전압이 154[kV]인 중성점 직접접지식 전로의 절연내력시험전압은 몇 [V]인가?

① 110880
② 141680
③ 169400
④ 192500

해설 전로의 절연저항 및 절연내력(KEC 132)

60[kV]를 초과하는 중성점 직접접지식일 때 시험전압은 최대사용전압의 0.72배를 가해야 한다.
시험전압 $E = 154000 \times 0.72 = 110880[V]$

정답 96 ③ 97 ① 98 ② 99 ④ 100 ①

02

전기산업기사
과년도 출제문제

일러두기

각 기출문제마다 표시되어 있는 장 제목은 「챔쉬움 전기산업기사」 교재의 핵심이론 구분에 따랐습니다. 문제를 푸시면서 자세한 이론과 더 많은 기출문제가 필요하시면 「챔쉬움 전기산업기사」 책을 참고해주시기 바랍니다.

**기출문제
중요도
표시기준**

상

- 출제빈도가 매우 높은 문제
- 단원별 중요 내용과 공식을 다루는 문제
- 계산 공식만 암기하고 있다면 손쉽게 풀이할 수 있는 문제
- 2차 실기시험까지 연계되는 문제
- 최근 기출문제에서 자주 출제되고 있는 문제

중

- 단원별 중요 내용과 공식을 응용해서 다루는 문제
- 출제빈도가 높은 기존 기출문제를 응용하거나 변형한 문제
- 계산이 다소 복잡하지만 출제빈도가 높은 계산문제

하

- 출제빈도가 매우 낮은 문제
- 어느 정도 출제빈도는 있지만 계산이나 내용이 복잡하여 학습시간이 오래 걸리는 문제
- 일반적인 전공도서에서 자주 다루지 않는 내용을 가지고 출제한 문제

제1과목 전기자기학

상 제2장 진공 중의 정전계

01 표면 전하밀도 σ [C/m²]로 대전된 도체 내부의 전속밀도는 몇 [C/m²]인가?

① σ

② $\varepsilon_0 E$

③ $\dfrac{\sigma}{\varepsilon_0}$

④ 0

해설

전하는 도체 표면에만 분포하므로 도체 내부에는 전하가 존재하지 않는다. 따라서 도체 내부의 전속밀도도 0이 된다.

중 제4장 유전체

02 평행판 공기 콘덴서의 두 전극판 사이에 전위차계를 접속하고 전지에 의하여 충전하였다. 충전한 상태에서 비유전율 ε_s인 유전체를 콘덴서에 채우면 전위차계의 지시는 어떻게 되는가?

① 불변이다.

② 0이 된다.

③ 감소한다.

④ 증가한다.

해설

콘덴서에 유전체를 채우면 충전된 전하량에는 변화가 없고, 정전용량이 증가하므로 콘덴서 단자전압은 감소하게 된다. $\left(V = \dfrac{Q}{C} \,[\text{V}] \right)$

중 제8장 전류의 자기현상

03 반지름 a[m], 중심 간 거리 d[m]인 두 개의 무한장 왕복선로에 서로 반대 방향으로 전류 I[A]가 흐를 때, 한 도체에서 x[m] 거리인 P점의 자계의 세기는 몇 [AT/m]인가? (단, $d \gg a$, $x \gg a$라고 한다.)

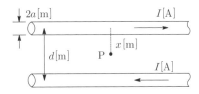

① $\dfrac{I}{2\pi} \left(\dfrac{1}{x} + \dfrac{1}{d-x} \right)$

② $\dfrac{I}{2\pi} \left(\dfrac{1}{x} - \dfrac{1}{d-x} \right)$

③ $\dfrac{I}{4\pi} \left(\dfrac{1}{x} + \dfrac{1}{d-x} \right)$

④ $\dfrac{I}{4\pi} \left(\dfrac{1}{x} - \dfrac{1}{d-x} \right)$

해설

무한장 직선 도체의 자계의 세기 $\left(H = \dfrac{I}{2\pi r} \right)$에서 P점의 자계의 세기는 H_1과 H_2의 합력이 된다.

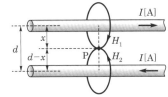

$$\therefore H_P = H_1 + H_2 = \dfrac{I}{2\pi x} + \dfrac{I}{2\pi(d-x)}$$

$$= \dfrac{I}{2\pi} \left(\dfrac{1}{x} + \dfrac{1}{d-x} \right) [\text{AT/m}]$$

정답 01 ④ 02 ③ 03 ①

하 제7장 진공 중의 정자계

04 그림과 같이 진공에서 6×10^{-3}[Wb] 자극을 가진 길이 10[cm]되는 막대자석의 정자극으로부터 5[cm] 떨어진 P점의 자계의 세기는?

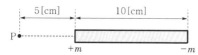

① 13.5×10^4[AT/m]

② 17.3×10^4[AT/m]

③ 23.3×10^3[AT/m]

④ 20.4×10^5[AT/m]

해설

P점에서의 자계의 세기는 아래 그림과 같이 $+m$에 의한 자계 H_1과 $-m$에 의한 자계 H_2의 합이 된다. (H_1과 H_2는 방향이 반대이므로 $H = H_1 - H_2$이 된다.)

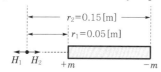

$$\therefore\ H = H_1 - H_2 = \frac{m}{4\pi\mu_0}\left(\frac{1}{r_1^2} - \frac{1}{r_2^2}\right)$$

$$= 6.33 \times 10^4 \times 6 \times 10^{-3}\left(\frac{1}{0.05^2} - \frac{1}{0.15^2}\right)$$

$$= 13.5 \times 10^4 [\text{AT/m}]$$

하 제1장 벡터

05 $\vec{A} = i + 4j + 3k$와 $\vec{B} = 4i + 2j - 4k$의 두 벡터는 서로 어떤 관계에 있는가?

① 평행

② 면적

③ 접근

④ 수직

해설

㉠ 두 벡터의 내적

$\vec{A} \cdot \vec{B} = (i + 4j + 3k) \cdot (4i + 2j - 4k)$

$= (1 \times 4) + (4 \times 2) + (3 \times -4)$

$= 4 + 8 - 12 = 0$

㉡ 두 벡터의 내적이 0이 되기 위해서는 두 벡터가 수직 상태여야만 된다($\vec{A} \perp \vec{B}$).

중 제5장 전기 영상법

06 접지되어 있는 반지름 0.2[m]인 도체구의 중심으로부터 거리가 0.4[m] 떨어진 점 P에 점전하 6×10^{-3}[C]이 있다. 영상전하는 몇 [C]인가?

① -2×10^{-3}

② -3×10^{-3}

③ -4×10^{-3}

④ -6×10^{-3}

해설

$$Q' = -\frac{a}{d}Q = -\frac{0.2}{0.4} \times 6 \times 10^{-3}$$

$$= -3 \times 10^{-3}[\text{C}]$$

상 제3장 정전용량

07 전위계수의 단위는?

① [1/F]

② [C]

③ [C/V]

④ 없다.

해설

전위계수는 정전용량의 역수이다.

$\therefore$ 전위계수 $P = \dfrac{1}{C}$ [1/F]

중 제3장 정전용량

08 그림에서 a, b 간의 합성용량은? (단, 단위는 [μF]이다.)

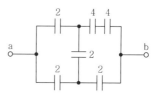

① 2[μF]

② 4[μF]

③ 6[μF]

④ 8[μF]

해설

㉠ 직렬로 접속된 2개의 4[μF]를 합성한다.

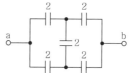

정답 04 ① 05 ④ 06 ② 07 ① 08 ①

ⓒ 휘트스톤 브리지 평형조건에 의해 위 회로는 아래와 같이 등가변환할 수 있다.

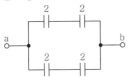

ⓓ 직렬로 접속된 2개의 2[μF]를 합성한다.

$$\therefore C = \frac{2 \times 2}{2+2} = 1[\mu F]$$

∴ a, b 간의 합성 정전용량
$$C_{ab} = 1 + 1 = 2[\mu F]$$

중 **제8장 전류의 자기현상**

09 앙페르의 주회적분의 법칙을 설명한 것으로 올바른 것은?

① 폐회로 주위를 따라 전계를 선적분한 값은 폐회로 내의 총 저항과 같다.
② 폐회로 주위를 따라 전계를 선적분한 값은 폐회로 내의 총 전압과 같다.
③ 폐회로 주위를 따라 자계를 선적분한 값은 폐회로 내의 총 전류와 같다.
④ 폐회로 주위를 따라 전계와 자계를 선적분한 값은 폐회로 내의 총 저항, 총 전압, 총 전류의 합과 같다.

중 **제8장 전류의 자기현상**

10 평등자계 내에 수직으로 돌입한 전자의 궤적은?

① 원운동을 하는 반지름은 자계의 세기에 비례한다.
② 구면 위에서 회전하고 반지름은 자계의 세기에 비례한다.
③ 원운동을 하고, 반지름은 전자의 처음 속도에 반비례한다.
④ 원운동을 하고, 반지름은 자계의 세기에 반비례한다.

해설

운동 전하가 평등자계에 대하여 수직 입사하면 등속 원운동하며, 원운동 조건은 원심력 또는 구심력 $\left(\dfrac{mv^2}{r}\right)$과 전자력($vBq$)이 같아야 한다.

ⓐ 원운동 조건 : $\dfrac{mv^2}{r} = vBq$

여기서, m : 질량[kg]
　　　　B : 자속밀도[Wb/m²]
　　　　q : 전하[C]

ⓑ 전자의 궤도(원운동을 하는 반지름) :
$$r = \frac{mv}{Bq} = \frac{mv}{\mu_0 Hq}[m]$$

∴ 평등자계 내에 전자가 수직 입사하면 원운동하고, 반지름은 자계의 세기에 반비례한다.

하 **제10장 전자유도법칙**

11 저항 24[Ω]의 코일을 지나는 자속이 0.3cos 800t[Wb]일 때 코일에 흐르는 전류의 최댓값은 몇 [A]인가?

① 10　　　　② 20
③ 30　　　　④ 40

해설 **전류의 최댓값**

$$I_m = \frac{e_m}{R} = \frac{\omega N \phi_m}{R}$$
$$= \frac{800 \times 1 \times 0.3}{24}$$
$$= 10[A]$$

하 **제2장 진공 중의 정전계**

12 무한장 선전하와 무한평면 전하에서 r[m] 떨어진 점의 전위는 각각 얼마인가? (단, ρ_L은 선전하밀도, ρ_s는 평면 전하밀도이다.)

① 무한 직선 : $\dfrac{\rho_L}{2\pi\varepsilon_0}$,
　　무한 평면도체 : $\dfrac{\rho_s}{\varepsilon}$

② 무한 직선 : $\dfrac{\rho_L}{4\pi\varepsilon_0 r}$,
　　무한 평면도체 : $\dfrac{\rho_s}{2\pi\varepsilon_0}$

③ 무한 직선 : $\dfrac{\rho_L}{\varepsilon}$, 무한 평면도체 : ∞

④ 무한 직선 : ∞, 무한 평면도체 : ∞

해설

무한장 선전하, 무한평면 전하의 전하량은 무한대이므로 이들의 전위도 ∞가 된다.

정답　**09** ③　**10** ④　**11** ①　**12** ④

상 제4장 유전체

13 유전율이 각각 ε_1, ε_2인 두 유전체가 접한 경계면에서 전하가 존재하지 않는다고 할 때 유전율이 ε_1인 유전체에서 유전율이 ε_2인 유전체로 전계 E_1이 입사각 $\theta_1 = 0°$로 입사할 경우 성립되는 식은?

① $E_1 = E_2$

② $E_1 = \varepsilon_1 \varepsilon_2 E_2$

③ $\dfrac{E_1}{E_2} = \dfrac{\varepsilon_1}{\varepsilon_2}$

④ $\dfrac{E_2}{E_1} = \dfrac{\varepsilon_1}{\varepsilon_2}$

해설

㉠ 경계면에 대하여 전계가 수직 입사($\theta_1 = 0$) 시 두 경계면에서의 전속밀도는 같다.

㉡ $D_1 = D_2$에서 $\varepsilon_1 E_1 = \varepsilon_2 E_2$가 되므로

∴ $\dfrac{E_2}{E_1} = \dfrac{\varepsilon_1}{\varepsilon_2}$

중 제7장 진공 중의 정자계

14 자위의 단위[J/Wb]와 같은 것은?

① [AT]

② [AT/m]

③ [A · m]

④ [Wb]

해설

② 자계의 세기 단위
④ 자하의 단위

중 제6장 전류

15 내부저항 20[Ω] 및 25[Ω], 최대 지시눈금이 다같이 1[A]인 전류계 A_1 및 A_2를 그림과 같이 접속했을 때 측정할 수 있는 최대 전류의 값은 몇 [A]인가?

① 1

② 1.5

③ 1.8

④ 2

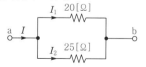

해설

㉠ 전류계를 병렬로 설치하면 내부저항이 작은 쪽으로 더 많은 전류가 흐른다.

㉡ 내부저항이 작은 전류계 A_1에 $I_1 = 1$[A]가 흘렀을 때가 두 병렬 전류계가 측정할 수 있는 최대 전류 I가 된다.

㉢ A_1에 흐르는 전류 I_1(전류분배법칙) :

$$I_1 = \dfrac{R_2}{R_1 + R_2} \times I$$

여기서, R_1 : A_1 내부저항, R_2 : A_2 내부저항

∴ 최대 전류

$$I = \dfrac{R_1 + R_2}{R_2} \times I_1 = \dfrac{20 + 25}{25} \times 1 = 1.8[A]$$

중 제3장 정전용량

16 면적 A [m²], 간격 t [m]인 평행판 콘덴서에 전하 Q [C]을 충전하였을 때 정전용량 C[F]와 정전에너지 W[J]는?

① $C = \dfrac{\varepsilon_0}{t^2}$, $W = \dfrac{tQ^2}{2\varepsilon_0 A}$

② $C = \dfrac{2\varepsilon_0 A}{t}$, $W = \dfrac{Q^2}{4\varepsilon_0 A}$

③ $C = \dfrac{\varepsilon_0 A}{t}$, $W = \dfrac{tQ^2}{2\varepsilon_0 A}$

④ $C = \dfrac{2\varepsilon_0}{t^2}$, $W = \dfrac{Q^2}{\varepsilon_0 A}$

해설

㉠ 평행판 콘덴서의 정전용량 : $C = \dfrac{\varepsilon_0 A}{t}$

㉡ 콘덴서에 축적되는 에너지(정전에너지)

: $W = \dfrac{Q^2}{2C} = \dfrac{tQ^2}{2\varepsilon_0 A}$

상 제9장 자성체와 자기회로

17 변압기 철심으로 규소강판이 사용되는 주된 이유는?

① 와전류손을 적게 하기 위하여

② 큐리온도를 높이기 위하여

③ 히스테리시스손을 적게 하기 위하여

④ 부하손(동손)을 적게 하기 위하여

해설

㉠ 히스테리시스손 감소 : 규소강판 사용
㉡ 와전류손 감소 : 성층 철심을 사용

정답 13 ④ 14 ① 15 ③ 16 ③ 17 ③

중 제10장 전자유도법칙

18 자계 중에 이것과 직각으로 놓인 도체에 I[A]의 전류를 흘릴 때 f[N]의 힘이 작용하였다. 이 도체를 v[m/s]의 속도로 자계와 직각으로 운동시킬 때의 기전력 e[V]는?

① $\dfrac{fv}{I^2}$ 　　② $\dfrac{fv}{I}$

③ $\dfrac{fv^2}{I}$ 　　④ $\dfrac{fv}{2I}$

해설

㉠ 자계 내에 있는 도체에 전류가 흐르면 도체에는 전자력이 발생한다(플레밍의 왼손법칙).

전자력 $f = IBl\sin\theta$[N]에서 $Bl\sin\theta = \dfrac{f}{I}$ 가 된다.

㉡ 자계 내에 있는 도체가 운동하면 도체에는 기전력이 발생한다(플레밍의 오른손법칙).

∴ 유도기전력 $e = vBl\sin\theta = \dfrac{fv}{I}$[V]

중 제6장 전류

19 15[℃]의 물 4[L]를 용기에 넣어 1[kW]의 전열기로 가열하여 물의 온도를 90[℃]로 올리는 데 30분이 필요하였다. 이 전열기의 효율은 약 몇 [%]인가?

① 50 　　② 60

③ 70 　　④ 80

해설 전열기 효율

$$\eta = \frac{mc\theta}{860\,pt} = \frac{4 \times 1(90-15)}{860 \times 1 \times \dfrac{30}{60}} \times 100 = 70[\%]$$

상 제12장 전자계

20 변위전류에 대한 설명으로 옳지 않은 것은?

① 전도전류이든 변위전류이든 모두 전자 이동이다.
② 유전율이 무한히 크면 전하의 변위를 일으킨다.
③ 변위전류는 유전체 내에 유전속밀도의 시간적 변화에 비례한다.
④ 유전율이 무한대이면 내부 전계는 항상 0이다.

해설

전도전류는 도체 내 자유전자의 이동에 의한 전류를 말하며, 변위전류는 유전체 또는 전해액 내의 구속전자의 변위에 의한 전류를 말한다.

제2과목　전력공학

하 제4장 송전 특성 및 조상설비

21 송전선로에서 고조파 제거방법이 아닌 것은?

① 변압기를 △결선한다.
② 유도전압조정장치를 설치한다.
③ 무효전력보상장치를 설치한다.
④ 능동형 필터를 설치한다.

해설 고조파 제거방법(감소대책)

유도전압조정기는 배전선로의 변동이 클 경우 전압을 조정하는 기기이다.
㉠ 변압기의 △결선 : 제3고조파 제거
㉡ 능동형 필터, 수동형 필터의 사용
㉢ 무효전력보상장치 : 사이리스터를 이용하여 병렬 콘덴서와 리액터를 신속하게 제어하여 고조파 제거

상 제6장 중성점 접지방식

22 중성점 비접지방식을 이용하는 것이 적당한 것은?

① 고전압 장거리 　　② 고전압 단거리
③ 저전압 장거리 　　④ 저전압 단거리

해설

비접지방식은 선로의 길이가 짧거나 전압이 낮은 계통(20~30[kV] 정도)에 적용한다.

중 제6장 중성점 접지방식

23 1상의 대지정전용량 0.53[μF], 주파수 60[Hz]의 3상 송전선이 있다. 이 선로에 소호리액터를 설치하고자 한다. 소호리액터의 10[%] 과보상 탭의 리액턴스는 약 몇 [Ω]인가? (단, 소호리액터를 접지시키는 변압기 1상당의 리액턴스는 9[Ω]이다.)

① 505 　　② 806
③ 1498 　　④ 1514

해설

소호리액터 $\omega L = \dfrac{1}{3\omega C} - \dfrac{X_t}{3}$ [Ω]

여기서, X_t : 변압기 1상당 리액턴스

$$\omega L = \frac{1}{3\omega C} - \frac{X_t}{3}$$

$$= \frac{1}{3 \times 2\pi \times 60 \times 0.53 \times 10^{-6} \times 1.1} - \frac{9}{3}$$

$$= 1513.6 \, [\Omega]$$

상 제7장 이상전압 및 유도장해

24 피뢰기에서 속류의 차단이 되는 교류의 최고전압을 무엇이라 하는가?

① 정격전압　　② 제한전압
③ 단자전압　　④ 방전개시전압

해설 피뢰기 정격전압

㉠ 속류를 차단하는 최고의 교류전압
㉡ 선로단자와 접지단자 간에 인가할 수 있는 상용주파 최대 허용전압

상 제9장 배전방식

25 설비용량 800[kW], 부등률 1.2, 수용률 60[%]일 때의 합성 최대전력[kW]은?

① 666　　② 960
③ 480　　④ 400

해설 합성 최대전력

$$P_T = \frac{\text{설비용량} \times \text{수용률}}{\text{부등률}} = \frac{800 \times 0.6}{1.2} = 400 \, [\text{kW}]$$

상 제4장 송전 특성 및 조상설비

26 송전선의 특성 임피던스는 저항과 누설 컨덕턴스를 무시하면 어떻게 표현되는가? (단, L은 선로의 인덕턴스, C는 선로의 정전용량이다.)

① $\dfrac{L}{C}$　　② $\dfrac{C}{L}$
③ $\sqrt{\dfrac{L}{C}}$　　④ $\sqrt{\dfrac{C}{L}}$

해설

특성 임피던스 $Z_o = \sqrt{\dfrac{Z}{Y}} = \sqrt{\dfrac{R + j\omega L}{g + j\omega C}}$ 에서

$R = g = 0$

즉, 무손실선로에서 특성 임피던스 $Z_o = \sqrt{\dfrac{L}{C}}$ [Ω]

중 제10장 배전선로 계산

27 부하에 따라 전압변동이 심한 급전선을 가진 배전변전소에서 가장 많이 사용되는 전압조정장치는?

① 전력용 콘덴서
② 유도전압조정기
③ 계기용 변압기
④ 직렬리액터

해설 배전선로 전압조정장치

주상변압기 Tap 조절장치, 승압기 설치(단권변압기), 유도전압조정기, 직렬콘덴서
② 유도전압조정기는 부하에 따라 전압변동이 심한 급전선에 전압조정장치로 사용한다.

상 제3장 선로정수 및 코로나현상

28 선간거리가 D[m]이고 전선의 반지름이 r[m]인 선로의 인덕턴스 L[mH/km]은?

① $L = 0.5 + 0.4605 \log_{10} \dfrac{D}{r}$

② $L = 0.5 + 0.4605 \log_{10} \dfrac{r}{D}$

③ $L = 0.05 + 0.4605 \log_{10} \dfrac{r}{D}$

④ $L = 0.05 + 0.4605 \log_{10} \dfrac{D}{r}$

해설

작용인덕턴스 $L = 0.05 + 0.4605 \log_{10} \dfrac{D}{r}$ [mH/km]

여기서, D : 등가선간거리
　　　　r : 전선의 반지름

정답 24 ① 25 ④ 26 ③ 27 ② 28 ④

중 제3장 선로정수 및 코로나현상

29 복도체에서 2본의 전선이 서로 충돌하는 것을 방지하기 위하여 2본의 전선 사이에 적당한 간격을 두어 설치하는 것은?

① 아머로드
② 댐퍼
③ 아킹혼
④ 스페이서

해설

복도체방식으로 전력공급 시 도체 간에 전선의 꼬임현상 및 충돌로 인한 불꽃발생이 일어날 수 있으므로 스페이서를 설치하여 도체 사이의 일정한 간격을 유지한다.

상 제3장 선로정수 및 코로나현상

30 전선의 표피효과에 관한 기술 중 맞는 것은?

① 전선이 굵을수록, 또 주파수가 낮을수록 커진다.
② 전선이 굵을수록, 또 주파수가 높을수록 커진다.
③ 전선이 가늘수록, 또 주파수가 낮을수록 커진다.
④ 전선이 가늘수록, 또 주파수가 높을수록 커진다.

해설

주파수 f[Hz], 투자율 μ[H/m], 도전율 σ[℧/m] 및 전선의 지름이 클수록 표피효과는 커진다.

상 제8장 송전선로 보호방식

31 부하전류 및 단락전류를 모두 개폐할 수 있는 스위치는?

① 단로기
② 차단기
③ 선로개폐기
④ 전력퓨즈

해설

차단기는 선로개폐 시 발생하는 아크를 소호할 수 있으므로 부하전류 및 단락전류의 개폐가 가능하다.

중 제8장 송전선로 보호방식

32 다음 중 전력선 반송보호계전방식의 장점이 아닌 것은?

① 저주파 반송전류를 중첩시켜 사용하므로 계통의 신뢰도가 높아진다.
② 고장구간의 선택이 확실하다.
③ 동작이 예민하다.
④ 고장점이나 계통의 여하에 불구하고 선택차단개소를 동시에 고속도 차단할 수 있다.

해설 전력선 반송보호계전방식의 특성

㉠ 송전선로에 단락이나 지락사고 시 고장점의 양끝에서 선로의 길이에 관계없이 고속으로 양단을 동시에 차단이 가능하다.
㉡ 중·장거리 선로의 기본보호계전방식으로 널리 적용한다.
㉢ 설비가 복잡하여 초기 설비투자비가 크고 차단동작이 예민하다.
㉣ 선로사고 시 고장구간의 선택보호동작이 확실하다.

상 제5장 고장 계산 및 안정도

33 선간단락 고장을 대칭좌표법으로 해석할 경우 필요한 것 모두를 나열한 것은?

① 정상임피던스
② 역상임피던스
③ 정상임피던스, 역상임피던스
④ 정상임피던스, 영상임피던스

해설 선로의 고장 시 대칭좌표법으로 해석할 경우 필요한 사항

㉠ 1선 지락 : 영상임피던스, 정상임피던스, 역상임피던스
㉡ 선간단락 : 정상임피던스, 역상임피던스
㉢ 3선 단락 : 정상임피던스

상 제5장 고장 계산 및 안정도

34 전력계통의 안정도 향상대책으로 옳지 않은 것은?

① 계통의 직렬리액턴스를 낮게 한다.
② 고속도 재폐로방식을 채용한다.
③ 지락전류를 크게 하기 위하여 직접접지방식을 채용한다.
④ 고속도 차단방식을 채용한다.

정답 29 ④ 30 ② 31 ② 32 ① 33 ③ 34 ③

🔧 해설

직접접지방식은 1선 지락사고 시 대지로 흐르는 지락전류가 다른 접지방식에 비해 너무 커서 안정도가 가장 낮은 접지방식이다.

중 제11장 발전

35 유효낙차 50[m], 출력 4900[kW]인 수력발전소가 있다. 이 발전소의 최대사용수량은 몇 [m³/sec]인가?

① 10   ② 25
③ 50   ④ 75

🔧 해설

수력발전출력 $P = 9.8QH$ [kW]

최대사용수량 $Q = \dfrac{P}{9.8H} = \dfrac{4900}{9.8 \times 50} = 10$[m³/sec]

상 제5장 고장 계산 및 안정도

36 단락전류를 제한하기 위한 것은?

① 동기조상기
② 분로리액터
③ 전력용 콘덴서
④ 한류리액터

🔧 해설

한류리액터는 선로에 직렬로 설치한 리액터로 단락사고 시 발전기에 전기자 반작용이 일어나기 전 커다란 돌발 단락전류가 흐르므로 이를 제한하기 위해 설치하는 리액터이다.

상 제11장 발전

37 원자력발전소에서 감속재에 관한 설명으로 틀린 것은?

① 중성자 흡수단면적이 클 것
② 감속비가 클 것
③ 감속능력이 클 것
④ 경수, 중수, 흑연 등이 사용됨

🔧 해설

감속재란 핵분열에 의해 생긴 고속중성자를 열중성자로 감속하기 위하여 사용하는 것이다.
㉠ 원자핵의 질량수가 적을 것
㉡ 중성자의 산란이 크고 흡수가 적을 것

상 제10장 배전선로 계산

38 다음 ( ) 안에 알맞은 내용으로 옳은 것은? (단, 공급전력과 선로손실률은 동일하다.)

> "선로의 전압을 2배로 승압할 경우, 공급전력은 승압 전의 (㉠)로 되고, 선로 손실은 승압 전의 (㉡)로 된다."

① ㉠ $\dfrac{1}{4}$배, ㉡ 2배   ② ㉠ $\dfrac{1}{4}$배, ㉡ 4배

③ ㉠ 2배, ㉡ $\dfrac{1}{4}$배   ④ ㉠ 4배, ㉡ $\dfrac{1}{4}$배

🔧 해설 **공급전압의 2배 상승 시**

㉠ 공급전력 $P \propto V^2$이므로 송전전력은 4배로 된다.
㉡ 선로손실 $P_c \propto \dfrac{1}{V^2}$이므로 전력손실은 $\dfrac{1}{4}$배로 된다.

상 제11장 발전

39 수차의 종류를 적용낙차가 높은 것으로부터 낮은 순서로 나열한 것은?

① 프란시스 - 펠턴 - 프로펠러
② 펠턴 - 프란시스 - 프로펠러
③ 프란시스 - 프로펠러 - 펠턴
④ 프로펠러 - 펠턴 - 프란시스

🔧 해설 **낙차에 따른 수차의 구분**

㉠ 펠턴 수차 : 500[m] 이상의 고낙차
㉡ 프란시스 수차 : 50~500[m] 정도의 중낙차
㉢ 프로펠러 수차 : 50[m] 이하의 저낙차

상 제5장 고장 계산 및 안정도

40 송전선로의 송전용량을 결정할 때 송전용량계수법에 의한 수전전력을 나타낸 식은?

① 수전전력 = $\dfrac{\text{송전용량계수} \times (\text{수전단선간전압})^2}{\text{송전거리}}$

② 수전전력 = $\dfrac{\text{송전용량계수} \times \text{수전단선간전압}}{\text{송전거리}}$

③ 수전전력 = $\dfrac{\text{송전용량계수} \times (\text{송전거리})^2}{\text{수전단선간전압}}$

④ 수전전력 = $\dfrac{\text{송전용량계수} \times (\text{수전단전류})^2}{\text{송전거리}}$

정답   35 ①   36 ④   37 ①   38 ④   39 ②   40 ①

해설

송전용량계수법 $P = K \dfrac{E_r^{\,2}}{l}$

여기서, P : 수전단전력[kW]

　　　　E_r : 수전단선간전압[kV]

　　　　l : 송전거리[km]

제3과목　전기기기

상　**제1장 직류기**

41 전기기기에 있어 와전류손(eddy current loss)을 감소시키기 위한 방법은?

① 냉각압연
② 보상권선 설치
③ 교류전원을 사용
④ 규소강판을 성층하여 사용

해설

철손＝히스테리시스손＋와류손

와전류손 $P_e \propto k_h k_e (f\,t\,B_m)^2$

(여기서, f : 주파수, t : 두께, B_m : 자속밀도)

와전류손은 두께의 2승에 비례하므로 감소시키기 위해 성층하여 사용한다.

상　**제3장 변압기**

42 10[kVA], 2000/100[V] 변압기의 1차 환산 등가 임피던스가 $6.2+j7$[Ω]이라면 %임피던스 강하는 약 몇 [%]인가?

① 1.8　　　　　② 2.4
③ 6.7　　　　　④ 9.4

해설

1차 임피던스 $|Z_1| = \sqrt{(6.2)^2 + 7^2} = 9.35$[Ω]

1차 정격전류 $I_1 = \dfrac{P}{V_1} = \dfrac{10 \times 10^3}{2000} = 5$[A]

%임피던스 $\%Z = \dfrac{I_1 \cdot |Z|}{V_1} \times 100 = \dfrac{5 \times 9.35}{2000} \times 100$

$= 2.337 ≒ 2.4$[%]

중　**제1장 직류기**

43 직류발전기의 외부특성곡선에서 나타내는 관계로 옳은 것은?

① 계자전류와 단자전압
② 계자전류와 부하전류
③ 부하전류와 단자전압
④ 부하전류와 유기기전력

해설　**기기의 특성곡선**

기기의 특성을 표시할 때 기전력, 단자전압, 전류 등의 관계를 표시하는 곡선

㉠ 외부특성곡선 : 일정한 회전속도에서 부하전류와 단자전압

㉡ 위상특성곡선(V곡선) : 계자전류와 부하전류

㉢ 무부하특성곡선 : 정격속도 및 무부하운전상태에서 계자전류와 무부하전압(유기기전력)

㉣ 부하특성곡선 : 정격속도에서 계자전류와 단자전압

상　**제2장 동기기**

44 동기전동기의 제동권선의 효과는?

① 정지시간의 단축
② 토크의 증가
③ 기동 토크의 발생
④ 과부하내량의 증가

해설

제동권선은 기동 토크를 발생시킬 수 있고 난조를 방지하여 안정도를 높일 수 있다.

중　**제1장 직류기**

45 유도기전력 110[V], 전기자저항 및 계자저항이 각각 0.05[Ω]인 직권발전기가 있다. 부하전류가 100[A]라 하면 단자전압[V]은?

① 95　　　　　② 100
③ 105　　　　　④ 110

해설

단자전압(＝정격전압)

$V_n = E_a - I_a(r_a + r_f)$

$= 110 - 100 \times (0.05 + 0.05)$

$= 100$[V]

상 제5장 정류기

46 단상 반파의 정류효율[%]은?

① $\dfrac{4}{\pi^2} \times 100$　　　② $\dfrac{\pi^2}{4} \times 100$

③ $\dfrac{8}{\pi^2} \times 100$　　　④ $\dfrac{\pi^2}{8} \times 100$

해설 정류효율

㉠ 단상 반파정류 = $\dfrac{4}{\pi^2} \times 100 = 40.6[\%]$

㉡ 단상 전파정류 = $\dfrac{8}{\pi^2} \times 100 = 81.2[\%]$

상 제4장 유도기

47 10[kW], 3상, 380[V] 유도전동기의 전부하 전류는 약 몇 [A]인가? (단, 전동기의 효율은 85[%], 역률은 85[%]이다.)

① 15　　　② 21

③ 26　　　④ 36

해설

3상 유도전동기의 출력 $P_o = \sqrt{3}\, V_n I_n \cos\theta \times \eta[W]$

여기서, V_n : 정격전압, I_n : 전부하전류, η : 효율, $\cos\theta$: 역률

전부하전류 $I_n = \dfrac{P_o}{\sqrt{3}\, V_n \cos\theta \times \eta}$

$= \dfrac{10 \times 10^3}{\sqrt{3} \times 380 \times 0.85 \times 0.85}$

$= 21.02 \fallingdotseq 21[A]$

상 제1장 직류기

48 직류전동기에서 극수를 P, 전기자의 전도체수를 Z, 전기자 병렬회로수를 a, 1극당의 자속수를 $\phi[Wb]$, 전기자전류를 $I_a[A]$라고 할 때 토크[N · m]를 나타내는 식은 어느 것인가?

① $\dfrac{PZ}{2\pi a} \cdot \phi I_a$　　　② $\dfrac{PZ}{a} \cdot \phi I_a$

③ $\dfrac{PZ}{2\pi a} \cdot \dfrac{\phi}{I_a}$　　　④ $\dfrac{2\pi a}{PZ} \phi I_a z$

해설

직류전동기 토크 $T = \dfrac{P_o}{\omega} = \dfrac{PZ\phi I_a}{2\pi a}[N \cdot m]$

하 제3장 변압기

49 히스테리시스손과 관계가 없는 것은?

① 최대 자속밀도
② 철심의 재료
③ 회전수
④ 철심용 규소강판의 두께

해설

와류손 $P_e \propto k_h k_e (f \cdot t \cdot B_m)^2$ 이므로 규소강판의 두께 (t)는 와류손 크기의 제곱에 비례한다.

상 제4장 유도기

50 권선형 유도전동기 2대를 직렬종속으로 운전하는 경우 그 동기속도는 어떤 전동기의 속도와 같은가?

① 두 전동기 중 적은 극수를 갖는 전동기
② 두 전동기 중 많은 극수를 갖는 전동기
③ 두 전동기의 극수의 합과 같은 극수를 갖는 전동기
④ 두 전동기의 극수의 차와 같은 극수를 갖는 전동기

해설

직렬종속법 $N = \dfrac{120 f_1}{P_1 + P_2}[rpm]$

상 제4장 유도기

51 3상 유도전동기의 원선도를 그리는 데 옳지 않은 시험은?

① 저항측정　　　② 무부하시험
③ 구속시험　　　④ 슬립측정

해설

㉠ 유도전동기의 특성을 구하기 위하여 원선도를 작성한다.
㉡ 원선도 작성 시 필요시험 : 무부하시험, 구속시험, 저항측정

상 제5장 정류기

52 반도체 소자 중 3단자 사이리스터가 아닌 것은?

① SCR　　　② GTO
③ TRIAC　　　④ SCS

정답　46 ①　47 ②　48 ①　49 ④　50 ③　51 ④　52 ④

해설 SCS(Silicon Controlled Switch)

gate가 2개인 4단자 1방향성 사이리스터
① SCR(사이리스터) : 단방향 3단자
② GTO(Gate Turn Off 사이리스터) : 단방향 3단자
③ TRIAC(트라이액) : 양방향 3단자

중 **제2장 동기기**

53 교류발전기의 고조파발생을 방지하는 방법으로 틀린 것은?

① 전기자반작용을 크게 한다.
② 전기자권선을 단절권으로 감는다.
③ 전기자슬롯을 스큐슬롯으로 한다.
④ 전기자권선의 결선을 성형으로 한다.

해설

전기자반작용의 발생 시 전기자권선에서 발생하는 누설자속이 계자기자력에 영향을 주어 파형의 왜곡을 만들어 고조파가 증대되므로 공극의 증대, 분포권, 단절권, 슬롯의 사구(스큐) 등으로 전기자반작용을 억제한다.

상 **제3장 변압기**

54 정격이 300[kVA], 6600/2200[V]의 단권변압기 2대를 V결선으로 해서 1차에 6600[V]를 가하고, 전부하를 걸었을 때의 2차측 출력[kVA]은? (단, 손실은 무시한다.)

① 425　　　　② 519
③ 390　　　　④ 489

해설

$$\frac{\text{자기용량}}{\text{부하용량}} = \frac{1}{0.866}\left(\frac{V_h - V_l}{V_h}\right)$$

$$\frac{300}{\text{부하용량}} = \frac{1}{0.866}\left(\frac{6600 - 2200}{6600}\right)$$

$$\text{부하용량} = 0.866 \times \left(\frac{6600}{6600 - 2200}\right) \times 300 = 390[\text{kVA}]$$

중 **제1장 직류기**

55 전기자저항 0.3[Ω], 직권계자권선의 저항 0.7[Ω]의 직권전동기에 110[V]를 가하였더니 부하전류가 10[A]이었다. 이때 전동기의 속도[rpm]는? (단, 기계정수는 2이다.)

① 1200　　　　② 1500
③ 1800　　　　④ 3600

해설

직권전동기($I_a = I_f = I_n$)이므로 자속 $\phi \propto I_a$이기 때문에 회전속도를 구하면

$$n = k \times \frac{V_n - I_a(r_a + r_f)}{\phi}$$

$$= 2.0 \times \frac{110 - 10 \times (0.3 + 0.7)}{10}$$

$$= 20[\text{rps}]$$

직권전동기의 회전속도 $N = 60n = 60 \times 20 = 1200[\text{rpm}]$

하 **제4장 유도기**

56 유도기전력의 크기가 서로 같은 A, B 2대의 동기발전기를 병렬운전할 때, A발전기의 유기기전력 위상이 B발전기보다 앞설 때 발생하는 현상이 아닌 것은?

① 동기화력이 발생한다.
② 고조파 무효순환전류가 발생된다.
③ 유효전류인 동기화전류가 발생된다.
④ 전기자동손을 증가시키며 과열의 원인이 된다.

해설

고조파 무효순환전류는 두 발전기의 병렬운전 중 기전력의 파형이 다를 경우 발생한다.

상 **제3장 변압기**

57 전류계를 교체하기 위해 우선 변류기 2차측을 단락시켜야 하는 이유는?

① 측정오차 방지
② 2차측 절연보호
③ 2차측 과전류보호
④ 1차측 과전류방지

해설

변류기 2차가 개방되면 2차 전류는 0이 되고 1차 부하전류도 0이 된다. 그러나 1차측은 선로에 연결되어 있어서 2차측의 전류에 관계없이 선로전류가 흐르고 있고 이는 모두 여자전류로 되어 철손이 증가하여 많은 열을 발생시켜 과열, 소손될 우려가 있다. 이때 자속은 모두 2차측 기전력을 증가시켜 절연을 파괴할 우려가 있으므로 개방하여서는 안 된다.
㉠ CT(변류기) → 2차측 절연보호(퓨즈 설치 안 됨)
㉡ PT(계기용 변압기) → 선간 단락 사고방지(퓨즈 설치)

정답　53 ①　54 ③　55 ①　56 ②　57 ②

전기산업기사

상 제4장 유도기

58 주파수 60[Hz]의 유도전동기가 있다. 전부하에서의 회전수가 매분 1164회이면 극수는? (단, $s=3[\%]$이다.)

① 4 ② 6
③ 8 ④ 10

해설

회전자속도 $N=(1-s)N_s=(1-s)\dfrac{120f}{P}$[rpm]

유도전동기 극수 $P=(1-s)\times\dfrac{120f}{N}$

$$=(1-0.03)\times\dfrac{120\times60}{1164}$$

$$=6극$$

상 제4장 유도기

59 1차 권선수 N_1, 2차 권선수 N_2, 1차 권선계수 k_{w1}, 2차 권선계수 k_{w2}인 유도전동기가 슬립 s로 운전하는 경우 전압비는?

① $\dfrac{k_{w1}N_1}{k_{w2}N_2}$ ② $\dfrac{k_{w2}N_2}{k_{w1}N_1}$

③ $\dfrac{k_{w1}N_1}{sk_{w2}N_2}$ ④ $\dfrac{sk_{w2}N_2}{k_{w1}N_1}$

해설

회전 시 권수비

$\alpha=\dfrac{E_1}{sE_2}=\dfrac{4.44k_{w1}fN_1\phi_m}{4.44k_{w2}sfN_2\phi_m}=\dfrac{k_{w1}N_1}{sk_{w2}N_2}$

여기서, k_{w1}, k_{w2} : 1차, 2차 권선계수

N_1, N_2 : 1차, 2차 권선수

ϕ_m : 최대자속

상 제3장 변압기

60 부흐홀츠 계전기로 보호되는 기기는?

① 변압기 ② 발전기
③ 유도전동기 ④ 회전변류기

해설

부흐홀츠 계전기는 콘서베이터와 변압기 본체 사이를 연결하는 관 안에 설치한 계전기로, 수은접점으로 구성되어 변압기 내부에 고장이 발생하는 경우 내부고장 등을 검출하여 보호한다.

제4과목 회로이론

중 제9장 과도현상

61 $R-L-C$ 직렬회로에서 임계제동조건이 되는 저항의 값은?

① $\sqrt{LC}$ ② $2\sqrt{\dfrac{C}{L}}$

③ $2\sqrt{\dfrac{L}{C}}$ ④ $\sqrt{\dfrac{L}{C}}$

해설 $R-L-C$ 직렬회로의 과도응답곡선

㉠ $R^2<4\dfrac{L}{C}$인 경우 : 부족제동(진동적)

㉡ $R^2=4\dfrac{L}{C}$인 경우 : 임계제동(임계적)

㉢ $R^2>4\dfrac{L}{C}$인 경우 : 과제동(비진동적)

∴ $R^2=4\dfrac{L}{C}\;\rightarrow\;R=2\sqrt{\dfrac{L}{C}}$

상 제2장 단상 교류회로의 이해

62 정현파 교류회로의 실효치를 계산하는 식은?

① $I=\dfrac{1}{T^2}\int_0^T i^2\,dt$ ② $I^2=\dfrac{2}{T}\int_0^T i\,dt$

③ $I^2=\dfrac{1}{T}\int_0^T i^2\,dt$ ④ $I=\sqrt{\dfrac{2}{T}\int_0^T i^2\,dt}$

해설 정현파 교류의 실횻값

$I=\sqrt{\dfrac{1}{T}\int_0^T i^2\,dt}=\dfrac{I_m}{\sqrt{2}}=0.707\,I_m$

중 제6장 회로망 해석

63 그림과 같은 회로에서 1[Ω]의 단자전압[V]은?

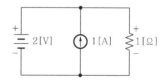

① 1.5[V] ② 3[V]
③ 2[V] ④ 1[V]

📝 해설

중첩의 정리를 이용하여 풀이할 수 있다.

㉠ 전압원 2[V]만의 회로해석

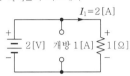

$$I_1 = \frac{2}{1} = 2[A]$$

㉡ 전류원 1[A]만의 회로해석

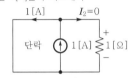

$$I_2 = \frac{0}{0+1} \times 1 = 0[A]$$

㉢ 1[Ω] 통과전류 : $I = I_1 + I_2 = 2[A]$

∴ 단자전압 $V = IR = 2 \times 1 = 2[V]$

중 제5장 대칭좌표법

64 대칭좌표법에 관한 설명으로 틀린 것은?

① 불평형 3상 Y결선의 접지식 회로에서는 영상분이 존재한다.
② 불평형 3상 Y결선의 비접지식 회로에서는 영상분이 존재한다.
③ 평형 3상 전압에서 영상분은 0이다.
④ 평형 3상 전압에서 정상분만 존재한다.

📝 해설

비접지식 회로에서는 영상분이 존재하지 않는다.

상 제4장 비정현파 교류회로의 이해

65 비사인파의 실횻값은?

① 최대파의 실횻값
② 각 고조파의 실횻값의 합
③ 각 고조파의 실횻값 합의 제곱근
④ 각 파의 실횻값 제곱의 합의 제곱근

상 제12장 전달함수

66 다음 사항 중 옳게 표현된 것은?

① 비례요소의 전달함수는 $\frac{1}{Ts}$ 이다.

② 미분요소의 전달함수는 K이다.

③ 적분요소의 전달함수는 Ts이다.

④ 1차 지연요소의 전달함수는 $\frac{K}{Ts+1}$ 이다.

📝 해설

㉠ 비례요소 : $G(s) = K$
㉡ 미분요소 : $G(s) = Ts$
㉢ 적분요소 : $G(s) = \frac{K}{Ts}$
㉣ 1차 지연요소 : $G(s) = \frac{K}{Ts+1}$

중 제7장 4단자망 회로해석

67 그림과 같은 회로의 영상 임피던스 Z_{01}, Z_{02}는 각각 몇 [Ω]인가?

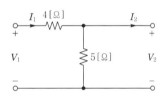

① $Z_{01} = 4[\Omega], \ Z_{02} = \frac{20}{9}[\Omega]$

② $Z_{01} = 6[\Omega], \ Z_{02} = \frac{10}{3}[\Omega]$

③ $Z_{01} = 9[\Omega], \ Z_{02} = 5[\Omega]$

④ $Z_{01} = 12[\Omega], \ Z_{02} = 4[\Omega]$

📝 해설

㉠ 4단자 정수
- $A = 1 + \frac{4}{5} = 1.8$
- $B = \frac{4 \times 5}{5} = 4$
- $C = \frac{1}{5} = 0.2$
- $D = 1 + \frac{0}{5} = 1$

㉡ 영상 임피던스
- $Z_{01} = \sqrt{\frac{AB}{CD}} = \sqrt{\frac{1.8 \times 4}{0.2 \times 1}} = 6[\Omega]$
- $Z_{02} = \sqrt{\frac{BD}{AC}} = \sqrt{\frac{4 \times 1}{1.8 \times 0.2}} = \sqrt{\frac{4}{0.36}}$
  $= \sqrt{\frac{100}{9}} = \frac{10}{3}[\Omega]$

정답 64 ② 65 ④ 66 ④ 67 ②

중 제1장 직류회로의 이해

68 키르히호프의 전류 법칙(KCL) 적용에 대한 설명 중 틀린 것은?

① 이 법칙은 회로의 선형, 비선형에 관계 받지 않고 적용된다.

② 이 법칙은 선형소자로만 이루어진 회로에 적용된다.

③ 이 법칙은 회로의 시변, 시불변에 관계 받지 않고 적용된다.

④ 이 법칙은 집중정수회로에 적용된다.

해설

KCL은 선형, 비선형 소자로 이루어진 회로 모두 적용할 수 있다.

하 제10장 라플라스 변환

69 함수 $f(t) = \sin t \cos t$의 라플라스 변환 $F(s)$은?

① $\dfrac{1}{s^2 + 4}$ ② $\dfrac{1}{s^2 + 2}$

③ $\dfrac{1}{(s+2)^2}$ ④ $\dfrac{1}{(s+4)^2}$

해설

㉠ $\sin(t+t) = \sin t \cos t + \cos t \sin t$

㉡ $\sin(t-t) = \sin t \cos t - \cos t \sin t$

㉢ ㉠+㉡ = $\sin 2t = 2 \sin t \cos t$

$\therefore \mathcal{L}[\sin t \cos t] = \mathcal{L}\left[\dfrac{1}{2}\sin 2t\right]$

$= \dfrac{1}{2} \times \dfrac{2}{s^2 + 2^2} = \dfrac{1}{s^2 + 4}$

상 제6장 회로망 해석

70 그림과 같은 회로의 컨덕턴스 G_2에 흐르는 전류[A]는?

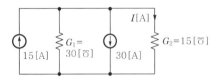

① 5[A] ② 10[A]

③ −3[A] ④ −5[A]

해설

중첩의 정리를 이용하여 풀이할 수 있다.

㉠ 전류원 15[A]만의 회로해석

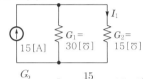

$I_1 = \dfrac{G_2}{G_1 + G_2} \times I = \dfrac{15}{30 + 15} \times 15 = 5[A]$

㉡ 전압원 10[V]만의 회로해석

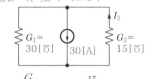

$I_2 = \dfrac{G_2}{G_1 + G_2} \times I = \dfrac{15}{30 + 15} \times 30 = 10[A]$

$\therefore$ 15[℧] 통과전류

$I = I_1 - I_2 = 5 - 10 = -5[A]$

상 제3장 다상 교류회로의 이해

71 평형 3상 Y결선의 부하에서 상전압과 선전류의 실횻값이 각각 60[V], 10[A]이고, 부하의 역률이 0.8일 때 무효전력[Var]은?

① 1440 ② 1080

③ 624 ④ 831

해설

㉠ 역률 : $\sin\theta = \sqrt{1 - \cos\theta} = \sqrt{1 - 0.8^2} = 0.6$

㉡ 무효전력 : $P_r = \sqrt{3}\, VI\sin\theta$

$= \sqrt{3} \times 60 \times 10 \times 0.6$

$= 623.53 ≒ 624[Var]$

상 제4장 비정현파 교류회로의 이해

72 ωt가 0에서 π까지 $i = 10[A]$, π에서 2π까지는 $i = 0[A]$인 파형을 푸리에 급수로 전개하면 a_0는?

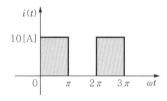

① 14.14[A] ② 10[A]

③ 7.07[A] ④ 5[A]

해설 직류분(교류의 평균값으로 해석)

$$a_0 = \frac{1}{T} \int_0^T f(t)\,dt$$

$$= \frac{1}{2\pi} \int_0^\pi 10\,d\omega t = \left[\frac{10}{2\pi}\,\omega t\right]_0^\pi = \frac{10}{2}$$

$$= 5[A]$$

[별해] 구형반파의 평균값 $I_{av} = \dfrac{I_m}{2} = 5[A]$

상 제6장 회로망 해석

73 이상적 전압·전류원에 관한 설명으로 옳은 것은?

① 전압원의 내부저항은 ∞이고 전류원의 내부저항은 0이다.

② 전압원의 내부저항은 0이고 전류원의 내부저항은 ∞이다.

③ 전압원·전류원의 내부저항은 흐르는 전류에 따라 변한다.

④ 전압원의 내부저항은 일정하고 전류원의 내부저항은 일정하지 않다.

중 제7장 4단자망 회로해석

74 다음의 2단자 임피던스 함수가 $Z(s) = \dfrac{s(s+1)}{(s+2)(s+3)}$ 일 때 회로의 단락 상태를 나타내는 점은?

① -1, 0　　② 0, 1

③ -2, -3　　④ 2, 3

해설

회로의 단락상태는 2단자 회로의 영점을 의미하므로 $Z_1 = 0$, $Z_2 = -1$이 된다.

상 제9장 과도현상

75 $R-L$ 직렬회로에서 시정수의 값이 클수록 과도현상이 소멸되는 시간은 어떻게 되는가?

① 짧아진다.

② 과도기가 없어진다.

③ 길어진다.

④ 관계없다.

해설

과도현상이 소멸되는 시간은 시정수와 비례관계를 갖는다. 따라서 시정수가 커지면 과도현상이 소멸되는 시간도 길어진다.

상 제7장 4단자망 회로해석

76 A, B, C, D 4단자 정수를 올바르게 쓴 것은?

① $AD + BD = 1$

② $AB - CD = 1$

③ $AB + CD = 1$

④ $AD - BC = 1$

해설

4단자 정수는 $AD - BC = 1$의 관계가 성립되며, 회로망이 대칭이면 $A = D$가 된다.

중 제3장 다상 교류회로의 이해

77 2전력계법을 써서 대칭 평형 3상 전력을 측정하였더니 각 전력계가 500[W], 300[W]를 지시하였다. 전전력은 얼마인가? (단, 부하의 위상각은 60°보다 크며 90°보다 작다고 한다.)

① 200[W]　　② 300[W]

③ 500[W]　　④ 800[W]

해설 유효전력(소비전력)

$$P = W_1 + W_2 = 500 + 300 = 800[W]$$

중 제10장 라플라스 변환

78 $I(s) = \dfrac{12}{2s(s+6)}$ 일 때 전류의 초기값 $i(0^+)$은?

① 6　　② 2

③ 1　　④ 0

해설 초기값

$$i(0^+) = \lim_{t \to 0} i(t) = \lim_{s \to \infty} s\,I(s)$$

$$= \lim_{s \to \infty} \frac{6}{s+6} = \frac{6}{\infty} = 0$$

정답 73 ② 74 ① 75 ③ 76 ④ 77 ④ 78 ④

상 제4장 비정현파 교류회로의 이해

79 $e(t) = 50 + 100\sqrt{2}\sin\omega t + 50\sqrt{2}\sin 2\omega t + 30\sqrt{2}\sin 3\omega t$[V]의 왜형률을 구하면?

① 1.0   ② 0.58

③ 0.8   ④ 0.3

해설 고조파 왜형률(Total Harmonics Distortion)

$$V_{THD} = \frac{\text{고조파만의 실횻값}}{\text{기본파의 실횻값}}$$
$$= \frac{\sqrt{50^2 + 30^2}}{100} = 0.58$$
$$= 58[\%]$$

상 제8장 분포정수회로

80 분포정수회로에서 직렬 임피던스를 Z, 병렬 어드미턴스를 Y라 할 때, 선로의 특성 임피던스 Z_0[Ω]는?

① ZY ② $\sqrt{ZY}$

③ $\sqrt{\dfrac{Y}{Z}}$ ④ $\sqrt{\dfrac{Z}{Y}}$

해설

특성 임피던스란 선로를 이동하는 진행파에 대한 전압과 전류의 비로서, 그 선로의 고유한 값을 말한다.
∴ 특성 임피던스

$$Z_0 = \sqrt{\frac{Z}{Y}}$$
$$= \sqrt{\frac{R + j\omega L}{G + j\omega C}}[\Omega]$$

제5과목 **전기설비기술기준**

중 제2장 저압설비 및 고압 · 특고압설비

81 주택용 배선차단기의 B형은 순시트립범위가 차단기 정격전류(I_n)의 몇 배인가?

① $3I_n$ 초과 ~ $5I_n$ 이하

② $5I_n$ 초과 ~ $10I_n$ 이하

③ $10I_n$ 초과 ~ $20I_n$ 이하

④ $1I_n$ 초과 ~ $3I_n$ 이하

해설 보호장치의 특성(KEC 212.3.4)

순시트립에 따른 구분(주택용 배선차단기)

형	순시트립범위
B	$3I_n$ 초과 ~ $5I_n$ 이하
C	$5I_n$ 초과 ~ $10I_n$ 이하
D	$10I_n$ 초과 ~ $20I_n$ 이하

비고 1. B, C, D : 순시트립전류에 따른 차단기 분류
      2. I_n : 차단기 정격전류

상 제2장 저압설비 및 고압 · 특고압설비

82 과전류차단기로 시설하는 퓨즈 중 고압전로에 사용하는 포장퓨즈는 정격전류의 몇 배의 전류에 견디어야 하는가?

① 1.1   ② 1.3

③ 1.5   ④ 2.0

해설 고압 및 특고압전로 중의 과전류차단기의 시설(KEC 341.10)

㉠ 포장퓨즈는 정격전류의 1.3배에 견디고, 또한 2배의 전류로 120분 안에 용단되어야 한다.

㉡ 비포장퓨즈는 정격전류의 1.25배에 견디고, 또한 2배의 전류로 2분 안에 용단되어야 한다.

상 제1장 공통사항

83 전력계통의 일부가 전력계통의 전원과 전기적으로 분리된 상태에서 분산형 전원에 의해서만 가압되는 상태를 무엇이라 하는가?

① 계통연계   ② 단독운전

③ 접속설비   ④ 단순병렬운전

해설 용어 정의(KEC 112)

㉠ 단독운전 : 전력계통의 일부가 전력계통의 전원과 전기적으로 분리된 상태에서 분산형 전원에 의해서만 운전되는 상태

㉡ 계통연계 : 둘 이상의 전력계통 사이를 전력이 상호 융통될 수 있도록 선로를 통하여 연결하는 것으로 전력계통 상호 간을 송전선, 변압기 또는 직류-교류 변환설비 등에 연결

㉢ 접속설비 : 공용 전력계통으로부터 특정 분산형 전원 전기설비에 이르기까지의 전선로와 이에 부속하는 개폐장치, 모선 및 기타 관련 설비

㉣ 단순병렬운전 : 자가용 발전설비 또는 저압 소용량 일반용 발전설비를 배전계통에 연계하여 운전하되, 생산한 전력의 전부를 자체적으로 소비하기 위한 것으로서 생산한 전력이 연계계통으로 송전되지 않는 병렬 형태

정답 79 ②   80 ④   81 ①   82 ②   83 ②

상 제2장 저압설비 및 고압·특고압설비

84 전기온돌 등의 전열장치를 시설할 때 발열선을 도로, 주차장 또는 조영물의 조영재에 고정시켜 시설하는 경우 발열선에 전기를 공급하는 전로의 대지전압은 몇 [V] 이하이어야 하는가?

① 150   ② 300
③ 380   ④ 440

해설 도로 등의 전열장치(KEC 241.12)

㉠ 발열선에 전기를 공급하는 전로의 대지전압은 300[V] 이하일 것
㉡ 발열선은 그 온도가 80[℃]를 넘지 아니하도록 시설할 것. 다만, 도로 또는 옥외주차장에 금속피복을 한 발열선을 시설할 경우에는 발열선의 온도를 120[℃] 이하로 할 수 있다.

상 제2장 저압설비 및 고압·특고압설비

85 전기울타리의 시설에서 전기울타리용 전원장치에 전기를 공급하는 전로의 사용전압은 몇 [V] 이하인가?

① 250   ② 300
③ 440   ④ 600

해설 전기울타리(KEC 241.1)

㉠ 전기울타리는 사람이 쉽게 출입하지 아니하는 곳에 시설할 것
㉡ 전선은 인장강도 1.38[kN] 이상의 것 또는 지름 2[mm] 이상의 경동선일 것
㉢ 전선과 이를 지지하는 기둥 사이의 이격거리(간격)는 25[mm] 이상일 것
㉣ 전선과 다른 시설물(가공전선은 제외) 또는 수목과의 이격거리(간격)는 0.3[m] 이상일 것
㉤ 전기울타리를 시설한 곳에는 사람이 보기 쉽도록 적당한 간격으로 위험표시를 할 것
㉥ 전기울타리에 전기를 공급하는 전로에는 쉽게 개폐할 수 있는 곳에 전용 개폐기를 시설할 것
㉦ 전기울타리용 전원장치에 전기를 공급하는 전로의 사용전압은 250[V] 이하일 것

상 제3장 전선로

86 철탑의 강도계산에 사용하는 이상 시 상정하중에 대한 철탑의 기초에 대한 안전율은 얼마 이상이어야 하는가?

① 0.9   ② 1.33
③ 1.83   ④ 2.25

해설 가공전선로 지지물의 기초의 안전율 (KEC 331.7)

가공전선로의 지지물에 하중이 가하여지는 경우에는 그 하중을 받는 지지물의 기초의 안전율은 2 이상이어야 한다. 단, 철탑에 이상 시 상정하중이 가하여지는 경우에는 1.33 이상이어야 한다.

중 제3장 전선로

87 철주가 강관에 의하여 구성되는 사각형의 것일 때 갑종 풍압하중을 계산하려 한다. 수직투영면적 1[m²]에 대한 풍압하중을 몇 [Pa]로 기초하여 계산하는가?

① 588
② 882
③ 1117
④ 1411

해설 풍압하중의 종별과 적용(KEC 331.6)

철주가 강관으로 구성된 사각형일 때 : 1117[Pa]

중 제3장 전선로

88 고압 지중전선이 지중약전류전선 등과 접근하여 이격거리(간격)가 몇 [cm] 이하인 때 양 전선 사이에 견고한 내화성의 격벽을 설치하는 경우 이외에는 지중전선을 견고한 절연성 또는 난연성의 관에 넣어 그 관이 지중약전류전선 등과 직접 접촉되지 않도록 하여야 하는가?

① 15
② 20
③ 25
④ 30

해설 지중전선과 지중약전류전선 등 또는 관과의 접근 또는 교차(KEC 334.6)

지중전선이 지중약전류전선 등과 접근하거나 교차하는 경우에 상호 간의 이격거리(간격)가 저압 또는 고압의 지중전선은 0.3[m] 이하, 특고압 지중전선은 0.6[m] 이하인 때에는 지중전선과 지중약전류전선 등 사이에 견고한 내화성의 격벽을 설치하는 경우 이외에는 지중전선을 견고한 불연성 또는 난연성의 관에 넣어 그 관이 지중약전류전선 등과 직접 접촉하지 아니하도록 시설할 것

정답   84 ②   85 ①   86 ②   87 ③   88 ④

하 제6장 분산형전원설비

89 연료전지를 자동적으로 전로에서 차단하고 연료전지에 연료가스 공급을 자동적으로 차단하며, 연료전지 내의 연료가스를 자동적으로 배기하는 장치를 시설하여야 하는 경우가 아닌 것은?

① 발전요소의 발전전압에 이상이 생겼을 경우

② 연료전지의 온도가 현저하게 상승한 경우

③ 연료전지에 과전류가 생긴 경우

④ 공기 출구에서의 연료가스 농도가 현저히 저하한 경우

해설 **연료전지설비의 보호장치**(KEC 542.2.1)

연료전지는 다음의 경우에 자동적으로 이를 전로에서 차단하고 연료전지에 연료가스 공급을 자동적으로 차단하며 연료전지 내의 연료가스를 자동적으로 배출하는 장치를 시설할 것

㉠ 연료전지에 과전류가 생긴 경우

㉡ 발전요소의 발전전압에 이상이 생겼을 경우 또는 연료가스 출구에서의 산소농도 또는 공기 출구에서의 연료가스 농도가 현저히 상승한 경우

㉢ 연료전지의 온도가 현저하게 상승한 경우

상 제2장 저압설비 및 고압·특고압설비

90 옥내에 시설하는 고압의 이동전선은 고압용의 어떤 전선을 사용하는가?

① 절연전선

② 미네랄인슐레이션케이블

③ 광섬유케이블

④ 캡타이어케이블

해설 **옥내 고압용 이동전선의 시설**(KEC 342.2)

옥내에 시설하는 고압의 이동전선은 다음에 따라 시설하여야 한다.

㉠ 전선은 고압용의 캡타이어케이블일 것

㉡ 이동전선과 전기사용기계기구와는 볼트조임 기타의 방법에 의하여 견고하게 접속할 것

㉢ 이동전선에 전기를 공급하는 전로(유도전동기의 2차측 전로를 제외)에는 전용 개폐기 및 과전류차단기를 각 극(과전류차단기는 다선식 전로의 중성극을 제외)에 시설하고, 또한 전로에 지락이 생겼을 때에 자동적으로 전로를 차단하는 장치를 시설할 것

상 제2장 저압설비 및 고압·특고압설비

91 금속관공사를 콘크리트에 매설하여 시행하는 경우 관의 두께는 몇 [mm] 이상이어야 하는가?

① 1.0

② 1.2

③ 1.4

④ 1.6

해설 **금속관공사**(KEC 232.12)

㉠ 전선은 절연전선을 사용(옥외용 비닐절연전선은 사용불가)

㉡ 전선은 연선일 것. 다만, 다음의 것은 적용하지 않음
- 짧고 가는 금속관에 넣은 것
- 단면적 10[mm²](알루미늄선은 단면적 16[mm²]) 이하의 것

㉢ 전선은 금속관 안에서 접속점이 없도록 할 것

㉣ 관 두께는 콘크리트에 매입하는 것은 1.2[mm] 이상, 기타 경우 1[mm] 이상으로 할 것

상 제2장 저압설비 및 고압·특고압설비

92 저압 가공전선 또는 고압 가공전선이 도로를 횡단할 때 지표상의 높이는 몇 [m] 이상으로 하여야 하는가? (단, 농로, 기타 교통이 번잡하지 않은 도로 및 횡단보도교는 제외한다.)

① 4

② 5

③ 6

④ 7

해설 **저압 가공전선의 높이**(KEC 222.7) **고압 가공전선의 높이**(KEC 332.5)

㉠ 도로를 횡단하는 경우 지표상 6[m] 이상

㉡ 철도 또는 궤도를 횡단하는 경우에는 레일면상 6.5[m] 이상

㉢ 횡단보도교의 위인 경우에는 저·고압 가공전선은 노면상 3.5[m] 이상(절연전선 및 케이블인 경우에는 3[m] 이상)

㉣ 기타(도로를 따라 시설)의 경우 지표상 5[m] 이상

정답 89 ④ 90 ④ 91 ② 92 ③

상 제3장 전선로

93 인가가 많이 연접(이웃 연결)된 장소에 시설하는 고 · 저압 가공전선로의 풍압하중에 대하여 갑종 풍압하중 또는 을종 풍압하중에 갈음하여 병종 풍압하중을 적용할 수 있는 구성재가 아닌 것은?

① 저압 또는 고압 가공전선로의 지지물
② 저압 또는 고압 가공전선로의 가섭선
③ 사용전압이 35000[V] 이하인 특고압 가공전선로의 지지물에 시설하는 저압 또는 고압 가공전선
④ 사용전압이 35000[V] 이상인 특고압 가공전선로에 사용하는 케이블

해설 풍압하중의 종별과 적용(KEC 331.6)

인가가 많이 연접(이웃 연결)된 장소로서 병종 풍압하중을 적용할 수 있는 사항은 다음과 같다.
㉠ 저압 또는 고압 가공전선로의 지지물 또는 가섭선
㉡ 사용전압이 35000[V] 이하의 전선에 특고압 절연전선 또는 케이블을 사용하는 특고압 가공전선로의 지지물, 가섭선 및 특고압 가공전선을 지지하는 애자장치 및 완금류

상 제4장 발전소, 변전소, 개폐소 및 기계기구 시설보호

94 전력보안통신선을 조가할 경우 조가용선(조가선)으로 알맞은 것은?

① 금속으로 된 단선
② 알루미늄으로 된 단선
③ 강심알루미늄연선
④ 아연도강연선

해설 조가선 시설기준(KEC 362.3)

조가선은 단면적 38[mm²] 이상의 아연도강연선을 사용할 것

하 제6장 분산형전원설비

95 풍력설비의 피뢰설비시설기준에 관한 사항이다. 다음 중 잘못된 것은?

① 수뢰부를 풍력터빈 선단부분 및 가장자리 부분에 배치하되 뇌격전류에 의한 발열에 용손(녹아서 손상)되지 않도록 재질, 크기, 두께 및 형상 등을 고려할 것

② 풍력터빈에 설치하는 인하도선은 쉽게 부식되지 않는 금속선으로서 뇌격전류를 안전하게 흘릴 수 있는 충분한 굵기여야 하며, 가능한 직선으로 시설할 것

③ 풍력터빈 내부의 계측 센서용 케이블은 금속관 또는 차폐케이블 등을 사용하여 뇌유도과전압으로부터 보호할 것

④ 풍력터빈에 설치한 피뢰설비의 기능저하로 인해 다른 기능에 영향을 미치지 않을 것

해설 풍력설비의 피뢰설비(KEC 532.3.5)

풍력터빈의 피뢰설비는 다음에 따라 시설할 것
㉠ 풍력터빈에 설치하는 인하도선은 쉽게 부식되지 않는 금속선으로서 뇌격전류를 안전하게 흘릴 수 있는 충분한 굵기여야 하며, 가능한 직선으로 시설할 것
㉡ 풍력터빈 내부의 계측 센서용 케이블은 금속관 또는 차폐케이블 등을 사용하여 뇌유도과전압으로부터 보호할 것
㉢ 풍력터빈에 설치한 피뢰설비(리셉터, 인하도선 등)의 기능저하로 인해 다른 기능에 영향을 미치지 않을 것

상 제4장 발전소, 변전소, 개폐소 및 기계기구 시설보호

96 변압기에 의하여 특고압전로에 결합되는 고압전로에는 혼촉 등에 의한 위험방지시설로 어떤 것을 그 변압기의 단자에 가까운 1극에 설치하여야 하는가?

① 댐퍼 　　　 ② 절연애자
③ 퓨즈 　　　 ④ 방전장치

해설 특고압과 고압의 혼촉 등에 의한 위험방지시설(KEC 322.3)

변압기에 의하여 특고압전로에 결합되는 고압전로에는 사용전압의 3배 이하인 전압이 가하여진 경우에 방전하는 장치를 그 변압기의 단자에 가까운 1극에 설치하여야 한다.

중 제3장 전선로

97 터널 등에 시설하는 사용전압이 220[V]인 전구선이 0.6/1[kV] EP 고무절연 클로로프렌 캡타이어 케이블일 경우 단면적은 최소 몇 [mm²] 이상이어야 하는가?

① 0.5 　　　 ② 1.25
③ 1.4 　　　 ④ 0.75

정답 93 ④ 94 ④ 95 ① 96 ④ 97 ④

해설 터널 등의 전구선 또는 이동전선 등의 시설 (KEC 242.7.4)

터널 등에 시설하는 사용전압이 400[V] 이하인 저압의 전구선은 단면적 0.75[mm²] 이상의 300/300[V] 편조 고무코드 또는 0.6/1[kV] EP 고무절연 클로로프렌 캡타이어케이블로 시설하여야 한다.

중 **제4장 발전소, 변전소, 개폐소 및 기계기구 시설보호**

98 전력보안통신설비로 무선용 안테나 등을 시설할 수 있는 경우로 옳은 것은?

① 항상 가공전선로의 지지물에 시설한다.
② 접지와 공용으로 사용할 수 있도록 시설한다.
③ 전선로의 주위 상태를 감시할 목적으로 시설한다.
④ 피뢰침설비가 불가능한 개소에 시설한다.

해설 무선용 안테나 등의 시설 제한(KEC 364.2)

무선용 안테나 등은 전선로의 주위 상태를 감시하거나 배전자동화, 원격검침 등 지능형 전력망을 목적으로 시설하는 것 이외에는 가공전선로의 지지물에 시설하여서는 안 된다.

하 **제2장 저압설비 및 고압·특고압설비**

99 특고압 옥내배선과 저압 옥내전선, 관등회로의 배선 또는 고압 옥내전선 사이의 이격거리(간격)는 몇 [cm] 이상이어야 하는가?

① 15
② 30
③ 45
④ 60

해설 특고압 옥내 전기설비의 시설(KEC 342.4)

특고압 옥내배선과 저압 옥내전선·관등회로의 배선 또는 고압 옥내전선 사이의 이격거리(간격)는 0.6[m] 이상일 것. 다만, 상호 간에 견고한 내화성의 격벽을 시설할 경우에는 그러하지 아니하다.

상 **제5장 전기철도**

100 전기철도차량의 집전장치와 접촉하여 전력을 공급하기 위한 전선을 무엇이라 하는가?

① 급전선
② 전차선
③ 급전선로
④ 조가선

해설 전기철도의 용어 정의(KEC 402)

㉠ 전차선 : 전기철도차량의 집전장치와 접촉하여 전력을 공급하기 위한 전선
㉡ 조가선 : 전차선이 레일면상 일정한 높이를 유지하도록 행어이어, 드로퍼 등을 이용하여 전차선 상부에서 조가하여 주는 전선

제1과목 전기자기학

중 | 제6장 전류

01 전원에서 기계적 에너지를 변환하는 발전기, 화학변화에 의하여 전기에너지를 발생시키는 전지, 빛의 에너지를 전기에너지로 변환하는 태양전지 등이 있다. 다음 중 열에너지를 전기에너지로 변환하는 것은?

① 기전력
② 에너지원
③ 열전대
④ 역기전력

중 | 제4장 유전체

02 그림과 같이 평행판 콘덴서 내에 비유전율 12와 18인 두 종류의 유전체를 같은 두께로 두었을 때 A에는 몇 [V]의 전압이 가해지는가?

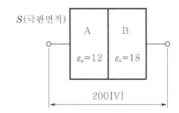

① 40
② 80
③ 120
④ 160

해설 전압분배법칙

$$V_A = \frac{C_B}{C_A + C_B} \times V = \frac{\varepsilon_B}{\varepsilon_A + \varepsilon_B} \times V$$

$$= \frac{18}{12+18} \times 200 = 120[V]$$

여기서, 평행판 콘덴서의 정전용량 $C = \frac{\varepsilon S}{d} = \frac{\varepsilon_0 \varepsilon_s S}{d}$ [F]

하 | 제11장 인덕턴스

03 정전용량 5[μF]인 콘덴서를 200[V]로 충전하여 자기 인덕턴스 20[mH], 저항 0[Ω]인 코일을 통해 방전할 때 생기는 전기 진동 주파수 f는 약 몇 [Hz]이며, 코일에 축적되는 에너지 W는 몇 [J]인가?

① $f = 500[Hz]$, $W = 0.1[J]$
② $f = 50[Hz]$, $W = 1[J]$
③ $f = 500[Hz]$, $W = 1[J]$
④ $f = 50[Hz]$, $W = 0.1[J]$

해설

㉠ 공진 주파수

$$f = \frac{1}{2\pi\sqrt{LC}}$$

$$= \frac{1}{2\pi\sqrt{20\times10^{-3}\times5\times10^{-6}}}$$

$$= 503 ≒ 500[Hz]$$

㉡ 콘덴서에 축적되는 전기적 에너지

$$W_C = \frac{1}{2}CV^2$$

$$= \frac{1}{2}\times5\times10^{-6}\times200^2$$

$$= 0.1[J]$$

상 | 제5장 전기 영상법

04 점전하와 접지된 유한한 도체구가 존재할 때 점전하에 의한 접지구 도체의 영상전하에 관한 설명 중 틀린 것은?

① 영상전하는 구도체 내부에 존재한다.
② 영상전하는 점전하와 크기는 같고, 부호는 반대이다.
③ 영상전하는 점전하와 도체 중심축을 이은 직선상에 존재한다.
④ 영상전하가 놓인 위치는 도체 중심과 점전하와의 거리에 도체 반지름에 의해 결정된다.

정답 01 ③ 02 ③ 03 ① 04 ②

해설

접지구 도체 내부에 영상전하가 유도된다.

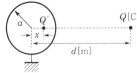

㉠ 영상전하

$$Q' = -\frac{a}{d}Q[\mathrm{C}]$$

㉡ 구도체 내의 영상점

$$x = \frac{a^2}{d}[\mathrm{m}]$$

상 제9장 자성체와 자기회로

05 자성체 경계면에 전류가 없을 때의 경계조건으로 틀린 것은?

① 자계 H의 접선성분 $H_{1T} = H_{2T}$
② 자속밀도 B의 법선성분 $B_{1n} = B_{2n}$
③ 전속밀도 D의 법선성분 $D_{1n} = D_{2n} = \frac{\mu_2}{\mu_1}$
④ 경계면에서의 자력선의 굴절 $\frac{\tan\theta_1}{\tan\theta_2} = \frac{\mu_1}{\mu_2}$

해설 자성체 경계조건

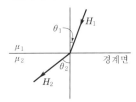

㉠ 자계의 접선성분은 서로 같다(연속적).
$$H_{1T} = H_{2T} \; (H_1 \sin\theta_1 = H_2 \sin\theta_2)$$
㉡ 자속밀도의 법선성분은 서로 같다.
$$B_{1n} = B_{2n} \; (B_1 \cos\theta_1 = B_2 \cos\theta_2)$$
㉢ 경계조건 : $\dfrac{\mu_1}{\mu_2} = \dfrac{\tan\theta_1}{\tan\theta_2}$

중 제2장 진공 중의 정전계

06 반지름 r_1인 가상구 표면에 $+Q[\mathrm{C}]$의 전하가 균일하게 분포되어 있는 경우, 가상구 내의 전위분포에 대한 설명으로 옳은 것은?

① $V = \dfrac{Q}{4\pi\varepsilon_0 r_1}$ 로 반지름에 반비례하여 감소한다.

② $V = \dfrac{Q}{4\pi\varepsilon_0 r_1}$ 로 일정하다.

③ $V = \dfrac{Q}{4\pi\varepsilon_0 r_1^2}$ 로 반지름에 반비례하여 감소한다.

④ $V = \dfrac{Q}{4\pi\varepsilon_0 r_1^2}$ 로 일정하다.

해설

도체 표면은 등전위면이고 도체 내부 전위는 표면전위와 같다. 도체 내부 전위 $V = \dfrac{Q}{4\pi\varepsilon_0 r_1}$ 로 일정하다.

상 제7장 진공 중의 정자계

07 500[AT/m]의 자계 중에 어떤 자극을 놓았을 때 $3\times10^3[\mathrm{N}]$의 힘이 작용했을 때의 자극의 세기는 몇 [Wb]이겠는가?

① 2   ② 3
③ 5   ④ 6

해설

자기력과 자계의 세기와의 관계 $F = mH$에서
∴ 자극의 세기(자하=자극)
$$m = \frac{F}{H} = \frac{3\times10^3}{500} = 6[\mathrm{Wb}]$$

중 제2장 진공 중의 정전계

08 $\operatorname{div} E = \dfrac{\rho}{\varepsilon_0}$와 의미가 같은 식은?

① $\displaystyle\oint_s E ds = \frac{Q}{\varepsilon_0}$
② $E = -\operatorname{grad} V$
③ $\operatorname{div} \cdot \operatorname{grad} V = -\dfrac{\rho}{\varepsilon_0}$
④ $\operatorname{div} \cdot \operatorname{grad} V = 0$

정답 05 ③ 06 ② 07 ④ 08 ①

해설

㉠ 가우스 정리의 미분형 : $\text{div } D = \rho$
(여기서, 전속밀도 $D = \varepsilon_0 E$)

㉡ 가우스 정리의 적분형 : $\oint_s Eds = \dfrac{Q}{\varepsilon_0}$

상 제12장 전자계

09 다음 맥스웰(Maxwell) 전자방정식 중 성립하지 않는 식은?

① $\text{div } D = \rho$ ② $\text{div } B = 0$

③ $\text{rot } E = \dfrac{\partial B}{\partial t}$ ④ $\text{rot } H = i + \dfrac{\partial D}{\partial t}$

해설 패러데이 법칙의 미분형

$\text{rot } E = \nabla \times E = -\dfrac{\partial B}{\partial t}$

상 제11장 인덕턴스

10 자체 인덕턴스가 100[mH]인 코일에 전류가 흘러 20[J]의 에너지가 축적되었다. 이때 흐르는 전류는 몇 [A]인가?

① 2   ② 10
③ 20   ④ 100

해설

코일에 저장되는 자기에너지 $W = \dfrac{1}{2}LI^2$에서

$I^2 = \dfrac{2W}{L}$이 되므로 전류는 다음과 같다.

$\therefore I = \sqrt{\dfrac{2W}{L}} = \sqrt{\dfrac{2 \times 20}{100 \times 10^{-3}}} = 20[\text{A}]$

상 제2장 진공 중의 정전계

11 전기 쌍극자로부터 r[m]만큼 떨어진 점의 전위 크기 V는 r과 어떤 관계가 있는가?

① $V \propto r$ ② $V \propto \dfrac{1}{r^3}$

③ $V \propto \dfrac{1}{r^2}$ ④ $V \propto \dfrac{1}{r}$

해설

전기 쌍극자로부터 r[m] 떨어진 점의 전위
$V = \dfrac{M\cos\theta}{4\pi\varepsilon_0 r^2}$[V]이므로 $V \propto \dfrac{1}{r^2}$이 된다.

상 제8장 전류의 자기현상

12 전하 q[C]가 진공 중의 자계 H[AT/m]에 수직방향으로 v[m/s]의 속도로 움직일 때 받는 힘은 몇 [N]인가? (단, μ_0는 진공의 투자율이다.)

① $\dfrac{qH}{\mu_0 v}$ ② qvH

③ $\dfrac{qvH}{\mu_0}$ ④ $\mu_0 qvH$

해설

㉠ 자계 내 전류가 흐르면(전하 또는 전자가 이동) 플레밍 왼손법칙에 의해서 전자력이 발생된다.
㉡ 전자력(단, $I \perp B$)

$F = IBl\sin\theta = \dfrac{dq}{dt}Bl\sin 90°$

$= \dfrac{dl}{dt}Bq = vBq = v\mu_0 Hq[\text{N}]$

중 제12장 전자계

13 지구는 태양으로부터 평균 1[kW/m²]의 방사열을 받고 있다. 지구 표면에서의 전계는 몇 [V/m]인가?

① 423   ② 526
③ 715   ④ 614

해설

㉠ 포인팅 벡터 $P = EH$[W/m²]

㉡ 전계와 자계 관계 $\dfrac{E}{H} = \sqrt{\dfrac{\mu_0}{\varepsilon_0}}$에서

자계의 세기 $H = \dfrac{E}{120\pi} = \dfrac{E}{377}$[AT/m]

㉢ 포인팅 벡터

$P = EH = \dfrac{E^2}{377}$[W/m²]

$\therefore E = \sqrt{120\pi P} = \sqrt{377P} = \sqrt{377 \times 10^3}$
$= 614$[V/m]

상 제8장 전류의 자기현상

14 한 변의 길이가 10[m]되는 정방형 회로에 100[A]의 전류가 흐를 때 회로 중심부의 자계의 세기는 몇 [A/m]인가?

① 5   ② 9
③ 16   ④ 21

정답   09 ③   10 ③   11 ③   12 ④   13 ④   14 ②

해설 정사각형 도체 중심의 자계의 세기

$$H = \frac{2\sqrt{2}\,I}{\pi l} = \frac{2\sqrt{2} \times 100}{\pi \times 10} = 9[\text{A/m}]$$

중 제7장 진공 중의 정자계

15 자위의 단위[J/Wb]와 같은 것은?

① [AT] ② [AT/m]

③ [A · m] ④ [Wb]

해설

② 자계의 세기 단위

④ 자하의 단위

중 제3장 정전용량

16 그림에서 2[μF]에 100[μC]의 전하가 충전되어 있었다면 3[μF]의 양단의 전위차는 몇 [V]인가?

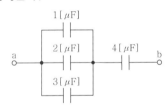

① 50 ② 100

③ 200 ④ 260

해설

㉠ 2[μF]의 전위차(단자전압)

$$V = \frac{Q}{C} = \frac{100 \times 10^{-6}}{2 \times 10^{-6}} = 50[\text{V}]$$

㉡ 병렬회로 양단에 걸리는 전위차(단자전압)는 일정하기 때문에 1[μF], 2[μF], 3[μF]의 전위차는 모두 50[V]로 일정하다.

중 제12장 전자계

17 전자파의 전파속도[m/s]에 대한 설명 중 옳은 것은?

① 유전율에 비례한다.

② 유전율에 반비례한다.

③ 유전율과 투자율의 곱의 제곱근에 비례한다.

④ 유전율과 투자율의 곱의 제곱근에 반비례한다.

해설

전자파의 전파속도 $v = \frac{1}{\sqrt{\varepsilon\mu}} = \frac{3 \times 10^8}{\sqrt{\varepsilon_s \mu_s}}$ 이므로 전파속도는 유전율과 투자율의 곱의 제곱근(루트)에 반비례한다.

하 제10장 전자유도법칙

18 표피효과의 영향에 대한 설명이다. 부적합한 것은?

① 전기저항을 증가시킨다.

② 상호 유도계수를 증가시킨다.

③ 주파수가 높을수록 크다.

④ 도선의 온도가 높을수록 크다.

해설

도선의 온도가 높아지면, 도전율이 감소되어 표피효과는 작아진다.

상 제9장 자성체와 자기회로

19 자기회로에서 단면적, 길이, 투자율을 모두 $\frac{1}{2}$ 배로 하면 자기저항은 몇 배가 되는가?

① 0.5 ② 2

③ 1 ④ 8

해설

철심의 자기저항 $R_m = \frac{l}{\mu S}$[AT/Wb]에서 단면적, 길이, 투자율을 모두 1/2배 하면

$$\therefore \; R_x = \frac{\frac{1}{2}l}{\frac{1}{2}\mu \times \frac{1}{2}S} = 2 \times \frac{l}{\mu S} = 2R_m$$

중 제4장 유전체

20 비유전율 ε_s에 대한 설명으로 옳지 않은 것은?

① 진공의 비유전율은 0이다.

② 공기의 비유전율은 약 1 정도 된다.

③ ε_s는 항상 1보다 큰 값이다.

④ ε_s는 절연물의 종류에 따라 다르다.

정답 15 ① 16 ① 17 ④ 18 ④ 19 ② 20 ①

해설

① 진공의 비유전율은 1이다.
② 공기의 비유전율은 1.000587으로 약 1이다.
③, ④ 비유전율은 1보다 크고, 유전체 종류에 따라 크기가 다르다.

제2과목 전력공학

중 제11장 발전

21 유효낙차 200[m]인 펠턴 수차의 노즐에서 분사되는 물의 속도는 약 몇 [m/sec]인가?

① 44.2　　② 53.6
③ 62.6　　④ 76.2

해설 물의 분출속도

$$V = \sqrt{2gH} = \sqrt{2 \times 9.8 \times 200} = 62.6[\text{m/sec}]$$

상 제3장 선로정수 및 코로나현상

22 3상 3선식 3각형 배치의 송전선로에 있어서 각 선의 대지정전용량이 0.5038[μF]이고, 선간정전용량이 0.1237[μF]일 때 1선의 작용정전용량은 약 몇 [μF]인가?

① 0.6275　　② 0.8749
③ 0.9164　　④ 0.9755

해설

3상 3선식의 1선의 작용정전용량 $C = C_s + 3C_m[\mu\text{F}]$
여기서, C_s : 대지정전용량[μF/km]
　　　　C_m : 선간정전용량[μF/km]
$C = C_s + 3C_m = 0.5038 + 3 \times 0.1237 = 0.8749[\mu\text{F}]$

상 제2장 전선로

23 양 지지점의 높이가 같은 전선의 이도를 구하는 식은? (단, 이도 d[m], 수평장력 T[kg], 전선의 무게 W[kg/m], 경간 S[m])

① $d = \dfrac{WS^2}{8T}$　　② $d = \dfrac{SW^2}{8T}$

③ $d = \dfrac{8WT}{S^2}$　　④ $d = \dfrac{ST^2}{8W}$

해설

이도　$d = \dfrac{WS^2}{8T}[\text{m}]$

여기서, W : 단위길이당 전선의 중량[kg/m]
　　　　S : 경간[m]
　　　　T : 수평장력[kg]

상 제8장 송전선로 보호방식

24 변압기 등 전력설비 내부고장 시 변류기에 유입하는 전류와 유출하는 전류의 차로 동작하는 보호계전기는?

① 차동계전기　　② 지락계전기
③ 과전류계전기　　④ 역상전류계전기

해설 차동계전기(DCR)

피보호설비(또는 구간)에 유입하는 어떤 전류의 크기와 유출되는 전류의 크기 간의 차이가 일정치 이상이 되면 동작하는 계전기이다.

중 제1장 전력계통

25 우리나라에서 현재 사용되고 있는 송전전압에 해당되는 것은?

① 150[kV]　　② 210[kV]
③ 345[kV]　　④ 500[kV]

해설

현재 우리나라에서 사용되고 있는 표준전압은 다음과 같다.
㉠ 배전전압 : 110, 200, 220, 380, 440, 3300, 6600, 13200, 22900[V]
㉡ 송전전압 : 22000, 66000, 154000, 220000, 275000, 345000, 765000[V]

상 제11장 발전

26 다음은 화력발전소의 기본 사이클이다. 그 순서로 옳은 것은?

① 급수펌프 → 과열기 → 터빈 → 보일러 → 복수기 → 급수펌프
② 급수펌프 → 보일러 → 과열기 → 터빈 → 복수기 → 급수펌프
③ 보일러 → 급수펌프 → 과열기 → 복수기 → 급수펌프 → 보일러
④ 보일러 → 과열기 → 복수기 → 터빈 → 급수펌프 → 축열기 → 과열

정답　21 ③　22 ②　23 ①　24 ①　25 ③　26 ②

해설 화력발전소에서 급수 및 증기의 순환과정 (랭킨 사이클)

급수펌프 → 절탄기 → 보일러 → 과열기 → 터빈 → 복수기 → 급수펌프

상 제4장 송전 특성 및 조상설비

27 장거리 송전선로의 특성은 무슨 회로로 나누는 것이 가장 좋은가?

① 특성임피던스회로 ② 집중정수회로
③ 분포정수회로 ④ 분산회로

해설

㉠ 집중정수회로
   • 단거리 송전선로 : R, L 적용
   • 중거리 송전선로 : R, L, C 적용
㉡ 분포정수회로
   • 장거리 송전선로 : R, L, C, g 적용

상 제3장 선로정수 및 코로나현상

28 3상 3선식 송전선을 연가할 경우 일반적으로 전체 선로길이를 몇 등분해서 연가하는가?

① 5 ② 4
③ 3 ④ 2

해설

연가는 송전선로에 근접한 통신선에 대한 유도장해를 방지하기 위해 선로구간을 3등분하여 전선의 배치를 상호 변경하여 선로정수를 평형시키는 방법이다.

상 제9장 배전방식

29 저압 뱅킹(banking) 배전방식에서 캐스케이딩(cascading)이란 무엇인가?

① 전압 동요가 적은 현상
② 변압기의 부하배분이 불균일한 현상
③ 저압선이나 변압기에 고장이 생기면 자동적으로 고장이 제거되는 현상
④ 저압선의 고장에 의하여 건전한 변압기의 일부 또는 전부가 차단되는 현상

해설

캐스케이딩 현상이란 뱅킹배전방식으로 운전 중 건전한 변압기 일부에 고장이 발생하면 부하가 다른 건전한 변압기에 걸려서 고장이 확대되는 현상을 말한다.

상 제4장 송전 특성 및 조상설비

30 T회로의 일반회로정수에서 C는 무엇을 의미하는가?

① 저항 ② 리액턴스
③ 임피던스 ④ 어드미턴스

해설 T형 회로의 4단자정수

$$\begin{bmatrix} A & B \\ C & D \end{bmatrix} = \begin{bmatrix} 1 + \dfrac{ZY}{2} & Z\left(1 + \dfrac{ZY}{4}\right) \\ Y & 1 + \dfrac{ZY}{2} \end{bmatrix}$$

중 제10장 배전선로 계산

31 3상의 전원에 접속된 △결선의 콘덴서를 Y결선으로 바꾸면 진상용량은 몇 배가 되는가?

① $\sqrt{3}$ ② 3
③ $\dfrac{1}{\sqrt{3}}$ ④ $\dfrac{1}{3}$

해설

△결선 시 콘덴서용량 $Q_\triangle = 6\pi f C V^2 \times 10^{-9}$[kVA]
Y결선 시 콘덴서용량 $Q_Y = 2\pi f C V^2 \times 10^{-9}$[kVA]

$\dfrac{Q_Y}{Q_\triangle} = \dfrac{1}{3}$에서 $Q_Y = \dfrac{1}{3} Q_\triangle$

하 제4장 송전 특성 및 조상설비

32 전력원선도에서 구할 수 없는 것은?

① 송·수전할 수 있는 최대 전력
② 필요한 전력을 보내기 위한 송·수전단 전압 간의 상차각
③ 선로손실과 송전효율
④ 과도극한전력

해설 전력원선도

㉠ 전력원선도에서 알 수 있는 사항
   • 필요한 전력을 보내기 위한 송·수전단전압 간의 위상차(상차각)
   • 송·수전할 수 있는 최대전력
   • 조상설비의 종류 및 조상용량
   • 개선된 수전단 역률
   • 송전효율 및 선로손실
㉡ 전력원선도에서 구할 수 없는 것
   • 과도극한전력
   • 코로나손실

정답 27 ③ 28 ③ 29 ④ 30 ④ 31 ④ 32 ④

중 제10장 배전선로 계산

33 배전선의 전압조정장치가 아닌 것은?

① 승압기
② 리클로저
③ 유도전압조정기
④ 주상변압기 탭절환장치

해설 배전선로 전압의 조정장치

㉠ 주상변압기 탭조절장치
㉡ 승압기 설치(단권변압기)
㉢ 유도전압조정기(부하급변 시에 사용)
㉣ 직렬콘덴서
㉤ 리클로저는 선로 차단과 보호계전 기능이 있고 재폐로가 가능하다.

상 제7장 이상전압 및 유도장해

34 다음 중 직격뢰에 대한 방호설비로 가장 적당한 것은?

① 복도체
② 가공지선
③ 서지흡수기
④ 정전방전기

해설

가공지선은 직격뢰(뇌해)로부터 전선로 및 기기를 보호하기 위한 차폐선으로 지지물의 상부에 시설한다.

상 제8장 송전선로 보호방식

35 반한시성 과전류계전기의 전류-시간 특성에 대한 설명으로 옳은 것은?

① 계전기 동작시간은 전류의 크기와 비례한다.
② 계전기 동작시간은 전류의 크기와 관계없이 일정하다.
③ 계전기 동작시간은 전류의 크기와 반비례한다.
④ 계전기 동작시간은 전류의 크기의 제곱에 비례한다.

해설

반한시성 과전류계전기는 동작전류가 커질수록 동작시간이 짧게 되는 특성을 나타낸다.

중 제6장 중성점 접지방식

36 비접지식 3상 송배전계통에서 1선 지락고장 시 고장전류를 계산하는 데 사용되는 정전용량은?

① 작용정전용량
② 대지정전용량
③ 합성정전용량
④ 선간정전용량

해설

1선 지락고장 시 지락점에 흐르는 지락전류는 대지정전용량(C_s)으로 흐른다.
비접지식 선로에서 1선 지락사고 시

지락전류 $I_g = 2\pi f(3C_s)\dfrac{V}{\sqrt{3}}l \times 10^{-6}$[A]

하 제11장 발전

37 비등수형 원자로의 특색 중 틀린 것은?

① 열교환기가 필요하다
② 기포에 의한 자기제어성이 있다
③ 순환 펌프로서는 급수 펌프뿐이므로 펌프동력이 작다
④ 방사능 때문에 증기는 완전히 기수분리를 해야 한다

해설

비등수형(BWR)의 경우 원자로 내에서 바로 증기를 발생시켜 직접 터빈에 공급하는 방식이므로 열교환기가 필요 없다.

중 제9장 배전방식

38 수전용량에 비해 첨두부하가 커지면 부하율은 그에 따라 어떻게 되는가?

① 낮아진다.
② 높아진다.
③ 변하지 않고 일정하다.
④ 부하의 종류에 따라 달라진다.

해설

부하율은 평균전력과 최대수용전력의 비이므로 첨두부하가 커지면 부하율이 낮아진다.

정답 33 ② 34 ② 35 ③ 36 ② 37 ① 38 ①

상 제9장 배전방식

39 단상 3선식 110/220[V]에 대한 설명으로 옳은 것은?

① 전압불평형이 우려되므로 콘덴서를 설치한다.
② 중성선과 외선 사이에만 부하를 사용하여야 한다.
③ 중성선에는 반드시 퓨즈를 끼워야 한다.
④ 2종의 전압을 얻을 수 있고 전선량이 절약되는 이점이 있다.

해설

단상 3선식의 경우 단상 2선식에 비해 동일전력의 공급 시 전선량이 37.5[%]로 감소하고 2종의 전압을 이용할 수 있다.

중 제10장 배전선로 계산

40 그림과 같은 회로에서 A, B, C, D의 어느 곳에 전원을 접속하면 간선 A-D 간의 전력손실이 최소가 되는가?

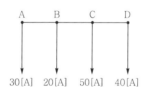

① A
② B
③ C
④ D

해설

각 구간당 저항이 동일하다고 가정하여 각 구간당 저항을 r 이라 하면
㉠ A점에서 하는 급전의 경우
$P_{CA} = 110^2 r + 90^2 r + 40^2 r = 21800r$
㉡ B점에서 하는 급전의 경우
$P_{CB} = 30^2 r + 90^2 r + 40^2 r = 10600r$
㉢ C점에서 하는 급전의 경우
$P_{CC} = 30^2 r + 50^2 r + 40^2 r = 5000r$
㉣ D점에서 하는 급전의 경우
$P_{CD} = 30^2 r + 50^2 r + 100^2 r = 13400r$
따라서 C점에서 급전하는 경우 전력손실은 최소가 된다.

제3과목 전기기기

상 제1장 직류기

41 직류기의 권선을 단중 파권으로 감으면 어떻게 되는가?

① 내부 병렬회로수가 극수만큼 생긴다.
② 균압환을 연결해야 한다.
③ 저압 대전류용 권선이다.
④ 내부 병렬회로수가 극수와 관계없이 언제나 2이다.

해설 전기자권선법의 중권과 파권 비교

비교항목	중권	파권
병렬회로수(a)	$P_{극수}$	2
브러시수(b)	$P_{극수}$	2
용도	저전압, 대전류	고전압, 소전류
균압환	사용함	사용 안 함

상 제4장 유도기

42 3상 유도전동기의 최대 토크 T_m, 최대 토크를 발생하는 슬립 s_t, 2차 저항 R_2와의 관계로 옳은 것은?

① $T_m \propto R_2$, $s_t =$일정
② $T_m \propto R_2$, $s_t \propto R_2$
③ $T_m =$일정, $s_t \propto R_2$
④ $T_m \propto \dfrac{1}{R}$, $s_t \propto R_2$

해설

최대 토크를 발생하는 슬립 $s_t \propto \dfrac{r_2}{x_2}$ 이므로 s_t는 2차 합성저항 R_2의 크기에 비례하므로 최대 토크는
$T_m \propto \dfrac{r_2}{s_t} = \dfrac{mr_2}{ms_t}$ 으로 일정하다.
여기서, $R_2 = r_2 + R$
　　R_2 : 2차 합성저항
　　r_2 : 2차 내부저항
　　R : 2차 외부저항

정답 39 ④ 40 ③ 41 ④ 42 ③

중 　제2장 동기기

43 3상 전원의 수전단에서 전압 3300[V], 전류 1000[A], 뒤진 역률 0.8의 전력을 받고 있을 때 동기조상기로 역률을 개선하여 1로 하고자 한다. 필요한 동기조상기의 용량은 약 몇 [kVA]인가?

① 1525 ② 1950
③ 3150 ④ 3429

해설

수전전력 $P = \sqrt{3}\, V_n I_n \cos\theta$
$\qquad\quad = \sqrt{3} \times 3.3 \times 1000 \times 0.8$
$\qquad\quad = 4572.61[\text{kW}]$
동기조상기의 용량 $Q_c = P[\text{kW}](\tan\theta_1 - \tan\theta_2)[\text{kVA}]$
$Q_c = 4572.61 \times \left(\dfrac{\sqrt{1-0.8^2}}{0.8} - \dfrac{\sqrt{1-1.0^2}}{1.0} \right)$
$\qquad = 3429.46[\text{kVA}]$

상 　제2장 동기기

44 동기기의 전기자저항을 r, 반작용 리액턴스를 X_a, 누설 리액턴스를 X_l이라 하면 동기 임피던스[Ω]는?

① $\sqrt{r^2 + (X_a / X_l)^2}$
② $\sqrt{r^2 + X_l^2}$
③ $\sqrt{r^2 + X_a^2}$
④ $\sqrt{r^2 + (X_a + X_l)^2}$

해설

동기 임피던스 $\dot{Z_s} = \dot{r_a} + j(X_a + X_l)[\Omega]$에서
$|Z_s| = \sqrt{r_a^2 + (X_a + X_l)^2}\,[\Omega]$

상 　제1장 직류기

45 직류 분권전동기의 기동 시 계자전류는?

① 큰 것이 좋다.
② 정격출력 때와 같은 것이 좋다.
③ 작은 것이 좋다.
④ 0에 가까운 것이 좋다.

해설

기동 시에 기동토크($T \propto k\phi I_a$)가 커야 하므로 큰 계자 전류가 흘러 자속이 크게 발생하여야 한다.

중 　제2장 동기기

46 1[MVA], 3300[V], 동기 임피던스 5[Ω]의 2대의 3상 교류발전기를 병렬운전 중 한 발전기의 계자를 강화해서 두 유도기전력 (상전압) 사이에 200[V]의 전압차가 생기게 했을 때 두 발전기 사이에 흐르는 무효 횡류는 몇 [A]인가?

① 40 ② 30
③ 20 ④ 10

해설

무효횡류는 병렬운전 시 두 발전기의 기전력의 크기가 다를 경우 순환하는 전류이다.

무효횡류(무효순환전류) $I_o = \dfrac{E_A - E_B}{2Z_s} = \dfrac{200}{2 \times 5}$
$\qquad\qquad\qquad\qquad\qquad = 20[\text{A}]$

상 　제5장 정류기

47 정류방식 중에서 맥동률이 가장 작은 회로는?

① 단상 반파정류회로
② 단상 전파정류회로
③ 3상 반파정류회로
④ 3상 전파정류회로

해설

각 정류방식에 따른 맥동률을 구하면 다음과 같다.
㉠ 단상 반파정류 : 1.21
㉡ 단상 전파정류 : 0.48
㉢ 3상 반파정류 : 0.19
㉣ 3상 전파정류 : 0.042

상 　제3장 변압기

48 변압기의 철손과 전부하동손이 같게 설계되었다면 이 변압기의 최대 효율은 어떤 부하에서 생기는가?

① 전부하 시 ② $\dfrac{3}{2}$ 부하 시
③ $\dfrac{2}{3}$ 부하 시 ④ $\dfrac{1}{2}$ 부하 시

해설 변압기 운전 시 최대 효율조건

㉠ 전부하 시 최대 효율 : $P_i = P_c$
㉡ $\dfrac{1}{m}$ 부하 시 최대 효율 : $P_i = \left(\dfrac{1}{m}\right)^2 P_c$

정답 43 ④ 44 ④ 45 ① 46 ③ 47 ④ 48 ①

중 제1장 직류기

49 단자전압 205[V], 전기자전류 50[A], 전기자전저항 0.1[Ω], 1분 간의 회전수가 1500[rpm]인 직류분권전동기가 있다. 발생 토크[N·m]는 얼마인가?

① 61.5 ② 63.7
③ 65.3 ④ 66.8

해설

역기전력 $E_c = V_n - I_a \cdot r_a = 205 - 50 \times 0.1 = 200[\text{V}]$

토크 $T = 0.975 \dfrac{P_o}{N} = 0.975 \dfrac{E_c \cdot I_a}{N}$

$\qquad = 0.975 \times \dfrac{200 \times 50}{1500}$

$\qquad = 6.5[\text{kg} \cdot \text{m}]$

$1[\text{kg} \cdot \text{m}] = 9.8[\text{N} \cdot \text{m}]$에서
발생 토크 $T = 6.5 \times 9.8 = 63.7[\text{N} \cdot \text{m}]$

상 제3장 변압기

50 임피던스 강하가 5[%]인 변압기가 운전 중 단락되었을 때 단락전류는 정격전류의 몇 배가 되는가?

① 5 ② 10
③ 15 ④ 20

해설

단락전류 $I_s = \dfrac{100}{\%Z} \times$정격전류 $= \dfrac{100}{5} I_n = 20 I_n[\text{A}]$

상 제2장 동기기

51 단락비가 큰 동기기의 특징으로 옳은 것은?

① 안정도가 떨어진다.
② 전압변동률이 크다.
③ 선로충전용량이 크다.
④ 단자단락 시 단락전류가 적게 흐른다.

해설 단락비가 큰 기기의 특징

㉠ 철의 비율이 높아 철기계라 한다.
㉡ 동기 임피던스가 작다. (단락전류가 크다.)
㉢ 전기자반작용이 작다.
㉣ 전압변동률이 작다.
㉤ 공극이 크다.
㉥ 안정도가 높다.
㉦ 철손이 크다.
㉧ 효율이 낮다.
㉨ 가격이 높다.
㉩ 송전선의 충전용량이 크다.

상 제1장 직류기

52 포화하고 있지 않은 직류발전기의 회전수가 $\dfrac{1}{2}$ 로 되었을 때 기전력을 전과 같은 값으로 하려면 여자전류를 얼마로 해야 하는가?

① $\dfrac{1}{2}$ 배 ② 1배
③ 2배 ④ 4배

해설

유기기전력 $E = \dfrac{PZ\phi}{a} \dfrac{N}{60}$에서 $E \propto k\phi n$이다.

㉠ 기전력과 자속 및 회전수와 비례 → $E \propto \phi$, $E \propto n$
㉡ 기전력이 일정할 경우 자속과 회전수는 반비례
  → $E =$일정, $\phi \propto \dfrac{1}{n}$
㉢ 회전수가 $\dfrac{1}{2}$ 일 경우 자속은 $\phi \propto \dfrac{1}{n} = \dfrac{1}{\frac{1}{2}} = 2$배이

므로 여자전류는 자속과 비례하므로 2배 증가한다.

상 제3장 변압기

53 발전기 또는 주변압기의 내부고장보호용으로 가장 널리 쓰이는 계전기는?

① 거리계전기
② 비율차동계전기
③ 과전류계전기
④ 방향단락계전기

해설

비율차동계전기는 입력전류와 출력전류의 크기를 비교하여 차이를 검출하며, 발전기, 변압기, 모선 등을 보호하는 장치이다.

중 제5장 정류기

54 GTO 사이리스터의 특징으로 틀린 것은?

① 각 단자의 명칭은 SCR 사이리스터와 같다.
② 온(on)상태에서는 양방향 전류특성을 보인다.
③ 온(on)드롭(drop)은 약 2~4[V]가 되어 SCR 사이리스터보다 약간 크다.
④ 오프(off)상태에서는 SCR 사이리스터처럼 양방향 전압저지능력을 갖고 있다.

정답 49 ② 50 ④ 51 ③ 52 ③ 53 ② 54 ②

해설

GTO(Gate Turn Off) 사이리스터는 단방향 3단자 소자로 온(On)상태일 때 전류는 한쪽 방향으로만 흐른다.

상 제4장 유도기

55 크로우링 현상은 다음의 어느 것에서 일어나는가?

① 유도전동기
② 직류직권전동기
③ 회전변류기
④ 3상 변압기

해설

크로우링 현상은 농형 유도전동기에서 일어나는 이상현상으로 기동 시 고조파자속이 형성되거나 공극이 일정하지 않을 경우 회전자의 회전속도가 정격속도에 이르지 못하고 저속도로 운전되는 현상으로 회전자 슬롯을 사구로 만들어 방지한다.

상 제2장 동기기

56 동기전동기의 기동법으로 옳은 것은?

① 직류 초퍼법, 기동전동기법
② 자기동법, 기동전동기법
③ 자기동법, 직류 초퍼법
④ 계자제어법, 저항제어법

해설 동기전동기의 기동법

㉠ 자(기)기동법 : 제동권선을 이용
㉡ 기동전동기법(=타 전동기법) : 동기전동기보다 2극 적은 유도전동기를 이용하여 기동

하 제6장 특수기기

57 75[W] 정도 이하의 소형 공구, 영사기, 치과의료용 등에 사용되고 만능전동기라고도 하는 정류자전동기는?

① 단상 직권 정류자전동기
② 단상 반발 정류자전동기
③ 3상 직권 정류자전동기
④ 단상 분권 정류자전동기

해설 단상 직권 정류자전동기의 특성

㉠ 소형 공구 및 가전제품에 일반적으로 널리 이용되는 전동기
㉡ 교류·직류 양용으로 사용되는 교직양용 전동기 (universal motor)
㉢ 믹서기, 재봉틀, 진공소제기, 휴대용 드릴, 영사기 등에 사용

상 제2장 동기기

58 3상 동기발전기의 매극 매상의 슬롯수가 3이라고 하면 분포계수는?

① $\sin \dfrac{2\pi}{3}$ ② $\sin \dfrac{3\pi}{2}$

③ $6\sin \dfrac{\pi}{18}$ ④ $\dfrac{1}{6\sin \dfrac{\pi}{18}}$

해설

분포계수 $K_d = \dfrac{\sin \dfrac{\pi}{2m}}{q\sin \dfrac{\pi}{2mq}}$

$= \dfrac{\sin \dfrac{\pi}{6}}{3\sin \dfrac{\pi}{2\times 9}}$

$= \dfrac{\dfrac{1}{2}}{3\sin \dfrac{\pi}{18}} = \dfrac{1}{6\sin \dfrac{\pi}{18}}$

여기서, m : 상수
q : 매극 매상당 슬롯수
$\pi = 180°$

하 제3장 변압기

59 3권선 변압기의 3차 권선의 용도가 아닌 것은?

① 소내용 전원공급   ② 승압용
③ 조상설비   ④ 제3고조파 제거

해설 3권선 변압기의 용도

㉠ 변압기의 3차 권선을 △결선으로 하여 변압기에서 발생하는 제3고조파를 제거
㉡ 3차 권선에 조상설비를 접속하여 무효전력의 조정
㉢ 3차 권선을 통해 발전소나 변전소 내에 전력을 공급

정답 55 ① 56 ② 57 ① 58 ④ 59 ②

상 제2장 동기기

60 송전선로에 접속된 동기조상기의 설명 중 가장 옳은 것은?

① 과여자로 해서 운전하면 앞선 전류가 흐르므로 리액터 역할을 한다.

② 과여자로 해서 운전하면 뒤진 전류가 흐르므로 콘덴서 역할을 한다.

③ 부족여자로 해서 운전하면 앞선 전류가 흐르므로 리액터 역할을 한다.

④ 부족여자로 해서 운전하면 송전선로의 자기여자작용에 의한 전압상승을 방지한다.

해설 동기조상기

㉠ 과여자로 해서 운전 : 선로에는 앞선 전류가 흐르고 일종의 콘덴서로 작용하며 부하의 뒤진 전류를 보상해서 송전선로의 역률을 좋게 하고 전압강하를 감소시킴

㉡ 부족여자로 운전 : 뒤진 전류가 흐르므로 일종의 리액터로서 작용하고 무부하의 장거리 송전선로에 발전기를 접속하는 경우 송전선로에 흐르는 앞선 전류에 의하여 자기여자작용으로 일어나는 단자전압의 이상상승을 방지

제4과목 회로이론

중 제4장 비정현파 교류회로의 이해

61 그림과 같은 정현파 교류를 푸리에 급수로 전개할 때 직류분은?

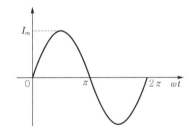

① I_m

② $\dfrac{I_m}{2}$

③ $\dfrac{I_m}{\sqrt{2}}$

④ $\dfrac{2I_m}{\pi}$

해설 직류분(교류의 평균값으로 해석)

$$a_0 = \frac{1}{T} \int_0^T f(t)\,dt$$
$$= \frac{1}{\pi} \int_0^\pi I_m \sin\omega t\,d\omega t$$
$$= \frac{2I_m}{\pi}$$

하 제3장 다상 교류회로의 이해

62 다상 교류회로에 대한 설명 중 잘못된 것은? (단, n은 상수)

① 평형 3상 교류에서 △결선의 상전류는 선전류의 $\dfrac{1}{\sqrt{3}}$과 같다.

② n상 전력 $P = \dfrac{1}{2\sin\dfrac{\pi}{n}} V_l I_l \cos\theta$이다.

③ 성형결선에서 선간전압과 상전압과의 위상차는 $\dfrac{\pi}{2}\left(1 - \dfrac{2}{n}\right)$[rad]이다.

④ 비대칭 다상교류가 만드는 회전자계는 타원 회전자계이다.

해설

㉠ 성형결선에서 선전류와 상전류의 크기와 위상은 모두 같다.

㉡ 성형결선에서 선간전압
$$V_l = 2\sin\frac{\pi}{n} V_p \Big/ \left(\frac{\pi}{2} - \frac{\pi}{n}\right)$$

㉢ n상 전력
$$P = n V_p I_p \cos\theta$$
$$= n \times \frac{V_l}{2\sin\dfrac{\pi}{n}} \times I_l \cos\theta$$
$$= \frac{n}{2\sin\dfrac{\pi}{n}} V_l I_l \cos\theta$$

상 제5장 대칭좌표법

63 대칭 3상 전압이 V_a, $V_b = a^2 V_a$, $V_c = a V_a$일 때 a상을 기준으로 한 대칭분을 구할 때 영상분은?

① V_a

② $\dfrac{1}{3} V_a$

③ 0

④ $V_a + V_b + V_c$

정답 60 ④ 61 ④ 62 ② 63 ③

해설 영상분 전압

$$V_0 = \frac{1}{3}(V_a + V_b + V_c)$$
$$= \frac{1}{3}(V_a + a^2 V_a + a V_a) = 0$$

상 제3장 다상 교류회로의 이해

64 변압기 $\dfrac{n_1}{n_2} = 30$인 단상 변압기 3개를 1차 △결선, 2차 Y결선하고 1차 선간에 3000[V]를 가했을 때 무부하 2차 선간전압[V]은?

① $\dfrac{100}{\sqrt{3}}$ ② $\dfrac{190}{\sqrt{3}}$

③ 100 ④ $100\sqrt{3}$

해설

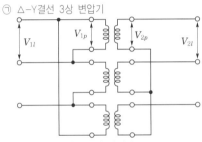

㉠ △-Y결선 3상 변압기

㉡ 변압기 1차측(△결선) 상전압
$$V_{1p} = V_{1l} = 3000[\text{V}]$$

㉢ 권선수비 $a = \dfrac{n_1}{n_2} = \dfrac{V_{1p}}{V_{2p}}$ 이므로

변압기 2차측 상전압
$$V_{2p} = \frac{V_{1p}}{a} = \frac{3000}{30} = 100[\text{V}]$$

∴ 2차측(Y결선) 선간전압
$$V_{2l} = \sqrt{3}\,V_{2p} = 100\sqrt{3}\,[\text{V}]$$

상 제12장 전달함수

65 다음과 같은 블록선도의 등가 합성 전달함수는?

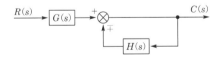

① $\dfrac{1}{1 \pm G(s)H(s)}$ ② $\dfrac{G(s)}{1 \pm G(s)H(s)}$

③ $\dfrac{G(s)}{1 \pm H(s)}$ ④ $\dfrac{1}{1 \pm H(s)}$

해설 종합 전달함수(메이슨 공식)

$$M(s) = \frac{C(s)}{R(s)}$$
$$= \frac{\sum \text{전향경로이득}}{1 - \sum \text{폐루프이득}}$$
$$= \frac{G(s)}{1 - [\mp H(s)]}$$
$$= \frac{G(s)}{1 \pm H(s)}$$

중 제6장 회로망 해석

66 다음 회로의 V_{30}과 V_{15}는 각각 얼마인가?

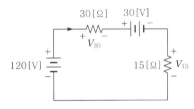

① 60[V], 30[V]

② 70[V], 40[V]

③ 80[V], 50[V]

④ 50[V], 40[V]

해설

㉠ 회로전류 $I = \dfrac{V}{R} = \dfrac{120 - 30}{30 + 15} = 2[\text{A}]$

㉡ $V_{30} = 30\,I = 30 \times 2 = 60[\text{V}]$

㉢ $V_{15} = 15\,I = 15 \times 2 = 30[\text{V}]$

중 제2장 단상 교류회로의 이해

67 $R = 10[\Omega]$, $L = 10[\text{mH}]$, $C = 1[\mu\text{F}]$인 직렬회로에 100[V] 전압을 가했을 때 공진의 첨예도(선택도) Q는 얼마인가?

① 1 ② 10

③ 100 ④ 1000

해설

직렬공진 시 선택도는 다음과 같다.

$$Q = \frac{X_L}{R} = \frac{2\pi f L}{R} = \frac{2\pi L}{R} \times \frac{1}{2\pi\sqrt{LC}} = \frac{1}{R}\sqrt{\frac{L}{C}}$$

$$\therefore Q = \frac{1}{R}\sqrt{\frac{L}{C}} = \frac{1}{10} \times \sqrt{\frac{10 \times 10^{-3}}{1 \times 10^{-6}}} = 10$$

정답 64 ④ 65 ③ 66 ① 67 ②

중 제4장 비정현파 교류회로의 이해

68 어떤 회로에 비정현파 전압을 가하여 흐른 전류가 다음과 같을 때 이 회로의 역률은 약 몇 [%]인가?

$$
\begin{aligned}
v(t) &= 20 + 220\sqrt{2}\sin 120\pi t \\
&\quad + 40\sqrt{2}\sin 360\pi t [\text{V}] \\
i(t) &= 2.2\sqrt{2}\sin(120\pi t + 36.87°) \\
&\quad + 0.49\sqrt{2}\sin(360\pi t + 14.04°)[\text{A}]
\end{aligned}
$$

① 75.8 ② 80.4

③ 86.3 ④ 89.7

해설

㉠ 전압의 실횻값

$V = \sqrt{20^2 + 220^2 + 40^2} = 224.5[\text{V}]$

㉡ 전류의 실횻값

$I = \sqrt{2.2^2 + 0.49^2} = 2.25[\text{A}]$

㉢ 피상전력

$P_a = VI = 224.5 \times 2.25 = 505.125[\text{VA}]$

㉣ 유효전력

$$
\begin{aligned}
P &= V_1 I_1 \cos\theta_1 + V_3 I_3 \cos\theta_3 \\
&= 220 \times 2.2 \times \cos 36.87° \\
&\quad + 40 \times 0.49 \times \cos 14.04° \\
&= 406.21[\text{W}]
\end{aligned}
$$

$\therefore$ 역률 : $\cos\theta = \dfrac{P}{P_a} \times 100$

$\qquad = \dfrac{406.21}{505.125} \times 100$

$\qquad = 80.42[\%]$

상 제7장 4단자망 회로해석

69 A, B, C, D 4단자 정수를 올바르게 쓴 것은?

① $AD + BD = 1$

② $AB - CD = 1$

③ $AB + CD = 1$

④ $AD - BC = 1$

해설

4단수 정수는 $AD - BC = 1$의 관계가 성립되며, 회로망이 대칭이면 $A = D$가 된다.

상 제8장 분포정수회로

70 유한장의 송전선로가 있다. 수전단을 단락하고 송전단에서 측정한 임피던스는 $j250$ $[\Omega]$, 또 수전단을 개방시키고 송전단에서 측정한 어드미턴스는 $j1.5 \times 10^{-3}[\mho]$이다. 이 송전선로의 특성 임피던스는?

① $2.45 \times 10^{-3}[\Omega]$

② $408.25[\Omega]$

③ $j0.612[\Omega]$

④ $6 \times 10^{-6}[\Omega]$

해설 특성 임피던스

$$
Z_0 = \sqrt{\dfrac{Z}{Y}} = \sqrt{\dfrac{j250}{j1.5 \times 10^{-3}}} = 408.25[\Omega]
$$

하 제7장 4단자망 회로해석

71 그림과 같은 회로망에서 Z_1을 4단자 정수에 의해 표시하면?

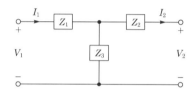

① $\dfrac{1}{C}$ ② $\dfrac{D-1}{C}$

③ $\dfrac{B-1}{C}$ ④ $\dfrac{A-1}{C}$

해설

㉠ 4단자 정수는 다음과 같다.

$$
\begin{bmatrix} A & B \\ C & D \end{bmatrix} =
\begin{bmatrix}
1 + \dfrac{Z_1}{Z_3} & Z_1 + Z_2 + \dfrac{Z_1 Z_2}{Z_3} \\
\dfrac{1}{Z_3} & 1 + \dfrac{Z_2}{Z_3}
\end{bmatrix}
$$

㉡ $A - 1 = \dfrac{Z_1}{Z_3} = Z_1 C$이므로

$\therefore Z_1 = \dfrac{A-1}{C}$

정답 68 ② 69 ④ 70 ② 71 ④

상 제5장 대칭좌표법

72 각 상의 전류가 아래와 같을 때 영상대칭분 전류[A]는?

$$i_a = 30\sin\omega t\,[\mathrm{A}]$$
$$i_b = 30\sin(\omega t - 90°)\,[\mathrm{A}]$$
$$i_c = 30\sin(\omega t + 90°)\,[\mathrm{A}]$$

① $10\sin\omega t$ ② $30\sin\omega t$

③ $\dfrac{30}{\sqrt{3}}\sin\omega t$ ④ $\dfrac{10}{3}\sin\omega t$

해설

$$I_0 = \frac{1}{3}(I_a + I_b + I_c)$$
$$= \frac{1}{3}(30 + 30\,\underline{/+90°} + 30\,\underline{/-90°})$$
$$= \frac{30}{3}\,\underline{/0°} = 10\sin\omega t\,[\mathrm{A}]$$

중 제3장 다상 교류회로의 이해

73 그림과 같은 회로의 단자 a, b, c에 대칭 3상 전압을 가하여 각 선전류를 같게 하려면 R의 값은?

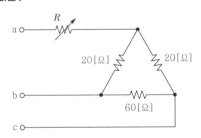

① 2[Ω] ② 8[Ω]
③ 16[Ω] ④ 24[Ω]

해설

△결선을 Y결선으로 등가변환하면 다음과 같다.

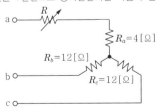

$$\text{㉠}\ R_a = \frac{R_{ab} \times R_{ca}}{R_{ab} + R_{bc} + R_{ca}} = \frac{20 \times 20}{20 + 60 + 20} = 4[\Omega]$$

$$\text{㉡}\ R_b = \frac{R_{ab} \times R_{bc}}{R_{ab} + R_{bc} + R_{ca}} = \frac{20 \times 60}{20 + 60 + 20} = 12[\Omega]$$

$$\text{㉢}\ R_c = \frac{R_{bc} \times R_{ca}}{R_{ab} + R_{bc} + R_{ca}} = \frac{60 \times 20}{20 + 60 + 20} = 12[\Omega]$$

∴ 각 선전류가 같으려면 각 상의 임피던스가 평형이 되어야 하므로 $R = 8[\Omega]$이 되어야 한다.

상 제5장 대칭좌표법

74 3상 불평형 전압에서 역상전압이 50[V], 정상전압이 200[V], 영상전압이 10[V]라 할 때 전압의 불평형률[%]은?

① 1 ② 5
③ 25 ④ 50

해설 불평형률

$$\% U = \frac{V_2}{V_1} \times 100 = \frac{50}{200} \times 100 = 25[\%]$$

여기서, V_1 : 정상분
V_2 : 역상분

중 제6장 회로망 해석

75 전류가 전압에 비례한다는 것을 가장 잘 나타낸 것은?

① 테브난의 정리 ② 상반의 정리
③ 밀만의 정리 ④ 중첩의 정리

하 제2장 단상 교류회로의 이해

76 단상 전파 파형을 만들기 위해 전원은 어떤 단자에 연결해야 하는가?

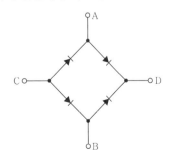

① A-B ② C-D
③ A-C ④ B-D

정답 72 ① 73 ② 74 ③ 75 ① 76 ①

해설

㉠ 입력단자 : A-B
㉡ 출력단자 : C-D

상 제10장 라플라스 변환

77 함수 $f(t) = t^2 e^{at}$ 의 리플라스 변환 $F(s)$ 은?

① $\dfrac{1}{(s-a)^2}$

② $\dfrac{2}{(s-a)^2}$

③ $\dfrac{1}{(s-a)^2}$

④ $\dfrac{2}{(s-a)^3}$

해설

$$\mathcal{L}\left[t^2 e^{at}\right] = \left.\frac{2}{s^3}\right|_{s = s-a} = \frac{2}{(s-a)^3}$$

상 제3장 다상 교류회로의 이해

78 Y-Y결선 회로에서 선간전압이 200[V]일 때 상전압은 약 몇 [V]인가?

① 100
② 115
③ 120
④ 135

해설 3상 Y결선의 특징

㉠ 선간전압 : $V_l = \sqrt{3}\, V_p$

㉡ 선전류 : $I_l = I_p$

∴ 상전압 : $V_p = \dfrac{V_l}{\sqrt{3}} = \dfrac{200}{\sqrt{3}} = 115[V]$

중 제1장 직류회로의 이해

79 다음 전지 2개와 전구 1개로 구성된 회로 중 전구가 점등되지 않는 회로는?

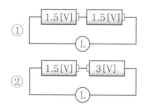

① [1.5[V]]─[1.5[V]]─(L)

② [1.5[V]]─[3[V]]─(L)

③ [1.5[V]]─[1.5[V]]─(L)

④ [1.5[V]]─[3[V]]─(L)

해설

① 두 전지의 극성이 같으므로 회로 전위차는 3[V]로 전류는 시계방향으로 흐른다.
② 두 전지의 극성이 반대이므로 회로 전위차는 1.5[V]로 전류는 반시계방향으로 흐른다.
③ 두 전지의 크기는 같고 극성이 반대로 접속되어 있어 회로 전위차는 0이 되어 전류가 흐르지 않는다.
④ 두 전지의 극성이 같으므로 회로 전위차는 4.5[V]로 전류는 반시계방향으로 흐른다.

상 제3장 다상 교류회로의 이해

80 대칭 3상 전압이 공급되는 3상 유도전동기에서 각 계기의 지시는 다음과 같다. 유도전동기의 역률은 약 얼마인가?

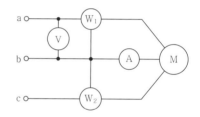

전력계(W_1) : 2.84[kW]
전력계(W_2) : 6[kW]
전압계(V) : 200[V]
전류계(A) : 30[A]

① 0.70
② 0.75
③ 0.80
④ 0.85

해설 역률

$$\cos\theta = \frac{P}{P_a} = \frac{W_1 + W_2}{2\sqrt{W_1^2 + W_2^2 - W_1 W_2}}$$

$$= \frac{W_1 + W_2}{\sqrt{3}\, VI} = \frac{2840 + 6000}{\sqrt{3} \times 200 \times 30} = 0.85$$

정답 77 ④ 78 ② 79 ③ 80 ④

제5과목 **전기설비기술기준**

상 제1장 공통사항

81 두 개 이상의 전선을 병렬로 사용하는 경우에 구리선과 알루미늄선은 각각 얼마 이상의 전선으로 하여야 하는가?

① 구리선 : 20[mm²] 이상,
　　알루미늄선 : 40[mm²] 이상
② 구리선 : 30[mm²] 이상,
　　알루미늄선 : 50[mm²] 이상
③ 구리선 : 40[mm²] 이상,
　　알루미늄선 : 60[mm²] 이상
④ 구리선 : 50[mm²] 이상,
　　알루미늄선 : 70[mm²] 이상

해설 **전선의 접속(KEC 123)**

두 개 이상의 전선을 병렬로 사용하는 경우 각 전선의 굵기는 구리선 50[mm²] 이상 또는 알루미늄 70[mm²] 이상으로 하고, 전선은 같은 도체, 같은 재료, 같은 길이 및 같은 굵기의 것을 사용하여야 한다.

상 제2장 저압설비 및 고압·특고압설비

82 욕탕의 양단에 판상의 전극을 설치하고 그 전극 상호 간에 교류전압을 가하는 전기욕기의 전원변압기 2차 전압은 몇 [V] 이하인 것을 사용하여야 하는가?

① 5　　　　　　　　② 10
③ 12　　　　　　　 ④ 15

해설 **전기욕기(KEC 241.2)**

㉠ 전기욕기용 전원장치(변압기의 2차측 사용전압이 10[V] 이하인 것)를 사용할 것
㉡ 욕탕 안의 전극 간의 거리는 1[m] 이상이어야 한다.
㉢ 욕탕 안의 전극은 사람이 쉽게 접촉할 우려가 없도록 시설한다.
㉣ 전기욕기용 전원장치로부터 욕기 안의 전극까지의 배선은 공칭단면적 2.5[mm²] 이상의 연동선과 이와 동등이상의 세기 및 굵기의 절연전선(옥외용 비닐절연전선을 제외)이나 케이블 또는 공칭단면적이 1.5[mm²] 이상의 캡타이어케이블을 합성수지관공사, 금속관공사 또는 케이블공사에 의하여 시설하거나 또는 공칭단면적이 1.5[mm²] 이상의 캡타이어 코드를 합성수지관(두께가 2[mm] 미만의 합성수지제 전선관 및 난연성이 없는 콤바인덕트관을 제외)이나 금속관에 넣고 관을 조영재에 견고하게 고정할 것

㉤ 전기욕기용 전원장치로부터 욕기 안의 전극까지의 전선 상호 간 및 전선과 대지 사이의 절연저항은 "KEC 132 전로의 절연저항 및 절연내력"에 따를 것

하 제3장 전선로

83 저압 옥상전선로를 전개된 장소에 시설하는 내용으로 틀린 것은?

① 전선은 절연전선일 것
② 전선은 지름 2.5[mm²] 이상의 경동선일 것
③ 전선과 그 저압 옥상전선로를 시설하는 조영재와의 이격거리(간격)는 2[m] 이상일 것
④ 전선은 조영재에 내수성이 있는 애자를 사용하여 지지하고 그 지지점 간의 거리는 15[m] 이하일 것

해설 **옥상전선로(KEC 221.3)**

㉠ 전선은 인장강도 2.30[kN] 이상의 것 또는 지름 2.6[mm] 이상의 경동선일 것
㉡ 전선은 절연전선일 것(OW전선을 포함)
㉢ 전선은 조영재에 견고하게 붙인 지지기둥 또는 지지대에 절연성·난연성 및 내수성이 있는 애자를 사용하여 지지하고 그 지지점 간의 거리는 15[m] 이하일 것
㉣ 조영재와의 이격거리(간격)는 2[m](고압 및 특고압 절연전선 또는 케이블인 경우에는 1[m]) 이상일 것

중 제1장 공통사항

84 주택 등 저압수용장소 접지에서 계통접지가 TN-C-S 방식인 경우 적합하지 않은 것은?

① 중성선 겸용 보호도체(PEN)는 고정 전기설비에만 사용하여야 함
② 중성선 겸용 보호도체(PEN)의 단면적은 구리는 10[mm²] 이상, 알루미늄은 16[mm²] 이상으로 함
③ 계통의 공칭전압에 대하여 절연되어야 함
④ 감전보호용 등전위본딩을 하여야 함

해설 **주택 등 저압수용장소 접지(KEC 142.4.2)**

저압수용장소에서 계통접지가 TN-C-S 방식인 경우의 보호도체의 시설에서 중성선 겸용 보호도체(PEN)는 고정 전기설비에만 사용할 수 있고, 그 도체의 단면적이 구리는 10[mm²] 이상, 알루미늄은 16[mm²] 이상이어야 하며, 그 계통의 최고전압에 대하여 절연되어야 한다.

정답 81 ④ 82 ② 83 ② 84 ③

상 제2장 저압설비 및 고압·특고압설비

85 애자사용공사에 의한 고압 옥내배선을 시설하고자 할 경우 전선과 조영재 사이의 이격거리(간격)는 몇 [cm] 이상이어야 하는가?

① 3   ② 4
③ 5   ④ 6

해설 고압 옥내배선 등의 시설(KEC 342.1)

애자사용공사에 의한 고압 옥내배선은 다음에 의한다.
㉠ 전선은 공칭단면적 6[mm²] 이상의 연동선 또는 이와 동등 이상의 세기 및 굵기의 고압 절연전선이나 특고압 절연전선 또는 인하용 고압 절연전선일 것
㉡ 전선의 지지점 간의 거리는 6[m] 이하일 것. 다만, 전선을 조영재의 면을 따라 붙이는 경우에는 2[m] 이하이어야 한다.
㉢ 전선 상호 간의 간격은 0.08[m] 이상, 전선과 조영재 사이의 이격거리(간격)는 0.05[m] 이상일 것

상 제3장 전선로

86 가공전선로의 지지물에 하중이 가하여지는 경우 그 하중을 받는 지지물의 기초안전율은 얼마 이상이어야 하는가? (단, 이상 시 상정하중은 무관)

① 1.0   ② 2.0
③ 2.5   ④ 3.0

해설 가공전선로 지지물의 기초의 안전율
(KEC 331.7)

가공전선로의 지지물에 하중이 가하여지는 경우 그 하중을 받는 지지물의 기초의 안전율은 2 이상이어야 한다(이상 시 상정하중에 대한 철탑의 기초에 대하여는 1.33 이상).

하 제6장 분산형전원설비

87 태양광발전소에 시설하는 태양전지 모듈, 전선 및 개폐기의 시설에 대한 설명으로 틀린 것은?

① 전선은 공칭단면적 2.5[mm²] 이상의 연동선을 사용할 것
② 어레이 출력개폐기는 점검이나 조작이 가능한 곳에 시설할 것

③ 모듈을 병렬로 접속하는 전로에는 그 전로에 단락전류가 발생할 경우에 전로를 보호하는 과전류차단기를 시설할 것
④ 옥측에 시설하는 경우 금속관공사, 합성수지관공사, 애자사용공사로 배선할 것

해설 태양광발전설비(KEC 520)

㉠ 전선은 공칭단면적 2.5[mm²] 이상의 연동선을 사용할 것
㉡ 어레이 출력개폐기는 점검이나 조작이 가능한 곳에 시설할 것
㉢ 모듈을 병렬로 접속하는 전로에는 그 전로에 단락전류가 발생할 경우에 전로를 보호하는 과전류차단기를 시설할 것

상 제3장 전선로

88 저압 가공전선으로 케이블을 사용하는 경우 케이블은 조가용선(조가선)에 행거로 시설하고 이때 사용전압이 고압인 때에는 행거의 간격을 몇 [cm] 이하로 시설하여야 하는가?

① 30   ② 50
③ 75   ④ 100

해설 가공케이블의 시설(KEC 332.2)

㉠ 케이블은 조가용선(조가선)에 행거로 시설할 것
　• 조가용선(조가선)에 0.5[m] 이하마다 행거에 의해 시설할 것
　• 조가용선(조가선)에 접촉시키고 금속 테이프 등을 0.2[m] 이하 간격으로 나선형으로 감아 붙일 것
　• 단면적 22[mm²] 이상의 아연도강연선일 것
㉡ 조가용선(조가선) 및 케이블 피복에는 접지공사를 할 것

하 제4장 발전소, 변전소, 개폐소 및 기계기구 시설보호

89 지중 공가설비로 사용하는 광섬유케이블 및 동축케이블은 지름 몇 [mm] 이하이어야 하는가?

① 4   ② 5
③ 16   ④ 22

해설 지중통신선로설비 시설(KEC 363.1)

지중 공가설비로 사용하는 광섬유케이블 및 동축케이블은 지름 22[mm] 이하일 것

정답 85 ③　86 ②　87 ④　88 ②　89 ④

중 제1장 공통사항

90 접지극의 시설방법 중 옳지 않은 것은?

① 콘크리트에 매입된 기초 접지극
② 강화콘크리트의 용접된 금속 보강재
③ 토양에 수직 또는 수평으로 직접 매설된 금속전극
④ 케이블의 금속외장 및 그 밖에 금속피복

해설 접지극의 시설 및 접지저항(KEC 142.2)

접지극은 다음의 방법 중 하나 또는 복합하여 시설하여야 한다.
㉠ 콘크리트에 매입된 기초 접지극
㉡ 토양에 매설된 기초 접지극
㉢ 토양에 수직 또는 수평으로 직접 매설된 금속전극 (봉, 전선, 테이프, 배관, 판 등)
㉣ 케이블의 금속외장 및 그 밖에 금속피복
㉤ 지중 금속구조물(배관 등)
㉥ 대지에 매설된 철근콘크리트의 용접된 금속 보강재 (강화콘크리트는 제외)

상 제3장 전선로

91 가공전선로의 지지물에 취급자가 오르고 내리는 데 사용하는 발판못 등은 지표상 몇 [m] 미만에 시설해서는 안 되는가?

① 1.2
② 1.8
③ 2.2
④ 2.5

해설 가공전선로 지지물의 철탑오름 및 전주오름 방지(KEC 331.4)

가공전선로의 지지물에 취급자가 오르고 내리는 데 사용하는 발판볼트 등을 지표상 1.8[m] 미만에 시설하여서는 아니 된다.

상 제2장 저압설비 및 고압 · 특고압설비

92 옥내에 시설하는 저압 전선으로 나전선을 절대로 사용할 수 없는 것은?

① 애자사용공사의 전기로용 전선
② 유희용(놀이용) 전차에 전기공급을 위한 접촉전선
③ 제분공장의 전선
④ 애자사용공사의 전선피복절연물이 부식하는 장소에 시설하는 전선

해설 나전선의 사용 제한(KEC 231.4)

다음에서만 나전선을 사용할 수 있다.
㉠ 애자공사에 의하여 전개된 곳에 다음의 전선을 시설하는 경우
• 전기로용 전선
• 전선의 피복절연물이 부식하는 장소에 시설하는 전선
• 취급자 이외의 사람이 출입할 수 없도록 설비한 장소에 시설하는 전선
㉡ 버스덕트공사에 의하여 시설하는 경우
㉢ 라이팅덕트공사에 의하여 시설하는 경우
㉣ 저압 접촉전선 및 유희용(놀이용) 전차의 전원장치로 접촉전선을 시설하는 경우

상 제2장 저압설비 및 고압 · 특고압설비

93 애자사용공사에 의한 저압 옥내배선시설에 대한 내용 중 틀린 것은?

① 전선은 인입용 비닐절연전선일 것
② 전선 상호 간의 간격은 6[cm] 이상일 것
③ 전선의 지지점 간의 거리는 전선을 조영재의 윗면에 따라 붙일 경우에는 2[m] 이하일 것
④ 전선과 조영재 사이의 이격거리(간격)는 사용전압이 400[V] 미만인 경우에는 2.5[cm] 이상일 것

해설 애자공사(KEC 232.56)

㉠ 전선은 절연전선 사용(옥외용 · 인입용 비닐절연전선 사용 불가)
㉡ 전선 상호 간격 : 0.06[m] 이상
㉢ 전선과 조영재와의 이격거리(간격)
• 400[V] 이하 : 25[mm] 이상
• 400[V] 초과 : 45[mm] 이상(건조한 장소에 시설하는 경우에는 25[mm])
㉣ 전선의 지지점 간의 거리는 전선을 조영재의 윗면 또는 옆면에 따라 붙일 경우에는 2[m] 이하일 것
㉤ 사용전압이 400[V] 초과인 것의 지지점 간의 거리는 6[m] 이하일 것

상 제2장 저압설비 및 고압 · 특고압설비

94 20[kV] 전로에 접속한 전력용 콘덴서장치에 울타리를 하고자 한다. 울타리의 높이를 2[m]로 하면 울타리로부터 콘덴서장치의 최단 충전부까지의 거리는 몇 [m] 이상이어야 하는가?

① 1
② 2
③ 3
④ 4

해설 발전소 등의 울타리·담 등의 시설(KEC 351.1)

사용전압의 구분	울타리·담 등의 높이와 울타리·담 등으로부터 충전부분까지의 거리의 합계
35[kV] 이하	5[m]
35[kV] 초과 160[kV] 이하	6[m]
160[kV] 초과	6[m]에 160[kV]를 초과하는 10[kV] 또는 그 단수마다 12[cm]를 더한 값

울타리 높이와 울타리까지 거리의 합계는 35[kV] 이하는 5[m] 이상이므로 울타리 높이를 2[m]로 하려면 울타리까지 거리는 3[m] 이상으로 하여야 한다.

상 전기설비기술기준

95 저압전로에서 사용전압이 500[V] 초과인 경우 절연저항값은 몇 [MΩ] 이상이어야 하는가?

① 1.5
② 1.0
③ 0.5
④ 0.1

해설 저압전로의 절연성능(전기설비기술기준 제52조)

전로의 사용전압[V]	DC 시험전압[V]	절연저항[MΩ]
SELV 및 PELV	250	0.5
FELV, 500[V] 이하	500	1.0
500[V] 초과	1,000	1.0

상 제1장 공통사항

96 저압전로에서 정전이 어려운 경우 등 절연저항 측정이 곤란한 경우 저항성분의 누설전류가 몇 [mA] 이하이면 그 전로의 절연성능은 적합한 것으로 보는가?

① 1
② 2
③ 3
④ 4

해설 전로의 절연저항 및 절연내력(KEC 132)

사용전압이 저압인 전로에서 정전이 어려운 경우 등 절연저항 측정이 곤란한 경우에는 누설전류를 1[mA] 이하로 유지하여야 한다.

상 제5장 전기철도

97 다음 중 전기철도의 전차선로 가선(전선 설치)방식에 속하지 않는 것은?

① 가공방식
② 강체방식
③ 지중조가선방식
④ 제3레일방식

해설 전차선 가선(전선 설치)방식(KEC 431.1)

전차선의 가선(전선 설치)방식은 열차의 속도 및 노반의 형태, 부하전류 특성에 따라 적합한 방식을 채택하여야 하며, 가공방식, 강체방식, 제3레일방식을 표준으로 한다.

상 제3장 전선로

98 사용전압이 25000[V] 이하의 특고압 가공전선로에서는 전화선로의 길이가 12[km]마다 유도전류가 몇 [μA]를 넘지 아니하도록 하여야 하는가?

① 1.5
② 2
③ 2.5
④ 3

해설 유도장해의 방지(KEC 333.2)

㉠ 사용전압이 60000[V] 이하인 경우에는 전화선로의 길이 12[km]마다 유도전류가 2[μA]를 넘지 않도록 할 것
㉡ 사용전압이 60000[V]를 넘는 경우에는 전화선로의 길이 40[km]마다 유도전류가 3[μA]를 넘지 않도록 할 것

상 제3장 전선로

99 사용전압 154[kV]의 가공전선과 식물 사이의 이격거리(간격)는 최소 몇 [m] 이상이어야 하는가?

① 2
② 2.6
③ 3.2
④ 3.8

해설 특고압 가공전선과 식물의 이격거리(간격)(KEC 333.30)

사용전압의 구분	이격거리(간격)
60[kV] 이하	2[m] 이상
60[kV] 초과	2[m]에 사용전압이 60[kV]를 초과하는 10[kV] 또는 그 단수마다 0.12[m]를 더한 값 이상

(154[kV]−60[kV])÷10=9.4에서 절상하여 단수는 10으로 한다.
식물과의 이격거리(간격)=2+10×0.12=3.2[m]

정답 95 ② 96 ① 97 ③ 98 ② 99 ③

중 **제2장 저압설비 및 고압·특고압설비**

100 전자개폐기의 조작회로 또는 초인벨, 경보벨 등에 접속하는 전로로서, 최대사용전압이 몇 [V] 이하인 것을 소세력 회로라 하는가?

① 60
② 80
③ 100
④ 150

⚡ 해설 소세력 회로(KEC 241.14)

전자개폐기의 조작회로 또는 초인벨·경보벨 등에 접속하는 전로로서 최대사용전압은 60[V] 이하이다.

정답 100 ①

제1과목 전기자기학

중 제4장 유전체

01 진공 중에서 어떤 대전체의 전속이 Q[C]일 때 이 대전체를 비유전율 10인 유전체 속에 넣었을 경우 전속은 어떻게 되겠는가?

① Q

② $10Q$

③ $\dfrac{Q}{10}$

④ $\dfrac{Q}{\epsilon}$

해설

전속수는 유전체와 관계없이 항상 일정하다.

상 제12장 전자계

02 전자계에 대한 맥스웰의 기본이론이 아닌 것은?

① 자계의 시간적 변화에 따라 전계의 회전이 생긴다.

② 전도전류는 자계를 발생시키나, 변위전류는 자계를 발생시키지 않는다.

③ 자극은 N-S극이 항상 공존한다.

④ 전하에서는 전속선이 발산된다.

해설

전도전류와 변위전류는 모두 주위에 자계를 만든다.

$$\left(\text{rot } H = \nabla \times H = i = i_c + \frac{\partial D}{\partial t}\right)$$

상 제2장 진공 중의 정전계

03 대전 도체의 표면 전하밀도는 도체 표면의 모양에 따라 어떻게 분포하는가?

① 표면 전하밀도는 표면의 모양과 무관하다.

② 표면 전하밀도는 평면일 때 가장 크다.

③ 표면 전하밀도는 뾰족할수록 커진다.

④ 표면 전하밀도는 곡률이 크면 작아진다.

해설

전하는 도체 표면에만 분포하고, 전하밀도는 곡률이 큰 곳(곡률반경이 작은 곳)이 높다.

하 제4장 유전체

04 유전체의 초전효과(Pyroelectric effect)에 대한 설명이 아닌 것은?

① 온도변화에 관계없이 일어난다.

② 자발 분극을 가진 유전체에서 생긴다.

③ 초전효과가 있는 유전체를 공기 중에 놓으면 중화된다.

④ 열에너지를 전기에너지로 변화시키는 데 이용된다.

해설

초전효과는 온도변화에 의해 발생된다.

중 제2장 진공 중의 정전계

05 표면 전하밀도 σ[C/m^2]로 대전된 도체 내부의 전속밀도는 몇 [C/m^2]인가?

① σ

② $\varepsilon_0 E$

③ $\dfrac{\sigma}{\varepsilon_0}$

④ 0

해설

전하는 도체 표면에만 분포하므로 도체 내부에는 전하가 존재하지 않는다. 따라서 도체 내부의 전속밀도도 0이 된다.

정답 01 ① 02 ② 03 ③ 04 ① 05 ④

제1장 벡터

06 위치함수로 주어지는 벡터량이 $\vec{E}(xyz) = iE_x + jE_y + kE_z$ 이다. 나블라(∇)와의 내적 $\nabla \cdot \vec{E}$와 같은 의미를 갖는 것은?

① $\dfrac{\partial E_x}{\partial x} + \dfrac{\partial E_y}{\partial y} + \dfrac{\partial E_z}{\partial z}$

② $i\dfrac{\partial}{\partial x} + j\dfrac{\partial}{\partial y} + k\dfrac{\partial}{\partial z}$

③ $i\dfrac{\partial E_x}{\partial x} + j\dfrac{\partial E_y}{\partial y} + k\dfrac{\partial E_z}{\partial z}$

④ $\dfrac{\partial E}{\partial x} + \dfrac{\partial E}{\partial y} + \dfrac{\partial E}{\partial z}$

해설

벡터의 내적은 같은 방향의 크기 성분의 곱으로 계산할 수 있다.

$$\nabla \cdot \vec{E} = \left(i\dfrac{\partial}{\partial x} + j\dfrac{\partial}{\partial y} + k\dfrac{\partial}{\partial z}\right) \cdot (iE_x + jE_y + kE_z)$$
$$= \dfrac{\partial E_x}{\partial x} + \dfrac{\partial E_y}{\partial y} + \dfrac{\partial E_z}{\partial z}$$

(참고 : 내적은 같은 방향의 스칼라 곱)

제11장 인덕턴스

07 환상 철심에 A, B코일이 감겨 있다. 전류가 150[A/sec]로 변화할 때 코일 A에 45[V], B에 30[V]의 기전력이 유기될 때의 B코일의 자기 인덕턴스는 몇 [mH]인가? (단, 결합계수 $k = 1$이다.)

① 133 ② 200

③ 275 ④ 300

해설

㉠ 자기 유도기전력 $e_A = -L_A\dfrac{di_A}{dt}$ 에서

$$L_A = \dfrac{|e_A|}{\dfrac{di_A}{dt}} = \dfrac{45}{150} = 0.3[\text{H}]$$

㉡ 상호 유도기전력 $e_B = -M\dfrac{di_A}{dt}$ 에서

$$M = \dfrac{|e_B|}{\dfrac{di_A}{dt}} = \dfrac{30}{150} = 0.2[\text{H}]$$

㉢ 결합계수 $k = \dfrac{M}{\sqrt{L_A L_B}}$ 에서 $k = 1$이므로

$M = \sqrt{L_A L_B}$ 이 된다. ($M^2 = L_A L_B$)

$$\therefore L_B = \dfrac{M^2}{L_A} = \dfrac{0.2^2}{0.3} = 0.133[\text{H}] = 133[\text{mH}]$$

제9장 자성체와 자기회로

08 강자성체의 세 가지 특성이 아닌 것은?

① 와전류 특성

② 히스테리시스 특성

③ 고투자율 특성

④ 포화 특성

해설

와전류는 전자유도법칙에 의해 발생되는 현상이다.

제5장 전기 영상법

09 점전하 $+Q[\text{C}]$에 의한 무한 평면도체의 영상전하는?

① $-Q[\text{C}]$보다 작다.

② $Q[\text{C}]$보다 크다.

③ $-Q[\text{C}]$와 같다.

④ $Q[\text{C}]$와 같다.

해설

영상전하는 무한 평면도체의 대칭점에 있으면 크기는 $-Q[\text{C}]$이 된다.

제3장 정전용량

10 대전된 구도체를 반경이 2배가 되는 대전이 안된 구도체에 가는 도선으로 연결할 때 원래의 에너지에 대해 손실된 에너지는 얼마인가? (단, 구도체는 충분히 떨어져 있다.)

① $\dfrac{1}{2}$ ② $\dfrac{1}{3}$

③ $\dfrac{2}{3}$ ④ $\dfrac{2}{5}$

정답 06 ① 07 ① 08 ① 09 ③ 10 ③

㉠ 대전된 구도체의 정전에너지 $W_1 = \dfrac{Q^2}{2C_1}$[J]

㉡ 반경이 2배가 되는 대전이 안 된 구도체($C_2 = 2C_1$)를 가는 도선으로 연결하면 두 도체는 병렬 연결($C = C_1 + C_2 = 3C_1$)이 되고 두 도체가 가지는 전하량은 변화가 없다.

㉢ 두 도체를 연결한 후의 정전에너지

$$W_2 = \frac{Q^2}{2C} = \frac{Q^2}{2(C_1 + C_2)} = \frac{Q^2}{6C_1}\,[\text{J}]$$

㉣ 손실된 에너지

$$W_l = W_1 - W_2 = \frac{Q^2}{2C_1} - \frac{Q^2}{6C_1} = \frac{Q^2}{3C_1}\,[\text{J}]$$

$$\therefore \text{손실비 } \alpha = \frac{W_l}{W_1} = \frac{\dfrac{Q^2}{3C_1}}{\dfrac{Q^2}{2C_1}} = \frac{2}{3}$$

상 제11장 인덕턴스

11 내도체의 반지름이 a[m]이고, 외도체의 내 반지름이 b[m], 외반지름이 c[m]인 동축케이블의 단위길이당 자기 인덕턴스는 몇 [H/m]인가?

① $\dfrac{\mu_0}{2\pi}\ln\dfrac{b}{a}$ ② $\dfrac{\mu_0}{\pi}\ln\dfrac{b}{a}$

③ $\dfrac{2\pi}{\mu_0}\ln\dfrac{b}{a}$ ④ $\dfrac{\pi}{\mu_0}\ln\dfrac{b}{a}$

해설 동축케이블(원통 도체) 전체 인덕턴스

$$L = L_i + L_e = \frac{\mu}{8\pi} + \frac{\mu_0}{2\pi}\ln\frac{b}{a}\,[\text{H/m}]$$

여기서, L_i : 내부 인덕턴스, L_e : 외부 인덕턴스

중 제2장 진공 중의 정전계

12 두 동심구에서 내부도체의 반지름이 a, 외부도체의 안반지름이 b, 외반지름이 c일 때, 내부도체에만 전하 Q[C]을 주었을 때 내부도체의 전위[V]는?

① $\dfrac{Q}{2\pi\varepsilon_0 a}\left(\dfrac{1}{a} + \dfrac{1}{b}\right)$

② $\dfrac{Q}{4\pi\varepsilon_0}\left(\dfrac{1}{a} - \dfrac{1}{b}\right)$

③ $\dfrac{Q}{4\pi\varepsilon_0 c}\left(\dfrac{1}{a} - \dfrac{1}{b} - \dfrac{1}{c}\right)$

④ $\dfrac{Q}{4\pi\varepsilon_0}\left(\dfrac{1}{a} - \dfrac{1}{b} + \dfrac{1}{c}\right)$

해설

전위는 스칼라이므로 $V = V_{ab} + V_c$으로 계산할 수 있다.

$$V = -\int_\infty^c \frac{Q}{4\pi\varepsilon_0 r^2}dr - \int_b^a \frac{Q}{4\pi\varepsilon_0 r^2}dr$$

$$= \frac{Q}{4\pi\varepsilon_0 c} + \frac{Q}{4\pi\varepsilon_0}\left(\frac{1}{a} - \frac{1}{b}\right)$$

$$= \frac{Q}{4\pi\varepsilon_0}\left(\frac{1}{a} - \frac{1}{b} + \frac{1}{c}\right)\,[\text{V}]$$

중 제5장 전기 영상법

13 접지된 구도체와 점전하 간에 작용하는 힘은?

① 항상 흡인력이다.

② 항상 반발력이다.

③ 조건적 흡인력이다.

④ 조건적 반발력이다.

해설

무한 평면도체와 접지된 구도체 내부에 유도되는 영상전하의 부호는 $-$이므로 점전하 간에 작용하는 힘은 항상 흡인력이 발생한다.

중 제3장 정전용량

14 용량계수와 유도계수에 대한 표현 중에서 옳지 않은 것은?

① 용량계수는 정($+$)이다.

② 유도계수는 정($+$)이다.

③ $q_{rs} = q_{sr}$

④ 전위계수를 알고 있는 도체계에서는 q_{rr}, q_{rs}를 계산으로 구할 수 있다.

해설 용량계수와 유도계수의 성질

㉠ 용량계수 : $q_{11},\ q_{22},\ \cdots,\ q_{rr} > 0$

㉡ 유도계수 : $q_{12},\ q_{13},\ \cdots,\ q_{rs} \leq 0$

㉢ $q_{11} \geq -(q_{21} + q_{31} + \cdots + q_{n1})$

∴ 유도계수는 항상 0보다 같거나 작다.

정답 11 ① 12 ④ 13 ① 14 ②

상 제3장 정전용량

15 무한이 넓은 두 장의 도체판을 d[m]의 간격으로 평행하게 놓은 후, 두 판 사이에 V[V]의 전압을 가한 경우 도체판의 단위면적당 작용하는 힘은 몇 [N/m^2]인가?

① $f = \varepsilon_0 \dfrac{V^2}{d}$

② $f = \dfrac{1}{2}\varepsilon_0 d V^2$

③ $f = \dfrac{1}{2}\varepsilon_0 \left(\dfrac{V}{d}\right)^2$

④ $f = \dfrac{1}{2}\dfrac{1}{\varepsilon_0}\left(\dfrac{V}{d}\right)^2$

해설 단위면적당 작용하는 힘(정전응력)

$f = \dfrac{1}{2}\varepsilon_0 E^2 = \dfrac{1}{2}\varepsilon_0 \left(\dfrac{V}{d}\right)^2$ [N/m^2]에서

전위 $V = dE$ 이므로

정전응력 $f = \dfrac{1}{2}\varepsilon_0 E^2$

$\qquad = \dfrac{1}{2}\varepsilon_0 \left(\dfrac{V}{d}\right)^2$ [N/m^2]

중 제2장 진공 중의 정전계

16 그림과 같이 AB=BC=1[m]일 때 A와 B에 동일한 +1[μC]이 있는 경우 C점의 전위는 몇 [V]인가?

A   B   C

① 6.25×10^3

② 8.75×10^3

③ 12.5×10^3

④ 13.5×10^3

해설

㉠ A점에 위치한 전하에 의한 C점의 전위

$V_A = \dfrac{Q}{4\pi\varepsilon_0 r_1} = 9 \times 10^9 \times \dfrac{10^{-6}}{2} = 4.5 \times 10^3$ [V]

㉡ B점에 위치한 전하에 의한 C점의 전위

$V_B = \dfrac{Q}{4\pi\varepsilon_0 r_2} = 9 \times 10^9 \times \dfrac{10^{-6}}{1} = 9 \times 10^3$ [V]

∴ C점의 전위

$\quad V_C = V_A + V_B = 13.5 \times 10^3$ [V]

하 제9장 자성체와 자기회로

17 진공 중의 평등자계 H_0 중에 반지름이 a [m]이고, 투자율이 μ인 구 자성체가 있다. 이 구자성체의 감자율은? (단, 구 자성체 내부의 자계는 $H = \dfrac{3\mu_0}{2\mu_0 + \mu}H_0$ 이다.)

① 0

② $\dfrac{1}{2}$

③ $\dfrac{1}{3}$

④ $\dfrac{1}{4}$

해설 자성체의 감자율

㉠ 환상 철심 : $N = 0$

㉡ 구 자성체 : $N = \dfrac{1}{3}$

중 제4장 유전체

18 반지름이 각각 a[m], b[m], c[m]인 독립 도체구가 있다. 이들 도체를 가는 선으로 연결하면 합성 정전용량은 몇 [F]인가?

① $4\pi\varepsilon_0 (a+b+c)$

② $4\pi\varepsilon_0 \sqrt{a^2+b^2+c^2}$

③ $12\pi\varepsilon_0 \sqrt{a^3+b^3+c^3}$

④ $\dfrac{4}{3}\pi\varepsilon_0 \sqrt{a^2+b^2+c^2}$

해설

㉠ 도체구의 합성 정전용량 $C = 4\pi\varepsilon_0 r$ [F]

㉡ 도체를 가는 선으로 연결하면 아래와 같이 병렬 접속이 된다.

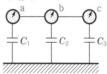

∴ $C = C_1 + C_2 + C_3 = 4\pi\varepsilon_0 (a+b+c)$ [F]

하 제3장 정전용량

19 무한히 넓은 평행판 콘덴서에서 두 평행판 사이의 간격이 d[m]일 때 단위면적당 두 평행판 사이의 정전용량은 몇 [F/m^2]인가?

① $\dfrac{1}{4\pi\varepsilon_0 d}$

② $\dfrac{4\pi\varepsilon_0}{d}$

③ $\dfrac{\varepsilon_0}{d}$

④ $\dfrac{\varepsilon_0}{d^2}$

해설

평행판 콘덴서의 정전용량 $C = \dfrac{\varepsilon_0 S}{d}$ [F]에서 단위면적당 정전용량은 다음과 같다.

∴ $C' = \dfrac{C}{S} = \dfrac{\varepsilon_0}{d}$ [F/m^2]

정답 15 ③   16 ④   17 ③   18 ①   19 ③

중 제12장 전자계

20 유전율이 $\varepsilon_0 = 8.855 \times 10^{-12}$[F/m]인 진 공 내를 전자파가 전파할 때 진공에 대한 투 자율은 몇 [H/m]인가?

① 3.48×10^{-7} ② 6.33×10^{-7}
③ 9.25×10^{-7} ④ 12.56×10^{-7}

해설 진공의 투자율

$$\mu_0 = 4\pi \times 10^{-7} = 12.56 \times 10^{-7}[\text{H/m}]$$

제2과목 **전력공학**

상 제11장 발전

21 원자로에서 핵분열로 발생한 고속중성자를 열중성자로 바꾸는 작용을 하는 것은?

① 냉각재   ② 제어재
③ 반사체   ④ 감속재

해설 감속재

감속재란 핵분열에 의해 생긴 고속중성자를 열중성자로 감속하기 위하여 사용하는 것
㉠ 원자핵의 질량수가 적을 것
㉡ 중성자의 산란이 크고 흡수가 적을 것

상 제3장 선로정수 및 코로나현상

22 다음 중 선로정수에 영향을 가장 많이 주는 것은?

① 송전전압   ② 송전전류
③ 역률   ④ 전선의 배치

해설

선로정수는 전선의 종류, 굵기 및 배치에 따라 크기가 정해지고 전압, 전류, 역률의 영향은 받지 않는다.

상 제2장 전선로

23 고저차가 없는 가공송전선로에서 이도 및 전선 중량을 일정하게 하고 경간을 2배로 했 을 때 전선의 수평장력은 몇 배가 되는가?

① 2배   ② 4배
③ $\dfrac{1}{2}$배   ④ $\dfrac{1}{4}$배

해설

이도. $D = \dfrac{WS^2}{8T}$

여기서. W : 단위길이당 전선의 중량[kg/m]
S : 경간[m]
T : 수평장력[kg]

전선의 수평장력 $T = \dfrac{WS^2}{8D}$ 에서 $T \propto S^2$ 이므로 경 간(S)을 2배로 하면 수평장력(T)은 4배가 된다.

상 제8장 송전선로 보호방식

24 최소 동작전류값 이상이면 전류값의 크기 와 상관없이 일정한 시간에 동작하는 특성 을 갖는 계전기는?

① 반한시성 정한시계전기
② 정한시계전기
③ 반한시계전기
④ 순한시계전기

해설 계전기의 한시특성에 의한 분류

㉠ 순한시계전기 : 최소 동작전류 이상의 전류가 흐르 면 즉시 동작하는 것
㉡ 반한시계전기 : 동작전류가 커질수록 동작시간이 짧 게 되는 특성을 가진 것
㉢ 정한시계전기 : 동작전류의 크기에 관계없이 일정한 시간에서 동작하는 것
㉣ 정한시 반한시계전기 : 동작전류가 적은 동안에는 반한시 특성으로 되고 그 이상에서는 정한시 특성이 되는 것

상 제3장 선로정수 및 코로나현상

25 3상 3선식 가공송전선로의 선간거리가 각 각 D_1, D_2, D_3일 때 등가선간거리는?

① $\sqrt{D_1 D_2 + D_2 D_3 + D_3 D_1}$
② $\sqrt[3]{D_1 D_2 D_3}$
③ $\sqrt{D_1{}^2 + D_2{}^2 + D_3{}^2}$
④ $\sqrt[3]{D_1{}^3 + D_2{}^3 + D_3{}^3}$

해설

기하학적 등가선간거리 $D = \sqrt[3]{D_1 \times D_2 \times D_3}$

정답 20 ④ 21 ④ 22 ④ 23 ② 24 ② 25 ②

상 제8장 송전선로 보호방식

26 변압기 등 전력설비 내부 고장 시 변류기에 유입하는 전류와 유출하는 전류의 차로 동작하는 보호계전기는?

① 역상전류계전기 ② 지락계전기
③ 과전류계전기 ④ 차동계전기

해설 차동계전기

보호기기 및 선로에 유입하는 어떤 입력의 크기와 유출되는 출력의 크기 간의 차이가 일정치 이상이 되면 동작하는 계전기
- 역상 과전류계전기 : 부하의 불평형 시에 고조파가 발생하므로 역상분을 검출할 수 있고 기기 과열의 큰 원인인 과전류의 검출이 가능
- 지락계전기 : 선로에 지락이 발생되었을 때 동작
- 과전류계전기 : 전류가 일정값 이상으로 흘렀을 때 동작

상 제8장 송전선로 보호방식

27 선택지락계전기의 용도를 옳게 설명한 것은?

① 병행 2회선에서 지락고장의 지속시간 선택 차단
② 단일 회선에서 지락전류의 방향 선택 차단
③ 단일 회선에서 지락고장 회선의 선택 차단
④ 병행 2회선에서 지락고장 회선의 선택 차단

해설 선택지락(접지)계전기(SGR)

병행 2회선 송전선로에서 지락사고 시 고장회선만을 선택·차단할 수 있게 하는 계전기

중 제9장 배전방식

28 다음 중 고압 배전계통의 구성순서로 알맞은 것은?

① 배전변전소 → 간선 → 급전선 → 분기선
② 배전변전소 → 간선 → 분기선 → 급전선
③ 배전변전소 → 급전선 → 간선 → 분기선
④ 배전변전소 → 급전선 → 분기선 → 간선

해설 고압 배전계통의 구성

㉠ 변전소(substation) : 발전소에서 생산한 전력을 송전선로나 배전선로를 통하여 수요자에게 보내는 과정에서 전압이나 전류의 성질을 바꾸기 위하여 설치한 시설
㉡ 급전선(feeder) : 변전소 또는 발전소로부터 수용가에 이르는 배전선로 중 분기선 및 배전변압기가 없는 부분
㉢ 간선(main line feeder) : 인입개폐기와 변전실의 저압 배전반에서 분기보안장치에 이르는 선로
㉣ 분기선(branch line) : 간선에서 분기되어 부하에 이르는 선로

상 제5장 고장 계산 및 안정도

29 3상 단락사고가 발생한 경우 옳지 않은 것은? (단, V_0 : 영상전압, V_1 : 정상전압, V_2 : 역상전압, I_0 : 영상전류, I_1 : 정상전류, I_2 : 역상전류)

① $V_2 = V_0 = 0$
② $V_2 = I_2 = 0$
③ $I_2 = I_0 = 0$
④ $I_1 = I_2 = 0$

해설

3상 단락사고가 일어나면 $V_a = V_b = V_c = 0$이므로
$$I_0 = I_2 = V_0 = V_1 = V_2 = 0$$
$$\therefore I_1 = \frac{E_a}{Z_1} \neq 0$$

상 제9장 배전방식

30 총 설비부하가 120[kW], 수용률이 65[%], 부하역률이 80[%]인 수용가에 공급하기 위한 변압기의 최소 용량은 약 몇 [kVA]인가?

① 40 ② 60
③ 80 ④ 100

해설

$$변압기\ 용량 = \frac{수용률 \times 수용설비용량[kW]}{역률 \times 효율}[kVA]$$

변압기의 최소 용량 $P_T = \dfrac{120 \times 0.65}{0.8} = 97.5$
$$≒ 100[kVA]$$

정답 26 ④ 27 ④ 28 ③ 29 ④ 30 ④

하 제9장 배전방식

31 정전용량 $C[F]$의 콘덴서를 △결선해서 3상 전압 $V[V]$를 가했을 때의 충전용량과 같은 전원을 Y결선으로 했을 때의 충전용량비(△결선/Y결선)는?

① $\dfrac{1}{\sqrt{3}}$ ② $\dfrac{1}{3}$

③ $\sqrt{3}$ ④ 3

해설

△결선 시 $Q_\triangle = 6\pi f C V^2 \times 10^{-9}[kVA]$

Y결선 시 $Q_Y = 2\pi f C V^2 \times 10^{-9}[kVA]$

충전용량비(△결선/Y결선) $= \dfrac{Q_\triangle}{Q_Y} = 3$

상 제4장 송전 특성 및 조상설비

32 전력원선도의 가로축과 세로축은 각각 어느 것을 나타내는가?

① 최대전력 – 피상전력
② 유효전력 – 무효전력
③ 조상용량 – 송전효율
④ 송전효율 – 코로나손실

해설

전력원선도의 가로축은 유효전력, 세로축은 무효전력, 반경(=반지름)은 $\dfrac{V_S V_R}{Z}$ 이다.

상 제11장 발전

33 화력발전소의 랭킨 사이클에서 단열팽창과정이 행하여지는 기기의 명칭(ⓐ)과, 이때의 급수 또는 증기의 변화상태(ⓑ)로 옳은 것은?

① ⓐ : 터빈, ⓑ : 과열증기 → 습증기
② ⓐ : 보일러, ⓑ : 압축액 → 포화증기
③ ⓐ : 복수기, ⓑ : 습증기 → 포화액
④ ⓐ : 급수펌프, ⓑ : 포화액 → 압축액 (과냉액)

해설

단열팽창은 터빈에서 이루어지는 과정이므로, 터빈에 들어간 과열증기가 습증기로 된다.

하 제2장 전선로

34 단상 2선식 110[V] 저압 배전선로를 단상 3선식(110/220[V])으로 변경하였을 때 전선로의 전압강하율은 변경 전에 비하여 어떻게 되는가? (단, 부하용량은 변경 전후에 같고, 역률은 1.0이며 평형부하이다.)

① 1배로 된다.
② $\dfrac{1}{3}$ 배로 된다.
③ 변하지 않는다.
④ $\dfrac{1}{4}$ 배로 된다.

해설

전압강하율 $\%e \propto \dfrac{1}{V^2}$ 이므로 110[V]에서 220[V]로 승압 시 $\dfrac{1}{4}$ 배로 감소한다.

상 제11장 발전

35 수력발전설비에서 흡출관을 사용하는 목적으로 옳은 것은?

① 물의 유선을 일정하게 하기 위하여
② 속도변동률을 작게 하기 위하여
③ 유효낙차를 늘리기 위하여
④ 압력을 줄이기 위하여

해설

흡출관은 러너 출구로부터 방수면까지의 사이를 관으로 연결한 것으로 유효낙차를 늘리기 위한 장치이다. 충동수차인 펠턴 수차에는 사용되지 않는다.

중 제10장 배전선로 계산

36 동일한 조건하에서 3상 4선식 배전선로의 총 소요전선량은 3상 3선식의 것에 비해 몇 배 정도로 되는가? (단, 중성선의 굵기는 전력선의 굵기와 같다고 한다.)

① $\dfrac{1}{3}$ ② $\dfrac{3}{8}$

③ $\dfrac{3}{4}$ ④ $\dfrac{4}{9}$

정답 31 ④   32 ②   33 ①   34 ④   35 ③   36 ④

해설

⊙ 단상 2선식 기준에 비교한 배전방식의 전선소요량 비

전기방식	단상 2선식	단상 3선식	3상 3선식	3상 4선식
소요되는 전선량	100[%]	37.5[%]	75[%]	33.3[%]

ⓒ 전선소요량의 비 $= \dfrac{3상\ 4선식}{3상\ 3선식} = \dfrac{33.3[\%]}{75[\%]} = \dfrac{4}{9}$

상 제8장 송전선로 보호방식

37 배전선로의 고장전류를 차단할 수 있는 것으로 가장 알맞은 전력개폐장치는?

① 선로개폐기
② 차단기
③ 단로기
④ 구분개폐기

해설

차단기는 계통의 단락, 지락사고가 일어났을 때 계통 안정을 확보하기 위하여 신속히 고장계통을 분리하는 역할을 한다.
① 선로개폐기 : 부하전류의 개폐 가능
③ 단로기 : 무부하 충전전류 및 변압기 여자전류 개폐 가능
④ 구분개폐기 : 보호장치와 협조하여 고장 시 자동으로 구분·분리하는 기능

상 제5장 고장 계산 및 안정도

38 송전계통의 안정도를 향상시키기 위한 방법이 아닌 것은?

① 계통의 직렬리액턴스를 감소시킨다.
② 여러 개의 계통으로 계통을 분리시킨다.
③ 중간 조상방식을 채택한다.
④ 속응여자방식을 채용한다.

해설 안정도 향상대책

⊙ 송전계통의 전달리액턴스를 감소시킨다.
　－기기리액턴스 감소 및 선로에 직렬콘덴서를 설치
ⓒ 송전계통의 전압변동을 적게 한다.
　－중간 조상방식을 채용하거나 속응여자방식을 채용
ⓒ 계통을 연계하여 운전한다.
ⓔ 제동저항기를 설치한다.
ⓜ 직류송전방식의 이용검토로 안정도문제를 해결한다.

중 제10장 배전선로 계산

39 배전선에 부하가 균등하게 분포되었을 때 배전선 말단에서의 전압강하는 전부하가 집중적으로 배전선 말단에 연결되어 있을 때의 몇 [%]인가?

① 25
② 50
③ 75
④ 100

해설

부하위치에 따른 전압강하 및 전력손실 비교

부하의 형태	전압강하	전력손실
말단에 집중된 경우	1.0	1.0
평등부하분포	$\dfrac{1}{2}$	$\dfrac{1}{3}$
중앙일수록 큰 부하분포	$\dfrac{1}{2}$	0.38
말단일수록 큰 부하분포	$\dfrac{2}{3}$	0.58
송전단일수록 큰 부하분포	$\dfrac{1}{3}$	$\dfrac{1}{5}$

상 제9장 배전방식

40 저압 뱅킹 방식의 장점이 아닌 것은?

① 전압강하 및 전력손실이 경감된다.
② 변압기용량 및 저압선 동량이 절감된다.
③ 부하변동에 대한 탄력성이 좋다.
④ 경부하 시의 변압기 이용효율이 좋다.

해설 저압 뱅킹 방식

⊙ 부하밀집도가 높은 지역의 배전선에 2대 이상의 변압기를 저압측에 병렬접속하여 공급하는 배전방식이다.
ⓒ 부하증가에 대해 많은 변압기전력을 공급할 수 있으므로 탄력성이 있다.
ⓒ 전압동요(flicker)현상이 감소된다.
ⓔ 단점으로는 건전한 변압기 일부가 고장나면 고장이 확대되는 현상이 일어나는데, 이것을 캐스케이딩 (cascading) 현상이라 하며 이를 방지하기 위하여 구분 퓨즈를 설치하여야 한다. 현재는 사용하고 있지 않는 배전방식이다.

정답 37 ② 38 ② 39 ② 40 ④

제3과목 전기기기

제1장 직류기

41 정격전압에서 전부하로 운전할 때 50[A]의 부하전류가 흐르는 직류직권전동기가 있다. 지금 이 전동기의 부하 토크만을 $\frac{1}{2}$로 감소하면 그 부하전류는? (단, 자기포화는 무시)

① 25[A]　　② 35[A]
③ 45[A]　　④ 50[A]

해설 직권전동기의 특성
㉠ 전류관계 : $I_a = I_f = I_n$
㉡ 전압관계 : $E_a = V_n + I_a(r_a + r_f)[V]$
토크 $T = \dfrac{PZ\phi I_a}{2\pi a} \propto k\phi I_a \propto kI_a^2$
(직권전동기의 경우 $\phi \propto I_f$)
부하전류 $I_a = \sqrt{\dfrac{1}{2}} \times 50 = 35.35[A]$

제5장 정류기

42 인버터(inverter)의 전력변환은?

① 교류 – 직류로 변환
② 직류 – 직류로 변환
③ 교류 – 교류로 변환
④ 직류 – 교류로 변환

해설 정류기에 따른 전력변환
㉠ 인버터 : 직류 – 교류로 변환
㉡ 컨버터 : 교류 – 직류로 변환
㉢ 쵸퍼 : 직류 – 직류로 변환
㉣ 사이클로컨버터 : 교류 – 교류로 변환

제3장 변압기

43 단상 변압기를 병렬운전하는 경우 부하전류의 분담은 어떻게 되는가?

① 용량에 비례하고 누설 임피던스에 비례한다.
② 용량에 비례하고 누설 임피던스에 역비례한다.
③ 용량에 역비례하고 누설 임피던스에 비례한다.
④ 용량에 역비례하고 누설 임피던스에 역비례한다.

해설
변압기의 병렬운전 시 부하전류의 분담은 정격용량에 비례하고 누설 임피던스의 크기에 반비례하여 운전된다.

제4장 유도기

44 3상 유도전동기의 기계적 출력 P[kW], 회전수 N[rpm]인 전동기의 토크[kg·m]는?

① $975\dfrac{P}{N}$　　② $856\dfrac{P}{N}$
③ $716\dfrac{P}{N}$　　④ $675\dfrac{P}{N}$

해설
토크 $T = \dfrac{60}{2\pi N} \cdot P[N \cdot m] = \dfrac{60}{2\pi \times 9.8}\dfrac{P}{N}$
$= 0.975\dfrac{P}{N}[kg \cdot m]$
(여기서, $1[kg \cdot m] = 9.8[N \cdot m]$)
기계적 출력이 P[kW]이므로 10^3을 고려하면
$T = 975\dfrac{P}{N}[kg \cdot m]$

제4장 유도기

45 단상 유도전동기를 기동토크가 큰 것부터 낮은 순서로 배열한 것은?

① 모노사이클릭형 → 반발유도형 → 반발기동형 → 콘덴서기동형 → 분상기동형
② 반발기동형 → 반발유도형 → 모노사이클릭형 → 콘덴서기동형 → 분상기동형
③ 반발기동형 → 반발유도형 → 콘덴서기동형 → 분상기동형 → 모노사이클릭형
④ 반발기동형 → 분상기동형 → 콘덴서기동형 → 반발유도형 → 모노사이클릭형

해설 단상 유도전동기의 기동토크 크기에 따른 순서
반발기동형 > 반발유도형 > 콘덴서기동형 > 분상기동형 > 세이딩코일형 > 모노사이클릭형

상 제2장 동기기

46 동기발전기의 단자 부근에서 단락이 일어났다고 하면 단락전류는 어떻게 되는가?

① 전류가 계속 증가한다.
② 발전기가 즉시 정지한다.
③ 일정한 큰 전류가 흐른다.
④ 처음은 큰 전류이나 점차로 감소한다.

해설

동기발전기의 단자부근에서 단락이 일어나면 처음에는 큰 전류가 흐르나 전기자반작용의 누설 리액턴스에 의해 점점 작아져 지속단락전류가 흐른다.

상 제5장 정류기

47 PN 접합구조로 되어 있고 제어는 불가능하나 교류를 직류로 변환하는 반도체 정류소자는?

① IGBT
② 다이오드
③ MOSFET
④ 사이리스터

해설

다이오드(diode)는 일정전압 이상을 가하면 전류가 흐르는 소자로, ON-OFF만 가능한 스위칭소자이다.

상 제4장 유도기

48 2중 농형 전동기가 보통 농형 전동기에 비해서 다른 점은 무엇인가?

① 기동전류가 크고, 기동토크도 크다.
② 기동전류가 적고, 기동토크도 적다.
③ 기동전류는 적고, 기동토크는 크다.
④ 기동전류는 크고, 기동토크는 적다.

해설

2중 농형 전동기는 보통 농형 전동기의 기동특성을 개선하기 위해 회전자 도체를 2중으로 하여 기동전류를 적게 하고 기동토크를 크게 발생한다.

상 제4장 유도기

49 3상 유도전동기의 원선도 작성에 필요한 기본량이 아닌 것은?

① 저항측정
② 슬립측정
③ 구속시험
④ 무부하시험

해설 원선도

㉠ 유도전동기의 특성을 구하기 위하여 원선도를 작성한다.
㉡ 원선도 작성 시 필요한 시험 : 무부하시험, 구속시험, 저항측정

하 제6장 특수기기

50 단상 반발전동기에 해당되지 않는 것은?

① 아트킨손전동기
② 시라게전동기
③ 데리전동기
④ 톰슨전동기

해설 단상 반발전동기

㉠ 분포권의 권선을 갖는 고정자와 정류자를 갖는 회전자 그리고 브러시로 구성되어 있다. 정류자에 접촉된 브러시는 고정자축으로부터 ϕ각만큼 위치해 있고 단락회로로 구성되어 있다. 고정자가 여자되면 전기자에 유도작용이 생겨 자신의 기자력이 유기되어 토크가 발생하여 전동기는 회전한다.
㉡ 단상 반발전동기의 종류에는 아트킨손전동기, 톰슨전동기, 데리전동기가 있다.

중 제3장 변압기

51 단권변압기에서 변압기용량(자기용량)과 부하용량(2차 출력)은 다른 값이다. 1차 전압 100[V], 2차 전압 110[V]인 단상 단권변압기의 용량과 부하용량의 비는?

① $\dfrac{1}{10}$
② $\dfrac{1}{11}$
③ 10
④ 11

해설 자기용량과 부하용량의 비

$$\frac{자기용량}{부하용량} = \frac{V_h - V_l}{V_h}$$
$$= \frac{110 - 100}{110}$$
$$= \frac{10}{110} = \frac{1}{11}$$

정답 46 ④ 47 ② 48 ③ 49 ② 50 ② 51 ②

상 제2장 동기기

52 여자전류 및 단자전압이 일정한 비철극형 동기발전기의 출력과 부하각 δ와의 관계를 나타낸 것은? (단, 전기자저항은 무시한다.)

① δ에 비례
② δ에 반비례
③ $\cos\delta$에 비례
④ $\sin\delta$에 비례

해설

비돌극기의 출력 $P = \dfrac{E_a V_n}{x_s}\sin\delta\,[\text{W}]$

상 제3장 변압기

53 단상 변압기가 있다. 1차 전압은 3300[V]이고, 1차측 무부하전류는 0.09[A], 철손은 115[W]이다. 자화전류는?

① 0.072[A]
② 0.083[A]
③ 0.83[A]
④ 0.93[A]

해설

자화전류 $I_m = \sqrt{{I_0}^2 - {I_i}^2}\,[\text{A}]$

(여기서, I_m : 자화전류, I_0 : 무부하전류, I_i : 철손전류)

철손전류 $I_i = \dfrac{P_i}{V} = \dfrac{115}{3300} = 0.0348\,[\text{A}]$

무부하전류가 $I_0 = 0.09\,[\text{A}]$이므로

자화전류 $I_m = \sqrt{{I_0}^2 - {I_i}^2}$
$= \sqrt{0.09^2 - 0.0348^2}$
$= 0.083\,[\text{A}]$

중 제1장 직류기

54 자극수 4, 슬롯수 40, 슬롯 내부코일변수 4인 단중 중권 직류기의 정류자편수는?

① 80
② 40
③ 20
④ 1

해설

정류자편수는 코일수와 같고

총코일수 $= \dfrac{\text{총도체수}}{2}$ 이므로

정류자편수 $K = \dfrac{\text{슬롯수} \times \text{슬롯내 코일변수}}{2}$

$= \dfrac{40 \times 4}{2} = 80$개

상 제1장 직류기

55 직류기에서 전압변동률이 (+)값으로 표시되는 발전기는?

① 과복권발전기
② 직권발전기
③ 분권발전기
④ 평복권발전기

해설

전압변동률은 발전기를 정격속도로 회전시켜 정격전압 및 정격전류가 흐르도록 한 후 갑자기 무부하로 하였을 경우의 단자전압의 변화 정도이다.

$\varepsilon = \dfrac{V_0 - V_n}{V_n} \times 100\,[\%]$

(여기서, V_0 : 무부하전압, V_n : 정격전압)

㉠ $\varepsilon(+)$: 타여자, 분권, 부족 복권
㉡ $\varepsilon(0)$: 평복권
㉢ $\varepsilon(-)$: 과복권

상 제4장 유도기

56 3상 유도전동기의 기동법 중 전전압기동에 대한 설명으로 틀린 것은?

① 기동 시에 역률이 좋지 않다.
② 소용량으로 기동시간이 길다.
③ 소용량 농형 전동기의 기동법이다.
④ 전동기단자에 직접 정격전압을 가한다.

해설 농형 유도전동기의 전전압기동 특성

㉠ 5[kW] 이하의 소용량 유도전동기에 사용한다.
㉡ 농형 유도전동기에 직접 정격전압을 인가하여 기동한다.
㉢ 기동전류가 전부하전류의 4~6배 정도로 나타난다.
㉣ 기동시간이 길거나 기동횟수가 빈번한 전동기에는 부적당하다.

상 제2장 동기기

57 동기조상기의 회전수는 무엇에 의하여 결정되는가?

① 효율
② 역률
③ 토크 속도
④ $N_s = \dfrac{120f}{P}$ 의 속도

정답 52 ④ 53 ② 54 ① 55 ③ 56 ② 57 ④

해설 동기조상기

무부하상태에서 동기속도$\left(N_s = \dfrac{120f}{P}\right)$로 회전하는 동기전동기

하 제1장 직류기

58 직류직권전동기의 속도제어에 사용되는 기기는?

① 초퍼
② 인버터
③ 듀얼컨버터
④ 사이클로컨버터

해설

초퍼는 직류전력을 직류전력으로 변환하는 설비로 직류직권전동기의 속도제어에 사용할 수 있다.

상 제2장 동기기

59 병렬운전을 하고 있는 두 대의 3상 동기발전기 사이에 무효순환전류가 흐르는 이유는 무엇 때문인가?

① 여자전류의 변화
② 원동기의 출력변화
③ 부하의 증가
④ 부하의 감소

해설

동기발전기의 병렬운전 시 유기기전력의 차에 의해 무효순환전류가 흐르게 된다. 기전력의 차가 생기는 이유는 각 발전기의 여자전류의 크기가 다르기 때문이다.

중 제4장 유도기

60 선박의 전기추진용 전동기의 속도제어에 가장 알맞은 것은?

① 주파수 변화에 의한 제어
② 극수변환에 의한 제어
③ 1차 회전에 의한 제어
④ 2차 저항에 의한 제어

해설

주파수제어법은 1차 주파수를 변환시켜 선박의 전기추진용 모터, 인견공장의 포트모터 등의 속도를 제어하는 방법으로, 전력손실이 작고 연속적으로 속도제어가 가능하다.

중 제12장 전달함수

61 그림과 같은 회로에서 전달함수 $\dfrac{E_o(s)}{I(s)}$ 는 얼마인가? (단, 초기조건은 모두 0으로 한다.)

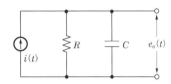

① $\dfrac{1}{RCs+1}$ ② $\dfrac{R}{RCs+1}$

③ $\dfrac{C}{RCs+1}$ ④ $\dfrac{RCs}{RCs+1}$

해설 전달함수

$$G(s) = \frac{E_o(s)}{I(s)} = \frac{I(s)Z_o(s)}{I(s)} = Z_o(s)$$

$$= \frac{R \times \dfrac{1}{Cs}}{R + \dfrac{1}{Cs}} = \frac{R}{RCs+1}$$

상 제4장 비정현파 교류회로의 이해

62 $e(t) = 50 + 100\sqrt{2}\sin\omega t + 50\sqrt{2}\sin 2\omega t + 30\sqrt{2}\sin 3\omega t$[V]의 왜형률을 구하면?

① 1.0
② 0.58
③ 0.8
④ 0.3

해설 고조파 왜형률(Total Harmonics Distortion)

$$V_{THD} = \frac{\text{고조파만의 실횻값}}{\text{기본파의 실횻값}}$$

$$= \frac{\sqrt{50^2 + 30^2}}{100} = 0.58 = 58[\%]$$

상 제2장 단상 교류회로의 이해

63 $i = 3\sqrt{2}\sin(377t - 30°)$[A]의 평균값[A]은?

① 5.7
② 4.3
③ 3.9
④ 2.7

🔍 해설

평균값 $I_a = \dfrac{2I_m}{\pi} = 0.637\,I_m$

$\quad\quad = 0.637 \times \sqrt{2}\,I = 0.9\,I$

$\quad\quad = 0.9 \times 3 = 2.7[\text{A}]$

여기서, I_m : 전류의 최댓값

$\quad\quad\quad I$: 전류의 실횻값

중 제5장 대칭좌표법

64 3상 3선식에서는 회로의 평형, 불평형 또는 부하의 △, Y에 불구하고, 세 선전류의 합은 0이므로 선전류의 ( )은 0이다. ( ) 안에 들어갈 말은?

① 영상분

② 정상분

③ 역상분

④ 상전압

🔍 해설

영상분 전류 $I_0 = \dfrac{1}{3}(I_a + I_b + I_c)$이므로

$I_a + I_b + I_c = 0$이면 $I_0 = 0$이 된다.

중 제2장 단상 교류회로의 이해

65 저항 $R = 40[\Omega]$, 임피던스 $Z = 50[\Omega]$의 직렬 유도부하에서 100[V]가 인가될 때 소비되는 무효전력[Var]은?

① 120

② 160

③ 200

④ 250

🔍 해설

㉠ 임피던스 $Z = \sqrt{R^2 + X^2}$ 에서 $Z^2 = R^2 + X^2$이므로 리액턴스는

$\quad X = \sqrt{Z^2 - R^2} = \sqrt{50^2 - 40^2} = 30[\Omega]$

㉡ 전류 $I = \dfrac{V}{Z} = \dfrac{100}{50} = 2[\text{A}]$

∴ 무효전력

$\quad P_r = I^2 X = 2^2 \times 30 = 120[\text{Var}]$

상 제2장 단상 교류회로의 이해

66 $r[\Omega]$인 6개의 저항을 그림과 같이 접속하고 평형 3상 전압 E를 가했을 때 전류 I는 몇 [A]인가? (단, $r = 3[\Omega]$, $E = 60[\text{V}]$이다.)

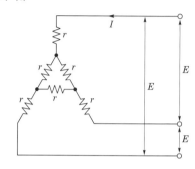

① 8.66

② 9.56

③ 10.8

④ 10.39

🔍 해설

㉠ △결선을 Y결선으로 등가변환

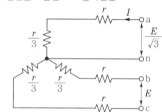

㉡ 단상회로의 등가변환

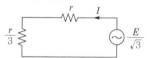

∴ 선전류(부하전류)

$I = \dfrac{V_p}{R} = \dfrac{\dfrac{E}{\sqrt{3}}}{\dfrac{4r}{3}} = \dfrac{3E}{4r\sqrt{3}} = \dfrac{3 \times 60}{4 \times 3\sqrt{3}}$

$\quad = 8.66[\text{A}]$

중 제5장 대칭좌표법

67 3상 부하가 Y결선으로 되어 있다. 각 상의 임피던스는 $Z_a = 3[\Omega]$, $Z_b = 3[\Omega]$, $Z_c = j3[\Omega]$이다. 이 부하의 영상 임피던스는 얼마인가?

① $6 + j3[\Omega]$

② $2 + j[\Omega]$

③ $3 + j3[\Omega]$

④ $3 + j6[\Omega]$

정답 64 ① 65 ① 66 ① 67 ②

해설 영상 임피던스

$$Z_0 = \frac{1}{3}(Z_a + Z_b + Z_c) = \frac{1}{3}(3 + 3 + j3) = 2 + j[\Omega]$$

중 제3장 다상 교류회로의 이해

68 그림과 같은 선간전압 200[V]의 3상 전원에 대칭부하를 접속할 때 부하역률은? (단, $R = 9[\Omega]$, $X_C = \dfrac{1}{\omega C} = 4[\Omega]$)

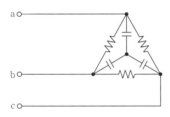

① 0.6   ② 0.7
③ 0.8   ④ 0.9

해설

△결선으로 접속된 저항 R을 Y결선으로 등가변환하면 그 크기가 $\dfrac{1}{3}$ 배로 줄어든다.

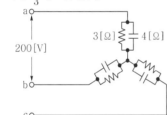

∴ 병렬회로의 역률
$$\cos\theta = \frac{X}{\sqrt{R^2 + X^2}} = \frac{4}{\sqrt{3^2 + 4^2}} = 0.8$$

상 제10장 라플라스 변환

69 $F(s) = \dfrac{s+1}{s^2 + 2s}$ 의 라플라스 역변환을 구하면?

① $\dfrac{1}{2}(1 + e^t)$

② $\dfrac{1}{2}(1 + e^{-2t})$

③ $\dfrac{1}{2}(1 - e^{-t})$

④ $\dfrac{1}{2}(1 - e^{-2t})$

해설

$$F(s) = \frac{s+1}{s(s+2)} = \frac{A}{s} + \frac{B}{s+2} \xrightarrow{\mathcal{L}^{-1}} A + Be^{-2t}$$

에서 미지수 A, B는 다음과 같다.

㉠ $A = \lim\limits_{s \to 0} sF(s) = \lim\limits_{s \to 0} \dfrac{s+1}{s+2} = \dfrac{1}{2}$

㉡ $B = \lim\limits_{s \to -a}(s+2)F(s) = \lim\limits_{s \to -2} \dfrac{s+1}{s} = \dfrac{1}{2}$

∴ 함수 $f(t) = A + Be^{-2t} = \dfrac{1}{2}(1 - e^{-2t})$

상 제5장 대칭좌표법

70 전류의 대칭분을 I_0, I_1, I_2, 유기기전력 및 단자전압의 대칭분을 E_a, E_b, E_c 및 V_0, V_1, V_2라 할 때 교류발전기의 기본식 중 역상분 V_2값은?

① $-Z_0 I_0$ ② $-Z_2 I_2$
③ $E_a - Z_1 I_1$ ④ $E_b - Z_2 I_2$

해설 교류발전기 기본식

㉠ 영상분 : $V_0 = -Z_0 I_0$
㉡ 정상분 : $V_1 = E_a - Z_1 I_1$
㉢ 역상분 : $V_2 = -Z_2 I_2$

중 제12장 전달함수

71 그림과 같은 LC 브리지 회로의 전달함수 $G(s)$는?

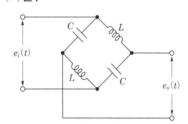

① $\dfrac{1}{1 + LCs^2}$ ② $\dfrac{Ls}{1 + LCs^2}$

③ $\dfrac{LCs}{1 + LCs^2}$ ④ $\dfrac{1 - LCs^2}{1 + LCs^2}$

해설 전달함수

$$G(s) = \frac{E_o(s)}{E_i(s)} = \frac{\dfrac{1}{Cs} - Ls}{\dfrac{1}{Cs} + Ls} = \frac{1 - LCs^2}{1 + LCs^2}$$

하 제9장 과도현상

72 RC 직렬회로에 $t = 0$에서 직류전압을 인가하였다. 시정수 5배에서 커패시터에 충전된 전하는 약 몇 [%]인가? (단, 초기에 충전된 전하는 없다고 가정한다.)

① 1
② 2
③ 93.7
④ 99.3

해설

㉠ 충전전하 $Q(t) = CE\left(1 - e^{-\frac{1}{RC}t}\right)$
㉡ 정상상태($t = \infty$)에서 충전전하
  $Q(\infty) = CE(1 - e^{-\infty}) = CE$
㉢ 시정수 5배 시간($t = 5\tau = 5RC$)에서
  충전전하 $Q(5\tau) = CE(1 - e^{-5}) = CE \times 0.9932$
∴ 시정수 5배에서 커패시터에 충전된 전하는 정상상태의 99.32[%]가 된다.

상 제6장 회로망 해석

73 그림과 같은 회로에서 a, b에 나타나는 전압 몇 [V]인가?

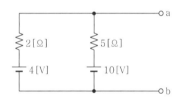

① 5.7
② 6.5
③ 4.3
④ 3.4

해설

밀만의 정리에 의해서 구할 수 있다.

$$\therefore V_{ab} = \frac{\sum I}{\sum Y} = \frac{\frac{4}{2} + \frac{10}{5}}{\frac{1}{2} + \frac{1}{5}} = \frac{\frac{40}{10}}{\frac{7}{10}} = 5.7[V]$$

하 제1장 직류회로의 이해

74 최대 눈금이 50[V]의 직류전압계가 있다. 이 전압계를 써서 150[V]의 전압을 측정하려면 몇 [Ω]의 저항을 배율기로 사용하여야 되는가? (단, 전압계의 내부저항은 5000[Ω]이다.)

① 1000
② 2500
③ 5000
④ 10000

해설

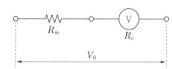

㉠ 전압계 측정전압
$$V = \frac{R_v}{R_m + R_v} \times V_0 \rightarrow \frac{V_0}{V} = \frac{R_m + R_v}{R_v} = \frac{R_m}{R_v} + 1$$
㉡ 배율 $m = \frac{V_0}{V} = \frac{150}{50} = 3$
∴ 배율기 저항
$$R_m = \left(\frac{V_0}{V} - 1\right) R_v = (m-1)R_v$$
$$= (3-1) \times 5000 = 10000[\Omega]$$

상 제2장 단상 교류회로의 이해

75 인덕턴스 $L = 20$[mH]인 코일에 실효치 $V = 50$[V], $f = 60$[Hz]인 정현파 전압을 인가했을 때 코일에 축적되는 평균 자기에너지 W_L[J]은?

① 0.44
② 4.4
③ 0.63
④ 63

해설

㉠ L만의 회로에 흐르는 전류
$$I_L = \frac{V}{2\pi fL} = \frac{50}{2\pi \times 60 \times 20 \times 10^{-3}} = 6.63[A]$$
㉡ 코일에 축적되는 자기에너지
$$W_L = \frac{1}{2}LI^2 = \frac{1}{2} \times 20 \times 10^{-3} \times 6.63^2 = 0.44[J]$$

중 제3장 다상 교류회로의 이해

76 변압기 2대를 V결선했을 때의 이용률은 몇 [%]인가?

① 57.7
② 70.7
③ 86.6
④ 100

해설 V결선의 특징

㉠ 3상 출력 : $P_V = \sqrt{3}P$[kVA]
  (여기서, P : 변압기 1대 용량)
㉡ 이용률
$$\frac{V \text{결선의 출력}}{\text{변압기 2개 용량}} = \frac{\sqrt{3}P}{2P} = \frac{\sqrt{3}}{2}$$
$$= 0.866 = 86.6[\%]$$
㉢ 출력비
$$\frac{P_V}{P_\triangle} = \frac{\sqrt{3}P}{3P} = \frac{\sqrt{3}}{3} = 0.577 = 57.7[\%]$$

정답 72 ④ 73 ① 74 ④ 75 ① 76 ③

중 제7장 4단자망 회로해석

77 4단자 회로망에서 출력측을 개방하니 $V_1 =$ 12, $V_2 = 4$, $I_1 = 2$0이고, 출력측을 단락하니 $V_1 = 16$, $I_1 = 4$, $I_2 = 2$이었다. 4단자 정수 A, B, C, D는 얼마인가?

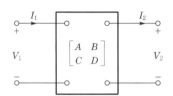

① 3, 8, 0.5, 2   ② 8, 0.5, 2, 3
③ 0.5, 2, 3, 8   ④ 2, 3, 8, 0.5

해설

4단자 방정식 $\begin{cases} V_1 = A V_2 + B I_2 \\ I_1 = C V_2 + D I_2 \end{cases}$ 에서

㉠ 출력측을 개방하면 $I_2 = 0$이 된다.

• $A = \dfrac{V_1}{V_2} \bigg|_{I_2=0} = \dfrac{12}{4} = 3$

• $C = \dfrac{I_1}{V_2} \bigg|_{I_2=0} = \dfrac{2}{4} = 0.5$

㉡ 출력측을 단락하면 $V_2 = 0$이 된다.

• $B = \dfrac{V_1}{I_2} \bigg|_{V_2=0} = \dfrac{16}{2} = 8$

• $D = \dfrac{I_1}{I_2} \bigg|_{V_2=0} = \dfrac{4}{2} = 2$

$\therefore \begin{bmatrix} A & B \\ C & D \end{bmatrix} = \begin{bmatrix} 3 & 8 \\ 0.5 & 2 \end{bmatrix}$

상 제5장 대칭좌표법

78 3상 회로에 있어서 대칭분전압이 $\dot{V}_0 = -8 + j3$[V], $\dot{V}_1 = 6 - j8$[V], $\dot{V}_2 = 8 + j12$[V]일 때 a상의 전압[V]은?

① $6 + j7$ ② $-32.3 + j2.73$
③ $2.3 + j0.73$ ④ $2.3 + j2.73$

해설 a상 전압

$V_a = V_0 + V_1 + V_2$
$= (-8 + j3) + (6 - j8) + (8 + j12)$
$= 6 + j7$[V]

중 제3장 다상 교류회로의 이해

79 그림과 같은 Y결선 회로와 등가인 △결선 회로의 A, B, C 값은?

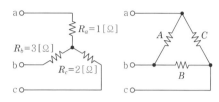

① $A = \dfrac{11}{2}$, $B = 11$, $C = \dfrac{11}{3}$

② $A = \dfrac{7}{2}$, $B = 7$, $C = \dfrac{7}{3}$

③ $A = \dfrac{11}{3}$, $B = \dfrac{11}{2}$, $C = 11$

④ $A = \dfrac{7}{3}$, $B = \dfrac{7}{2}$, $C = 7$

해설

Y결선을 △결선으로 등가변환하면 다음과 같다.

㉠ $A = \dfrac{R_a R_b + R_b R_c + R_c R_a}{R_c}$

$= \dfrac{1 \times 3 + 3 \times 2 + 2 \times 1}{2} = \dfrac{11}{2}$[Ω]

㉡ $B = \dfrac{R_a R_b + R_b R_c + R_c R_a}{R_a}$

$= \dfrac{1 \times 3 + 3 \times 2 + 2 \times 1}{1} = 11$[Ω]

㉢ $C = \dfrac{R_a R_b + R_b R_c + R_c R_a}{R_b}$

$= \dfrac{1 \times 3 + 3 \times 2 + 2 \times 1}{3} = \dfrac{11}{3}$[Ω]

$\therefore$ 저항의 크기가 동일할 경우 $R_\triangle = 3 R_Y$가 된다.

상 제6장 회로망 해석

80 그림에서 10[Ω]의 저항에 흐르는 전류는 몇 [A]인가?

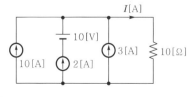

① 16   ② 15
③ 14   ④ 13

🔍 해설

중첩의 정리를 이용하여 풀이할 수 있다.

㉠ 전원 10[A]만의 회로해석 : $I_1 = 10[A]$

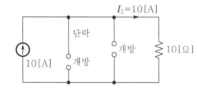

㉡ 전압원 10[V]만의 회로해석 : $I_2 = 0[A]$

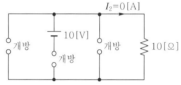

㉢ 전류원 2[A]만의 회로해석 : $I_3 = 2[A]$

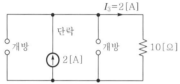

㉣ 전류원 3[A]만의 회로해석 : $I_4 = 3[A]$

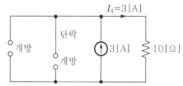

∴ 10[Ω] 통과전류

$I = I_1 + I_2 + I_3 + I_4 = 10 + 0 + 2 + 3 = 15[A]$

제5과목　전기설비기술기준

중　제1장 공통사항

81 고압용 SCR의 절연내력시험전압은 직류측 최대사용전압의 몇 배의 교류전압인가?

① 1배

② 1.1배

③ 1.25배

④ 1.5배

🔍 해설 회전기 및 정류기의 절연내력(KEC 133)

회전기의 절연내력시험을 살펴보면 다음과 같다.

종류		시험전압	시험방법
회전기	발전기 · 전동기 · 조상기 (무효전력 보상장치) · 기타 회전기 (회전변류기 를 제외한다)	최대 사용 전압 7[kV] 이하	최대사용전압의 1.5배의 전압 (500[V] 미만으로 되는 경우에는 500[V])	권선과 대지 사이에 연속하여 10분간 가한다.
		최대 사용 전압 7[kV] 초과	최대사용전압의 1.25배의 전압 (10.5[kV] 미만으로 되는 경우에는 10.5[kV])	
	회전변류기		직류측의 최대사용전압의 1배의 교류전압(500[V] 미만으로 되는 경우에는 500[V])	
정류기	최대사용전압 60[kV] 이하		직류측의 최대사용전압의 1배의 교류전압(500[V] 미만으로 되는 경우에는 500[V])	충전부분과 외함 간에 연속하여 10분간 가한다.
	최대사용전압 60[kV] 초과		교류측의 최대사용전압의 1.1배의 교류전압 또는 직류측의 최대사용전압의 1.1배의 직류전압	교류측 및 직류 고전압측 단자와 대지 사이에 연속하여 10분간 가한다.

중　제1장 공통사항

82 건축물 및 구조물을 낙뢰로부터 보호하기 위해 피뢰시스템을 지상으로부터 몇 [m] 이상인 곳에 적용해야 하는가?

① 10[m] 이상

② 20[m] 이상

③ 30[m] 이상

④ 40[m] 이상

🔍 해설 피뢰시스템의 적용범위 및 구성(KEC 151)

피뢰시스템이 적용되는 시설

㉠ 전기전자설비가 설치된 건축물 · 구조물로서 낙뢰로부터 보호가 필요한 것 또는 지상으로부터 높이가 20[m] 이상인 것

㉡ 전기설비 및 전자설비 중 낙뢰로부터 보호가 필요한 설비

정답　81 ①　82 ②

상 제3장 전선로

83 농사용 저압 가공전선로의 시설에 대한 설명으로 틀린 것은?

① 전선로의 경간(지지물 간 거리)은 30[m] 이하일 것
② 목주 굵기는 말구(위쪽 끝) 지름이 9[cm] 이상일 것
③ 저압 가공전선의 지표상 높이는 5[m] 이상일 것
④ 저압 가공전선은 지름 2[mm] 이상의 경동선일 것

해설 농사용 저압 가공전선로의 시설(KEC 222.22)

㉠ 사용전압은 저압일 것
㉡ 전선의 굵기는 인장강도 1.38[kN] 이상의 것 또는 지름 2[mm] 이상의 경동선일 것
㉢ 지표상 높이는 3.5[m] 이상일 것(사람이 쉽게 출입하지 않으면 3[m])
㉣ 목주의 굵기는 말구(위쪽 끝) 지름이 0.09[m] 이상일 것
㉤ 경간(지지물 간 거리)은 30[m] 이하
㉥ 전용개폐기 및 과전류차단기를 각 극(과전류차단기는 중성극을 제외)에 시설할 것

상 제2장 저압설비 및 고압 · 특고압설비

84 배선공사 중 전선이 반드시 절연전선이 아니라도 상관없는 공사방법은?

① 금속관공사
② 합성수지관공사
③ 버스덕트공사
④ 플로어덕트공사

해설 나전선의 사용 제한(KEC 231.4)

다음에서만 나전선을 사용할 수 있다.
㉠ 애자공사에 의하여 전개된 곳에 다음의 전선을 시설하는 경우
• 전기로용 전선
• 전선의 피복절연물이 부식하는 장소에 시설하는 전선
• 취급자 이외의 사람이 출입할 수 없도록 설비한 장소에 시설하는 전선
㉡ 버스덕트공사에 의하여 시설하는 경우
㉢ 라이팅덕트공사에 의하여 시설하는 경우
㉣ 저압 접촉전선 및 유희용(놀이용) 전차의 전원장치로 접촉전선을 시설하는 경우

중 제2장 저압설비 및 고압 · 특고압설비

85 수용가 설비에서 저압으로 수전하는 조명설비의 전압강하는 몇 [%] 이하여야 하는가?

① 1   ② 3
③ 6   ④ 8

해설 수용가 설비에서의 전압강하(KEC 232.3.9)

설비의 유형	조명[%]	기타[%]
저압으로 수전하는 경우	3	5
고압 이상으로 수전하는 경우	6	8

하 제5장 전기철도

86 직류 전기철도 시스템이 매설 배관 또는 케이블과 인접할 경우 누설전류를 피하기 위해 주행레일과 최소 몇 [m] 이상의 거리를 유지하여야 하는가?

① 1   ② 2
③ 3   ④ 4

해설 누설전류 간섭에 대한 방지(KEC 461.5)

직류 전기철도 시스템이 매설 배관 또는 케이블과 인접할 경우 누설전류를 피하기 위해 최대한 이격시켜야 하며, 주행레일과 최소 1[m] 이상의 거리를 유지하여야 한다.

상 제1장 공통사항

87 피뢰등전위본딩의 상호 접속 중 본딩도체로 직접 접속할 수 없는 장소의 경우에는 무엇을 설치하여야 하는가?

① 서지보호장치
② 과전류차단기
③ 개폐기
④ 지락차단장치

해설 피뢰등전위본딩(KEC 153.2)

등전위본딩의 상호 접속
㉠ 자연적 구성부재의 전기적 연속성이 확보되지 않은 경우에는 본딩도체로 연결
㉡ 본딩도체로 직접 접속할 수 없는 장소의 경우에는 서지보호장치를 이용
㉢ 본딩도체로 직접 접속이 허용되지 않는 장소의 경우에는 절연방전갭(ISG)을 이용

정답 83 ③ 84 ③ 85 ② 86 ① 87 ①

상 제2장 저압설비 및 고압·특고압설비

88 모양이나 배치변경 등 전기배선이 변경되는 장소에 쉽게 응할 수 있게 마련한 저압 옥내배선공사는?

① 금속덕트공사
② 금속제 가요전선관공사
③ 금속몰드공사
④ 합성수지관공사

해설 금속제 가요전선관공사(KEC 232.13)

금속제 가요전선관은 형상을 자유로이 변형시킬 수 있어서 굴곡이 있는 현장에 배관공사로 이용할 수 있다.

하 제6장 분산형전원설비

89 태양광 발전설비의 시설기준에 있어서 알맞지 않은 것은?

① 모듈의 출력배선은 극성별로 확인할 수 있도록 표시할 것
② 모듈은 자체중량, 적설, 풍압, 지진 및 기타의 진동과 충격에 대하여 탈락하지 아니하도록 지지물에 의하여 견고하게 설치할 것
③ 모듈 및 기타 기구에 전선을 접속하는 경우는 나사로 조이거나, 기타 이와 동등 이상의 효력이 있는 방법으로 기계적·전기적으로 안전하게 접속하고, 접속점에 장력이 가해지도록 할 것
④ 태양전지 모듈, 전선, 개폐기 및 기타 기구는 충전부분이 노출되지 않도록 시설할 것

해설 태양광 발전설비(KEC 520)

㉠ 모듈 및 기타 기구에 전선을 접속하는 경우는 나사로 조이거나, 기타 이와 동등 이상의 효력이 있는 방법으로 기계적·전기적으로 안전하게 접속하고, 접속점에 장력이 가해지지 않도록 할 것
㉡ 모듈의 출력배선은 극성별로 확인할 수 있도록 표시할 것
㉢ 모듈은 자체중량, 적설, 풍압, 지진 및 기타의 진동과 충격에 대하여 탈락하지 아니하도록 지지물에 의하여 견고하게 설치할 것
㉣ 태양전지 모듈, 전선, 개폐기 및 기타 기구는 충전부분이 노출되지 않도록 시설할 것

중 제1장 공통사항

90 보조 보호등전위본딩도체에 대한 설명으로 적절하지 않은 것은?

① 기계적 보호가 없는 구리 본딩도체의 단면적은 4[mm²] 이상이어야 한다.
② 기계적 보호가 된 구리 본딩도체의 단면적은 3[mm²] 이상이어야 한다.
③ 노출도전부를 계통외도전부에 접속하는 경우 도전성은 같은 단면적을 갖는 보호도체의 $\frac{1}{2}$ 이상이어야 한다.
④ 두 개의 노출도전부를 접속하는 경우 도전성은 노출도전부에 접속된 더 작은 보호도체의 도전성보다 커야 한다.

해설 보조 보호등전위본딩도체(KEC 143.3.2)

㉠ 두 개의 노출도전부를 접속하는 경우 도전성은 노출도전부에 접속된 더 작은 보호도체의 도전성보다 커야 한다.
㉡ 노출도전부를 계통외도전부에 접속하는 경우 도전성은 같은 단면적을 갖는 보호도체의 $\frac{1}{2}$ 이상이어야 한다.
㉢ 케이블의 일부가 아닌 경우 또는 선로도체와 함께 수납되지 않은 본딩도체는 다음 값 이상이어야 한다.
• 기계적 보호가 된 것은 구리도체 2.5[mm²], 알루미늄 도체 16[mm²]
• 기계적 보호가 없는 것은 구리도체 4[mm²], 알루미늄 도체 16[mm²]

상 제3장 전선로

91 전력보안통신설비인 무선통신용 안테나를 지지하는 목주는 풍압하중에 대한 안전율이 얼마 이상이어야 하는가?

① 1.0
② 1.2
③ 1.5
④ 2.0

해설 무선용 안테나 등을 지지하는 철탑 등의 시설(KEC 364.1)

목주, 철주, 철근 콘크리트주, 철탑의 기초 안전율은 1.5 이상으로 한다.

정답 88 ② 89 ③ 90 ② 91 ③

상 제2장 저압설비 및 고압·특고압설비

92 흥행장의 저압 전기설비공사로 무대, 무대마루 밑, 오케스트라 박스, 영사실, 기타 사람이나 무대 도구가 접촉할 우려가 있는 곳에 시설하는 저압 옥내배선, 전구선 또는 이동전선은 사용전압이 몇 [V] 이하이어야 하는가?

① 100　　　　　② 200
③ 300　　　　　④ 400

해설 전시회, 쇼 및 공연장의 전기설비 (KEC 242.6)

무대·무대마루 밑·오케스트라 박스·영사실 기타 사람이나 무대 도구가 접촉할 우려가 있는 곳에 시설하는 저압 옥내배선, 전구선 또는 이동전선은 사용전압이 400[V] 이하이어야 한다.

중 제2장 저압설비 및 고압·특고압설비

93 금속관공사에서 절연 부싱을 사용하는 가장 주된 목적은?

① 관의 끝이 터지는 것을 방지
② 관의 단구에서 조영재의 접촉방지
③ 관 내 해충 및 이물질 출입방지
④ 관의 단구에서 전선피복의 손상방지

해설 금속관공사(KEC 232.12)

관의 끝부분에는 전선의 피복을 손상하지 아니하도록 적당한 구조의 부싱을 사용한다. 단, 금속관공사로부터 애자사용공사로 옮기는 경우에는 그 부분의 관의 끝부분에는 절연 부싱 또는 이와 유사한 것을 사용하여야 한다.

상 제3장 전선로

94 폭발성 또는 연소성의 가스가 침입할 우려가 있는 곳에 시설하는 지중함으로서 그 크기가 몇 [m³] 이상인 것에는 통풍장치, 기타 가스를 방산시키기 위한 적당한 장치를 시설하여야 하는가?

① 0.5　　　　　② 0.75
③ 1　　　　　　④ 2

해설 지중함의 시설(KEC 334.2)

㉠ 지중함은 견고하고 차량 기타 중량물의 압력에 견디는 구조일 것
㉡ 지중함은 그 안의 고인 물을 제거할 수 있는 구조로 되어 있을 것
㉢ 폭발성 또는 연소성의 가스가 침입할 우려가 있는 것에 시설하는 지중함으로서 그 크기가 1[m³] 이상인 것에는 통풍장치 기타 가스를 방산시키기 위한 적당한 장치를 시설할 것
㉣ 지중함의 뚜껑은 시설자 이외의 자가 쉽게 열 수 없도록 시설할 것

상 제2장 저압설비 및 고압·특고압설비

95 진열장 안의 사용전압이 400[V] 미만인 저압 옥내배선으로 외부에서 보기 쉬운 곳에 한하여 시설할 수 있는 전선은? (단, 진열장은 건조한 곳에 시설하고 진열장 내부를 건조한 상태로 사용하는 경우이다.)

① 단면적이 0.75[mm²] 이상인 코드 또는 캡타이어케이블
② 단면적이 0.75[mm²] 이상인 나전선 또는 캡타이어케이블
③ 단면적이 1.25[mm²] 이상인 코드 또는 절연전선
④ 단면적이 1.25[mm²] 이상인 나전선 또는 다심형 전선

해설 진열장 또는 이와 유사한 것의 내부 배선 (KEC 234.8)

㉠ 건조한 장소에 시설하고 또한 내부를 건조한 상태로 사용하는 진열장 또는 이와 유사한 것의 내부에 사용전압이 400[V] 이하의 배선을 외부에서 잘 보이는 장소에 한하여 코드 또는 캡타이어케이블로 직접 조영재에 밀착하여 배선할 것
㉡ 전선의 배선은 단면적 0.75[mm²] 이상의 코드 또는 캡타이어케이블일 것

상 제2장 저압설비 및 고압·특고압설비

96 교통신호등 회로의 사용전압은 몇 [V] 이하이어야 하는가?

① 100　　　　　② 200
③ 300　　　　　④ 400

정답 92 ④　93 ④　94 ③　95 ①　96 ③

해설 교통신호등(KEC 234.15)

교통신호등 제어장치의 2차측 배선의 최대사용전압은 300[V] 이하로 할 것

상 제4장 발전소, 변전소, 개폐소 및 기계기구 시설보호

97 전력보안통신설비를 반드시 시설하지 않아도 되는 곳은?

① 원격감시제어가 되지 않는 발전소
② 원격감시제어가 되지 않는 변전소
③ 2 이상의 급전소 상호 간과 이들을 통합 운용하는 급전소 간
④ 발전소로서 전기공급에 지장을 미치지 않고, 휴대용 전력보안통신전화설비에 의하여 연락이 확보된 경우

해설 전력보안통신설비의 시설 요구사항
(KEC 362.1)

다음에는 전력보안통신설비를 시설하여야 한다.
㉠ 원격감시제어가 되지 않는 발전소 · 원격감시제어가 되지 않는 변전소 · 개폐소, 전선로 및 이를 운용하는 급전소 및 급전분소 간
㉡ 2 이상의 급전소 상호 간과 이들을 통합 운용하는 급전소 간
㉢ 수력설비 중 필요한 곳, 수력설비의 안전상 필요한 양수소(量水所) 및 강수량 관측소와 수력발전소 간
㉣ 동일 수계에 속하고 안전상 긴급연락의 필요가 있는 수력발전소 상호 간
㉤ 동일 전력계통에 속하고 또한 안전상 긴급연락의 필요가 있는 발전소 · 변전소 및 개폐소 상호 간
㉥ 발전소 · 변전소 및 개폐소와 기술원 주재소 간
㉦ 발전소 · 변전소 · 개폐소 · 급전소 및 기술원 주재소와 전기설비의 안전상 긴급연락의 필요가 있는 기상대 · 측후소 · 소방서 및 방사선 감시계측 시설물 등의 사이

중 제2장 저압설비 및 고압 · 특고압설비

98 의료장소에서 인접하는 의료장소와의 바닥면적 합계가 몇 [m²] 이하인 경우 등전위본딩바를 공용으로 할 수 있는가?

① 30
② 50
③ 80
④ 100

해설 의료장소 내의 접지 설비(KEC 242.10.4)

의료장소마다 그 내부 또는 근처에 등전위본딩 바를 설치할 것. 다만, 인접하는 의료장소와의 바닥면적 합계가 50[m²] 이하인 경우에는 등전위본딩 바를 공용할 수 있음

상 제3장 전선로

99 빙설이 많지 않은 지방의 저온 계절에는 어떤 종류의 풍압하중을 적용하는가?

① 갑종 풍압하중
② 을종 풍압하중
③ 병종 풍압하중
④ 갑종 풍압하중과 을종 풍압하중

해설 풍압하중의 종별과 적용(KEC 331.6)

㉠ 빙설이 많은 지방
 • 고온계절 : 갑종 풍압하중
 • 저온계절 : 을종 풍압하중
㉡ 빙설이 적은 지방
 • 고온계절 : 갑종 풍압하중
 • 저온계절 : 병종 풍압하중
㉢ 인가가 많이 연접(이웃 연결)된 장소 : 병종 풍압하중

중 제1장 공통사항

100 지중관로에 대한 정의로 가장 옳은 것은?

① 지중전선로 · 지중 약전류전선로와 지중매설지선 등을 말한다.
② 지중전선로 · 지중 약전류전선로와 복합 케이블 선로 · 기타 이와 유사한 것 및 이들에 부속되는 지중함을 말한다.
③ 지중전선로 · 지중 약전류전선로 · 지중에 시설하는 수관 및 가스관과 지중매설지선을 말한다.
④ 지중전선로 · 지중 약전류전선로 · 지중 광섬유 케이블 선로 · 지중에 시설하는 수관 및 가스관과 기타 이와 유사한 것 및 이들에 부속하는 지중함 등을 말한다.

해설 용어의 정의(KEC 112)

지중관로는 지중전선로 · 지중 약전류전선로 · 지중 광섬유 케이블 선로 · 지중에 시설하는 수관 및 가스관과 이와 유사한 것 및 이들에 부속하는 지중함 등을 말한다.

정답 97 ④ 98 ② 99 ③ 100 ④

2023년 제1회 CBT 기출복원문제

제1과목 전기자기학

상 | 제5장 전기 영상법

01 점전하 $+Q$의 무한평면도체에 대한 영상전하는?

① $-Q[C]$보다 작다.
② $+Q[C]$보다 크다.
③ $-Q[C]$와 같다.
④ $+Q[C]$와 같다.

해설 영상전하 Q'

㉠ 무한평면도체와 점전하 : $Q' = -Q$

㉡ 접지된 구도체와 점전하 : $Q' = -\dfrac{a}{d}Q$

중 | 제6장 전류

02 대지 중의 두 전극 사이에 있는 어떤 점의 전계의 세기가 $E = 6[V/cm]$, 지면의 도전율이 $k = 10^{-4}[\mho/cm]$일 때 이 점의 전류밀도는 몇 $[A/cm^2]$인가?

① 6×10^{-4}
② 6×10^{-6}
③ 6×10^{-5}
④ 6×10^{-3}

해설 전류밀도

$i = kE = 10^{-4} \times 6 = 6 \times 10^{-4}[A/cm^2]$

상 | 제8장 전류의 자기현상

03 반지름이 2[m], 권수가 100회인 원형 코일의 중심에 30[AT/m]의 자계를 발생시키려면 몇 [A]의 전류를 흘려야 하는가?

① 1.2[A]
② 1.5[A]
③ 120[A]
④ 150[A]

해설

원형 코일 중심의 자계 $H = \dfrac{NI}{2a}$[AT/m]에서

$\therefore$ 전류 $I = \dfrac{2aH}{N} = \dfrac{2 \times 2 \times 30}{100} = 1.2[A]$

하 | 제12장 전자계

04 공기 중에서 1[V/m]의 전계를 1[A/m²]의 변위전류로 흐르게 하려면 주파수는 몇 [MHz]가 되어야 하는가?

① 1500[MHz]
② 1800[MHz]
③ 15000[MHz]
④ 18000[MHz]

해설

변위전류밀도 $i_d = \omega \varepsilon_0 E = 2\pi f \varepsilon_0 E[A/m^2]$에서 주파수는 다음과 같다.

$\therefore f = \dfrac{i_d}{2\pi \varepsilon_0 E} = \dfrac{1}{2\pi \varepsilon_0 \times 1} = \dfrac{1}{2\pi \times \dfrac{1}{36\pi \times 10^9}}$

$= 18 \times 10^9[Hz] = 18000[MHz]$

상 | 제11장 인덕턴스

05 그림과 같은 회로를 고주파 브리지로 인덕턴스를 측정하였더니 그림 (a)는 40[mH], 그림 (b)는 24[mH]이었다. 이 회로의 상호인덕턴스 M은?

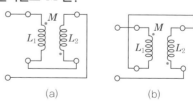

(a)　　　　　　(b)

① 2[mH]
② 4[mH]
③ 6[mH]
④ 8[mH]

🔍 해설

㉠ 코일에 표시된 점(dot)을 기준으로 전류가 동일 방향으로 흐르면 가동결합[그림 (a)], 반대로 흐르면 차동결합[그림 (b)]이 된다.

㉡ 그림 (a) : $L_a = L_1 + L_2 + 2M = 40[\text{mH}]$

㉢ 그림 (b) : $L_a = L_1 + L_2 - 2M = 24[\text{mH}]$

$$\therefore \ M = \frac{L_a - L_b}{4} = \frac{40 - 24}{4} = 4[\text{mH}]$$

상 **제8장 전류의 자기현상**

06 그림과 같은 자극 사이에 있는 도체에 전류(I)가 흐를 때 힘은 어느 방향으로 작용하는가?

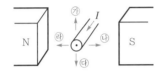

① ㉮

② ㉯

③ ㉰

④ ㉱

🔍 해설 플레밍의 왼손 법칙(전동기의 원리)

㉠ 엄지 손가락 : 전자력의 방향(F)

㉡ 검지 손가락 : 자장의 방향(B)

㉢ 중지 손가락 : 전류의 방향(I)

상 **제4장 유전체**

07 면적이 $A[\text{m}^2]$이고 극간의 거리가 $t[\text{m}]$, 유전체의 비유전율이 ε_r인 평판 콘덴서의 정전용량은 몇 [F]인가?

① $\dfrac{\varepsilon_0 A}{t}$

② $\dfrac{\varepsilon_0 \varepsilon_r A}{t}$

③ $\dfrac{\varepsilon_0 t}{A}$

④ $\dfrac{\varepsilon_0 \varepsilon_r t}{A}$

🔍 해설 평행판 콘덴서의 정전용량

$$C = \frac{\varepsilon A}{t} = \frac{\varepsilon_0 \varepsilon_r A}{t}[\text{F}]$$

중 **제6장 전류**

08 $10^6[\text{cal}]$의 열량은 몇 [kWh] 정도의 전력량에 상당하는가?

① 0.06

② 1.16

③ 2.27

④ 4.17

🔍 해설

$1[\text{kWh}] = 860[\text{kcal}]$이므로

$$\therefore \ P = \frac{H[\text{kcal}]}{860}$$

$$= \frac{10^3[\text{kcal}]}{860}$$

$$= 1.162[\text{kWh}]$$

상 **제10장 전자유도법칙**

09 다음 중 폐회로에 유도되는 유도기전력에 관한 설명 중 가장 알맞은 것은?

① 렌츠의 법칙은 유도기전력의 크기를 결정하는 법칙이다.

② 자계가 일정한 공간 내에서 폐회로가 운동하여도 유도기전력이 유도된다.

③ 유도기전력은 권선 수의 제곱에 비례한다.

④ 전계가 일정한 공간 내에서 폐회로가 운동하여도 유도기전력이 유도된다.

🔍 해설 플레밍의 오른손 법칙

㉠ 자계 내에 도체가 $v[\text{m/s}]$로 운동하면 도체에는 기전력이 유도된다.

㉡ 유도기전력 : $e = vBl \sin \theta[\text{V}]$

여기서, v : 도체의 운동속도[m/s]

B : 자속밀도[Wb/m²]

l : 도체의 길이[m]

θ : B와 v의 상차각

중 **제4장 유전체**

10 두 유전체의 경계면에 대한 설명 중 옳지 않은 것은?

① 전계가 경계면에 수직으로 입사하면 두 유전체 내의 전계의 세기가 같다.

② 경계면에 작용하는 맥스웰 변형력은 유전율이 큰 쪽에서 작은 쪽으로 끌려가는 힘을 받는다.

③ 유전율이 작은 쪽에서 전계가 입사할 때 입사각은 굴절각보다 작다.

④ 전계나 전속밀도가 경계면에 수직 입사하면 굴절하지 않는다.

정답 06 ① 07 ② 08 ② 09 ② 10 ①

해설

경계면 상에 수직으로 입사하면 전계의 세기가 아니라 전속성분이 같다.

중 **제2장 진공 중의 정전계**

11 표면전하밀도 $\rho_s > 0$인 도체 표면상의 한 점의 전속밀도 $D = 4a_x - 5a_y + 2a_z$[C/m²]일 때 ρ_s는 몇 [C/m²]인가?

① $2\sqrt{3}$　　　　② $2\sqrt{5}$

③ $3\sqrt{3}$　　　　④ $3\sqrt{5}$

해설 전속과 전하의 관계

㉠ 전속은 벡터, 전하는 스칼라이다.

㉡ 전속밀도와 전하밀도의 크기는 같다.

∴ 전하밀도

$$\rho_s = |D| = \sqrt{4^2 + (-5)^2 + 2^2} = 3\sqrt{5}\,[\text{C/m}^2]$$

하 **제1장 벡터**

12 벡터 $\vec{A} = 2i - 6j - 3k$와 $\vec{B} = 4i + 3j - k$에 수직한 단위 벡터는?

① $\pm\left(\dfrac{3}{7}i - \dfrac{2}{7}j + \dfrac{6}{7}k\right)$

② $\pm\left(\dfrac{3}{7}i + \dfrac{2}{7}j - \dfrac{6}{7}k\right)$

③ $\pm\left(\dfrac{3}{7}i - \dfrac{2}{7}j - \dfrac{6}{7}k\right)$

④ $\pm\left(\dfrac{3}{7}i + \dfrac{2}{7}j + \dfrac{6}{7}k\right)$

해설

㉠ 두 벡터에 수직 방향은 외적의 방향을 나타낸다.

㉡ $\vec{A} \times \vec{B} = \begin{vmatrix} i & j & k \\ 2 & -6 & -3 \\ 4 & 3 & -1 \end{vmatrix}$

$= i\begin{vmatrix} -6 & -3 \\ 3 & -1 \end{vmatrix} - j\begin{vmatrix} 2 & -3 \\ 4 & -1 \end{vmatrix} + k\begin{vmatrix} 2 & -6 \\ 4 & 3 \end{vmatrix}$

$= 15i - 10j + 30k$

$= 5(3i - 2j + 6k)$

㉢ $|\vec{A} \times \vec{B}| = 5\sqrt{3^2 + 2^2 + 6^2}$

$= 5 \times 7$

∴ 수직한 단위 벡터

$\vec{r_0} = \dfrac{\vec{r}}{r} = \dfrac{5(3i - 2j + 6k)}{5 \times 7}$

$= \dfrac{3}{7}i - \dfrac{2}{7}j + \dfrac{6}{7}k$

상 **제11장 인덕턴스**

13 권수가 N인 철심 L이 들어 있는 환상 솔레노이드가 있다. 철심의 투자율이 일정하다고 하면, 이 솔레노이드의 자기 인덕턴스는? (단, R_m은 철심의 자기저항이다.)

① $L = \dfrac{R_m}{N^2}$

② $L = \dfrac{N^2}{R_m}$

③ $L = R_m N^2$

④ $L = \dfrac{N}{R_m}$

해설

㉠ 옴의 법칙

$$\phi = \frac{F}{R_m} = \frac{IN}{R_m} = \frac{IN}{\dfrac{l}{\mu S}} = \frac{\mu SNI}{l}\,[\text{Wb}]$$

㉡ 쇄교자속 : $\lambda = N\phi = LI$

∴ 쇄교자속에서 인덕턴스를 정리하면

$$L = \frac{N}{I}\phi = \frac{N}{I} \times \frac{F}{R_m} = \frac{N}{I} \times \frac{IN}{R_m} = \frac{N^2}{R_m}$$

중 **제2장 진공 중의 정전계**

14 그림과 같이 AC = BC = 1[m]일 때 A와 B에 동일한 +1[μC]이 있는 경우 C점의 전위는 몇 [V]인가?

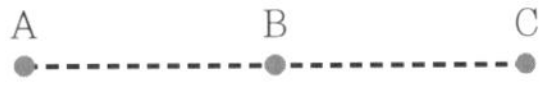

A　　　　B　　　　C
●--------●--------●

① 6.25×10^3

② 8.75×10^3

③ 12.5×10^3

④ 13.5×10^3

해설

㉠ A점에 위치한 전하에 의한 전위

$$V_A = \frac{Q}{4\pi\varepsilon_0 r_1} = 9 \times 10^9 \times \frac{10^{-6}}{2} = 4.5 \times 10^3\,[\text{V}]$$

㉡ B점에 위치한 전하에 의한 전위

$$V_B = \frac{Q}{4\pi\varepsilon_0 r_2} = 9 \times 10^9 \times \frac{10^{-6}}{1} = 9 \times 10^3\,[\text{V}]$$

∴ C점의 전위

$$V_C = V_A + V_B = 13.5 \times 10^3\,[\text{V}]$$

정답 11 ④ 12 ① 13 ② 14 ④

상 제8장 전류의 자기현상

15 무한장 솔레노이드(Solenoid)에 전류가 흐를 때 발생되는 자장에 관한 설명 중 옳은 것은?

① 내부자장은 평등자장이다.
② 외부와 내부의 자장의 세기는 같다.
③ 외부자장은 평등자장이다.
④ 내부자장의 세기는 0이다.

해설 무한장 솔레노이드의 특징

㉠ 솔레노이드 외부자계는 없다.
㉡ 솔레노이드 내부자계는 평등자계이다.
㉢ 평등자계를 얻는 방법 : 단면적에 비하여 길이를 충분히 길게 한다.

상 제8장 전류의 자기현상

16 그림과 같이 I[A]의 전류가 흐르고 있는 도체의 미소 부분 $\triangle l$의 전류에 의해 이 부분이 r[m] 떨어진 지점 P의 자기장 $\triangle H$[A/m]는?

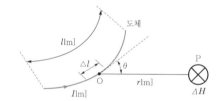

① $\dfrac{I^2 \triangle l^2 \sin\theta}{4\pi r}$
② $\dfrac{I \triangle l^2 \sin\theta}{4\pi r}$
③ $\dfrac{I^2 \triangle l \sin\theta}{4\pi r}$
④ $\dfrac{I \triangle l \sin\theta}{4\pi r^2}$

해설 비오-사바르의 법칙

임의 형상의 도선에 흐르는 전류에 의한 자기장을 계산하는 법칙

상 제4장 유전체

17 정전용량이 $1[\mu F]$인 공기콘덴서가 있다. 이 콘덴서 판간의 $\dfrac{1}{2}$인 두께를 갖고 비유전율 $\varepsilon_r = 2$인 유전체를 그 콘덴서의 한 전극면에 접촉하여 넣을 때 전체의 정전용량은 몇 $[\mu F]$가 되는가?

① $2[\mu F]$
② $\dfrac{1}{2}[\mu F]$
③ $\dfrac{4}{3}[\mu F]$
④ $\dfrac{5}{3}[\mu F]$

해설

㉠ 초기 공기콘덴서 용량

$$C_0 = \frac{\varepsilon_0 S}{d} = 1[\mu F]$$

㉡ 극판과 평행하게 유전체를 넣으면 아래 그림과 같이 공기층과 유전체층 콘덴서가 직렬로 접속된 것으로 해석된다.

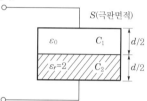

㉢ 공기 부분의 정전용량

$$C_1 = \frac{\varepsilon_0 S}{\dfrac{d}{2}} = 2\frac{\varepsilon_0 S}{d} = 2C_0$$

㉣ 유전체 부분의 정전용량

$$C_2 = \frac{\varepsilon_r \varepsilon_0 S}{\dfrac{d}{2}} = 2\varepsilon_r \frac{\varepsilon_0 S}{d} = 2\varepsilon_r C_0$$

∴ C_1과 C_2는 직렬로 접속되어 있으므로

$$C = \frac{C_1 \times C_2}{C_1 + C_2} = \frac{4\varepsilon_r C_0^2}{(1+\varepsilon_r)2C_0}$$
$$= \frac{2\varepsilon_r}{1+\varepsilon_r}C_0 = \frac{2 \times 2}{1+2} \times 1 = \frac{4}{3}[\mu F]$$

중 제4장 유전체

18 그림과 같은 유전속의 분포에서 그림과 같을 때 ε_1과 ε_2의 관계는?

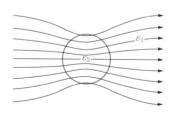

① $\varepsilon_1 = \varepsilon_2$
② $\varepsilon_1 > \varepsilon_2$
③ $\varepsilon_1 < \varepsilon_2$
④ $\varepsilon_1 = \varepsilon_2 = 0$

정답 15 ① 16 ④ 17 ③ 18 ③

해설

유전속(전속선)은 유전율이 큰 곳으로 모이므로 $\varepsilon_1 < \varepsilon_2$ 이 된다.

중 제6장 전류

19 다음 설명 중 틀린 것은?

① 저항률의 역수는 전도율이다.
② 도체의 저항률은 온도가 올라가면 그 값이 증가한다.
③ 저항의 역수는 컨덕턴스이고, 그 단위는 지멘스[S]를 사용한다.
④ 도체의 저항은 단면적에 비례한다.

해설 전기저항

$R = \dfrac{l}{kS} = \rho\dfrac{l}{S}[\Omega]$

여기서, l : 도체의 길이[m]
S : 도체의 단면적[m²]
$k = \sigma$: 도전율
ρ : 고유저항(저항률)

상 제3장 정전용량

20 평행판 콘덴서의 극간거리를 $\dfrac{1}{2}$로 줄이면 콘덴서 용량은 처음 값에 비해 어떻게 되는가?

① $\dfrac{1}{2}$이 된다.
② $\dfrac{1}{4}$이 된다.
③ 2배가 된다.
④ 4배가 된다.

해설

평행판 콘덴서의 정전용량 $C_0 = \dfrac{\varepsilon_0 S}{d}$[F]에서

$C_0 \propto \dfrac{1}{d}$이므로 극간거리 d를 $\dfrac{1}{2}$로 줄이면

$\therefore C = \dfrac{\varepsilon_0 S}{\frac{d}{2}} = 2\dfrac{\varepsilon_0 S}{d} = 2C_0$[F]이므로 정전용량은 2배로 증가한다.

제2과목 **전력공학**

상 제8장 송전선로 보호방식

21 영상변류기(zero sequence C.T)를 사용하는 계전기는?

① 과전류계전기
② 과전압계전기
③ 접지계전기
④ 차동계전기

해설

접지계전기(= 지락계전기)는 지락사고 시 지락전류를 영상변류기를 통해 검출하여 그 크기에 따라 동작하는 계전기이다.

상 제4장 송전 특성 및 조상설비

22 직렬콘덴서를 선로에 삽입할 때의 현상으로 옳은 것은?

① 부하의 역률을 개선한다.
② 선로의 리액턴스가 증가된다.
③ 선로의 전압강하를 줄일 수 없다.
④ 계통의 정태안정도를 증가시킨다.

해설

송전선로에 직렬로 콘덴서를 설치하게 되면 선로의 유도성 리액턴스를 보상하여 선로의 전압강하를 감소시키고 안정도가 증가된다. 또한 역률이 나쁜 선로일수록 효과가 양호하다. 전압강하는 다음과 같다.
전압강하 $e = V_S - V_R$
$= \sqrt{3}I_n\{R\cos\theta + (X_L - X_C)\sin\theta\}$

중 제5장 고장 계산 및 안정도

23 154[kV] 송전선로에서 송전거리가 154[km]라 할 때 송전용량계수법에 의한 송전용량은 몇 [kW]인가? (단, 송전용량계수는 1200으로 한다.)

① 61600
② 92400
③ 123200
④ 184800

정답 19 ④ 20 ③ 21 ③ 22 ④ 23 ④

해설

송전용량 계수법의 송전용량 $P = K\dfrac{V_R^2}{L}$[kW]

여기서, K : 송전용량계수
V_R : 수전단전압[kV]
L : 송전거리[km]

송전용량 $P = 1200 \times \dfrac{154^2}{154} = 184800$[kW]

상 제3장 선로정수 및 코로나현상

24 3상 3선식 송전선로에서 각 선의 대지정전용량이 0.5096[μF]이고, 선간정전용량이 0.1295[μF]일 때 1선의 작용정전용량은 몇 [μF]인가?

① 0.6391
② 0.7686
③ 0.8981
④ 1.5288

해설

3상 3선식의 1선의 작용정전용량 $C = C_s + 3C_m$[μF]
여기서, C_s : 대지정전용량[μF/km]
C_m : 선간정전용량[μF/km]
$C = C_s + 3C_m = 0.5096 + 3 \times 0.1295 = 0.8981$[$\mu$F]

하 제10장 배전선로 계산

25 그림과 같은 회로에서 A, B, C, D의 어느 곳에 전원을 접속하면 간선 A–D 간의 전력손실이 최소가 되는가?

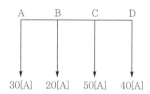

① A
② B
③ C
④ D

해설

각 구간당 저항이 동일하다고 하며 각 구간당 저항을 r이라 하면
• A점에서 하는 급전의 경우
$P_{CA} = 110^2 r + 90^2 r + 40^2 r = 21800r$
• B점에서 하는 급전의 경우
$P_{CB} = 30^2 r + 90^2 r + 40^2 r = 10600r$

• C점에서 하는 급전의 경우
$P_{CC} = 30^2 r + 50^2 r + 40^2 r = 5000r$
• D점에서 하는 급전의 경우
$P_{CD} = 30^2 r + 50^2 r + 100^2 r = 13400r$
따라서 C점에서 급전하는 경우 전력손실은 최소가 된다.

상 제4장 송전 특성 및 조상설비

26 정전압 송전방식에서 전력원선도를 그리려면 무엇이 주어져야 하는가?

① 송수전단전압, 선로의 일반 회로정수
② 송수전단전류, 선로의 일반 회로정수
③ 조상기 용량, 수전단전압
④ 송전단전압, 수전단전류

해설 전력원선도를 작성시 필요요소

송수전단전압의 크기 및 위상각, 선로정수

상 제5장 고장 계산 및 안정도

27 어느 변전소에서 합성임피던스 0.5[%](8000[kVA] 기준)인 곳에 시설한 차단기에 필요한 차단용량은 최저 몇 [MVA]인가?

① 1600
② 2000
③ 2400
④ 2800

해설

차단기용량 $P_s = \dfrac{100}{\%Z} \times P_n$[MVA]
여기서, P_n : 기준용량
$P_s = \dfrac{100}{\%Z} \times P_n$
$\quad = \dfrac{100}{0.5} \times 8000 \times 10^{-3}$
$\quad = 1600$[MVA]

중 제7장 이상전압 및 유도장해

28 가공 송전선로에서 이상전압의 내습에 대한 대책으로 틀린 것은?

① 철탑의 탑각접지저항을 작게 한다.
② 기기 보호용으로서의 피뢰기를 설치한다.
③ 가공지선을 설치한다.
④ 차폐각을 크게 한다.

정답 24 ③ 25 ③ 26 ① 27 ① 28 ④

해설

가공지선의 차폐각(θ)은 30°~45° 정도가 효과적인데 차폐각은 적을수록 보호효율이 높다. 반면에 가공지선의 높이가 높아져 시설비가 비싸다.

상 | 제5장 고장 계산 및 안정도

29 전력회로에 사용되는 차단기의 차단용량(Interrupting capacity)을 결정할 때 이용되는 것은?

① 예상 최대단락전류
② 회로에 접속되는 전부하전류
③ 계통의 최고전압
④ 회로를 구성하는 전선의 최대허용전류

해설

차단용량 $P_s = \sqrt{3} \times$ 정격전압 $\times$ 정격차단전류[MVA]

중 | 제6장 중성점 접지방식

30 1상의 대지정전용량이 0.5[μF], 주파수가 60[Hz]인 3상 송전선이 있다. 이 선로에 소호리액터를 설치한다면, 소호리액터의 공진 리액턴스는 약 몇 [Ω]이면 되는가?

① 970   ② 1370
③ 1770   ④ 3570

해설

소호리액터 $\omega L = \dfrac{1}{3\omega C} - \dfrac{X_t}{3}[\Omega]$

여기서, X_t : 변압기 1상당 리액턴스

$\omega L = \dfrac{1}{3 \times 2\pi \times 60 \times 0.5 \times 10^{-6}} = 1768 \fallingdotseq 1770[\Omega]$

상 | 제8장 송전선로 보호방식

31 차단기를 신규로 설치할 때 소내 전력공급용(6[kV]급)으로 현재 가장 많이 채용되고 있는 것은?

① OCB   ② GCB
③ VCB   ④ ABB

해설 진공차단기

㉠ 소형·경량이고 밀폐구조로 되어 있어 동작 시 소음이 적고 유지보수 점검 주기가 길어 소내전원용으로 널리 사용되고 있다.

㉡ 진공차단기(VCB)의 특성
   • 차단기가 소형·경량이고 불연성. 저소음으로서 수명이 길다.
   • 동작 시 고속도 개폐가 가능하고 차단 시 아크소호 능력이 우수하다.
   • 전류재단현상, 고진공도 유지 등의 문제가 발생한다.

상 | 제8장 송전선로 보호방식

32 차단기의 정격차단시간을 설명한 것으로 옳은 것은?

① 계기용 변성기로부터 고장전류를 감지한 후 계전기가 동작할 때까지의 시간
② 차단기가 트립지령을 받고 트립장치가 동작하여 전류차단을 완료할 때까지의 시간
③ 차단기의 개극(발호)부터 이동행정 종료 시까지의 시간
④ 차단기 가동접촉자 시동부터 아크소호가 완료될 때까지의 시간

해설 차단기의 정격차단시간

㉠ 정격전압하에서 규정된 표준동작책무 및 동작상태에 따라 차단할 때의 차단시간한도로서 트립코일여자로부터 아크의 소호까지의 시간(개극시간+아크시간)

정격전압[kV]	정격차단시간(Cycle)
7.2	5~8
25.8	5
72.5	5
170	3
362	3

㉡ 선로 및 기기의 사고 시 보호장치의 사고검출 후 트립코일에 전류가 흘러 여자되어 차단기 접점을 동작시켜 아크가 완전히 소호되어 전류의 차단이 완료될 때까지의 시간이 차단기의 정격차단시간이다.

중 | 제7장 이상전압 및 유도장해

33 피뢰기의 충격방전개시전압은 무엇으로 표시하는가?

① 직류전압의 크기
② 충격파의 평균치
③ 충격파의 최대치
④ 충격파의 실효치

정답 29 ① 30 ③ 31 ③ 32 ② 33 ③

해설

충격방전개시전압이란 파형과 극성의 충격파를 피뢰기의 선로단자와 접지단자 간에 인가했을 때 방전전류가 흐르기 이전에 도달할 수 있는 최고전압을 말한다.

중 **제10장 배전선로 계산**

34 부하에 따라 전압변동이 심한 급전선을 가진 배전 변전소의 전압조정장치는 어느 것인가?

① 유도전압조정기
② 직렬리액터
③ 계기용 변압기
④ 전력용 콘덴서

해설

유도전압조정기는 부하에 따라 전압변동이 심한 급전선의 전압조정장치로 사용한다.

상 **제10장 배전선로 계산**

35 3상 3선식 송전선로에서 송전전력 P[kW], 송전전압 V[kV], 전선의 단면적 A[mm^2], 송전거리 l[km], 전선의 고유저항 ρ[$\Omega \cdot$m/mm^2], 역률 $\cos\theta$일 때, 선로손실 P_c은 몇 [kW]인가?

① $\dfrac{\rho l P^2}{A V^2 \cos^2\theta}$

② $\dfrac{\rho l P^2}{A^2 V \cos^2\theta}$

③ $\dfrac{\rho l P}{A V^2 \cos^2\theta}$

④ $\dfrac{\rho l P}{A^2 V \cos^2\theta}$

해설

선로에 흐르는 전류 $I = \dfrac{P}{\sqrt{3}\, V \cos\theta}$[A]이므로

선로손실 $P_l = 3I^2 r$[kW]

$P_l = 3\left(\dfrac{P}{\sqrt{3}\, V\cos\theta}\right)^2 r \times 10^{-3}$

$= \dfrac{P^2}{V^2\cos^2\theta} \times \dfrac{1000\rho l}{A} \times 10^{-3}$

$= \dfrac{\rho l P^2}{A V^2 \cos^2\theta}$[kW]

상 **제11장 발전**

36 보일러 절탄기(economizer)의 용도는?

① 증기를 과열한다.
② 공기를 예열한다.
③ 석탄을 건조한다.
④ 보일러급수를 예열한다.

해설

㉠ 절탄기 : 배기가스의 여열을 이용하여 보일러급수를 예열하기 위한 설비이다.
㉡ 과열기 : 포화증기를 과열증기로 만들어 증기터빈에 공급하기 위한 설비이다.
㉢ 공기예열기 : 연도가스의 여열을 이용하여 연소할 공기를 예열하는 설비이다.

하 **제11장 발전**

37 횡축에 1년 365일을 역일순으로 취하고, 종축에 유량을 취하여 매일의 측정유량을 나타낸 곡선은?

① 유황곡선
② 적산유량곡선
③ 유량도
④ 수위유량곡선

해설 하천의 유량 측정

㉠ 유황곡선 : 횡축에 일수를 종축에 유량을 표시하고 유량이 많은 일수를 차례로 배열하여 이 점들을 연결한 곡선이다.
㉡ 적산유량곡선 : 횡축에 역일을 종축에 유량을 기입하고 이들의 유량을 매일 적산하여 작성한 곡선으로 저수지 용량 등을 결정하는 데 이용할 수 있다.
㉢ 유량도 : 횡축에 역일을 종축에 유량을 기입하고 매일의 유량을 표시한 것이다.
㉣ 수위유량곡선 : 횡축의 하천의 유량과 종축의 하천의 수위 사이에는 일정한 관계가 있으므로 이들 관계를 곡선으로 표시한 것이다.

상 **제10장 배전선로 계산**

38 전력용 콘덴서에 직렬로 콘덴서용량의 5[%] 정도의 유도리액턴스를 삽입하는 목적은?

① 제3고조파 전류의 억제
② 제5고조파 전류의 억제
③ 이상전압 발생 방지
④ 정전용량의 조절

정답 34 ① 35 ① 36 ④ 37 ③ 38 ②

해설

직렬리액터는 제5고조파 전류를 제거하기 위해 사용한다. 직렬리액터의 용량은 전력용 콘덴서용량의 이론상 4[%] 이상, 실제로는 5~6[%]의 용량을 사용한다.

상 제11장 발전

39 다음 중 감속재로 사용되지 않는 것은?

① 경수
② 중수
③ 흑연
④ 카드뮴

해설

감속재는 핵분열에 의해 생긴 고속중성자를 열중성자로 감속하기 위하여 사용하는 것으로 원자핵의 질량수가 적을 것, 중성자의 산란이 크고 흡수가 적을 것이 요구됨으로 경수, 중수, 흑연, 베릴륨 등이 이용되고 있다.

상 제3장 선로정수 및 코로나현상

40 송전선로의 코로나손실을 나타내는 Peek 식에서 E_0에 해당하는 것은?

① 코로나 임계전압
② 전선에 감하는 대지전압
③ 송전단전압
④ 기준 충격 절연강도전압

해설 송전선로의 코로나손실을 나타내는 Peek식

$$P_c = \frac{241}{\delta}(f+25)\sqrt{\frac{d}{2D}}(E-E_0)^2 \times 10^{-5}[\text{kW/km/선}]$$

여기서, δ : 상대공기밀도
f : 주파수
d : 전선의 직경[cm]
D : 전선의 선간거리[cm]
E : 전선에 걸리는 대지전압[kV]
E_0 : 코로나 임계전압[kV]

제3과목 전기기기

중 제1장 직류기

41 직류기의 양호한 정류를 얻는 조건이 아닌 것은?

① 정류주기를 크게 할 것
② 정류 코일의 인덕턴스를 작게 할 것
③ 리액턴스 전압을 작게 할 것
④ 브러시 접촉저항을 작게 할 것

해설 저항정류 : 탄소브러시 이용

탄소브러시는 접촉저항이 커서 정류 중 개방과 단락 시 브러시의 마모 및 파손을 방지하기 위해 사용한다.

상 제1장 직류기

42 직류기의 전기자권선을 중권(重券)으로 하였을 때 해당되지 않는 조건은?

① 전기자권선의 병렬회로수는 극수와 같다.
② 브러시수는 2개이다.
③ 전압이 낮고 비교적 전류가 큰 기기에 적합하다.
④ 균압선접속을 할 필요가 있다.

해설 전기자권선법의 중권과 파권 비교

비교항목	중권	파권
병렬회로수(a)	P극수	2
브러시수(b)	P극수	2
용도	저전압, 대전류	고전압, 소전류
균압환	사용함	사용 안 함

상 제4장 유도기

43 200[V], 60[Hz], 4극, 20[kW]의 3상 유도전동기가 있다. 전부하일 때의 회전수가 1728[rpm]이라 하면 2차 효율[%]은?

① 45
② 56
③ 96
④ 100

해설

동기속도 $N_s = \dfrac{120f}{p}$

$\qquad = \dfrac{120 \times 60}{4} = 1800[\text{rpm}]$

슬립 $s = \dfrac{1800 - 1728}{1800} = 0.04$

2차 효율 $\eta_2 = (1-s) \times 100$

$\qquad = (1-0.04) \times 100$

$\qquad = 96[\%]$

정답 39 ④ 40 ① 41 ④ 42 ② 43 ③

상 제3장 변압기

44 1차 전압 6900[V], 1차 권선 3000회, 권수비 20의 변압기를 60[Hz]에 사용할 때 철심의 최대자속[Wb]은?

① 0.86×10^{-4}

② 8.63×10^{-3}

③ 86.3×10^{-3}

④ 863×10^{-3}

해설

1차 전압 $E_1 = 4.44 f N_1 \phi_m [\text{V}]$

여기서, E_1 : 1차 전압

f : 주파수

N_1 : 1차 권선수

ϕ_m : 최대자속

최대자속 $\phi_m = \dfrac{E_1}{4.44 f N_1} = \dfrac{6900}{4.44 \times 60 \times 3000}$

$= 8.633 \times 10^{-3} [\text{Wb}]$

상 제4장 유도기

45 유도전동기의 회전력을 T라 하고 전동기에 가해지는 단자전압을 V_1[V]라고 할 때 T와 V_1과의 관계는?

① $T \propto V_1$

② $T \propto V_1^2$

③ $T \propto \dfrac{1}{2} V_1$

④ $T \propto 2 V_1$

해설 토크

$$T = \frac{P V_1^2}{4\pi f} \times \frac{\dfrac{r_2}{s}}{\left(r_1 + \dfrac{r_2}{s}\right)^2 + (x_1 + x_2)^2} \propto V_1^2$$

따라서 토크 T는 주파수 f에 반비례하고, 극수에 비례, 전압의 2승에 비례한다.

상 제2장 동기기

46 2대의 동기발전기를 병렬운전할 때 무효횡류(= 무효순환전류)가 흐르는 경우는?

① 부하분담의 차가 있을 때

② 기전력의 파형에 차가 있을 때

③ 기전력의 위상에 차가 있을 때

④ 기전력의 크기에 차가 있을 때

해설

병렬운전 중 계자전류가 달라 기전력의 크기가 다를 경우 두 발전기 사이에 무효순환전류가 흐르게 된다.

중 제1장 직류기

47 자극수 4, 슬롯수 40, 슬롯 내부코일변수 4인 단중 중권 직류기의 정류자편수는?

① 80

② 40

③ 20

④ 1

해설

정류자편수는 코일수와 같고

총 코일수 $= \dfrac{\text{총 도체수}}{2}$ 이므로

정류자편수 $K = \dfrac{\text{슬롯수} \times \text{슬롯 내 코일변수}}{2}$

$= \dfrac{40 \times 4}{2} = 80$개

상 제5장 정류기

48 사이리스터(Thyristor)에서는 게이트 전류가 흐르면 순방향의 저지 상태에서 (㉠) 상태로 된다. 게이트 전류를 가하여 도통 완료까지의 시간을 (㉡)시간이라고 하나 이 시간이 길면 (㉢) 시의 (㉣)이 많고 사이리스터소자가 파괴되는 수가 있다. 다음 ( ) 안에 알맞는 말의 순서는?

① ㉠ 온(On), ㉡ 턴온(Turn On), ㉢ 스위칭, ㉣ 전력손실

② ㉠ 온(On), ㉡ 턴온(Turn On), ㉢ 전력손실, ㉣ 스위칭

③ ㉠ 스위칭, ㉡ 온(On), ㉢ 턴온(Turn On), ㉣ 전력손실

④ ㉠ 턴온(Turn On), ㉡ 스위칭, ㉢ 온(On), ㉣ 전력손실

해설

SCR(사이리스터)을 동작시킬 경우에 애노드에 (+), 캐소드에 (−)의 전압을 인가하고(순방향) 게이트 전류를 흘려주면 OFF 상태에서 ON 상태로 되는 데 이 시간을 턴온(turn on)시간이라 한다. 이때 게이트 전류를 제거하여도 ON 상태는 그대로 유지된다. 그리고 턴온(turn on)시간이 길어지면 스위칭 시 전력손실(열)이 커져 소자가 파괴될 수도 있다.

정답 44 ② 45 ② 46 ④ 47 ① 48 ①

상 제3장 변압기

49 단상 변압기를 병렬운전하는 경우 부하전류의 분담에 관한 설명 중 옳은 것은?

① 누설리액턴스에 비례한다.
② 누설임피던스에 비례한다.
③ 누설임피던스에 반비례한다.
④ 누설리액턴스의 제곱에 반비례한다.

해설

변압기의 병렬운전 시 부하전류의 분담은 정격용량에 비례하고 누설임피던스의 크기에 반비례하여 운전된다.

중 제4장 유도기

50 3상 유도전동기의 특성 중 비례추이할 수 없는 것은?

① 1차 전류   ② 2차 전류
③ 출력   ④ 토크

해설

㉠ 비례추이 가능 : 토크, 1차 전류, 2차 전류, 역률, 동기와트
㉡ 비례추이 불가능 : 출력, 2차 동손, 효율

중 제4장 유도기

51 "3상 권선형 유도전동기의 2차 회로가 단선이 된 경우에 부하가 약간 무거운 정도에서는 슬립이 50[%]인 곳에서 운전이 된다." 이것을 무엇이라 하는가?

① 차동기운전   ② 자기여자
③ 게르게스현상   ④ 난조

해설 게르게스현상

3상 권선형 유도전동기의 2차 회로에 단상 전류가 흐를 때 발생하는 현상으로, 동기속도의 1/2인 슬립 50[%]의 상태에서 더 이상 전동기는 가속되지 않는 현상이다.

중 제1장 직류기

52 120[V] 직류전동기의 전기자저항은 2[Ω]이며, 전부하로 운전 시의 전기자전류는 5[A]이다. 전기자에 의한 발생전력[W]은?

① 500   ② 550
③ 600   ④ 650

해설

• 역기전력 $E_c = V_n - I_a \cdot r_a = 120 - 5 \times 2 = 110[V]$
• 발생전력 $P = E_c \cdot I_a = 110 \times 5 = 550[W]$

상 제5장 정류기

53 제어가 불가능한 소자는?

① IGBT   ② SCR
③ GTO   ④ DIODE

해설

다이오드(diode)는 일정전압 이상을 가하면 전류가 흐르는 소자로 ON−OFF만 가능한 스위칭 소자이다.

상 제1장 직류기

54 출력 4[kW], 1400[rpm]인 전동기의 토크[kg·m]는?

① 2.79   ② 27.9
③ 2.6   ④ 26.5

해설

토크 $T = 0.975 \dfrac{P_o}{N} = 0.975 \times \dfrac{4000}{1400} = 2.785[kg \cdot m]$

중 제3장 변압기

55 단상 변압기의 3상 Y−Y결선에서 잘못된 것은?

① 제3고조파 전류가 흐르며 유도장해를 일으킨다.
② 역V결선이 가능하다.
③ 권선전압이 선간전압의 3배이므로 절연이 용이하다.
④ 중성점 접지가 된다.

해설 Y−Y 결선의 특성

㉠ 중성점 접지가 가능하여 단절연이 가능하다.
㉡ 이상전압의 발생을 억제할 수 있고 지락사고의 검출이 용이하다.
㉢ 상전압이 선간전압의 $\dfrac{1}{\sqrt{3}}$ 배이므로 고전압결선에 적합하다.
㉣ 중성점을 접지하여 변압기에 제3고조파가 나타나지 않는다.

정답   49 ③ 50 ③ 51 ③ 52 ② 53 ④ 54 ① 55 ③

중 제2장 동기기

56 6극, 슬롯수 54의 동기기가 있다. 전기자코일은 제1슬롯과 제9슬롯에 연결된다고 한다. 기본파에 대한 단절계수를 구하면?

① 약 0.342
② 약 0.981
③ 약 0.985
④ 약 1.0

해설

단절권계수 $K_P = \sin\dfrac{n\beta\pi}{2}$

여기서, n : 고조파차수
β : 단절계수
$\pi = 180°$

단절계수 $\beta = \dfrac{\text{코일피치}}{\text{극피치}} = \dfrac{9-1}{54/6} = \dfrac{8}{9}$

단절권계수 $K_P = \sin\dfrac{\beta\pi}{2}$

$= \sin\dfrac{\dfrac{8}{9}\pi}{2} = 0.985$

상 제2장 동기기

57 전압변동률이 작은 동기발전기는?

① 동기리액턴스가 크다.
② 전기자반작용이 크다.
③ 단락비가 크다.
④ 값이 싸진다.

해설 전압변동률

동기발전기의 여자전류와 정격속도를 일정하게 하고 정격부하에서 무부하로 하였을 때에 단자전압의 변동으로서 전압변동률이 작은 기기는 단락비가 크다.

하 제6장 특수기기

58 단상 정류자전동기에 보상권선을 사용하는 이유는?

① 정류 개선
② 기동토크 조절
③ 속도제어
④ 난조방지

해설

직류용 직권전동기를 교류용으로 사용하면 역률과 효율이 나쁘고 토크가 약해서 정류가 불량이 된다. 이를 개선하기 위하여 전기자에 직렬로 연결한 보상권선을 설치한다.

하 제1장 직류기

59 일정 전압으로 운전하는 직류전동기의 손실이 $x + yI^2$으로 될 때 어떤 전류에서 효율이 최대가 되는가? (단, x, y는 정수이다.)

① $I = \sqrt{\dfrac{x}{y}}$
② $I = \sqrt{\dfrac{y}{x}}$
③ $I = \dfrac{x}{y}$
④ $I = \dfrac{y}{x}$

해설

㉠ 최대 효율조건 : $x = yI^2$
㉡ 효율이 최대가 되는 전류 $I = \sqrt{\dfrac{x}{y}}$ [A]

상 제2장 동기기

60 동기발전기의 돌발 단락전류를 주로 제한하는 것은?

① 동기리액턴스
② 누설리액턴스
③ 권선저항
④ 동기임피던스

해설

동기발전기의 단자가 단락되면 정격전류의 수배에 해당하는 돌발 단락전류가 흐르는 데 수사이클 후 단락전류는 거의 90° 지상전류로 전기자반작용이 발생하여 감자작용(누설리액턴스)을 하므로 전류가 감소하여 지속 단락전류가 된다.

제4과목 회로이론

상 제6장 회로망 해석

61 임피던스 $Z(s) = \dfrac{s+20}{s^2 + 2RLs + 1}$으로 주어지는 2단자 회로에 직류전원 15[A]를 가할 때 이 회로의 단자전압[V]은?

① 200[V]
② 300[V]
③ 400[V]
④ 600[V]

해설

직류를 가하면 $s = 0$이므로 임피던스

$Z(s) = \left[\dfrac{s+20}{s^2 + 2RLs + 1}\right]_{s=0} = \dfrac{20}{1} = 20\,[\Omega]$

∴ 단자전압 : $V = I \times Z(s) = 15 \times 20 = 300[V]$

정답 56 ③ 57 ③ 58 ① 59 ① 60 ② 61 ②

중 제3장 다상 교류회로의 이해

62 대칭 5상 교류에서 선간전압과 상전압 간의 위상차는 몇 도인가?

① 27°   ② 36°

③ 54°   ④ 72°

해설

$$\theta = \frac{\pi}{2} - \frac{\pi}{n} = \frac{\pi}{2}\left(1 - \frac{2}{n}\right) = \frac{180}{2}\left(1 - \frac{2}{5}\right) = 54°$$

상 제6장 회로망 해석

63 어떤 4단자망의 입력단자 $1 - 1'$ 사이의 영상 임피던스 Z_{01}과 출력단자 $2 - 2'$ 사이의 영상 임피던스 Z_{02}가 같게 되려면 4단자 정수 사이에 어떠한 관계가 있어야 하는가?

① $BC = AC$ ② $AB = CD$

③ $B = C$ ④ $A = D$

해설

영상 임피던스 $Z_{01} = \sqrt{\dfrac{AB}{CD}}$, $Z_{02} = \sqrt{\dfrac{BD}{AC}}$

이 두 식이 같게 되려면 $A = D$이다.

상 제2장 단상 교류회로의 이해

64 $i = 10\sin\left(\omega t - \dfrac{\pi}{3}\right)$[A]로 표시되는 전류파형보다 위상이 30° 만큼 앞서고 최대치가 100[V]되는 전압파형 v를 식으로 나타내면 어떤 것인가?

① $v = 100\sin\left(\omega t - \dfrac{\pi}{3}\right)$

② $v = 100\sqrt{2}\sin\left(\omega t - \dfrac{\pi}{6}\right)$

③ $v = 100\sin\left(\omega t - \dfrac{\pi}{6}\right)$

④ $v = 100\sqrt{2}\cos\left(\omega t - \dfrac{\pi}{6}\right)$

해설

위상이 30° 진상이므로

$$\therefore v = 100\sin(\omega t - 60 + 30)$$
$$= 100\sin\left(\omega t - \frac{\pi}{6}\right)[V]$$

상 제6장 회로망 해석

65 L 및 C를 직렬로 접속한 임피던스가 있다. 지금 그림과 같이 L 및 C의 각각에 동일한 무유도저항 R을 병렬로 접속하여 이 합성회로가 주파수에 무관계하게 되는 R의 값은?

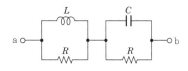

① $R^2 = \dfrac{L}{C}$

② $R^2 = \dfrac{C}{L}$

③ $R^2 = CL$

④ $R^2 = \dfrac{1}{LC}$

해설

정저항조건 : $R^2 = Z_1 Z_2 = \dfrac{L}{C}$

여기서, $Z_1 = j\omega L$, $Z_2 = \dfrac{1}{j\omega C}$

상 제10장 라플라스 변환

66 $F(s) = \dfrac{1}{s(s+a)}$ 의 라플라스 역변환을 구한 것은?

① $1 - e^{-at}$

② $a(1 - e^{-at})$

③ $\dfrac{1}{a}(1 - e^{-at})$

④ e^{-at}

해설

$$F(s) = \frac{1}{s(s+a)}$$
$$= \frac{A}{s} + \frac{B}{s+a} \xrightarrow{\mathcal{L}^{-1}} A + Be^{-at}$$

에서 미지수 A, B는 다음과 같다.

㉠ $A = \lim\limits_{s \to 0} sF(s) = \lim\limits_{s \to 0}\dfrac{1}{s+a} = \dfrac{1}{a}$

㉡ $B = \lim\limits_{s \to -a}(s+a)F(s) = \lim\limits_{s \to -a}\dfrac{1}{s} = -\dfrac{1}{a}$

∴ 함수 $f(t) = A + Be^{-at} = \dfrac{1}{a}(1 - e^{-at})$

정답 62 ③ 63 ④ 64 ③ 65 ① 66 ③

상 제3장 다상 교류회로의 이해

67 대칭 3상 Y부하에서 각 상의 임피던스가 $Z = 3 + j4[\Omega]$이고, 부하전류가 20[A]일 때 이 부하의 선간전압[V]은 얼마인가?

① 14.3 ② 151
③ 173 ④ 193

해설

㉠ 각 상의 임피던스의 크기

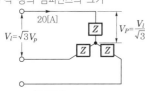

$Z = \sqrt{3^2 + 4^2} = 5[\Omega]$

㉡ Y결선 시 선전류와 상전류의 크기는 같다.
   상전압 : $V_P = I_P \times Z = 20 \times 5 = 100[V]$

∴ Y결선 시 선간전압은 상전압의 $\sqrt{3}$ 배이므로
   $V_l = \sqrt{3}\,V_P = \sqrt{3} \times 100 = 173.2[V]$

상 제1장 직류회로의 이해

68 일정 전압의 직류전원에 저항을 접속하고 전류를 흘릴 때 이 전류값을 20[%] 증가시키기 위해서는 저항값을 몇 배로 하여야 하는가?

① 1.25배 ② 1.2배
③ 0.83배 ④ 0.8배

해설

㉠ 옴의 법칙 $I = \dfrac{V}{R}$에서 저항 $R = \dfrac{V}{I}$이므로 저항은 전류에 반비례한다.

㉡ 전류값을 20[%] 증가$(1.2\,I)$시키기 위한 저항값은 다음과 같다.
   $R_x = \dfrac{V}{1.2I} = 0.83\dfrac{V}{I} = 0.83\,R[\Omega]$

상 제9장 과도현상

69 직류 $R - L$ 직렬회로에서 회로의 시정수값은?

① $\dfrac{R}{L}$ ② $\dfrac{L}{R}$

③ $\dfrac{1}{RL}$ ④ RL

해설

㉠ $R-L$ 회로의 시정수 : $\tau = \dfrac{L}{R}[sec]$

㉡ $R-C$ 회로의 시정수 : $\tau = RC[sec]$

중 제6장 회로망 해석

70 1차 전압 3300[V], 2차 전압 220[V]인 변압기의 권수비(turn ratio)는 얼마인가?

① 15
② 220
③ 3,300
④ 7,260

해설

권수비 $a = \dfrac{N_1}{N_2} = \dfrac{V_1}{V_2} = \dfrac{I_2}{I_1}$

여기서, N_1 : 1차 권수
   N_2 : 2차 권수

∴ $a = \dfrac{V_1}{V_2} = \dfrac{3300}{220} = 15$

상 제3장 다상 교류회로의 이해

71 3상 유도전동기의 출력이 3마력, 전압이 200[V], 효율 80[%], 역률 90[%]일 때 전동기에 유입하는 선전류의 값은 약 몇 [A]인가?

① 7.18[A]
② 9.18[A]
③ 6.84[A]
④ 8.97[A]

해설

유효전력 $P = \sqrt{3}\,VI\cos\theta\,\eta[W]$

여기서, 효율 $\eta = \dfrac{출력}{입력}$

   $1[HP] = 746[W]$

∴ 선전류 $I = \dfrac{P}{\sqrt{3}\,V\cos\theta\,\eta}$

   $= \dfrac{3 \times 746}{\sqrt{3} \times 200 \times 0.9 \times 0.8}$

   $= 8.97[A]$

정답 67 ③ 68 ③ 69 ② 70 ① 71 ④

상 제2장 단상 교류회로의 이해

72 그림과 같은 결합 회로의 합성 인덕턴스는?

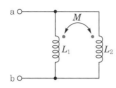

① $\dfrac{L_1 L_2 - M^2}{L_1 + L_2 - 2M}$

② $\dfrac{L_1 L_2 + M^2}{L_1 + L_2 - 2M}$

③ $\dfrac{L_1 L_2 - M^2}{L_1 + L_2 + 2M}$

④ $\dfrac{L_1 L_2 + M^2}{L_1 + L_2 + 2M}$

해설

L_1, L_2는 가동결합이(dot가 같은 방향) 된다.

∴ 합성 인덕턴스 $L_{ab} = \dfrac{L_1 L_2 - M^2}{L_1 + L_2 - 2M}$

상 제1장 직류회로의 이해

73 $\dfrac{9}{4}$[kW] 직류전동기 2대를 매일 5시간씩 30일 동안 운전할 때 사용한 전력량은 약 몇 [kWh]인가? (단, 전동기는 전부하로 운전되는 것으로 하고 효율은 80[%]이다.)

① 650

② 745

③ 844

④ 980

해설

㉠ 전력량(출력)

$W_o = P t = \dfrac{9}{4} \times 2 \times 5 \times 30 = 675[\text{kWh}]$

㉡ 효율 $\eta = \dfrac{출력}{입력} = \dfrac{W_o}{W_i}$

∴ 전동기가 사용한 전력량(입력)

$W_i = \dfrac{W_o}{\eta} = \dfrac{675}{0.8} = 843.75[\text{kWh}]$

상 제4장 비정현파 교류회로의 이해

74 다음과 같은 비정현파 전압의 왜형률을 구하면?

$$e(t) = 50 + 100\sqrt{2}\sin \omega t + 50\sqrt{2} \\ \sin 2\omega t + 30\sqrt{2}\sin 3\omega t[\text{V}]$$

① 1.0

② 0.58

③ 0.8

④ 0.3

해설 고조파 왜형률(Total Harmonics Distortion)

$V_{THD} = \dfrac{고조파만의\ 실횻값}{기본파의\ 실횻값}$

$= \dfrac{\sqrt{50^2 + 30^2}}{100}$

$= 0.58$

중 제10장 라플라스 변환

75 $I(s) = \dfrac{12(s+8)}{4s(s+6)}$ 일 때 전류의 초기값 $i(0^+)$를 구하면?

① 4

② 3

③ 2

④ 1

해설

$\displaystyle \lim_{t \to 0} i(t) = \lim_{s \to \infty} s I(s)$

$\displaystyle = \lim_{s \to \infty} \dfrac{12(s+8)}{4(s+6)}$

$\displaystyle = \lim_{s \to \infty} \dfrac{12 + \dfrac{96}{s}}{4 + \dfrac{24}{s}}$

$= \dfrac{12}{4} = 3$

정답 72 ① 73 ③ 74 ② 75 ②

상 제6장 회로망 해석

76 회로를 테브난(Thevenin)의 등가회로로 변환하려고 한다. 이때 테브난의 등가저항 R_T[Ω]와 등가전압 V_T[V]는?

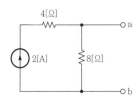

① $R_T = \dfrac{8}{3},\ V_T = 8$

② $R_T = 6,\ V_T = 12$

③ $R_T = 8,\ V_T = 16$

④ $R_T = \dfrac{8}{3},\ V_T = 16$

해설 테브난의 등가변환

㉠ 개방전압 : a, b 양단의 단자전압
$V_T = 8I = 8 \times 2 = 16[V]$

㉡ 등가저항 : 전류원을 개방시킨 상태에서 a, b에서 바라본 합성저항

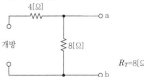

$R_T = 8[\Omega]$

상 제6장 회로망 해석

77 그림과 같은 L형 회로의 4단자 정수는 어떻게 되는가?

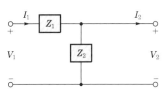

① $A = Z_1,\ B = 1 + \dfrac{Z_1}{Z_2},\ C = \dfrac{1}{Z_2},\ D = 1$

② $A = 1,\ B = \dfrac{1}{Z_2},\ C = 1 + \dfrac{1}{Z_2},\ D = Z_1$

③ $A = 1 + \dfrac{Z_1}{Z_2},\ B = Z_1,\ C = \dfrac{1}{Z_2},\ D = 1$

④ $A = \dfrac{1}{Z_2},\ B = 1,\ C = Z_1,\ D = 1 + \dfrac{Z_1}{Z_2}$

해설

$$\begin{bmatrix} 1 & Z_1 \\ 0 & 1 \end{bmatrix} \begin{bmatrix} 1 & 0 \\ \dfrac{1}{Z_2} & 1 \end{bmatrix} = \begin{bmatrix} 1 + \dfrac{Z_1}{Z_2} & Z_1 \\ \dfrac{1}{Z_2} & 1 \end{bmatrix}$$

상 제9장 과도현상

78 코일의 권회수 $N = 1000$, 저항 $R = 20$[Ω]으로 전류 $I = 10$[A]를 흘릴 때 자속 $\phi = 3 \times 10^{-2}$[Wb]이다. 이 회로의 시정수는?

① $\tau = 0.15$[sec]

② $\tau = 3$[sec]

③ $\tau = 0.4$[sec]

④ $\tau = 4$[sec]

해설 인덕턴스

$$L = \frac{\Phi}{I} = \frac{N\phi}{I} = \frac{1000 \times 3 \times 10^{-2}}{10} = 3[H]$$

∴ 시정수 $\tau = \dfrac{L}{R} = \dfrac{3}{20} = 0.15[sec]$

상 제12장 전달함수

79 다음 시스템의 전달함수$\left(\dfrac{C}{R}\right)$는?

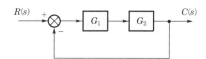

① $\dfrac{G_1 G_2}{1 + G_1 G_2}$

② $\dfrac{G_1 G_2}{1 - G_1 G_2}$

③ $\dfrac{1 + G_1 G_2}{G_1 G_2}$

④ $\dfrac{1 - G_1 G_2}{G_1 G_2}$

해설 종합전달함수(메이슨공식)

$$M(s) = \frac{C(s)}{R(s)} = \frac{\sum 전향경로이득}{1 - \sum 폐루프이득}$$

$$= \frac{G_1 G_2}{1 - (-G_1 G_2)} = \frac{G_1 G_2}{1 + G_1 G_2}$$

정답 76 ③ 77 ③ 78 ① 79 ①

상 제5장 대칭좌표법

80 3상 4선식에서 중성선이 필요하지 않아서 중성선을 제거하여 3상 3선식을 만들기 위한 중성선에서의 조건식은 어떻게 되는가? (단, I_a, I_b, I_c는 각 상의 전류이다.)

① 불평형 3상 $I_a + I_b + I_c = 1$

② 불평형 3상 $I_a + I_b + I_c = \sqrt{3}$

③ 불평형 3상 $I_a + I_b + I_c = 3$

④ 평형 3상 $I_a + I_b + I_c = 0$

해설

3상 회로에서 불평형 발생 시 불평형 전류가 다른 상에 영향을 주는 것을 방지하기 위해 중성선 접지를 실시한다. 따라서, 불평형을 발생시키지 않는 평형 3상일 때 중성선을 제거할 수 있다.

∴ 평형 3상 조건 : $I_a + I_b + I_c = 0$

제5과목 전기설비기술기준

상 제3장 전선로

81 다음 중 제1종 특고압 보안공사를 필요로 하는 가공전선로에 지지물로 사용할 수 있는 것은 어느 것인가?

① A종 철근콘크리트주

② B종 철근콘크리트주

③ A종 철주

④ 목주

해설 특고압 보안공사(KEC 333.22)

제1종 특고압 보안공사 시 전선로의 지지물에는 B종 철주·B종 철근콘크리트주 또는 철탑을 사용할 것(지지물의 강도가 약한 A종 지지물과 목주는 사용할 수 없음)

상 제2장 저압설비 및 고압·특고압설비

82 합성수지관공사 시에 관의 지지점 간의 거리는 몇 [m] 이하로 하여야 하는가?

① 1.0   ② 1.5

③ 2.0   ④ 2.5

해설 합성수지관공사(KEC 232.11)

㉠ 전선은 절연전선을 사용(옥외용 비닐절연전선은 사용불가)

㉡ 전선은 연선일 것. 다만, 다음의 것은 적용하지 않음
• 짧고 가는 합성수지관에 넣은 것
• 단면적 10[mm²](알루미늄선은 단면적 16[mm²]) 이하의 것

㉢ 전선은 합성수지관 안에서 접속점이 없도록 할 것

㉣ 합성수지관의 지지점 간의 거리는 1.5[m] 이하일 것

㉤ 관 상호 간 및 박스와는 관을 삽입하는 깊이를 관의 바깥지름의 1.2배(접착제를 사용 : 0.8배)로 함

㉥ 합성수지제 가요전선관 상호 간은 직접 접속하지 말 것

중 제2장 저압설비 및 고압·특고압설비

83 FELV 계통용 플러그와 콘센트의 사용 시 잘못된 것은?

① 플러그를 다른 전압계통의 콘센트에 꽂을 수 없어야 한다.

② 콘센트는 다른 전압계통의 플러그를 수용할 수 없어야 한다.

③ 콘센트는 보호도체에 접속하여야 한다.

④ 콘센트는 접지도체 및 보호도체에 접속하지 않는다.

해설 기능적 특별저압(FELV)(KEC 211.2.8)

FELV 계통용 플러그와 콘센트는 다음의 모든 요구사항에 부합하여야 한다.

㉠ 플러그를 다른 전압계통의 콘센트에 꽂을 수 없어야 한다.

㉡ 콘센트는 다른 전압계통의 플러그를 수용할 수 없어야 한다.

㉢ 콘센트는 보호도체에 접속하여야 한다.

상 제3장 전선로

84 저압 또는 고압 가공전선로(전기철도용 급전선로는 제외)와 기설 가공약전류전선로(단선식 전화선로 제외)가 병행할 때 유도작용에 의한 통신상의 장해가 생기지 아니하도록 하려면 양자의 이격거리는 최소 몇 [m] 이상으로 하여야 하는가?

① 2   ② 4

③ 6   ④ 8

해설 가공약전류전선로의 유도장해 방지(KEC 332.1)

고·저압 가공전선로가 가공약전류전선과 병행하는 경우 약전류전선과 2[m] 이상 이격시켜야 한다.

상 | 제1장 공통사항

85 접지도체 중 중성점 접지용으로 사용하는 전선의 단면적은 얼마 이상인가?

① 6[mm²] 이상　　② 10[mm²] 이상
③ 16[mm²] 이상　　④ 50[mm²] 이상

해설 접지도체(KEC 142.3.1)

접지도체의 굵기
㉠ 특고압·고압 전기설비용은 6[mm²] 이상의 연동선
㉡ 중성점 접지용은 16[mm²] 이상의 연동선
㉢ 7[kV] 이하의 전로 또는 25[kV] 이하인 특고압 가공전선로로 중성점 다중접지방식(지락 시 2초 이내 전로차단)인 경우 6[mm²] 이상의 연동선

중 | 제2장 저압설비 및 고압·특고압설비

86 SELV 또는 PELV 계통에서 건조한 장소의 경우 기본보호를 하지 않아도 되는 것은?

① 교류 12[V] 또는 직류 30[V]를 초과하지 않는 경우
② 교류 15[V] 또는 직류 40[V]를 초과하지 않는 경우
③ 교류 12[V] 또는 직류 40[V]를 초과하지 않는 경우
④ 교류 15[V] 또는 직류 30[V]를 초과하지 않는 경우

해설 SELV와 PELV 회로에 대한 요구사항 (KEC 211.5.4)

SELV 또는 PELV 계통의 공칭전압이 교류 12[V] 또는 직류 30[V]를 초과하지 않는 경우에는 기본보호를 하지 않아도 된다.

상 | 제2장 저압설비 및 고압·특고압설비

87 건조한 장소로서 전개된 장소에 한하여 고압 옥내배선을 할 수 있는 것은?

① 애자사용공사　　② 합성수지관공사
③ 금속관공사　　　④ 가요전선관공사

해설 고압 옥내배선 등의 시설(KEC 342.1)

고압 옥내배선은 다음에 의하여 시설한다.
㉠ 애자사용배선(건조한 장소로서 전개된 장소에 한한다)
㉡ 케이블배선
㉢ 케이블트레이배선

하 | 제1장 공통사항

88 건축물·구조물과 분리되지 않은 피뢰시스템의 인하도선을 병렬로 설치할 때 Ⅰ·Ⅱ 등급의 최대 간격은 얼마인가?

① 10[m]
② 20[m]
③ 30[m]
④ 40[m]

해설 인하도선시스템(KEC 152.2)

건축물·구조물과 분리되지 않은 피뢰시스템인 경우
㉠ 벽이 불연성 재료로 된 경우에는 벽의 표면 또는 내부에 시설할 수 있다. 다만, 벽이 가연성 재료인 경우에는 0.1[m] 이상 이격하고, 이격이 불가능한 경우에는 도체의 단면적을 100[mm²] 이상으로 한다.
㉡ 인하도선의 수는 2가닥 이상으로 한다.
㉢ 보호대상 건축물·구조물의 투영에 따른 둘레에 가능한 한 균등한 간격으로 배치한다. 다만, 노출된 모서리 부분에 우선하여 설치한다.
㉣ 병렬 인하도선의 최대 간격은 피뢰시스템 등급에 따라 Ⅰ·Ⅱ등급은 10[m], Ⅲ등급은 15[m], Ⅳ등급은 20[m]로 한다.

상 | 전기설비기술기준

89 저압전로의 절연성능에서 SELV, PELV 전로에서의 절연저항은 얼마 이상인가?

① 0.1[MΩ]
② 0.3[MΩ]
③ 0.5[MΩ]
④ 1.0[MΩ]

해설 저압전로의 절연성능(전기설비기술기준 제52조)

전로의 사용전압 [V]	DC시험전압 [V]	절연저항 [MΩ]
SELV 및 PELV	250	0.5
FELV, 500[V] 이하	500	1.0
500[V] 초과	1,000	1.0

정답 85 ③　86 ①　87 ①　88 ①　89 ③

상 제4장 발전소, 변전소, 개폐소 및 기계기구 시설보호

90 고압용의 개폐기, 차단기, 피뢰기, 기타 이와 유사한 기구로서 동작 시에 아크가 생기는 것은 목재의 벽 또는 천장, 기타의 가연성 물체로부터 몇 [m] 이상 떼어놓아야 하는가?

① 1
② 0.8
③ 0.5
④ 0.3

해설 아크를 발생하는 기구의 시설(KEC 341.7)

고압용 또는 특고압용의 개폐기, 차단기, 피뢰기, 기타 이와 유사한 기구로서 동작 시에 아크가 생기는 것은 목재의 벽 또는 천장, 기타의 가연성 물체로부터 떼어놓아야 한다.
㉠ 고압 : 1[m] 이상
㉡ 특고압 : 2[m] 이상(화재의 위험이 없으면 1[m] 이상으로 한다)

상 제3장 전선로

91 전로의 중성점을 접지하는 목적에 해당되지 않는 것은?

① 보호장치의 확실한 동작의 확보
② 이상전압의 억제
③ 대지전압의 저하
④ 부하전류의 일부를 대지로 흐르게 함으로써 전선을 절약

해설 전로의 중성점의 접지(KEC 322.5)

㉠ 전로의 중성점을 접지하는 목적은 전로의 보호장치의 확실한 동작 확보, 이상전압의 억제 및 대지전압의 저하이다.
㉡ 접지도체는 공칭단면적 16[mm²] 이상의 연동선 또는 이와 동등 이상의 세기 및 굵기의 쉽게 부식하지 아니하는 금속선(저압전로의 중성점에 시설하는 것은 공칭단면적 6[mm²] 이상의 연동선 또는 이와 동등 이상의 세기 및 굵기의 쉽게 부식하지 않는 금속선)으로서, 고장 시 흐르는 전류가 안전하게 통할 수 있는 것을 사용하고 또한 손상을 받을 우려가 없도록 시설한다.

중 제3장 전선로

92 특고압 가공전선로의 지지물로 A종 철주를 사용하여 경간을 300[m]로 하는 경우, 전선으로 사용되는 경동연선의 최소 굵기는 몇 [mm²] 이상인가?

① 38
② 50
③ 100
④ 150

해설 특고압 가공전선로의 경간 제한(KEC 333.21)

특고압 가공전선의 단면적이 50[mm²](인장강도 21.67[kN])인 경동연선의 경우의 경간
㉠ 목주・A종 철주 또는 A종 철근콘크리트주를 사용하는 경우 300[m] 이하
㉡ B종 철주 또는 B종 철근콘크리트주를 사용하는 경우 500[m] 이하

상 제3장 전선로

93 사용전압 154[kV]의 가공전선과 식물 사이의 이격거리는 최소 몇 [m] 이상이어야 하는가?

① 2
② 2.6
③ 3.2
④ 3.8

해설 특고압 가공전선과 식물의 이격거리(KEC 333.30)

사용전압의 구분	이격거리
60[kV] 이하	2[m] 이상
60[kV] 초과	2[m]에 사용전압이 60[kV]를 초과하는 10[kV] 또는 그 단수마다 0.12[m]을 더한 값 이상

$(154[kV]-60[kV])\div10=9.4$에서 절상하여 단수는 10으로 한다.
식물과의 이격거리 $=2+(10\times0.12)=3.2[m]$

상 제1장 공통사항

94 다음 중 접지시스템의 시설 종류에 해당되지 않는 것은?

① 보호접지
② 단독접지
③ 공통접지
④ 통합접지

해설 접지시스템의 구분 및 종류(KEC 141)

접지시스템의 시설 종류에는 단독접지, 공통접지, 통합접지가 있다.

정답 90 ① 91 ④ 92 ② 93 ③ 94 ①

상 제2장 저압설비 및 고압·특고압설비

95 금속덕트공사에 의한 저압 옥내배선공사 중 시설기준에 적합하지 않은 것은?

① 금속덕트에 넣은 전선의 단면적의 합계가 내부 단면적의 20[%] 이하가 되게 하였다.
② 덕트 상호 및 덕트와 금속관과는 전기적으로 완전하게 접속했다.
③ 덕트를 조영재에 붙이는 경우 덕트의 지지점 간의 거리를 4[m] 이하로 견고하게 붙였다.
④ 안쪽 면은 전선의 피복을 손상시키는 돌기가 없는 것을 사용하였다.

해설 금속덕트공사(KEC 232.31)

㉠ 전선은 절연전선일 것(옥외용 비닐절연전선은 제외)
㉡ 금속덕트에 넣은 전선의 단면적(절연피복의 단면적을 포함)의 합계는 덕트의 내부 단면적의 20[%](전광표시장치, 기타 이와 유사한 장치 또는 제어회로 등의 배선만을 넣는 경우에는 50[%]) 이하일 것
㉢ 금속덕트 안에는 전선에 접속점이 없도록 할 것
㉣ 폭이 40[mm] 이상, 두께가 1.2[mm] 이상인 철판 또는 동등 이상의 기계적 강도를 가지는 금속제의 것으로 견고하게 제작한 것일 것
㉤ 안쪽 면은 전선의 피복을 손상시키는 돌기가 없는 것일 것
㉥ 덕트의 지지점 간의 거리는 3[m](취급자 이외의 자가 출입할 수 없도록 설비한 곳에서 수직으로 붙이는 경우에는 6[m]) 이하로 할 것

중 제2장 저압설비 및 고압·특고압설비

96 과부하에 대해 케이블 및 전선을 보호하는 장치의 동작전류 I_2(보호장치가 규약시간 이내에 유효하게 동작하는 것을 보장하는 전류)는 케이블의 허용전류 몇 배 이내에 동작하여야 하는가?

① 1.1
② 1.13
③ 1.45
④ 1.6

해설 과부하전류에 대한 보호(KEC 212.4)

과부하에 대해 케이블(전선)을 보호하는 장치의 동작특성
㉠ $I_B \leq I_n \leq I_Z$
㉡ $I_2 \leq 1.45 \times I_Z$
(I_B : 회로의 설계전류, I_Z : 케이블의 허용전류, I_n : 보호장치의 정격전류, I_2 : 보호장치가 규약시간 이내에 유효하게 동작하는 것을 보장하는 전류)

상 제3장 전선로

97 고압 가공전선에 경동선을 사용하는 경우 안전율은 얼마 이상이 되는 이도로 시설하여야 하는가?

① 2.0
② 2.2
③ 2.5
④ 2.6

해설 고압 가공전선의 안전율(KEC 332.4)

㉠ 경동선 또는 내열 동합금선 : 2.2 이상이 되는 이도로 시설
㉡ 그 밖의 전선(예 강심알루미늄연선, 알루미늄선) : 2.5 이상이 되는 이도로 시설

상 제3장 전선로

98 154[kV]의 특고압 가공전선을 시가지에 시설하는 경우 전선의 지표상의 최소 높이는 얼마인가?

① 11.44[m]
② 11.8[m]
③ 13.44[m]
④ 13.8[m]

해설 시가지 등에서 특고압 가공전선로의 시설 (KEC 333.1)

전선의 지표상의 높이는 다음에서 정한 값 이상일 것

사용전압의 구분	지표상의 높이
35[kV] 이하	10[m] 이상 (전선이 특고압 절연전선인 경우에는 8[m])
35[kV] 초과	10[m]에 35[kV]를 초과하는 10[kV] 또는 그 단수마다 0.12[m]를 더한 값

35[kV]를 넘는 10[kV] 단수는 다음과 같다.
$(154 - 35) \div 10 = 11.9$에서 절상하여 단수는 12로 한다.
12단수이므로 154[kV] 가공전선의 지표상 높이는 다음과 같다.
$10 + 12 \times 0.12 = 11.44$[m]

하 제2장 저압설비 및 고압·특고압설비

99 사용전압 400[V] 미만인 진열장 내의 배선에 사용하는 캡타이어케이블의 단면적은 최소 몇 [mm²]인가?

① 0.5
② 0.75
③ 1.5
④ 1.25

정답 95 ③ 96 ③ 97 ② 98 ① 99 ②

해설 진열장 또는 이와 유사한 것의 내부 배선 (KEC 234.8)

㉠ 건조한 장소에 시설하고 또한 내부를 건조한 상태로 사용하는 진열장 또는 이와 유사한 것의 내부에 사용전압이 400[V] 이하의 배선을 외부에서 잘 보이는 장소에 한하여 코드 또는 캡타이어케이블로 직접 조영재에 밀착하여 배선할 것
㉡ 전선의 배선은 단면적 0.75[mm²] 이상의 코드 또는 캡타이어케이블일 것

상 제4장 발전소, 변전소, 개폐소 및 기계기구 시설보호

100 일반 변전소 또는 이에 준하는 곳의 주요 변압기에 시설하여야 하는 계측장치로 옳은 것은?

① 전류, 전력 및 주파수
② 전압, 주파수 및 역률
③ 전압 및 전류 또는 전력
④ 전력, 역률 또는 주파수

해설 계측장치(KEC 351.6)

변전소에 설치하는 계측하는 장치
㉠ 주요 변압기의 전압 및 전류 또는 전력
㉡ 특고압용 변압기의 온도

2023년 제2회 CBT 기출복원문제

제1과목 전기자기학

상 제9장 자성체와 자기회로

01 자극 가까이에 물체를 두었을 때 자화되는 물체와 자석이 그림과 같은 방향으로 자화되는 자성체는?

자화되는 물체
↓

① 상자성체
② 반자성체
③ 강자성체
④ 비자성체

해설 자성체의 종류

㉠ 비자성체 : 자석으로 변하지 않는 물질
㉡ 상자성체 : 외부 N극 쪽에 S극이, 외부 S극쪽에 N극이 형성되는 물질
㉢ 강자성체 : 상자성체와 극의 방향이 같고 자성이 상자성체보다 매우 강한 물질
㉣ 반자성체(역자성체) : 상자성체와 극의 방향이 반대인 물질(외부 N극 쪽에 N극이, 외부 S극 쪽에 S극이 형성됨)

중 제5장 전기 영상법

02 접지된 무한 평면도체 전방의 한 점 P에 있는 점전하 $+Q$[C]의 평면도체에 대한 영상전하는?

① 점 P의 대칭점에 있으며 전하는 $-Q$[C]이다.
② 점 P의 대칭점에 있으며 전하는 $-2Q$[C]이다.
③ 평면도체상에 있으며 전하는 $-Q$[C]이다.
④ 평면도체상에 있으며 전하는 $-2Q$[C]이다.

해설 무한 평면도체와 점전하

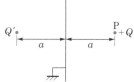

∴ 영상전하 : $Q' = -Q$

하 제4장 유전체

03 평행판 콘덴서에 비유전율 ε_s 인 유전체를 채웠을 때 엘라스턴스가 아닌 것은? (단, 극간간격 t[m], 극판면적 A[m²], 가한 전압 V[V], 정전용량 C[F], 전기량 Q[C]이다.)

① $\dfrac{t}{\varepsilon_0 \varepsilon_s A}$

② $\dfrac{1}{C}$

③ $\dfrac{V}{Q}$

④ $\dfrac{8.855 \times 10^{-12} \times t}{\varepsilon_s A}$

해설

㉠ 평행판 콘덴서의 정전용량

$$C = \frac{Q}{V}$$

$$= \frac{\varepsilon_0 \varepsilon_s A}{t} \text{[F]}$$

㉡ 엘라스턴스(정전용량의 역수)

$$P = \frac{1}{C} = \frac{V}{Q}$$

$$= \frac{t}{\varepsilon_0 \varepsilon_s A}$$

$$= \frac{t}{8.855 \times 10^{-12} \times \varepsilon_s A} \text{[1/F]}$$

정답 01 ② 02 ① 03 ④

중 제10장 전자유도법칙

04 코일을 지나는 자속이 $\cos\omega t$에 따라 변화할 때 코일에 유도되는 유도기전력의 최대치는 주파수와 어떤 관계가 있는가?

① 주파수에 반비례
② 주파수에 비례
③ 주파수 제곱에 반비례
④ 주파수 제곱에 비례

해설

㉠ $\phi = \phi_m \cos\omega t$에서 유도기전력

$$e = -N\frac{d\phi}{dt} = -N\frac{d}{dt}(\phi_m \cos\omega t)$$
$$= \omega N\phi_m \sin\omega t[\text{V}]$$

㉡ 유도기전력의 최댓값

$$e_m = \omega N\phi_m = 2\pi f N B_m S[\text{V}]$$

여기서, 각주파수 $\omega = 2\pi f$, 자속 $\phi = B\cdot S$

∴ 유도기전력은 주파수(f), 자속밀도(B)에 비례한다.

상 제8장 전류의 자기현상

05 2[cm]의 간격을 가진 선간전압 6600[V]인 두 개의 평형도선에 2000[A]의 전류가 흐를 때 도선 1[m]마다 작용하는 힘은 몇 [N/m]인가?

① 20
② 30
③ 40
④ 50

해설 평행도선 사이에 작용하는 힘

$$f = \frac{2I_1 I_2}{r} \times 10^{-7}$$
$$= \frac{2\times(2000)^2 \times 10^{-7}}{2\times 10^{-2}} = 40[\text{N/m}]$$

상 제12장 전자계

06 물의 유전율을 ε, 투자율을 μ라 할 때 물속에서의 전파속도는 몇 [m/s]인가?

① $\dfrac{1}{\sqrt{\varepsilon\mu}}$
② $\sqrt{\varepsilon\mu}$
③ $\sqrt{\dfrac{\mu}{\varepsilon}}$
④ $\sqrt{\dfrac{\varepsilon}{\mu}}$

해설 전자파의 전파속도

$$v = \frac{1}{\sqrt{\varepsilon\mu}} = \frac{1}{\sqrt{\varepsilon_s \varepsilon_0 \mu_0 \mu_s}} = \frac{3\times 10^8}{\sqrt{\varepsilon_s \mu_s}}[\text{m/s}]$$

상 제2장 진공 중의 정전계

07 무한히 넓은 평행한 평판 전극 사이의 전위차는 몇 [V]인가? (단, 평행판 전하밀도 σ[C/m²], 판간거리 d[m]라 한다.)

① $\dfrac{\sigma}{\varepsilon_0}$
② $\dfrac{\sigma}{\varepsilon_0}d$
③ σd
④ $\dfrac{\varepsilon_0 \sigma}{d}$

해설

㉠ 평행판 도체 사이의 전계 : $E = \dfrac{\sigma}{\varepsilon_0}$

㉡ 전위차 : $V = Ed = \dfrac{\sigma}{\varepsilon_0}d[\text{V}]$

상 제11장 인덕턴스

08 환상 철심에 권수 20회의 A코일과 권수 80회의 B코일이 있을 때 A코일의 자기 인덕턴스가 5[mH]라면 두 코일의 상호 인덕턴스는 몇 [mH]인가?

① 20
② 40
③ 60
④ 80

해설 자기 인덕턴스와 상호 인덕턴스

㉠ 1차측 자기 인덕턴스 : $L_1 = \dfrac{\mu S N_1^2}{l}$

㉡ 2차측 자기 인덕턴스 : $L_2 = \dfrac{\mu S N_2^2}{l}$

㉢ 상호 인덕턴스 : $M = \dfrac{\mu S N_1 N_2}{l}$

㉣ ㉢식에 의 $\dfrac{\mu S}{l} = \dfrac{L_1}{N_1^2}$을 대입하면

$$\therefore M = \frac{N_2}{N_1} \times L_1 = \frac{80}{20} \times 5 = 20[\text{mH}]$$

상 제9장 자성체와 자기회로

09 권수 600회, 평균 직경 20[cm], 단면적 10[cm²]의 환상 솔레노이드 내부에 비투자율 800의 철심이 들어있다. 여기에 1[A]의 전류를 흘린다면 철심 중의 자속은 몇 [Wb]인가?

① 9.6×10^{-2}
② 9.6×10^{-3}
③ 9.6×10^{-4}
④ 9.6×10^{-5}

정답 04 ② 05 ③ 06 ① 07 ② 08 ① 09 ③

해설

㉠ 기자력 : $F = IN$[AT]

㉡ 자기저항 : $R_m = \dfrac{l}{\mu S} = \dfrac{l}{\mu_0 \mu_r S}$[AT/Wb]

∴ 자속

$$\phi = \frac{F}{R_m} = \frac{\mu_0 \mu_r SNI}{l} = \frac{\mu_0 \mu_r SNI}{\pi D}$$

$$= \frac{4\pi \times 10^{-7} \times 800 \times 10 \times 10^{-4} \times 600 \times 1}{3.14 \times 20 \times 10^{-2}}$$

$$= 9.6 \times 10^{-4} \text{[Wb]}$$

여기서, D : 평균 직경[m]

중 **제4장 유전체**

10 패러데이관은 단위전위차마다 몇 [J]의 에너지를 저장하고 있는가?

① $\dfrac{1}{2}$

② $\dfrac{1}{2} ED$

③ 1

④ ED

해설 패러데이관의 성질

㉠ 패러데이관 내의 전속수는 일정하다.

㉡ 패러데이관 내의 양단에는 정·부의 단위전하가 있다.

㉢ 패러데이관의 밀도는 전속밀도와 같다.

㉣ 패러데이관은 단위전위차마다 $\dfrac{1}{2}$[J]의 에너지를 저장한다.

상 **제2장 진공 중의 정전계**

11 정전 흡인력에 대한 설명 중 옳은 것은?

① 정전 흡인력은 전압의 제곱에 비례한다.

② 정전 흡인력은 극판 간격에 비례한다.

③ 정전 흡인력은 극판 면적의 제곱에 비례한다.

④ 정전 흡인력은 쿨롱의 법칙으로 직접 계산된다.

해설 전계 에너지

㉠ 정전 에너지 : $W = \dfrac{1}{2} CV^2$[J]

㉡ 정전 흡인력 : $F = \dfrac{W}{d} = \dfrac{1}{2d} CV^2$[N]

상 **제8장 전류의 자기현상**

12 평균 반지름 10[cm]의 환상 솔레노이드에 5[A]의 전류가 흐를 때 내부자계가 1600 [AT/m]이었다. 권수는 약 얼마인가?

① 180회

② 190회

③ 200회

④ 210회

해설

환상 솔레노이드 자계의 세기 $H = \dfrac{NI}{2\pi r}$에서

∴ 권수

$$N = \frac{2\pi r H}{I} = \frac{2\pi \times 0.1 \times 1600}{5}$$

$$= 201 \fallingdotseq 200회$$

상 **제3장 정전용량**

13 정전용량이 4[μF], 5[μF], 6[μF]이고 각각의 내압이 순서대로 500[V], 450[V], 350[V]인 콘덴서 3개를 직렬로 연결하고 전압을 서서히 증가시키면 콘덴서의 상태는 어떻게 되겠는가? (단, 유전체의 재질 및 두께는 같다.)

① 동시에 모두 파괴된다.

② 4[μF]의 콘덴서가 제일 먼저 파괴된다.

③ 5[μF]의 콘덴서가 제일 먼저 파괴된다.

④ 6[μF]의 콘덴서가 제일 먼저 파괴된다.

해설

'최대 전하 = 내압×정전용량'의 결과 최대 전하량값이 작은 것이 먼저 파괴된다.

㉠ $Q_1 = C_1 V_1 = 4 \times 500 = 2000$[$\mu$C]

㉡ $Q_2 = C_2 V_2 = 5 \times 450 = 2250$[$\mu$C]

㉢ $Q_3 = C_3 V_3 = 6 \times 350 = 2100$[$\mu$C]

∴ 4[μF]이 먼저 파괴된다.

중 **제1장 벡터**

14 $A = -i\,7 - j$, $B = -i\,3 - j\,4$의 두 벡터가 이루는 각은 몇 도인가?

① 30°

② 45°

③ 60°

④ 90°

정답 10 ① 11 ① 12 ③ 13 ② 14 ②

해설

두 벡터가 이루는 사이각은 내적 공식을 이용하여 풀이할 수 있다.

㉠ 내적 : $\vec{A} \cdot \vec{B} = |A||B|\cos\theta$

㉡ $\vec{A} \cdot \vec{B} = (-i\,7 - j) \cdot (-i\,3 - j\,4)$
$= 21 + 4 = 25$

㉢ $|A| = \sqrt{7^2 + 1^2}$
$= \sqrt{50} = 5\sqrt{2}$

㉣ $|B| = \sqrt{3^2 + 4^2} = 5$

$\therefore \theta = \cos^{-1}\dfrac{\vec{A} \cdot \vec{B}}{|A||B|} = \cos^{-1}\dfrac{25}{25\sqrt{2}} = 45°$

중 제10장 전자유도법칙

15 서울에서 부산 방향으로 향하는 제트기가 있다. 제트기가 대지면과 나란하게 1235[km/h]로 비행할 때, 제트기 날개 사이에 나타나는 전위차[V]는? (단, 지구의 자기장은 대지면에서 수직으로 향하고, 그 크기는 30[A/m]이고, 제트기의 몸체 표면은 도체로 구성되며, 날개 사이의 길이는 65[m]이다.)

① 0.42 ② 0.84
③ 1.68 ④ 3.03

해설

제트기(도체)가 대지 표면에서 발생되는 자기장을 끊어나가면 제트기 표면에는 기전력이 유도된다. (플레밍의 오른손 법칙)

$\therefore$ 유도기전력
$e = vBl\sin\theta = v\mu_0Hl\sin\theta$

$= \dfrac{1235}{3600} \times 4\pi \times 10^{-7} \times 30 \times 65 \times \sin90°$

$= 0.84[\text{V}]$

상 제2장 진공 중의 정전계

16 진공 중에 놓여있는 2×10^3[C]의 정전하로부터 1[m] 떨어진 점 A와 2[m] 떨어진 점 B에서의 전속밀도 D_A, D_B는 각각 몇 [C/m²]인가?

① $D_A = 159,\ D_B = 40$

② $D_A = 0.4,\ D_B = 16$

③ $D_A = 40,\ D_B = 159$

④ $D_A = 16,\ D_B = 0.4$

해설

전속밀도 $D = \dfrac{Q}{4\pi r^2}$에서

㉠ $D_A = \dfrac{2 \times 10^3}{4\pi \times 1} = 159[\text{C/m}^2]$

㉡ $D_B = \dfrac{2 \times 10^3}{4\pi \times 2^2} = 40[\text{C/m}^2]$

상 제2장 진공 중의 정전계

17 무한길이의 직선 도체에 전하가 균일하게 분포되어 있다. 이 직선 도체로부터 l인 거리에 있는 점의 전계의 세기는?

① l에 비례한다.

② l에 반비례한다.

③ l^2에 비례한다.

④ l^2에 반비례한다.

해설

선전하의 전계 $E = \dfrac{\lambda}{2\pi\varepsilon_0 r}$에서 $r = l$이므로, 전계 E는 거리 l에 반비례한다.

상 제12장 전자계

18 평면파 전자파의 전계와 자계 사이의 관계식은?

① $E = \sqrt{\dfrac{\varepsilon}{\mu}}\,H$ ② $E = \sqrt{\mu\varepsilon}\,H$

③ $E = \sqrt{\dfrac{\mu}{\varepsilon}}\,H$ ④ $E = \sqrt{\dfrac{1}{\mu\varepsilon}}\,H$

해설

㉠ 평면 전자파의 전계와 자계 사이의 관계
$\sqrt{\varepsilon}\,E = \sqrt{\mu}\,H$

㉡ 전계의 세기 : $E = \sqrt{\dfrac{\mu}{\varepsilon}}\,H$

상 제5장 전기 영상법

19 공기 중에서 무한평면도체 표면 아래의 1[m] 떨어진 곳에 1[C]의 점전하가 있다. 이 전하가 받는 힘의 크기는 몇 [N]인가?

① 9×10^9 ② $\dfrac{9}{2} \times 10^9$

③ $\dfrac{9}{4} \times 10^9$ ④ $\dfrac{9}{10} \times 10^9$

정답 15 ② 16 ① 17 ② 18 ③ 19 ③

해설 무한평면과 점전하에 의한 작용력

$$\therefore \ F = \frac{Q^2}{4\pi\varepsilon_0 r^2} = \frac{-Q^2}{4\pi\varepsilon_0 (2a)^2}$$
$$= \frac{9 \times 10^9}{4} \times \frac{-Q^2}{a^2} = -\frac{9}{4} \times 10^9 [\text{N}]$$

중 　제6장 전류

20 금속 도체의 전기저항은 일반적으로 온도와 어떤 관계인가?

① 전기저항은 온도의 변화에 무관하다.
② 전기저항은 온도의 변화에 대해 정특성을 가진다.
③ 전기저항은 온도의 변화에 대해 부특성을 가진다.
④ 금속도체의 종류에 따라 전기저항의 온도 특성은 일관성이 없다.

해설

일반적으로 금속은 정특성 온도계수, 전해액이나 반도체에서는 부특성 온도계수를 나타낸다.

제2과목　전력공학

중 　제7장 이상전압 및 유도장해

21 가공지선에 관한 사항 중 틀린 것은?

① 직격뢰를 방지하는 효과
② 유도뢰를 저감하는 효과
③ 차폐각이 커지는 효과
④ 사고시 통신선에 전자유도장애 경감

해설 가공지선의 설치 효과

㉠ 직격뢰로부터 선로 및 기기 차폐
㉡ 유도뢰에 의한 정전차폐효과
㉢ 통신선의 전자유도장해를 경감시킬 수 있는 전자차폐효과

상 　제2장 전선로

22 송전선에 복도체를 사용하는 주된 목적은 어느 것인가?

① 역률 개선
② 정전용량의 감소

③ 인덕턴스의 증가
④ 코로나 발생의 방지

해설 복도체 및 다도체 사용목적

㉠ 인덕턴스는 감소하고 정전용량은 증가한다.
㉡ 같은 단면적의 단도체에 비해 전류용량이 증대된다.
㉢ 송전용량이 증가한다.
㉣ 코로나 임계전압의 상승으로 코로나현상이 방지된다.

상 　제6장 중성점 접지방식

23 중성점 저항접지방식의 병행 2회선 송전선로의 지락사고 차단에 사용되는 계전기는?

① 선택접지계전기
② 과전류계전기
③ 거리계전기
④ 역상계전기

해설

① 선택지락(접지)계전기(SGR) : 병행 2회선 송전선로에서 지락사고 시 고장회선만을 선택차단할 수 있게 하는 계전기
② 과전류계전기 : 전류의 크기가 일정치 이상으로 되었을 때 동작하는 계전기
③ 거리계전기 : 전압과 전류의 비가 일정치 이하인 경우에 동작하는 계전기로서 송전선로 단락 및 지락사고 보호에 이용
④ 역상계전기 : 역상분전압 또는 전류의 크기에 따라 동작하는 계전기로 전력설비의 불평형 운전 또는 결상운전 방지를 위해 설치

중 　제8장 송전선로 보호방식

24 수전용 변전설비의 1차측에 설치하는 차단기의 용량은 어느 것에 의하여 정하는가?

① 수전전력과 부하율
② 수전계약용량
③ 공급측 전원의 단락용량
④ 부하설비용량

해설

차단기의 차단용량(= 단락용량) $P_s = \dfrac{100}{\%Z} \times P_n [\text{kVA}]$

여기서 $\%Z$: 전원에서 고장점까지의 퍼센트임피던스
P_n : 공급측의 전원용량(= 기준용량 또는 변압기용량)

정답　20 ② 21 ③ 22 ④ 23 ① 24 ③

중 제9장 배전방식

25 망상(network) 배전방식에 대한 설명으로 옳은 것은?

① 부하증가에 대한 융통성이 적다.
② 전압변동이 대체로 크다.
③ 인축에 대한 감전사고가 적어서 농촌에 적합하다.
④ 무정전 공급에 가능하다.

해설 네트워크 배전방식의 특징

㉠ 무정전 공급이 가능하고 공급의 신뢰도가 높다.
㉡ 부하 증가에 대해 융통성이 좋다.
㉢ 전력손실이나 전압강하가 적고 기기의 이용률이 향상된다.
㉣ 인축에 대한 접지사고가 증가한다.
㉤ 네트워크 변압기나 네트워크 프로텍터 설치에 따른 설비비가 비싸다.
㉥ 대형 빌딩가와 같은 고밀도 부하밀집지역에 적합하다.

상 제3장 선로정수 및 코로나현상

26 다도체를 사용한 송전선로가 있다. 단도체를 사용했을 때와 비교할 때 옳은 것은? (단, L은 작용인덕턴스이고, C는 작용정전용량이다.)

① L과 C 모두 감소한다.
② L과 C 모두 증가한다.
③ L은 감소하고, C는 증가한다.
④ L은 증가하고, C는 감소한다.

해설 복도체나 다도체를 사용할 때 특성

㉠ 인덕턴스는 감소하고, 정전용량은 증가한다.
㉡ 같은 단면적의 단도체에 비해 전류용량이 증대된다.
㉢ 안정도가 증가하여 송전용량이 증가한다.
㉣ 등가반경이 커져 코로나 임계전압의 상승으로 코로나현상이 방지된다.

중 제11장 발전

27 유효낙차 100[m], 최대사용수량 20[m³/s], 설비이용률 70[%]의 수력발전소의 연간 발전전력량[kWh]은 대략 얼마인가? (단, 수차발전기의 종합 효율은 80[%]임)

① 25×10^6
② 50×10^5
③ 100×10^6
④ 200×10^5

해설

수력발전소 출력 $P = 9.8HQk\eta$[kW]
여기서, H : 유효낙차[m]
　　　　Q : 유량[m³/s]
　　　　k : 설비이용률
　　　　η : 효율
$P = 9.8 \times 100 \times 20 \times 0.7 \times 0.8 \times 365 \times 24$
　$= 96149760 ≒ 100 \times 10^6$[kWh]

상 제2장 전선로

28 소호환(arcing ring)의 설치목적은?

① 애자련의 보호
② 클램프의 보호
③ 이상전압 발생의 방지
④ 코로나손의 방지

해설

㉠ 이상전압으로부터 애자련을 보호하기 위해 소호각, 소호환을 사용한다.
㉡ 소호각, 소호환의 설치 목적
　• 이상전압으로 인한 섬락사고 시 애자련의 보호
　• 애자련의 전압분담 균등화

중 제5장 고장 계산 및 안정도

29 전력계통의 안정도 향상대책으로 볼 수 없는 것은?

① 직렬콘덴서 설치
② 병렬콘덴서 설치
③ 중간개폐소 설치
④ 고속차단, 재폐로방식 채용

해설 안정도를 증진시키는 방법

㉠ 직렬리액턴스를 작게 한다.
㉡ 선로에 복도체를 사용하거나 병행회선수를 늘린다.
㉢ 선로에 직렬콘덴서를 설치한다.
㉣ 단락비를 크게 한다.
㉤ 속응여자방식을 채용한다.
㉥ 고장구간을 신속히 차단시키고 재폐로방식을 채택한다.
㉦ 중간개폐소를 설치하여 사고 시 고장구간을 축소한다.

정답 25 ④　26 ③　27 ③　28 ①　29 ②

30 연간 전력량 E[kWh], 연간 최대전력 W[kW]인 경우의 연부하율을 구하는 식은?

① $\dfrac{E}{W}$

② $\dfrac{W}{E}$

③ $\dfrac{8760\,W}{E}$

④ $\dfrac{E}{8760\,W}$

해설 부하율

전기설비의 유효하게 이용되고 있는 정도를 나타내는 수치로서 부하율이 클수록 설비가 잘 이용되고 있음을 나타낸다.

$$부하율 = \frac{평균수요전력}{최대수용전력} \times 100[\%]$$

$$= \frac{평균부하전력}{최대부하전력} \times 100[\%]$$

평균전력은 연간 전력량을 1시간 기준으로 나타내야 하므로

$$연부하율 = \frac{\dfrac{E}{365\times 24}}{W} \times 100 = \frac{E}{8760\,W} \times 100[\%]$$

31 초고압 장거리 송전선로에 접속되는 1차 변전소에 분로리액터를 설치하는 목적은?

① 송전용량을 증가

② 전력손실의 경감

③ 과도안정도의 증진

④ 페란티효과의 방지

해설

무부하 및 경부하 시 발생하는 페란티 현상은 1차 변전소의 3권선 변압기 3차측 권선에 분로리액터(Sh·R)를 설치하여 방지한다.

32 수차의 특유속도 N_s를 표시하는 식은? (단, N은 수차의 정격회전수, H는 유효낙차[m], P는 유효낙차 H에 있어서의 최대출력[kW])

① $\dfrac{NP^{\frac{1}{2}}}{H^{\frac{5}{4}}}$

② $\dfrac{NP^{\frac{1}{2}}}{H^{\frac{2}{3}}}$

③ $\dfrac{NP^{\frac{3}{2}}}{H^{\frac{3}{4}}}$

④ $\dfrac{NP}{H^{\frac{1}{2}}}$

해설

$$특유속도 \quad N_s = \frac{NP^{\frac{1}{2}}}{H^{\frac{5}{4}}} = N \times \frac{\sqrt{P}}{H^{\frac{5}{4}}}[\text{rpm}]$$

33 보일러급수 중에 포함되어 있는 염류가 보일러 물이 증발함에 따라 그 농도가 증가되어 용해도가 작은 것부터 차례로 침전하여 보일러의 내벽에 부착되는 것을 무엇이라 하는가?

① 프라이밍(priming)

② 포밍(forming)

③ 캐리오버(carry over)

④ 스케일(scale)

해설 보일러급수의 불순물에 의한 장해

㉠ 프라이밍 : 일명 기수공발이라고도 하며 보일러 드럼에서 증기와 물의 분리가 잘 안되어 증기 속에 수분이 섞여서 같이 끓는 현상

㉡ 포밍 : 정상적인 물은 1기압 상태에서 100[℃]에 증발하여야 하는데 이보다 낮은 온도에서 물이 증발하는 현상

㉢ 캐리오버 : 수증기 속에 포함한 물이 터빈까지 전달되는 현상

34 동작전류의 크기에 관계없이 일정한 시간에 동작하는 한시특성을 갖는 계전기는?

① 순한시계전기

② 정한시계전기

③ 반한시계전기

④ 반한시성 정한시계전기

정답 30 ④ 31 ④ 32 ① 33 ④ 34 ②

해설 계전기의 한시 특성에 의한 분류

㉠ 순한시계전기 : 최소동작전류 이상의 전류가 흐르면 즉시 동작하는 것
㉡ 반한시계전기 : 동작전류가 커질수록 동작시간이 짧게 되는 특성을 가진 것
㉢ 정한시계전기 : 동작전류의 크기에 관계없이 일정한 시간에서 동작하는 것
㉣ 정한시 반한시계전기 : 동작전류가 적은 동안에는 반한시 특성으로 되고 그 이상에서는 정한시 특성이 되는 것

상 제7장 이상전압 및 유도장해

35 송전선로에서 매설지선을 사용하는 주된 목적은?

① 코로나 전압을 저감시키기 위하여
② 뇌해를 방지하기 위하여
③ 유도장해를 줄이기 위하여
④ 인축의 감전사고를 막기 위하여

해설

매설지선은 철탑의 탑각 접지저항을 작게 하기 위한 지선으로 역섬락(＝뇌해)을 방지하기 위해 사용한다.

상 제8장 송전선로 보호방식

36 변전소에서 수용가로 공급되는 전력을 끊고 소내 기기를 점검할 필요가 있을 경우와 점검이 끝난 후 차단기와 단로기를 개폐시키는 동작을 설명한 것이다. 옳은 것은?

① 점검 시에는 차단기로 부하회로를 끊고 단로기를 열어야 하며, 점검한 후 차단기로 부하회로를 연결한 후 다음 단로기를 넣어야 한다.
② 점검 시에는 단로기를 열고 난 후 차단기를 열어야 하며, 점검 후에는 단로기를 넣고 난 다음 차단기로 부하회로를 연결하여야 한다.
③ 점검 시에는 단로기를 열고 난 후 차단기를 열어야 하며, 점검이 끝난 경우 차단기를 부하에 연결한 다음 단로기를 넣어야 한다.
④ 점검 시에는 차단기로 부하회로를 끊고 난 다음 단로기를 열여야 하며, 점검 후에는 단로기를 넣은 후 차단기를 넣어야 한다.

해설 단로기 조작순서(차단기와 연계하여 동작)

• 전원 투입(급전) : DS on → CB on
• 전원 차단(정전) : CB off → DS off

상 제6장 중성점 접지방식

37 송전계통의 중성점을 접지하는 목적으로 옳지 않은 것은?

① 전선로의 대지전위의 상승을 억제하고 전선로와 기기의 절연을 경감시킨다.
② 소호리액터 접지방식에서는 1선 지락 시 지락점 아크를 빨리 소멸시킨다.
③ 차단기의 차단용량의 절연을 경감시킨다.
④ 지락고장에 대한 계전기의 동작을 확실하게 하여 신속하게 사고 차단을 한다.

해설 송전선의 중성점 접지의 목적

㉠ 대지전압 상승억제 : 지락고장 시 건전상 대지전압 상승억제 및 전선로와 기기의 절연레벨 경감 목적
㉡ 이상전압 상승억제 : 뇌, 아크지락, 기타에 의한 이상전압 경감 및 발생방지 목적
㉢ 계전기의 확실한 동작 확보 : 지락사고 시 지락계전기의 확실한 동작 확보
㉣ 아크지락 소멸 : 소호리액터 접지인 경우 1선 지락 시 아크지락의 신속한 아크소멸로 송전선을 지속

하 제11장 발전

38 소수력발전의 장점이 아닌 것은?

① 국내 부존자원 활용
② 일단 건설 후에는 운영비가 저렴
③ 전력 생산 외에 농업용수 공급, 홍수조절에 기여
④ 양수발전과 같이 첨두부하에 대한 기여도가 많음

해설 소수력발전의 특성

㉠ 설비의 규모가 작아 환경에서 받는 영향이 작다.
㉡ 발전설비가 간단하여 건설기간이 짧고 유지·보수가 용이하다.
㉢ 신재생에너지에 비해 공급의 안정성이 우수하다.
㉣ 첨두부하에 대해 대응할 수 있는 큰 전력을 단시간에 발생시킬 수 없다.

정답 35 ② 36 ④ 37 ③ 38 ④

상 제5장 고장 계산 및 안정도

39 정격용량 3000[kVA], 정격 2차 전압 6[kV], %임피던스 5[%]인 3상 변압기의 2차 단락전류는 약 몇 [A]인가?

① 5770
② 6770
③ 7770
④ 8770

해설 2차측 단락전류

$$I_s = \frac{100}{\%Z} \times I_n = \frac{100}{5} \times \frac{3000}{\sqrt{3} \times 6} = 5773.6[A]$$

상 제7장 이상전압 및 유도장해

40 이상전압의 파고치를 저감시켜 기기를 보호하기 위하여 설치하는 것은?

① 피뢰기
② 소호환
③ 계전기
④ 접지봉

해설

피뢰기는 이상전압이 선로에 내습하였을 때 이상전압의 파고치를 저감시켜 선로 및 기기를 보호하는 역할을 한다.

제3과목 전기기기

상 제1장 직류기

41 직류전동기의 속도제어방법 중 광범위한 속도제어가 가능하며, 운전효율이 좋은 방법은?

① 계자제어
② 직렬저항제어
③ 병렬저항제어
④ 전압제어

해설 전압제어법

직류전동기 전원의 정격전압을 변화시켜 속도를 조정하는 방법으로 다른 속도제어방법에 비해 광범위한 속도제어가 용이하고 효율이 높다.

중 제6장 특수기기

42 반발전동기(reaction motor)의 특성으로 가장 옳은 것은?

① 기동 토크가 특히 큰 전동기
② 전부하 토크가 큰 전동기
③ 여자권선 없이 동기속도로 회전하는 전동기
④ 속도제어가 용이한 전동기

해설 반발전동기

㉠ 기동 토크는 브러쉬의 위치이동을 통해 대단히 크게 얻을 수 있음(전부하 토크의 400~500[%])
㉡ 기동전류는 전부하전류의 200~300[%] 정도로 나타남
㉢ 직권특성이 나타나고 무부하 시 고속으로 운전하므로 벨트 운전은 하지 않음

상 제2장 동기기

43 60[Hz], 600[rpm]인 동기전동기를 기동하기 위한 직렬 유도전동기의 극수로서 적당한 것은?

① 8
② 10
③ 12
④ 14

해설 동기전동기의 타 전동기에 의한 기동

동기전동기와 같은 전원에 동기전동기보다 2극 적은 유도전동기를 설치하여 기동하는 방법
60[Hz], 600[rpm]의 동기전동기 극수

$$P = \frac{120f}{N_s} = \frac{120 \times 60}{600} = 12극$$

기동용 유도전동기가 같은 극수 및 주파수에서 동기전동기 보다 sN_s만큼 늦게 회전하므로 효과적인 기동을 위해 2극 적은 유도전동기를 사용한다.

중 제2장 동기기

44 발전기의 단락비나 동기 임피던스를 산출하는 데 필요한 시험은?

① 무부하포화시험과 3상 단락시험
② 정상, 영상, 리액턴스의 측정시험
③ 돌발단락시험과 부하시험
④ 단상 단락시험과 3상 단락시험

해설 동기발전기의 특성시험

무부하포화시험, 3상 단락시험

정답 39 ① 40 ① 41 ④ 42 ① 43 ② 44 ①

하 제4장 유도기

45 전부하로 운전하고 있는 60[Hz], 4극 권선형 유도전동기의 전부하속도 1728[rpm], 2차 1상 저항 0.02[Ω]이다. 2차 회로의 저항을 3배로 할 때 회전수[rpm]는?

① 1264

② 1356

③ 1584

④ 1765

해설

동기속도 $N_s = \dfrac{120f}{P} = 120 \times \dfrac{60}{4} = 1800$[rpm]

슬립 $s = \dfrac{N_s - N}{N_s} = \dfrac{1800 - 1728}{1800} = 0.04$

슬립 $s_t = \dfrac{r_2}{x_2}$ 이므로 2차 회로저항을 3배로 하면 슬립이 3배가 되므로

회전수 $N = (1-s)N_s = (1 - 0.04 \times 3) \times 1800$ $\fallingdotseq 1584$[rpm]

상 제1장 직류기

46 직류전동기의 회전수는 자속이 감소하면 어떻게 되는가?

① 불변이다.

② 정지한다.

③ 저하한다.

④ 상승한다.

해설

직류전동기의 회전속도는 $n = k\dfrac{V_n - I_a \cdot r_a}{\phi}$ 이므로 자속이 감소하면 회전속도가 상승한다.

중 제1장 직류기

47 직류발전기의 무부하포화곡선과 관계되는 것은?

① 부하전류와 계자전류

② 단자전압과 계자전류

③ 단자전압과 부하전류

④ 출력과 부하전류

해설 직류발전기의 특성곡선

㉠ 무부하포화곡선 : 계자전류와 유기기전력(단자전압)과의 관계곡선

㉡ 부하포화곡선 : 계자전류와 단자전압과의 관계곡선

㉢ 외부특성곡선 : 부하전류와 단자전압과의 관계곡선

㉣ 위상특성곡선(＝V곡선) : 계자전류와 부하전류와의 관계곡선

상 제2장 동기기

48 전기자전류가 I[A], 역률이 $\cos\theta$인 철극형 동기발전기에서 횡축 반작용을 하는 전류 성분은?

① $\dfrac{I}{\cos\theta}$

② $\dfrac{I}{\sin\theta}$

③ $I\cos\theta$

④ $I\sin\theta$

해설 전기자반작용

㉠ 횡축 반작용 : 유기기전력과 전기자전류가 동상일 경우 발생($I_n\cos\theta$)

㉡ 직축 반작용 : 유기기전력과 ±90°의 위상차가 발생할 경우($I_n\sin\theta$)

상 제2장 동기기

49 동기전동기의 전기자전류가 최소일 때 역률은?

① 0

② 0.707

③ 0.866

④ 1

해설

동기전동기의 경우 계자전류의 변화를 통해 전기자전류의 크기와 역률을 변화시킬 수 있다. 이때 전기자전류의 크기가 최소일 때 역률은 1.00이 된다.

하 제3장 변압기

50 어떤 주상변압기가 $\dfrac{4}{5}$ 부하일 때 최대 효율이 된다고 한다. 전부하에 있어서의 철손과 동손의 비 $\dfrac{P_c}{P_i}$는?

① 약 1.15

② 약 1.56

③ 약 1.64

④ 약 0.64

정답 45 ③ 46 ④ 47 ② 48 ③ 49 ④ 50 ②

해설

최대 효율이 되는 부하율 $\dfrac{1}{m} = \sqrt{\dfrac{P_i}{P_c}}$

주상변압기의 부하가 $\dfrac{4}{5}$ 일 때 최대 효율이므로

$\dfrac{4}{5} = \sqrt{\dfrac{P_i}{P_c}}$ 에서 $\dfrac{P_c}{P_i} = \dfrac{1}{\left(\dfrac{4}{5}\right)^2} = 1.56$

중 제2장 동기기

51 동기전동기의 기동법으로 옳은 것은?

① 직류 초퍼법, 기동전동기법
② 자기동법, 기동전동기법
③ 자기동법, 직류 초퍼법
④ 계자제어법, 저항제어법

해설 동기전동기의 기동법

㉠ 자(기)기동법 : 제동권선을 이용
㉡ 기동전동기법(＝타 전동기법) : 동기전동기보다 2극 적은 유도전동기를 이용하여 기동

상 제5장 정류기

52 전압을 일정하게 유지하기 위해서 이용되는 다이오드는?

① 정류용 다이오드
② 버랙터 다이오드
③ 배리스터 다이오드
④ 제너 다이오드

해설

제너 다이오드는 정전압 다이오드라고도 하는데 넓은 전류범위에서 안정된 전압특성을 나타내므로 정전압을 만들거나 과전압으로부터 소자를 보호하는 용도로 사용된다.

상 제3장 변압기

53 변압기의 철손이 P_i, 전부하동손이 P_c일 때 정격출력의 $\dfrac{1}{m}$ 의 부하를 걸었을 때 전손실은 어떻게 되는가?

① $(P_i + P_c)\left(\dfrac{1}{m}\right)^2$

② $P_i + P_c \dfrac{1}{m}$

③ $P_i + \left(\dfrac{1}{m}\right)^2 P_c$

④ $P_i \dfrac{1}{m} + P_c$

해설

부하율이 $\dfrac{1}{m}$ 일 때의 효율

$$\eta = \dfrac{\dfrac{1}{m} P_o}{\dfrac{1}{m} P_o + P_i + \left(\dfrac{1}{m}\right)^2 P_c} \times 100[\%]$$

전체 손실＝$P_i + \left(\dfrac{1}{m}\right)^2 P_c$

상 제2장 동기기

54 극수 6, 회전수 1200[rpm]의 교류발전기와 병행운전하는 극수 8의 교류발전기의 회전수는 몇 [rpm]이어야 하는가?

① 800
② 900
③ 1050
④ 1100

해설

동기발전기의 병렬운전 조건에 의해 주파수가 같아야 한다.

동기발전기의 회전속도 $N_s = \dfrac{120f}{P}$[rpm]

6극 발전기 $1200 = \dfrac{120f}{6}$ 이므로 주파수 $f = 60$[Hz]

8극 발전기도 $f = 60$[Hz]를 발생시켜야 하므로

$N_s = \dfrac{120f}{P} = \dfrac{120 \times 60}{8} = 900$[rpm]

상 제5장 정류기

55 사이리스터에서의 래칭전류에 관한 설명으로 옳은 것은?

① 게이트를 개방한 상태에서 사이리스터 도통 상태를 유지하기 위한 최소의 순전류
② 게이트 전압을 인가한 후에 급히 제거한 상태에서 도통 상태가 유지되는 최소의 순전류
③ 사이리스터의 게이트를 개방한 상태에서 전압이 상승하면 급히 증가하게 되는 순전류
④ 사이리스터가 턴온하기 시작하는 순전류

정답 51 ② 52 ④ 53 ③ 54 ② 55 ④

☑️해설 사이리스터 전류의 정의

㉠ 래칭전류 : 사이리스터를 Turn on 하는 데 필요한 최소의 Anode 전류
㉡ 유지전류 : 게이트를 개방한 상태에서도 사이리스터가 on 상태를 유지하는 데 필요한 최소의 Anode 전류

하 제6장 특수기기

56 3상 직권 정류자전동기에 중간(직렬)변압기가 쓰이고 있는 이유가 아닌 것은?

① 정류자전압의 조정
② 회전자상수의 감소
③ 경부하 시 속도의 이상상승 방지
④ 실효권수비 산정 조정

☑️해설 중간변압기의 사용이유

㉠ 전원전압의 크기에 관계없이 회전자전압을 정류작용에 맞는 값으로 선정할 수 있다.
㉡ 중간변압기의 권수비를 바꾸어서 전동기의 특성을 조정할 수 있다.
㉢ 경부하 시 속도상승을 중간변압기의 철심포화를 이용하여 억제할 수 있다.

상 제1장 직류기

57 어느 분권전동기의 정격회전수가 1500[rpm]이다. 속도변동률이 5[%]이면 공급전압과 계자저항의 값을 변화시키지 않고 이것을 무부하로 하였을 때의 회전수[rpm]은?

① 3527
② 2360
③ 1575
④ 1165

☑️해설

속도변동률 $\varepsilon = \dfrac{N_o - N_n}{N_n} \times 100[\%]$

여기서, N_o : 무부하속도
N : 정격속도

무부하속도 $N_o = \left(1 + \dfrac{\varepsilon}{100}\right) \times N_n$

$\qquad = \left(1 + \dfrac{5}{100}\right) \times 1500$

$\qquad = 1575[\text{rpm}]$

상 제1장 직류기

58 직류분권전동기가 있다. 전 도체수 100, 단중 파권으로 자극수는 4, 자속수 3.14[Wb]이다. 여기에 부하를 걸어 전기자에 5[A]의 전류가 흐르고 있다면 이 전동기의 토크[N·m]는 약 얼마인가?

① 400
② 450
③ 500
④ 550

☑️해설

토크 $T = \dfrac{PZ\phi I_a}{2\pi a} = \dfrac{4 \times 100 \times 3.14 \times 5}{2 \times 3.14 \times 2} = 500[\text{N·m}]$
(병렬회로수는 파권이므로 $a = 2$)

상 제2장 동기기

59 2대의 동기발전기가 병렬운전하고 있을 때 동기화전류가 흐르는 경우는?

① 기전력의 크기에 차가 있을 때
② 기전력의 위상에 차가 있을 때
③ 기전력의 파형에 차가 있을 때
④ 부하분담에 차가 있을 때

☑️해설

유도기전력의 위상이 다를 경우 → 유효순환전류(동기화전류)가 흐름

수수전력(= 주고 받는 전력) $P = \dfrac{E^2}{2Z_s} \sin\delta[\text{kW}]$

중 제3장 변압기

60 변압기유의 열화방지방법 중 틀린 것은?

① 개방형 콘서베이터
② 수소봉입방식
③ 밀봉방식
④ 흡착제방식

☑️해설 변압기유의 열화방지

㉠ 변압기유의 열화를 방지하기 위해 외부 공기와의 접촉을 차단하여야 하므로 질소가스를 봉입하여 사용한다.
㉡ 변압기용량에 따른 변압기유의 열화방지방법
  • 1[MVA] 이하 : 호흡기(Breather) 설치
  • 1~3[MVA] 이하 : 개방형 콘서베이터 + 호흡기(Breather) 설치
  • 3[MVA] 이상 : 밀폐형 콘서베이터 설치

정답 56 ② 57 ③ 58 ③ 59 ② 60 ②

제4과목 회로이론

상 제2장 단상 교류회로의 이해

61 어떤 교류전압의 실횻값이 314[V]일 때 평균값은?

① 약 142[V]
② 약 283[V]
③ 약 365[V]
④ 약 382[V]

해설 평균값

$$V_a = \frac{2V_m}{\pi} = 0.637\,V_m$$
$$= 0.637 \times \sqrt{2}\,V$$
$$= 0.9\,V = 0.9 \times 314 = 282.6[V]$$

하 제1장 직류회로의 이해

62 자동차 축전지의 무부하전압을 측정하니 13.5 [V]를 지시하였다. 이때 정격이 12[V], 55[W] 인 자동차 전구를 연결하여 축전지의 단자 전압을 측정하니 12[V]를 지시하였다. 축전 지의 내부저항은 약 몇 [Ω]인가?

① 0.33
② 0.45
③ 2.62
④ 3.31

해설

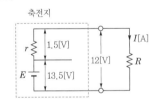

㉠ 자동차 전구저항 $R = \frac{V^2}{P} = \frac{12^2}{55} = 2.62[Ω]$

㉡ 축전지 전압강하 $e = 13.5 - 12 = 1.5[V]$

㉢ 회로에 흐르는 전류 $I = \frac{12}{2.62} = \frac{1.5}{r}$

∴ 축전지의 내부저항 $r = 1.5 \times \frac{2.62}{12}$
$$≒ 0.33[Ω]$$

중 제3장 다상 교류회로의 이해

63 그림과 같은 회로에 대칭 3상 전압 220[V]를 가 할 때 a, a′ 선이 단선되었다고 하면 선전류는?

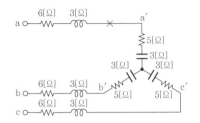

① 5[A]
② 10[A]
③ 15[A]
④ 20[A]

해설

3상에서 a선이 끊어지면 b, c상에 의해 단상 전원이 공급되므로 b, c상에 흐르는 전류

$$I = \frac{V_{bc}}{Z_{bc}} = \frac{220}{6+j3+5-j3-j3+5+j3+6}$$
$$= \frac{220}{22} = 10[A]$$

상 제2장 단상 교류회로의 이해

64 $R = 100[Ω]$, $C = 30[\mu F]$의 직렬회로에 $V = 100[V]$, $f = 60[Hz]$의 교류전압을 가할 때 전류[A]는?

① 약 88.4
② 약 133.5
③ 약 75
④ 약 0.75

해설

㉠ 용량 리액턴스
$$X_C = \frac{1}{2\pi fC} = \frac{1}{2\pi \times 60 \times 30 \times 10^{-6}}$$
$$= 88.42[Ω]$$

㉡ 임피던스
$$Z = R - jX_C = 100 - j88.42$$
$$= \sqrt{100^2 + 88.42^2}$$
$$= 133.48$$

∴ 전류
$$I = \frac{V}{Z} = \frac{100}{133.48} = 0.75[A]$$

정답 61 ② 62 ① 63 ② 64 ④

상 제10장 라플라스 변환

65 $F(s) = \dfrac{10}{s+3}$ 을 역라플라스 변환하면?

① $f(t) = 10\,e^{3t}$　　② $f(t) = 10\,e^{-3t}$

③ $f(t) = 10\,e^{\frac{t}{3}}$　　④ $f(t) = 10\,e^{-\frac{t}{3}}$

해설

$$\mathcal{L}^{-1}\left[\frac{10}{s+3}\right] = \mathcal{L}^{-1}\left[\frac{10}{s}\bigg|_{s=s+3}\right] = 10\,e^{-3t}$$

상 제12장 전달함수

66 다음 신호흐름선도에서 전달함수 $\dfrac{C}{R}$ 의 값은?

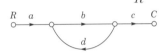

① $G = \dfrac{1-bd}{abc}$　　② $G = \dfrac{1+bd}{abc}$

③ $G = \dfrac{abc}{1+bd}$　　④ $G = \dfrac{abc}{1-bd}$

해설 종합전달함수(메이슨공식)

$$M(s) = \frac{C(s)}{R(s)} = \frac{\sum 전향경로이득}{1-\sum 폐루프이득} = \frac{abc}{1-bd}$$

중 제2장 단상 교류회로의 이해

67 RLC 직렬회로에서 공진 시의 전류는 공급전압에 대하여 어떤 위상차를 갖는가?

① $0°$　　　　② $90°$

③ $180°$　　　④ $270°$

해설

$Z = R + j(X_L - X_C)$[Ω]에서 공진 시 $Z = R$이 되어 전압과 전류가 동위상된다.

하 제9장 과도현상

68 RC 직렬회로에 $t = 0$에서 직류전압을 인가하였다. 시정수 4배에서 커패시터에 충전된 전하는 약 몇 [%]인가?

① 63.2　　　② 86.5

③ 95.0　　　④ 98.2

해설

㉠ RC 회로의 시정수 $\tau = RC$[sec]

㉡ 커패시터에 충전된 전하량 $Q = CE$[C]

㉢ $t = 0$에서 충전되는 전하의 과도분

$$Q(t) = CE\left(1 - e^{-\frac{1}{RC}t}\right)[C]$$

∴ 시정수 4배($t = 4RC$)에서 충전된 전하량

$$Q(4\tau) = CE\left(1 - e^{-\frac{1}{RC}\times 4RC}\right)$$
$$= CE(1 - e^{-4}) = 0.982\,CE$$
$$= 98.2[\%]$$

상 제12장 전달함수

69 그림과 같은 회로의 전압비 전달함수 $\dfrac{V_2(s)}{V_1(s)}$ 는?

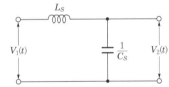

① $\dfrac{LCs}{s^2 + LC}$　　② $\dfrac{\dfrac{1}{LCs}}{s^2 + LC}$

③ $\dfrac{\dfrac{1}{LC}}{s^2 + \dfrac{1}{LC}}$　　④ $\dfrac{\dfrac{1}{LC}}{s^2 + LC}$

해설

$$G(s) = \frac{V_2(s)}{V_1(s)} = \frac{Z_o(s)}{Z_i(s)} = \frac{\dfrac{1}{Cs}}{Ls + \dfrac{1}{Cs}}$$

$$= \frac{1}{LCs^2 + 1} = \frac{\dfrac{1}{LC}}{s^2 + \dfrac{1}{LC}}$$

상 제8장 분포정수회로

70 전송선로에서 무손실일 때 $L = 96$[mH], $C = 0.6[\mu F]$이면 특성 임피던스는 몇 [Ω]인가?

① 100[Ω]　　② 200[Ω]

③ 300[Ω]　　④ 400[Ω]

정답　65 ②　66 ④　67 ①　68 ④　69 ③　70 ④

해설 특성 임피던스

$$Z_0 = \sqrt{\frac{L}{C}} = \sqrt{\frac{96 \times 10^{-3}}{0.6 \times 10^{-6}}} = 400[\Omega]$$

중 제10장 라플라스 변환

71 계단함수 $u(t)$에 상수 5를 곱해서 라플라스 변환하면?

① $\dfrac{s}{5}$

② $\dfrac{5}{s^2}$

③ $\dfrac{5}{s-1}$

④ $\dfrac{5}{s}$

해설

$$5u(t) \xrightarrow{\mathcal{L}} \frac{5}{s}$$

상 제4장 비정현파 교류회로의 이해

72 어떤 회로에 흐르는 전류가 아래와 같은 경우 실횻값[A]은?

$$i(t) = 30\sin\omega t + 40\sin(3\omega t + 45°)[A]$$

① $25[A]$

② $25\sqrt{2}[A]$

③ $35\sqrt{2}[A]$

④ $50[A]$

해설

$$|I| = \sqrt{|I_1|^2 + |I_3|^3} = \sqrt{\left(\frac{30}{\sqrt{2}}\right)^2 + \left(\frac{40}{\sqrt{2}}\right)^2}$$

$$= \sqrt{\frac{1}{2}(30^2 + 40^2)} = \frac{50}{\sqrt{2}}$$

$$= \frac{50}{\sqrt{2}} \times \frac{\sqrt{2}}{\sqrt{2}} = 25\sqrt{2}[A]$$

중 제1장 직류회로의 이해

73 다음 그림과 같은 회로에서 R의 값은 얼마인가?

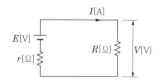

① $\dfrac{E-V}{E}r$

② $\dfrac{E}{E-V}r$

③ $\dfrac{E-V}{V}r$

④ $\dfrac{V}{E-V}r$

해설

㉠ 기전력

$$E = I(r+R) = Ir + IR$$
$$= Ir + V = \frac{V}{R}r + V$$

여기서, 부하단자전압 $V = IR$

㉡ $E - V = \dfrac{V}{R}r$이므로 부하저항은 다음과 같다.

$$\therefore R = \frac{V}{E-V} \times r$$

중 제3장 다상 교류회로의 이해

74 그림과 같은 △회로를 등가인 Y회로로 환산하면 a의 임피던스는?

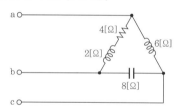

① $3 + j6[\Omega]$

② $-3 + j6[\Omega]$

③ $6 + j6[\Omega]$

④ $-6 + j6[\Omega]$

해설

$$Z_a = \frac{Z_{ab} \times Z_{ca}}{(Z_{ab} + Z_{bc} + Z_{ca})}$$

$$= \frac{(4+j2) \times j6}{(4+j2) + (-j8) + j6}$$

$$= \frac{-12 + j24}{4} = -3 + j6[\Omega]$$

중 제3장 다상 교류회로의 이해

75 변압기 2대를 V결선했을 때의 이용률은 몇 [%]인가?

① $57.7[\%]$

② $70.7[\%]$

③ $86.6[\%]$

④ $100[\%]$

정답 71 ④ 72 ② 73 ④ 74 ② 75 ③

해설 V결선의 특징

⊙ 3상 출력 : $P_V = \sqrt{3}\,P[\text{kVA}]$

여기서, P : 변압기 1대 용량

⊙ 이용률

$\dfrac{V결선의\ 출력}{변압기\ 2대\ 용량} = \dfrac{\sqrt{3}P}{2P} = \dfrac{\sqrt{3}}{2}$

$= 0.866 = 86.6[\%]$

⊙ 출력비

$\dfrac{P_V}{P_\triangle} = \dfrac{\sqrt{3}P}{3P} = \dfrac{\sqrt{3}}{3} = 0.577 = 57.7[\%]$

상 제5장 대칭좌표법

76 3상 3선식에서는 회로의 평형, 불평형 또는 부하의 △, Y에 불구하고, 세 선전류의 합은 0이므로 선전류의 (   )은 0이다. (   ) 안에 들어갈 말은?

① 영상분　　　② 정상분
③ 역상분　　　④ 상전압

해설

영상분 전류 $I_0 = \dfrac{1}{3}(I_a + I_b + I_c)$이므로

$I_a + I_b + I_c = 0$이면 $I_0 = 0$이 된다.

중 제2장 단상 교류회로의 이해

77 $R = 15[\Omega]$, $X_L = 12[\Omega]$, $X_C = 30[\Omega]$가 병렬로 접속된 회로에 120[V]의 교류전압을 가하면 전원에 흐르는 전류와 역률은?

① 22[A], 85[%]　② 22[A], 80[%]
③ 22[A], 60[%]　④ 10[A], 80[%]

해설

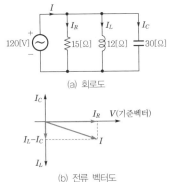

(a) 회로도

(b) 전류 벡터도

⊙ 저항에 흐르는 전류

$I_R = \dfrac{V}{R} = \dfrac{120}{15} = 8[\text{A}]$

⊙ 코일에 흐르는 전류

$I_L = \dfrac{V}{jX_L} = -j\dfrac{V}{X_L} = -j\dfrac{120}{12} = -j10[\text{A}]$

⊙ 콘덴서에 흐르는 전류

$I_C = \dfrac{V}{-jX_C} = j\dfrac{V}{X_C} = j\dfrac{120}{30} = j4[\text{A}]$

⊙ 부하전류

$I = I_R - j(I_L - I_C) = 8 - j6$

$= \sqrt{8^2 + 6^2} = 10[\text{A}]$

⊙ 병렬회로 시 역률

$\cos\theta = \dfrac{I_R}{I} = \dfrac{8}{10} = 0.8 = 80[\%]$

중 제6장 회로망 해석

78 다음과 같은 π형 4단자 회로망의 어드미턴스 파라미터 Y_{11}의 값은?

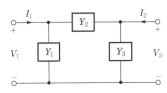

① $Y_1 + Y_2$　　　② Y_2
③ Y_3　　　　　　④ $Y_2 + Y_3$

해설 π형 등가회로에서 어드미턴스 파라미터

⊙ $Y_{11} = Y_1 + Y_2[\mho]$
⊙ $Y_{12} = Y_{21} = -Y_2[\mho]$
⊙ $Y_{22} = Y_2 + Y_3[\mho]$

상 제6장 회로망 해석

79 그림과 같은 회로에서 a, b에 나타나는 전압 몇 [V]인가?

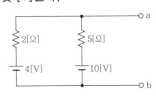

① 5.7[V]　　　② 6.5[V]
③ 4.3[V]　　　④ 3.4[V]

해설

밀만의 정리에 의해서 구할 수 있다.

$$\therefore\ V_{ab} = \frac{\sum I}{\sum Y} = \frac{\frac{4}{2} + \frac{10}{5}}{\frac{1}{2} + \frac{1}{5}} = \frac{\frac{40}{10}}{\frac{7}{10}} = 5.7[\text{V}]$$

중 제6장 회로망 해석

80 T형 4단자형 회로 그림에서 $ABCD$ 파라미터 간의 성질 중 성립되는 대칭 조건은?

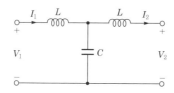

① $A = D$ ② $A = C$

③ $B = C$ ④ $B = A$

해설

4단자 정수는 아래와 같으므로 회로가 대칭이 되면 $A = D$가 같아진다.

$$\begin{bmatrix} A & B \\ C & D \end{bmatrix} = \begin{bmatrix} 1 & j\omega L \\ 0 & 1 \end{bmatrix} \begin{bmatrix} 1 & 0 \\ j\omega C & 1 \end{bmatrix} \begin{bmatrix} 1 & j\omega L \\ 0 & 1 \end{bmatrix}$$
$$= \begin{bmatrix} 1 - \omega^2 LC & j\omega LC(2 - \omega^2 LC) \\ j\omega C & 1 - \omega^2 LC \end{bmatrix}$$

제5과목   전기설비기술기준

상 제2장 저압설비 및 고압·특고압설비

81 가반형의 용접전극을 사용하는 아크용접장치의 시설에 대한 설명으로 옳은 것은?

① 용접변압기의 1차측 전로의 대지전압은 600[V] 이하일 것

② 용접변압기의 1차측 전로에는 리액터를 사용할 것

③ 용접변압기는 절연변압기일 것

④ 전선은 용접용 나전선을 사용할 것

해설 아크 용접기(KEC 241.10)

㉠ 용접변압기는 절연변압기일 것

㉡ 용접변압기의 1차측 전로의 대지전압은 300[V] 이하일 것

㉢ 용접변압기의 1차측 전로에는 용접변압기에 가까운 곳에 쉽게 개폐할 수 있는 개폐기를 시설할 것

㉣ 전선은 용접용 케이블을 사용할 것

㉤ 용접기 외함 및 피용접재 또는 이와 전기적으로 접속되는 받침대·정반 등의 금속체는 접지공사를 할 것

상 제1장 공통사항

82 건축물 및 구조물을 낙뢰로부터 보호하기 위해 피뢰시스템을 지상으로부터 몇 [m] 이상인 곳에 적용해야 하는가?

① 10[m] 이상   ② 20[m] 이상

③ 30[m] 이상   ④ 40[m] 이상

해설 피뢰시스템의 적용범위 및 구성(KEC 151)

피뢰시스템이 적용되는 시설

㉠ 전기전자설비가 설치된 건축물·구조물로서 낙뢰로부터 보호가 필요한 것 또는 지상으로부터 높이가 20[m] 이상인 것

㉡ 전기설비 및 전자설비 중 낙뢰로부터 보호가 필요한 설비

중 제6장 분산형전원설비

83 전기저장장치의 시설장소는 지표면을 기준으로 몇 [m] 이내로 해야 하는가?

① 22[m]   ② 25[m]

③ 28[m]   ④ 32[m]

해설 전기저장장치 시설장소의 요구사항(KEC 515.2)

전기저장장치 시설장소는 지표면을 기준으로 높이 22[m] 이내로 하고 해당 장소의 출구가 있는 바닥면을 기준으로 깊이 9[m] 이내로 하여야 한다.

상 제2장 저압설비 및 고압·특고압설비

84 애자사용공사에 의한 저압 옥내배선 시 전선 상호 간의 간격은 몇 [cm] 이상이어야 하는가?

① 2   ② 4

③ 6   ④ 8

해설 애자공사(KEC 232.56)

㉠ 전선은 절연전선 사용(옥외용·인입용 비닐절연전선 사용 불가)

㉡ 전선 상호 간격 : 0.06[m] 이상

정답   80 ①   81 ③   82 ②   83 ①   84 ③

ⓒ 전선과 조영재와 이격거리
- 400[V] 이하 : 25[mm] 이상
- 400[V] 초과 : 45[mm] 이상(건조한 장소에 시설하는 경우에는 25[mm])

ⓔ 전선의 지지점 간의 거리는 전선을 조영재의 윗면 또는 옆면에 따라 붙일 경우에는 2[m] 이하일 것

ⓜ 사용전압이 400[V] 초과인 것의 지지점 간의 거리는 6[m] 이하일 것

상 | 제1장 공통사항

85 3상 4선식 Y접속 시 전등과 동력을 공급하는 옥내배선의 경우 상별 부하전류가 평형으로 유지되도록 상별로 결선하기 위하여 전압측 색별 배선을 하거나 색테이프를 감는 등의 방법으로 표시하여야 한다. 이때 L2상의 식별 표시는?

① 적색
② 흑색
③ 청색
④ 회색

해설 전선의 식별(KEC 121.2)

상(문자)	색상
L1	갈색
L2	흑색
L3	회색
N	청색
보호도체	녹색 – 노란색

상 | 제2장 저압설비 및 고압·특고압설비

86 라이팅덕트공사에 의한 저압 옥내배선에서 옳지 않은 것은?

① 덕트는 조영재에 견고하게 붙일 것
② 덕트의 지지점 간의 거리는 3[m] 이상일 것
③ 덕트의 종단부는 폐쇄할 것
④ 덕트 상호 간 및 전선 상호 간은 견고하게 또한 전기적으로 완전히 접속할 것

해설 라이팅덕트공사(KEC 232.71)

㉠ 덕트 상호 간 및 전선 상호 간은 견고하게 또한 전기적으로 완전히 접속할 것
㉡ 덕트는 조영재에 견고하게 붙일 것
㉢ 덕트의 지지점 간의 거리는 2[m] 이하로 할 것
㉣ 덕트의 끝부분은 막을 것
㉤ 덕트를 사람이 용이하게 접촉할 우려가 있는 장소에 시설하는 경우에는 전로에 지락이 생겼을 때에 자동적으로 전로를 차단하는 장치를 시설할 것

상 | 제1장 공통사항

87 최대사용전압이 1차 22000[V], 2차 6600[V]의 권선으로써 중성점 비접지식 전로에 접속하는 변압기의 특고압측의 절연내력 시험전압은 몇 [V]인가?

① 44000[V]
② 33000[V]
③ 27500[V]
④ 24000[V]

해설 변압기 전로의 절연내력(KEC 135)

권선의 종류	시험전압	시험방법
최대사용전압 7[kV] 이하	최대사용전압의 1.5배의 전압(500[V] 미만으로 되는 경우에는 500[V]) 다만, 중성점이 접지되고 다중접지된 중성을 가지는 전로에 접속하는 것은 0.92배의 전압(500[V] 미만으로 되는 경우에는 500[V])	시험되는 권선과 다른 권선, 철심 및 외함 간에 시험전압을 연속하여 10분간 가한다.
최대사용전압 7[kV] 초과 25[kV] 이하의 권선으로서 중성점 접지식 전로 (중선선을 가지는 것으로서 그 중성선에 다중접지를 하는 것에 한한다)에 접속하는 것	최대사용전압의 0.92배의 전압	

절연내력 시험전압 = 22000 × 1.25 = 27500[V]

상 | 제4장 발전소, 변전소, 개폐소 및 기계기구 시설보호

88 특고압용 타냉식 변압기의 냉각장치에 고장이 생긴 경우를 대비하여 어떤 보호장치를 하여야 하는가?

① 경보장치
② 속도조정장치
③ 온도시험장치
④ 냉매흐름장치

해설 특고압용 변압기의 보호장치(KEC 351.4)

뱅크용량의 구분	동작조건	장치의 종류
5000[kVA] 이상 10000[kVA] 미만	변압기 내부고장	자동차단장치 또는 경보장치
10000[kVA] 이상	변압기 내부고장	자동차단장치
타냉식 변압기(변압기의 권선 및 철심을 직접 냉각시키기 위하여 봉입한 냉매를 강제 순환시키는 냉각방식을 말한다)	냉각장치에 고장이 생긴 경우 또는 변압기의 온도가 현저히 상승한 경우	경보장치

정답 85 ② 86 ② 87 ③ 88 ①

상 제4장 발전소, 변전소, 개폐소 및 기계기구 시설보호

89 수소냉각식 발전기의 경보장치는 발전기 내 수소의 순도가 몇 [%] 이하로 저하한 경우에 이를 경보하는 장치를 시설하여야 하는가?

① 75 　　　　② 80
③ 85 　　　　④ 90

해설 수소냉각식 발전기 등의 시설(KEC 351.10)

발전기 내부 또는 조상기 내부의 수소의 순도가 85[%] 이하로 저하한 경우에 이를 경보하는 장치를 시설할 것

상 제2장 저압설비 및 고압·특고압설비

90 저압 옥내배선에 사용되는 전선은 지름 몇 [mm²]의 연동선이거나 이와 동등 이상의 세기 및 굵기의 것을 사용하여야 하는가?

① 0.75 　　　② 2
③ 2.5 　　　　④ 6

해설 저압 옥내배선의 사용전선(KEC 231.3.1)

저압 옥내배선의 전선은 단면적 2.5[mm²] 이상의 연동선 또는 이와 동등 이상의 강도 및 굵기의 것

하 제4장 발전소, 변전소, 개폐소 및 기계기구 시설보호

91 직접 가공전선로의 지지물에 시설하는 통신선 또는 이에 직접 접속하는 가공통신선의 높이는 도로를 횡단하는 경우에 교통에 지장이 없다면 지표상 몇 [m]까지로 감하여 시설할 수 있는가?

① 3.5 　　　　② 4
③ 4.5 　　　　④ 5

해설 전력보안통신선의 시설높이와 이격거리 (KEC 362.2)

가공전선로의 지지물에 시설하는 통신선 또는 이에 직접 접속하는 가공통신선의 높이
㉠ 도로를 횡단하는 경우에는 지표상 6[m] 이상으로 한다. 단, 저압이나 고압의 가공전선로의 지지물에 시설하는 통신선 또는 이에 직접 접속하는 가공통신선을 시설하는 경우에 교통에 지장을 줄 우려가 없을 때에는 지표상 5[m]까지로 감할 수 있다.
㉡ 철도 또는 궤도를 횡단하는 경우에는 레일면상 6.5[m] 이상으로 한다.

㉢ 횡단보도교의 위에 시설하는 경우에는 그 노면상 5[m] 이상으로 한다(단, 다음 중 하나에 해당하는 경우에는 제외).
　• 저압 또는 고압의 가공전선로의 지지물에 시설하는 통신선 또는 이에 직접 접속하는 가공통신선을 노면상 3.5[m](통신선이 절연전선과 동등 이상의 절연효력이 있는 것인 경우에는 3[m]) 이상으로 하는 경우
　• 특고압 전선로의 지지물에 시설하는 통신선 또는 이에 직접 접속하는 가공통신선으로서 광섬유 케이블을 사용하는 것을 그 노면상 4[m] 이상으로 하는 경우

상 제3장 전선로

92 단면적 50[mm²]의 경동연선을 사용하는 특고압 가공전선로의 지지물로 내장형의 B종 철근콘크리트주를 사용하는 경우 허용 최대경간은 몇 [m] 이하인가?

① 150 　　　　② 250
③ 300 　　　　④ 500

해설 특고압 가공전선로의 경간 제한(KEC 333.21)

특고압 가공전선의 단면적이 50[mm²](인장강도 21.67 [kN])인 경동연선의 경우의 경간
㉠ 목주·A종 철주 또는 A종 철근콘크리트주를 사용하는 경우 300[m] 이하
㉡ B종 철주 또는 B종 철근콘크리트주를 사용하는 경우 500[m] 이하

중 제3장 전선로

93 터널 등에 시설하는 고압배선이 그 터널 등에 시설하는 다른 고압배선, 저압배선, 약전류전선 등 또는 수관·가스관이나 이와 유사한 것과 접근하거나 교차하는 경우에는 몇 [cm] 이상 이격하여야 하는가?

① 10 　　　　② 15
③ 20 　　　　④ 25

해설 터널 안 전선로의 전선과 약전류전선 등 또는 관 사이의 이격거리(KEC 335.2)

터널 안의 전선로의 고압전선 또는 특고압전선이 그 터널 안의 저압전선·고압전선·약전류전선 등 또는 수관·가스관이나 이와 유사한 것과 접근하거나 교차하는 경우에는 0.15[m] 이상으로 시설할 것

정답 89 ③　90 ③　91 ④　92 ④　93 ②

상 제2장 저압설비 및 고압·특고압설비

94 저압 옥내간선에서 분기하여 전기사용기계기구에 이르는 저압 옥내전로에서 저압 옥내 간선과의 분기점에서 전선의 길이가 몇 [m] 이하인 곳에 개폐기 및 과전류차단기를 설치하여야 하는가?

① 2 　　　　② 3
③ 5 　　　　④ 6

해설 과부하 보호장치의 설치위치(EC 212.4.2)

분기회로의 보호장치는 분기회로의 분기점으로부터 3[m]까지 이동하여 설치할 수 있다.

상 제3장 전선로

95 가공전선로의 지지물에 지선을 시설하려고 한다. 이 지선의 최저 기준으로 옳은 것은?

① 소선 지름 : 2.0[mm]
　　안전율 : 3.0
　　허용인장하중 : 2.31[kN]
② 소선 지름 : 2.6[mm]
　　안전율 : 2.5
　　허용인장하중 : 4.31[kN]
③ 소선 지름 : 2.6[mm]
　　안전율 : 2.0
　　허용인장하중 : 4.31[kN]
④ 소선 지름 : 2.6[mm]
　　안전율 : 1.5
　　허용인장하중 : 2.31[kN]

해설 지선의 시설(KEC 331.11)

㉠ 지선의 안전율 : 2.5 이상
㉡ 허용인장하중 : 4.31[kN] 이상
㉢ 소선(素線) 3가닥 이상의 연선일 것
㉣ 소선은 지름 2.6[mm] 이상의 금속선을 사용한 것일 것 또는 소선의 지름이 2[mm] 이상인 아연도강연선으로서, 소선의 인장강도가 0.68[kN/mm²] 이상인 것
㉤ 지중부분 및 지표상 30[cm]까지의 부분에는 내식성이 있는 아연도금철봉을 사용
㉥ 도로를 횡단 시 지선의 높이는 지표상 5[m] 이상
㉦ 지선애자를 사용하여 감전사고방지
㉧ 철탑은 지선을 사용하여 강도의 일부를 분담금지

중 제3장 전선로

96 시가지에서 저압 가공전선로를 도로에 따라 시설할 경우 지표상의 최저 높이는 몇 [m] 이상이어야 하는가?

① 4.5
② 5.0
③ 5.5
④ 6.0

해설 저·고압 가공전선의 높이(KEC 222.7, 332.5)

㉠ 도로를 횡단하는 경우 지표상 6[m] 이상
㉡ 철도 또는 궤도를 횡단하는 경우에는 레일면상 6.5[m] 이상
㉢ 횡단보도교의 위인 경우에는 저·고압 가공전선은 노면상 3.5[m] 이상(절연전선 및 케이블인 경우에는 3[m] 이상)
㉣ 기타(도로를 따라 시설)의 경우 지표상 5[m] 이상

하 제3장 전선로

97 나선을 사용한 고압 가공전선이 상부 조영재의 측방에 접근해서 시설되는 경우의 전선과 조영재의 이격거리는 최소 몇 [m] 이상이어야 하는가?

① 0.6
② 1.2
③ 2.0
④ 2.5

해설 고압 가공전선과 건조물의 접근(KEC 332.11)

건조물 조영재의 구분	접근형태	이격거리
상부 조영재	위쪽	2[m] (전선이 케이블인 경우에는 1[m])
	옆쪽 또는 아래쪽	1.2[m] (전선에 사람이 쉽게 접촉할 우려가 없도록 시설한 경우에는 0.8[m], 케이블인 경우에는 0.4[m])
기타의 조영재		1.2[m] (전선에 사람이 쉽게 접촉할 우려가 없도록 시설한 경우에는 0.8[m], 케이블인 경우에는 0.4[m])

정답 94 ② 95 ② 96 ② 97 ②

중 | 제3장 전선로

98 35[kV]를 넘고 100[kV] 미만의 특고압 가공 전선로의 지지물에 고·저압선을 동일 지지 물에 시설할 수 있는 조건으로 틀린 것은?

① 특고압 가공전선로는 제2종 특고압 보 안공사에 의한다.
② 특고압 가공전선과 고·저압선과의 이 격거리는 1.2[m] 이상으로 한다.
③ 특고압 가공전선은 50[mm²] 경동연선 또는 이와 동등 이상의 세기 및 굵기의 연선을 사용한다.
④ 지지물에는 철주, 철근콘크리트주 또 는 철탑을 사용한다.

해설 특고압 가공전선과 저고압 가공전선 등의 병행설치(KEC 333.17)

사용전압이 35[kV]를 초과하고 100[kV] 미만인 특고 압 가공전선과 저압 또는 고압 가공전선을 동일 지지물 에 시설하는 경우에는 다음에 따라 시설하여야 한다.
㉠ 특고압 가공전선과 저압 또는 고압 가공전선 사이의 이격거리는 2[m] 이상일 것(다만, 특고압 가공전선 이 케이블인 경우에 저압 가공전선이 절연전선 혹은 케이블인 때 또는 고압 가공전선이 절연전선 혹은 케이블인 때에는 1[m]까지 감할 수 있다.)
㉡ 특고압 가공전선은 케이블인 경우를 제외하고는 인 장강도 21.67[kN] 이상의 연선 또는 단면적이 50[mm²] 이상인 경동연선일 것
㉢ 특고압 가공전선로의 지지물은 철주·철근콘크리트 주 또는 철탑일 것

하 | 제2장 저압설비 및 고압·특고압설비

99 소세력 회로의 배선에서 사용하는 전선은 몇 [mm²] 이상을 사용해야 하는가?

① 0.2
② 0.5
③ 0.8
④ 1

해설 소세력 회로의 배선(KEC 241.14.3)

소세력 회로의 전선을 조영재에 붙여 시설하는 경우에 는 다음에 의하여 시설하여야 한다.
㉠ 전선은 케이블(통신용 케이블을 포함)인 경우 이외 에는 공칭단면적 1[mm²] 이상의 연동선 또는 이와 동등 이상의 세기 및 굵기의 것일 것
㉡ 전선은 코드·캡타이어케이블 또는 케이블일 것

상 | 제2장 저압설비 및 고압·특고압설비

100 주택용 배선차단기의 경우 정격전류 63[A] 이하에서 부동작전류는 몇 배인가?

① 1
② 1.13
③ 2
④ 2.13

해설 보호장치의 종류 및 특성(KEC 212.3)

과전류 트립 동작시간 및 특성(주택용 배선차단기)

정격전류의 구분	시간	정격전류의 배수 (모든 극에 통전)	
		부동작전류	동작전류
63[A] 이하	60분	1.13배	1.45배
63[A] 초과	120분	1.13배	1.45배

정답 98 ② 99 ④ 100 ②

2023년 제3회 CBT 기출복원문제

제1과목 전기자기학

중 제3장 정전용량

01 엘라스턴스(elastance)는?

① $\dfrac{1}{전위차 \times 전기량}$

② 전위차 $\times$ 전기량

③ $\dfrac{전위차}{전기량}$

④ $\dfrac{전기량}{전위차}$

해설

정전용량의 역수를 엘라스턴스라 한다.

$\therefore C = \dfrac{Q}{V} = \left(\dfrac{전기량}{전위차}\right), \dfrac{1}{C} = \dfrac{V}{Q}$

상 제5장 전기 영상법

02 접지 구도체와 점전하 간에는 어떤 힘이 작용하는가?

① 항상 0이다.
② 조건적 반발 또는 흡인력이다.
③ 항상 반반력이다.
④ 항상 흡인력이다.

해설 접지된 도체구와 점전하

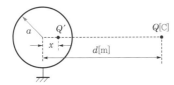

㉠ 영상전하 : $Q' = -\dfrac{a}{d}Q[\text{C}]$

㉡ 구도체 내의 영상점 : $x = \dfrac{a^2}{d}[\text{m}]$

∴ 접지 구도체에 유도되는 전하는 점전하와 반대 부호이므로 흡인력이 작용한다.

상 제4장 유전체

03 유전체의 초전효과(pyroelectric effect)에 대한 설명이 아닌 것은?

① 온도변화에 관계없이 일어난다.
② 자발 분극을 가진 유전체에서 생긴다.
③ 초전효과가 있는 유전체를 공기 중에 놓으면 중화된다.
④ 열에너지를 전기에너지로 변화시키는 데 이용된다.

해설

전기석이나 티탄산바륨의 결정을 가열 또는 냉각하면 결정의 한쪽 면에 정전하가, 다른 쪽 면에는 부전하가 발생한다. 이 전하의 극성은 가열할 때와 냉각할 때는 서로 정반대이다. 이런 현상을 초전효과(pyroelectric effect)라 하며 이때 발생한 전하를 초전기(pyroelectricity)라 한다.

중 제8장 전류의 자기현상

04 그림과 같이 반지름 $r[\text{m}]$인 원의 임의의 2점 a, b(각 θ) 사이에 전류 $I[\text{A}]$가 흐른다. 원의 중심 0의 자계의 세기는 몇 $[\text{A/m}]$인가?

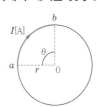

① $\dfrac{I\theta}{4\pi r^2}$

② $\dfrac{I\theta}{4\pi r}$

③ $\dfrac{I\theta}{2\pi r^2}$

④ $\dfrac{I\theta}{2\pi r}$

해설

원형 코일 중심의 자계 $\dfrac{I}{2r}$[A/m]에서 θ만큼 이동한

비율 값이 $\dfrac{\theta}{2\pi}$이므로

$$\therefore\ H = \dfrac{I}{2r}\times\dfrac{\theta}{2\pi}$$

$$= \dfrac{I\theta}{4\pi r}[\text{A/m}]$$

상 제4장 유전체

05 면적 $S[\text{m}^2]$의 평행판 평판전극 사이에 유전율이 ε_1[F/m], ε_2[F/m]되는 두 종류의 유전체를 $\dfrac{d}{2}$ [m] 두께가 되도록 각각 넣으면 정전용량은 몇 [F]가 되는가?

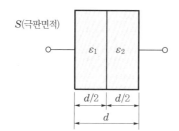

S(극판면적)
ε_1 ε_2
d/2 d/2
d

① $\dfrac{S}{\dfrac{d}{2}(\varepsilon_1+\varepsilon_2)}$

② $\dfrac{1}{\dfrac{ds}{2}\left(\dfrac{1}{\varepsilon_1}+\dfrac{1}{\varepsilon_2}\right)}$

③ $\dfrac{2S}{d\left(\dfrac{1}{\varepsilon_1}+\dfrac{1}{\varepsilon_2}\right)}$

④ $\dfrac{S}{2d\left(\dfrac{1}{\varepsilon_1}+\dfrac{1}{\varepsilon_2}\right)}$

해설 정전용량

$$C = \dfrac{1}{\dfrac{1}{C_1}+\dfrac{1}{C_2}} = \dfrac{1}{\dfrac{d}{2\varepsilon_1 S}+\dfrac{d}{2\varepsilon_2 S}}$$

$$= \dfrac{1}{\dfrac{d}{2s}\left(\dfrac{1}{\varepsilon_1}+\dfrac{1}{\varepsilon_2}\right)} = \dfrac{2S}{d\left(\dfrac{1}{\varepsilon_1}+\dfrac{1}{\varepsilon_2}\right)}[\text{F}]$$

상 제3장 정전용량

06 $C=5[\mu\text{F}]$인 평행판 콘덴서에 5[V]인 전압을 걸어줄 때 콘덴서에 축적되는 에너지는 몇 [J]인가?

① 6.25×10^{-5}

② 6.25×10^{-3}

③ 1.25×10^{-5}

④ 1.25×10^{-3}

해설 콘덴서에 축적되는 전기적 에너지

$$W = \dfrac{1}{2}CV^2$$

$$= \dfrac{1}{2}\times5\times10^{-6}\times5^2 = 6.25\times10^{-5}[\text{J}]$$

중 제9장 자성체와 자기회로

07 자계의 세기 $H=1000$[AT/m]일 때 자속밀도 $B=1$[Wb/m²]인 재질의 투자율은 몇 [H/m]인가?

① 10^{-3}

② 10^{-4}

③ 10^3

④ 10^4

해설

자속밀도 $B=\mu H$에서 투자율은 다음과 같다.

$$\mu = \dfrac{B}{H} = \dfrac{0.1}{1000} = 10^{-4}[\text{H/m}]$$

상 제7장 진공 중의 정자계

08 자기쌍극자의 자위에 관한 설명 중 맞는 것은?

① 쌍극자의 자기 모멘트에 반비례한다.

② 거리 제곱에 반비례한다.

③ 자기쌍극자의 축과 이루는 각도 θ의 $\sin\theta$에 비례한다.

④ 자위의 단위는 [Wb/J]이다.

해설 자기쌍극자 관련 공식

㉠ 쌍극자 모멘트 : $M = P = m\,l$[Wb·m]
　　→ 거리에 비례한다.

㉡ 자위 : $U = \dfrac{M\cos\theta}{4\pi\mu_0 r^2}$[AT]
　　→ 거리 제곱에 반비례한다.

㉢ 자계의 세기 : $H = \dfrac{M\sqrt{1+3\cos^2\theta}}{4\pi\mu_0 r^3}$
　　→ 거리 세제곱에 반비례한다.

정답　05 ③　06 ①　07 ②　08 ②

09 정전계 내 있는 도체 표면에서 전계의 방향은 어떻게 되는가?

① 임의 방향
② 표면과 접선방향
③ 표면과 $45°$방향
④ 표면과 수직방향

해설

전기력선은 도체 표면에서 수직으로 발생한다.

10 평행판 전극의 단위면적당 정전용량이 $C = 200[pF/m^2]$일 때 두 극판 사이에 전위차 $2000[V]$를 가하면 이 전극판 사이의 전계의 세기는 약 몇 $[V/m]$인가?

① 22.6×10^3
② 45.2×10^3
③ 22.6×10^6
④ 45.2×10^5

해설

㉠ 평행판 콘덴서의 정전용량 $C = \dfrac{\varepsilon_0 S}{d}[F]$

㉡ 단위면적당 정전용량 $C = \dfrac{\varepsilon_0}{d}[F/m^2]$

㉢ 평행판 도체 간의 간격

$$d = \frac{\varepsilon_0}{C} = \frac{8.855 \times 10^{-12}}{200 \times 10^{-12}} = 0.0442[m]$$

∴ 전계의 세기

$$E = \frac{V}{d} = \frac{2000}{0.0442} = 45.2 \times 10^3 [V/m]$$

11 Maxwell의 전자파 방정식이 아닌 것은?

① $rot\ H = i + \dfrac{\partial D}{\partial t}$
② $rot\ E = -\dfrac{\partial B}{\partial t}$
③ $div\ B = i$
④ $div\ D = \rho$

해설 맥스웰 방정식

㉠ $rot\ H = \nabla \times H = i = i_c + \dfrac{\partial D}{\partial t}$

　전계의 시간적 변화에는 회전하는 자계를 발생시킨다.

㉡ $rot\ E = \nabla \times E = -\dfrac{\partial B}{\partial t}$

　자계가 시간에 따라 변화하면 회전하는 전계가 발생한다.

㉢ $div\ D = \nabla \cdot D = \rho$

　전하가 존재하면 전속선이 발생한다.

㉣ $div\ B = \nabla \cdot B = 0$

　고립된 자극은 없고, N극, S극은 함께 공존한다.

12 그림과 같이 한 변의 길이가 $l[m]$인 정육각형 회로에 전류 $I[A]$가 흐르고 있을 때 중심 자계의 세기는 몇 $[A/m]$인가?

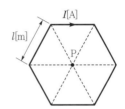

① $\dfrac{1}{2\sqrt{3}\,\pi l} \times I$
② $\dfrac{2\sqrt{2}}{\pi l} \times I$
③ $\dfrac{\sqrt{3}}{\pi l} \times I$
④ $\dfrac{\sqrt{3}}{2\pi l} \times I$

해설

한 변의 길이가 $l[m]$인 도체(코일)에 전류를 흘렸을 때 도체 중심에서 자계의 세기

㉠ 정사각형 도체 : $H = \dfrac{2\sqrt{2}\,I}{\pi l}[A/m]$

㉡ 정삼각형 도체 : $H = \dfrac{9I}{2\pi l}[A/m]$

㉢ 정육각형 도체 : $H = \dfrac{\sqrt{3}\,I}{\pi l}[A/m]$

㉣ 정n각형 도체 : $H = \dfrac{nI}{2\pi R}\tan\dfrac{\pi}{n}[A/m]$

13 다음과 같이 전속밀도 $D = 1[C/m^2]$ 중에 $\varepsilon_s = 5$인 유전체가 놓여있어서 균일하게 분극이 생겼다면 분극도 $P[C/m^2]$는?

① 0.3
② 0.5
③ 1
④ 0.8

해설 분극의 세기[C/m2]

$$P = \varepsilon_0(\varepsilon_s - 1)E = D - \varepsilon_0 E = D\left(1 - \frac{1}{\varepsilon_s}\right)$$

$$\therefore\ P = D\left(1 - \frac{1}{\varepsilon_s}\right) = 1 \times \left(1 - \frac{1}{5}\right) = \frac{4}{5}$$
$$= 0.8[C/m^2]$$

정답　**09** ④　**10** ②　**11** ③　**12** ③　**13** ④

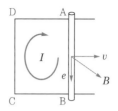

상 제9장 자성체와 자기회로

14 코로나 방전이 3×10^6[V/m]에서 일어난다고 하면 반지름 10[cm]인 도체구에 저축할 수 있는 최대 전하량은 몇 [C]인가?

① 0.33×10^{-5} ② 0.72×10^{-6}

③ 0.33×10^{-7} ④ 0.98×10^{-8}

해설

㉠ 코로나 방전 : 절연체의 절연내력보다 전계의 세기가 더 강하여 도체 절연이 파괴되어 공기 중으로 전계가 방전되는 현상

㉡ 코로나 방전이 발생되는 전계의 세기

$$E = \frac{Q}{4\pi\varepsilon_0 r^2} = 9 \times 10^9 \times \frac{Q}{r^2} [\text{V/m}]$$

∴ 도체 구에 저축할 수 있는 최대 전하량(이 이상의 전하량에서 코로나 방전 발생)

$$Q = 4\pi\varepsilon_0 r^2 E = \frac{r^2 E}{9 \times 10^9}$$

$$= \frac{0.1^2 \times 3 \times 10^6}{9 \times 10^9}$$

$$= 0.33 \times 10^{-5} [\text{C}]$$

중 제10장 전자유도법칙

15 그림과 같은 균일한 자계 B[Wb/m^2] 내에서 길이 l[m]인 도선 AB가 속도 v[m/s]로 움직일 때 ABCD 내에 유도되는 기전력 e[V]는?

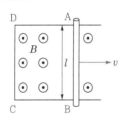

① 시계방향으로 Blv이다.

② 반시계방향으로 Blv이다.

③ 시계방향으로 Blv^2이다.

④ 반시계방향으로 Blv^2이다.

해설

㉠ 자계 내에 도체가 v[m/s]로 운동하면 도체에는 기전력이 유도된다. 도체의 운동방향과 자속밀도는 수직으로 쇄교하므로 기전력은 $e = Blv$가 발생된다.

㉡ 방향은 아래 그림과 같이 플레밍의 오른손 법칙에 의해 시계방향으로 발생된다.

중 제6장 전류

16 직류 500[V] 절연저항계로 절연저항을 측정하니 2[MΩ]이 되었다면 누설전류는?

① $25[\mu A]$ ② $250[\mu A]$

③ $1000[\mu A]$ ④ $1250[\mu A]$

해설 누설전류

$$I = \frac{V}{R} = \frac{500}{2 \times 10^6} = 250 \times 10^{-6}[\text{A}] = 250[\mu A]$$

중 제11장 인덕턴스

17 그림과 같은 회로에서 스위치를 최초 A에 연결하여 일정 전류 I[A]를 흘린 다음 스위치를 급히 B로 전환할 때 저항 R[Ω]에서 발생하는 열량은 몇 [cal]인가?

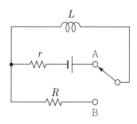

① $\dfrac{1}{8.4}LI^2$ ② $\dfrac{1}{4.2}LI^2$

③ $\dfrac{1}{2}LI^2$ ④ LI^2

해설

㉠ 스위치를 A로 이동하면 코일에는 에너지가 저장 $\left(W_L = \dfrac{1}{2}LI^2[\text{J}] \right)$ 된다.

㉡ 그 후 스위치를 B측으로 이동시키면 코일에 저장된 에너지만큼 저항 R에서 소비된다.

㉢ $1[\text{J}] = \dfrac{1}{4.2}[\text{cal}] \fallingdotseq 0.24[\text{cal}]$

∴ 발열량 $H = \dfrac{1}{4.2} W_L = \dfrac{1}{8.4}LI^2[\text{cal}]$

정답 14 ① 15 ① 16 ② 17 ①

중 제11장 인덕턴스

18 서로 결합하고 있는 두 코일의 자기 유도계수가 각각 3[mH], 5[mH]이다. 이들을 자속이 서로 합해지도록 직렬접속하면 합성 유도계수가 L[mH]이고, 반대되도록 직렬접속하면 합성 유도계수 L'는 L의 60[%]이었다. 두 코일 간의 결합계수는 얼마인가?

① 0.258 ② 0.362
③ 0.451 ④ 0.551

해설

㉠ 가동결합 $L_+ = L_1 + L_2 + 2M = L$
　여기서, $L_1 = 3$[mH], $L_2 = 5$[mH]
㉡ 차동결합 $L_- = L_1 + L_2 - 2M = 0.6$
㉢ 상호 인덕턴스
$$M = \frac{L_+ - L_-}{4} = \frac{L - 0.6L}{4} = 0.1L$$
→ $L = 10M$
㉣ 가동결합 공식에서 $L = 10M$을 대입하면
$$M = \frac{L_+ + L_-}{8} = \frac{3 + 5}{8} = 1[\text{mH}]$$
∴ 결합계수 $k = \frac{M}{\sqrt{L_1 L_2}} = \frac{1}{\sqrt{3 \times 5}} = 0.258$[mH]

상 제12장 전자계

19 전속밀도의 시간적 변화율을 무엇이라 하는가?

① 전계의 세기 ② 변위전류밀도
③ 에너지 밀도 ④ 유전율

해설

변위전류밀도는 전속밀도의 시간적 변화에 의하여 발생한다.
∴ 변위전류밀도 : $i_d = \dfrac{\partial D}{\partial t} = \varepsilon \dfrac{\partial E}{\partial t}$ [A/m²]

상 제8장 전류의 자기현상

20 반지름 25[cm]의 원주형 도선에 π[A]의 전류가 흐를 때 도선의 중심축에서 50[cm]되는 점의 자계의 세기는 몇 [AT/m]인가? (단, 도선의 길이는 매우 길다.)

① 1 ② $\dfrac{1}{2}\pi$
③ $\dfrac{1}{3}\pi$ ④ $\dfrac{1}{4}\pi$

해설 무한장 직선도체의 자계의 세기

$$H = \frac{I}{2\pi r} = \frac{\pi}{2\pi \times 0.5} = 1[\text{AT/m}]$$

제2과목 **전력공학**

상 제2장 전선로

21 154[kV] 송전선로에 10개의 현수애자가 연결되어 있다. 다음 중 전압분담이 가장 적은 것은?

① 철탑에 가장 가까운 것
② 철탑에서 3번째
③ 전선에서 가장 가까운 것
④ 전선에서 3번째

해설

송전선로에서 현수애자의 전압분담은 전선에서 가까이 있는 것부터 1번째 애자 22[%], 2번째 애자 17[%], 3번째 애자 12[%], 4번째 애자 10[%], 그리고 8번째 애자가 약 6[%], 마지막 애자가 8[%] 정도의 전압을 분담하게 된다.

상 제8장 송전선로 보호방식

22 영상변류기와 관계가 가장 깊은 계전기는?

① 차동계전기 ② 과전류계전기
③ 과전압계전기 ④ 선택접지계전기

해설 선택접지(지락)계전기

비접지계통의 배전선 지락사고를 검출하여 사고 회선만을 선택 차단하는 방향성 계전기로서, 지락사고 시 계전기 설치점에 나타나는 영상전압(GPT로 검출)과 영상지락 고장전류(ZCT로 검출)를 검출하여 선택 차단한다.

상 제4장 송전 특성 및 조상설비

23 일반 회로정수 A, B, C, D, 송수전단 상전압이 각각 E_S, E_R일 때 수전단 전력원선도의 반지름은?

① $\dfrac{E_S \cdot E_R}{A}$ ② $\dfrac{E_S \cdot E_R}{B}$
③ $\dfrac{E_S \cdot E_R}{C}$ ④ $\dfrac{E_S \cdot E_R}{D}$

정답 18 ①　19 ②　20 ①　21 ②　22 ④　23 ②

해설 전력원선도의 반지름

$$R = \frac{E_S E_R}{Z} = \frac{E_S E_R}{B}$$

중 제5장 고장 계산 및 안정도

24 3상 단락사고가 발생한 경우 옳지 않은 것은? (단 V_0 : 영상전압 V_1 : 정상전압 V_2 : 역상전압, I_0 : 영상전류, I_1 : 정상전류, I_2 : 역상전류)

① $V_2 = V_0 = 0$ ② $V_2 = I_2 = 0$

③ $I_2 = I_0 = 0$ ④ $I_1 = I_2 = 0$

해설

3상 단락사고가 일어나면 $V_a = V_b = V_c = 0$이므로
$I_0 = I_2 = V_0 = V_1 = V_2 = 0$
$\therefore\ I_1 = \frac{E_a}{Z_1} \neq 0$

상 제11장 발전

25 기력발전소의 열싸이클 과정 중 단열팽창 과정의 물 또는 증기의 상태변화는?

① 습증기 → 포화액

② 과열증기 → 습증기

③ 포화액 → 압축액

④ 압축액 → 포화액 → 포화증기

해설

단열팽창은 터빈에서 이루어지는 과정이므로 터빈에 들어간 과열증기가 습증기로 된다.

중 제6장 중성점 접지방식

26 △결선의 3상 3선식 배전선로가 있다. 1선이 지락하는 경우 건전상의 전위상승은 지락 전의 몇 배가 되는가?

① $\frac{\sqrt{3}}{2}$ ② 1

③ $\sqrt{2}$ ④ $\sqrt{3}$

해설

비접지 방식에서 1선 지락사고 시 건전상의 대지전압이 $\sqrt{3}$ 배 상승하고 이상전압(4~6배)이 간헐적으로 발생한다.

상 제4장 송전 특성 및 조상설비

27 다음 중 페란티현상의 방지대책으로 적합하지 않은 것은?

① 선로전류를 지상이 되도록 한다.

② 수전단에 분로리액터를 설치한다.

③ 동기조상기를 부족여자로 운전한다.

④ 부하를 차단하여 무부하가 되도록 한다.

해설 페란티현상

㉠ 무부하 및 경부하 시 선로에 충전전류가 흐르면 수전단전압이 송전단전압보다 높아지는 현상으로, 그 원인은 선로의 정전용량 때문에 발생한다.

㉡ 방지책 : 동기조상기, 분로리액터

상 제3장 선로정수 및 코로나현상

28 연가를 하는 주된 목적은?

① 유도뢰를 방지하기 위하여

② 선로정수를 평형시키기 위하여

③ 직격뢰를 방지하기 위하여

④ 작용정전용량을 감소시키기 위하여

해설 연가의 목적

㉠ 선로정수 평형

㉡ 근접 통신선에 대한 유도장해 감소

㉢ 소호리액터 접지계통에서 중성점의 잔류전압으로 인한 직렬공진의 방지

하 제3장 선로정수 및 코로나현상

29 3상 3선식 송전선에서 바깥지름 20[mm]의 경동연선을 그림과 같이 일직선 수평배치로 하여 연가를 했을 때, 1[km]마다의 인덕턴스는 약 몇 [mH/km]인가?

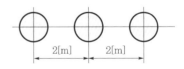

① 1.16   ② 1.32

③ 1.48   ④ 1.64

해설 작용인덕턴스

$$L = 0.05 + 0.4605 \log_{10} \frac{\sqrt[3]{2}\,D}{r}\,[\text{mH/km}]$$

정답   24 ④   25 ②   26 ④   27 ④   28 ②   29 ①

$$L = 0.05 + 0.4605\log_{10}\frac{\sqrt[3]{2}\times 200}{2/2}$$

$$= 1.16\text{[mH/km]}$$

(등가선간거리와 전선의 반지름을 [cm]으로 변환하여 단위를 같게 하여 계산한다.)

중 제11장 발전

30 조압수조 중 서징의 주기가 가장 빠른 것은?

① 제수공 조압수조
② 수실조압수조
③ 차동조압수조
④ 단동조압수조

해설

부하의 급변 시 수차를 회전시키는 유량의 변화가 커지게 되므로 수압관에 가해지는 압력을 고려해야 한다. 수압관의 압력이 짧은 시간에 크게 변화될 때 차동조압수조를 이용하여 압력을 완화시켜야 한다.

상 제4장 송전 특성 및 조상설비

31 송전선의 전압변동률 $= \dfrac{V_{R1} - V_{R2}}{V_{R2}}$

$\times 100[\%]$ 에서 V_{R1} 은 무엇에 해당되는가?

① 무부하 시 송전단전압
② 부하 시 송전단전압
③ 무부하 시 수전단전압
④ 전부하 시 수전단전압

해설

전압변동률은 선로에 접속해 있는 부하가 갑자기 변화되었을 때 단자전압의 변화 정도를 나타낸 것이다.

$$\varepsilon = \frac{V_{R1} - V_{R2}}{V_{R2}}\times 100[\%]$$

여기서, V_{R1} : 무부하 시 수전단전압[V]
V_{R2} : 전부하 시 수전단전압[V]

상 제1장 전력계통

32 전송전력이 400[MW], 송전거리가 200[km]인 경우의 경제적인 송전전압은 약 몇 [kV]인가? (단, Still의 식에 의하여 산정한다.)

① 57
② 173
③ 353
④ 645

해설

경제적인 송전전압 $E = 5.5\sqrt{0.6l + \dfrac{P}{100}}$ [kV]

여기서, l : 송전거리[km]
P : 송전전력[kW]

$$E = 5.5\sqrt{0.6\ell + \frac{P}{100}}$$

$$= 5.5\sqrt{0.6\times 200 + \frac{400000}{100}} = 353\text{[kV]}$$

상 제4장 송전 특성 및 조상설비

33 T형 회로에서 4단자 정수 $\dot{A}$ 는?

① $\dot{Z}\left(1 + \dfrac{\dot{Z}\dot{Y}}{4}\right)$
② $\dot{Y}$
③ $1 + \dfrac{\dot{Z}\dot{Y}}{2}$
④ $\dot{Z}$

해설 T형 회로

송전단전압 $E_S = \left(1 + \dfrac{ZY}{2}\right)E_R + Z\left(1 + \dfrac{ZY}{4}\right)I_R$

송전단전류 $I_S = YE_R + \left(1 + \dfrac{ZY}{2}\right)I_R$

위의 식에서 4단자 정수 $A = 1 + \dfrac{ZY}{2}$ 가 된다.

하 제10장 배전선로 계산

34 배전선의 전압 조정방법이 아닌 것은?

① 승압기 사용
② 유도전압조정기 사용
③ 주상변압기 탭전환
④ 병렬콘덴서 사용

해설

병렬콘덴서는 부하와 병렬로 접속하여 역률을 개선한다.
* 배전선로 전압의 조정장치 : 주상변압기 Tap 조절장치, 승압기(단권변압기) 설치, 유도전압 조정기, 직렬콘덴서

상 제3장 선로정수 및 코로나현상

35 공기의 파열 극한 전위경도는 정현파교류의 실효치로 약 몇 [kV/cm]인가?

① 21
② 25
③ 30
④ 33

해설 공기의 파열 극한 전위경도

- 1[cm] 간격의 두 평면 전극의 사이의 공기 절연이 파괴되어 전극 간 아크가 발생되는 전압
- 직류 : 30[kV/cm], 교류 : 21.1[kV/cm]

중 제6장 중성점 접지방식

36 소호리액터 접지방식에서 사용되는 탭의 크기로 일반적인 것은?

① $\omega L > \dfrac{1}{3\omega C}$ ② $\omega L < \dfrac{1}{3\omega C}$

③ $\omega L > \dfrac{1}{3\omega^2 C}$ ④ $\omega L < \dfrac{1}{3\omega^2 C}$

해설 합조도

㉠ $\omega L > \dfrac{1}{3\omega C}$: 부족보상

㉡ $\omega L < \dfrac{1}{3\omega C}$: 과보상

㉢ $\omega L = \dfrac{1}{3\omega C}$: 완전보상

상 제7장 이상전압 및 유도장해

37 계통 내의 각 기기, 기구 및 애자 등의 상호 간에 적정한 절연강도를 지니게 함으로서 계통 설계를 합리적으로 할 수 있게 한 것을 무엇이라 하는가?

① 기준충격절연강도
② 보호계전방식
③ 절연계급 선정
④ 절연협조

해설 절연협조의 정의

발·변전소의 기기나 송배전선로 등의 전력계통 전체의 절연설계를 보호장치와 관련시켜서 합리화를 도모하고 안전성과 경제성을 유지하는 것이다.

상 제9장 배전방식

38 배전선로에서 부하율이 F일 때 손실계수 H는?

① F와 F^2의 힘
② F와 같은 값
③ F와 F^2의 중간 값
④ F^2와 같은 값

해설 손실계수(H)

손실계수는 말단집중부하에 대해서 어느 기간 중의 평균손실과 최대손실 간의 비이다.

㉠ 손실계수

$$H = \dfrac{\text{어느 기간 중의 평균손실}}{\text{같은 기간 중의 최대손실}}$$

㉡ 손실계수(H)와 부하율(F)의 관계

$$0 \leq F^2 \leq H \leq F \leq 1$$

중 제10장 배전선로 계산

39 배전선로의 전기방식 중 전선의 중량(전선비용)이 가장 적게 소요되는 전기방식은? (단, 배전전압, 거리, 전력 및 선로 손실 등은 같다고 한다.)

① 단상 2선식
② 단상 3선식
③ 3상 3선식
④ 3상 4선식

해설 송전전력, 송전전압, 송전거리, 송전손실이 같을 때 소요전선량

전기방식	단상 2선식	단상 3선식	3상 3선식	3상 4선식
소요되는 전선량	100[%]	37.5[%]	75[%]	33.3[%]

중 제10장 배전선로 계산

40 3상 3선식 배전선로가 있다. 이것에 역률이 0.8인 3상 평형 부하 20[kW]를 걸었을 때 배전선로 등의 전압강하는? (단, 부하의 전압은 200[V], 전선 1조의 저항은 0.02[Ω]이고, 리액턴스는 무시한다.)

① 1[V] ② 2[V]
③ 3[V] ④ 4[V]

해설

부하전류 $I = \dfrac{P}{\sqrt{3}\,V\cos\theta} = \dfrac{20}{\sqrt{3}\times 0.2 \times 0.8}$
$= 72.17[\text{A}]$

전압강하 $e = \sqrt{3}\,I(r\cos\theta + x\sin\theta)$
$= \sqrt{3}\times 72.17\times(0.02\times 0.8 + 0\times 0.6)$
$= 2[\text{V}]$

정답 36 ② 37 ④ 38 ③ 39 ④ 40 ②

제3과목 전기기기

중 제3장 변압기

41 정격이 300[kVA], 6600/2200[V]의 단권변압기 2대를 V결선으로 해서 1차에 6600[V]를 가하고, 전부하를 걸었을 때의 2차측 출력[kVA]은? (단, 손실은 무시한다.)

① 425
② 519
③ 390
④ 489

해설

$$\frac{자기용량}{부하용량} = \frac{1}{0.866}\left(\frac{V_h - V_l}{V_h}\right)$$

$$\frac{300}{부하용량} = \frac{1}{0.866}\left(\frac{6600 - 2200}{6600}\right)$$

$$부하용량 = 0.866 \times \left(\frac{6600}{6600 - 2200}\right) \times 300$$

$$= 390[kVA]$$

하 제6장 특수기기

42 중부하에서도 기동되도록 하고 회전계자형의 동기전동기에 고정자인 전기자부분이 회전자의 주위를 회전할 수 있도록 2중 베어링의 구조를 가지고 있는 전동기는?

① 유도자형 전동기
② 유도동기전동기
③ 초동기전동기
④ 반작용 전동기

해설

기동 토크가 작은 것이 단점인 동기전동기는 경부하에서 기동이 거의 불가능하므로 이것을 보완하여 중부하에서도 기동이 되도록 한 것으로, 회전계자형의 동기전동기에 고정자인 전기자부분도 회전자 주위를 회전할 수 있도록 2중 베어링 구조로 되어 있는 고정자 회전기동형을 초동기전동기라 한다.

상 제4장 유도기

43 제5차 고조파에 의한 기자력의 회전방향 및 속도와 기본파 회전자계의 관계는?

① 기본파와 같은 방향이고 3배의 속도
② 기본파와 같은 방향이고 $\frac{1}{5}$배의 속도
③ 기본파와 역방향으로 5배의 속도
④ 기본파와 역방향으로 $\frac{1}{5}$배 속도

해설

역상분 $3n-1(2,\ 5,\ 8,\ 11\ \cdots)$: $-120°$의 위상차가 발생하는 고조파로 기본파와 역방향으로 작용하는 회전자계를 발생하고 회전속도는 $\frac{1}{5}$배의 속도로 된다.

상 제2장 동기기

44 동기발전기의 전기자권선을 단절권으로 하는 가장 큰 이유는?

① 과열을 방지
② 기전력 증가
③ 기본파를 제거
④ 고조파를 제거해서 기전력 파형 개선

해설 단절권의 특징

㉠ 전절권에 비해 유기기전력은 감소된다.
㉡ 고조파를 제거하여 기전력의 파형을 좋게 한다.
㉢ 코일 끝부분의 길이가 단축되어 기계 전체의 크기가 축소된다.
㉣ 구리의 양이 적게 든다.

상 제1장 직류기

45 다음 중 직류발전기의 무부하포화곡선과 관계되는 것은?

① 부하전류와 계자전류
② 단자전압과 계자전류
③ 단자전압과 부하전류
④ 출력과 부하전류

해설 직류발전기의 특성곡선

㉠ 무부하포화곡선 : 계자전류와 유기기전력(단자전압)과의 관계곡선
㉡ 부하포화곡선 : 계자전류와 단자전압과의 관계곡선
㉢ 외부특성곡선 : 부하전류와 단자전압과의 관계곡선

정답 41 ③　42 ③　43 ④　44 ④　45 ②

상 제1장 직류기

46 직류전동기의 제동법 중 발전제동을 옳게 설명한 것은?

① 전동기가 정지할 때까지 제동 토크가 감소하지 않는 특징을 지닌다.
② 전동기를 발전기로 동작시켜 발생하는 전력을 전원으로 반환함으로써 제동한다.
③ 전기자를 전원과 분리한 후 이를 외부 저항에 접속하여 전동기의 운동 에너지를 열 에너지로 소비시켜 제동한다.
④ 운전 중인 전동기의 전기자접속을 반대로 접속하여 제동한다.

해설 직류전동기의 제동법

㉠ 발전제동 : 운전 중인 전동기를 전원에서 분리하여 발전기로 작용시키고, 회전체의 운동 에너지를 전기적인 에너지로 변환하여 이것을 저항에서 열 에너지로 소비시켜서 제동하는 방법
㉡ 회생제동 : 전동기가 갖는 운동 에너지를 전기 에너지로 변환하고, 이것을 전원으로 반환하여 제동하는 방법
㉢ 역전제동 : 전동기를 전원에 접속된 상태에서 전기자의 접속을 반대로 하고, 회전방향과 반대방향으로 토크를 발생시켜서 급속히 정지시키거나 역전시키는 방법

상 제2장 동기기

47 병렬운전 중인 A, B 두 동기발전기 중 A발전기의 여자를 B발전기보다 증가시키면 A발전기는?

① 동기화전류가 흐른다.
② 부하전류가 증가한다.
③ 90° 진상전류가 흐른다.
④ 90° 지상전류가 흐른다.

해설 동기발전기의 병렬운전 중에 여자전류를 다르게 할 경우

㉠ 여자전류가 작은 발전기(기전력의 크기가 작은 발전기) : 90° 진상전류가 흐르고 역률이 높아진다.
㉡ 여자전류가 큰 발전기(기전력의 크기가 큰 발전기) : 90° 지상전류가 흐르고 역률이 낮아진다.

하 제6장 특수기기

48 다음 교류 정류자전동기의 설명 중 옳지 않은 것은?

① 정류작용은 직류기와 같이 간단히 해결된다.
② 구조가 일반적으로 복잡하여 고장이 생기기 쉽다.
③ 기동 토크가 크고 기동장치가 필요 없는 경우가 많다.
④ 역률이 높은 편이며 연속적인 속도제어가 가능하다.

해설 교류 정류자전동기의 특성

㉠ 전동기로서 정류자를 가지고 있고 고정자와 회전자에 따라 직권과 분권으로 구분한다.
㉡ 구조가 복잡하여 고장이 발생할 우려가 높다.
㉢ 기동 토크가 크고 속도제어범위가 넓고 역률이 높다.

상 제4장 유도기

49 유도전동기의 동기와트에 대한 설명으로 옳은 것은?

① 동기속도에서 1차 입력
② 동기속도에서 2차 입력
③ 동기속도에서 2차 출력
④ 동기속도에서 2차 동손

해설

동기와트 $P_2 = 1.026 \times T \times N_s \times 10^{-3}$[kW]
동기와트(P_2)는 동기속도에서 토크의 크기를 나타낸다.

중 제2장 동기기

50 동기기의 전기자권선법으로 적합하지 않은 것은?

① 중권
② 2층권
③ 분포권
④ 환상권

해설 동기기의 전기자권선법

중권, 2층권, 분포권, 단절권, 고상권, 폐로권을 사용한다.

하 제4장 유도기

51 유도발전기의 슬립(slip) 범위에 속하는 것은?

① $0 < s < 1$ ② $s = 0$

③ $s = 1$ ④ $-1 < s < 0$

해설 슬립의 범위

㉠ 유도전동기의 경우 : $0 < s < 1$
㉡ 유도발전기의 경우 : $-1 < s < 0$

상 제4장 유도기

52 3상 유도전동기의 동기속도는 주파수와 어떤 관계가 있는가?

① 비례한다.
② 반비례한다.
③ 자승에 비례한다.
④ 자승에 반비례한다.

해설

회전자속도 $N = (1-s)N_s = (1-s)\dfrac{120f}{P}$[rpm]

∴ 동기속도(N_s)는 주파수(f)에 비례한다.

중 제5장 정류기

53 단상 전파정류의 맥동률은?

① 0.17   ② 0.34

③ 0.48   ④ 0.86

해설

㉠ 맥동률 $= \dfrac{\text{출력전압에 포함된 교류분}}{\text{출력전압의 직류분}}$
㉡ 각 정류방식에 따른 맥동률을 구하면 다음과 같다.
  • 단상 반파정류 : 1.21
  • 단상 전파정류 : 0.48
  • 3상 반파정류 : 0.19
  • 3상 전파정류 : 0.042

상 제5장 정류기

54 3단지 사이리스터가 아닌 것은?

① SCR   ② GTO

③ SCS   ④ TRIAC

해설

① SCR(사이리스터) : 단방향 3단자
② GTO(Gate Turn Off 사이리스터) : 단방향 3단자
③ SCS : 단방향 4단자
④ TRIAC(트라이액) : 양방향 3단자

상 제3장 변압기

55 3상 변압기를 병렬운전하는 경우 불가능한 조합은?

① △-△와 △-△
② Y-△와 Y-△
③ △-△와 △-Y
④ △-Y와 Y-△

해설

3상 변압기의 병렬운전 시 △-△와 △-Y, △-Y와 Y-Y의 결선은 위상차가 30° 발생하여 순환전류가 흐르기 때문에 병렬운전이 불가능하다.

상 제3장 변압기

56 변압기의 등가회로를 작성하기 위하여 필요한 시험은?

① 권선저항 측정, 무부하시험, 단락시험
② 상회전시험, 절연내력시험, 권선저항 측정
③ 온도상승시험, 절연내력시험, 무부하시험
④ 온도상승시험, 절연내력시험, 권선저항 측정

해설 변압기의 등가회로 작성 시 특성시험

㉠ 무부하시험 : 무부하전류(여자전류), 철손, 여자어드미턴스
㉡ 단락시험 : 임피던스전압, 임피던스와트, 동손, 전압변동률
㉢ 권선저항 측정

상 제1장 직류기

57 전기자도체의 굵기, 권수, 극수가 모두 같을 때 단중 파권이 단중 중권과 비교하여 다른 것은?

① 대전류, 고전압
② 소전류, 고전압
③ 대전류, 저전압
④ 소전류, 저전압

정답 51 ④   52 ①   53 ③   54 ③   55 ③   56 ①   57 ②

전기자권선법의 중권과 파권 비교

비교항목	중권	파권
병렬회로수(a)	$P_{극수}$	2
브러시수(b)	$P_{극수}$	2
용도	저전압, 대전류	고전압, 소전류
균압환	사용함	사용 안 함

중권의 경우 다중도(m)일 경우 ($a = m P_{극수}$)

중 제3장 변압기

58 100[kVA]의 단상변압기가 역률 80[%]에서 전부하효율이 95[%]라면 역률 50[%]의 전부하에서는 효율은 몇 [%]로 되겠는가?

① 약 98

② 약 96

③ 약 94

④ 약 92

해설

역률 80[%]에서

효율 $\eta = \dfrac{100 \times 0.8}{100 \times 0.8 + P_l} \times 100 = 95[\%]$

손실 $P_l = \dfrac{100 \times 0.8}{0.95} - 100 \times 0.8 = 4.21[\text{kW}]$

역률 0.5에서

전부하효율 $\eta = \dfrac{100 \times 0.5}{100 \times 0.5 + 4.21} \times 100$
$= 92.23 ≒ 92[\%]$

중 제3장 변압기

59 변압기의 냉각방식 중 유입자냉식의 표시 기호는?

① ANAN

② ONAN

③ ONAF

④ OFAF

해설 유입자냉식(ONAN)

절연유가 채워진 외함 속에 변압기 본체를 넣고 기름의 대류작용으로 열이 외함에 전달되고 외함에서 방사, 대류, 전도에 의하여 외부에 방산되는 방식으로 가장 널리 채용

상 제2장 동기기

60 송전선로에 접속된 동기조상기의 설명으로 옳은 것은?

① 과여자로 해서 운전하면 앞선 전류가 흐르므로 리액터 역할을 한다.

② 과여자로 해서 운전하면 뒤진 전류가 흐르므로 콘덴서 역할을 한다.

③ 부족여자로 해서 운전하면 앞선 전류가 흐르므로 리액터 역할을 한다.

④ 부족여자로 해서 운전하면 송전선로의 자기여자작용에 의한 전압상승을 방지한다.

해설 동기조상기

㉠ 과여자로 해서 운전 : 선로에는 앞선 전류가 흐르고 일종의 콘덴서로 작용하며 부하의 뒤진 전류를 보상해서 송전선로의 역률을 좋게 하고 전압강하를 감소시킴

㉡ 부족여자로 운전 : 뒤진 전류가 흐르므로 일종의 리액터로서 작용하고 무부하의 장거리 송전선로에 발전기를 접속하는 경우 송전선로에 흐르는 앞선 전류에 의하여 자기여자작용으로 일어나는 단자전압의 이상상승을 방지

제4과목 회로이론

중 제4장 비정현파 교류회로의 이해

61 RLC 직렬공진회로에서 제3고조파의 공진 주파수 f[Hz]는?

① $\dfrac{1}{2\pi\sqrt{LC}}$

② $\dfrac{1}{3\pi\sqrt{LC}}$

③ $\dfrac{1}{6\pi\sqrt{LC}}$

④ $\dfrac{1}{9\pi\sqrt{LC}}$

해설 제3고조파의 공진주파수

$f_3 = \dfrac{1}{2\pi n\sqrt{LC}}\bigg|_{n=3} = \dfrac{1}{6\pi\sqrt{LC}}[\text{Hz}]$

정답 58 ④ 59 ② 60 ④ 61 ③

ⓒ 전류원 1[A]만의 회로해석 : $I_2 = 1$[A]

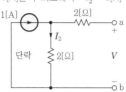

ⓒ 2[Ω] 통과전류 : $I = I_1 + I_2 = 1$[A]

∴ 개방전압 $V = 2I = 2 \times 1 = 2$[V]

중 제2장 단상 교류회로의 이해

62 그림과 같은 파형의 순시값은?

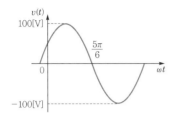

① $v = 100\sqrt{2}\,\sin\omega t$

② $v = 100\sqrt{2}\,\cos\omega t$

③ $v = 100\sin\left(\omega t + \dfrac{\pi}{6}\right)$

④ $v = 100\sin\left(\omega t - \dfrac{\pi}{6}\right)$

📝 **해설**

순시값 = 최댓값 $\sin(\omega t \pm 위상차)$

　　　 = $\sqrt{2}$ 실횻값 $\sin(\omega t \pm 위상차)$

　　　 = 실횻값 $\underline{/\,\pm위상차}$

∴ $v = 100\sin\left(\omega t + \dfrac{\pi}{6}\right)$[V]

상 제6장 회로망 해석

63 그림과 같은 회로의 a, b단자 간의 전압은?

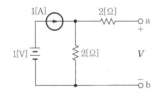

① 2[V]　　　　② -2[V]

③ -4[V]　　　④ 4[V]

📝 **해설**

중첩의 정리를 이용하여 풀이할 수 있다.

ⓐ 전압원 1[V]만의 회로해석 : $I_1 = 0$

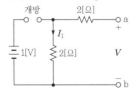

중 제6장 회로망 해석

64 4단자 정수를 구하는 식에서 틀린 것은 어느 것인가?

① $A = \dfrac{V_1}{V_2}\bigg|_{I_2 = 0}$　　② $B = \dfrac{V_2}{I_2}\bigg|_{V_2 = 0}$

③ $C = \dfrac{I_1}{V_2}\bigg|_{I_2 = 0}$　　④ $D = \dfrac{I_1}{I_2}\bigg|_{V_2 = 0}$

중 제4장 비정현파 교류회로의 이해

65 $i = 2 + 5\sin(100t + 30°) + 10\sin(200t - 10°) - 5\cos(400t + 10°)$[A]와 파형이 동일하나 기본파의 위상이 20° 늦은 비정현 전류파의 순시치를 나타내는 식은?

① $i = 2 + 5\sin(100t + 10°) + 10\sin(200t - 30°) - 5\cos(400t - 10°)$[A]

② $i = 2 + 5\sin(100t + 10°) + 10\sin(200t - 50°) - 5\cos(400t - 10°)$[A]

③ $i = 2 + 5\sin(100t + 10°) + 10\sin(200t - 30°) - 5\cos(400t - 70°)$[A]

④ $i = 2 + 5\sin(100t + 10°) + 10\sin(200t - 50°) - 5\cos(400t - 70°)$[A]

📝 **해설**

ⓐ 고조파 전류 $i_n(t) = \dfrac{I_m}{n}\sin n(\omega t \pm \theta)$[A]이므로

제 n 고조파에 대해서 전류 크기는 $\dfrac{1}{n}$ 배, 그리고 주파수와 위상이 각각 n배가 된다.

ⓑ 기본파 위상이 20° 늦어지면 제2고조파는 20°×2, 제4고조파는 20°×4, 제5고조파는 20°×5 만큼 늦어지게 된다.

∴ $i = 2 + 5\sin(100t + 10°) + 10\sin(200t - 50°) - 5\cos(400t - 70°)$[A]

정답 62 ③　63 ①　64 ②　65 ④

중 제1장 직류회로의 이해

66 두 점 사이에 20[C]의 전하를 옮기는 데 80[J]의 에너지가 필요하다면 두 점 사이의 전압은?

① 2[V]

② 3[V]

③ 4[V]

④ 5[V]

해설

전압 $V = \dfrac{W}{Q} = \dfrac{80}{20} = 4[\mathrm{V}]$

하 제6장 회로망 해석

67 구동점 임피던스(driving point impedance) 함수에 있어서 극점(pole)은?

① 단락회로상태를 의미

② 개방회로상태를 의미

③ 아무런 상태도 아니다.

④ 전류가 많이 흐르는 상태를 의미

해설

극점은 구동점 임피던스의 분모항이 0인 점을 의미하므로 임피던스 $Z(s) = \infty$ 가 된다.
그러므로 전류 $I(s) = 0$이 되어 개방회로(open) 상태를 의미한다.

중 제5장 대칭좌표법

68 3상 불평형 전압에서 역상전압이 25[V]이고, 정상전압이 100[V], 영상전압이 10[V]라 할 때 전압의 불평형률은?

① 0.25

② 0.4

③ 4

④ 10

해설 불평형률

$\%U = \dfrac{V_2}{V_1} \times 100 = \dfrac{25}{100} \times 100 = 25[\%]$

여기서, V_1 : 정상분

V_2 : 역상분

상 제10장 라플라스 변환

69 시간함수 $f(t) = u(t) - \cos \omega t$를 라플라스 변환하면?

① $\dfrac{s}{s^2 + \omega^2}$

② $\dfrac{\omega^2}{s(s^2 + \omega^2)}$

③ $\dfrac{s}{s(s^2 - \omega^2)}$

④ $\dfrac{\omega^2}{s(s^2 - \omega^2)}$

해설

$$\mathcal{L}\left[u(t) - \cos \omega t \right] = \dfrac{1}{s} - \dfrac{s}{s^2 + \omega^2}$$
$$= \dfrac{s^2 + \omega^2 - s^2}{s(s^2 + \omega^2)}$$
$$= \dfrac{\omega^2}{s(s^2 + \omega^2)}$$

중 제2장 단상 교류회로의 이해

70 5[mH]의 두 자기 인덕턴스가 있다. 결합계수를 0.2로부터 0.8까지 변화시킬 수 있다면 이것을 접속시켜 얻을 수 있는 합성 인덕턴스의 최댓값, 최솟값은?

① 18[mH], 2[mH]

② 18[mH], 8[mH]

③ 20[mH], 2[mH]

④ 20[mH], 8[mH]

해설

㉠ 결합계수 $k = \dfrac{M}{\sqrt{L_1 L_2}} = \dfrac{M}{5} = 0.2 \sim 0.8$

㉡ 상호 인덕턴스의 범위

$M = k\sqrt{L_1 L_2} = 1 \sim 4[\mathrm{mH}]$

㉢ 가동결합 $L_a = L_1 + L_2 + 2M$이고,

차동결합 $L_b = L_1 + L_2 - 2M$이므로

상호 인덕턴스 $M = 4$를 대입해야 최댓값과 최솟값을 구할 수 있다.

∴ 최댓값 $L_a = L_1 + L_2 + 2M$

$= 5 + 5 + 2 \times 4 = 18[\mathrm{mH}]$

최솟값 $L_b = L_1 + L_2 - 2M$

$= 5 + 5 - 2 \times 4 = 2[\mathrm{mH}]$

정답 66 ③ 67 ② 68 ① 69 ② 70 ①

중 제2장 단상 교류회로의 이해

71 직렬공진회로에서 최대가 되는 것은?

① 전류
② 저항
③ 리액턴스
④ 임피던스

🔌 해설

㉠ RLC 직렬회로

a —— R —— X_L —— X_C —— b

㉡ 직렬접속 시 합성 임피던스
$Z = R + j(X_L + X_C)[\Omega]$

㉢ 공진조건 $X_L = X_C$

㉣ 공진 시 합성 임피던스
$Z = R$ (전압과 전류는 동위상)

∴ 직렬공진 시 임피던스는 최소, 전류는 최대가 된다.

상 제2장 단상 교류회로의 이해

72 $R-L$ 병렬회로의 양단에 $e = E_m \sin(\omega t + \theta)$[V]의 전압이 가해졌을 때 소비되는 유효전력[W]은?

① $\dfrac{E_m^{\ 2}}{2R}$

② $\dfrac{E^2}{2R}$

③ $\dfrac{E_m^{\ 2}}{\sqrt{2}\,R}$

④ $\dfrac{E^2}{\sqrt{2}\,R}$

🔌 해설

$$P = \frac{E^2}{R} = \frac{1}{R}\left(\frac{E_m}{\sqrt{2}}\right)^2 = \frac{E_m^{\ 2}}{2R}\,[\text{W}]$$

여기서, E : 전압의 실횻값
E_m : 전압의 최댓값

중 제3장 다상 교류회로의 이해

73 10[Ω]의 저항 3개를 Y결선한 것을 등가 △ 결선으로 환산한 저항의 크기[Ω]는?

① 20 ② 30
③ 40 ④ 50

🔌 해설

Y결선을 △결선으로 등가변환하면 다음과 같다.

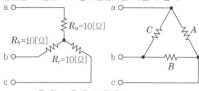

㉠ $A = \dfrac{R_a R_b + R_b R_c + R_c R_a}{R_c}$

$= \dfrac{10^2 + 10^2 + 10^2}{10} = \dfrac{300}{10} = 30[\Omega]$

㉡ $B = \dfrac{R_a R_b + R_b R_c + R_c R_a}{R_a}$

$= \dfrac{10^2 + 10^2 + 10^2}{10} = \dfrac{300}{10} = 30[\Omega]$

㉢ $C = \dfrac{R_a R_b + R_b R_c + R_c R_a}{R_b}$

$= \dfrac{10^2 + 10^2 + 10^2}{10} = \dfrac{300}{10} = 30[\Omega]$

∴ 저항의 크기가 동일할 경우 $R_\triangle = 3R_Y$ 가 된다.

상 제12장 전달함수

74 그림과 같은 회로의 전달함수는?
$\left(\text{단, } \dfrac{L}{R} = T : \text{시정수이다.}\right)$

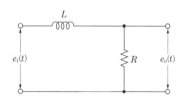

① $Ts^2 + 1$

② $\dfrac{1}{Ts + 1}$

③ $Ts + 1$

④ $\dfrac{1}{Ts^2 + 1}$

🔌 해설

$$G(s) = \frac{E_o(s)}{E_i(s)} = \frac{I(s)R}{I(s)(Ls + R)} = \frac{R}{Ls + R}$$

$$= \frac{1}{\dfrac{L}{R}s + 1} = \frac{1}{Ts + 1}$$

정답 71 ① 72 ① 73 ② 74 ②

상 제10장 라플라스 변환

75 다음 파형의 라플라스 변환은?

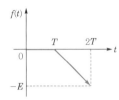

① $\dfrac{E}{Ts}\, e^{-Ts}$

② $-\dfrac{E}{Ts}\, e^{-Ts}$

③ $-\dfrac{E}{Ts^2}\, e^{-Ts}$

④ $\dfrac{E}{Ts^2}\, e^{-Ts}$

해설

함수 $f(t) = -\dfrac{E}{T}(t-T)\,u(t-T)$

$\therefore F(s) = -\dfrac{E}{Ts^2}\, e^{-Ts}$

중 제6장 회로망 해석

76 다음 회로에서 120[V], 30[V] 전압원의 전력은?

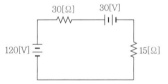

① 240[W], 60[W]

② 240[W], -60[W]

③ -240[W], 60[W]

④ -240[W], -60[W]

해설

㉠ 회로전류 $I = \dfrac{V}{R} = \dfrac{120-30}{30+15} = 2[A]$

㉡ 120[V] 전압원의 전력
$P_1 = V_1 I = 120 \times 2 = 240[W]$

㉢ 30[V] 전압원의 전력
$P_2 = -V_2 I = -30 \times 2 = -60[W]$

상 제9장 과도현상

77 $R-L-C$ 직렬회로에서 회로저항의 값이 다음의 어느 조건일 때 이 회로가 부족제동이 되었다고 하는가?

① $R = 0$

② $R > 2\sqrt{\dfrac{L}{C}}$

③ $R = 2\sqrt{\dfrac{L}{C}}$

④ $R < 2\sqrt{\dfrac{L}{C}}$

해설 RLC 직렬회로의 과도응답

㉠ $R^2 < 4\dfrac{L}{C}$ 일 경우 : 부족제동(진동적)

㉡ $R^2 = 4\dfrac{L}{C}$ 일 경우 : 임계제동(임계적)

㉢ $R^2 > 4\dfrac{L}{C}$ 일 경우 : 과제동(비진동적)

$\therefore R^2 < 4\dfrac{L}{C} \ \rightarrow \ R < 2\sqrt{\dfrac{L}{C}}$

상 제3장 다상 교류회로의 이해

78 전원과 부하가 다같이 △결선(환상결선)된 3상 평형회로가 있다. 전원전압이 200[V], 부하 임피던스가 $Z = 6 + j8[\Omega]$인 경우 부하전류[A]는?

① 20

② $\dfrac{20}{\sqrt{3}}$

③ $20\sqrt{3}$

④ $10\sqrt{3}$

해설

㉠ 각 상의 임피던스의 크기

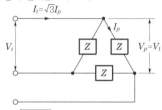

$Z = \sqrt{8^2 + 6^2} = 10[\Omega]$

㉡ 전원전압은 선간전압을 의미하고, △결선시 상전압과 선간전압의 크기는 같다.

㉢ 상전류(환상전류) $I_P = \dfrac{V_P}{Z} = \dfrac{200}{10} = 20[A]$

$\therefore$ 선전류(부하전류)
$I_l = \sqrt{3}\, I_P = 20\sqrt{3}\,[A]$

정답 75 ③ 76 ② 77 ④ 78 ③

중 제3장 다상 교류회로의 이해

79 △결선된 부하를 Y결선으로 바꾸면 소비전력은 어떻게 되는가? (단, 선간전압은 일정하다.)

① $\frac{1}{3}$ 배

② 6배

③ $\frac{1}{\sqrt{3}}$ 배

④ $\frac{1}{\sqrt{6}}$ 배

해설

△결선으로 접속된 부하를 Y결선으로 변경 시 선전류와 소비전력이 모두 $\frac{1}{3}$ 배로 감소된다.

$\therefore I_Y = \frac{1}{3} I_\triangle$

$P_Y = \frac{1}{3} P_\triangle$

상 제9장 과도현상

80 그림과 같은 회로에서 스위치 S를 $t = 0$에서 닫았을 때 $(V_L)_{t=0} = 100$[V], $\left(\dfrac{di}{dt}\right)_{t=0}$ $= 400$[A/sec]이다. L의 값은 몇 [H]인가?

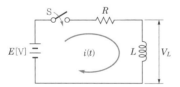

① 0.1

② 0.5

③ 0.25

④ 7.5

해설

인덕턴스 단자전압 $V_L = L\dfrac{di}{dt}$

$V_L(0) = L\left(\dfrac{di}{dt}\right)_{t=0} = 400L = 100$[V]

$\therefore$ 인덕턴스 $L = \dfrac{100}{400} = 0.25$[H]

제5과목 **전기설비기술기준**

상 제3장 전선로

81 최대사용전압 161[kV]인 가공전선과 지지물과의 이격거리는 일반적으로 몇 [cm] 이상 되어야 하는가?

① 30[cm]　② 60[cm]

③ 90[cm]　④ 110[cm]

해설 특고압 가공전선과 지지물 등의 이격거리 (KEC 333.5)

특고압 가공전선과 그 지지물·완금류·지주 또는 지선 사이의 이격거리는 다음 표에서 정한 값 이상이어야 한다. 단, 기술상 부득이한 경우 위험의 우려가 없도록 시설한 때에는 표에서 정한 값의 0.8배까지 감할 수 있다.

사용전압	이격거리[m]
15[kV] 미만	0.15
15[kV] 이상 25[kV] 미만	0.2
25[kV] 이상 35[kV] 미만	0.25
35[kV] 이상 50[kV] 미만	0.3
50[kV] 이상 60[kV] 미만	0.35
60[kV] 이상 70[kV] 미만	0.4
70[kV] 이상 80[kV] 미만	0.45
80[kV] 이상 130[kV] 미만	0.65
130[kV] 이상 160[kV] 미만	0.9
160[kV] 이상 200[kV] 미만	1.1
200[kV] 이상 230[kV] 미만	1.3
230[kV] 이상	1.6

상 제3장 전선로

82 특고압 가공전선로의 전선으로 케이블을 사용하는 경우의 시설로 옳지 않은 방법은?

① 케이블은 조가용선에 행거에 의하여 시설한다.

② 케이블은 조가용선에 접촉시키고 비닐테이프 등을 30[cm] 이상의 간격으로 감아 붙인다.

③ 조가용선은 단면적 22[mm²]의 아연도 강연선 또는 동등 이상의 세기 및 굵기의 연선을 사용한다.

④ 조가용선 및 케이블 피복에는 접지공사를 한다.

정답 79 ① 80 ③ 81 ④ 82 ②

해설 가공케이블의 시설(KEC 332.2)

㉠ 케이블은 조가용선에 행거로 시설할 것
  • 조가용선에 0.5[m] 이하마다 행거에 의해 시설할 것
  • 조가용선에 접촉시키고 금속테이프 등을 0.2[m] 이하 간격으로 나선형으로 감아 붙일 것
  • 단면적 22[mm²] 이상의 아연도강연선일 것
㉡ 조가용선 및 케이블 피복에는 접지공사를 할 것

중 제2장 저압설비 및 고압·특고압설비

83 SELV와 PELV용 전원으로 사용할 수 없는 것은?

① 안전절연변압기 전원
② 축전지 및 디젤발전기 등과 같은 독립전원
③ 이중 또는 강화절연된 이동용 전원
④ 접지형 변압기

해설 SELV와 PELV용 전원(KEC 211.5.3)

특별저압계통에는 다음의 전원을 사용해야 한다.
㉠ 안전절연변압기 전원
㉡ 안전절연변압기 및 이와 동등한 절연의 전원
㉢ 축전지 및 디젤발전기 등과 같은 독립전원
㉣ 안전절연변압기, 전동발전기 등 저압으로 공급되는 이중 또는 강화절연된 이동용 전원

상 제3장 전선로

84 동일 지지물에 고·저압을 병가할 때 저압 가공전선은 어느 위치에 시설하여야 하는가?

① 고압 가공전선의 상부에 시설
② 동일 완금에 고압 가공전선과 평행되게 시설
③ 고압 가공전선의 하부에 시설
④ 고압 가공전선의 측면으로 평행되게 시설

해설 고압 가공전선 등의 병행 설치(KEC 332.8)

저압 가공전선(다중접지된 중성선은 제외)과 고압 가공전선을 동일 지지물에 시설하는 경우
㉠ 저압 가공전선을 고압 가공전선의 아래로 하고, 별개의 완금류에 시설할 것
㉡ 저압 가공전선과 고압 가공전선 사이의 이격거리는 0.5[m] 이상일 것(단, 고압측이 케이블일 경우 0.3[m] 이상)

상 제2장 저압설비 및 고압·특고압설비

85 건조한 장소로서 전개된 장소에 고압 옥내배선을 할 수 있는 것은?

① 애자사용공사
② 합성수지관공사
③ 금속관공사
④ 가요전선관공사

해설 고압 옥내배선 등의 시설(KEC 342.1)

고압 옥내배선은 다음에 의하여 시설한다.
㉠ 애자사용배선(건조한 장소로서 전개된 장소에 한한다)
㉡ 케이블배선
㉢ 케이블트레이배선

하 제3장 전선로

86 저압 가공전선이 상부 조영재 위쪽에서 접근하는 경우 전선과 상부 조영재 간의 이격거리[m]는 얼마 이상이어야 하는가? (단, 특고압 절연전선 또는 케이블인 경우이다.)

① 0.8 ② 1.0
③ 1.2 ④ 2.0

해설 저압 가공전선과 건조물의 접근(KEC 222.11)

건조물 조영재의 구분	접근형태	이격거리
상부 조영재 [지붕·챙 (차양 : 陽)·옷 말리는 곳 기타 사람이 올라갈 우려가 있는 조영재를 말한다. 이하 같다]	위쪽	2[m] (전선이 고압 절연전선, 특고압 절연전선 또는 케이블인 경우는 1[m])
	옆쪽 또는 아래쪽	1.2[m] (전선에 사람이 쉽게 접촉할 우려가 없도록 시설한 경우에는 0.8[m], 고압 절연전선, 특고압 절연전선 또는 케이블인 경우에는 0.4[m])
기타의 조영재		1.2[m] (전선에 사람이 쉽게 접촉할 우려가 없도록 시설한 경우에는 0.8[m], 고압 절연전선, 특고압 절연전선 또는 케이블인 경우에는 0.4[m])

정답 83 ④ 84 ③ 85 ① 86 ②

상 제4장 발전소, 변전소, 개폐소 및 기계기구 시설보호

87 발전소의 개폐기 또는 차단기에 사용하는 압축공기장치의 주공기탱크에는 어떠한 최고 눈금이 있는 압력계를 설치하여야 하는가?

① 사용압력의 1배 이상 1.5배 이하
② 사용압력의 1.25배 이상 2배 이하
③ 사용압력의 1.5배 이상 3배 이하
④ 사용압력의 2배 이상 4배 이하

해설 압축공기계통(KEC 341.15)

㉠ 공기압축기는 최고사용압력에 1.5배의 수압(1.25배 기압)을 10분간 견디어야 한다.
㉡ 사용압력에서 공기의 보급이 없는 상태로 개폐기 또는 차단기의 투입 및 차단을 계속하여 1회 이상 할 수 있는 용량을 가지는 것이어야 한다.
㉢ 주공기탱크는 사용압력의 1.5배 이상 3배 이하의 최고 눈금이 있는 압력계를 시설해야 한다.

상 전기설비기술기준

88 저압의 전선로 중 절연부분의 전선과 대지 간의 절연저항은 사용전압에 대한 누설전류가 최대공급전류의 얼마를 넘지 않도록 유지하여야 하는가?

① $\dfrac{1}{2000}$
② $\dfrac{1}{1000}$
③ $\dfrac{1}{200}$
④ $\dfrac{1}{100}$

해설 전선로의 전선 및 절연성능(전기설비기술기준 제27조)

저압전선로 중 절연부분의 전선과 대지 사이 및 전선의 심선 상호 간의 절연저항은 사용전압에 대한 누설전류가 최대공급전류의 1/2000을 넘지 않도록 하여야 한다.

중 제5장 전기철도

89 전차선과 식물 사이의 이격거리는 얼마 이상인가?

① 1[m]
② 2[m]
③ 3[m]
④ 5[m]

해설 전차선 등과 식물 사이의 이격거리(KEC 431.11)

교류전차선 등 충전부와 식물 사이의 이격거리는 5[m] 이상이어야 한다. 다만, 5[m] 이상 확보하기 곤란한 경우에는 현장여건을 고려하여 방호벽 등 안전조치를 하여야 한다.

상 제1장 공통사항

90 저압용 기계기구에 인체에 대한 감전보호용 누전차단기를 시설하면 외함의 접지를 생략할 수 있다. 이 경우의 누전차단기 정격에 대한 기술기준으로 적합한 것은?

① 정격감도전류 30[mA] 이하,
   동작시간 0.03초 이하의 전류동작형
② 정격감도전류 30[mA] 이하,
   동작시간 0.1초 이하의 전류동작형
③ 정격감도전류 60[mA] 이하,
   동작시간 0.03초 이하의 전류동작형
④ 정격감도전류 60[mA] 이하,
   동작시간 0.1초 이하의 전류동작형

해설 기계기구의 철대 및 외함의 접지(KEC 142.7)

전기를 공급하는 전로에 인체감전보호용 누전차단기(정격감도전류가 30[mA] 이하, 동작시간이 0.03[sec] 이하의 전류동작형의 것에 한함)를 시설하는 경우 접지를 생략할 수 있다.

하 제2장 저압설비 및 고압·특고압설비

91 풀용 수중조명등에 전기를 공급하기 위하여 사용되는 절연변압기의 1차측 및 2차측 전로의 사용전압은?

① 1차 : 300[V] 이하, 2차 : 100[V] 이하
② 1차 : 400[V] 이하, 2차 : 150[V] 이하
③ 1차 : 200[V] 이하, 2차 : 150[V] 이하
④ 1차 : 600[V] 이하, 2차 : 300[V] 이하

해설 수중조명등(KEC 234.14)

조명등에 전기를 공급하기 위하여는 1차측 전로의 사용전압 및 2차측 전로의 사용전압이 각각 400[V] 이하 및 150[V] 이하인 절연변압기를 사용할 것

상 제3장 전선로

92 가공전선로의 지지물에 하중이 가하여지는 경우에 그 하중을 받는 지지물의 기초안전율은 일반적인 경우에 얼마 이상이어야 하는가?

① 1.5
② 2.0
③ 2.5
④ 3.0

정답 87 ③ 88 ① 89 ④ 90 ① 91 ② 92 ②

해설 가공전선로 지지물의 기초의 안전율(KEC 331.7)

가공전선로의 지지물에 하중이 가해지는 경우 그 하중을 받는 지지물의 기초안전율은 2 이상이어야 한다. (이상 시 상정하중에 대한 철탑의 기초에 대하여는 1.33 이상)

상 제2장 저압설비 및 고압·특고압설비

93 전기온상 등의 시설에서 전기온상 등에 전기를 공급하는 전로의 대지전압은 몇 [V] 이하인가?

① 500
② 300
③ 600
④ 700

해설 전기온상 등(KEC 241.5)

㉠ 전기온상에 전기를 공급하는 전로의 대지전압은 300 [V] 이하일 것
㉡ 발열선 및 발열선에 직접 접속하는 전선은 전기온상선일 것
㉢ 발열선은 그 온도가 80[℃]를 넘지 아니하도록 시설할 것

상 제2장 저압설비 및 고압·특고압설비

94 옥내에 시설하는 전동기가 소손되는 것을 방지하기 위한 과부하보호장치를 하지 않아도 되는 것은?

① 전동기출력이 4[kW]이며, 취급자가 감시할 수 없는 경우
② 정격출력이 0.2[kW] 이하의 경우
③ 과전류차단기가 없는 경우
④ 정격출력이 10[kW] 이상인 경우

해설 저압전로 중의 전동기 보호용 과전류보호장치의 시설(KEC 212.6.3)

㉠ 옥내에 시설하는 전동기(정격출력이 0.2[kW] 이하인 것을 제외)에는 전동기가 손상될 우려가 있는 과전류가 생겼을 때에 자동적으로 이를 저지하거나 이를 경보하는 장치를 하여야 한다.
㉡ 다음의 어느 하나에 해당하는 경우에는 과전류보호장치의 시설 생략 가능
 • 전동기를 운전 중 상시 취급자가 감시할 수 있는 위치에 시설하는 경우
 • 전동기의 구조나 부하의 성질로 보아 전동기가 손상될 수 있는 과전류가 생길 우려가 없는 경우
 • 단상전동기로서 그 전원측 전로에 시설하는 과전류 차단기의 정격전류가 16[A](배선차단기는 20 [A]) 이하인 경우
 • 전동기의 정격출력이 0.2[kW] 이하인 경우

상 제3장 전선로

95 가공전선로의 지지물에 취급자가 오르고 내리는 데 사용하는 발판못 등은 원칙적으로 지표상 몇 [m] 미만에 시설하여서는 아니 되는가?

① 1.2
② 1.4
③ 1.6
④ 1.8

해설 가공전선로 지지물의 철탑오름 및 전주오름 방지(KEC 331.4)

가공전선로의 지지물에 취급자가 오르고 내리는 데 사용하는 발판볼트 등을 지표상 1.8[m] 미만에 시설하여서는 아니 된다.

중 제2장 저압설비 및 고압·특고압설비

96 의료장소별 계통접지에서 그룹 2에 해당하는 장소에 적용하는 접지방식은? (단, 이동식 X-레이, 5[kVA] 이상의 대형기기, 일반 의료용 전기기기는 제외)

① TN
② TT
③ IT
④ TC

해설 의료장소별 계통접지(KEC 242.10.2)

의료장소별로 다음과 같이 계통접지를 적용한다.
㉠ 그룹 0 : TT 계통 또는 TN 계통
㉡ 그룹 1 : TT 계통 또는 TN 계통
㉢ 그룹 2 : 의료 IT 계통(이동식 X-레이, 5[kVA] 이상의 대형기기, 일반 의료용 전기기기에는 TT 계통 또는 TN 계통 적용)

중 제1장 공통사항

97 통합접지시스템으로 낙뢰에 의한 과전압으로부터 전기전자기기를 보호하기 위해 설치하는 기기는?

① 서지보호장치
② 피뢰기
③ 배선차단기
④ 퓨즈

해설 공통접지 및 통합접지(KEC 142.6)

전기설비의 접지설비, 건축물의 피뢰설비·전자통신설비 등의 접지극을 공용하는 통합접지시스템으로 하는 경우 낙뢰에 의한 과전압 등으로부터 전기전자기기 등을 보호하기 위해 서지보호장치를 설치하여야 한다.

정답 93 ② 94 ② 95 ④ 96 ③ 97 ①

상 제2장 저압설비 및 고압·특고압설비

98 금속관공사를 콘크리트에 매설하여 시행하는 경우 관의 두께는 몇 [mm] 이상이어야 하는가?

① 1.0
② 1.2
③ 1.4
④ 1.6

해설 금속관공사(KEC 232.12)

㉠ 전선은 절연전선을 사용(옥외용 비닐절연전선은 사용불가)
㉡ 전선은 연선일 것. 다만, 다음의 것은 적용하지 않음
  • 짧고 가는 금속관에 넣은 것
  • 단면적 10[mm²](알루미늄선은 단면적 16[mm²]) 이하의 것
㉢ 전선은 금속관 안에서 접속점이 없도록 할 것
㉣ 관 두께는 콘크리트에 매입하는 것은 1.2[mm] 이상, 기타 경우 1[mm] 이상으로 할 것

하 제3장 전선로

99 터널 안 전선로의 시설방법으로 옳은 것은?

① 저압전선은 지름 2.6[mm]의 경동선의 절연전선을 사용하였다.
② 고압전선은 절연전선을 사용하여 합성수지관공사로 하였다.
③ 저압전선을 애자사용공사에 의하여 시설하고 이를 레일면상 또는 노면상 2.2[m]의 높이로 시설하였다.
④ 고압전선을 금속관공사에 의하여 시설하고 이를 레일면상 또는 노면상 2.4[m]의 높이로 시설하였다.

해설 터널 안 전선로의 시설(KEC 335.1)

구분	전선의 굵기	레일면 또는 노면상 높이	사용공사의 종류
저압	2.6[mm] 이상 (인장강도 2.30[kN])	2.5[m] 이상	케이블 · 금속관 · 합성수지관 · 금속제 가요전선관 · 애자사용공사
고압	4.0[mm] 이상 (인장강도 5.26[kN])	3[m] 이상	케이블공사, 애자사용공사

상 전기설비기술기준

100 조상설비에 대한 용어의 정의로 옳은 것은?

① 전압을 조정하는 설비를 말한다.
② 전류를 조정하는 설비를 말한다.
③ 유효전력을 조정하는 전기기계기구를 말한다.
④ 무효전력을 조정하는 전기기계기구를 말한다.

해설 정의(전기설비기술기준 제3조)

조상설비란 무효전력을 조정하는 전기기계기구를 말한다.

정답 98 ② 99 ① 100 ④

2022년 제1회 CBT 기출복원문제

제1과목 전기자기학

중 제7장 진공 중의 정자계

01 판자석의 세기가 P[Wb/m]가 되는 판자석을 보는 입체각 ω인 점의 자위는 몇 [A]인가?

① $\dfrac{P}{2\pi\mu_0\omega}$ 　② $\dfrac{P\omega}{2\pi\mu_0}$

③ $\dfrac{P}{4\pi\mu_0\omega}$ 　④ $\dfrac{P\omega}{4\pi\mu_0}$

해설

자기 이중층＝판자석
㉠ 자기 이중층 모멘트＝판자석의 세기
$M = P = \sigma\,\delta$[Wb/m]
㉡ 자기 이중층(판자석)의 자위
$U = \dfrac{P\omega}{4\pi\mu_0} = \dfrac{I\omega}{4\pi}$[A]

상 제9장 자성체와 자기회로

02 강자성체가 아닌 것은?

① 철 　② 니켈

③ 백금 　④ 코발트

해설 자성체의 종류

㉠ 강자성체 : 철, 니켈, 코발트 등
㉡ 상자성체 : 공기, 알루미늄, 망간, 백금 등
㉢ 반자성체 : 금, 은, 동, 납, 창연 등

상 제6장 전류

03 대지 중의 두 전극 사이에 있는 어떤 점의 전계의 세기가 $E = 6$[V/cm], 지면의 도전율이 $k = 10^{-4}$[℧/cm]일 때 이 점의 전류밀도는 몇 [A/cm^2] 인가?

① 6×10^{-4} 　② 6×10^{-6}

③ 6×10^{-5} 　④ 6×10^{-3}

해설

전류밀도 $i = kE = 10^{-4}\times6 = 6\times10^{-4}$[A/cm^2]

중 제12장 전자계

04 안테나에서 파장 40[cm]의 평면파가 자유 공간에 방사될 때 발신 주파수는 몇 [MHz] 인가?

① 650 　② 700

③ 750 　④ 800

해설

㉠ 파장의 길이 : $\lambda = \dfrac{v}{f}$[m]

㉡ 발신 주파수 : $f = \dfrac{v}{\lambda} = \dfrac{3\times10^8}{0.4}$

　　　　$= 0.75\times10^9$[Hz] $= 750$[MHz]

상 제8장 전류의 자기현상

05 간격이 1.5[m]이고 평행한 무한히 긴 단상 송전선로가 가설되었다. 여기에 선간전압 6600[V], 3[A]를 송전하면 단위길이당 작용하는 힘은?

① 1.2×10^{-3}[N/m], 흡인력

② 5.89×10^{-5}[N/m], 흡인력

③ 1.2×10^{-6}[N/m], 반발력

④ 6.28×10^{-7}[N/m], 반발력

해설

단상 선로에서 전류는 왕복해서 흐르므로 두 전선 간에는 반발력이 작용하게 된다.

∴ 전자력 $F = \dfrac{2I^2}{d}\times10^{-7}$

　　　$= \dfrac{2\times3^2\times10^{-7}}{1.5} = 12\times10^{-7}$

　　　$= 1.2\times10^{-6}$[N/m]

정답 01 ④ 02 ③ 03 ① 04 ③ 05 ③

상 제6장 전류

06 도전율의 단위는?

① $[m/\Omega]$ ② $[\Omega/m^2]$
③ $[1/\mho \cdot m]$ ④ $[\mho/m]$

해설

㉠ 고유저항 $\rho = \dfrac{RS}{l}[\Omega \cdot m = \Omega \cdot mm^2/m]$

㉡ 도전율 $k = \dfrac{1}{\rho}\left[\dfrac{1}{\Omega \cdot m} = \dfrac{\mho}{m}\right]$

중 제11장 인덕턴스

07 서로 결합하고 있는 두 코일의 자기유도
계수가 각각 3[mH], 5[mH]이다. 이들을
자속이 서로 합해지도록 직렬접속하면
합성유도계수가 L[mH]이고, 반대되도록
직렬접속하면 합성 유도계수 L'는 L의
60[%]이었다. 두 코일 간의 결합계수는 얼
마인가?

① 0.258
② 0.362
③ 0.451
④ 0.551

해설

㉠ 가동결합
$L_+ = L_1 + L_2 + 2M = L[mH]$
여기서, $L_1 = 3[mH]$, $L_2 = 5[mH]$

㉡ 차동결합
$L_- = L_1 + L_2 - 2M = 0.6L[mH]$

㉢ 상호인덕턴스
$M = \dfrac{L_+ - L_-}{4} = \dfrac{L - 0.6L}{4}$
$= 0.1L[mH] \rightarrow L = 10M$

㉣ 위 ㉢식의 결과를 ㉠식에 대입하면
$L_1 + L_2 + 2M = 10M$
$\rightarrow M = \dfrac{L_+ + L_-}{8} = \dfrac{3+5}{8} = 1[mH]$

∴ 결합계수
$k = \dfrac{M}{\sqrt{L_1 L_2}} = \dfrac{1}{\sqrt{3 \times 5}} = 0.258[mH]$

상 제9장 자성체와 자기회로

08 반경이 3[cm]인 원형 단면을 가지고 있는
원환 연철심에 감은 코일에 전류를 흘려
서 철심 중의 자계의 세기가 400[AT/m]
되도록 여자할 때 철심 중의 자속밀도는
얼마인가? (단, 철심의 비투자율은 400이
라고 한다.)

① $0.2[Wb/m^2]$
② $2.0[Wb/m^2]$
③ $0.02[Wb/m^2]$
④ $2.2[Wb/m^2]$

해설

자속밀도와 자계의 관계
$B = \mu H = \mu_0 \mu_s H$
$= 4\pi \times 10^{-7} \times 400 \times 400 = 0.2[Wb/m^2]$

상 제2장 진공 중의 정전계

09 진공 중 1[C]의 전하에 대한 정의로 옳은 것
은? (단, Q_1, Q_2는 전하이며, F는 작용
력이다.)

① $Q_1 = Q_2$, 거리 1[m],
작용력 $F = 9 \times 10^9$[N]일 때이다.
② $Q_1 < Q_2$, 거리 1[m],
작용력 $F = 6 \times 10^9$[N]일 때이다.
③ $Q_1 = Q_2$, 거리 1[m],
작용력 $F = 1$[N]일 때이다.
④ $Q_1 > Q_2$, 거리 1[m],
작용력 $F = 1$[N]일 때이다.

해설

㉠ 작용력(쿨롱의 힘)
$F = \dfrac{Q_1 Q_2}{4\pi\varepsilon_0 r^2} = 9 \times 10^9 \times \dfrac{Q^2}{r^2}$
$= 9 \times 10^9 \times \dfrac{1^2}{1^2} = 9 \times 10^9$[N]

㉡ 동일 극성의 전하끼리는 반발력이 발생한다.

정답 06 ④ 07 ① 08 ① 09 ①

제5장 전기 영상법

10 접지된 무한평면도체 전방의 한 점 P에 있는 점전하 $+Q[C]$의 평면도체에 대한 영상전하는?

① 점 P의 대칭점에 있으며 전하는 $-Q[C]$이다.

② 점 P의 대칭점에 있으며 전하는 $-2Q[C]$이다.

③ 평면도체 상에 있으며 전하는 $-Q[C]$이다.

④ 평면도체 상에 있으며 전하는 $-2Q[C]$이다.

🔍 해설 영상전하의 크기

㉠ 접지된 무한평면도체와 점전하
$Q' = -Q[C]$

㉡ 접지된 구도체와 점전하

$Q' = -\dfrac{a}{d}Q[C]$

여기서, a : 접지된 구도체의 반경
d : 구도체와 점전하 간의 거리

상 제3장 정전용량

11 콘덴서의 내압(耐壓) 및 정전용량이 각각 $1000[V]-2[\mu F]$, $700[V]-3[\mu F]$, $600[V]-4[\mu F]$, $300[V]-8[\mu F]$이다. 이 콘덴서를 직렬로 연결할 때 양단에 인가되는 전압을 상승시키면 제일 먼저 절연이 파괴되는 콘덴서는?

① $1000[V]-2[\mu F]$

② $700[V]-3[\mu F]$

③ $600[V]-4[\mu F]$

④ $300[V]-8[\mu F]$

🔍 해설

최대전하=내압×정전용량의 결과 최대전하값이 작은 것이 먼저 파괴된다.
① $1000×2=2000[\mu C]$
② $700×3=2100[\mu C]$
③ $600×4=2400[\mu C]$
④ $300×8=2400[\mu C]$
∴ $1000[V]-2[\mu F]$이 먼저 파괴된다.

중 제3장 정전용량

12 정전용량 C_1, C_2, C_x의 3개 커패시터를 그림과 같이 연결하고 단자 a, b간에 100[V]의 전압을 가하였다. 현재 $C_1 = 0.02[\mu F]$, $C_2 = 0.1[\mu F]$이며 C_1에 90[V]의 전압이 걸렸을 때 C_x는 몇 $[\mu F]$인가?

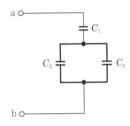

① 0.1

② 0.04

③ 0.06

④ 0.08

🔍 해설

㉠ C_2와 C_x를 합성하여 그리면 아래와 같다.

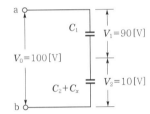

㉡ 전압분배법칙에 의해 V_2의 전압을 구하면

$V_2 = \dfrac{C_1}{C_1 + C_2 + C_x} \times V_0$ 이므로

㉢ $10 = \dfrac{0.02}{0.12 + C_x} \times 100$ 에서 $0.12 + C_x = 0.2$

∴ $C_x = 0.2 - 0.12 = 0.08[\mu F]$

상 제11장 인덕턴스

13 자기인덕턴스의 성질을 옳게 표현한 것은?

① 항상 부(負)이다.

② 항상 정(正)이다.

③ 항상 0이다.

④ 유도되는 기전력에 따라 정(正)도 되고 부(負)도 된다.

🔍 해설

인덕턴스 L은 부(負)값이 없다.

중 제4장 유전체

14 면적 400[cm²], 판간격 1[cm]인 2장의 평행금속판 간에 비유전율 5의 유전체를 채우고, 판 간에 10[kV]의 전압으로 충전하였다가 10^{-5}[sec] 동안 방전시킬 경우의 평균 전력은 몇 [W]인가?

① 0.4 　　　　② 6.378
③ 7.336 　　　④ 8.855

해설

㉠ 콘덴서에 축적된 에너지는 저항을 통해서 방전시킬 때의 전력량과 같다.

㉡ 콘덴서에 축적되는 에너지

$$W = \frac{1}{2}CV^2 = Pt\,[\text{J}]$$

$$\therefore\ P = \frac{1}{2} \times \frac{\varepsilon_0 \varepsilon_s S}{d} \times V^2 \times \frac{1}{t}$$

$$= \frac{1}{2} \times \frac{8.855 \times 10^{-12} \times 5 \times 400 \times 10^{-4}}{1 \times 10^{-2}}$$

$$\times (10^4)^2 \times \frac{1}{10^{-5}} = 8.855\,[\text{W}]$$

상 제3장 정전용량

15 W_1과 W_2의 에너지를 갖는 두 콘덴서를 병렬 연결한 경우의 총 에너지 W와의 관계로 옳은 것은? (단, $W_1 \neq W_2$이다.)

① $W_1 + W_2 = W$
② $W_1 + W_2 > W$
③ $W_1 + W_2 < W$
④ $W_1 - W_2 = W$

해설

㉠ 축적된 에너지가 서로 다를 경우 두 도체를 접속하는 순간 에너지가 같아질 때까지 (등전위)전하는 이동하게 되고 이때 에너지는 소비된다.

㉡ 따라서 두 도체를 연결하면 전체 에너지가 줄어들게 된다.

㉢ 각 도체가 가지는 도체의 에너지를 W_1, W_2라 하고 두 도체를 접속했을 때의 에너지를 W라 하면 아래의 관계가 된다.

$$\therefore\ W_1 + W_2 > W$$

상 제10장 전자유도법칙

16 $\phi = \phi_m \sin \omega t$[Wb]의 정현파로 변화하는 자속이 권선수 n인 코일과 쇄교할 때의 유도기전력의 위상을 자속에 비교하면?

① $\frac{\pi}{2}$ 만큼 빠르다.
② $\frac{\pi}{2}$ 만큼 늦다.
③ π 만큼 빠르다.
④ π 만큼 늦다.

해설 전자유도법칙

㉠ 유도기전력 : $e = -N\dfrac{d\phi}{dt}$[V]
㉡ 유도기전력 최대값 : $e_m = \omega N\phi$[V]
㉢ 위상 : 자속보다 90° 늦다.

상 제2장 진공 중의 정전계

17 전기력선 밀도를 이용하여 주로 대칭 정전계의 세기를 구하기 위하여 이용되는 법칙은?

① 패러데이의 법칙
② 가우스의 법칙
③ 쿨롱의 법칙
④ 톰슨의 법칙

해설 가우스의 법칙

임의의 폐곡면을 관통하여 밖으로 나가는 전기력선의 총수는 폐곡면 내부에 있는 총 전하량(Q)의 $1/\varepsilon_0$ 배와 같다는 법칙으로 정전계의 세기를 구할 때 사용된다.

상 제2장 진공 중의 정전계

18 다음 설명 중 영전위로 볼 수 없는 것은?

① 가상 음전하가 존재하는 무한원점
② 전지의 음극
③ 지구의 대지
④ 전계 내의 대전도체

해설

전계 내의 도체는 대전상태가 되므로 일정전위를 갖게 된다.

정답 14 ④ 15 ② 16 ② 17 ② 18 ④

중 제3장 정전용량

19 10[μF]의 콘덴서를 100[V]로 충전한 것을 단락시켜 0.1[ms]에 방전시켰다고 하면 평균 전력은 몇 [W]인가?

① 450
② 500
③ 550
④ 600

해설

㉠ 콘덴서에 축적되는 전기적 에너지

$$W = \frac{1}{2}CV^2 = \frac{1}{2} \times 10 \times 10^{-6} \times 100^2$$
$$= 5 \times 10^{-2}[\text{J}]$$

㉡ 평균전력(소비전력)

$$P = \frac{W}{t} = \frac{5 \times 10^{-2}}{0.1 \times 10^{-3}} = 500[\text{W}]$$

중 제10장 전자유도법칙

20 $l_1 = \infty$[m], $l_2 = $ 1[m]의 두 직선도선을 $d = 50$[cm]의 간격으로 평행하게 놓고 l_1을 중심축으로 하여 l_2를 속도 100[m/s]로 회전시키면 l_2에 유기되는 전압은 몇 [V]인가? (단, l_1에 흘려주는 전류 $I_1 = 50$[mA]이다.)

① 0
② 5
③ 2×10^{-6}
④ 3×10^{-6}

해설

l_1 전류에 의한 자계는 l_1도체 표면에 대해서 수직방향으로 원의 형태로 발생된다. 따라서 l_2가 l_1을 중심으로 회전하면 l_2도체는 l_1에 의한 자기장과 평행으로 운동하게 되며, 평행으로 운동 시에는 기전력이 유도되지 않는다.

제2과목 전력공학

중 제7장 이상전압 및 유도장해

21 접지봉을 사용하여 희망하는 접지저항치까지 줄일 수 없을 때 사용하는 선은?

① 차폐선
② 가공지선
③ 크로스본드선
④ 매설지선

해설 매설지선

탑각 접지저항이 300[Ω]을 초과하면 철탑 각각에 동복강연선을 지하 50[cm] 이상의 깊이에 20 ~80[m] 정도 방사상으로 포설하여 역섬락을 방지한다.

상 제4장 송전 특성 및 조상설비

22 전력용 콘덴서를 변전소에 설치할 때 직렬리액터를 설치하고자 한다. 직렬리액터의 용량을 결정하는 식은? (단, f_0는 전원의 기본주파수, C는 역률개선용 콘덴서의 용량, L은 직렬리액터의 용량이다.)

① $2\pi f_0 L = \dfrac{1}{2\pi f_0 C}$

② $6\pi f_0 L = \dfrac{1}{6\pi f_0 c}$

③ $10\pi f_0 L = \dfrac{1}{10\pi f_0 c}$

④ $14\pi f_0 L = \dfrac{1}{14\pi f_0 c}$

해설

직렬리액터는 제5고조파 제거를 위해 사용

$$5\omega_0 L = \frac{1}{5\omega_0 C} \rightarrow 10\pi f_0 L = \frac{1}{10\pi f_0 c}$$

(여기서, $\omega_0 = 2\pi f_0$)

직렬리액터의 용량은 콘덴서용량의 이론상 4[%], 실제상 5~6[%]를 사용한다.

중 제10장 배전선로 계산

23 고압 배전선로의 중간에 승압기를 설치하는 주 목적은?

① 부하의 불평형 방지
② 말단의 전압강하 방지
③ 전력손실의 감소
④ 역률 개선

해설

승압의 목적으로는 송전전력의 증가, 전력손실 및 전압강하율의 경감, 단면적을 작게 함으로써 재료절감의 효과 등이 있다.

정답 19 ② 20 ① 21 ④ 22 ③ 23 ②

중 제2장 전선로

24 케이블을 부설한 후 현장에서 절연내력시험을 할 때 직류로 하는 이유는?

① 절연파괴 시까지의 피해가 적다.
② 절연내력은 직류가 크다.
③ 시험용 전원의 용량이 작다.
④ 케이블의 유전체손이 없다.

해설 직류로 시험하는 이유

케이블은 정전용량이 없고 유전체손이 없을 뿐만 아니라 충전용량도 없으므로 시험용 전원의 용량이 작아 이동이 간편하여 휴대하기 쉽기 때문이다.

상 제11장 발전

25 원자로에서 중성자가 원자로 외부로 유출되어 인체에 위험을 주는 것을 방지하고 방열의 효과를 주기 위한 것은?

① 제어재
② 차폐재
③ 반사체
④ 구조재

해설 차폐재

원자력발전소의 원자로 부근에서 사람을 방사선으로부터 보호하기 위해 노심 주위에 설치되는 것으로 차폐재는 원자로 주변에 두꺼운 콘크리트와 납이나 강철 등의 금속으로 구성된다.

상 제2장 전선로

26 송배전선로에서 전선의 장력을 2배로 하고 경간을 2배로 하면 전선의 이도는 몇 배가 되는가?

① $\dfrac{1}{4}$

② $\dfrac{1}{2}$

③ 2

④ 4

해설

경간과 장력을 2배로 하면 새로운 전선의 이도는 다음과 같다.

$$D' = \frac{W(2S)^2}{8 \times (2T)} = 2 \times \frac{WS^2}{8T} = 2D \text{배}$$

하 제3장 선로정수 및 코로나현상

27 현수애자 4개를 1련으로 한 66[kV] 송전선로가 있다. 현수애자 1개의 절연저항은 1500 [MΩ]이고 선로의 경간이 200[m]라면 선로 1[km]당의 누설컨덕턴스는 몇 [℧]인가?

① 0.83×10^{-9}

② 0.83×10^{-4}

③ 0.83×10^{-3}

④ 0.83×10^{-2}

해설

1[km]당 지지물 경간이 200[m]이므로 철탑의 수는 5개가 된다. 애자련의 절연저항은 병렬로 환산해서 1[km]당 합성저항 $R[\Omega]$은

$$R = \frac{4 \times 1500 \times 10^6}{5} = \frac{6}{5} \times 10^9 [\Omega]$$

누설컨덕턴스 $G = \dfrac{1}{R} = \dfrac{5}{6} \times 10^{-9} = 0.83 \times 10^{-9} [\text{℧}]$

상 제3장 선로정수 및 코로나현상

28 3상 3선식 송전선로에서 코로나 임계전압 E_0[kV]는? (단, $d = 2r = $ 전선의 지름[cm], $D = $ 전선의 평균 선간거리[cm])

① $E_0 = 24.3 d \log_{10} \dfrac{D}{r}$

② $E_0 = 24.3 d \log_{10} \dfrac{r}{D}$

③ $E_0 = \dfrac{24.3}{d \log_{10} \dfrac{D}{r}}$

④ $E_0 = \dfrac{24.3}{d \log_{10} \dfrac{r}{D}}$

해설

코로나 임계전압 $E_0 = 24.3 m_0 m_1 \delta d \log_{10} \dfrac{D}{r}$[kV]

m_0 : 전선 표면에 정해지는 계수 → 매끈한 전선(1.0), 거친 전선(0.8)
m_1 : 날씨에 관한 계수 → 맑은 날(1.0), 우천 시(0.8)
δ : 상대공기밀도 $\left(\dfrac{0.386b}{273+t} \right)$
b : 기압[mmHg]
d : 전선직경[cm]
t : 온도[℃]
D : 선간거리[cm]

정답 24 ③ 25 ② 26 ③ 27 ① 28 ①

상 제8장 송전선로 보호방식

29 최소동작전류 이상의 전류가 흐르면 즉시 동작하는 계전기는?

① 반한시계전기
② 정한시계전기
③ 순한시계전기
④ Notting 한시계전기

해설 계전기의 한시 특성에 의한 분류

㉠ 순한시계전기 : 최소동작전류 이상의 전류가 흐르면 즉시 동작하는 것
㉡ 반한시계전기 : 동작전류가 커질수록 동작시간이 짧게 되는 특성을 가진 것
㉢ 정한시계전기 : 동작전류의 크기에 관계없이 일정한 시간에서 동작하는 것
㉣ 정한시 반한시계전기 : 동작전류가 적은 동안에는 반한시 특성으로 되고 그 이상에서는 정한시 특성이 되는 것
㉤ 계단식 계전기 : 한시값이 다른 계전기와 조합하여 계단적인 한시 특성을 가진 것

상 제6장 중성점 접지방식

30 직접접지방식에 대한 설명 중 옳지 않은 것은?

① 이상전압 발생의 우려가 없다.
② 계통의 절연수준이 낮아지므로 경제적이다.
③ 변압기의 단절연이 가능하다.
④ 보호계전기가 신속히 동작하므로 과도 안정도가 좋다.

해설 직접접지방식

㉠ 1선 지락 시 건전상의 전위는 평상시 같아 기기의 절연을 단절연할 수 있어 변압기 가격이 저렴하다.
㉡ 1선 지락 시 지락전류가 커서 지락계전기의 동작이 확실하다. 반면 지락전류가 크기 때문에 기기에 주는 충격과 유도장해가 크고 안정도가 나쁘다.

중 제10장 배전선로 계산

31 1대의 주상변압기에 역률(뒤짐) $\cos\theta_1$, 유효전력 P_1[kW]의 부하와 역률(뒤짐) $\cos\theta_2$, 유효전력 P_2[kW]의 부하가 병렬로 접속되어 있을 때 주상변압기 2차측에서 본 부하의 종합역률은?

① $\dfrac{P_1 + P_2}{\sqrt{(P_1 + P_2)^2 + (P_1\tan\theta_1 + P_2\tan\theta_2)^2}}$

② $\dfrac{P_1 + P_2}{\sqrt{(P_1 + P_2)^2 + (P_1\sin\theta_1 + P_2\sin\theta_2)^2}}$

③ $\dfrac{P_1 + P_2}{\dfrac{P_1}{\cos\theta_1} + \dfrac{P_2}{\cos\theta_2}}$

④ $\dfrac{P_1 + P_2}{\dfrac{P_1}{\sin\theta_1} + \dfrac{P_2}{\sin\theta_2}}$

해설

유효전력 $P = P_1 + P_2$[kW], 무효전력 $Q = Q_1 + Q_2$
$= P_1\tan\theta_1 + P_2\tan\theta_2$[kVA]

종합역률 $= \dfrac{\text{유효전력}}{\text{피상전력}}$

$= \dfrac{\text{유효전력}}{\sqrt{\text{유효전력}^2 + \text{무효전력}^2}}$

$= \dfrac{P_1 + P_2}{\sqrt{(P_1 + P_2)^2 + (P_1\tan\theta_1 + P_2\tan\theta_2)^2}}$

상 제8장 송전선로 보호방식

32 그림과 같이 200/5(CT) 1차측에 150[A]의 3상 평형전류가 흐를 때 전류계 A_3에 흐르는 전류는 몇 [A]인가?

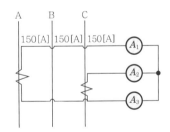

① 3.75
② 5.25
③ 6.25
④ 7.25

해설

A_3에 흐르는 전류는 3상 평형일 경우 벡터합에 의해 A_1, A_2에 흐르는 전류와 같으므로 전류계 A_3에 흐르는 전류 $A_3 = A_1 = A_2 = 150 \times \dfrac{5}{200} = 3.75$[A]

정답 29 ③ 30 ④ 31 ① 32 ①

33 단상 2선식 배전선의 소요전선 총량을 100[%]라 할 때 3상 3선식과 단상 3선식(중선선의 굵기는 외선과 같다.)의 소요전선의 총량은 각각 몇 [%]인가?

① 75[%], 37.5[%]
② 50[%], 75[%]
③ 100[%], 37.5[%]
④ 37.5[%], 75[%]

해설

전선의 소요전선량은 단상 2선식을 100[%]로 하였을 때 단상 3선식은 37.5[%], 3상 3선식은 75[%], 3상 4선식은 33.3[%]이다.

제2장 전선로

34 옥내배선에 사용하는 전선의 굵기를 결정하는데 고려하지 않아도 되는 것은?

① 기계적 강도
② 전압강하
③ 허용전류
④ 절연저항

해설 전선굵기의 선정 시 고려사항

㉠ 허용전류
㉡ 전압강하
㉢ 기계적 강도

제11장 발전

35 저수지의 이용수심이 클 때 사용하면 유리한 조압수조는?

① 단동조압수조
② 차동조압수조
③ 소공조압수조
④ 수실조압수조

해설

수실조압수조는 수조의 상·하부 측면에 수실을 가진 수조로서 저수지의 이용수심이 클 경우 사용한다.

제8장 송전선로 보호방식

36 공기차단기(ABB)의 공기 압력은 일반적으로 몇 [kg/cm²] 정도 되는가?

① 5~10
② 15~30
③ 30~45
④ 45~55

해설

공기차단기는 선로 및 기기에 고장전류가 흐를 경우 차단하여 보호하는 66[kV] 이상에서 사용하는 설비로서 차단 시 발생하는 아크를 압축공기탱크를 이용하여 15~30[kg/cm²]의 압력으로 공기를 분사하여 소호한다.

제7장 이상전압 및 유도장해

37 송전계통의 절연협조에서 절연레벨을 가장 낮게 선정하는 기기는?

① 차단기
② 단로기
③ 변압기
④ 피뢰기

해설

송전계통의 절연레벨(BIL)은 다음과 같다.

공칭전압	현수애자	단로기	변압기	피뢰기
154[kV]	750[kV]	750[kV]	650[kV]	460[kV]
345[kV]	1370[kV]	1175[kV]	1050[kV]	735[kV]

제8장 송전선로 보호방식

38 동일 모선에 2개 이상의 피더(Feeder)를 가진 비접지 배전계통에서 지락사고에 대한 선택지락 보호계전기는?

① OCR
② OVR
③ GR
④ SGR

해설

㉠ 선택지락계전기(SGR) : 병행 2회선 송전선로에서 지락고장 시 고장회선의 선택·차단할 수 있는 계전기
㉡ 과전류계전기(OCR) : 일정한 크기 이상의 전류가 흐를 경우 동작하는 계전기
㉢ 과전압계전기(OVR) : 일정한 크기 이상의 전압이 걸렸을 경우 동작하는 계전기
㉣ 지락계전기(GR) : 지락사고 시 지락전류가 흐를 경우 동작하는 계전기

제8장 송전선로 보호방식

39 진공차단기의 특징에 속하지 않는 것은?

① 화재위험이 거의 없다.
② 소형·경량이고 조작기구가 간편하다.
③ 동작 시 소음은 크지만 소호실의 보수가 거의 필요치 않다.
④ 차단시간이 짧고 차단성능이 회로 주파수의 영향을 받지 않는다.

정답 33 ① 34 ④ 35 ④ 36 ② 37 ④ 38 ④ 39 ③

해설 **진공차단기의 특성**

㉠ 소형·경량으로 콤팩트화가 가능하다.
㉡ 밀폐구조로 아크나 가스의 외부 방출이 없어 동작 시 소음이 작다.
㉢ 화재나 폭발의 염려가 없어 안전하다.
㉣ 차단기 동작 시 신뢰성과 안전성이 높고 유지 보수점검이 거의 필요 없다.
㉤ 차단시 소호특성이 우수하고, 고속개폐가 가능하다.

상 **제8장 송전선로 보호방식**

40 우리나라의 대표적인 배전방식으로 다중접지방식인 22.9[kV] 계통으로 되어 있고 이 배전선에 사고가 생기면 그 배전선 전체가 정전이 되지 않도록 선로 도중이나 분기선에 다음의 보호장치를 설치하여 상호 협조를 기함으로서 사고구간을 국한하여 제거시킬 수 있다. 설치순서가 옳은 것은?

① 변전소차단기 – 섹셔널라이저 – 리클로저 – 라인퓨즈
② 변전소차단기 – 리클로저 – 섹셔널라이저 – 라인퓨즈
③ 변전소차단기 – 섹셔널라이저 – 라인퓨즈 – 리클로저
④ 변전소차단기 – 리클로저 – 라인퓨즈 – 섹셔널라이저

해설

리클로저(recloser) → 섹셔널라이저(sectionalizer) → 라인퓨즈(line fuse)는 방사상의 배전선로의 보호계전방식에 적용되는 기기로서 국내의 22.9[kV] 배전선로에서 적용되고 있는 고속도 재폐로방식에서 이용되고 있다.
㉠ 리클로저 : 선로 차단과 보호계전 기능이 있고 재폐로가 가능하다.
㉡ 섹셔널라이저 : 고장 시 보호장치(리클로저)의 동작 횟수를 기억하고 정정된 횟수(3회)가 되면 무전압상태에서 선로를 완전히 개방(고장전류 차단기능이 없음)한다.
㉢ 라인퓨즈 : 단상 분기점에만 설치하며 다른 보호장치와 협조가 가능해야 한다.

제3과목 전기기기

중 **제3장 변압기**

41 변압기 온도시험을 하는 데 가장 좋은 방법은?

① 실부하법
② 내전압법
③ 단락시험법
④ 반환부하법

해설 **반환부하법**

2대 이상의 변압기가 있는 경우에 사용하고 전원으로부터 변압기의 손실분을 공급받는 방법으로 실제의 부하를 걸지 않고도 부하시험이 가능하여 가장 널리 이용되고 있다.

중 **제4장 유도기**

42 20극, 11.4[kW], 60[Hz], 3상 유도전동기의 슬립이 5[%]일 때 2차 동손이 0.6[kW]이다. 전부하토크[N·m]는?

① 523
② 318
③ 276
④ 189

해설

동기속도 $N_s = \dfrac{120f}{P} = \dfrac{120 \times 60}{20} = 360[\text{rpm}]$

$P_2 : P_c = 1 : s$에서

2차 입력 $P_2 = \dfrac{1}{s} P_c = \dfrac{1}{0.05} \times 0.6 = 12[\text{kW}]$

토크 $T = 0.975 \dfrac{P_2}{N_s} = 0.975 \times \dfrac{12 \times 10^3}{360} = 32.5$

[kg·m]에서 $T = 32.5 \times 9.8 = 318.5[\text{N·m}]$

하 **제4장 유도기**

43 유도전동기의 기동계급은?

① 16종
② 19종
③ 23종
④ 26종

해설

유도전동기의 기동계급은 다음과 같다

기동계급	1[kW]당 입력[kVA]	기동계급	1[kW]당 입력[kVA]
A	-4.2 미만	L	12.1 이상 13.4 미만
B	4.2 이상 4.8 미만	M	13.4 이상 15.0 미만
C	4.8 이상 5.4 미만	N	15.0 이상 16.8 미만
D	5.4 이상 6.0 미만	P	16.8 이상 18.8 미만
E	6.0 이상 6.7 미만	R	18.8 이상 21.5 미만
F	6.7 이상 7.5 미만	S	21.5 이상 24.1 미만
G	7.5 이상 8.4 미만	T	24.1 이상 26.8 미만
H	8.4 이상 9.5 미만	U	26.8 이상 30.0 미만
J	9.5 이상 10.7 미만	V	30.0 이상
K	10.7 이상 12.1 미만		

중 제1장 직류기

44 전기기계에 있어서 히스테리시스손을 감소시키기 위한 조치로 옳은 것은?

① 성층철심 사용
② 규소강판 사용
③ 보극 설치
④ 보상권선 설치

🔧 해설

발전기, 전동기와 같은 회전기계는 2~2.5[%], 변압기와 같은 정지기계는 4~4.5[%]의 규소가 함유된 강판을 사용하여 히스테리시스손을 경감시킨다.

중 제3장 변압기

45 6000/200[V], 5[kVA]의 단상 변압기를 승압기로 연결하여 1차측에 6000[V]를 가할 때 2차측에 걸을 수 있는 최대부하용량 [kVA]은?

① 165
② 160
③ 155
④ 150

🔧 해설

2차측(고압측) 전압 $V_h = V_l\left(1 + \dfrac{1}{a}\right)$
$= 6000\left(1 + \dfrac{1}{\frac{6000}{200}}\right)$
$= 6200[\text{V}]$

단상 변압기 2차측에 최대부하용량은

부하용량 $= \dfrac{V_h}{V_h - V_l} \times$ 자기용량
$= \dfrac{6200}{6200 - 6000} \times 5 = 155[\text{kVA}]$

상 제3장 변압기

46 인가전압이 일정할 때 변압기의 와류손은 어떻게 되는가?

① 주파수에 무관
② 주파수에 비례
③ 주파수에 역비례
④ 주파수의 제곱에 비례

🔧 해설

와류손 $P_e = k_h k_e (t \cdot f \cdot B_m)^2 [\text{W}]$
여기서, k_h, k_e : 재료에 따른 상수
t : 철심의 두께
B_m : 최대자속밀도

와류손 $P_e \propto V_1^2 \propto t^2$ 이므로 인가전압의 제곱에 비례, 두께의 제곱에 비례, 주파수와는 무관하다.

상 제5장 정류기

47 사이리스터 명칭에 관한 설명 중 틀린 것은?

① SCR은 역저지 3극 사이리스터이다.
② SSS은 2극 쌍방향 사이리스터이다.
③ TRIAC은 2극 쌍방향 사이리스터이다.
④ SCS는 역저지 4극 사이리스터이다.

🔧 해설 트라이액(TRIAC)

교류회로의 위상제어에 사용할 수 있는 2방향성 3단자 사이리스터

중 제1장 직류기

48 전기자반작용이 직류발전기에 영향을 주는 것을 설명한 것 중 틀린 것은?

① 전기자 중성축을 이동시킨다.
② 자속을 감소시켜 부하 시 전압강하의 원인이 된다.
③ 정류자 편간전압이 불균일하게 되어 섬락의 원인이 된다.
④ 전류의 파형은 찌그러지나 출력에는 변화가 없다.

🔧 해설 전기자반작용으로 인한 문제점

㉠ 주자속 감소(감자작용)
㉡ 편자작용에 의한 중성축 이동
㉢ 정류자와 브러시 부근에서 불꽃 발생(정류불량의 원인)

중 제1장 직류기

49 직류전동기의 발전제동 시 사용하는 저항의 주된 용도는?

① 전압강하
② 전류의 감소
③ 전력의 소비
④ 전류의 방향 전환

🔧 해설 발전제동

운전 중인 전동기를 전원에서 분리하여 발전기로 작용시키고, 회전체의 운동에너지를 전기적인 에너지로 변환하여 이것을 저항에서 열에너지로 소비시켜서 제동하는 방법이다.

정답 44 ② 45 ③ 46 ① 47 ③ 48 ④ 49 ③

상 제4장 유도기

50 농형 전동기의 결점인 것은?

① 기동 [kVA]가 크고 기동토크가 크다.
② 기동 [kVA]가 작고 기동토크가 작다.
③ 기동 [kVA]가 작고 기동토크가 크다.
④ 기동 [kVA]가 크고, 기동토크가 작다.

해설 농형 유도전동기의 특성
㉠ 구조는 대단히 견고하고 취급방법이 간단하다.
㉡ 가격이 저렴하고 역률, 효율이 높다.
㉢ 기동전류(=기동용량[kVA])가 크고 기동토크가 작다.
㉣ 소형 및 중형에서 많이 사용된다.

중 제2장 동기기

51 동기전동기에 관한 다음 기술사항 중 틀린 것은?

① 회전수를 조정할 수 없다.
② 직류여자기가 필요하다.
③ 난조가 일어나기 쉽다.
④ 역률을 조정할 수 없다.

해설
동기전동기는 역률 1.0으로 운전이 가능하여 다른 기기에 비해 효율이 높고 필요 시 여자전류를 변화하여 역률을 조정할 수 있다.

하 제4장 유도기

52 유도전압조정기의 설명을 옳게 한 것은?

① 단락권선은 단상 및 3상 유도전압조정기 모두 필요하다.
② 3상 유도전압조정기에는 단락권선이 필요 없다.
③ 3상 유도전압조정기의 1차와 2차 전압은 동상이다.
④ 단상 유도전압조정기의 기전력은 회전자계에 의해서 유도된다.

해설 단상, 3상 유도전압조정기 비교

단상 유도전압조정기	3상 유도전압조정기
㉠ 교번자계 이용	㉠ 회전자계 이용
㉡ 단락권선 있음	㉡ 단락권선 없음
㉢ 1·2차 전압 사이 위상차 없음	㉢ 1·2차 전압 사이 위상차 있음

중 제3장 변압기

53 권수비 10 : 1인 동일 정격의 3대의 단상 변압기를 Y－△로 결선하여 2차 단자에 200[V], 75[kVA]의 평형부하를 걸었을 때 각 변압기의 1차 권선의 전류 및 1차 선간전압을 구하면? (단, 여자전류와 임피던스는 무시한다.)

① 21.6[A], 2000[V]
② 12.5[A], 2000[V]
③ 21.6[A], 3464[V]
④ 12.5[A], 3464[V]

해설
변압기 권수비 $a = \dfrac{E_1}{E_2} = \dfrac{N_1}{N_2} = \dfrac{I_2}{I_1}$ 에서

$\dfrac{N_1}{N_2} = \dfrac{10}{1} = 10$

㉠ Y－△ 결선 시 2차 선전류

$I_2 = \dfrac{P}{\sqrt{3}\,V_n} = \dfrac{75}{\sqrt{3} \times 0.2} = 216.5[A]$

2차 상전류 $I_2 = \dfrac{I_l}{\sqrt{3}} = \dfrac{216.5}{\sqrt{3}} = 125[A]$에서

1차 권선의 전류 $I_1 = \dfrac{I_2}{a} = \dfrac{125}{10} = 12.5[A]$

㉡ 단상변압기 1차 상전압
$E_1 = aE_2 = 10 \times 200 = 2000[V]$
1차 선간전압
$V_n = \sqrt{3}\,E_1 = \sqrt{3} \times 2000 = 3464[V]$

중 제5장 정류기

54 단상 반파의 정류효율은?

① $\dfrac{4}{\pi^2} \times 100[\%]$　　② $\dfrac{\pi^2}{4} \times 100[\%]$
③ $\dfrac{8}{\pi^2} \times 100[\%]$　　④ $\dfrac{\pi^2}{8} \times 100[\%]$

해설 정류효율
㉠ 단상 반파정류 $= \dfrac{4}{\pi^2} \times 100 = 40.6[\%]$
㉡ 단상 전파정류 $= \dfrac{8}{\pi^2} \times 100 = 81.2[\%]$

정답 50 ④　51 ④　52 ②　53 ④　54 ①

상 제1장 직류기

55 직류발전기의 계자철심에 잔류자기가 없어도 발전을 할 수 있는 발전기는?

① 타여자발전기　② 분권발전기
③ 직권발전기　　④ 복권발전기

해설

타여자발전기는 계자권선이 별도의 회로이므로 잔류자기가 없어도 전압 확립이 가능하다.

하 제2장 동기기

56 동기발전기의 병렬운전 시 동기화력은 부하각 δ와 어떠한 관계가 있는가?

① $\sin\delta$에 비례
② $\cos\delta$에 비례
③ $\sin\delta$에 반비례
④ $\cos\delta$에 반비례

해설

동기화력(P_s) : 병렬운전 중인 두 동기발전기를 동기상태로 유지시키려는 힘

$$P_s = \frac{E^2}{2Z_s}\cos\delta ≒ \frac{E^2}{2x_s}\cos\delta \propto \cos\delta$$

중 제6장 특수기기

57 속도변화에 편리한 교류 전동기는?

① 농형 전동기
② 2중 농형 전동기
③ 동기전동기
④ 시라게전동기

해설 시라게전동기(＝슈라게전동기)

㉠ 권선형 유도전동기의 회전자에 접속된 브러시의 간격을 변화시켜 속도를 제어하는 기기로 속도변화가 편리하다.
㉡ 일반 권선형 유도전동기와 반대로 1차 권선을 회전자로 하고 2차를 고정자로 하여 사용한다.

상 제2장 동기기

58 코일피치와 자극피치의 비를 β라 하면 기본파의 기전력에 대한 단절계수는?

① $\sin\beta\pi$　　　　② $\cos\beta\pi$
③ $\sin\dfrac{\beta\pi}{2}$　　　④ $\cos\dfrac{\beta\pi}{2}$

해설 단절권

자극피치보다 코일피치가 작은 권선법이다.

단절계수 $K_p = \sin\dfrac{\beta\pi}{2}$

여기서, $\beta = \dfrac{\text{코일 피치}}{\text{극 피치}} < 1$

상 제1장 직류기

59 직권전동기에서 위험속도가 되는 경우는?

① 정격전압, 무부하
② 저전압, 과여자
③ 전기자에 저저항 접속
④ 정격전압, 과부하

해설

직류전동기의 회전속도 $n \propto k\dfrac{E_c}{\phi}$

㉠ 직권전동기 위험속도 : 정격전압, 무부하
㉡ 분권전동기 위험속도 : 정격전압, 무여자

상 제3장 변압기

60 30[kVA], 3300/200[V], 60[Hz]의 3상 변압기 2차측에 3상 단락이 생겼을 경우 단락전류는 약 몇 [A]인가? (단, %임피던스전압은 3[%]라 함)

① 2250
② 2620
③ 2730
④ 2886

해설

변압기 2차 정격전류

$$I_n = \frac{P}{\sqrt{3}\ V_2} = \frac{30}{\sqrt{3}\times 0.2} = 50\sqrt{3} = 86.6[\text{A}]$$

2차측 3상 단락전류

$$I_s = \frac{100}{\%Z}\times I_n = \frac{100}{3}\times 86.6 = 2886[\text{A}]$$

정답　55 ①　56 ②　57 ④　58 ③　59 ①　60 ④

제4과목 회로이론

상 제6장 회로망 해석

61 회로 (a)를 회로 (b)로 하여 테브난의 정리를 이용하면 등가저항 R_{Th}의 값과 전압 V_{Th}의 값은 얼마인가?

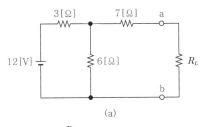

(a)

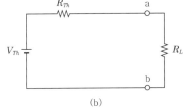

(b)

① 13[Ω], 4[V]　　② 2[Ω], 8[V]

③ 9[Ω], 8[V]　　④ 9[Ω], 4[V]

해설

테브난의 등가회로로 정리하면 다음과 같다.

㉠ 등가변환 시 먼저 a, b 사이에 접속된 부하(R_L)를 개방시킨다.

㉡ 등가저항(전압원을 단락시킨 상태에서 a, b 단자에서 바라본 합성저항)

$$R_{Th} = 7 + \frac{3 \times 6}{3 + 6} = 9 [\Omega]$$

㉢ 개방전압(a, b 양 단자의 단자전압)

$$V_{Th} = 6I = 6 \times \frac{12}{3+6} = 8 [V]$$

상 제10장 라플라스 변환

62 $F(s) = \dfrac{1}{s(s+a)}$ 의 라플라스 역변환을 구하면?

① $1 - e^{-at}$　　② $a(1 - e^{-at})$

③ $\dfrac{1}{a}(1 - e^{-at})$　　④ e^{-at}

해설

$$F(s) = \frac{1}{s(s+a)} = \frac{A}{s} + \frac{B}{s+a}$$

$$\xrightarrow{\mathcal{L}^{-1}} A + Be^{-at}$$

㉠ $A = \lim_{s \to 0} s\, F(s) = \lim_{s \to 0} \dfrac{1}{s+a} = \dfrac{1}{a}$

㉡ $B = \lim_{s \to -a} (s+a)\, F(s) = \lim_{s \to -a} \dfrac{1}{s} = -\dfrac{1}{a}$

$$\therefore f(t) = A + Be^{-at} = \frac{1}{a}(1 - e^{-at})$$

중 제1장 직류회로의 이해

63 다음 그림과 같은 회로에서 R의 값은 얼마인가?

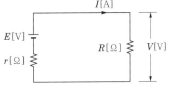

① $\dfrac{E-V}{E}r$　　② $\dfrac{E}{E-V}r$

③ $\dfrac{E-V}{V}r$　　④ $\dfrac{V}{E-V}r$

해설

㉠ 기전력 $E = I(r + R) = Ir + IR$

$$= Ir + V = \frac{V}{R}r + V$$

여기서, 부하 단자전압 $V = IR$

㉡ $E - V = \dfrac{V}{R}r$ 이므로 부하저항은

$$\therefore R = \frac{V}{E-V} \times r$$

상 제2장 단상 교류회로의 이해

64 $i = 3\sqrt{2}\sin(377t - 30°)$[A]의 평균값은 얼마인가?

① 5.7[A]　　② 4.3[A]

③ 3.9[A]　　④ 2.7[A]

해설

평균값 $V_a = \dfrac{2V_m}{\pi} = 0.637\, V_m$

$$= 0.637 \times \sqrt{2}\, V = 0.9\, V = 0.9 \times 3$$

$$= 2.7 [V]$$

정답 　61 ③　62 ③　63 ④　64 ④

하 제5장 대칭좌표법

65 3상 회로의 선간전압이 각각 80, 50, 50[V]일 때의 전압의 불평형률[%]은 약 얼마인가?

① 22.7[%]

② 39.6[%]

③ 45.3[%]

④ 57.3[%]

해설

㉠ 3상 회로의 각 상전압은 다음과 같다.

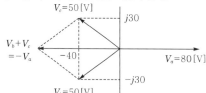

- $V_a = 80[V]$
- $V_b = -40 - j30[V]$
- $V_c = -40 + j30[V]$

㉡ 정상분 전압

$$V_1 = \frac{1}{3}(V_a + aV_b + a^2 V_c)$$
$$= \frac{1}{3}\left[80 + \left(-\frac{1}{2} + j\frac{\sqrt{3}}{2}\right)(-40 - j30) \right.$$
$$\left. + \left(-\frac{1}{2} - j\frac{\sqrt{3}}{2}\right)(-40 + j30)\right]$$
$$= 57.3[V]$$

㉢ 역상분 전압

$$V_2 = \frac{1}{3}(V_a + a^2 V_b + aV_c)$$
$$= \frac{1}{3}\left[80 + \left(-\frac{1}{2} - j\frac{\sqrt{3}}{2}\right)(-40 - j30) \right.$$
$$\left. + \left(-\frac{1}{2} + j\frac{\sqrt{3}}{2}\right)(-40 + j30)\right]$$
$$= 22.7[V]$$

∴ 불평형률

$$\%U = \frac{역상분}{정상분} \times 100 = \frac{22.7}{57.3} \times 100 = 39.6[\%]$$

상 제7장 4단자망 회로해석

66 4단자 정수 A, B, C, D 중에서 어드미턴스의 차원을 가진 정수는?

① A

② B

③ C

④ D

해설 4단자 정수

㉠ $A = \dfrac{V_1}{V_2}$: 전압이득 차원

㉡ $B = \dfrac{V_1}{I_2}$: 임피던스 차원

㉢ $C = \dfrac{I_1}{V_2}$: 어드미턴스 차원

㉣ $D = \dfrac{I_1}{I_2}$: 전류이득 차원

상 제3장 다상 교류회로의 이해

67 △결선된 부하를 Y결선으로 바꾸면 소비전력은 어떻게 되는가? (단, 선간전압은 일정하다.)

① $\dfrac{1}{3}$ 배

② 6배

③ $\dfrac{1}{\sqrt{3}}$ 배

④ $\dfrac{1}{\sqrt{6}}$ 배

해설

㉠ 부하를 Y결선 시 소비전력

$$P_Y = 3 \times \frac{E^2}{Z} = 3 \times \frac{(V/\sqrt{3})^2}{Z} = \frac{V^2}{Z}$$

여기서, E : 상전압

　　　　V : 선간전압

㉡ 부하를 △결선 시 소비전력

$$P_\triangle = 3 \times \frac{E^2}{Z} = 3 \times \frac{V^2}{Z} = 3\frac{V^2}{Z}$$

$$\therefore \frac{P_Y}{P_\triangle} = \frac{1}{3}$$

상 제3장 다상 교류회로의 이해

68 선간전압 100[V], 역률 60[%]인 평형 3상 부하에서 소비전력 $P = 10[kW]$일 때 선전류[A]는?

① 99.4[A]

② 96.2[A]

③ 86.2[A]

④ 76.4[A]

해설

선전류 $I = \dfrac{P}{\sqrt{3}\,V\cos\theta}$

$$= \frac{10 \times 10^3}{\sqrt{3} \times 100 \times 0.6} = 96.2[A]$$

제3장 다상 교류회로의 이해

69 임피던스 3개를 그림과 같이 평형으로 성형 접속하여, a, b, c단자에 200[V]의 대칭 3상 전압을 가했을 때 흐르는 전류와 전력은 얼마인가?

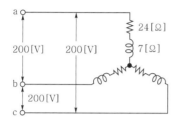

① $I = 4.6[A]$, $P = 1536[W]$
② $I = 6.4[A]$, $P = 1636[W]$
③ $I = 5.0[A]$, $P = 1500[W]$
④ $I = 6.4[A]$, $P = 1346[W]$

해설

㉠ 한 상에 흐르는 전류(상전류)

$$I_p = \frac{V_p}{Z} = \frac{\frac{200}{\sqrt{3}}}{\sqrt{24^2 + 7^2}} = 4.6[A]$$

여기서, V_p : 상전압, Z : 한 상의 임피던스

㉡ 소비전력

$$P = 3 I_p^2 R = 3 \times 4.6^2 \times 24 = 1536[W]$$

제9장 과도현상

70 $R = 4000[\Omega]$, $L = 5[H]$의 직렬회로에 직류전압 200[V]를 가할 때 급히 단자 사이의 스위치를 개방시킬 경우 이로부터 $\frac{1}{800}$ [sec] 후 $R-L$ 중의 전류는 몇 [mA]인가?

① 18.4[mA]
② 1.84[mA]
③ 28.4[mA]
④ 2.84[mA]

해설

RL 과도전류

$$i(\tau) = \frac{E}{R} e^{-\frac{R}{L}t} = \frac{200}{4000} e^{-\frac{4000}{5} \times \frac{1}{800}}$$
$$= 0.05 \, e^{-1} = 0.05 \times 0.368$$
$$= 0.0184[A] = 18.4[mA]$$

제7장 4단자망 회로해석

71 다음의 2단자 임피던스 함수가 $Z(s) = \frac{s(s+1)}{(s+2)(s+3)}$ 일 때 회로의 단락상태를 나타내는 점은?

① $-1, 0$
② $0, 1$
③ $-2, -3$
④ $2, 3$

해설

회로의 단락상태는 회로의 영점을 의미하며, $Z(s) = 0$ 이 되기 위한 s의 해를 말한다.
∴ 영점 : $Z_1 = 0$, $Z_1 = -1$

제1장 직류회로의 이해

72 정격전압에서 1[kW] 전력을 소비하는 저항에 정격의 70[%]의 전압을 가할 때의 전력 [W]은 얼마인가?

① 490
② 580
③ 640
④ 860

해설

소비전력 $P = \frac{V^2}{R} = 1[kW]$에서 동일 부하에 70[%]의 전압을 인가 시 변화되는 소비전력은 다음과 같다.

$$\therefore P' = \frac{V'^2}{R} = \frac{(0.7V)^2}{R} = 0.7^2 \times \frac{V^2}{R}$$
$$= 0.49 \frac{V^2}{R} = 0.49 \times 1000 = 490[W]$$

제6장 회로망 해석

73 이상적 전압 · 전류원에 관하여 옳은 것은?

① 전압원의 내부저항은 ∞ 이고, 전류원의 내부저항은 0이다.
② 전압원의 내부저항은 0이고, 전류원의 내부저항은 ∞ 이다.
③ 전압원, 전류원의 내부저항은 흐르는 전류에 따라 변한다.
④ 전압원의 내부저항은 일정하고, 전류원의 내부저항은 일정하지 않다.

69 ① **70** ① **71** ① **72** ① **73** ②

하 제4장 비정현파 교류회로의 이해

74 비정현파에 있어서 정현대칭의 조건은 어느 것인가?

① $f(t) = f(-t)$

② $f(t) = -f(t)$

③ $f(t) = -f(-t)$

④ $f(t) = -f\left(t + \dfrac{T}{2}\right)$

해설 비정현파의 대칭 조건

구분	대칭 조건
우함수(여현대칭)	$f(t) = f(-t)$
기함수(정현대칭)	$f(t) = -f(-t)$
반파대칭	$f(t) = f(-t)$

상 제7장 4단자망 회로해석

75 다음과 같은 4단자 회로에서 임피던스 파라미터 Z_{11}의 값은?

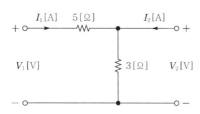

① 8[Ω]

② 5[Ω]

③ 3[Ω]

④ 2[Ω]

해설 임피던스 파라미터

㉠ $Z_{11} = 5 + 3 = 8[\Omega]$

㉡ $Z_{12} = Z_{21} = 3[\Omega]$

㉢ $Z_{22} = 0 + 3 = 3[\Omega]$

상 제10장 라플라스 변환

76 시간함수가 $i(t) = 3u(t) + 2e^{-t}$일 때 라플라스 변환한 함수 $I(s)$는?

① $\dfrac{s+3}{s(s+1)}$

② $\dfrac{5s+3}{s(s+1)}$

③ $\dfrac{3s}{s^2+1}$

④ $\dfrac{5s+1}{s^2(s+1)}$

해설

$$\mathcal{L}\left[3u(t) + 2e^{-t}\right] = \frac{3}{s} + \frac{2}{s}\bigg|_{s=s+1}$$

$$= \frac{3}{s} + \frac{2}{s+1} = \frac{5s+3}{s(s+1)}$$

하 제3장 다상 교류회로의 이해

77 3상 불평형 전압에서 역상전압이 25[V]이고, 정상전압이 100[V], 영상전압이 10[V]라 할 때 전압의 불평형률은?

① 0.25

② 0.4

③ 4

④ 10

해설

불평형률 (V_1 : 정상분, V_2 : 역상분)

$$\%U = \frac{V_2}{V_1} \times 100 = \frac{25}{100} \times 100 = 25[\%]$$

상 제2장 단상 교류회로의 이해

78 복소전압 $E = -20\,e^{j\frac{3\pi}{2}}$ 를 정현파의 순시값으로 나타내면 어떻게 되는가?

① $e = -20\sin\left(\omega t + \dfrac{\pi}{2}\right)[\text{V}]$

② $e = 20\sin\left(\omega t + \dfrac{2\pi}{3}\right)[\text{V}]$

③ $e = -20\sqrt{2}\,\sin\left(\omega t - \dfrac{3\pi}{2}\right)[\text{V}]$

④ $e = 20\sqrt{2}\,\sin\left(\omega t + \dfrac{\pi}{2}\right)[\text{V}]$

해설

교류의 순시값은 페이저 표현법에 의하여 다음과 같이 정리할 수 있다.

$e = E\sqrt{2}\,\sin(\omega t + \theta)$

$= E\underline{/\theta} = Ee^{j\theta} = E(\cos\theta + j\sin\theta)$

여기서, E : 전압의 실효값

$$\therefore E = -20\,e^{j\frac{3\pi}{2}} = -20\underline{\bigg/\frac{3\pi}{2}}$$

$$= 20\underline{\bigg/\frac{\pi}{2}} = 20\sqrt{2}\,\sin\left(\omega t + \frac{\pi}{2}\right)[\text{V}]$$

정답 74 ③ 75 ① 76 ② 77 ① 78 ④

하 제2장 단상 교류회로의 이해

79 그림과 같이 전류계 A_1, A_2, A_3, 25[Ω]의 저항 R을 접속하였다. 전류계의 지시는 $A_1=10[A]$, $A_2=4[A]$, $A_3=7[A]$이다. 부하의 전력[W]과 역률은 얼마인가?

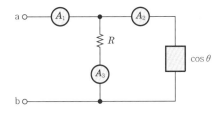

① $P=437.5[W]$, $\cos\theta=0.625$
② $P=437.5[W]$, $\cos\theta=0.545$
③ $P=507.5[W]$, $\cos\theta=0.647$
④ $P=507.5[W]$, $\cos\theta=0.747$

해설

㉠ 역률 : $\cos\theta = \dfrac{A_1^2 - A_2^2 - A_3^2}{2A_2 A_3}$

$= \dfrac{10^2 - 4^2 - 7^2}{2\times 4\times 7} = 0.625$

㉡ 소비전력 : $P = VI\cos\theta = \dfrac{R}{2}\left(A_1^2 - A_2^2 - A_3^2\right)$

$= \dfrac{25}{2}\left(10^2 - 4^2 - 7^2\right) = 437.5[W]$

상 제4장 비정현파 교류회로의 이해

80 가정용 전원의 기본파가 100[V]이고 제7고조파가 기본파의 4[%], 제11고조파가 기본파의 3[%]이었다면 이 전원의 일그러짐률은 몇 [%]인가?

① 11[%]   ② 10[%]
③ 7[%]   ④ 5[%]

해설

$V_{THD} = \dfrac{\text{전 고조파의 실효값}}{\text{기본파의 실효값}}$

$= \dfrac{\sqrt{(0.04E)^2 + (0.03E)^2}}{E}$

$= \sqrt{0.04^2 + 0.03^2} = 0.05 = 5[\%]$

제5과목 **전기설비기술기준**

하 제1장 공통사항

81 다음 중 옥내에 시설하는 고압용 이동전선의 종류는?

① 150[mm²] 연동선
② 비닐 캡타이어케이블
③ 고압용 캡타이어케이블
④ 강심 알루미늄 연선

해설 옥내 고압용 이동전선의 시설(KEC 342.2)

옥내에 시설하는 고압의 이동전선은 다음에 따라 시설하여야 한다.
㉠ 전선은 고압용의 캡타이어케이블일 것
㉡ 이동전선과 전기사용기계기구와는 볼트 조임 기타의 방법에 의하여 견고하게 접속할 것
㉢ 이동전선에 전기를 공급하는 전로(유도전동기의 2차측 전로를 제외)에는 전용 개폐기 및 과전류차단기를 각 극(과전류차단기는 다선식 전로의 중성극을 제외)에 시설하고, 또한 전로에 지락이 생겼을 때에 자동적으로 전로를 차단하는 장치를 시설할 것

상 제2장 저압설비 및 고압 · 특고압설비

82 계통접지에 사용되는 문자 중 제1문자의 정의로 맞게 설명한 것은?

① 전원계통과 대지의 관계
② 전기설비의 노출도전부와 대지의 관계
③ 중성선과 보호도체의 배치
④ 노출도전부와 보호도체의 배치

해설 계통접지 구성(KEC 203.1)

㉠ 제1문자 : 전원계통과 대지의 관계
㉡ 제2문자 : 전기설비의 노출도전부와 대지의 관계
㉢ 제2문자 다음 문재문자가 있을 경우) : 중성선과 보호도체의 배치

상 제3장 전선로

83 특고압 가공전선로에서 사용전압이 60[kV]를 넘는 경우 전화선로의 길이 몇 [km]마다 유도전류가 3[μA]를 넘지 않도록 하여야 하는가?

① 12   ② 40
③ 80   ④ 100

정답   79 ①   80 ④   81 ③   82 ①   83 ②

해설 유도장해의 방지(KEC 333.2)

㉠ 사용전압이 60000[V] 이하인 경우에는 전화선로의 길이 12[km]마다 유도전류가 2[μA]를 넘지 않도록 할 것
㉡ 사용전압이 60000[V]를 넘는 경우에는 전화선로의 길이 40[km]마다 유도전류가 3[μA]를 넘지 않도록 할 것

중 제4장 발전소, 변전소, 개폐소 및 기계기구 시설보호

84 발전소에서 계측장치를 시설하지 않아도 되는 것은?

① 발전기의 전압, 전류 또는 전력
② 발전기의 베어링 및 고정자의 온도
③ 특고압 모선의 전압 및 전류 또는 전력
④ 특고압용 변압기의 온도

해설 계측장치(KEC 351.6)

㉠ 발전기, 연료전지 또는 태양전지 모듈의 전압, 전류, 전력
㉡ 발전기 베어링(수중 메탈은 제외) 및 고정자의 온도
㉢ 정격출력이 10000[kW]를 넘는 증기터빈에 접속된 발전기 진동의 진폭
㉣ 주요 변압기의 전압, 전류, 전력
㉤ 특고압용 변압기의 온도

상 제3장 전선로

85 저압 및 고압 가공전선의 높이는 도로를 횡단하는 경우와 철도를 횡단하는 경우에 각각 몇 [m] 이상이어야 하는가?

① 도로 : 지표상 5, 철도 : 레일면상 6
② 도로 : 지표상 5, 철도 : 레일면상 6.5
③ 도로 : 지표상 6, 철도 : 레일면상 6
④ 도로 : 지표상 6, 철도 : 레일면상 6.5

해설 저압 및 고압 가공전선의 높이(KEC 222.7, 332.5)

㉠ 도로를 횡단하는 경우에는 지표상 6[m] 이상
㉡ 철도 또는 궤도를 횡단하는 경우에는 레일면상 6.5[m] 이상

하 제6장 분산형전원설비

86 전기저장장치의 전용건물에 이차전지를 시설할 경우 벽면으로부터 몇 [m] 이상 이격하여야 하는가?

① 0.5[m] 이상 ② 1.0[m] 이상
③ 1.5[m] 이상 ④ 2.0[m] 이상

해설 전용건물에 시설하는 경우(KEC 515.2.1)

이차전지는 벽면으로부터 1[m] 이상 이격하여 설치하여야 한다.

중 제5장 전기철도

87 전차선로에서 귀선로를 구성하는 것이 아닌 것은?

① 보호도체
② 비절연보호도체
③ 매설접지도체
④ 레일

해설 귀선로(KEC 431.5)

㉠ 귀선로는 비절연보호도체, 매설접지도체, 레일 등으로 구성하여 단권변압기 중성점과 공통접지에 접속한다.
㉡ 비절연보호도체의 위치는 통신유도장해 및 레일전위의 상승의 경감을 고려하여 결정하여야 한다.
㉢ 귀선로는 사고 및 지락 시에도 충분한 허용전류용량을 갖도록 하여야 한다.

중 제6장 분산형전원설비

88 연료전지의 접지설비에서 접지도체의 공칭 단면적은 몇 [mm^2] 이상인가? (단, 저압 전로의 중성점 시설은 제외한다.)

① 2.5 ② 6
③ 16 ④ 25

해설 접지설비(KEC 542.2.5)

접지도체는 공칭단면적 16[mm^2] 이상의 연동선을 사용할 것(저압 전로의 중성점에 시설하는 것은 공칭단면적 6[mm^2] 이상의 연동선을 사용할 것)

하 제3장 전선로

89 저압 가공전선이 가공약전류전선과 접근하여 시설될 때 저압 가공전선과 가공약전류전선 사이의 이격거리는 몇 [cm] 이상이어야 하는가?

① 30 ② 40
③ 50 ④ 60

정답 84 ③ 85 ④ 86 ② 87 ① 88 ③ 89 ④

해설 저압 가공전선과 가공약전류전선 등의 접근 또는 교차(KEC 222.13)

가공전선의 종류	이격거리
저압 가공전선	0.6[m](절연전선 또는 케이블인 경우에는 0.3[m])
고압 가공전선	0.8[m](전선이 케이블인 경우에는 0.4[m])

중 제3장 전선로

90 가공약전류전선을 사용전압이 22.9[kV]인 특고압 가공전선과 동일 지지물에 공가하고 자 할 때 가공전선으로 경동연선을 사용한다 면 단면적이 몇 [mm²] 이상이어야 하는가?

① 22　　　　　② 38
③ 50　　　　　④ 55

해설 특고압 가공전선과 가공약전류전선 등의 공용설치(KEC 333.19)

사용전압이 35[kV] 이하인 특고압 가공전선과 가공약전류전선 등을 동일 지지물에 시설하는 경우는 다음과 같이 한다.
㉠ 특고압 가공전선로는 제2종 특고압 보안공사에 의한다.
㉡ 특고압 가공전선은 가공약전류전선 등의 위로 하고 별개의 완금에 시설한다.
㉢ 특고압 가공전선은 인장강도 21.67[kN] 이상의 연선 또는 단면적이 50[mm²] 이상인 경동연선이어야 한다.
㉣ 특고압 가공전선과 가공약전류전선 등 사이의 이격거리는 2[m] 이상으로 한다.

상 제3장 전선로

91 다음 중 제1종 특고압 보안공사를 필요로 하는 가공전선로에 지지물로 사용할 수 있 는 것은 어느 것인가?

① A종 철근콘크리트주
② B종 철근콘크리트주
③ A종 철주
④ 목주

해설 특고압 보안공사(KEC 333.22)

제1종 특고압 보안공사 시 전선로의 지지물에는 B종 철주·B종 철근콘크리트주 또는 철탑을 사용할 것(지지물의 강도가 약한 A종 지지물과 목주는 사용할 수 없음)

상 제3장 전선로

92 가공전선으로의 지지물에 시설하는 지선의 시방세목으로 옳은 것은?

① 안전율은 1.2일 것
② 소선은 3조 이상의 연선일 것
③ 소선은 지름 2.0[mm] 이상인 금속선 을 사용한 것일 것
④ 허용인장하중의 최저는 3.2[kN]으로 할 것

해설 지선의 시설(KEC 331.11)

가공전선로의 지지물에 시설하는 지선은 다음에 따라야 한다.
㉠ 지선의 안전율 : 2.5 이상(목주·A종 철주, A종 철근 콘크리트주 등 1.5 이상)
㉡ 허용인장하중 : 4.31[kN] 이상
㉢ 소선(素線) 3가닥 이상의 연선일 것
㉣ 소선은 지름 2.6[mm] 이상의 금속선을 사용한 것일 것 또는 소선의 지름이 2[mm] 이상인 아연도강연선으로서, 소선의 인장강도가 0.68[kN/mm²] 이상인 것
㉤ 지중부분 및 지표상 0.3[m]까지의 부분에는 내식성이 있는 아연도금철봉 사용

상 제2장 저압설비 및 고압·특고압설비

93 전기울타리의 시설에서 전기울타리용 전원 장치에 전기를 공급하는 전로의 사용전압 은 몇 [V] 이하인가?

① 250　　　　　② 300
③ 440　　　　　④ 600

해설 전기울타리(KEC 241.1)

㉠ 전기울타리는 사람이 쉽게 출입하지 아니하는 곳에 시설할 것
㉡ 전선은 인장강도 1.38[kN] 이상의 것 또는 지름 2[mm] 이상의 경동선일 것
㉢ 전선과 이를 지지하는 기둥 사이의 이격거리는 25[mm] 이상일 것
㉣ 전선과 다른 시설물(가공전선은 제외) 또는 수목과의 이격거리는 0.3[m] 이상일 것
㉤ 전기울타리를 시설한 곳에는 사람이 보기 쉽도록 적당한 간격으로 위험표시를 할 것
㉥ 전기울타리에 전기를 공급하는 전로에는 쉽게 개폐할 수 있는 곳에 전용 개폐기를 시설할 것
㉦ 전기울타리용 전원장치에 전기를 공급하는 전로의 사용전압은 250[V] 이하일 것

정답 90 ③　91 ②　92 ②　93 ①

중 제2장 저압설비 및 고압·특고압설비

94 감전에 대한 보호에서 전원의 자동차단에 의한 보호대책에 속하지 않는 것은?

① 기본보호는 충전부의 기본절연 또는 격벽이나 외함에 의한다.
② 고장보호는 보호등전위본딩 및 자동차단에 의한다.
③ 추가적인 보호로 배선용 차단기를 시설할 수 있다.
④ 추가적인 보호로 누전차단기를 시설할 수 있다.

해설 감전에 대한 보호에서 전원의 자동차단에 의한 보호대책(KEC 211.2)

㉠ 기본보호는 충전부의 기본절연 또는 격벽이나 외함에 의한다.
㉡ 고장보호는 보호등전위본딩 및 자동차단에 의한다.
㉢ 추가적인 보호로 누전차단기를 시설할 수 있다.

중 제2장 저압설비 및 고압·특고압설비

95 가요전선관공사에 의한 저압 옥내배선시설에 대한 설명으로 옳지 않은 것은?

① 옥외용 비닐전선을 제외한 절연전선을 사용한다.
② 제1종 금속제가요전선관의 두께는 0.8[mm] 이상으로 한다.
③ 중량물의 압력 또는 기계적 충격을 받을 우려가 없도록 시설한다.
④ 전선은 연선을 사용하나 단면적 10[mm²] 이상인 경우에는 단선을 사용한다.

해설 금속제 가요전선관공사(KEC 232.13)

㉠ 전선은 절연전선일 것(옥외용 비닐절연전선은 제외)
㉡ 전선은 연선일 것. 단, 단면적 10[mm²](알루미늄선은 단면적 16[mm²]) 이하인 것은 단선을 사용할 것
㉢ 가요전선관 안에는 전선에 접속점이 없도록 할 것
㉣ 가요전선관은 2종 금속제 가요전선관일 것
※ [예외]
  • 전개된 장소 또는 점검할 수 있는 은폐된 장소에는 1종 가요전선관을 사용
  • 습기가 많은 장소 또는 물기가 있는 장소에는 비닐피복 1종 가요전선관을 사용

상 제2장 저압설비 및 고압·특고압설비

96 애자사용공사에 의한 고압 옥내배선을 시설하고자 할 경우 전선과 조영재 사이의 이격거리는 몇 [cm] 이상인가?

① 3
② 4
③ 5
④ 6

해설 고압 옥내배선 등의 시설(KEC 342.1)

애자사용배선에 의한 고압 옥내배선은 다음에 의한다.
㉠ 전선은 공칭단면적 6[mm²] 이상의 연동선 또는 이와 동등 이상의 세기 및 굵기의 고압 절연전선이나 특고압 절연전선 또는 인하용 고압 절연전선일 것
㉡ 전선의 지지점 간의 거리는 6[m] 이하일 것. 다만, 전선을 조영재의 면을 따라 붙이는 경우에는 2[m] 이하이어야 한다.
㉢ 전선 상호 간의 간격은 0.08[m] 이상, 전선과 조영재 사이의 이격거리는 0.05[m] 이상일 것

상 제3장 전선로

97 시가지에서 400[V] 이하의 저압 가공전선로에 사용하는 절연전선의 지름은 최소 몇 [mm] 이상의 것이어야 하는가?

① 2.0
② 2.6
③ 3.2
④ 5.0

해설 저압 가공전선의 굵기 및 종류(KEC 222.5)

㉠ 저압 가공전선은 나전선(중성선 또는 다중접지된 접지측 전선으로 사용하는 전선), 절연전선, 다심형 전선 또는 케이블을 사용할 것
㉡ 사용전압이 400[V] 이하인 저압 가공전선
  • 지름 3.2[mm] 이상(인장강도 3.43[kN] 이상)
  • 절연전선인 경우는 지름 2.6[mm] 이상(인장강도 2.3[kN] 이상)
㉢ 사용전압이 400[V] 초과인 저압 가공전선
  • 시가지 : 지름 5[mm] 이상(인장강도 8.01[kN] 이상)
  • 시가지 외 : 지름 4[mm] 이상(인장강도 5.26[kN] 이상)
㉣ 사용전압이 400[V] 초과인 저압 가공전선에는 인입용 비닐절연전선을 사용하지 않을 것

정답 94 ③ 95 ④ 96 ③ 97 ②

상 제1장 공통사항

98 다음 중 제2차 접근상태를 바르게 설명한 것은 무엇인가?

① 가공전선이 전선의 절단 또는 지지물의 절단이 되는 경우 당해 전선이 다른 공작물에 접속될 우려가 있는 상태를 말한다.

② 가공전선이 다른 공작물과 접근하는 경우 당해 가공전선이 다른 공작물의 상방 또는 측방에서 수평거리로 3[m] 미만인 곳에 시설되는 상태를 말한다.

③ 가공전선이 다른 공작물과 접근하는 경우 가공전선이 다른 공작물의 상방 또는 측방에서 수평거리로 5[m] 이상에 시설되는 것을 말한다.

④ 가공선로 중 제1차 시설로 접근할 수 없는 시설과의 제2차 보호조치나 안전 시설을 하여야 접근할 수 있는 상태의 시설을 말한다.

해설 용어 정의(KEC 112)

제2차 접근상태라 함은 가공전선이 다른 시설물과 접근하는 경우 그 가공전선이 다른 시설물의 위쪽 또는 옆쪽에서 수평거리로 3[m] 미만인 곳에 시설되는 상태를 말한다.

상 제1장 공통사항

99 220[V]의 연료전지 및 태양전지 모듈의 절연내력시험 시 직류시험전압은 몇 [V]이어야 하는가?

① 220
② 330
③ 500
④ 750

해설 연료전지 및 태양전지 모듈의 절연내력 (KEC 134)

연료전지 및 태양전지 모듈은 최대사용전압의 1.5배의 직류전압 또는 1배의 교류전압을 충전부분과 대지 사이에 연속하여 10분간 가하여 절연내력을 시험하였을 때에 이에 견디는 것이어야 한다. 단, 시험전압 계산값이 500[V] 미만인 경우 500[V]로 시험한다.

상 제1장 공통사항

100 저압의 전선로 중 절연부분의 전선과 대지 간의 절연저항은 사용전압에 대한 누설전류가 최대 공급전류의 얼마를 넘지 않도록 유지하여야 하는가?

① $\dfrac{1}{2000}$
② $\dfrac{1}{1000}$
③ $\dfrac{1}{200}$
④ $\dfrac{1}{100}$

해설 전선로의 전선 및 절연성능(기술기준 제27조)

저압전선로 중 절연부분의 전선과 대지 사이 및 전선의 심선 상호 간의 절연저항은 사용전압에 대한 누설전류가 최대 공급전류의 $\dfrac{1}{2000}$을 넘지 않도록 하여야 한다.

정답 98 ② 99 ③ 100 ①

제1과목 전기자기학

상 제2장 진공 중의 정전계

01 정전계에 대한 설명으로 가장 적합한 것은?

① 전계에너지가 항상 ∞인 전기장을 의미한다.

② 전계에너지가 항상 0인 전기장을 의미한다.

③ 전계에너지가 최소로 되는 전하분포의 전계를 의미한다.

④ 전계에너지가 최대로 되는 전하분포의 전계를 의미한다.

해설

전계 내의 전하는 그 자신의 에너지가 최소가 되는 가장 안정된 전하분포를 가지는 정전계를 형성하려고 한다. 이것을 톰슨의 정리라고 한다.

중 제10장 전자유도법칙

02 최대자속밀도 B_m, 주파수 f에서 유도기전력이 E_1일 때, 최대자속밀도가 $2B_m$, 주파수 $2f$에서의 유도기전력을 E_2라 하면, E_1과 E_2의 관계는?

① $E_2 = E_1$ ② $E_2 = 2E_1$

③ $E_2 = 4E_1$ ④ $E_2 = 0.25E_1$

해설

㉠ 최대유도기전력 $E_m = \omega N\phi_m$
$$= 2\pi f N B_m S[V]$$
여기서, N : 권선수, S : 단면적

㉡ 최대유도기전력은 주파수 f와 최대자속밀도 B_m에 비례하므로 f와 B_m이 모두 2배 증가하면 유도기전력은 4배 증가한다.
$$\therefore E_2 = 4E_1$$

상 제3장 정전용량

03 평행판 콘덴서의 양극판 면적을 3배로 하고 간격을 $\frac{1}{3}$로 하면 정전용량은 처음의 몇 배가 되는가?

① 1   ② 3

③ 6   ④ 9

해설

평행판 콘덴서의 면적을 3배, 간격을 $\frac{1}{3}$배하면 정전용량 $\left(C{\uparrow} = \dfrac{\varepsilon_0 S{\uparrow}}{d{\downarrow}}\right)$은 9배 증가한다.

상 제11장 인덕턴스

04 그림 (a)의 인덕턴스에 전류가 그림 (b)와 같이 흐를 때 2초에서 6초 사이의 인덕턴스 전압 V_L은 몇 [V]인가?

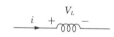

(a)

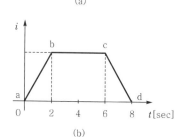

(b)

① 0   ② 5

③ 10   ④ −5

해설

인덕턴스의 단자전압(유도기전력)은 시간에 따라 전류의 크기가 변해야 발생된다.

(인덕턴스 단자전압 : $V_L = L\dfrac{di}{dt}[V]$)

∴ 2초와 6초 사이의 전류의 변화가 없으므로 유도기전력은 발생되지 않는다.

정답   01 ③   02 ③   03 ④   04 ①

상 제3장 정전용량

05 면전하밀도가 σ[C/m²]인 대전도체가 진공 중에 놓여 있을 때 도체 표면에 작용하는 정전응력[N/m²]은?

① σ^2에 비례한다.

② σ에 비례한다.

③ σ^2에 반비례한다.

④ σ에 반비례한다.

해설

㉠ 정전에너지

$$W = \frac{Q^2}{2C} = \frac{Q^2}{2 \times \dfrac{\varepsilon_0 S}{d}} = \frac{dQ^2}{2\varepsilon_0 S}$$

$$= \frac{d\sigma^2 S^2}{2\varepsilon_0 S} = \frac{d\sigma^2}{2\varepsilon_0} S[\text{J}]$$

㉡ 정전응력(단위면적당 작용하는 힘)

$$f = \frac{\partial W}{\partial d} = \frac{\sigma^2}{2\varepsilon_0} S[\text{N}] = \frac{\sigma^2}{2\varepsilon_0}[\text{N/m}^2]$$

상 제11장 인덕턴스

06 단면적 S, 평균반지름 r, 권선수 N인 트로이달(toroidal)에 누설자속이 없는 경우 자기인덕턴스의 크기는?

① 권선수의 자승에 비례하고 단면적에 반비례한다.

② 권선수 및 단면적에 비례한다.

③ 권선수의 자승 및 단면적에 비례한다.

④ 권선수의 자승 및 평균반지름에 비례한다.

해설

환상 솔레노이드(트로이달)의 평균반지름이 r이면 솔레노이드의 길이 $l = 2\pi r$이 된다.

∴ 자기인덕턴스 $L = \dfrac{\mu SN^2}{l} = \dfrac{\mu SN^2}{2\pi r}$[H]

상 제2장 진공 중의 정전계

07 전기장의 세기 단위로 옳은 것은?

① [H/m] ② [F/m]

③ [AT/m] ④ [V/m]

해설

① 투자율 μ의 단위

② 유전율 ε의 단위

③ 자계(자기장)의 세기 H의 단위

④ 전계(전기장)의 세기 E의 단위

상 제2장 진공 중의 정전계

08 그림과 같이 $Q_A = 4 \times 10^{-6}$[C], $Q_B = 2 \times 10^{-6}$[C], $Q_C = 5 \times 10^{-6}$[C]의 전하를 가진 작은 도체구 A, B, C가 진공 중에서 일직선 상에 놓여 질 때 B구에 작용하는 힘은 몇 [N]인가?

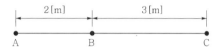

① 1.8×10^{-2} ② 1.0×10^{-2}

③ 0.8×10^{-2} ④ 2.8×10^{-2}

해설

B점에 작용한 힘은 A, B 사이에 작용하는 힘 F_{AB}과 B, C 사이에 작용하는 힘 F_{CB} 중 큰 힘에서 작은 힘을 빼면 된다.

㉠ $F_{AB} = \dfrac{Q_A Q_B}{4\pi\varepsilon_0 r^2}$

$= 9 \times 10^9 \times \dfrac{4 \times 10^{-6} \times 2 \times 10^{-6}}{2^2}$

$= 18 \times 10^{-3}$[N]

㉡ $F_{CB} = \dfrac{Q_B Q_C}{4\pi\varepsilon_0 r^2}$

$= 9 \times 10^9 \times \dfrac{2 \times 10^{-6} \times 5 \times 10^{-6}}{3^2}$

$= 10 \times 10^{-3}$[N]

∴ $F = F_{AB} - F_{CB}$

$= 8 \times 10^{-3} = 0.8 \times 10^{-2}$[N]

상 제2장 진공 중의 정전계

09 등전위면을 따라 전하 Q[C]를 운반하는 데 필요한 일은?

① 전하의 크기에 따라 변한다.

② 전위의 크기에 따라 변한다.

③ 등전위면과 전기력선에 의하여 결정된다.

④ 항상 0이다.

정답 05 ① 06 ③ 07 ④ 08 ③ 09 ④

해설

등전위면은 전위차가 없으므로($V=0$) 전하는 이동하지 않는다. 즉, 일의 양은 0이다.

∴ 전하가 운반될 때 소비되는 에너지

$W= QV= 0[J]$

상 제6장 전류

10 직류 500[V] 절연저항계로 절연저항을 측정하니 2[MΩ]이 되었다면 누설전류는?

① 25[μA] ② 250[μA]

③ 1000[μA] ④ 1250[μA]

해설 누설전류

$I_g = \dfrac{V}{R} = \dfrac{500}{2\times10^6} = 250\times10^{-6} = 250\,[\mu A]$

상 제6장 전류

11 전원에서 기계적 에너지를 변환하는 발전기, 화학변화에 의하여 전기에너지를 발생시키는 전지, 빛의 에너지를 전기에너지로 변환하는 태양전지 등이 있다. 다음 중 열에너지를 전기에너지로 변환하는 것은?

① 기전력 ② 에너지원

③ 열전대 ④ 역기전력

해설 제베크 효과와 열전대

두 종류의 금속을 접속하여 폐회로를 만들어 그 두 개의 접합부에 온도차를 주면 열기전력을 일으켜 열전류가 흐르는 현상을 말한다. 이때, 이 열전기의 현상을 이용하여 고열로의 온도를 측정하는 장치를 열전대라 한다.

하 제8장 전류의 자기현상

12 π[C]의 점전하가 진공 중에 2[m/s]의 속도로 운동 중이다. 운동방향에 대하여 θ의 각도로 2[m] 떨어진 점에서의 자계의 세기는 얼마인가?

① $\dfrac{1}{8}\sin\theta$ ② $\dfrac{1}{4}\cos\theta$

③ $\dfrac{1}{2}\sin\theta$ ④ $\dfrac{\pi}{8}$

해설 비오-사바르의 법칙

$H = \dfrac{Il\sin\theta}{4\pi r^2} = \dfrac{dq}{dt}\times\dfrac{l\sin\theta}{4\pi r^2}$

$= \dfrac{dl}{dt}\times\dfrac{q\sin\theta}{4\pi r^2} = \dfrac{qv\sin\theta}{4\pi r^2}\,[AT/m]$

∴ $H = \dfrac{qv\sin\theta}{4\pi r^2} = \dfrac{\pi\times2\times\sin\theta}{4\pi\times2^2}$

$= \dfrac{1}{8}\sin\theta\,[AT/m]$

상 제6장 전류

13 비유전율 $\varepsilon_s = 2.2$, 고유저항 $\rho = 10^{11}[\Omega\cdot m]$인 유전체를 넣은 콘덴서의 용량이 20[$\mu$F]이었다. 여기에 500[kV]의 전압을 가하였을 때 누설전류는 몇 [A]인가?

① 4.2 ② 5.1

③ 54.5 ④ 61.0

해설

저항과 정전용량의 관계 $RC= \rho\varepsilon$에서

절연저항 $R= \dfrac{\rho\varepsilon}{C}$이므로 누설전류는 다음과 같다.

∴ $I_g = \dfrac{V}{R} = \dfrac{CV}{\rho\varepsilon}$

$= \dfrac{20\times10^{-6}\times500\times10^3}{10^{11}\times2.2\times8.855\times10^{-12}} = 5.13[A]$

상 제9장 자성체와 자기회로

14 강자성체가 아닌 것은?

① 철

② 니켈

③ 백금

④ 코발트

해설

㉠ 강자성체 : 코발트(Co), 니켈(Ni), 규소강, 순철(Fe), 퍼멀로이, 슈퍼 멀로이 등

㉡ 상자성체 : 산소(O_2), 알루미늄(Al), 망간(Mn), 백금(Pt), 이리듐(Ir), 주석(Sn), 질소(N_2) 등

㉢ 반자성체 : 창연(Bi), 금(Au), 은(Ag), 동(Cu), 아연(Zn), 납(Pb), 규소(Si), 탄소(C) 등

정답 10 ② 11 ③ 12 ① 13 ② 14 ③

상 제9장 자성체와 자기회로

15 다음 관계식 중 성립될 수 없는 것은? (단, μ : 투자율, μ_0 : 진공의 투자율, χ : 자화율, μ_s : 비투자율, B : 자속밀도, J : 자화의 세기, H : 자계의 세기)

① $\mu = \mu_0 + \chi$ ② $\mu_s = 1 + \dfrac{\chi}{\mu_0}$

③ $B = \mu H$ ④ $J = \chi B$

해설

자화의 세기 $J = \mu_0(\mu_s - 1)H = \chi H[\text{Wb/m}^2]$

상 제3장 정전용량

16 무한히 넓은 평행판을 2[cm]의 간격으로 놓은 후 평행판 간에 일정한 전계를 인가하였더니 도체 표면에 2[μC/m^2]의 전하밀도가 생겼다. 이때 평행판 표면의 단위면적당 받는 정전응력[N/m^2]은?

① 1.13×10^{-1} ② 2.26×10^{-1}

③ 1.13 ④ 2.26

해설

정전응력 $f = \dfrac{\sigma^2}{2\varepsilon_0} = \dfrac{(2 \times 10^{-6})^2}{2 \times 8.855 \times 10^{-12}}$

$= 0.226 = 2.26 \times 10^{-1}[\text{N/m}^2]$

하 제2장 진공 중의 정전계

17 grad V 에 대한 설명으로 옳은 것은? (단, V는 전위이다.)

① 전계의 방향이다.
② 스칼라량이다.
③ 전계와 반대 방향이다.
④ 등전위면의 방향이다.

해설

㉠ 전위 : $V = -\displaystyle\int_{\infty}^{P} E\,dl[\text{V}]$

㉡ 전위경도 : $E = -\text{grad}\,V[\text{V/m}]$

∴ 위 식에서와 같이 전위와 전계는 반대 방향을 나타낸다.

하 제12장 전자계

18 분포정수회로에서 선로의 감쇠정수 α, 위상정수를 β 라 할 때 전파정수는 어떻게 되는가?

① $\alpha - j\beta$ ② $\alpha + j\beta$

③ $j\alpha\beta$ ④ $\dfrac{\alpha}{j\beta}$

해설

전파정수란 전압, 전류가 선로의 끝 송전단에서부터 멀어져 감에 따라 그 진폭이라든가 위상이 변해가는 특성과 관계된 상수를 말한다.

∴ 전파정수

$\gamma = \sqrt{ZY} = \sqrt{(R + j\omega L)(G + j\omega C)}$

$= \sqrt{(R + j\omega L)\left(\dfrac{C}{L} \cdot R + j\omega L \cdot \dfrac{C}{L}\right)}$

$= \sqrt{(R + j\omega L) \cdot \dfrac{C}{L}(R + j\omega L)}$

$= (R + j\omega L)\sqrt{\dfrac{C}{L}}$

$= R\sqrt{\dfrac{C}{L}} + j\omega L\sqrt{\dfrac{C}{L}}$

$= R\sqrt{\dfrac{\dfrac{LG}{R}}{L}} + j\omega\sqrt{LC}$

$= \sqrt{RG} + j\omega\sqrt{LC} = \alpha + j\beta$

여기서, α : 감쇠정수, β : 위상정수

하 제6장 전류

19 어떤 영역 내의 체적전하밀도가 2×10^8 [C/m^{3}sec]의 비율로 감소할 때, 반지름 10^{-5} [m]인 구면을 흘러나오는 전류는 몇 [μA]인가?

① 0.637 ② 0.737

③ 0.837 ④ 0.937

해설

㉠ 체적전하밀도의 변화량

$\dfrac{d\rho}{dt} = 2 \times 10^8[\text{C/m}^3\text{sec}]$

㉡ 전류 $I = \dfrac{dQ}{dt} = \dfrac{d\rho}{dt}V$

$= 2 \times 10^8 \times \dfrac{4\pi r^3}{3}$

$= 2 \times 10^8 \times \dfrac{4\pi \times (10^{-5})^3}{3}$

$= 0.837 \times 10^{-6}[\text{A}] = 0.837[\mu\text{A}]$

정답 15 ④ 16 ② 17 ③ 18 ② 19 ③

상 제5장 전기 영상법

20 반경이 0.01[m]인 구도체를 접지시키고 중심으로부터 0.1[m]의 거리에 10[μC]의 점전하를 놓았다. 구도체에 유도된 총 전하량은 몇 [μC]인가?

① 0   ② -1

③ -10 ④ $+10$

해설

접지도체구와 점전하에 의한 영상전하

$\therefore Q' = -\frac{a}{d}Q = -\frac{0.01}{0.1} \times 10 \times 10^{-6}$

$= -10^{-6}[C] = -1[\mu C]$

제2과목 **전력공학**

중 제8장 송전선로 보호방식

21 다음의 송전선 보호방식 중 가장 뛰어난 방식으로 고속도 차단 재폐로방식을 쉽고, 확실하게 적용할 수 있는 것은?

① 표시선계전방식

② 과전류계전방식

③ 방향거리계전방식

④ 회로선택계전방식

해설

표시선계전방식은 선로의 구간 내 고장을 고속도로 완전 제거하는 보호방식이다.

중 제5장 고장 계산 및 안정도

22 단락점까지의 전선 한 줄의 임피던스가 $Z = 6 + j8[\Omega]$, 단락 전의 단락점 전압이 $E = 22.9$[kV]인 단상선로의 단락용량은 몇 [kVA]인가? (단, 부하전류는 무시한다.)

① 13110

② 26220

③ 39330

④ 52440

해설 전선로 왕복선의 임피던스

$Z = 2(6 + j8) = 2 \times \sqrt{6^2 + 8^2} = 20[\Omega]$

단락전류 $I_s = \frac{E}{Z} = \frac{22900}{20} = 1145$[A]

단락용량 $P_s = EI_s = 22.9 \times 1145 = 26220$[kVA]

중 제7장 이상전압 및 유도장해

23 파동임피던스 $Z_1 = 500[\Omega]$, $Z_2 = 300[\Omega]$인 두 무손실 선로 사이에 그림과 같이 저항 R을 접속하였다. 제1선로에서 구형파가 진행하여 왔을 때 무반사로 하기 위한 R의 값은 몇 [Ω]인가?

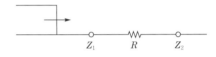

① 100   ② 200

③ 300   ④ 500

해설

Z_1점에서 입사파가 진행되었을 때 반사파 전압 E_λ은

$E_\lambda = \frac{(Z_2 + R) - Z_1}{Z_1 + (Z_2 + R)} \times E$이다.

무반사 조건은 $E = 0$이므로 $(Z_2 + R) - Z_1 = 0$

$R = Z_1 - Z_2 = 500 - 300 = 200[\Omega]$

상 제6장 중성점 접지방식

24 중성점 접지방식에서 직접접지방식을 다른 접지방식과 비교하였을 때 그 설명으로 틀린 것은?

① 변압기의 저감절연이 가능하다.

② 지락고장 시의 이상전압이 낮다.

③ 다중 접지사고로의 확대 가능성이 대단히 크다.

④ 보호계전기의 동작이 확실하여 신뢰도가 높다.

해설 직접접지방식의 특성

㉠ 계통에 접속된 변압기의 중성점을 금속선으로 직접 접지하는 방식이다.

㉡ 1선 지락고장 시 이상전압이 낮다.

㉢ 절연레벨을 낮출 수 있다(저감절연으로 경제적).

㉣ 변압기의 단절연을 할 수 있다.

정답 20 ② 21 ① 22 ② 23 ② 24 ③

중 제10장 배전선로 계산

25 3상 3선식의 배전선로가 있다. 이것에 역률이 0.8인 3상 평형부하 20[kW]를 걸었을 때 배전선로의 전압강하는? (단, 부하의 전압은 200[V], 전선 1조의 저항은 0.02[Ω]이고 리액턴스는 무시한다.)

① 1[V] ② 2[V]
③ 3[V] ④ 4[V]

해설

부하전류 $I = \dfrac{P}{\sqrt{3}\,V\cos\theta}$

$= \dfrac{20}{\sqrt{3} \times 0.2 \times 0.8} = 72.17[A]$

전압강하 $e = \sqrt{3}\,I(R\cos\theta + X\sin\theta)$

$= \sqrt{3} \times 72.17 \times (0.02 \times 0.8 + 0 \times 0.6)$

$= 2[V]$

상 제8장 송전선로 보호방식

26 과부하전류는 물론 사고 때의 대전류를 개폐할 수 있는 것은?

① 단로기 ② 선로개폐기
③ 차단기 ④ 부하개폐기

해설

차단기는 계통의 단락, 지락사고가 일어났을 때 계통 안정을 확보하기 위하여 신속히 고장계통을 분리하는 역할을 한다.
※ 개폐기에 따른 개폐 가능 전류
ㄱ 단로기 : 무부하 충전전류 및 변압기 여자전류 개폐 가능
ㄴ 차단기 : 부하전류 및 고장전류(과부하전류 및 단락전류)의 개폐 가능
• 선로개폐기 : 부하전류의 개폐 가능
• 전력퓨즈 : 단락전류 차단가능

중 제4장 송전 특성 및 조상설비

27 조상설비라고 할 수 없는 것은?

① 분로리액터 ② 동기조상기
③ 비동기조상기 ④ 상순표시기

해설

상순표시기는 다상 회로에서 각 상의 최댓값에 이르는 순서를 표시하는 장치로 상회전 방향을 확인할 때 사용하는 장치이다.

상 제5장 고장 계산 및 안정도

28 과도안정 극한전력이란?

① 부하가 서서히 감소할 때의 극한전력
② 부하가 서서히 증가할 때의 극한전력
③ 부하가 갑자기 사고가 났을 때의 극한전력
④ 부하가 변하지 않을 때의 극한전력

해설 과도안정도

계통에 갑자기 부하가 증가하여 급격한 교란상태가 발생하더라도 정전을 일으키지 않고 송전을 계속하기 위한 전력의 최대치를 과도안정도라 한다.

상 제11장 발전

29 흡출관이 필요치 않은 수차는?

① 펠톤수차 ② 프란시스수차
③ 카플란수차 ④ 사류수차

해설

펠톤수차는 고낙차 소수량에 적합하므로 흡출관은 펠톤수차에는 필요 없다.

하 제11장 발전

30 탈기기의 설치 목적은?

① 산소의 분리 ② 급수의 건조
③ 물때의 부착방지 ④ 염류의 제거

해설

탈기기는 급수 중에 용해해서 존재하는 산소를 물리적으로 분리 · 제거하여 보일러 배관의 부식을 미연에 방지하는 장치이다.

하 제11장 발전

31 가스냉각형 원자로에 사용하는 연료 및 냉각재는?

① 농축우라늄, 헬륨
② 천연우라늄, 이산화탄소
③ 농축우라늄, 질소
④ 천연우라늄, 수소가스

정답 25 ② 26 ③ 27 ④ 28 ③ 29 ① 30 ① 31 ②

◢해설

원자로의 종류		연료	감속재	냉각재
가스냉각로(GCR)		천연우라늄	흑연	탄산가스
경수로	비등수형 (BWR)	농축우라늄	경수	경수
	가압수형 (PWR)	농축우라늄	경수	탄산가스
중수로(CANDU)		천연우라늄, 농축우라늄	중수	탄산가스
고속 증식로(FBR)		농축우라늄, 플루토늄	—	나트륨, 나트륨·칼륨합금

상 제8장 송전선로 보호방식

32 그림과 같은 특성을 갖는 계전기의 동작시간 특성은?

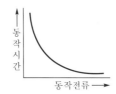

① 반한시 특성
② 정한시 특성
③ 비례한시 특성
④ 반한시 정한시 특성

◢해설 계전기의 한시 특성에 의한 분류

㉠ 순한시계전기 : 최소동작전류 이상의 전류가 흐르면 즉시 동작하는 것
㉡ 반한시계전기 : 동작전류가 커질수록 동작시간이 짧게 되는 특성을 가진 것
㉢ 정한시계전기 : 동작전류의 크기에 관계없이 일정한 시간에서 동작하는 것
㉣ 정한시 반한시계전기 : 동작전류가 적은 동안에는 반한시 특성으로 되고 그 이상에서는 정한시 특성이 되는 것
㉤ 계단식 계전기 : 한시치가 다른 계전기와 조합하여 계단적인 한시 특성을 가진 것

중 제8장 송전선로 보호방식

33 변압기 운전 중에 절연유를 추출하여 가스 분석을 한 결과 어떤 가스 성분이 증가하는 현상이 발생되었다. 이 현상이 내부 미소방전(유중 ARC분해)이라면 그 가스는?

① CH_4
② H_2
③ CO
④ CO_2

◢해설 GAS 조정에 의한 이상종류

GAS 종류	이상종류	이상현상	사고사례
수소(H_2)	• 유중 ARC 분해 • 고체절연물 ARC분해	• ARC방전 • 코로나방전	• 권선의 중간 단락 권선 용단 • TAP절환기 접점의 ARC 단락
메탄(CH_4)	절연유 과열	• 과열, 접촉 불량 • 누설전류에 의한 과열	• 체부부위 이완 및 절연 불량 • 절환기 접점의 ARC 단락
아세틸렌 (C_2H_4)	유중 ARC분해	고온 열분해 시 발생	권선의 층간단락
일산화탄소 (CO 및 CO_2)	• 고체절연물 과열 • 유중 ARC 분해 • 고체 과열	과열소손	• 절연지 손상 • 베트라트 소손

상 제10장 배전선로 계산

34 부하역률이 $\cos\theta$인 배전선로의 저항손실은 같은 크기의 부하전력에서 역률 1일 때의 저항손실에 비하여 어떻게 되는가? (단, 여기서 수전단의 전압은 일정하다.)

① $\sin\theta$
② $\cos\theta$
③ $\dfrac{1}{\sin^2\theta}$
④ $\dfrac{1}{\cos^2\theta}$

◢해설

선로에 흐르는 전류 $I = \dfrac{P}{\sqrt{3}\,V\cos\theta}$[A]

선로손실 $P_c = 3I^2 r = 3\left(\dfrac{P}{\sqrt{3}\,V\cos\theta}\right)^2 r$

$\qquad = \dfrac{P^2}{V^2\cos^2\theta} \times \dfrac{\rho l}{A} = \dfrac{\rho l P^2}{A\,V^2\cos^2\theta}$[kW]

중 제2장 전선로

35 송전선 현수애자련의 연면섬락과 관계가 가장 작은 것은?

① 철탑 접지저항
② 현수애자의 개수
③ 현수애자련의 오손
④ 가공지선

정답 32 ① 33 ② 34 ④ 35 ④

해설

㉠ 연면섬락 : 초고압 송전선로에서 애자련의 표면에 전류가 흘러 생기는 섬락
㉡ 연면섬락 방지책
  • 철탑의 접지저항을 작게 한다.
  • 현수애자 개수를 늘려 애자련을 길게 한다.

상 제4장 송전 특성 및 조상설비

36 송전선로의 송전단전압을 E_S, 수전단전압을 E_R, 송·수전단전압 사이의 위상차를 δ, 선로의 리액턴스를 X라 하면, 선로저항을 무시할 때 송전전력 P는 어떤 식으로 표시되는가?

① $P = \dfrac{E_S - E_R}{X}$

② $P = \dfrac{(E_S - E_R)^2}{X}$

③ $P = \dfrac{E_S E_R}{X} \sin\delta$

④ $P = \dfrac{E_S E_R}{X} \tan\delta$

해설

송전전력 $P = \dfrac{E_S \cdot E_R}{X} \sin\delta \, [\mathrm{MW}]$이므로 유도리액턴스 X에 반비례하므로 송전거리가 멀어질수록 감소한다.

상 제3장 선로정수 및 코로나현상

37 단도체방식과 비교하여 복도체방식의 송전선로를 설명한 것으로 옳지 않은 것은?

① 전선의 인덕턴스는 감소되고, 정전용량은 증가한다.
② 선로의 송전용량이 증가된다.
③ 계통의 안정도를 증진시킨다.
④ 전선표면의 전위경도가 저감되어 코로나 임계전압을 낮출 수 있다.

해설 복도체나 다도체를 사용할 때 장점

• 인덕턴스는 감소하고 정전용량은 증가한다.
• 같은 단면적의 단도체에 비해 전류용량 및 송전용량이 증가한다.
• 코로나 임계전압의 상승으로 코로나 현상이 방지된다.

상 제4장 송전 특성 및 조상설비

38 정전압 송전방식에서 전력원선도를 그리려면 무엇이 주어져야 하는가?

① 송·수전단전압, 선로의 일반회로정수
② 송·수전단전류, 선로의 일반회로정수
③ 조상기 용량, 수전단전압
④ 송전단전압, 수전단전류

해설 전력원선도 작성 시 필요 요소

송·수전단전압의 크기 및 위상각, 선로정수

중 제8장 송전선로 보호방식

39 여러 회선인 비접지 3상 3선식 배전선로에 방향지락계전기를 사용하여 선택지락보호를 하려고 한다. 필요한 것은?

① CT와 OCR
② CT와 PT
③ 접지변압기와 ZCT
④ 접지변압기와 ZPT

해설

방향지락계전기(DGR)는 방향성을 갖는 과전류지락계전기로 영상전압과 영상전류를 얻어 선택지락보호를 한다.

하 제8장 송전선로 보호방식

40 66[kV] 비접지 송전계통에서 영상전압을 얻기 위하여 변압비 66000/110[V]인 PT 3개를 그림과 같이 접속하였다. 66[kV] 선로측에서 1선 지락고장 시 PT 2차 개방단에 나타나는 전압[V]은?

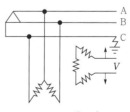

① 약 110
② 약 190
③ 약 220
④ 약 330

해설

1선 지락고장 시 PT 2차에 나타나는 전압은 영상전압이므로

$$V = 3V_g = 3 \times \frac{66000}{\sqrt{3}} \times \frac{110}{66000} = 190.52 = 190[\text{V}]$$

제3과목 전기기기

하 제6장 특수기기

41 브러시의 위치를 바꾸어서 회전방향을 바꿀 수 있는 전기기계가 아닌 것은?

① 톰슨형 반발전동기
② 3상 직권 정류자전동기
③ 시라게전동기
④ 정류자형 주파수변환기

해설

정류자형 주파수변환기는 3상 회전변류기의 전기자권선과 거의 같은 구조로서, 자극면마다 전기각 $\frac{2\pi}{3}$의 간격으로 3조의 브러시를 갖고 있는 구조로서 전원주파수 f_1에 임의의 주파수 f_2를 변환하여 $f = f_1 + f_2$ 주파수를 얻을 수 있는 기계이다.

상 제2장 동기기

42 화학공장에서 선로의 역률은 앞선 역률 0.7이었다. 이 선로에 동기조상기를 병렬로 결선해서 과여자로 하면 선로의 역률은 어떻게 되는가?

① 뒤진 역률이며 역률은 더욱 나빠진다.
② 뒤진 역률이며 역률은 더욱 좋아진다.
③ 앞선 역률이며 역률은 더욱 좋아진다.
④ 앞선 역률이며 역률은 더욱 나빠진다.

해설 동기조상기

㉠ 과여자운전 : 앞선 역률이 되며 전기자전류가 증가한다.
㉡ 부족여자운전 : 뒤진 역률이 되며 전기자전류가 증가한다.
∴ 앞선 역률에서 동기조상기로 과여자로 운전하면 앞선 전류가 더욱 증가하여 피상전류가 증가해 선로의 역률은 나빠진다.

상 제3장 변압기

43 부하에 관계없이 변압기에 흐르는 전류로서 자속만을 만드는 것은?

① 1차 전류
② 철손전류
③ 여자전류
④ 자화전류

해설

무부하시험 시 변압기 2차측을 개방하고 1차측에 정격전압 V_1을 인가할 경우 전력계에 나타나는 값은 철손이고, 전류계의 값은 무부하전류 I_o가 된다. 여기서 무부하전류 (I_o)는 철손전류(I_i)와 자화전류(I_m)의 합으로 자화전류는 자속만을 만드는 전류이다.

상 제3장 변압기

44 전기기기에 사용되는 절연물의 종류 중 H종 절연물에 해당되는 최고 허용온도는?

① 105℃
② 120℃
③ 155℃
④ 180℃

해설 절연물의 절연에 따른 허용온도의 종별 구분

Y종(90℃), A종(105℃), E종(120℃), B종(130℃), F종(150℃), H종(180℃), C종(180℃ 초과)

중 제3장 변압기

45 3상 전원에서 2상 전원을 얻기 위한 변압기의 결선방법은?

① △
② T
③ Y
④ V

해설 스코트결선(T결선)

T좌 변압기는 주좌 변압기와 용량은 같게 하고 권수비만 주좌 변압기의 1차측 탭의 86.6[%]로 선정한다.

하 제1장 직류기

46 직류분권발전기의 무부하포화곡선이 $V = \frac{940i_f}{33 + i_f}$, i_f는 계자전류[A], V는 무부하전압[V]으로 주어질 때 계자저항이 20[Ω]이면 몇 [V]의 전압이 유기되는가?

① 140[V]
② 160[V]
③ 280[V]
④ 300[V]

정답 41 ④ 42 ④ 43 ④ 44 ④ 45 ② 46 ③

해설

단자전압 $V_n = I_f \times r_f = I_f \times 20 = \dfrac{940 I_f}{33 + I_f}$ 에서

$I_f \times 20 \times (33 + I_f) = 940 I_f$ 이고, $33 + I_f = \dfrac{940}{20} = 47$

이 되므로 여자전류는 $I_f = 47 - 33 = 14[A]$ 이 된다.

따라서 무부하 단자전압 $V = I_f \cdot r_f = 14 \times 20 = 280[V]$

중 **제1장 직류기**

47 종축에 단자전압, 횡축에 정격전류의 [%]로 눈금을 적은 외부특성곡선이 겹쳐지는 두 대의 분권발전기가 있다. 용량이 각각 100[kW], 200[kW]이고 정격전압은 100[V]이다. 부하전류가 150[A]일 때 각 발전기의 분담전류는 몇 [A]인가?

① $I_1 = 50[A]$, $I_2 = 100[A]$

② $I_1 = 75[A]$, $I_2 = 75[A]$

③ $I_1 = 100[A]$, $I_2 = 50[A]$

④ $I_1 = 70[A]$, $I_2 = 80[A]$

해설

부하전류 분담은 발전기 용량에 비례하므로

$I_1 : I_2 = 100 : 200$

$100 I_2 = 200 I_1$ 에서 $I_2 = 2 I_1$

두 발전기의 부하전류의 합 $I_1 + I_2 = 150[A]$

$I_1 + 2 I_1 = 150[A]$

$I_1 = \dfrac{150}{3} = 50[A]$

I_1 이 50[A]이면 $I_2 = 2 I_1 = 2 \times 50 = 100[A]$

중 **제2장 동기기**

48 동기발전기에서 전기자권선과 계자권선이 모두 고정되고 유도자가 회전하는 것은?

① 수차발전기   ② 고주파발전기

③ 터빈발전기   ④ 엔진발전기

해설 **회전형태에 따른 구분**

㉠ 회전계자형 : 계자를 회전자로 사용하는 경우로 대부분의 동기발전기에 사용

㉡ 회전전기자형 : 전기자를 회전자로 사용하는 경우로 연구 및 소전력 발생 시에 따른 일부에서 사용

㉢ 유도자형 : 계자, 전기자 모두 고정되서 발전하는 방식으로 고주파발전기 등에 사용

상 **제1장 직류기**

49 직류분권전동기가 있다. 전 도체수 100, 단중 파권으로 자극수는 4, 자속수 3.14[Wb]이다. 여기에 부하를 걸어 전기자에 5[A]의 전류가 흐르고 있다면 이 전동기의 토크[N · m]는 약 얼마인가?

① 400   ② 450

③ 500   ④ 550

해설

토크 $T = \dfrac{PZ\phi I_a}{2\pi a} = \dfrac{4 \times 100 \times 3.14 \times 5}{2 \times 3.14 \times 2} = 500[N \cdot m]$

(병렬회로수는 파권이므로 $a = 2$)

중 **제1장 직류기**

50 자극수 4, 슬롯수 40, 슬롯 내부코일변수 4인 단중 중권 직류기의 정류자편수는?

① 80   ② 40

③ 20   ④ 1

해설

정류자편수는 코일수와 같고

총 코일수 $= \dfrac{\text{총 도체수}}{2}$ 이므로

정류자편수 $K = \dfrac{\text{슬롯수} \times \text{슬롯내 코일변수}}{2}$

$= \dfrac{40 \times 4}{2} = 80$개

상 **제1장 직류기**

51 직권전동기에서 위험속도가 되는 경우는?

① 정격전압, 무부하

② 저전압, 과여자

③ 전기자에 저저항 접속

④ 정격전압, 과부하

해설

직류전동기의 회전속도 $n \propto k \dfrac{E_c}{\phi}$

• 직권전동기 위험속도 : 정격전압, 무부하

• 분권전동기 위험속도 : 정격전압, 무여자

정답   47 ①   48 ②   49 ③   50 ①   51 ①

제2장 동기기

52 슬롯수 48의 고정자가 있다. 여기에 3상 4극의 2층권을 시행할 때 매극 매상의 슬롯수와 총 코일수는?

① 4과 48 ② 12와 48

③ 12과 24 ④ 9와 24

해설

매극 매상당 슬롯수 $q = \dfrac{총\ 슬롯수}{극수 \times 상수} = \dfrac{48}{4 \times 3} = 4$

총 코일수 $= \dfrac{총\ 도체수}{2}$

$= \dfrac{슬롯수 \times 슬롯\ 내부도체수}{2}$

$= \dfrac{48 \times 2}{2} = 48$

상 제2장 동기기

53 3상 동기발전기에 3상 전류(평형)가 흐를 때 전기자반작용은 이 전류가 기전력에 대하여 A일 때 감자작용이 되고 B일 때 증자작용이 된다. A, B에 적당한 것은?

① A : 90° 뒤질 때, B : 90° 앞설 때
② A : 90° 앞설 때, B : 90° 뒤질 때
③ A : 90° 뒤질 때, B : 90° 동상일 때
④ A : 90° 동상일 때, B : 90° 앞설 때

해설 전기자반작용

3상 부하전류(전기자전류)에 의한 회전자속이 계자자속에 영향을 미치는 현상

㉠ 교차자화작용(횡축반작용) : 전기자전류 I_a와 기전력 E가 동상인 경우(R부하인 경우)

㉡ 감자작용(직축반작용) : 전기자전류 I_a가 기전력 E보다 위상이 90° 늦은 경우(L부하인 경우)

㉢ 증자작용(직축반작용) : 전기자전류 I_a가 기전력 E보다 위상이 90° 앞선 경우(C부하인 경우)

상 제2장 동기기

54 동기발전기 2대로 병렬운전할 때 일치하지 않아도 되는 것은?

① 기전력의 크기 ② 기전력의 위상
③ 부하전류 ④ 기전력의 주파수

해설 동기발전기의 병렬운전

㉠ 기전력의 크기가 같을 것
㉡ 기전력의 위상이 같을 것
㉢ 기전력의 주파수가 같을 것
㉣ 기전력의 파형이 같을 것
㉤ 기전력의 상회전 방향이 같을 것
• 병렬운전 시 달라도 되는 조건 : 용량, 출력, 부하전류, 임피던스

상 제2장 동기기

55 교류기에서 유기기전력의 특정 고조파분을 제거하고 또 권선을 절약하기 위하여 자주 사용되는 권선법은?

① 전절권 ② 분포권
③ 집중권 ④ 단절권

해설 단절권의 특징

㉠ 전절권에 비해 유기기전력은 감소된다.
㉡ 고조파를 제거하여 기전력의 파형을 좋게 한다.
㉢ 코일 끝부분의 길이가 단축되어 기계 전체의 크기가 축소된다.
㉣ 구리의 양이 적게 든다.
㉤ 특정 차수의 고조파 제거 $K_p = \sin\dfrac{n\beta\pi}{2}$

상 제3장 변압기

56 대용량 발전기 권선의 층간 단락보호에 가장 적합한 계전방식은?

① 과부하계전기
② 접지계전기
③ 차동계전기
④ 온도계전기

해설 차동계전기

발전기, 변압기, 모선 등의 단락사고 시 검출용으로 사용된다.

하 제3장 변압기

57 변압기유의 열화방지방법 중 틀린 것은?

① 개방형 콘서베이터
② 수소봉입방식
③ 밀봉방식
④ 흡착제방식

정답 52 ① 53 ① 54 ③ 55 ④ 56 ③ 57 ②

해설

변압기유의 열화를 방지하기 위해 외부 공기와의 접촉을 차단하여야 하므로 질소가스를 봉입하여 사용한다.

※ 변압기 용량에 따른 변압기유 열화방지방법

　㉠ 1[MVA] 이하 : 호흡기(Breather) 설치

　㉡ 1[MVA] ~ 3[MVA] 이하 : 개방형 콘서베이터 + 호흡기(Breather) 설치

　㉢ 3[MVA] 이상 : 밀폐형 콘서베이터 설치

하 | **제2장 동기기**

58 터빈발전기 출력 1350[kVA], 3600[rpm], 2극, 11[kV]일 때 역률 80[%]에서 전부하 효율이 96[%]라 하면 손실전력[kW]은?

① 36.6　　② 45

③ 56.6　　④ 65

해설

입력 $P_1 = \dfrac{1350 \times 0.8}{0.96} = 1125[\text{kW}]$

출력 $P_2 = 1350 \times 0.8 = 1080[\text{kW}]$

손실전력 $P_c = P_1 - P_2 = 1125 - 1080 = 45[\text{kW}]$

상 | **제5장 정류기**

59 사이리스터에서의 래칭(latching)전류에 관한 설명으로 옳은 것은?

① 게이트를 개방한 상태에서 사이리스터 도통 상태를 유지하기 위한 최소의 순전류

② 게이트 전압을 인가한 후에 급히 제거한 상태에서 도통 상태가 유지되는 최소의 순전류

③ 사이리스터의 게이트를 개방한 상태에서 전압이 상승하면 급히 증가하게 되는 순전류

④ 사이리스터가 턴온하기 시작하는 순전류

해설 사이리스터 전류의 정의

㉠ 래칭전류 : 사이리스터를 Turn on 하는 데 필요한 최소의 Anode 전류

㉡ 유지전류 : 게이트를 개방한 상태에서도 사이리스터가 on 상태를 유지하는 데 필요한 최소의 Anode 전류

하 | **제5장 정류기**

60 트랜지스터에 비해 스위칭속도가 매우 빠른 이점이 있는 반면에 용량이 적어서 비교적 저전력용에 주로 사용되는 전력용 반도체소자는?

① SCR

② GTO

③ IGBT

④ MOSFET

해설 MOSFETC(Metal Oxide Semiconductor Field Effect transistor, 산화막 반도체 전기장효과 트랜지스터)

㉠ 스위칭주파수가 높아 고속스위칭이 가능

㉡ 저전압 대전류용으로 저전력에서 사용

제4과목　회로이론

상 | **제9장 과도현상**

61 RL 직렬회로에 E인 직류전압원을 갑자기 연결하였을 때 $t = 0$인 순간 이 회로에 흐르는 전류는 얼마인가?

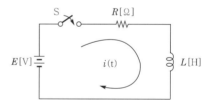

① $\dfrac{E}{R} e^{\frac{R}{L}t}$　　② $\dfrac{E}{R}\left(1 - e^{\frac{R}{L}t}\right)$

③ $\dfrac{E}{R} e^{-\frac{R}{L}t}$　　④ $\dfrac{E}{R}\left(1 - e^{-\frac{R}{L}t}\right)$

해설 RL 직렬회로의 과도전류

㉠ $t = 0$인 순간 직류전원을 인가한 경우

$i(t) = \dfrac{E}{R}\left(1 - e^{-\frac{L}{R}t}\right)[\text{A}]$

㉡ $t = 0$인 순간 직류전원을 차단한 경우

$i(t) = \dfrac{E}{R} e^{-\frac{L}{R}t}[\text{A}]$

정답 58 ② 59 ④ 60 ④ 61 ④

하 제12장 전달함수

62 입력함수를 단위임펄스함수, 즉 $\delta(t)$로 가할 때 계의 응답은?

① $C(s) = G(s)\delta(s)$

② $C(s) = \dfrac{G(s)}{\delta(s)}$

③ $C(s) = \dfrac{G(s)}{s}$

④ $C(s) = G(s)$

해설

㉠ 임펄스함수 : $\delta(t) = \dfrac{du(t)}{dt} \xrightarrow{\mathcal{L}} 1$

㉡ 임펄스응답이란. 입력함수 $R(s)$에 임펄스함수를 주었을 때의 출력 $C(s)$를 의미한다.

∴ $C(s) = R(s)G(s) = G(s)$

여기서, $G(s)$: 종합전달함수

상 제9장 과도현상

63 RLC 직렬회로에서 $L = 8 \times 10^{-3}$[H], $C = 2 \times 10^{-7}$[F]이다. 임계진동이 되기 위한 R 값은?

① 0.01[Ω]

② 100[Ω]

③ 200[Ω]

④ 400[Ω]

해설

임계진동 조건은 $R^2 = 4\dfrac{L}{C}$ 이므로

∴ $R = \sqrt{\dfrac{4L}{C}} = \sqrt{\dfrac{4 \times 8 \times 10^{-3}}{2 \times 10^{-7}}} = 400$[Ω]

상 제3장 다상 교류회로의 이해

64 부하 단자전압이 220[V]인 15[kW]의 3상 대칭부하에 3상 전력을 공급하는 선로임피던스가 $3 + j2$[Ω]일 때, 부하가 뒤진 역률 60[%]이면 선전류[A]는?

① 약 $26.2 - j19.7$

② 약 $39.36 - j52.48$

③ 약 $39.39 - j29.54$

④ 약 $19.7 - j26.4$

해설

㉠ 선전류 $I = \dfrac{P}{\sqrt{3}\,V\cos\theta}$

$= \dfrac{15 \times 10^3}{\sqrt{3} \times 220 \times 0.6} = 65.61$[A]

㉡ 뒤진 역률 60[%]에서 선전류는

$I = I(\cos\theta - j\sin\theta)$

$= 65.61(0.6 - j0.8)$

$= 39.36 - j52.48$[A]

상 제6장 회로망 해석

65 테브난의 정리와 쌍대의 관계가 있는 것은?

① 밀만의 정리

② 중첩의 원리

③ 노튼의 정리

④ 보상의 정리

해설

테브난 정리는 등가전압원의 정리이다. 쌍대관계에 있는 것은 등가전류원의 정리로서 노튼의 정리를 말한다.

상 제3장 다상 교류회로의 이해

66 전원과 부하가 $\triangle - \triangle$ 결선인 평형 3상 회로의 전원전압이 220[V], 선전류가 30[A] 이었다면 부하 1상의 임피던스[Ω]는?

① 9.7

② 10.7

③ 11.7

④ 12.7

해설

㉠ $\triangle$결선은 선간전압과 상전압이 같고. 선전류는 상전류의 $\sqrt{3}$ 배이다.

㉡ 상전류 $I_p = \dfrac{I_\ell}{\sqrt{3}} = \dfrac{30}{\sqrt{3}} = 17.32$[A]

∴ 한 상의 임피던스 $Z = \dfrac{V_p}{I_p} = \dfrac{220}{17.32} = 12.7$[Ω]

하 제4장 비정현파 교류회로의 이해

67 직류파 $f(0)$의 푸리에급수의 전개에서 옳게 표현된 것은?

① 우함수만 존재한다.

② 기함수만 존재한다.

③ 우함수, 기함수 모두 존재한다.

④ 우함수, 기함수 모두 존재하지 않는다.

해설 우함수(짝수 함수)와 기함수(홀수 함수)

우(偶, 짝수) 함수	기(奇, 홀수) 함수
$y = x^2,\ x^4,\ x^6 \cdots$	$y = x^1,\ x^3,\ x^5 \cdots$
![y축 대칭 그래프]	![원점 대칭 그래프]
$f(t) = f(-t)$ y축 대칭	$f(t) = -f(-)$ 원점 대칭

∴ 직류분의 경우에는 우함수가 된다.

상 제5장 대칭좌표법

68 3상 불평형 전압에서 역상전압이 25[V]이고, 정상전압이 100[V], 영상전압이 10[V]라 할 때 전압의 불평형률은?

① 0.25 ② 0.4

③ 4 ④ 10

해설

불평형률 (V_1 : 정상분, V_2 : 역상분)

$$\%U = \frac{V_2}{V_1} \times 100 = \frac{25}{100} \times 100 = 25[\%]$$

상 제4장 비정현파 교류회로의 이해

69 어떤 회로에 흐르는 전류가 아래와 같은 경우 실횻값[A]은?

$$i(t) = 30\sin\omega t + 40\sin(3\omega t + 45°)\,[\text{A}]$$

① 25 ② $25\sqrt{2}$

③ $35\sqrt{2}$ ④ 50

해설

$$|I| = \sqrt{|I_1|^2 + |I_3|^3}$$
$$= \sqrt{\left(\frac{30}{\sqrt{2}}\right)^2 + \left(\frac{40}{\sqrt{2}}\right)^2}$$
$$= \sqrt{\frac{1}{2}(30^2 + 40^2)}$$
$$= \frac{50}{\sqrt{2}} = \frac{50}{\sqrt{2}} \times \frac{\sqrt{2}}{\sqrt{2}} = 25\sqrt{2}\,[\text{A}]$$

하 제3장 다상 교류회로의 이해

70 그림의 성형 불평형 회로에 각 상전압이 E_a, E_b, E_c이고, 부하는 Z_a, Z_b, Z_c이라 면, 중성선 간의 전위는 어떻게 되는가?

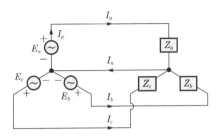

① $V_n = \dfrac{E_a + E_b + E_c}{Z_a + Z_b + Z_c}$

② $V_n = \dfrac{E_a + E_b + E_c}{Z_a + Z_b + Z_c + Z_n}$

③ $V_n = \dfrac{\dfrac{E_a}{Z_a} + \dfrac{E_b}{Z_b} + \dfrac{E_c}{Z_c}}{\dfrac{1}{Z_a} + \dfrac{1}{Z_b} + \dfrac{1}{Z_c} + \dfrac{1}{Z_n}}$

④ $V_n = \dfrac{\dfrac{E_a}{Z_a} + \dfrac{E_b}{Z_b} + \dfrac{E_c}{Z_c}}{\dfrac{1}{Z_a} + \dfrac{1}{Z_b} + \dfrac{1}{Z_c}}$

해설

밀만의 정리를 이용하여 풀이하면 된다.

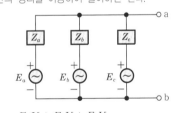

$$V_n = \frac{E_a Y_a + E_b Y_b + E_c Y_c}{Y_a + Y_b + Y_c}$$
$$= \frac{\dfrac{E_a}{Z_a} + \dfrac{E_b}{Z_b} + \dfrac{E_c}{Z_c}}{\dfrac{1}{Z_a} + \dfrac{1}{Z_b} + \dfrac{1}{Z_c}}\,[\text{V}]$$

정답 68 ① 69 ② 70 ④

상 제2장 단상 교류회로의 이해

71 정현파교류의 실횻값을 구하는 식이 잘못된 것은?

① 실횻값 $= \sqrt{\dfrac{1}{T}\displaystyle\int_0^T i^2 dt}$

② 실횻값 $=$ 파고율 $\times$ 평균값

③ 실횻값 $= \dfrac{\text{최댓값}}{\sqrt{2}}$

④ 실횻값 $= \dfrac{\pi}{2\sqrt{2}} \times$ 평균값

해설

파고율 $= \dfrac{\text{최댓값}}{\text{실횻값}}$ 이므로 실횻값 $= \dfrac{\text{최댓값}}{\text{파고율}}$ 이 된다.

상 제2장 단상 교류회로의 이해

72 소비전력이 800[kW], 역률 0.8인 경우 부하율 50[%]에서 $\dfrac{1}{2}$ 시간 사용할 때 소비전력량[kWh]은?

① 200   ② 400

③ 800   ④ 1600

해설

$W = Pt = 800 \times 0.5 \times \dfrac{1}{2} = 200[\text{kWh}]$

상 제5장 대칭좌표법

73 3상 회로에 있어서 대칭분전압이 $\dot{V}_0 = -8 + j3$[V], $\dot{V}_1 = 6 - j8$[V], $\dot{V}_2 = 8 + j12$[V]일 때 a상의 전압은?

① $6 + j7$[V]

② $-32.3 + j2.73$[V]

③ $2.3 + j0.73$[V]

④ $2.3 - j0.73$[V]

해설

a상 전압은 다음과 같다.
$\begin{aligned} V_a &= V_0 + V_1 + V_2 \\ &= (-8 + j3) + (6 - j8) + (8 + j12) \\ &= 6 + j7[\text{V}] \end{aligned}$

중 제2장 단상 교류회로의 이해

74 2개의 교류전압이 다음과 같을 경우 두 파형의 위상차를 시간으로 표시하면 몇 초인가?

$$e_1 = 100 \cos\left(100\pi t - \dfrac{\pi}{3}\right)[\text{V}]$$
$$e_2 = 20 \sin\left(100\pi t + \dfrac{\pi}{4}\right)[\text{V}]$$

① $\dfrac{1}{600}$ ② $\dfrac{1}{1200}$

③ $\dfrac{1}{2400}$ ④ $\dfrac{1}{3600}$

해설

㉠ $\cos \omega t = \sin(\omega t + 90°)$이므로

$\begin{aligned} e_1 &= 100 \cos\left(100\pi t - \dfrac{\pi}{3}\right) \\ &= 100 \sin(100\pi t - 60 + 90) \\ &= 100 \sin(100\pi t + 30°) \end{aligned}$

㉡ $\begin{aligned} e_2 &= 20 \sin\left(100\pi t + \dfrac{\pi}{4}\right) \\ &= 20 \sin(100\pi t + 45°) \end{aligned}$

㉢ e_1 과 e_2 의 위상차 : $\theta = 15° = \dfrac{\pi}{12}$[rad]

㉣ $\theta = \omega t = 2\pi f t$에서

$t = \dfrac{\theta}{2\pi f} = \dfrac{\dfrac{\pi}{12}}{100\pi} = \dfrac{1}{1200}[\text{sec}]$

중 제7장 4단자망 회로해석

75 다음과 같은 4단자망에서 영상임피던스는 몇 [Ω]인가?

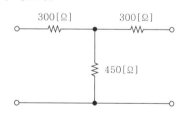

① 600

② 450

③ 300

④ 200

해설

㉠ 4단자 정수 $B = \dfrac{Z_1 Z_2 + Z_2 Z_3 + Z_3 Z_1}{Z_3}$

㉡ 4단자 정수 $C = \dfrac{1}{Z_3}$

㉢ 영상임피던스(대칭조건 : $A = D$)

$$Z_{01} = Z_{02} = \sqrt{\dfrac{B}{C}} = \sqrt{Z_1 Z_2 + Z_2 Z_3 + Z_3 Z_1}$$
$$= \sqrt{300 \times 300 + 300 \times 450 + 450 \times 300}$$
$$= 600 [\Omega]$$

상 제3장 다상 교류회로의 이해

76 성형결선의 부하가 있다. 선간전압 300[V]의 3상 교류를 인가했을 때 선전류가 40[A]이고 역률이 0.8이라면 리액턴스는 약 몇 [Ω]인가?

① 2.6 ② 4.3
③ 16.6 ④ 35.6

해설

㉠ 무효율 : $\sin\theta = \sqrt{1 - \cos^2\theta}$
$\qquad\qquad\quad = \sqrt{1 - 0.8^2} = 0.6$

㉡ 무효전력 $P_r = \sqrt{3}\,VI\sin\theta = 3I^2 X$에서

$$X = \dfrac{\sqrt{3}\,VI\sin\theta}{3I^2} = \dfrac{\sqrt{3}\,V\sin\theta}{3I}$$
$$= \dfrac{\sqrt{3} \times 300 \times 0.6}{3 \times 40} = 2.598[\Omega]$$

상 제7장 4단자망 회로해석

77 다음과 같은 T형 회로의 임피던스 파라미터 Z_{22}의 값은?

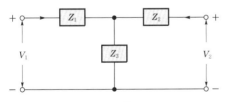

① $Z_1 + Z_2$ ② $Z_2 + Z_3$
③ $Z_1 + Z_3$ ④ $-Z_2$

해설 T형 회로의 임피던스 파라미터

㉠ $Z_{11} = \left.\dfrac{V_1}{I_1}\right|_{I_2=0} = \dfrac{I_1(Z_1 + Z_3)}{I_1} = Z_1 + Z_3$

㉡ $Z_{12} = \left.\dfrac{V_1}{I_2}\right|_{I_1=0} = \dfrac{I_2 Z_3}{I_2} = Z_3$

㉢ $Z_{21} = \left.\dfrac{V_2}{I_1}\right|_{I_2=0} = \dfrac{I_1 Z_3}{I_1} = Z_3$

㉣ $Z_{22} = \left.\dfrac{V_1}{I_2}\right|_{I_1=0} = \dfrac{I_2(Z_2 + Z_3)}{I_2} = Z_2 + Z_3$

상 제9장 과도현상

78 RC 직렬회로의 과도현상에 대하여 옳게 설명된 것은 어느 것인가?

① RC값이 클수록 과도전류값은 천천히 사라진다.
② RC값이 클수록 과도전류값은 빨리 사라진다.
③ 과도전류는 RC값에 관계가 있다.
④ $\dfrac{1}{RC}$ 의 값이 클수록 과도전류값은 천천히 사라진다.

해설

시정수가 클수록 과도시간은 길어지므로 충전전류(과도전류)는 천천히 사라진다.

중 제1장 직류회로의 이해

79 자동차 축전지의 무부하전압을 측정하니 13.5[V]를 지시하였다. 이때 정격이 12[V], 55[W]인 자동차 전구를 연결하여 축전지의 단자전압을 측정하니 12[V]를 지시하였다. 축전지의 내부저항은 약 몇 [Ω]인가?

① 0.33 ② 0.45
③ 2.62 ④ 3.31

해설

축전지 회로를 나타내면 다음과 같다.

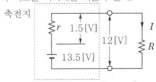

㉠ 자동차 전구저항 : $R = \dfrac{V^2}{P} = \dfrac{12^2}{55} = 2.62[\Omega]$

㉡ 축전지 내부전압강하 : $e = 13.5 - 12 = 1.5[V]$

㉢ 회로에 흐르는 전류는 $I = \dfrac{12}{2.62} = \dfrac{1.5}{r}$이므로

축전지의 내부저항 : $r = 1.5 \times \dfrac{2.62}{12} = 0.33[\Omega]$

정답 76 ① 77 ② 78 ① 79 ①

중 제10장 라플라스 변환

80 $I(s) = \dfrac{2(s+1)}{s^2 + 2s + 5}$ 일 때 $I(s)$ 의 초기 값 $i(0^+)$ 가 바르게 구해진 것은?

① 2/5　　　② 1/5
③ 2　　　④ −2

해설 초기값의 정리

$$\lim_{t \to 0} i(t) = \lim_{s \to \infty} s\,I(s) = \lim_{s \to \infty} \frac{2s^2 + 2s}{s^2 + 2s + 5}$$

$$= \lim_{s \to \infty} \frac{2 + \dfrac{2}{s}}{1 + \dfrac{2}{s} + \dfrac{5}{s^2}} = 2$$

제5과목　전기설비기술기준

상 제1장 공통사항

81 피뢰레벨을 선정하는 과정에서 위험물의 제조소·저장소 및 처리장의 피뢰시스템은 몇 등급 이상으로 해야하는가?

① Ⅰ등급 이상
② Ⅱ등급 이상
③ Ⅲ등급 이상
④ Ⅳ등급 이상

해설 피뢰시스템 등급선정(KEC 151.3)

위험물의 제조소 등에 설치하는 피뢰시스템은 Ⅱ등급 이상으로 하여야 한다.

하 제6장 분산형전원설비

82 전기저장장치의 이차전지에서 자동으로 전로로부터 차단하는 장치를 시설해야 하는 경우가 아닌 것은?

① 과전압 또는 과전류가 발생한 경우
② 제어장치에 이상이 발생한 경우
③ 전압 및 전류가 낮아지는 경우
④ 이차전지 모듈의 내부 온도가 급격히 상승할 경우

해설 제어 및 보호장치(KEC 512.2.2)

전기저장장치의 이차전지는 다음에 따라 자동으로 전로로부터 차단하는 장치를 시설하여야 한다.
㉠ 과전압 또는 과전류가 발생한 경우
㉡ 제어장치에 이상이 발생한 경우
㉢ 이차전지 모듈의 내부 온도가 급격히 상승할 경우

하 제3장 전선로

83 35[kV] 이하의 특고압 가공전선이 건조물과 제1차 접근상태로 시설되는 경우의 이격거리는 일반적인 경우 몇 [m] 이상이어야 하는가?

① 3　　　② 3.5
③ 4　　　④ 4.5

해설 특고압 가공전선과 건조물의 접근(KEC 333.23)

특고압 가공전선이 건조물과 제1차 접근상태로 시설되는 경우에는 다음에 따라 시설할 것
㉠ 특고압 가공전선로는 제3종 특고압 보안공사에 의할 것
㉡ 35[kV] 이하인 특고압 가공전선과 건조물의 조영재 이격거리는 다음의 이상일 것

건조물과 조영재의 구분	전선종류	접근형태	이격거리
상부 조영재	특고압 절연전선	위쪽	2.5[m]
		옆쪽 또는 아래쪽	1.5[m](사람의 접촉 우려가 적을 경우 1[m])
	케이블	위쪽	1.2[m]
		옆쪽 또는 아래쪽	0.5[m]
	기타 전선		3[m]
기타 조영재	특고압 절연전선		1.5[m](사람의 접촉 우려가 적을 경우 1[m])
	케이블		0.5[m]
	기타 전선		3[m]

※ 35[kV]를 초과하는 경우 10[kV] 단수마다 15[cm] 가산할 것

중 제5장 전기철도

84 전기철도차량에 사용할 전기를 변전소로부터 전차선에 공급하는 전선은 어느 것인가?

① 급전선　　　② 중성선
③ 분기선　　　④ 배전선

해설 전기철도의 용어 정의(KEC 402)

급전선은 전기철도차량에 사용할 전기를 변전소로부터 전차선에 공급하는 전선을 말한다.

상 제3장 전선로

85 154[kV] 가공전선로를 제1종 특고압 보안공사에 의하여 시설하는 경우 사용전선은 인장강도 58.84[kN] 이상의 연선 또는 단면적 몇 [mm²] 이상의 경동연선이어야 하는가?

① 100
② 125
③ 150
④ 200

해설 특고압 보안공사(KEC 333.22)

제1종 특고압 보안공사는 다음에 따라 시설함
㉠ 100[kV] 미만 : 인장강도 21.67[kN] 이상, 55[mm²] 이상의 경동연선.
㉡ 100[kV] 이상 300[kV] 미만 : 인장강도 58.84[kN] 이상, 150[mm²] 이상의 경동연선
㉢ 300[kV] 이상 : 인장강도 77.47[kN] 이상, 200[mm²] 이상의 경동연선

상 제1장 공통사항

86 중앙급전 전원과 구분되는 것으로서 전력소비지역 부근에 분산하여 배치 가능한 전원을 말하며 사용전원의 정전 시에만 사용하는 비상용 예비전원은 제외하고 신·재생에너지 발전설비, 전기저장장치 등을 포함하는 설비를 무엇이라 하는가?

① 급전소
② 발전소
③ 분산형전원
④ 개폐소

해설 용어 정의(KEC 112)

㉠ 급전소 : 전력계통의 운용에 관한 지시 및 급전조작을 하는 곳을 말한다.
㉡ 발전소 : 발전기·원동기·연료전지·태양전지·해양에너지발전설비·전기저장장치 그 밖의 기계기구를 시설하여 전기를 생산하는 곳을 말한다.
㉢ 개폐소 : 개폐기 및 기타 장치에 의하여 전로를 개폐하는 곳으로서 발전소·변전소 및 수용장소 이외의 곳을 말한다.

중 제3장 전선로

87 저압 연접인입선은 인입선에서 분기하는 점으로부터 몇 [m]를 초과하는 지역에 미치지 않도록 시설하여야 하는가?

① 60
② 80
③ 100
④ 120

해설 연접인입선의 시설(KEC 221.1.2)

저압 연접(이웃 연결)인입선은 다음에 따라 시설하여야 한다.
㉠ 인입선에서 분기하는 점으로부터 100[m]를 초과하는 지역에 미치지 아니할 것
㉡ 폭 5[m]를 초과하는 도로를 횡단하지 아니할 것
㉢ 옥내를 통과하지 아니할 것

상 제2장 저압설비 및 고압·특고압설비

88 금속관공사를 콘크리트에 매설하여 시행하는 경우 관의 두께는 몇 [mm] 이상이어야 하는가?

① 1.0
② 1.2
③ 1.4
④ 1.6

해설 금속관공사(KEC 232.12)

㉠ 전선은 절연전선을 사용(옥외용 비닐절연전선은 사용불가)
㉡ 전선은 연선일 것. 다만, 다음의 것은 적용하지 않음
　• 짧고 가는 금속관에 넣은 것
　• 단면적 10[mm²](알루미늄선은 단면적 16[mm²]) 이하의 것
㉢ 전선은 금속관 안에서 접속점이 없도록 할 것
㉣ 관 두께는 콘크리트에 매입하는 것은 1.2[mm] 이상, 기타 경우 1[mm] 이상으로 할 것

상 제1장 공통사항

89 저압전로의 절연성능에서 SELV, PELV 전로에서 절연저항은 얼마 이상이어야 하는가?

① 0.1[MΩ]
② 0.3[MΩ]
③ 0.5[MΩ]
④ 1.0[MΩ]

해설 저압전로의 절연성능(기술기준 제52조)

전로의 사용전압[V]	DC시험전압[V]	절연저항[MΩ]
SELV 및 PELV	250	0.5
FELV, 500[V] 이하	500	1.0
500[V] 초과	1,000	1.0

정답 85 ③ 86 ③ 87 ③ 88 ② 89 ③

중 제4장 발전소, 변전소, 개폐소 및 기계기구 시설보호

90 스러스트 베어링의 온도가 현저히 상승하는 경우 자동적으로 이를 전로로부터 차단하는 장치를 시설하여야 하는 수차발전기의 용량은 최소 몇 [kVA] 이상인 것인가?

① 500　　　　② 1000
③ 1500　　　　④ 2000

[해설] 발전기 등의 보호장치(KEC 351.3)

발전기의 운전 중에 용량이 2000[kVA] 이상의 수차발전기는 스러스트 베어링의 온도가 현저하게 상승하는 경우 자동차단장치를 동작시켜 발전기를 보호하여야 한다.

상 제2장 저압설비 및 고압·특고압설비

91 건조한 장소로서 전개된 장소에 고압 옥내배선을 할 수 있는 것은?

① 애자사용공사
② 합성수지관공사
③ 금속관공사
④ 가요전선관공사

[해설] 고압 옥내배선 등의 시설(KEC 342.1)

고압 옥내배선은 다음에 의하여 시설한다.
㉠ 애자사용배선(건조한 장소로서 전개된 장소에 한한다)
㉡ 케이블배선
㉢ 케이블트레이배선

하 제4장 발전소, 변전소, 개폐소 및 기계기구 시설보호

92 통신선과 특고압 가공전선 사이의 이격거리는 몇 [m] 이상이어야 하는가? (단, 특고압 가공전선로의 다중 접지를 한 중성선은 제외한다.)

① 0.8　　　　② 1
③ 1.2　　　　④ 1.4

[해설] 전력보안통신선의 시설 높이와 이격거리 (KEC 362.2)

통신선과 특고압 가공전선 사이의 이격거리는 1.2[m] 이상일 것. 다만, 특고압 가공전선이 케이블인 경우에 통신선이 절연전선과 동등 이상의 절연성능이 있는 것인 경우에는 0.3[m] 이상으로 할 수 있다.

하 제3장 전선로

93 터널 안 전선로의 시설방법으로 옳은 것은?

① 저압 전선은 지름 2.6[mm]의 경동선의 절연전선을 사용하였다.
② 고압 전선은 절연전선을 사용하여 합성수지관공사로 하였다.
③ 저압 전선을 애자사용공사에 의하여 시설하고 이를 레일면상 또는 노면상 2.2[m]의 높이로 시설하였다.
④ 고압 전선을 금속관공사에 의하여 시설하고 이를 레일면상 또는 노면상 2.4[m]의 높이로 시설하였다.

[해설] 터널 안 전선로의 시설(KEC 335.1)

구분	전선의 굵기	레일면 또는 노면상 높이	사용공사의 종류
저압	2.6[mm] 이상 (인장강도 2.30[kN])	2.5[m] 이상	케이블·금속관·합성수지관·금속제 가요전선관·애자사용공사
고압	4.0[mm] 이상 (인장강도 5.26[kN])	3[m] 이상	케이블공사·애자사용공사

상 제3장 전선로

94 154[kV] 특고압 가공전선로를 시가지에 경동연선으로 시설할 경우 단면적은 몇 [mm²] 이상을 사용하여야 하는가?

① 100
② 150
③ 200
④ 250

[해설] 시가지 등에서 특고압 가공전선로의 시설 (KEC 333.1)

특고압 가공전선 시가지 시설제한의 전선 굵기는 다음과 같다.
㉠ 100[kV] 미만은 55[mm²] 이상의 경동연선 또는 알루미늄이나 절연전선
㉡ 100[kV] 이상은 150[mm²] 이상의 경동연선 또는 알루미늄이나 절연전선

정답 90 ④　91 ①　92 ③　93 ①　94 ②

상 | 제2장 저압설비 및 고압 · 특고압설비

95 전자개폐기의 조작회로 또는 초인벨, 경보벨용에 접속하는 전로로서, 최대사용전압이 몇 [V] 이하인 것을 소세력회로라 하는가?

① 60
② 80
③ 100
④ 150

해설 소세력회로(KEC 241.14)

전자개폐기의 조작회로 또는 초인벨 · 경보벨 등에 접속하는 전로로서 최대사용전압이 60[V] 이하이다.

상 | 제2장 저압설비 및 고압 · 특고압설비

96 케이블트레이공사에 사용되는 케이블트레이는 수용된 모든 전선을 지지할 수 있는 적합한 강도의 것으로서, 이 경우 케이블트레이의 안전율은 얼마 이상으로 하여야 하는가?

① 1.1
② 1.2
③ 1.3
④ 1.5

해설 케이블트레이공사(KEC 232.41)

수용된 모든 전선을 지지할 수 있는 적합한 강도의 것이어야 한다. 이 경우 케이블트레이의 안전율은 1.5 이상으로 하여야 한다.

중 | 제2장 저압설비 및 고압 · 특고압설비

97 의료장소의 전로에는 누전차단기를 설치하여야 하는데 이를 생략할 수 있는 조명기구의 설치 높이는 얼마인가?

① 0.5[m] 초과
② 1.0[m] 초과
③ 1.5[m] 초과
④ 2.5[m] 초과

해설 의료장소의 안전을 위한 보호설비(KEC 242.10.3)

의료장소의 전로에는 정격감도전류 30[mA] 이하, 동작시간 0.03초 이내의 누전차단기를 설치할 것. 다만, 다음의 경우는 그러하지 아니하다.
㉠ 의료 IT 계통의 전로
㉡ TT 계통 또는 TN 계통에서 전원자동차단에 의한 보호가 의료행위에 중대한 지장을 초래할 우려가 있는 회로에 누전경보기를 시설하는 경우
㉢ 의료장소의 바닥으로부터 2.5[m]를 초과하는 높이에 설치된 조명기구의 전원회로
㉣ 건조한 장소에 설치하는 의료용 전기기기의 전원회로

중 | 제6장 분산형전원설비

98 태양전지 모듈의 시설에 대한 설명으로 옳은 것은?

① 충전부분은 노출하여 시설할 것
② 출력배선은 극성별로 확인 가능하도록 표시할 것
③ 전선은 공칭단면적 1.5[mm²] 이상의 연동선을 사용할 것
④ 전선을 옥내에 시설할 경우에는 애자사용공사에 준하여 시설할 것

해설 태양광발전설비(KEC 520)

㉠ 태양전지 모듈, 전선, 개폐기 및 기타 기구는 충전부분이 노출되지 않도록 시설할 것
㉡ 모듈의 출력배선은 극성별로 확인할 수 있도록 표시할 것
㉢ 전선은 공칭단면적 2.5[mm²] 이상의 연동선 또는 이와 동등 이상의 세기 및 굵기의 것일 것
㉣ 배선설비공사는 옥내에 시설할 경우에는 합성수지관공사, 금속관공사, 금속제 가요전선관공사, 케이블공사에 준하여 시설할 것

상 | 제2장 저압설비 및 고압 · 특고압설비

99 버스덕트공사에 대한 설명 중 옳은 것은?

① 버스덕트 끝부분을 개방할 것
② 덕트를 수직으로 붙이는 경우 지지점 간 거리는 12[m] 이하로 할 것
③ 덕트를 조영재에 붙이는 경우 덕트의 지지점 간 거리는 6[m] 이하로 할 것
④ 덕트는 접지공사를 할 것

해설 버스덕트공사(KEC 232.61)

㉠ 덕트 및 전선 상호 간은 견고하고 또한 전기적으로 완전하게 접속할 것
㉡ 덕트의 지지점 간의 거리를 3[m] 이하로 할 것(취급자 이외의 자가 출입할 수 없는 곳에서 수직으로 시설할 경우 6[m] 이하)
㉢ 덕트의 끝부분은 막을 것(환기형의 것을 제외)
㉣ 덕트의 내부에 먼지가 침입하지 아니하도록 할 것(환기형의 것은 제외)
㉤ 덕트는 접지공사를 할 것
㉥ 습기 또는 물기가 있는 장소에 시설하는 경우 옥외용 버스덕트를 사용하고 버스덕트 내부에 물이 침입하여 고이지 아니하도록 할 것

정답 95 ① 96 ④ 97 ④ 98 ② 99 ④

제3장 전선로

100 지지물이 A종 철근콘크리트주일 때 고압 가공전선로의 경간은 몇 [m] 이하인가?

① 150 ② 200

③ 250 ④ 300

해설 고압 가공전선로 경간의 제한(KEC 332.9)

고압 가공전선로의 경간은 다음에서 정한 값 이하이어야 한다.

지지물의 종류	표준경간
목주 · A종 철주 또는 A종 철근콘크리트주	150[m]
B종 철주 또는 B종 철근콘크리트주	250[m]
철탑	600[m]

정답 100 ①

제1과목 전기자기학

01 자유공간 중에서 점 P(2, −4, 5)가 도체 면상에 있으며, 이 점에서 전계 $E = 3a_x - 6a_y + 2a_z$[V/m]이다. 도체면에 법선성분 E_n 및 접선성분 E_t의 크기는 몇 [V/m]인가?

① $E_n = 3$, $E_t = -6$
② $E_n = 7$, $E_t = 0$
③ $E_n = 2$, $E_t = 3$
④ $E_n = -6$, $E_t = 0$

해설

전계는 도체표면에 대해서 수직 출입하므로 전계의 접선(수평)성분은 0이다. 즉, $E_t = 0$
∴ 전계의 법성(수직)성분의 크기는
$$|E| = E_n = \sqrt{3^2 + (-6)^2 + 2^2} = 7[\text{V/m}]$$

02 공기 중에 1변 40[cm]의 정방형 전극을 가진 평행판 콘덴서가 있다. 극판의 간격을 4[mm]로 하고 극판 간에 100[V]의 전위차를 주면 축적되는 전하는 몇 [C]이 되는가?

① 3.54×10^{-9}
② 3.54×10^{-8}
③ 6.56×10^{-9}
④ 6.56×10^{-8}

해설

㉠ 평행판 콘덴서의 정전용량
$$C = \frac{\varepsilon_0 S}{d} = \frac{8.855 \times 10^{-12} \times 0.4 \times 0.4}{0.004}$$
$$= 3.542 \times 10^{-10} [\text{F}]$$
㉡ 콘덴서에 축적되는 전하량(전기량)
$$Q = CV = 3.542 \times 10^{-10} \times 100$$
$$= 3.542 \times 10^{-8}[\text{C}]$$

03 어떤 종류의 결정을 가열하면 한 면에 정(正), 반대면에 부(負)의 전기가 나타나 분극을 일으키며 반대로 냉각하면 역(逆)의 분극이 일어나는 것은?

① 파이로(Pyro)전기
② 볼타(Volta)효과
③ 바크하우젠(Barkhausen)효과
④ 압전기(Piezo−electric)의 역효과

해설

㉠ 파이로전기효과(초전효과) : 유전체를 가열 또는 냉각을 시키면 전기분극이 발생하는 효과
㉡ 압전기효과 : 유전체에 압력 또는 인장력을 가하면 전기분극이 발생하는 효과
㉢ 압전기역효과 : 유전체에 전압을 주면 유전체가 변형을 일으키는 현상

04 두 자성체의 경계면에서 정자계가 만족하는 것은?

① 양측 경계면상의 두 점 간의 자위차가 같다.
② 자속은 투자율이 적은 자성체에 모인다.
③ 자계의 법선성분은 서로 같다.
④ 자속밀도의 접선성분이 같다.

해설

㉠ 자속밀도는 법선성분이 같다. ($B_1\cos\theta_1 = B_2\cos\theta_2$)
㉡ 자계의 접선성분은 같다. ($H_1\sin\theta_1 = H_2\sin\theta_2$)
㉢ 자기력선 또는 자속선은 투자율이 큰 곳으로 더 크게 굴절한다. $\left(\dfrac{\tan\theta_1}{\tan\theta_2} = \dfrac{\mu_1}{\mu_2} \right)$
㉣ 양측 경계면상의 두 점 간의 자위차는 같다.
㉤ 자속밀도는 투자율이 큰 곳으로 자계는 투자율이 작은 곳으로 모인다.

상 **제2장 진공 중의 정전계**

05 전위가 V_A 인 A 점에서 Q[C]의 전하를 전계와 반대방향으로 l[m] 이동시킨 점 P의 전위 [V]는? (단, 전계 E는 일정하다고 가정한다.)

① $V_P = V_A - El$　　② $V_P = V_A + El$

③ $V_P = V_A - EQ$　　④ $V_P = V_A + EQ$

해설

전계는 전위가 높은 점에서 낮은 점으로 향하므로 P점의 전위는 A점의 전위 V_A에 l만큼 이동한 지점의 전위차($V = Eel$)만큼 증가하게 된다.

∴ P점의 전위 : $V_P = V_A + El$[V]

상 **제10장 전자유도법칙**

06 전자유도에 의해서 회로에 발생하는 기전력은 자속쇄교수의 시간에 대한 감소비율에 비례한다는 ㉠ 법칙에 따르고 특히, 유도된 기전력의 방향은 ㉡ 법칙에 따른다. ㉠, ㉡에 알맞은 것은?

① ㉠ 패러데이　　㉡ 플레밍의 왼손

② ㉠ 패러데이　　㉡ 렌츠

③ ㉠ 렌츠　　㉡ 패러데이

④ ㉠ 플레밍의 왼손 ㉡ 패러데이

해설

패러데이는 자속이 시간적으로 변화하면 기전력이 발생한다는 성질을, 렌츠는 기전력의 방향은 자속의 증감을 방해하는 방향으로 발생한다는 것을 설명하였다.

하 **제3장 정전용량**

07 평행판 콘덴서에서 전극 간에 V[V]의 전위차를 가할 때 전계의 세기가 E[V/m] (공기의 절연내력)를 넘지 않도록 하기 위한 콘덴서의 단위면적당의 최대용량은 몇 [F/m²]인가?

① $\dfrac{\varepsilon_0 V}{E}$　　② $\dfrac{\varepsilon_0 E}{V}$

③ $\dfrac{\varepsilon_0 V^2}{E}$　　④ $\dfrac{\varepsilon_0 E^2}{V}$

해설

㉠ 평행판 콘덴서의 정전용량 : $C = \dfrac{\varepsilon_0 S}{d}$

㉡ 전계와 전위차의 관계 : $V = dE$[V]

　　→ 극판 간격 : $d = \dfrac{V}{E}$[m]

∴ 단위면적당 정전용량

$C' = \dfrac{C}{S} = \dfrac{\varepsilon_0}{d} = \dfrac{\varepsilon_0 E}{V}$ [F/m²]

상 **제12장 전자계**

08 자유공간 내의 고유임피던스는?

① $\mu_0 \varepsilon_0$　　② $\sqrt{\mu_0 \varepsilon_0}$

③ $\dfrac{\mu_0}{\varepsilon_0}$　　④ $\sqrt{\dfrac{\mu_0}{\varepsilon_0}}$

해설

㉠ 쿨롱상수 : $\dfrac{1}{4\pi\varepsilon_0} = 9 \times 10^9$

㉡ 진공의 유전율 : $\varepsilon_0 = \dfrac{1}{36\pi \times 10^9}$[F/m]

㉢ 진공의 투자율 : $\mu_0 = 4\pi \times 10^{-7}$[H/m]

∴ 자유공간 내의 고유임피던스

$Z_0 = \dfrac{E}{H} = \sqrt{\dfrac{\mu_0}{\varepsilon_0}}$

$= \sqrt{\dfrac{4\pi \times 10^{-7}}{\dfrac{1}{36\pi \times 10^9}}} = 120\pi = 377[\Omega]$

상 **제6장 전류**

09 펠티에효과에 관한 공식 또는 설명으로 틀린 것은? (단, H는 열량, P는 펠티에계수, I는 전류, t는 시간이다.)

① $H = P \displaystyle\int_0^t I \, dt$ [cal]

② 펠티에효과는 제베크효과와 반대의 효과이다.

③ 반도체와 금속을 결합시켜 전자냉동 등에 응용된다.

④ 펠티에효과란 동일한 금속이라도 그 도체 중의 2점 간에 온도차가 있으면 전류를 흘림으로써 열의 발생 또는 흡수가 생긴다는 것이다.

정답　05 ②　06 ②　07 ②　08 ④　09 ④

해설 펠티에효과

㉠ 서로 다른 두 종류의 금속을 접속하여 전류를 흘리면 줄열 이외의 열의 발생 또는 흡수가 발생한다.
㉡ 제베크효과의 반대되는 개념이다.
㉢ 펠티에소자를 이용하여 전자냉동 등에 응용된다.
④의 내용은 톰슨효과에 대한 설명이다.

상　**제9장 자성체와 자기회로**

10 그림과 같은 직각좌표계에서 z 축에 놓여진 직선도체에 $+z$ 방향으로 직류전류가 흐르면 $y > 0$인 임의의 점에서의 자계의 방향은?

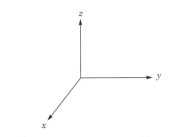

① $\overrightarrow{a_y}$ 방향　　② $-\overrightarrow{a_y}$ 방향
③ $\overrightarrow{a_x}$ 방향　　④ $-\overrightarrow{a_x}$ 방향

해설

자계의 방향은 앙페르의 오른나사법칙에 따라 아래와 같이 나타낼 수 있다.

따라서 $+y$상에서 받아지는 자계의 세기의 방향은 $-x$축에 해당된다. 즉, $-\overrightarrow{a_x}$ 방향이 된다.

상　**제3장 정전용량**

11 면전하밀도가 $\sigma[\text{C/m}^2]$인 대전도체가 진공 중에 놓여 있을 때 도체표면에 작용하는 정전응력$[\text{N/m}^2]$은?

① σ^2에 비례한다.
② σ에 비례한다.
③ σ^2에 반비례한다.
④ σ에 반비례한다.

해설

㉠ 정전에너지

$$W = \frac{Q^2}{2C} = \frac{Q^2}{2 \times \dfrac{\varepsilon_0 S}{d}} = \frac{dQ^2}{2\varepsilon_0 S}$$

$$= \frac{d\sigma^2 S^2}{2\varepsilon_0 S} = \frac{d\sigma^2}{2\varepsilon_0} S[\text{J}]$$

㉡ 정전응력(단위면적당 작용하는 힘)

$$f = \frac{\partial W}{\partial d} = \frac{\sigma^2}{2\varepsilon_0} S[\text{N}] = \frac{\sigma^2}{2\varepsilon_0}[\text{N/m}^2]$$

상　**제9장 자성체와 자기회로**

12 다음 설명 중 타당한 것은 어느 것인가?

① 상자성체는 자화율이 0보다 크고 반자성체에서는 자화율이 0보다 작다.
② 상자성체에서는 비투자율이 1보다 작고 반자성체에서는 비투자율이 1보다 크다.
③ 반자성체에서는 자화율이 0보다 크고 비투자율이 1보다 크다.
④ 상자성체에서는 자화율이 0보다 작고 비투자율이 1보다 크다.

해설 자성체의 종류별 특징

종류	자화율	비자화율	비투자율
비자성체	$\chi = 0$	$\chi_{er} = 0$	$\mu_s = 1$
강자성체	$\chi \gg 0$	$\chi_{er} \gg 0$	$\mu_s \gg 1$
상자성체	$\chi > 0$	$\chi_{er} > 0$	$\mu_s > 1$
반자성체	$\chi < 0$	$\chi_{er} < 0$	$\mu_s < 1$

상　**제12장 전자계**

13 전자계에 대한 맥스웰의 기본이론이 아닌 것은?

① 자계의 시간적 변화에 따라 전계의 회전이 생긴다.
② 전도전류는 자계를 발생시키나, 변위전류는 자계를 발생시키지 않는다.
③ 자극은 N-S극이 항상 공존한다.
④ 전하에서는 전속선이 발산된다.

해설

전도전류와 변위전류는 모두 주위에 자계를 만든다.

정답　**10** ④　**11** ①　**12** ①　**13** ②

상 제11장 인덕턴스

14 어떤 코일에 인덕턴스를 측정하였더니 4[H]이고, 여기에 직류전류 I[A]를 흘려주니 이 코일에 축적된 에너지가 10[J]이었다면 전류 I는 몇 [A]인가?

① 0.5[A]

② $\sqrt{5}$ [A]

③ 5[A]

④ 25[A]

해설

㉠ 코일에 저장되는 자기에너지

$$W_L = \frac{1}{2}LI^2 = \frac{1}{2}\Phi I = \frac{\Phi^2}{2L}\,[\text{J}]$$

㉡ 위 공식에서 $I^2 = \dfrac{2W}{L}$가 되므로

$$\therefore I = \sqrt{\frac{2W}{L}} = \sqrt{\frac{2 \times 10}{4}} = \sqrt{5}\,[\text{A}]$$

하 제9장 자성체와 자기회로

15 길이 l[m], 단면적의 지름 d[m]인 원통이 길이방향으로 균일하게 자화되어 자화의 세기가 J[Wb/m²]인 경우 원통 양단에서의 전자극의 세기 m[Wb]는?

① $\pi d^2 J$

② $\pi d J$

③ $\pi \dfrac{d^2}{4} J$

④ $\dfrac{4J}{\pi} d^2$

해설

자화의 세기 $J = \dfrac{m}{S} = \dfrac{M}{V}$[Wb/m²]에서

$$\therefore m = J \times S = J \times \pi r^2 = J \times \frac{\pi d^2}{4}\,[\text{Wb}]$$

상 제5장 전기 영상법

16 공기 중에서 무한평면도체 표면 아래의 1[m] 떨어진 곳에 1[C]의 점전하가 있다. 이 전하가 받는 힘의 크기는 몇 [N]인가?

① 9×10^9

② $\dfrac{9}{2} \times 10^9$

③ $\dfrac{9}{4} \times 10^9$

④ $\dfrac{9}{10} \times 10^9$

해설

무한평판과 점전하에 의한 작용력

$$F = \frac{Q \cdot Q'}{4\pi\varepsilon_0 r^2} = \frac{-Q^2}{4\pi\varepsilon_0 (2a)^2}$$

$$= \frac{9 \times 10^9}{4} \times \frac{-Q^2}{a^2} = -\frac{9}{4} \times 10^9 [\text{N}]$$

상 제6장 전류

17 직류 500[V] 절연저항계로 절연저항을 측정하니 2[MΩ]이 되었다면 누설전류는?

① 25[μA]

② 250[μA]

③ 1000[μA]

④ 1250[μA]

해설

누설전류 $I_g = \dfrac{V}{R} = \dfrac{500}{2 \times 10^6}$

$$= 250 \times 10^{-6} = 250\,[\mu\text{A}]$$

상 제4장 유전체

18 유전율이 각각 다른 두 종류의 유전체 경계면에 전속이 입사될 때 이 전속의 방향은?

① 직진

② 반사

③ 회전

④ 굴절

해설

서로 다른 유전체 경계면에 전기력선 또는 전속선이 입사하면 경계면에서 반드시 굴절현상이 발생된다.

상 제2장 진공 중의 정전계

19 정전계와 반대방향으로 전하를 2[m] 이동시키는 데 240[J]의 에너지가 소모되었다. 이 두 점 사이의 전위차가 60[V]이면 전하의 전기량은 몇 [C]인가?

① 1[C]

② 2[C]

③ 4[C]

④ 8[C]

해설

전하가 운반될 때 소비되는 에너지 또는 전하를 운반시키기 위해 필요한 에너지(일)는 $W = QV$[J]이므로

$$\therefore 전기량\ Q = \frac{W}{V} = \frac{240}{60} = 4[\text{C}]$$

정답 14 ② 15 ③ 16 ③ 17 ② 18 ④ 19 ③

중 **제8장 전류의 자기현상**

20 공기 중에 있는 지름 1[m]의 반원의 도선에 2[A]의 전류가 흐르고 있다면 원 중심에서의 자속밀도는 몇 [Wb/m²]인가?

① $0.5\pi \times 10^{-7}$ ② $4\pi \times 10^{-7}$

③ $2\pi \times 10^{-7}$ ④ $8\pi \times 10^{-7}$

해설

㉠ 원형 코일 중심에서 자계의 세기

$$H = \frac{NI}{2a}[AT/m]$$

㉡ 반원형 코일 중심에서 자계의 세기

$$H = \frac{NI}{4a} = \frac{1 \times 2}{4 \times \frac{1}{2}} = 1[AT/m]$$

여기서, a : 원형 코일의 반지름 [m]
N : 권선수 (문제 조건이 없으면 1)

∴ 반원형 코일 중심에서 자속밀도

$$B = \mu_0 H = 4\pi \times 10^{-7} \times 1$$

$$= 4\pi \times 10^{-7}[Wb/m^2]$$

여기서, μ_0 : 진공의 투자율

제2과목 **전력공학**

상 **제9장 배전방식**

21 저압 단상 3선식 배전방식의 가장 큰 단점이 될 수 있는 것은?

① 절연이 곤란하다.
② 설비이용률이 나쁘다.
③ 2종류의 전압을 얻을 수 있다.
④ 전압불평형이 생길 우려가 있다.

해설

부하가 불평형되면 전압불평형이 발생하고 중성선이 단선되면 이상전압이 나타난다.

중 **제10장 배전선로 계산**

22 송전단에서 전류가 동일하고 배전선에 리액턴스를 무시하면 배전선 말단에 단일부하가 있을 때의 전력손실은 배전선에 따라 균등한 부하가 분포되어 있는 경우의 전력손실에 비하여 몇 배나 되는가?

① $\frac{1}{2}$ ② 2

③ $\frac{1}{3}$ ④ 3

해설 부하 모양에 따른 부하 계수

부하의 형태		전압강하	전력손실
말단에 집중된 경우		1.0	1.0
평등 부하분포		$\frac{1}{2}$	$\frac{1}{3}$
중앙일수록 큰 부하분포		$\frac{1}{2}$	0.38
말단일수록 큰 부하분포		$\frac{2}{3}$	0.58
송전단 일수록 큰 부하분포		$\frac{1}{3}$	$\frac{1}{5}$

상 **제2장 전선로**

23 전선로의 지지물 양쪽의 경간 차가 큰 곳에 쓰이며 E철탑이라고도 하는 철탑은?

① 인류형 철탑
② 보강형 철탑
③ 각도형 철탑
④ 내장형 철탑

해설

사용목적에 따른 철탑의 종류는 전선로의 표준경간에 대하여 설계하는 것으로 다음의 5종류가 있다.
㉠ 직선형 철탑 : 수평각도 3° 이하의 개소에 사용하는 현수애자장치 철탑을 말하며 그 철탑형의 기호를 A, F, SF로 한다.
㉡ 각도형 철탑 : 수평각도가 3°를 넘는 개소에 사용하는 철탑으로 기호를 B로 한다.
㉢ 인류형 철탑 : 가섭선을 인류하는 개소에 사용하는 철탑으로 그 철탑형의 기호를 D로 한다.
㉣ 내장형 철탑 : 수평각도가 30°를 초과하거나 양측 경간의 차가 커서 불평균 장력이 현저하게 발생하는 개소에 사용하는 철탑을 말하며 그 철탑형의 기호를 C, E로 한다.
㉤ 보강형 철탑 : 직선철탑이 연속하는 경우 전선로의 강도가 부족하며 10기 이하마다 1기씩 내장애자장치의 내장형 철탑으로 전선로를 보강하기 위하여 사용한다.

상 제8장 송전선로 보호방식

24 부하전류의 차단능력이 없는 것은?

① NFB ② OCB
③ VCB ④ DS

해설 단로기의 특징

㉠ 부하전류를 개폐할 수 없음
㉡ 무부하 시 회로의 개폐가능
㉢ 무부하 충전전류 및 변압기 여자전류 차단가능

중 제3장 선로정수 및 코로나현상

25 송전선로의 코로나손실을 나타내는 Peek 식에서 E_0에 해당하는 것은?

$$P_c = \frac{241}{\delta}(f+25)\sqrt{\frac{d}{2D}}(E-E_0)^2 \times 10^{-5}$$
$$[\text{kW/km/선}]$$

① 코로나 임계전압
② 전선에 감하는 대지전압
③ 송전단전압
④ 기준 충격절연강도전압

해설 송전선로의 코로나 손실을 나타내는 Peek식

$$P_c = \frac{241}{\delta}(f+25)\sqrt{\frac{d}{2D}}(E-E_0)^2 \times 10^{-5}$$
$$[\text{kW/km/선}]$$

δ : 상대공기밀도
f : 주파수
d : 전선의 직경[cm]
D : 전선의 선간거리[cm]
E : 전선에 걸리는 대지전압[kV]
E_0 : 코로나 임계전압[kV]

상 제4장 송전 특성 및 조상설비

26 전력용 콘덴서를 설치하는 주된 목적은?

① 역률 개선 ② 전압강하 보상
③ 기기의 보호 ④ 송전용량 증가

해설 역률 개선의 효과

㉠ 변압기 및 배전선로의 손실 경감
㉡ 전압강하 감소
㉢ 설비이용률 향상
㉣ 전력요금 경감

상 제3장 선로정수 및 코로나현상

27 3상 3선식에서 전선의 선간거리가 각각 1[m], 2[m], 4[m]라고 할 때 등가선간거리는 몇 [m]인가?

① 1 ② 2
③ 3 ④ 4

해설

도체 간의 기하학적 평균 선간거리(=등가선간거리)
$$D_n = \sqrt[3]{D_1 \cdot D_2 \cdot D_3}\,[\text{m}]$$
$$D_n = \sqrt[3]{D_1 \cdot D_2 \cdot D_3} = \sqrt[3]{1 \times 2 \times 4} = 2[\text{m}]$$

상 제3장 선로정수 및 코로나현상

28 다도체를 사용한 송전선로가 있다. 단도체를 사용했을 때와 비교할 때 옳은 것은? (단, L은 작용인덕턴스이고, C는 작용정전용량이다.)

① L과 C 모두 감소한다.
② L과 C 모두 증가한다.
③ L은 감소하고, C는 증가한다.
④ L은 증가하고, C는 감소한다.

해설 복도체나 다도체를 사용할 때 특성

㉠ 인덕턴스는 감소하고 정전용량은 증가한다.
㉡ 같은 단면적의 단도체에 비해 전류용량이 증대된다.
㉢ 안정도가 증가하여 송전용량이 증가한다.
㉣ 등가반경이 커져 코로나 임계전압의 상승으로 코로나 현상이 방지된다.

상 제8장 송전선로 보호방식

29 그림에서 계기 Ⓜ이 지시하는 것은?

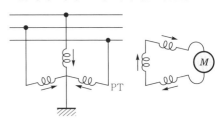

① 정상전류
② 영상전압
③ 역상전압
④ 정상전압

정답 24 ④ 25 ① 26 ① 27 ② 28 ③ 29 ②

해설 접지형 계기용 변압기(GPT)와 지락과전압 계전기(OVGR)

㉠ 접지형 계기용 변압기(GPT)를 이용하여 지락사고를 검출
㉡ 비접지방식에서 1선 지락사고 시 건전상의 전압이 상승하는 특성을 이용하여 영상전압을 검출

중 제9장 배전방식

30 저압 배전선로의 플리커(fliker)전압의 억제대책으로 볼 수 없는 것은?

① 내부임피던스가 작은 대용량의 변압기를 선정한다.
② 배전선은 굵은 선으로 한다.
③ 저압뱅킹방식 또는 네트워크방식으로 한다.
④ 배전선로에 누전차단기를 설치한다.

해설

누전차단기는 간접 접촉에 의한 감전사고를 방지하기 위하여 설치한다.

상 제7장 이상전압 및 유도장해

31 송전선로에 근접한 통신선에 유도장해가 발생한다. 정전유도의 원인은?

① 영상전압
② 역상전압
③ 역상전류
④ 정상전류

해설

전력선과 통신선의 사이에 발생하는 상호정전용량의 불평형으로 통신선에 유도되는 정전유도전압으로 인해 정상시에도 유도장해가 발생한다.

정전유도전압 $E_n = \dfrac{C_m}{C_s + C_m} E_0 [\text{V}]$

상 제1장 전력계통

32 전력계통의 전압을 조정하는 가장 보편적인 방법은?

① 발전기의 유효전력 조정
② 부하의 유효전력 조정
③ 계통의 주파수 조정
④ 계통의 무효전력 조정

해설

조상설비를 이용하여 무효전력을 조정하여 전압을 조정한다.

㉠ 동기조상기 : 진상·지상무효전력을 조정하여 역률을 개선하여 전압강하를 감소시키거나 경부하 및 무부하 운전 시 페란티현상을 방지한다.
㉡ 전력용 콘덴서 및 분로리액터 : 무효전력을 조정하는 정지기로 전력용 콘덴서는 역률을 개선하고, 선로의 충전용량 및 부하 변동에 의한 수전단측의 전압 조정을 한다.
㉢ 직렬콘덴서 : 선로에 직렬로 접속하여 전달임피던스를 감소시켜 전압강하를 방지한다.

중 제9장 배전방식

33 200[V], 10[kVA]인 3상 유도전동기가 있다. 어느 날의 부하실적은 1일의 사용전력량 72[kWh], 1일의 최대전력이 9[kW], 최대부하일 때 전류가 35[A]이었다. 1일의 부하율과 최대공급전력일 때의 역률은 몇 [%]인가?

① 부하율 : 31.3, 역률 : 74.2
② 부하율 : 33.3, 역률 : 74.2
③ 부하율 : 31.3, 역률 : 82.5
④ 부하율 : 33.3, 역률 : 82.2

해설

1일의 부하율

$F = \dfrac{P}{P_m} \times 100 = \dfrac{72/24}{9} \times 100 = 33.3[\%]$

최대공급전력일 때의 역률

$\cos\theta = \dfrac{P_m}{\sqrt{3}\ VI} \times 100$

$= \dfrac{9000}{\sqrt{3} \times 200 \times 35} \times 100 = 74.2[\%]$

상 제4장 송전 특성 및 조상설비

34 일반회로정수 A, B, C, D, 송수전단 상전압이 각각 E_S, E_R 일 때 수전단 전력원선도의 반지름은?

① $\dfrac{E_S \cdot E_R}{A}$
② $\dfrac{E_S \cdot E_R}{B}$
③ $\dfrac{E_S \cdot E_R}{C}$
④ $\dfrac{E_S \cdot E_R}{D}$

해설

전력원선도의 반지름 $r = \dfrac{E_S E_R}{B}$

정답 30 ④ 31 ① 32 ④ 33 ② 34 ②

상 제6장 중성점 접지방식

35 송전선의 중성점을 접지하는 이유가 아닌 것은?

① 고장전류 크기의 억제
② 이상전압 발생의 방지
③ 보호계전기의 신속 정확한 동작
④ 전선로 및 기기의 절연레벨을 경감

해설 송전선의 중성점 접지의 목적

㉠ 대지전압 상승 억제 : 지락고장 시 건전상 대지전압 상승 억제 및 전선로와 기기의 절연레벨 경감 목적
㉡ 이상전압 상승 억제 : 뇌, 아크지락, 기타에 의한 이상전압 경감 및 발생방지 목적
㉢ 계전기의 확실한 동작 확보 : 지락사고 시 지락계전기의 확실한 동작 확보
㉣ 아크지락 소멸 : 소호리액터 접지인 경우 1선 지락 시 아크지락의 신속한 아크소멸로 송전선을 지속

상 제2장 전선로

36 송전거리, 전력, 손실률 및 역률이 일정하다면 전선의 굵기는?

① 전류에 비례한다.
② 전압의 제곱에 비례한다.
③ 전류에 역비례한다.
④ 전압의 제곱에 역비례한다.

해설

송전손실 $P_c = 3I^2r = \dfrac{W^2l}{AV^2\cos^2\theta}$

$\therefore\ A \propto \dfrac{1}{V^2}$

중 제11장 발전

37 유효낙차 100[m], 최대사용유량 20[m³/s]인 발전소의 최대출력은 몇 [kW]인가? (단, 이 발전소의 종합효율은 87[%]라고 한다.)

① 15000 ② 17000
③ 19000 ④ 21000

해설

수력발전소 출력 $P = 9.8HQ\eta$[kW]
(여기서, H : 유효낙차[m], Q : 유량[m³/s], η : 효율)
$P = 9.8 \times 100 \times 20 \times 0.87 = 17052 ≒ 17000$[kW]

상 제11장 발전

38 고압, 고온을 채용한 기력발전소에서 채용되는 열사이클로 그림과 같은 장치선도의 열사이클은?

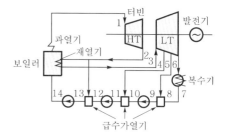

① 랭킨사이클
② 재생사이클
③ 재열사이클
④ 재열재생사이클

해설

㉠ 재생재열사이클 : 대용량 기력발전소에서 가장 많이 사용하는 방식으로 재생사이클과 재열사이클의 장점을 겸비
㉡ 재열사이클 : 터빈에서 임의의 온도까지 팽창한 증기를 추출하여 보일러로 되돌려 보내서 재열기로 적당한 온도까지 재가열시켜 다시 터빈으로 보내는 방식
㉢ 재생사이클 : 터빈에서 팽창 도중의 증기의 일부를 추출하여 급수가열에 이용하여 효율을 높이는 방식

상 제8장 송전선로 보호방식

39 차단기의 정격차단시간은?

① 가동접촉자의 동작시간부터 소호까지의 시간
② 고장발생부터 소호까지의 시간
③ 가동접촉자의 개극부터 소호까지의 시간
④ 트립코일여자부터 소호까지의 시간

해설 차단기의 정격차단시간

정격전압하에서 규정된 표준동작책무 및 동작상태에 따라 차단할 때의 차단시간 한도로서 트립코일여자로부터 아크의 소호까지의 시간(개극시간 + 아크시간)

정격전압[kV]	7.2	25.8	72.5	170	362
정격차단시간(Cycle)	5~8	5	5	3	3

정답 35 ① 36 ④ 37 ② 38 ④ 39 ④

중 제7장 이상전압 및 유도장해

40 피뢰기를 가장 적절하게 설명한 것은?

① 동요전압의 파두, 파미의 파형의 준도를 저감하는 것
② 이상전압이 내습하였을 때 방전에 의한 기류를 차단하는 것
③ 뇌동요전압의 파고를 저감하는 것
④ 1선이 지락할 때 아크를 소멸시키는 것

해설

피뢰기는 이상전압이 선로에 내습하였을 때 이상전압의 파고치를 저감시켜 선로 및 기기를 보호하는 역할을 한다.

제3과목 전기기기

상 제2장 동기기

41 전압변동률이 작은 동기발전기는?

① 동기리액턴스가 크다.
② 전기자반작용이 크다.
③ 단락비가 크다.
④ 값이 싸진다.

해설 전압변동률

동기발전기의 여자전류와 정격속도를 일정하게 하고 정격부하에서 무부하로 하였을 때에 단자전압의 변동으로서 전압변동률이 작은 기기는 단락비가 크다.

상 제1장 직류기

42 직류기에 탄소브러시를 사용하는 이유는 주로 무엇 때문인가?

① 고유저항이 작기 때문에
② 접촉저항이 작기 때문에
③ 접촉저항이 크기 때문에
④ 고유저항이 크기 때문에

해설

탄소브러시는 접촉저항이 커서 정류 중 개방과 단락 시 브러시의 마모 및 파손을 방지하기 위해 사용한다.

상 제1장 직류기

43 직류 복권발전기의 병렬운전에 있어 균압선을 붙이는 목적은 무엇인가?

① 운전을 안전하게 한다.
② 손실을 경감한다.
③ 전압의 이상상승을 방지한다.
④ 고조파의 발생을 방지한다.

해설

직권발전기 또는 복권발전기의 경우 부하전류가 증가하면 단자전압이 상승하기 때문에 한쪽 전류가 증가하면 전압도 상승하여 점차 전류가 증가하게 되어 분권발전기와 같이 안정한 병렬운전을 할 수 없게 된다. 그러므로 직권발전기의 병렬운전을 안정하게 하려면 두 발전기의 직권계자권선을 서로 연결하고 연결한 선을 균압(모선)이라 한다.

중 제3장 변압기

44 정격 150[kVA], 철손 1[kW], 전부하동손이 4[kW]인 단상 변압기의 최대효율[%]과 최대효율 시의 부하[kVA]는? (단, 부하역률은 1이다.)

① 96.8[%], 125[kVA]
② 97.4[%], 75[kVA]
③ 97[%], 50[kVA]
④ 97.2[%], 100[kVA]

해설

최대효율 시 부하율 $\dfrac{1}{m} = \sqrt{\dfrac{P_i}{P_c}} = \sqrt{\dfrac{1}{4}} = 0.5$

최대효율 부하 $P = 150 \times 0.5 = 75[kVA]$

최대효율 $\eta = \dfrac{\frac{1}{2} \times P_o}{\frac{1}{2} \times P_o + P_c + P_i} \times 100$

$= \dfrac{\frac{1}{2} \times 150}{\frac{1}{2} \times 150 + 1 + 0.5^2 \times 4} \times 100$

$= 97.4[\%]$

(여기서, $\cos\theta = 1.0$으로 한다.)

중 제4장 유도기

45 콘덴서 전동기의 특징이 아닌 것은?

① 소음 증가 ② 역율 양호
③ 효율 양호 ④ 진동 감소

정답 40 ③ 41 ③ 42 ③ 43 ① 44 ② 45 ①

해설

콘덴서 전동기는 다른 단상 유도전동기에 비해 효율과 역률이 좋고 진동과 소음도 적다.

상 제4장 유도기

46 반도체 사이리스터(Thyristor)를 사용하여 전압위상제어 시 그 평균값을 제어하는 속도 제어용으로 간단하여 널리 사용되는 것은?

① 전압제어
② 2차 저항법
③ 역상제동
④ 1차 저항법

해설

농형 유도전동기의 속도제어방법 중 1차 전압제어방식에서 사이리스터를 이용하여 위상각 조정을 통해 속도의 조정을 할 수 있다.

중 제3장 변압기

47 어떤 변압기의 단락시험에서 %저항강하 1.5[%]와 %리액턴스강하 3[%]를 얻었다. 부하역률 80[%] 앞선 경우의 전압변동률 [%]은?

① −0.6
② 0.6
③ −3.0
④ 3.0

해설

전압변동률 $\varepsilon = p\cos\theta + q\sin\theta$
$$= 1.5 \times 0.8 + 3 \times (-0.6) = -0.6[\%]$$
(여기서, p : 백분율 저항강하, q : 백분율 리액턴스강하)

상 제2장 동기기

48 동기발전기의 병렬운전 중 계자를 변화시키면 어떻게 되는가?

① 무효순환전류가 흐른다.
② 주파수 위상이 변한다.
③ 유효순환전류가 흐른다.
④ 속도조정률이 변한다.

해설

병렬운전 중 계자전류가 달라 기전력의 크기가 다를 경우 두 발전기 사이에 무효순환전류가 흐른다.

중 제1장 직류기

49 직류 분권전동기의 기동 시 계자전류는?

① 큰 것이 좋다.
② 정격출력 때와 같은 것이 좋다.
③ 작은 것이 좋다.
④ 0에 가까운 것이 좋다.

해설

기동 시에 기동토크($T \propto k\phi I_a$)가 커야 하므로 큰 계자 전류가 흘러 자속이 크게 발생하여야 한다.

상 제1장 직류기

50 직류 분권전동기에서 부하의 변동이 심할 때 광범위하게 또한 안정되게 속도를 제어하는 가장 적당한 방식은?

① 계자제어방식   ② 워드레오너드방식
③ 직렬저항제어방식 ④ 일그너방식

해설 일그너방식

부하변동이 심할 경우 안정도를 높이기 위해 플라이휠을 설치한다.

하 제2장 동기기

51 450[kVA], 역률 0.85. 효율 0.9인 동기발전기 운전용 원동기의 입력[kW]은? (단, 원동기의 효율은 0.85이다.)

① 500
② 550
③ 450
④ 600

해설

원동기 입력 $P = \dfrac{\text{용량} \times \text{역률}}{\text{발전기 효율}} \times \dfrac{1}{\text{원동기 효율}}$
$$= \dfrac{450 \times 0.85}{0.9} \times \dfrac{1}{0.85} = 500[\text{kW}]$$

중 제5장 정류기

52 실리콘 다이오드의 특성으로 잘못된 것은?

① 전압강하가 크다.
② 정류비가 크다.
③ 허용온도가 높다.
④ 역내전압이 크다.

해설 실리콘 다이오드

㉠ 허용온도(150[℃])가 높고 전류밀도가 크다.
㉡ 소자가 견딜 수 있는 역방향 전압(역내 전압)이 높다.
㉢ 효율이 높고 전압강하가 작다.

중 제1장 직류기

53 직류발전기에서 브러시 간에 유기되는 기전력 파형의 맥동을 방지하는 대책이 될 수 없는 것은?

① 사구(skewed slot)를 채용할 것
② 갭의 길이를 균일하게 할 것
③ 슬롯폭에 대하여 갭을 크게 할 것
④ 정류자편수를 적게 할 것

해설

직류발전기는 교류전력을 직류전력으로 변환시키는 정류과정이 필요하다. 정류 시 리플(맥동)을 감소시켜야 양질의 직류전력이 되는데 이를 위해 정류자편수를 많이 설치해야 한다.

하 제3장 변압기

54 2200/210[V], 5[kVA] 단상 변압기의 퍼센트 저항강하 2.4[%], 리액턴스강하 1.8[%] 일 때 임피던스와트[W]는?

① 320
② 240
③ 120
④ 90

해설

%저항강하 $p = \dfrac{I_n \cdot r_2}{V_{2n}} \times 100[\%]$

$\%p = \dfrac{I_n \cdot r_2}{V_{2n}} \times 100 \times \dfrac{I_n}{I_n} = \dfrac{P_c[\text{W}]}{P[\text{VA}]} \times 100$

(여기서, 임피던스와트＝동손)

$\%p = \dfrac{P_c}{P_n} \times 100[\%]$에서

임피던스와트 $P_c = \dfrac{\%p}{100} \times P_n$

$\qquad\qquad = \dfrac{2.4}{100} \times 5 \times 10^3 = 120[\text{W}]$

상 제5장 정류기

55 게이트 조작에 의해 부하전류 이상으로 유지전류를 높일 수 있어 게이트의 턴온, 턴오프가 가능한 사이리스터는?

① SCR
② GTO
③ LASCR
④ TRIAC

해설 사이리스터 종류

㉠ SCR : 다이오드에 래치 기능이 있는 스위치(게이트)를 내장한 3단자 단일방향성 소자
㉡ GTO : 게이트신호로 턴온, 턴오프 할 수 있는 3단자 단일방향성 사이리스터
㉢ LASCR : 광신호를 이용하여 트리거시킬 수 있는 사이리스터
㉣ TRIAC : 교류에서도 사용할 수 있는 사이리스터 3단자 쌍방향성 사이리스터

하 제6장 특수기기

56 스테핑모터의 여자방식이 아닌 것은?

① 2~4상 여자
② 1~2상 여자
③ 2상 여자
④ 1상 여자

해설

스테핑모터는 디지털신호에 비례하여 일정 각도만큼 회전하는 모터로서, 여자방식은 1상 · 2상 여자방식이 있다.

중 제3장 변압기

57 단상 변압기의 3상 Y-Y결선에 대한 설명으로 잘못된 것은?

① 제3고조파 전류가 흐르며 유도장해를 일으킨다.
② 역 V결선이 가능하다.
③ 권선전압이 선간전압의 3배이므로 절연이 용이하다.
④ 중성점 접지가 된다.

해설 Y-Y결선의 특성

㉠ 중성점 접지가 가능하여 단절연이 가능하다.
㉡ 이상전압의 발생을 억제할 수 있고 지락사고의 검출이 용이하다.
㉢ 상전압이 선간전압의 $\dfrac{1}{\sqrt{3}}$ 배이므로 고전압 결선에 적합하다.
㉣ 중성점을 접지하여 변압기에 제3고조파가 나타나지 않는다.

정답 53 ④ 54 ③ 55 ② 56 ① 57 ③

상 제4장 유도기

58 유도전동기의 토크－속도곡선이 비례추이(proportional shifting)한다는 것은 그 곡선이 무엇에 비례해서 이동하는 것을 말하는가?

① 슬립
② 회전수
③ 공급전압
④ 2차 합성저항

해설

최대토크를 발생하는 슬립 $s_t \propto \dfrac{r_2}{x_2}$

최대토크 $T_m \propto \dfrac{r_2}{s_t}$에서 $\dfrac{r_2}{s_1} = \dfrac{r_2 + R}{s_2}$이므로 2차 합성저항에 비례해서 토크－속도곡선이 변화된다.

중 제4장 유도기

59 유도전동기의 동기와트를 설명한 것은?

① 동기속도하에서의 2차 입력을 말함
② 동기속도하에서의 1차 입력을 말함
③ 동기속도하에서의 2차 출력을 말함
④ 동기속도하에서의 2차 동손을 말함

해설

동기와트 $P_2 = 1.026 \times T \times N_s \times 10^{-3}$[kW]

중 제3장 변압기

60 변압기의 결선 중에서 6상측의 부하가 수은정류기일 때 주로 사용되는 결선은?

① 포크결선(fork connection)
② 환상결선(ring connection)
③ 2중 3각결선(double star connection)
④ 대각결선(diagonar connection)

해설 3상에서 6상 변환

3대의 단상 변압기를 사용하여 6상 또는 12상으로 변환시킬 수 있는 결선방법으로 파형 개선 및 정류기 전원용 등으로 사용
㉠ 2차 2중 Y결선
㉡ 2차 2중 △결선
㉢ 대각결선
㉣ 포크결선

제4과목 회로이론

상 제1장 직류회로의 이해

61 그림과 같은 회로에서 저항 $R_4 = 8\,[\Omega]$에 소비되는 전력은 약 몇 [W]인가?

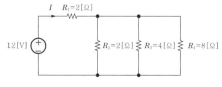

① 2.38
② 4.76
③ 9.53
④ 2.92

해설

㉠ 합성저항 $R = 2 + \dfrac{1}{\dfrac{1}{2} + \dfrac{1}{4} + \dfrac{1}{8}} = 3.14\,[\Omega]$

㉡ 전체 전류 $I = \dfrac{V}{R} = \dfrac{12}{3.14} = 3.82$[A]

㉢ R_1에 의한 전압강하
$V_1 = IR_1 = 3.82 \times 2 = 7.64$[V]

㉣ 각 병렬회로 양단에 인가된 전압
$V_2 = V_3 = V_4 = 12 - 7.64 = 4.36$[V]

∴ R_4의 소비전력(유효전력)
$$P = \frac{V_4^2}{R_4} = \frac{4.36^2}{8} = 2.38\,[\text{W}]$$

상 제5장 대칭좌표법

62 불평형 3상 전류가 $I_a = 16 + j2$[A], $I_b = -20 - j9$[A], $I_c = -2 + j10$[A]일 때 영상분 전류[A]는?

① $-2 + j$[A]
② $-6 + j3$[A]
③ $-9 + j6$[A]
④ $-18 + j9$[A]

해설

영상분 $I_0 = \dfrac{1}{3}(I_a + I_b + I_c)$

$\quad = \dfrac{1}{3}(16 + j2 - 20 - j9 - 2 + j10)$

$\quad = \dfrac{1}{3}(-6 + j3) = -2 + j$[A]

정답 58 ④ 59 ① 60 ① 61 ① 62 ①

상 제6장 회로망 해석

63 전류가 전압에 비례한다는 것을 가장 잘 나타낸 것은?

① 테브난의 정리
② 상반의 정리
③ 밀만의 정리
④ 중첩의 정리

상 제9장 과도현상

64 저항 $R = 5000[\Omega]$, 정전용량 $C = 20[\mu F]$ 가 직렬로 접속된 회로에 일정전압 $E = 100[V]$를 가하고 $t = 0$에서 스위치를 넣을 때 콘덴서 단자전압[V]을 구하면? (단, 처음에 콘덴서는 충전되지 않았다.)

① $100\left(1 - e^{10t}\right)$
② $100\,e^{-10t}$
③ $100\,e^{10t}$
④ $100\left(1 - e^{-10t}\right)$

해설

콘덴서 단자전압

$$V_c = \frac{Q(t)}{C} = E\left(1 - e^{-\frac{1}{RC}t}\right)$$
$$= 100\left(1 - e^{-\frac{1}{5000 \times 20 \times 10^{-6}}t}\right)$$
$$= 100\left(1 - e^{-10t}\right)[V]$$

상 제9장 과도현상

65 $R - L$ 직렬회로에서 그 양단에 직류전압 $E[V]$를 연결한 후 스위치 S를 개방하면 $\dfrac{L}{R}$[sec] 후의 전류값은 몇 [A]인가?

① $\dfrac{E}{R}$
② $0.368\,\dfrac{E}{R}$
③ $0.5\,\dfrac{E}{R}$
④ $0.632\,\dfrac{E}{R}$

해설

$R - L$ 직렬회로에서 스위치 개방 시 과도전류 $i(t) = \dfrac{E}{R}\,e^{-\frac{R}{L}t}$ 이므로

$$\therefore\ i(\tau) = \frac{E}{R}\,e^{-\frac{R}{L}t} = \frac{E}{R}\,e^{-\frac{R}{L} \times \frac{L}{R}} = \frac{E}{R}\,e^{-1}$$
$$= 0.368\,\frac{E}{R}[A]$$

상 제7장 4단자망 회로해석

66 다음과 같은 4단자망에서 영상임피던스는 몇 [Ω]인가?

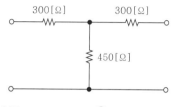

① 600
② 450
③ 300
④ 200

해설

㉠ 4단자 정수

$$B = \frac{Z_1 Z_2 + Z_2 Z_3 + Z_3 Z_1}{Z_3},\ \ C = \frac{1}{Z_3}$$

㉡ 4단자망 대칭조건 : $Z_{01} = Z_{02}$

$$\therefore\ Z_{01} = Z_{02} = \sqrt{\frac{B}{C}}$$
$$= \sqrt{Z_1 Z_2 + Z_2 Z_3 + Z_3 Z_1}$$
$$= \sqrt{300 \times 300 + 300 \times 450 + 450 \times 300}$$
$$= 600[\Omega]$$

하 제4장 비정현파 교류회로의 이해

67 푸리에급수에서 직류항은?

① 우함수이다.
② 기함수이다.
③ 우수함 + 기함수
④ 우함수 × 기함수이다.

해설

푸리에급수에서 직류항이 존재하면 우함수가 된다.

상 제4장 비정현파 교류회로의 이해

68 $R - L - C$ 직렬공진회로에서 제3고조파의 공진주파수 f [Hz]는?

① $\dfrac{1}{2\pi\sqrt{LC}}$
② $\dfrac{1}{3\pi\sqrt{LC}}$
③ $\dfrac{1}{6\pi\sqrt{LC}}$
④ $\dfrac{1}{9\pi\sqrt{LC}}$

정답 63 ① 64 ④ 65 ② 66 ① 67 ① 68 ③

해설 제3고조파의 공진주파수

$$f_3 = \frac{1}{2\pi n\sqrt{LC}}\Bigg|_{n=3} = \frac{1}{6\pi\sqrt{LC}}[\text{Hz}]$$

중 제2장 단상 교류회로의 이해

69 2개의 교류전압이 다음과 같을 때 두 전압 간에 위상차를 시간[s]으로 표시하면?

$$e_1 = 141\sin(120\pi t - 30°)$$
$$e_2 = 150\cos(120\pi t - 30°)$$

① $\dfrac{1}{60}[\text{s}]$　　② $\dfrac{1}{120}[\text{s}]$

③ $\dfrac{1}{240}[\text{s}]$　　④ $\dfrac{1}{360}[\text{s}]$

해설

㉠ $\cos\omega t = \sin(\omega t + 90°)$이므로
　$e_2 = 150\sin(120\pi t - 30 + 90°)$
　　$= 150\sin(120\pi t + 60°)$

㉡ e_1의 위상은 $-30°$이고, e_2는 $+60°$이므로 두 전압 간의 위상차는 $+90°$가 된다.
　여기서, $90° = \dfrac{\pi}{2}[\text{rad}]$

㉢ 각속도 $\omega = \dfrac{\theta}{t} = 2\pi f[\text{rad/s}]$이므로

　시간 $t = \dfrac{\theta}{2\pi f} = \dfrac{\pi/2}{120\pi} = \dfrac{1}{240}[\text{sec}]$

중 제10장 라플라스 변환

70 $I(s) = \dfrac{2(s+1)}{s^2 + 2s + 5}$ 일 때 $I(s)$의 초기값 $i(0^+)$가 바르게 구해진 것은?

① $\dfrac{2}{5}$　　② $\dfrac{1}{5}$

③ 2　　④ -2

해설

초기값

$$\lim_{t \to 0} i(t) = \lim_{s \to \infty} sI(s) = \lim_{s \to \infty} \frac{2s^2 + 2s}{s^2 + 2s + 5}$$

$$= \lim_{s \to \infty} \frac{2 + \dfrac{2}{s}}{1 + \dfrac{2}{s} + \dfrac{5}{s^2}} = 2$$

중 제3장 다상 교류회로의 이해

71 그림과 같은 선간전압 200[V]의 3상 전원에 대칭부하를 접속할 때 부하역률은? (단, $R = 9[\Omega]$, $\dfrac{1}{\omega C} = 4[\Omega]$이다.)

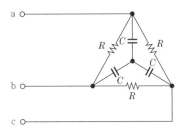

① 0.6　　② 0.7

③ 0.8　　④ 0.9

해설

㉠ △결선된 저항을 Y결선으로 등가변환하면 저항의 크기는 $\dfrac{1}{3}$이 되고, 회로는 아래와 같이 나타낼 수 있다.

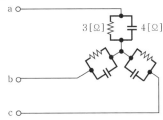

㉡ 위 그림과 같이 3[Ω]와 4[Ω]이 병렬회로 관계이므로 역률은 다음과 같다.

$$\therefore \cos\theta = \frac{X}{\sqrt{R^2 + X^2}} = \frac{4}{\sqrt{3^2 + 4^2}} = 0.8$$

상 제5장 대칭좌표법

72 3상 불평형 전압에서 불평형률이란?

① $\dfrac{\text{영상분}}{\text{정상분}} \times 100$

② $\dfrac{\text{정상분}}{\text{역상분}} \times 100$

③ $\dfrac{\text{정상분}}{\text{영상분}} \times 100$

④ $\dfrac{\text{역상분}}{\text{정상분}} \times 100$

상 제10장 라플라스 변환

73 $\mathcal{L}^{-1}\left[\dfrac{1}{s^2+2s+5}\right]$ 의 값은?

① $e^{-t}\sin 2t$

② $\dfrac{1}{2}e^{-t}\sin t$

③ $\dfrac{1}{2}e^{-t}\sin 2t$

④ $e^{-t}\sin t$

해설

$$\mathcal{L}^{-1}\left[\dfrac{1}{s^2+2s+5}\right]=\mathcal{L}^{-1}\left[\dfrac{1}{(s+1)^2+2^2}\right]$$
$$=\mathcal{L}^{-1}\left[\dfrac{1}{2}\times\dfrac{2}{s^2+2^2}\Big|_{s=s+1}\right]$$
$$=\dfrac{1}{2}e^{-t}\sin 2t$$

상 제2장 단상 교류회로의 이해

74 어떤 소자에 걸리는 전압 v 와 소자에 흐르는 전류 i 가 다음과 같을 때 소비되는 전력 [W]은?

$$v=100\sqrt{2}\,\cos\left(314t+\dfrac{\pi}{6}\right)[\text{V}]$$
$$i=3\sqrt{2}\,\cos\left(314t-\dfrac{\pi}{6}\right)[\text{A}]$$

① 100

② 150

③ 250

④ 600

해설

㉠ $\dfrac{\pi}{6}[\text{rad}]=\dfrac{180}{6}=30°$

㉡ 전압과 전류의 위상차 $\theta=30°-(-30°)=60°$

∴ 소비전력(유효전력)
  $P=VI\cos\theta=100\times 3\times\cos 60°=150[\text{W}]$

중 제2장 단상 교류회로의 이해

75 인덕턴스에서 급격히 변할 수 없는 것은?

① 전압

② 전류

③ 전압과 전류

④ 정답 없음

해설 전기회로에서 급변할 수 없는 것

㉠ 인덕턴스(L) : 전류

㉡ 커패시턴스(C) : 전압

중 제1장 직류회로의 이해

76 굵기가 일정한 도체에서 체적은 변하지 않고 지름을 $\dfrac{1}{n}$ 배로 늘렸다면 저항은 몇 배가 되겠는가?

① n^2

② $1/n^2$

③ n^4

④ n

해설

㉠ 체적이 일정한 조건에서 지름을 $\dfrac{1}{n}$ 배 하면 길이가 n^2 배가 되어야 한다.

㉡ 저항 $R=\rho\dfrac{l}{A}=\rho\dfrac{l}{\dfrac{\pi d^2}{4}}=\dfrac{4\rho l}{\pi d^2}$ 에서 d 가 $\dfrac{d}{n}$ 로 l이 $n^2 l$로 변화를 주면 다음과 같다.

$$R'=\dfrac{4\rho(n^2 l)}{\pi\left(\dfrac{d}{n}\right)^2}=\dfrac{n^2 4\rho l}{\dfrac{\pi d^2}{n^2}}=n^4\times\dfrac{4\rho l}{\pi d^2}=n^4\times R$$

∴ 체적이 일정한 상태에서 도체의 지름을 $\dfrac{1}{n}$ 배 하면 저항은 n^4 배가 된다.

상 제7장 4단자망 회로해석

77 대칭 3상 전압을 공급한 3상 유도전동기에서 각 계기의 지시는 다음과 같다. 유도전동기의 역률은? (단, $W_1=2.36[\text{kW}]$, $W_2=5.97[\text{kW}]$, $V=200[\text{V}]$, $I=30[\text{A}]$)

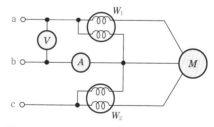

① 0.60

② 0.80

③ 0.65

④ 0.86

해설 2전력계법에 의한 역률

$$\cos\theta=\dfrac{P}{P_a}=\dfrac{W_1+W_2}{2\sqrt{W_1{}^2+W_2{}^2-W_1 W_2}}$$
$$=\dfrac{W_1+W_2}{\sqrt{3}\;VI}=\dfrac{2360+5970}{\sqrt{3}\times 200\times 30}=0.8$$

중 제2장 단상 교류회로의 이해

78 그림의 회로에서 전원주파수가 일정할 경우 평형조건은?

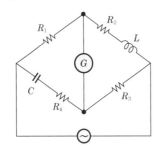

① $R_1 R_3 - R_2 R_4 = \dfrac{L}{C}$, $\dfrac{R_4}{R_2} = \dfrac{1}{\omega^2 LC}$

② $\dfrac{R_4}{R_2} = \dfrac{1}{\omega^2 LC}$

③ $R_1 R_2 - R_2 R_4 = \dfrac{L}{C}$, $R_1 R_2 - R_2 R_4 = \dfrac{L}{C}$

④ $R_1 R_3 + R_2 R_4 = \dfrac{1}{\omega^2 LC}$, $\dfrac{R_4}{R_2} = \dfrac{L}{C}$

해설

㉠ 휘트스톤 브리지 평형조건

$$R_1 R_3 = (R_2 + j\omega L)\left(R_4 + \dfrac{1}{j\omega C}\right)$$

$$\rightarrow R_1 R_3 = R_2 R_4 + \dfrac{L}{C} + j\left(\omega L R_4 - \dfrac{R_2}{\omega C}\right)$$

㉡ 위 식에서 좌항과 우항이 같으려면 먼저 좌항의 허수부 0이 되어야 하고, 실수부가 서로 같아야 한다.

㉢ 따라서 이를 정리하면 다음과 같다.

• 실수부 조건 : $\dfrac{R_4}{R_2} = \dfrac{1}{\omega^2 LC}$

• 허수부 조건 : $R_1 R_3 - R_2 R_4 = \dfrac{L}{C}$

상 제5장 대칭좌표법

79 대칭좌표법에 관한 설명 중 잘못된 것은?

① 불평형 3상 회로의 접지식 회로에서는 영상분이 존재한다.

② 대칭 3상 전압은 정상분만 존재한다.

③ 불평형 3상 회로의 비접지식 회로에서는 영상분이 존재한다.

④ 대칭 3상 전압에서 영상분은 0이 된다.

해설

영상분이 존재하려면 3상 4선식의 중성점 접지방식이어야 한다.

중 제2장 단상 교류회로의 이해

80 2개의 교류전압이 아래와 같을 경우 두 파형의 위상차를 시간으로 표시하면 몇 초인가?

$$e_1 = 100 \cos\left(100\pi t - \dfrac{\pi}{3}\right)[\text{V}]$$

$$e_2 = 20 \sin\left(100\pi t + \dfrac{\pi}{4}\right)[\text{V}]$$

① $\dfrac{1}{600}$ ② $\dfrac{1}{1200}$

③ $\dfrac{1}{2400}$ ④ $\dfrac{1}{3600}$

해설

㉠ $\cos \omega t = \sin(\omega t + 90°)$이므로

$$e_1 = 100 \cos\left(100\pi t - \dfrac{\pi}{3}\right)$$
$$= 100 \sin(100\pi t - 60 + 90)$$
$$= 100 \sin(100\pi + 30°)$$

㉡ $e_2 = 20 \sin\left(100\pi t + \dfrac{\pi}{4}\right)$
$$= 20 \sin(100\pi t + 45°)$$

㉢ e_1과 e_2의 위상차 : $\theta = 15° = \dfrac{\pi}{12}[\text{rad}]$

㉣ $\theta = \omega t = 2\pi f t$에서

$$\therefore t = \dfrac{\theta}{2\pi f} = \dfrac{\frac{\pi}{12}}{100\pi} = \dfrac{1}{1200}[\text{sec}]$$

제5과목 전기설비기술기준

하 제3장 전선로

81 저압 옥측전선로의 시설로 잘못된 것은?

① 철골주 조영물에 버스덕트공사로 시설

② 합성수지관공사로 시설

③ 목조조영물에 금속관공사로 시설

④ 전개된 장소에 애자사용공사로 시설

정답   78 ①   79 ③   80 ②   81 ③

해설 옥측전선로(KEC 221.2)

저압 옥측전선로는 다음에 따라 시설하여야 한다.
㉠ 애자사용공사(전개된 장소에 한한다.)
㉡ 합성수지관공사
㉢ 금속관공사(목조 이외의 조영물에 시설하는 경우에 한한다.)
㉣ 버스덕트공사[목조 이외의 조영물(점검할 수 없는 은폐된 장소를 제외)에 시설하는 경우에 한한다.]
㉤ 케이블공사(연피케이블, 알루미늄피케이블 또는 무기물절연(MI)케이블을 사용하는 경우에는 목조 이외의 조영물에 시설하는 경우에 한한다.)

상 제3장 전선로

82 특고압 가공전선로에 사용되는 B종 철주 중 각도형은 전선로 중 최소 몇 도를 넘는 수평각도를 이루는 곳에 사용되는가?

① 3
② 5
③ 8
④ 10

해설 특고압 가공전선로의 철주·철근콘크리트주 또는 철탑의 종류(KEC 333.11)

각도형은 전선로 중 3도를 넘는 수평각도를 이루는 곳에 사용하는 것이다.

상 제2장 저압설비 및 고압·특고압설비

83 전기온상 등의 시설에서 전기온상 등에 전기를 공급하는 전로의 대지전압은 몇 [V] 이하인가?

① 500
② 300
③ 600
④ 700

해설 전기온상 등(KEC 241.5)

㉠ 전기온상에 전기를 공급하는 전로의 대지전압은 300[V] 이하일 것
㉡ 발열선 및 발열선에 직접 접속하는 전선은 전기온상선일 것
㉢ 발열선은 그 온도가 80[℃]를 넘지 아니하도록 시설할 것

상 제3장 전선로

84 사용전압이 400[V] 이하인 저압 가공전선은 케이블이나 절연전선인 경우를 제외하고 인장강도가 3.43[kN] 이상인 것 또는 지름 몇 [mm] 이상의 경동선이어야 하는가?

① 1.2
② 2.6
③ 3.2
④ 4.0

해설 저압 가공전선의 굵기 및 종류(KEC 222.5)

㉠ 저압 가공전선은 나전선(중성선 또는 다중접지된 접지측 전선으로 사용하는 전선), 절연전선, 다심형 전선 또는 케이블을 사용할 것
㉡ 사용전압이 400[V] 이하인 저압 가공전선
 • 지름 3.2[mm] 이상(인장강도 3.43[kN] 이상)
 • 절연전선인 경우는 지름 2.6[mm] 이상(인장강도 2.3[kN] 이상)
㉢ 사용전압이 400[V] 초과인 저압 가공전선
 • 시가지 : 지름 5[mm] 이상(인장강도 8.01[kN] 이상)
 • 시가지 외 : 지름 4[mm] 이상(인장강도 5.26[kN] 이상)
㉣ 사용전압이 400[V] 초과인 저압 가공전선에는 인입용 비닐절연전선을 사용하지 않을 것

상 제4장 발전소, 변전소, 개폐소 및 기계기구 시설보호

85 발전소나 변전소의 차단기에 사용하는 압축공기장치에 대한 설명 중 틀린 것은?

① 공기압축기를 통하는 관은 용접에 의한 잔류응력이 생기지 않도록 할 것
② 주공기탱크에는 사용압력 1.5배 이상 3배 이하의 최고눈금이 있는 압력계를 시설할 것
③ 공기압축기는 최고사용압력의 1.5배 수압을 연속하여 10분간 가하여 시험하였을 때 이에 견디고 새지 아니할 것
④ 공기탱크는 사용압력에서 공기의 보급이 없는 상태로 차단기의 투입 및 차단을 연속하여 3회 이상 할 수 있는 용량을 가질 것

해설 압축공기계통(KEC 341.15)

㉠ 공기압축기는 최고사용압력에 1.5배의 수압(1.25배 기압)을 10분간 견디어야 한다.
㉡ 사용압력에서 공기의 보급이 없는 상태로 개폐기 또는 차단기의 투입 및 차단을 계속하여 1회 이상 할 수 있는 용량을 가지는 것이어야 한다.
㉢ 주공기탱크는 사용압력의 1.5배 이상 3배 이하의 최고눈금이 있는 압력계를 시설해야 한다.

정답 82 ① 83 ② 84 ③ 85 ④

하 제4장 발전소, 변전소, 개폐소 및 기계기구 시설보호

86 전력보안 가공통신선을 횡단보도교의 위에 시설하는 경우에는 그 노면상 몇 [m] 이상의 높이에 시설하여야 하는가?

① 3.0 　　　　② 3.5

③ 4.0 　　　　④ 5.0

해설 전력보안통신선의 시설 높이와 이격거리 (KEC 362.2)

전력보안통신선의 지표상 높이는 다음과 같다.
㉠ 도로 위에 시설하는 경우에는 지표상 5[m] 이상(교통에 지장이 없을 경우 4.5[m] 이상)
㉡ 철도의 궤도를 횡단하는 경우에는 레일면상 6.5[m] 이상
㉢ 횡단보도교 위에 시설하는 경우에는 그 노면상 3[m] 이상
㉣ 위의 사항에 해당하지 않는 일반적인 경우 3.5[m] 이상

상 제1장 공통사항

87 전압을 구분하는 경우 교류에서 저압은 몇 [kV] 이하인가?

① 0.5[kV] 　　　② 1[kV]

③ 1.5[kV] 　　　④ 7[kV]

해설 적용범위(KEC 111.1)

전압의 구분은 다음과 같다.
㉠ 저압 : 교류는 1[kV] 이하, 직류는 1.5[kV] 이하인 것
㉡ 고압 : 교류는 1[kV]를, 직류는 1.5[kV]를 초과하고, 7[kV] 이하인 것
㉢ 특고압 : 7[kV]를 초과하는 것

상 제2장 저압설비 및 고압·특고압설비

88 의료장소의 안전을 위한 보호설비에서 누전차단기를 설치할 경우 정격감도전류 및 동작시간으로 맞는 것은?

① 정격감도전류 30[mA] 이하, 동작시간 0.03초 이내

② 정격감도전류 30[mA] 이하, 동작시간 0.3초 이내

③ 정격감도전류 50[mA] 이하, 동작시간 0.03초 이내

④ 정격감도전류 50[mA] 이하, 동작시간 0.3초 이내

해설 의료장소의 안전을 위한 보호설비(KEC 242.10.3)

의료장소의 전로에는 정격감도전류 30[mA] 이하, 동작시간 0.03초 이내의 누전차단기를 설치할 것

중 제6장 분산형전원설비

89 전기저장장치의 시설에서 전기배선에 사용되는 전선의 굵기는 몇 [mm²] 이상이어야 하는가?

① 1.0 　　　　② 1.5

③ 2.0 　　　　④ 2.5

해설 전기저장장치의 전기배선(KEC 512.1.1)

전기배선 시 전선은 공칭단면적 2.5[mm²] 이상의 연동선 또는 이와 동등 이상의 세기 및 굵기의 것일 것

상 제2장 저압설비 및 고압·특고압설비

90 전원의 한 점을 직접 접지하고 설비의 노출도전부는 전원의 접지전극과 전기적으로 독립적인 접지극에 접속시키고 배전계통에서 PE 도체를 추가로 접지할수 있는 계통은?

① TN 　　　　② TT

③ IT 　　　　④ TN−C

해설 TT 계통(KEC 203.3)

전원의 한 점을 직접 접지하고 설비의 노출도전부는 전원의 접지전극과 전기적으로 독립적인 접지극에 접속시킨다. 배전계통에서 PE 도체를 추가로 접지할 수 있다.

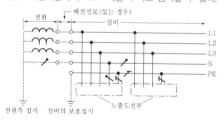

하 제3장 전선로

91 지중통신선로시설에서 지중 공가설비로 사용하는 광섬유케이블 및 동축케이블의 굵기로 맞는 것은?

① 22[mm] 이하 　　② 38[mm] 이하

③ 55[mm] 이하 　　④ 100[mm] 이하

정답 86 ① 87 ② 88 ① 89 ④ 90 ② 91 ①

해설 지중통신선로설비시설(KEC 363.1)

지중 공가설비로 통신선에 사용하는 광섬유케이블 및 동축케이블은 지름 22[mm] 이하일 것

하 제3장 전선로

92 수상전선로를 시설하는 경우 알맞은 것은?

① 사용전압이 고압인 경우에는 3종 캡타이어케이블을 사용한다.
② 가공전선로의 전선과 접속하는 경우, 접속점이 육상에 있는 경우에는 지표상 4[m] 이상의 높이로 지지물에 견고하게 붙인다.
③ 가공전선로의 전선과 접속하는 경우, 접속점이 수면상에 있는 경우, 사용전압이 고압인 경우에는 수면상 5[m] 이상의 높이로 지지물에 견고하게 붙인다.
④ 고압 수상전선로에 지기가 생길 때를 대비하여 전로를 수동으로 차단하는 장치를 시설한다.

해설 수상전선로의 시설(KEC 335.3)

수상전선로를 시설하는 경우에는 그 사용전압은 저압 또는 고압인 것에 한하며 다음에 의하고 또한 위험의 우려가 없도록 시설하여야 한다.
㉠ 전선은 전선로의 사용전압이 저압인 경우에는 클로로프렌 캡타이어케이블이어야 하며, 고압인 경우에는 캡타이어케이블일 것
㉡ 접속점이 육상에 있는 경우에는 지표상 5[m] 이상. 단, 수상전선로의 사용전압이 저압인 경우에 도로상 이외의 곳에 있을 때에는 지표상 4[m]까지로 감할 수 있다.
㉢ 접속점이 수면상에 있는 경우에는 수상전선로의 사용전압이 저압인 경우에는 수면상 4[m] 이상, 고압인 경우에는 수면상 5[m] 이상
㉣ 수상전선로에는 이와 접속하는 가공전선로에 전용 개폐기 및 과전류차단기를 각 극(과전류차단기는 다선식 전로의 중성극을 제외)에 시설하고 또한 수상전선로의 사용전압이 고압인 경우에는 전로에 지락이 생겼을 때 자동적으로 전로를 차단하기 위한 장치를 시설하여야 한다.

상 제1장 공통사항

93 최대사용전압이 1차 22000[V], 2차 6600[V]의 권선으로써 중성점 비접지식 전로에 접속하는 변압기의 특고압측 절연내력시험전압은 몇 [V]인가?

① 44000
② 33000
③ 27500
④ 24000

해설 변압기 전로의 절연내력(KEC 135)

권선의 종류	시험전압	시험방법
최대 사용전압 7[kV] 이하	최대사용전압의 1.5배의 전압(500[V] 미만으로 되는 경우에는 500[V]) 다만, 중성점이 접지되고 다중접지된 중성선을 가지는 전로에 접속하는 것은 0.92배의 전압(500[V] 미만으로 되는 경우에는 500[V])	시험되는 권선과 다른 권선, 철심 및 외함 간에 시험전압을 연속하여 10분간 가한다.

∴ 시험전압 = 22000 × 1.25 = 27500[V]

상 제2장 저압설비 및 고압·특고압설비

94 옥내에 시설하는 저압 전선으로 나전선을 사용해서는 안 되는 경우는?

① 금속덕트공사에 의한 전선
② 버스덕트공사에 의한 전선
③ 이동기중기에 사용되는 접촉전선
④ 전개된 곳의 애자사용공사에 의한 전기로용 전선

해설 나전선의 사용 제한(KEC 231.4)

다음 내용에서만 나전선을 사용할 수 있다.
㉠ 애자공사에 의하여 전개된 곳에 다음의 전선을 시설하는 경우
 • 전기로용 전선
 • 전선의 피복절연물이 부식하는 장소에 시설하는 전선
 • 취급자 이외의 사람이 출입할 수 없도록 설비한 장소
㉡ 버스덕트공사에 의하여 시설하는 경우
㉢ 라이팅덕트공사에 의하여 시설하는 경우
㉣ 저압 접촉전선 및 유희용 전차를 시설하는 경우

상 제2장 저압설비 및 고압·특고압설비

95 제어회로용 절연전선을 금속덕트공사에 의하여 시설하고자 한다. 금속덕트공사에 넣는 전선의 단면적은 덕트 내부 단면적의 몇 [%]까지 넣을 수 있는가?

① 20
② 30
③ 40
④ 50

해설 금속덕트공사(KEC 232.31)

금속덕트에 넣은 전선의 단면적(절연피복의 단면적을 포함)의 합계는 덕트의 내부 단면적의 20[%](전광표시장치 기타 이와 유사한 장치 또는 제어회로 등의 배선만을 넣는 경우에는 50[%]) 이하일 것

상 제3장 전선로

96 특고압 가공전선로의 지지물 양측의 경간의 차가 큰 곳에 사용되는 철탑은?

① 내장형 철탑
② 인류형 철탑
③ 각도형 철탑
④ 보강형 철탑

해설 특고압 가공전선로의 철주·철근콘크리트주 또는 철탑의 종류(KEC 333.11)

특고압 가공전선로의 지지물로 사용하는 B종 철근·B종 콘크리트주 또는 철탑의 종류는 다음과 같다.
㉠ 직선형 : 전선로의 직선부분(수평각도 3° 이하)에 사용하는 것(내장형 및 보강형 제외)
㉡ 각도형 : 전선 중 3°를 초과하는 수평각도를 이루는 곳에 사용하는 것
㉢ 인류형 : 전가섭선을 인류하는 곳에 사용하는 것
㉣ 내장형 : 전선로의 지지물 양쪽의 경간의 차가 큰 곳에 사용하는 것
㉤ 보강형 : 전선로의 직선부분에 그 보강을 위하여 사용하는 것

하 제2장 저압설비 및 고압·특고압설비

97 전기욕기에서 욕탕 안의 전극 간의 거리는 몇 [m] 이상이어야 하는가?

① 1   ② 2
③ 3   ④ 5

해설 전기욕기(KEC 241.2)

㉠ 전기욕기용 전원장치(변압기의 2차측 사용전압이 10[V] 이하인 것)를 사용할 것.
㉡ 욕탕 안의 전극 간의 거리는 1[m] 이상이어야 한다.
㉢ 욕탕 안의 전극은 사람이 쉽게 접촉할 우려가 없도록 시설한다.

상 제4장 발전소, 변전소, 개폐소 및 기계기구 시설보호

98 뱅크용량이 10000[kVA] 이상인 특고압 변압기에 내부고장이 발생하면 어떤 보호장치를 설치하여야 하는가?

① 자동차단장치
② 경보장치
③ 표시장치
④ 경보 및 자동차단장치

해설 특고압용 변압기의 보호장치(KEC 351.4)

뱅크용량의 구분	동작조건	장치의 종류
5,000[kVA] 이상 10,000[kVA] 미만	변압기 내부고장	자동차단장치 또는 경보장치
10,000[kVA] 이상	변압기 내부고장	자동차단장치
타냉식 변압기(변압기의 권선 및 철심을 직접 냉각시키기 위하여 봉입한 냉매를 강제 순환시키는 냉각 방식을 말한다.)	냉각장치에 고장이 생긴 경우 또는 변압기의 온도가 현저히 상승한 경우	경보장치

중 제5장 전기철도

99 전기철도차량이 전차선로와 접촉한 상태에서 견인력을 끄고 보조전력을 가동한 상태로 정지해 있는 경우, 가공 전차선로의 유효전력이 200[kW] 이상일 경우 총 역률은 얼마 이상이어야 하는가?

① 0.6   ② 0.7
③ 0.8   ④ 1.0

해설 전기철도차량의 역률(KEC 441.4)

가공 전차선로의 유효전력이 200[kW] 이상일 경우 총 역률은 0.8보다 작아서는 안 된다.

상 제3장 전선로

100 지중전선로의 시설에서 관로식에 의하여 시설하는 경우 매설깊이는 몇 [m] 이상으로 하여야 하는가?

① 0.6   ② 1.0
③ 1.2   ④ 1.5

해설 지중전선로의 시설(KEC 334.1)

㉠ 관로식의 경우 케이블 매설깊이
 • 차량, 기타 중량물에 의한 압력을 받을 우려가 있는 장소 : 1.0[m] 이상
 • 기타 장소 : 0.6[m] 이상
㉡ 직접 매설식의 경우 케이블 매설깊이
 • 차량, 기타 중량물에 의한 압력을 받을 우려가 있는 장소 : 1.0[m] 이상
 • 기타 장소 : 0.6[m] 이상

정답 96 ① 97 ① 98 ① 99 ③ 100 ②

국가기술자격검정 답안카드

문번	①	②	③	④	문번	①	②	③	④	문번	①	②	③	④	문번	①	②	③	④	문번	①	②	③	④	문번	①	②	③	④
1	①	②	③	④	21	①	②	③	④	41	①	②	③	④	61	①	②	③	④	81	①	②	③	④	101	①	②	③	④
2	①	②	③	④	22	①	②	③	④	42	①	②	③	④	62	①	②	③	④	82	①	②	③	④	102	①	②	③	④
3	①	②	③	④	23	①	②	③	④	43	①	②	③	④	63	①	②	③	④	83	①	②	③	④	103	①	②	③	④
4	①	②	③	④	24	①	②	③	④	44	①	②	③	④	64	①	②	③	④	84	①	②	③	④	104	①	②	③	④
5	①	②	③	④	25	①	②	③	④	45	①	②	③	④	65	①	②	③	④	85	①	②	③	④	105	①	②	③	④
6	①	②	③	④	26	①	②	③	④	46	①	②	③	④	66	①	②	③	④	86	①	②	③	④	106	①	②	③	④
7	①	②	③	④	27	①	②	③	④	47	①	②	③	④	67	①	②	③	④	87	①	②	③	④	107	①	②	③	④
8	①	②	③	④	28	①	②	③	④	48	①	②	③	④	68	①	②	③	④	88	①	②	③	④	108	①	②	③	④
9	①	②	③	④	29	①	②	③	④	49	①	②	③	④	69	①	②	③	④	89	①	②	③	④	109	①	②	③	④
10	①	②	③	④	30	①	②	③	④	50	①	②	③	④	70	①	②	③	④	90	①	②	③	④	110	①	②	③	④
11	①	②	③	④	31	①	②	③	④	51	①	②	③	④	71	①	②	③	④	91	①	②	③	④	111	①	②	③	④
12	①	②	③	④	32	①	②	③	④	52	①	②	③	④	72	①	②	③	④	92	①	②	③	④	112	①	②	③	④
13	①	②	③	④	33	①	②	③	④	53	①	②	③	④	73	①	②	③	④	93	①	②	③	④	113	①	②	③	④
14	①	②	③	④	34	①	②	③	④	54	①	②	③	④	74	①	②	③	④	94	①	②	③	④	114	①	②	③	④
15	①	②	③	④	35	①	②	③	④	55	①	②	③	④	75	①	②	③	④	95	①	②	③	④	115	①	②	③	④
16	①	②	③	④	36	①	②	③	④	56	①	②	③	④	76	①	②	③	④	96	①	②	③	④	116	①	②	③	④
17	①	②	③	④	37	①	②	③	④	57	①	②	③	④	77	①	②	③	④	97	①	②	③	④	117	①	②	③	④
18	①	②	③	④	38	①	②	③	④	58	①	②	③	④	78	①	②	③	④	98	①	②	③	④	118	①	②	③	④
19	①	②	③	④	39	①	②	③	④	59	①	②	③	④	79	①	②	③	④	99	①	②	③	④	119	①	②	③	④
20	①	②	③	④	40	①	②	③	④	60	①	②	③	④	80	①	②	③	④	100	①	②	③	④	120	①	②	③	④

수험자 유의사항

1. 답안카드는 반드시 검정색 사인펜으로 기재하고 마킹하여야 합니다.
2. 답안카드의 채점은 전산 판독결과에 따르며 마킹누락, 마킹착오로 인한 불이익은 전적으로 수험자의 귀책사유임을 알려드립니다.
3. 답안카드를 잘못 작성하였을 시에는 카드를 새로 교체하거나 수정테이프를 사용하여 수정할 수 있으나 불완전한 수정처리로 인해 발생하는 채점결과는 수험자의 책임이므로 주의하시기 바랍니다.
   - 수정테이프 이외의 수정액, 스티커 등은 사용불가
   - 답안카드 왼쪽(성명, 수험번호 등) 마킹란은 제외한 '답안마킹란'만 수정 가능
4. 감독위원의 확인이 없는 답안카드는 무효 처리됩니다.
5. 부정행위 방지를 위하여 시험 문제지에도 수험번호와 성명을 기재하여야 합니다.
6. 시험시간이 종료되면 즉시 답안작성을 멈춰야 하며, 종료시간 이후 계속 답안을 작성하거나 감독위원의 답안제출 지시에 불응할 때에는 채점대상에서 제외될 수 있습니다.
7. 국가기술자격법령 제12조의2 및 동법 시행규칙 제14조에 따라 응시자격의 제한된 기술사, 기능장, 기사, 산업기사, 전문사무(일부종목) 필기시험에 합격한 수험생에 대하여는 합격예정자는 응시자격을 증빙하는 서류를 지정된 기일 내에 제출하여야 하며, 제출하지 않을 경우 필기시험 합격 소지하거나 등을 전화로 예정이 무효처리됩니다.
8. 시험 중에는 통신기기 및 전자기기(휴대용 전화기 등)를 소지하거나 사용할 수 없습니다.

부정행위 처리규정

시험 중 다음과 같은 행위를 하는 자는 국가기술자격법 제10조 제4항의 규정에 따라 당해 검정을 중지 또는 무효로 하고 3년간 국가기술자격법에 의한 검정을 받을 자격이 정지됩니다.

- 시험과 관련된 대화, 답안카드 교환, 다른 수험자의 답안카드 및 문제지를 보고 답안을 작성, 대리시험을 치르거나 치르게 하는 행위
- 시험문제 내용과 관련된 물건을 휴대하여 사용하거나 이를 주고받는 행위
- 통신기기 및 전자기기(휴대용 전화기 등)를 사용하여 답안카드를 작성하거나
- 다른 수험자를 위하여 답안을 송신하는 행위
  - 기타 부정 또는 불공정한 방법으로 시험을 치르는 행위

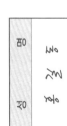

[참!쉬움]
합격이 참 쉽다!

3 전기기사·산업기사
기사 24-22
산업 24-22 기출문제집 필기

2019. 1. 23. 초 판 1쇄 발행
2025. 1. 8. 6차 개정증보 6판 1쇄 발행

지은이	문영철, 오우진
펴낸이	이종춘
펴낸곳	BM (주)도서출판 성안당
주소	04032 서울시 마포구 양화로 127 첨단빌딩 3층(출판기획 R&D 센터) 10881 경기도 파주시 문발로 112 파주 출판 문화도시(제작 및 물류)
전화	02) 3142-0036 031) 950-6300
팩스	031) 955-0510
등록	1973. 2. 1. 제406-2005-000046호
출판사 홈페이지	www.cyber.co.kr
ISBN	978-89-315-1358-5 (13560)
정가	**22,000원**

이 책을 만든 사람들

기획	최옥현
진행	박경희
교정·교열	김원갑
전산편집	이다은
표지 디자인	박현정
홍보	김계향, 임진성, 김주승, 최정민
국제부	이선민, 조혜란
마케팅	구본철, 차정욱, 오영일, 나진호, 강호묵
마케팅 지원	장상범
제작	김유석

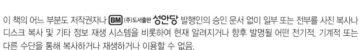